AF393832

# Oestrogene Hypophysentumoren

15. Symposion der Deutschen Gesellschaft für Endokrinologie
in Köln vom 6. — 8. März 1969

**Schriftleitung: Prof. Dr. Joachim Kracht**

**Mit 149 Abbildungen**

Springer-Verlag Berlin · Heidelberg · New York 1969

ISBN-13: 978-3-642-95127-5          e-ISBN-13: 978-3-642-95126-8
DOI: 10.1007/978-3-642-95126-8

Das Werk ist urheberrechtlich geschützt. Die dadurch begründeten Rechte, insbesondere die der Übersetzung, des Nachdruckes, der Entnahme von Abbildungen, der Funksendung, der Wiedergabe auf photomechanischem oder ähnlichem Wege und der Speicherung in Datenverarbeitungsanlagen bleiben, auch bei nur auszugsweiser Verwertung, vorbehalten.

Bei Vervielfältigungen für gewerbliche Zwecke ist gemäß § 54 UrhG eine Vergütung an den Verlag zu zahlen, deren Höhe mit dem Verlag zu vereinbaren ist.

© by Springer-Verlag Berlin · Heidelberg 1969. Library of Congress Catalog Card Number 55-39230.
Softcover reprint of the hardcover 1st edition 1969

Die Wiedergabe von Gebrauchsnamen, Handelsnamen, Warenbezeichnungen usw. in diesem Werk berechtigt auch ohne besondere Kennzeichnung nicht zu der Annahme, daß solche Namen im Sinne der Warenzeichen- und Markenschutz-Gesetzgebung als frei zu betrachten wären und daher von jedermann benutzt werden dürften.
Titel-Nr. 6781

Der *Schoeller-Junkmann-Preis*, eine Stiftung der Schering AG Berlin, wurde
von der Deutschen Gesellschaft für Endokrinologie 1969 verliehen an:


Dr. J. L. H. O'Riordan

Middlesex Hospital, London


für die Arbeit

„Human Parathyroid Hormone"

   I. Isolation and Characterization
  II. Immunological Properties
III. Hyperparathyroidism in Chronic Renal Failure


Priv.-Doz. Dr. G. Jütting

Abteilung Gynäkologie und Geburtshilfe
der Medizinischen Fakultät der Rheinisch-
Westfälischen Technischen Hochschule Aachen


für die Arbeit

„Hormonale Enzyminduktion im Myometrium"
Beispiel einer Oestrogenwirkung am Erfolgsorgan

# Deutsche Gesellschaft für Endokrinologie

Präsident der Gesellschaft und Vorsitzender des 15. Symposions:
Professor Dr. J. Zander, Heidelberg

Vorstand der Gesellschaft: Professor Dr. Dr. R. Ammon, Homburg/Saar

Professor Dr. J. R. Bierich, Tübingen

Professor Dr. J. Kracht, Gießen

Dr. G. Raspé, Berlin

Professor Dr. K. Schwarz, München

Professor Dr. E. Tonutti, Ulm


Vorstand 1969/70

Präsident                         Professor Dr. E. Tonutti, Ulm

Vizepräsident:                    Professor Dr. J. Tamm, Hamburg

Sekretär:                         Professor Dr. J. Kracht, Gießen

Mitglieder des Vorstandes: Professor Dr. J. R. Bierich, Tübingen

Professor Dr. H. Breuer, Bonn

Dr. G. Raspé, Berlin

Professor Dr. K. Schwarz, München

# Inhaltsverzeichnis

## I. Oestrogene

## II. Hypophysentumoren

# Mitgliederverzeichnis der Deutschen Gesellschaft für Endokrinologie
## (Stand vom September 1969)

Ammon, J., Dr. phil. nat., Dr. med., 6000 Frankfurt/Main, Ludwig-Rehn-Straße 14, Klinik für Strahlentherapie und Nuklearmedizin

Ammon, Robert, Prof. Dr. med., Dr. phil., 6650 Homburg/Saar, Physiologisch-Chemisches Institut der Universität des Saarlandes

Apostolakis, Michael, Priv.-Doz. Dr. med., 2000 Hamburg 20, II. Medizinische Universitäts-Klinik und Poliklinik, Martinistraße 52

Bahner, Friedrich, Prof. Dr. med., 6900 Heidelberg, Medizinische Universitäts-Poliklinik, Hospitalstraße 3

Bajusz, Eors, Prof. Dr. med., Boston, Mass. 02215, 48 Cummington Street, USA, Bio-Research Institute

Bansi, Hans-Wilhelm, Prof. Dr. med., 2000 Hamburg 13, Heimhuder Straße 80

Bartelheimer, Heinrich, Prof. Dr. med., 2000 Hamburg 20, I. Medizinische Universitäts-Klinik, Martinistraße 52

Bauer, Jakob, Prof. Dr. med., 8000 München, Krankenhaus München-Schwabing, Kölner Platz 1

Bay, Volker, Priv.-Doz. Dr. med., 2000 Hamburg 20, Chirurgische Universitäts-Klinik, Martinistraße 52

Bayer, J. M., Prof. Dr. med., 5300 Bonn, Chirurgische Universitäts-Klinik und Poliklinik, Venusberg

Beier, H. M., Dr. med., 355 Marburg/Lahn, Robert-Koch-Straße 6, Anat. Institut der Universität

Berswordt-Wallrabe, Ilse von, Dr. sc. agr., 3401 Heissenthal, Mengershausen über Göttingen

Berswordt-Wallrabe, Rolf von, Dr. agr., 3401 Heissenthal, Mengershausen über Göttingen

Bethge, Hartmut, Priv.-Doz. Dr. med., 4000 Düsseldorf 1, Moorenstraße 5, II. Medizinische Universitäts-Klinik

Bettendorf, Gerhard, Prof. Dr. med., 2000 Hamburg 20, Universitäts-Frauenklinik und Poliklinik, Martinistraße 52

Beyer, Jürgen, Dr. med., 6000 Frankfurt/Main 70, Ludwig-Rehn-Str. 14, I. Medizinische Universitätsklinik

Bickenbach, Werner, Prof. Dr. med., 8000 München 15, I. Frauenklinik und Hebammenschule der Universität, Maistraße 11

Bierich, J. R., Prof. Dr. med., 7400 Tübingen, Rümelinstraße 23, Universitäts-Kinderklinik

Blobel, R., Doz. Dr. med., 7400 Tübingen, Universitäts-Frauenklinik

Blunck, W., Priv. Doz. Dr. med., 2 Hamburg 20, Martinistraße 52, Universitätskinderklinik

Bottermann, P., Dr. med., 8000 München 15, II. Medizinische Universitätsklinik, Ziemssenstraße 1

Breckwoldt, M., Dr. med., 2000 Hamburg 20, Universitäts-Frauenklinik, Martinistraße 52

Breuer, Heinz, Prof. Dr. rer. nat., Dipl.-Chem., 5300 Bonn-Venusberg, Institut für klin. Biochemie

Breustedt, Hans-Jörg, Dr. med., 6300 Gießen, Klinikstraße 32g, Pathologisches Institut der Universität

X

Buchborn, E., Prof. Dr. med., 5000 Köln-Merheim, Ostmerheimer Straße 200. II. Medizinische
Universitäts-Klinik

Buchholz, Rudolf, Prof. Dr. med., 3550 Marburg, Universitäts-Frauenklinik, Pilgrimstein 3

Buschbeck, Herbert, Doz., Dr. med. habil., 3300 Braunschweig, Hagenbrücke 15

Cavallero, Cesare, Prof. Dr. med., Pavia-Italia, Via Forlani 14, Istituto di Anatomia patologica
dell'Università

Comsa, J., Prof. Dr. med., 6650 Homburg/Saar, Landeskrankenhaus, Medizinische Fakultät

Creutzfeldt, W., Prof. Dr. med., 3400 Göttingen, Medizinische Universitäts-Klinik

Cupceancu, Bogdan, Dr. med., 1000 Berlin 19, Pulsstraße 4—14, Universitäts-Frauenklinik

Csomos, G., Dr. med., 2000 Hamburg 54, Butenfeld 9

Czygan, P. J., Dr. med., 2000 Hamburg 20, Martinistraße 52, Universitäts-Frauenklinik

Dahm, Klaus, Dr. med., 2000 Hamburg 22, Alfredstraße 9, Marienkrankenhaus, Chir. Abt.

Daniel, W., Dr. med., Chefarzt, 6330 Wetzlar, Stadtkrankenhaus, Frauenklinik

Daweke, Helmut, Priv.-Doz. Dr. med., 4000 Düsseldorf 1, Moorenstraße 5, II. Medizinische
Universitäts-Klinik

Dhom, Georg, Prof. Dr. med., 6650 Homburg/Saar, Pathologisches Institut der Universität

Dietel, Hanns, Prof. Dr. med., 2000 Hamburg 22, Frauenklinik Finkenau

Dirscherl, Wilhelm, Prof. Dr. Dr., 5300 Bonn, Physiologisch-Chemisches Institut der Universität, Nußallee 11

Ditschuneit, H., Prof. Dr. med., 7900 Ulm, Steinhövelstraße 9, Zentrum für Innere Medizin
der Universität Ulm

Doenecke, Friedrich, Prof. Dr. med., 6650 Homburg/Saar, Medizinische Klinik der Universität

Döring, Gerhard, Prof. Dr. med., 8000 München-Harlaching, Städtisches Krankenhaus,
Sanatoriumsplatz 2

Dörner, Günter, Prof. Dr. med., 1000 Berlin N 4, Institut für exp. Endokrinologie der Hum-
boldt-Univ., Schumannstraße 20—21

Domenico, Amadeo, Dr. med., 1000 Berlin 65, Schering AG, Müllerstraße 170—172

Egert, Herwig, Dr. med., Wien IX, II. Medizinische Universitäts-Klinik, Garnisongasse 13

Elger, Walter, Dr. med., 1000 Berlin 65, Müllerstraße 170—172, Schering AG

Eickhoff, W., Prof. Dr. med., 4100 Duisburg, Heerstraße 219

Elert, Reinhold, Prof. Dr. med., 4000 Düsseldorf 1, Universitäts-Frauenklinik, Moorenstraße 5

Engelhardt, Friedrich, Priv.-Doz. Dr. med., 8700 Würzburg, Neurochirurgische Klinik der
Universität, Luitpoldkrankenhaus

Erbslöh, F., Prof. Dr. med., 63 Gießen, Am Steg 18, Neurologische Univ.-Klinik

Ewald, W., Dr. med., 6000 Frankfurt/Main, Unter Lindau 79

Faber, Hans von, Prof. Dr. Dr., 7000 Stuttgart-Hohenheim, Zoologisches Institut

Faßbender, Hans Georg, Prof. Dr. med., 6500 Mainz, Friedrich-Schneider-Straße 14, Institut
für allgemeine und experimentelle Pathologie

Federlin, K., Priv.-Doz. Dr. med., 7900 Ulm, Steinhövelstraße 9, Zentrum für Innere Medizin
der Universität

Feher, Laszlo, Dozent Dr. med., Budapest VIII, II. Medizinische Universitäts-Klinik,
Szentkiraly u. 46

Fellinger, Karl, Prof. Dr. med., Wien IX, II. Medizinische Universitäts-Klinik, Garnisongasse 13

Fitting, W., Prof. Dr. med., 5000 Köln-Lindenthal, Evangelisches Krankenhaus, Weyertal 76

Flaskamp, Dietrich, Dr. med., 3400 Göttingen, Humboldtallee 3, Universitäts-Frauenklinik

Föllmer, Wilhelm, Prof. Dr. med., 8000 München, Ottostraße 6

Forssmann, Wolf G., Dr. med., 1211 Genf/Schweiz 4, Institut d'Histologie et d'Embryologie,
Ecole de Médecine

Frahm, Heinz, Priv.-Doz. Dr. med., 2000 Hamburg 20, II. Medizinische Universitätsklinik und
Poliklinik, Martinistraße 52

Franchimont, P., Prof. Dr. med., Liège, Hôpital Universitaire de Bavière, Institut de Médecine

Frey, Joachim, Prof. Dr. med., 6000 Frankfurt/Main 70, II. Medizinische Universitäts- und Poliklinik, Ludwig-Rehn-Straße 14

Freyschmidt, Peter, Priv.-Doz. Dr. med., 1000 Berlin 19, Marathonallee 11

Gaede, Karl, Prof. Dr. med., Caracas (Venezuela), Apartado 1827, Instituto Venezolano de Investigaciones Cientificas

Gagel, Oskar, Prof. Dr. med., 8500 Nürnberg, Kontumazgarten 9

Gerdes, H., Dr. med., 3550 Marburg, Mannkopffstraße 1, Med. Klinik der Universität

Gerhartz, Heinrich, Prof. Dr. med., 1000 Berlin 19, I. Medizinische Klinik der Freien Universität Berlin, Spandauer Damm 130

Giese, Hans, Prof. Dr. med., Dr. phil., 2000 Hamburg 20, Martinistraße 52, Institut für Sexualforschung, Universität Hamburg

Glaubitt, D., Priv.-Doz. Dr. med., 1000 Berlin 19, Nuklearmedizinische Abteilung der Med. Klinik, Klinikum Westend der Freien Universität Berlin, Spandauer Damm 130

Gleispach, H., Dr. med., A 6020 Innsbruck, Universitäts-Kinderklinik

Göbel, P., Priv.-Doz. Dr. med., 7400 Tübingen, Liebermeisterstraße 14, Medizinische Universitäts-Poliklinik

Goslar, Hans Günter, Prof. Dr. med., 5300 Bonn, Anatomisches Institut der Universität, Nußallee 10

Grigoriadis, P. G., Dr. med., 5300 Bonn, Nußallee 10, Anatomisches Institut der Universität

Gross, F., Prof. Dr. med., 6900 Heidelberg, Hauptstraße 47—51, Pharmakologisches Institut der Universität

Groß, Wolff, Priv.-Doz. Dr. med., 8700 Würzburg, Medizinische Universitäts-Poliklinik, Klinikstraße 8

Hachmeister, U., Dr. med., 6300 Gießen, Klinikstraße 32 g, Pathologisches Institut der Universität

Hänze, S., Priv.-Doz. Dr. med., 6500 Mainz, Langenbeckstraße 1, I. Medizinische Universität-Klinik

Haller, Jürgen, Prof. Dr. med., 3400 Göttingen, Universitäts-Frauenklinik, Humboldtallee 3

Hammerstein, Jürgen, Prof. Dr. med., 1000 Berlin 45, Klingsorstraße 95a, Klinikum der Freien Universität Berlin

Hantschmann, Norbert, Dr. med., 2300 Kiel, Chirurgische Universitäts-Klinik

Hartenbach, Walter, Prof. Dr. med., 6200 Wiesbaden, Städtische Krankenanstalten, Chirurgische Klinik

Hecht-Lucari, G., Prof. Dr. med., 6100 Darmstadt, Prinz-Christians-Weg 13

Heilmeyer, Ludwig, Prof. Dr. Dr. h. c., Universität Ulm, 7900 Ulm, Parkstraße 10

Heni, Felix, Prof. Dr. med., 7400 Tübingen, Liebermeisterstraße 14, Medizinische Universitäts-Poliklinik

Herlyn, Udo, Priv.-Doz. Dr. med., 3400 Göttingen, Kirchweg 3, Universitäts-Frauenklinik

Herrmann, Martin, Priv.-Doz. Dr. med., 7900 Ulm, Parkstraße 11, Abteilung für Klin. Morphologie der Universität

Hochheuser, W., Dr. med., 8900 Augsburg, Westkrankenhaus

Höcker, W., Dr. med. vet., 25 Köln-Lindenthal, Weyertal 119, Zoologisches Institut der Universität

Höfer, Rudolf, Doz. Dr. med., Wien IX, Garnisongasse 13, II. Medizinische Universitäts-Klinik

Höpker, Wilhelm, Dr. med. habil., 5880 Lüdenscheid, Philippstraße 2, Städtisches Krankenhaus

Hoff, Ferdinand, Prof. Dr. med., 6000 Frankfurt/Main-Süd, Humperdinckstraße 22

Hoffmann, G., Prof. Dr. med., 7800 Freiburg/Br., Hugstetter Straße 55, Medizinische Universitäts-Klinik

Hohensee, Friedrich, Dr. med., 6202 Wiesbaden-Biebrich, Theodorenstraße 5

Hohlweg, Walter, Prof. Dr. med., IX Graz (Österreich), Universitäts-Frauenklinik

Holt, Claus von, Prof. Dr. med., Rondebosch, Univ. of Cape Town, Dept. of Biochemistry

Horn, Klaus, Dr. med., 8000 München 15, Ziemssenstraße 1, II. Med. Klinik der Univ.

Horst, Wolfgang, Prof. Dr. med., 6000 Zürich, Schweiz, Universitäts-Klinik und Poliklinik für Radiotherapie und Nuklearmedizin

Horster, Franz-Adolf, Priv.-Doz. Dr. med., 4000 Düsseldorf 1, Moorenstraße 5, II. Medizinische Klinik und Poliklinik der Medizinischen Akademie

Horst-Meyer, Horst zur, Doz. Dr. med. habil., per Adresse Schultze, 1000 Berlin-Nikolassee, Westhofener Weg 32

Hosemann, Hans, Prof. Dr. med., 2970 Emden, Hermann-Löns-Straße 14, Geburtshilflich-gynäkologische Abteilung der Städt. Krankenhauses

Huber, Herbert, Prof. Dr. med., 2300 Kiel 1, Universitäts-Frauenklinik

Husmann, Friedrich, Priv.-Doz. Dr. med., 8700 Würzburg, Klinikstraße 8, Medizinische Universitäts-Poliklinik

Husslein, Hugo, Prof. Dr. med., Wien IX, Spitalgasse 23, Vorstand der II. Universitäts-Frauenklinik

Ijzermann, G. L., Dr., Oss/Holland, N. V. Organon

Irmscher, Karl, Priv.-Doz. Dr. med., 4000 Düsseldorf 1, Moorenstraße 5, Städtische Krankenanstalten, II. Medizinische Klinik und Poliklinik

Jaeger, Karl-Heinz, Dr. med., 7813 Staufen/Br., Alois-Schnorr-Straße 5

Jahnke, Karl, Prof. Dr. med., 5600 Wuppertal-Elberfeld, Städtische Krankenanstalten, Medizinische Klinik

Jöchle, Wolfgang, Dr. med. vet., Institute of Veterinary Science, Syntax Research, Stanford Industrial Park, Palo Alto, California 94304

Jores, A., Prof. Dr. med., 2000 Hamburg 20, II. Medizinische Universitätsklinik, Martinistraße 52

Jung, Georg Friedrich, Dr. med., 3500 Kassel, Kurhessisches Diakonissenhaus, Goethestraße 85

Jung, Hugo, Prof. med., 5100 Aachen, Goethestraße 27/29, Abteilung Gynäkologie und Geburtshilfe der Med. Fakultät der Rhein.-Westf. Technischen Hochschule

Jungblut, P. W., Priv.-Doz. Dr. med., 2940 Wilhelmshaven, Anton-Dohrn-Weg, Max-Planck-Institut für Zellbiologie

Junkmann, K., Prof. Dr. med., 1000 Berlin-Dahlem, In der Halde 14

Jütting, Gerd, Priv.-Doz. Dr. med., 5100 Aachen, Mühlental 41

Kaiser, Eberhard, Priv.-Doz. Dr. med., 4000 Düsseldorf 1, Moorenstraße 5, Universitäts-Frauenklinik

Kaiser, Rolf, Prof. Dr. med., 8000 München 15, Maistaße 11, I. Frauenklinik und Hebammenschule der Universität

Karg, Heinrich, Prof. Dr. med. vet., 8050 Freising, Südd. Versuchs- und Forschungsanstalt für Milchwirtschaft Weihenstephan, TH München, Institut für Physiologie

Karl, H.-J., Prof. Dr. med., 8000 München 15, Ziemssenstraße 1, I. Medizinische Klinik der Universität

Karlson, P., Prof. Dr. rer. nat., 3550 Marburg, Institut für Physiologische Chemie der Philipps-Universität

Kemper, F., Prof. Dr. med., 4400 Münster/Westfalen, Westring 12, Pharmakologisches Institut der Universität

Kimmig, Josef, Prof. Dr. med. et. Dr. phil., 2000 Hamburg 20, Universitäts-Hautklinik, Martinistraße 52

Klein, Erich, Prof. Dr. med., 4800 Bielefeld, Städtische Krankenanstalten, Oelmühlenstraße 26

Kleinfelder, H., Prof. Dr. med., 8500 Nürnberg, Husumer Straße 3

Klempien, Erwin-J., Dr. med., 2000 Hamburg 1, Kirchenallee 46

Klingmüller, V., Prof. Dr. med., 6800 Mannheim, Städt. Krankenanstalt, Klin.-Chem. Institut

Kluge, Friedrich, Dr. med., 8000 München 15, Ziemssenstraße 1, II. Medizinische Klinik der Universität

Knapstein, Paul, Dr. med., 6500 Mainz, Langenbeckstraße 1, Universitäts-Frauenklinik

Knick, Bernhard, Prof. Dr. med., 6500 Mainz, II. Medizinische Klinik der Universität

Knörr, Karl, Prof. Dr. med., 7900 Ulm, Frauenklinik der Medizinisch-Naturwissenschaftlichen Hochschule

Knorr, Dietrich, Priv.-Doz. Dr. med., 8000 München 15, Lindwurmstraße 4, Universitäts-Kinderklinik

Koch, Walter, Prof. Dr. med. vet., 8000 München 23, Berliner Straße 1

König, Annemarie, Prof. Dr. med., 3400 Göttingen, Humboldtallee 3, Universitäts-Frauenklinik

Kopetz, K., Dr. med., 8000 München 15, II. Medizinische Universitäts-Klinik, Hormonlaboratorium

Kracht, Joachim, Prof. Dr. med., 6300 Gießen, Klinikstraße 32g, Pathologisches Institut der Universität

Kraft, H.-G., Dr. med., 6100 Darmstadt, Frankfurter Straße 250, E. Merck AG., Medizinische Forschung, Endokrinologische Abteilung

Kramer, Martin, Prof. Dr. med., 1000 Berlin 65, Schering AG., Müllerstraße 170—172

Krause, Dietrich, Prof. Dr. med. vet., 3000 Hannover, Hans-Böckler-Allee 16, Pharmakologisches Institut der Tierärztlichen Hochschule

Krüskemper, H. L., Prof. Dr. med., 3000 Hannover, Podbielskistraße 380, Abteilung für klinische Endokrinologie, Dept. Inn. Med., Medizinische Hochschule

Kühnau, Wolfram W., Dr. med., 6200 Wiesbaden, Burgstraße 1

Kutzim, H., Prof. Dr. med., 5000 Köln-Lindenthal, Nuklearmedizinische Abteilung der Universitätskliniken

Kutzleb, Hans-Joachim, Dr. med. et. Dr. med. dent., 4040 Neuß/Rh., Markt 35

Ladosky, Waldemar, Prof. Dr. med., Curitiba-Parana/Brasilien, Praca Rui Barbosa 785, Physiologisches Institut

Lang, N., Dr. med., 5301 Röttgen/Bonn, Jägerstraße 25

Langecker, Hedwig, Prof. Dr. Dr. Dr. h. c., 1000 Berlin 65, Schöningstraße 1

Laschet, Leonhard, Dr. rer. nat., 6749 Landeck über Bergzabern, Pfälzische Landesnervenklinik, Psychoendokr. Abt.

Laschet, Ursula, Dr. med., 6749 Landeck über Bergzabern, Pfälzische Landesnervenklinik, Psychoendokr. Abt.

Lauritzen, Christian, Prof. Dr. med., 7900 Ulm, Prittwitzstraße 43, Universitäts-Frauenklinik

Lehr, Hans, Dr. med., 7230 Schramberg/Schwarzwald, Städtisches Krankenhaus

Leineweber, Helmut, Dr. med., 2000 Hamburg 19, Osterstraße 141

Lembeck, Fred, Prof. Dr. med., A —8010 Graz, Pharmakologisches Institut der Universität

Lenke, Martin, Dr. med., 2000 Hamburg 20, Salomon-Heine-Weg 24

Liebau, Hartmut, Dr. med., 6500 Mainz, Langenbeckstraße 1, I. Med. Klinik und Poliklinik der Universität

Limburg, H., Prof. Dr. med., 6650 Homburg/Saar, Universitäts-Frauenklinik

Linke, Adolf, Prof. Dr. med., 6700 Ludwigshafen/Rh., Marienkrankenhaus

Lins, Heinz, Dr. med., 4000 Düsseldorf, Schadowstraße 41

Lisewski, G., Dr. med., 1000 Berlin N 4, Schumannstraße 20/21, I. Medizinische Klinik der Humboldt-Universität

Löffler, G., Doz. Dr. med., 3000 Hannover, Osterfeldstraße 5, Institut für Klinische Biochemie und Physiologische Chemie der Medizinischen Hochschule

Loeser, Arnold, Prof. Dr. med., Dr. phil., 4400 Münster/Westfalen, Westring 12, Pharmakologisches Institut der Universität

Lommer, D., Dr. rer. nat., 6500 Mainz, Langenbeckstraße 1, I. Medizinische Klinik und Poliklinik der Universität

Mall, Gerhard, Prof. Dr. med., Dr. phil., 6749 Landeck über Bergzabern, Pfälzische Nervenklinik

Marti, Max, Dr. med., Basel/Schweiz, Schanzenstraße 36, Universitäts-Frauenklinik

Martins, Thales, Prof. Dr. med., Rio de Janeiro/Brasilien, Avenida Pasteur 458, Lab. de Fisiologia, Faculdade Nacional de Medicina

Maske, Helmut, Prof. Dr. med., Wien XIII/Österreich, Gobergasse 3

Massenbach, Wichard, Freiherr v., Prof. Dr. med., 2400 Lübeck 1, Städtische Frauenklinik, Krankenhaus Ost

Menzel, Werner, Prof. Dr. med., 2000 Hamburg 67, Wisenkamp 24

Mertz, D. P., Prof. Dr. med., 7800 Freiburg/Br., Hermann-Herder-Straße 6, Medizinische Universitäts-Poliklinik

Moench, Arvid, Doz. Dr. med., 2800 Bremen-Oberneuland, Rochwinkler Hauptstraße 10 c

Morer-Fargas, Francesco, Dr. med., Barcelona 13/Spanien, Servicio de Endocrinologia Hospital de Santa Cruz y San Pablo

Mosebach, K. O., Prof. Dr. rer. nat., 5300 Bonn, Nußallee 11, Physiologisch-Chemisches Institut der Universität

Müller, W., Prof. Dr. med., Dr. phil. nat., Pathologisches Institut der Univ. 5000 Köln-Lindenthal, Joseph-Stelzmann-Straße 9

Müller, W. A., Dr. med., 7000 Stuttgart N, Hahnemannstr. 1, Robert-Bosch-Krankenhaus

Napp, Johann-Heinrich, Prof. Dr. med., 4300 Essen, Wittekindstraße 40, Friedrich-Krupp-Krankenanstalten, Frauenklinik Arnoldhaus

Nazaré, Manuel, Dr. med., Lissabon/Portugal, Praca Marquez de Pombal 16—10

Neumann, Friedmund, Dr. med., 1000 Berlin 65, Müllerstraße 170—172, Schering AG., Hauptlaboratorium

Niermann, Prof. Dr. med., 4400 Münster, Universitäts-Hautklinik, V.-Esmarch-Straße 56

Niggemeyer, H., Prof. Dr. med., 8700 Würzburg, Universitäts-Kinderklinik

Nitschke, Udo, Dr. med., Erfurt, Medizinische Klinik der Medizinischen Akademie

Nocke, Wolfgang, Priv.-Doz. Dr. med., 3550 Marburg, Universitäts-Frauenklinik

Nowakowski, Henryk, Prof. Dr. med., 2000 Hamburg 20, II. Medizinische Universitäts-Klinik und Poliklinik, Martinistraße 52

Obal, Adalbert, Dr. med., 1000 Berlin 31, Mansfelder Straße 15

Oberdisse, Karl, Prof. Dr. med., 4000 Düsseldorf 1, Moorenstraße 5, II. Medizinische Klinik und Poliklinik der Universität

Oertel, G. W., Prof. Dr. med., 65 Mainz, Langenbeckstraße 1, Universitäts-Frauenklinik, Abt. für exp. Endokrinologie

Oriol-Bosch, Alberto, Dr. med., Barcelona 13, Univ. Autonoma, Fac. de. Medicina

Orthner, Hans, Prof. Dr. med., 3400 Göttingen, Klinik für psychische und Nervenkrankheiten der Universität

Otto, Helmut, Doz. Dr. med., 4400 Münster, Westring 3, Medizinische Universitäts-Klinik

Overzier, Claus, Prof. Dr. med., 6500 Mainz, Langenbeckstraße 1, Medizinische Universitäts-Klinik

Parada, Julian, Dr. med., Santiago/Chile, Servicio „A" de Medicina, Hospital San Borja

Parade, G. W., Prof. Dr. med., 6736 Hambach, Römerweg 109

Pfeiffer, E. F., Prof. Dr. med., 7900 Ulm/Donau, Medizinisch-Naturwissenschaftliche Hochschule, Zentrum für Innere Medizin, Steinhövelstraße 9

Pia, Hans Werner, Prof. Dr. med., 6300 Gießen, Klinkstraße 37, Neurochirurgische Universitäts-Klinik

Pirtkien, Rudolf, Dr. med., 7000 Stuttgart-N., Robert-Bosch-Krankenhaus

Plotz, E. Jürgen, Prof. Dr. med., 5300 Bonn-Venusberg, Universitäts-Frauenklinik

Poche, Reinhard, Prof. Dr. med., 4800 Bielefeld, Städtische Krankenanstalten, Pathologisches Institut

Pozo del, E., Dr. med., Sandoz AG, CH 4 Basel

Puck, Arno, Prof. Dr. med., 5630 Remscheid, Burger Straße 211, Städtische Frauenklinik

Pummerer, Ernst, Dr. med., 8200 Rosenheim, Königstraße 9

Quabbe, Hans-Jürgen, Dr. med., 1000 Berlin 19, Spandauer Damm 130, II. Medizinische Universitäts-Klinik

Raptis, Sotos, Dr. med., 7900 Ulm, Steinhövelstraße 9, Zentrum für Innere Medizin der Universität

Raspé, G., Dr. rer. nat., 1000 Berlin 65, Müllerstraße 170—172, Schering AG.

Rausch-Stroomann, Jan-G., Prof. Dr. med., 4300 Essen, Hufelandstraße 55, Medizinische Klinik des Klinikums Essen der Ruhruniversität Bochum

Reinwein, Dankwart, Prof. Dr. med., 4000 Düsseldorf 1, Moorenstraße 5, II. Medizinische Klinik und Poliklinik der Universität

Reisert, Priv.-Doz. Dr. med., 3400 Göttingen, Kirchweg 1, Medizinische Universitäts-Klinik

Richter, H., Dr. med., 1 Berlin 65, Müllerstraße 170—172, Schering AG Berlin, Med.-Wiss. Abteilung

Richter, Robert H. H., Dr. phil., Bern/Schweiz, Schanzeneckstraße 1, Universitäts-Frauenklinik

Rick, W., Prof. Dr. med., 4000 Düsseldorf 1, Moorenstraße 5, II. Medizinische Universitäts-Klinik

Romeis, B., Prof. Dr. med., 8000 München 15, Pettenkoferstraße 11

Runnebaum, B., Dr. med., Priv.-Doz., 6900 Heidelberg, Universitäts-Frauenklinik, Voß-straße 9

Salado, Rodriguez F. A., Dr. med.

Sanfilippo, S., Prof. Dr. med., 92124 Catania (Italien), Via Biblioteca 4, Istituto di Anatomia Umna Normale, Univ. di Catania

Sarre, Hans, Prof. Dr. med., 7800 Freiburg/Br., Hermann-Herder-Straße 6, Medizinische Poliklinik der Universität

Sartorius, Hermann, Prof. Dr. med., 2000 Hamburg 52, Gr.-Flottbeker Straße 29

Sauer, Heinrich, Prof. Dr. med., 4970 Bad Oeynhausen, Wielandstraße 23

Scheiffarth, Friedrich, Prof. Dr. med., 8520 Erlangen, Krankenhausstraße 12, Medizinische Klinik und Poliklinik der Universität

Schenneten, Felix, Prof. Dr. med., 1000 Berlin 19, Schlüterstraße 35

Schild, Walter, Prof. Dr. med., 5200 Siegburg, Städtisches Krankenhaus, Frauenklinik

Schilling, Wilhelm, Dr. med., 4000 Düsseldorf 1, Moorenstraße 5, II. Medizinische Klinik der Universität

Schimmelpfennig, Kurt, Dr. med., 6900 Heidelberg, Medizinische Universitäts-Klinik, verzogen

Schindler, H., Dr. med., Wien XIV, Österreich, Heinrich-Collin-Straße 30, Hanusch-Krankenhaus, Medizinische Abteilung

Schirren, Carl, Prof. Dr. med., 2000 Hamburg 20, Universitäts-Hautklinik, Martinistraße 52

Schleusener, Horst, Dr. med., 1000 Berlin 45, Klingsorstraße 95a, Klinikum der Freien Universität

Schmidt, Hans-Joachim, Dr. med., 8520 Erlangen, Rudelsweiherstraße 1

Schmidt-Elmendorff, H. von, Dr. med., 4000 Düsseldorf 1, Moorenstraße 5, Universitäts-Frauenklinik

Schmitt, H., Dr. med., 4 Düsseldorf, Moorenstraße 2, II. Med. Klinik und Poliklinik d. Univ.

Schöffling, K., Prof. Dr. med., 6000 Frankfurt 70, Ludwig-Rehn-Straße 14, Zentrum der Inneren Medizin

Schriefers, H., Prof. Dr. med., 5300 Bonn, Nußallee 11, Physiol.-chem. Institut, Abt. für exp. Endokrinologie

Schröder, Hans-Georg, Dr. med., 6230 Frankfurt-Höchst, Farbwerke Hoechst, Pharmakologisches Laboratorium

Schröder, Karl-Eugen, Dr. med., 7900 Ulm, Steinhövelstraße 9, Zentrum für Innere Medizin der Universität

Schröder, Rolf, Dr. med., 3400 Göttingen, Kirchweg 1, Medizinische Universitäts-Klinik

Schuchardt, Eduard, Prof. Dr. med., 3400 Göttingen, Kreuzbergring 36, Institut für Histologie und experimentelle Neuroanatomie

Schultze, Kurt W., Dr. med. habil., 2850 Bremerhaven-Lehe, Städtische Frauenklinik

Schulz, K.-D., Dr. med., 2000 Hamburg 20, Martinistraße 52, Universitäts-Frauenklinik

Schwarz, Gerhard, Priv.-Doz. Dr. med., 2000 Hamburg 1, Lohmühlenstraße 5, A. K. St. Georg, I. Medizinische Abteilung

Schwarz, Kurt, Prof. Dr. med., 8000 München 15, Ziemssenstraße 1, II. Medizinische Universitätsklinik

Schweinitz, Hans-Armin v., Dr. med., 4000 Düsseldorf 1, Moorenstraße 5, II. Medizinische Klinik und Poliklinik der Universität

Schwenk, A., Prof. Dr. med., 5000 Köln-Lindenthal, Universitäts-Kinderklinik

Scriba, P.-C., Priv.-Doz. Dr. med., 8000 München 15, II. Medizinische Universitätsklinik, Ziemssenstraße 1

Seifert, G., Prof. Dr. med., 2000 Hamburg 20, Martinistraße 52, Pathologisches Institut der Universität

Simmer, Hans, Prof. Dr. med., Los Angeles 24, Calif./USA, University of California Medical Center

Skrabalo, Zdenko, Dr. Dr., Zagreb/Jugoslawien, Dept. of Medicine, University of Zagreb

Solbach, H.-G., Priv.-Doz. Dr. med., 4000 Düsseldorf 1, Moorenstraße 5, II. Medizinische Universitäts-Klinik

Souvatzoglou, A., Dr. med., 8000 München 15, II. Medizinische Universitätsklinik, Ziemssenstraße 1

Staemmler, Hans-Joachim, Prof. Dr. med., 6700 Ludwigshafen/Rh., Städtische Frauenklinik

Staib, I., Priv.-Doz. Dr. med., 7800 Freiburg/Br., Chirurgische Universitäts-Klinik

Staib, W., Prof. Dr., 4000 Düsseldorf, Witzelstraße 111, Physiologisch-Chemisches Institut der Universität

Stange, Hans-Herbert, Prof. Dr. med., 4200 Oberhausen, Schönefeld 7

Stárka, Lubos, Dr. C. Sc., Prag 1, CSR, Narodni Trida 8, Research Institute of Endocrinology

Starke, O., Dr. med., 4300 Essen, Kettwiger Straße 31

Staudinger, Hansjürgen, Prof. Dr. rer. nat., 6300 Gießen, Friedrichstraße 24, Physiologisch-Chemisches Institut der Universität

Steinbeck, H., Dr. med. vet., 1000 Berlin 65, Müllerstraße 170—172, Schering AG.

Stewart, Ute, Dr. rer. nat., 8700 Würzburg, Josef-Schneider-Straße 4, Universitäts-Frauenklinik

Stötter, G., Prof. Dr. med., 8900 Augsburg, Frohsinnstraße 7

Struck, H., Priv.-Doz. Dr. med., 5000 Köln-Merheim, Ostmerheimer Straße 200, II. Chirurgischer Lehrstuhl der Universität zu Köln

Sturm, Alexander, Prof. Dr. med., 5600 Wuppertal-Barmen, Medizin.- und Nervenklinik

Suchowsky, G., Dr. med., Milano, Via dei Gracchi 35 „Farmitalia"

Tamm, Jürgen, Prof. Dr. med., 2000 Hamburg 20, II. Medizinische Universitäts-Klinik, Martinistraße 52

Taubert, H.-D., Prof. Dr. med., 6000 Frankfurt/Main 70, Luwdig-Rehn-Straße 14, Universitäts-Frauenklinik

Teller, Walter, Priv.-Doz. Dr. med., 7900 Ulm, Univ.-Kinderklinik

Thijssen, J. H. H., Dr. med., Utrecht/Holland, Universitäts-Frauenklinik

Thomsen, Klaus, Prof. Dr. med., 2000 Hamburg 20, Martinistraße 52, Universitäts-Frauenklinik

Tönnis, Wilhelm, Prof. Dr. med., 5000 Köln-Lindenburg, Neurochirurgische Universitäts-Klinik

Tonnutti, Emil, Prof. Dr. med., 7900 Ulm, Parkstraße 11, Abteilung für Klinische Morphologie der Universität

Ueberberg, Heinz, Priv.-Doz. Dr. med., 7950 Biberach a. d. Riss, Fa. Dr. Karl Thomae G.m.b.H.

Ufer, Joachim, Dr. med., 1000 Berlin 65, Müllerstraße 170—172, Schering AG.

Vecsei, P., Dr. med., 6500 Mainz, I. Medizinische Universitäts-Klinik, Langenbeckstraße 1

Velhagen, Karl, Prof. Dr. med., Dr. med. h. c., 1000 Berlin N 4, Ziegelstraße 5—12, Universitäts-Augenklinik der Humboldt-Universität

Vogel, Gerhard, Dr. med., 6230 Frankfurt/M.-Höchst, Farbwerke Hoechst A.G., Pharmakologisches Laboratorium

Voigt, Klaus-Dieter, Prof. Dr. med., 2000 Hamburg 20, II. Medizinische Universitäts-Klinik, Martinistraße 52

Voss, H. E., Dr. phil. nat., 6800 Mannheim, Erzberger Straße 19

Walser, A., Prof. Dr. med., Basel/Schweiz, Hebelstraße 1, I. Medizinische Universitäts-Poliklinik

Walter, Klaus, Priv.-Doz. Dr. med., 6100 Darmstadt, Städtische Kliniken, Zentrallaboratorium

Wawersik, Fritz, Dr. med., 5600 Wuppertal-Barmen, Höhne 19

Weinges, Kurt F., Prof. Dr. med., 6650 Homburg/Saar, II. Medizinische Klinik und Poliklinik

Weinheimer, Balthasar, Dr. med., 6650 Homburg/Saar, Eisenbahnstraße 1

Weiser, P., Priv.-Doz. Dr. med., 4400 Münster, Universitäts-Frauenklinik, Studtstraße 19

Weissbecker, Ludwig, Prof. Dr. med., 2300 Kiel, Metzstraße 53—57, II. Medizinische Klinik und Poliklinik der Universität

Weller, O., Prof. Dr. med., 5400 Koblenz, Kurfürstenstraße 72—74, Krankenhaus Evangelisches Stift St. Martin

Wenner, Robert, Prof. Dr. med., Liestal/Schweiz, Kantonspital

Wernze, H., Priv.-Doz. Dr. med., 8700 Würzburg, Medizinische Universitätsklinik, Luitpoldkrankenhaus

Werth, Gertrud, Prof. Dr. med., 6650 Homburg/Saar, Physiologisch-Chemisches Institut der Universität

Wetzstein, Rudolf, Prof. Dr. med., 8000 München 15, Pettenkofer Straße 11, Institut für Histologie und experimentelle Biologie der Universität

Wied, George L., Prof. Dr. med., Chicago 37/Illinois/USA, Department of Obstetrics and Gynecology, University of Chicago

Wiegelmann, W., Dr. med., 4000 Düsseldorf 1, Moorenstraße 5, II. Med. Univ.-Klinik

Winckelmann, Peter, Dr. med., 2000 Hamburg 1, Glockengießerwall 19

Winkelmann, Werner, Dr. med., 5000 Köln-Merheim, Ostmerheimer Straße 200, II. Medizinische Universitätsklinik

Winkler, G., Dr. med., 7900 Ulm, Steinhövelstraße 9, Zentrum für Innere Medizin

Wolff, H. P., Prof. Dr. med., 6500 Mainz, Langenbeckstraße 1, I. Medizinische Klinik und Poliklinik

Würterle, Anton, Prof. Dr. med., 6600 Saarbrücken, Städtische Frauenklinik

Zander, Josef, Prof. Dr. med., 6900 Heidelberg, Universitäts-Frauenklinik, Voßstraße 9

Zicha, L., Dr. med., 3110 Uelzen, Waldstraße 2, Kreiskrankenhaus

Ziegler, Reinhard, Dr. med., 7900 Ulm, Steinhövelstraße 9, Zentrum für Innere Medizin der Universität

Zimmermann, Horst, Prof. Dr. med., 4000 Düsseldorf 1, Moorenstraße 5, II. Medizinische Klinik und Poliklinik der Universität

Zimmermann, Horst-Dieter, Dr. med., 6300 Gießen, Klinikstraße 32g, Pathologisches Institut
der Universität

Zimmermann, Wilhelm, Prof. Dr. med., Dr. phil., Dipl. Chem., 6650 Homburg/Saar, Landeskrankenhaus, Institut für Hygiene und Mikrobiologie der Universität


*Ehrenmitglieder:*

Prof. Dr. A. Butenandt

Prof. Dr. Dr. W. Dirscherl

Prof. Dr. A. Jores

Prof. Dr. K. Junkmann

Prof. Dr. C. Kaufmann

Prof. Dr. Dr. Dr. h. c. Hedwig Langecker

Prof. Dr. B. Romeis

Prof. Dr. M. Tausk

Prof. Dr. W. Tönnis

Dr. phil. nat. H. E. Voss


*Korrespondierende Mitglieder:*

Prof. Dr. E. Diczfalusy, Stockholm

Prof. Dr. A. Labhart, Zürich

Prof. Dr. L. Martini, Mailand


*Fördernde Mitglieder:*

Boehringer Mannheim GmbH, 6800 Mannheim 31

Ciba AG, 7867 Wehr/Baden

Farbenfabriken Bayer AG, 5090 Leverkusen

Farbwerke Hoechst AG, 6230 Frankfurt 80

Kali-Chemie AG., 3000 Hannover, Hans-Böckler-Allee 20

E. Merck AG, 6100 Darmstadt, Frankfurter Straße 250

Organon GmbH, 8000 München 60, Perlschneiderstraße 1

Schering AG, 1000 Berlin 65, Müllerstraße 170—172


*Anschrift der Gesellschaft (Sekretär):*

Prof. Dr. J. Kracht,

Pathologisches Institut der Universität Gießen,

6300 Gießen, Klinikstraße 32g, Tel.: 0641/7023877

# Eröffnungsansprache des Präsidenten
## Opening Remarks of the President


J. Zander

Univ.-Frauenklinik Heidelberg


Ich eröffne das 15. Symposium der Deutschen Gesellschaft für Endokrinologie und begrüße die Teilnehmer auf das herzlichste. Besonders willkommen heiße ich unsere Gäste.

Zu Beginn des Symposiums gedenke ich der im vergangenen Jahr verstorbenen Mitglieder der Gesellschaft. Frau Prof. Dr. Emmy Hagen verstarb am 21. August 1968. Herr Prof. Dr. Sigurd Janssen, Ehrenmitglied unserer Gesellschaft, verstarb am 6. Mai 1968. Herr Prof. Dr. Dr. h. c. Hugo Spatz, ebenfalls Ehrenmitglied unserer Gesellschaft, verstarb am 27. Januar 1969. Unsere Gesellschaft hat in den Verstorbenen drei bedeutende Persönlichkeiten verloren. Ich darf Sie bitten, sich zu ihren Ehren von den Plätzen zu erheben.

Es ist mir eine besondere Freude und Ehre, Ihnen nunmehr die diesjährigen Empfänger des Schoeller-Junkmann-Preises bekannt zu geben. Der Aufforderung zur Beteiligung folgten 20 Einsender aus 9 verschiedenen europäischen Ländern mit insgesamt 28 Arbeiten. Die Jury entschloß sich in diesem Jahr, den gesamten zur Verfügung stehenden Preis in einen ersten und einen zweiten Preis aufzuteilen.

Der erste Preis wurde von Herrn Dr. Jeffrey Lima Hayes O'Riordan an der Medical Unit des Middlesex Hospitals in London für seine wesentliche Beteiligung an grundlegenden Untersuchungen über das menschliche Parathormon zugesprochen. Herr Dr. O'Riordan legte zu diesem Thema eine Arbeit in 3 Teilen vor. Im ersten Teil berichtet er über die Isolierung und Charakterisierung des menschlichen Parathormons, im zweiten Teil über seine immunologischen Eigenschaften. Im dritten Teil der Arbeit wird die praktische Anwendung der erarbeiteten Methoden bei einer klinischen Fragestellung über die Überfunktion der Nebenschilddrüse bei chronischer Niereninsuffizienz mitgeteilt.

Das aus Tumoren der menschlichen Nebenschilddrüse extrahierte Hormon wurde 40000fach gereinigt, wobei insgesamt 300 Mikrogramm des hochgereinigten Peptids erhalten wurden. In vergleichenden Untersuchungen wurde gezeigt, daß zwischen menschlichem und Rinder-Parathormon lediglich in der Aminosäurezusammensetzung geringe Differenzen bestehen. Diese scheinen jedoch für die Unterschiede in den immunologischen Eigenschaften des Hormons bei den beiden Species verantwortlich zu sein. Auf Grund dieser Erkenntnisse war die Entwicklung einer radioimmunologischen Methode möglich, welche nunmehr eine sehr empfindliche quantitative Bestimmung menschlichen Parathormons im Serum ermöglicht.

Die Ergebnisse der Untersuchungen von Herrn Dr. O'Riordan dürften für die weitere Erforschung von endokrinen Funktionen der menschlichen Nebenschilddrüse unter physiologischen und pathologischen Bedingungen von großer Bedeutung sein. Es ist zu erwarten, daß dieses im Verhältnis zu anderen Fragestellungen der Endokrinologie bisher noch verhältnismäßig wenig zugängliche Gebiet hierdurch neue Impulse erhält.

Es bedarf der besonderen Erwähnung, daß die Arbeiten von Herrn Dr. O'Riordan zum Teil in der Arbeitsgruppe von G. D. Aurbach und J. T. Potts am National Institute of Health in Bethesda, USA, durchgeführt wurden. Die in dieser Gruppe erarbeiteten Methoden trugen wesentlich zu den erfolgreichen Untersuchungen bei.

Den zweiten Preis erhielt Herr Dr. Gerd Jütting von der Abteilung für Geburtshilfe und Gynäkologie an der Rheinisch-Westfälischen Technischen Hochschule Aachen für seine an der I. Universitäts-Frauenklinik in München begonnenen Untersuchungen über die hormonale Enzyminduktion im Myometrium als Beispiel einer Oestrogenwirkung am Erfolgsorgan.

Herr Dr. Jütting beschreibt Vorkommen, Anreicherung und Charakterisierung einer 17 $\beta$-Hydroxysteroid-Oxydoreduktase aus Kaninchen-Myometrium. Mit überlegten Versuchsanordnungen wies er nach, daß Oestradiol zu einer vermehrten Synthese dieses Enzyms im Myometrium führt. Die Enzyminduktion im Myometrium ist oestrogenspezifisch. Sie erfogt nur im Erfolgsorgan.

Die mögliche physiologische Bedeutung der 17 $\beta$-Hydroxysteroid-Oxydoreduktase als Inaktivator von Oestradiol und somit als Regulator der Oestrogenwirkung im Kaninchenuterus wird diskutiert.

Auf Grund einer klaren Konzeption hat Herr Dr. Jütting systematisch eine Fragestellung behandelt, die für die experimentelle Endokrinologie der Reproduktion von großer Bedeutung ist. Seine kritisch interpretierten Ergebnisse bieten zahlreiche Ansatzpunkte für weitere Untersuchungen. Es ist besonders hervorzuheben, daß die biochemischen Befunde in Korrelation zu den mit der Kontraktilität der Myometriumzelle im Zusammenhang stehenden endokrinologischen Problemen gebracht wurden.

Meine Damen und Herren, gestatten Sie mir bitte nunmehr noch einige Bemerkungen zu der Gestaltung des Symposiums und zu der Arbeit unserer Gesellschaft.

Gegenüber fast allen wissenschaftlichen Gesellschaften in der Medizin zeichnet sich die Gesellschaft für Endokrinologie durch eine Besonderheit aus. Ihre Mitglieder kommen aus den verschiedensten Fachgebieten der theoretischen und klinischen Medizin. Ich nenne die Anatomie, Pathologie, Physiologie, physiologische Chemie und Biochemie, Pharmakologie, Zoologie, Veterinärmedizin, Innere Medizin und Pädiatrie, Gynäkologie, Chirurgie und Neurochirurgie sowie Dermatologie. Die Tatsache, daß wir trotz der großen Verschiedenheiten der genannten Fachgebiete aus gemeinsamen Interessen hier zusammenfinden, ist charakteristisch für die Stellung der Endokrinologie in der Medizin. In ihrem Zentrum stehen regulative Vorgänge im Bereich der Reproduktion, des Wachstums, der Prägung der Gestalt, des Stoffwechsels und der Alterungsprozesse. Nicht nur die Hormone als solche, ihre Bildung und ihr Stoffwechsel, sondern vor allen Dingen auch ihre allgemeinen und spezifischen Wirkungsmechanismen finden dabei unser besonderes Interesse. Die Erforschung dieser Vorgänge bedarf einerseits der Spezialisierung innerhalb der genannten Fachgebiete, andererseits bedarf sie der ständigen gegenseitigen Orientierung und Kritik aus den verschiedenen Fachgebieten.

Das natürliche Gegengewicht gegen die notwendige immer weitergehende Spezialisierung findet sich in der Gesellschaft für Endokrinologie. Sie sollte das Forum sein, auf dem wir immer wieder lernen, uns aus unseren speziellen Arbeitsrichtungen gegenseitig zu verständigen und anzuregen. Das Bedürfnis nach einem solchen Forum ist heute um so größer, als sich die Forschung in der Endokrinologie in den vergangenen 10 Jahren in einem außerordentlichen Maße ausgeweitet hat. Das gleiche gilt für die praktischen Konsequenzen, die sich aus diesen Forschungen ergeben. Die große Anzahl der experimentellen und klinischen Beiträge, welche auf diesem Symposium mitgeteilt werden, ist ein erfreuliches Anzeichen dafür, daß die Endokrinologie auch in unserem Land wieder an Boden gewinnt.

Die Gestaltung des jährlichen Symposiums sollte sich ebenso wie die Arbeit der Gesellschaft außerhalb der Symposien unseres Erachtens nach solchen Prämissen richten. Wir glauben deshalb, daß im Mittelpunkt der Symposien zumindest *ein* zentrales Thema stehen muß, welches nach Möglichkeit für *alle* innerhalb der Endokrinologie vertretenen Fachgebiete von Interesse ist. Daneben sind selbstverständlich auch spezielle aktuelle Fragestellungen der Endokrinologie zu behandeln, welche nur einen begrenzteren Interessentenkreis finden.

Besondere Aufmerksamkeit verdienen aber neben den Hauptthemen die sog. freien Mitteilungen. In ihnen äußert sich die eigentliche wissenschaftliche Aktivität der Mitglieder der Gesellschaft am stärksten. Der Vorstand hat deshalb beschlossen, alle angemeldeten freien Vorträge in das Programm aufzunehmen. Das hat gewiß den Nachteil, daß Veranstaltungen in verschiedenen Räumen gleichzeitig stattfinden müssen, und daß sich infolgedessen für manchen Interessenten Überschneidungen nicht vermeiden lassen. Wir haben versucht, dem entgegenzuwirken, indem wir zu Beginn des Symposiums Kurzreferate der einzelnen Vorträge vorlegen. Wir meinen aber, daß jedes Mitglied die Möglichkeit haben muß, der Gesellschaft die Ergebnisse seiner Untersuchungen zur Diskussion zu stellen und nehmen dafür die angedeuteten Nachteile in Kauf. Eine Auswahl von Vorträgen wird naturgemäß vielfach für die Beteiligten unbefriedigend sein. Außerdem führt nicht die Auswahl von Arbeiten, sondern im Endeffekt nur die kritische Auseinandersetzung in der Diskussion zu einer Steigerung der wissenschaftlichen Qualität der vorgetragenen Ergebnisse. Es gehört aber zu den wesentlichen Aufgaben der Gesellschaft, das Niveau der wissenschaftlichen Arbeiten ihrer Mitglieder durch ständige gegenseitige Kritik zu heben. Aus diesem Grund wurde für dieses Symposium die Redezeit auf 6 min beschränkt, während jeweils 4 min für die Diskussion zur Verfügung stehen.

Es erscheint schließlich notwendig, daß die Gesellschaft in der Zukunft eine stärkere, echte Vermittlerfunktion in der endokrinologischen Forschung und Praxis übernimmt. In dieser Richtung muß nach neuen Wegen und Ideen gesucht werden. An der Thematik mangelt es dabei nicht. Eine Umfrage bei den Mitgliedern der Gesellschaft ergab allein 70 verschiedene Wünsche für die Thematik der jährlichen Symposien.

Da die berechtigten Wünsche sich jedoch nur zum geringsten Teil in den jährlichen Symposien realisieren lassen, wird es notwendig sein, außerhalb dieser Symposien zusätzlich Arbeitstagungen für spezielle Themen mit begrenztem

Interessenkreis ins Leben zu rufen. Insbesondere ist hier auch an die Diskussion
methodischer Fragen zu denken. Gerade in methodischer Hinsicht ist der inter-
disziplinäre Kontakt, den die Gesellschaft bieten kann, von großer Bedeutung.
Der Kliniker gerät nur allzu leicht methodisch auf den Holzweg, wenn er nicht den
ständigen Kontakt mit dem Theoretiker erhält. Umgekehrt kann mancher
Theoretiker in eine gewisse Isolation geraten, wenn er keinen ausreichenden
Kontakt zu den klinischen Fragestellungen hat. Auch die internationalen Kontakte
werden sich durch Arbeitstagungen dieser Art enger gestalten.

Sie mögen aus diesen kurzen Ausführungen ersehen, daß ich eine wesentliche
Aufgabe einer Deutschen Gesellschaft für Endokrinologie in einer echten und
wirksamen Vermittlerfunktion zwischen den an den Problemen der Endokrinologie
interessierten Spezialgebieten der theoretischen und praktischen Medizin sehe.
Für eine derartige Vermittlerfunktion besteht heute ein stärkeres Bedürfnis denn
je. In ihr liegt meines Erachtens auch die besondere Chance für die weitere
Entwicklung unserer Gesellschaft. Es liegt an Ihnen, ob Sie von dieser Möglichkeit
Gebrauch machen.

Schoeller-Junkmann Preis 1969
The Schoeller-Junkmann Prize 1969

# Human Parathyroid Hormone — its Isolation and Properties and its Secretion in Renal Failure

J. L. H. O'RIORDAN

Middlesex Hospital, London, W. 1., England

Human parathyroid hormone (HPTH) has been isolated to facilitate studies of its secretion. Its properties have been compared with those of bovine parathyroid hormone (BPTH) and discrete species differences have been shown. As a preliminary to further studies, the occurrence of hyperparathyroidism in chronic renal failure has been investigated, using the radio-immunoassay and a reference preparation of human parathyroid hormone. Further, the contribution of hyperparathyroidism to the production of bone disease in patients on chronic haemodialysis has been studied.

Parathyroid adenomata were taken as the source of HPTH. After drying with acetone and defatting with hexane, they were extracted either with 8 M urea and 1 M acetic acid or with 88% phenol. Acetic acid and acetone were added and then ether to precipitate the hormone. The precipitate was dissolved in 20% acetic acid and fractionated with 6% NaCl. Subsequently the hormone was precipitated with trichloracetic acid. It was redissolved by addition of ether or IRA-400-acetate resin to give a partially purified preparation (referred to as TCA HPTH). Throughout this fractionation and subsequent purification the behaviour of HPTH was followed by radioimmunoassay; $^{131}$I-BPTH and guinea pig anti BPTH were used and BPTH was used as the reference preparation. The assay was modified so as to be rapid and sensitive: calibration curves covering the range $2-80$ m µg could be obtained after a 2 hour incubation. Without this rapid immuno-assay the fractionation would not have been possible — a single bioassay would have required the equivalent of 100 µg of hormone, and all the available material would have been used up in bioassays.

Previously we have shown (O'Riordan, Condliffe, Potts, and Aurbach, 1967) that the sedimentation properties of H and BPTH are similar, implying that the molecules are of similar size. This has been confirmed by filtration on Sephadex G-100 in .14 M ammonium acetate pH 4.75; the $K_D$ for HPTH (0.45) is similar to that for BPTH (0.5). After filtration on Sephadex the material was further purified by ion exchange chromatography on carboxymethyl cellulose, CM 52. It was shown that the charge properties of the human hormone were similar to those of BPTH, since similar conditions were required for their elution. Radioimmunoassayable HPTH was found to distribute symmetrically under a protein peak. From 330 G of adenoma tissue approximately 300 µg of HPTH were recovered with a 40,000 fold purification. With limited amounts of peptide it is of course not possible to apply a multiplicity of criteria of homogeneity but at the centre of this peak (referred to as CMC-HPTH) only a single band could be demonstrated after polyacrylamide disc gel electrophoresis in a 15% gel at pH 4.2 in 8 M urea. The amino acid composition of CMC-HPTH was examined: its overall composition is similar to that of BPTH: the content of lysine histidine and arginine, of glutamic, proline, methonine, tyrosine and phenylalanine are identical: differences were however found in other residues — most notable is the presence of 3 residues of threonine in HPTH.

At the same time immunological differences have been shown. This was done by using two antisera from a series of guinea pigs immunized with BPTH. With one of these (GP 1) twice as much CMC-HPTH as BPTH was required to give equivalent displacement of I-BPTH. With this adjustment calibration curves for H and B-PTH can be superimposed when GP 1 is used. Of course superimposability of calibration curves does not mean the preparations are immunologically identical (Ekins, Newman and O'Riordan, 1968), but if it were assumed that H and BPTH are immunologically identical then the results indicate that the preparation of HPTH was only 50% pure. It is unlikely that on gel electrophoresis such a degree of contamination would have been undetected, but if this were the case then calibration curves with all antisera should give the same estimate of purity. This is not so and with another antisera, the calibration curves cannot be aligned at all. So immunological differences must exist and it has been shown that it is unlikely that these differences are produced during the extraction.

Assayed against a standardized reference preparation of human parathyroid hormone, the normal concentration in serum is .25 — 2 mµg/ml. Elevated concentrations were found in 91 out of 103 patients with chronic renal failure. In 33 such patients who had not been dialysed the mean concentration was 8.5 ± 1.2 mµg/ml. Elevated concentrations were found in patients who were hypocalcaemic as well as those who were hypercalcaemic. When the concentration of calcium was raised by infusion of calcium, or lowered by infusion of EDTA, the concentration of parathyroid hormone changed slowly in some and not at all in other patients.

In 70 uraemic patients treated by long term dialysis the mean concentration of immunoassayable parathyroid hormone was 5.6 ± 0.7 m µg/ml. These patients were treated at two clinics, at one of which the incidence of bone disease was much higher than at the other. However, the mean concentration of hormone in those patients with "dialysis bone disease" was lower (4.6 ± 0.4 m µg/ml) than that in patients without overt bone disease (7.0 ± 0.9 m µg/ml). So while hyperparathyroidism may contribute to this osteodystrophy it is unlikely to be the primary factor in its production, and variation in the severity of the hyperparathyroidism is probably not responsible for the known variations in incidence and severity of bone disease at different haemodialysis clinics.

*Acknowledgements.* Studies of the isolation and immunological properties of HPTH summarized here began in the laboratories of Dr. G. D. Aurbach and Dr. J. T. Potts at the National Institute of Health, Bethesda, Md., USA, and collaboration with them has continued. The studies on hyperparathyroidism in renal failure have been done in collaboration with Miss Juliet Page and Mr. G. B. Newman at the Middlesex Hospital and with Professor

D. N. S. Kerr and Dr. J. Walls of Newcastle and Dr. J. Moorehead and Dr. J. Crockett of the Royal Free Hospital, London. I am very grateful to them all for permission to submit this work for the Schoeller-Junkmann prize.

## References


Ekins, R. P., G. B. Newman, and J. L. H. O'Riordan. Theoretical aspects of saturation and radio immunoassay in radio isotopes in medicine. U. S. Atomic Energy Comission Publication Conf. 671111 (1968).

O'Riordan, J. L. H., P. G. Condliffe, J. T. Potts, and G. D. Aurbach. Density gradient centrifugation of human and bovine parathyroid hormones. Endocrinology 81, 585—590 (1967).

Schoeller-Junkmann Preis 1969
The Schoeller-Junkmann Award 1969

# Hormonale Enzyminduktion im Myometrium. Beispiel einer Oestrogenwirkung am Erfolgsorgan[1]

## Hormonal Induction of Enzymes in Myometrium. Example for Estrogen Effect on a Target Organ

GERD JÜTTING

Laboratorium für Biochemie, I. Universitätsfrauenklinik München,
und Abteilung Gynäkologie und Geburtshilfe, Medizinische Fakultät der RWTH Aachen

### Summary

The reversible oxidation of estradiol-17$\beta$ to estrone is catalysed in the myometrium of rabbits, a target organ of estrogens, by a 17$\beta$-hydroxysteroid: NAD(P) oxidoreductase. The specific activity of this enzyme rises in pregnancy and after the administration of estrogenic hormones. The non steroidal estrogenic hormone diethylstilboestrol is as effective as estradiol-17$\beta$ and causes approximately the 50-fold increase of activity compared with that of normal adult rabbits. No change of activity is found in liver and kidney and after the administration of progesterone and testosterone in the myometrium. About 7 to 10 hours after administration of estradiol-17$\beta$ the activity of the 17$\beta$-hydroxysteroid oxidoreductase in the myometrium begins to increase. The lowest amount of estradiol-17$\beta$ which is necessary is 1 $\mu$g/kg b. w. The peak of increase is reached within 40 hours after the administration of the hormone. The increase of activity in the myometrium is completely inhibited by actinomycin D, puromycin and U 11 100 A. The enzyme from the myometrium of pregnant rabbits and castrated animals, which are treated with estradiol-17$\beta$ or diethylstilboestrol, can be purified about 40-fold. After purification the enzyme has a substrate specifity for estradiol-17$\beta$. In the purified extracts one can find a small estradiol dependant transhydrogenation from NADPH to NAD$^+$. The ratio dehydrogenase activity: transhydrogenase activity is 11 : 1. The cause and the meaning of the estrogen dependant increase of activity of the 17$\beta$-hydroxysteroid oxidoreductase in the myometrium will be discussed.

In den Erfolgsorganen der oestrogenen Hormone wird Oestradiol aufgenommen und nach Bindung an spezifische Receptormoleküle über längere Zeit unverändert zurückgehalten (Jensen und Jacobson, 1962; Stone, 1963; Martin, 1964). Auf Grund der an Organen der Ratte gewonnenen Versuchsergebnisse nimmt Jensen an, daß Oestrogene in ihren Erfolgsorganen nicht umgewandelt werden können und sich damit grundsätzlich von den Androgenen unterscheiden (Jensen, 1965).

Eigene Versuche haben gezeigt, daß auch in einem Erfolgsorgan der Oestrogene, dem Myometrium von Kaninchen, eine enzymatische Umwandlung von Oestradiol zu Oestron erfolgen kann (Jütting, 1962). Das Enzym, eine 17$\beta$-Hydroxysteroid: NAD(P)-Oxydoreduktase, konnte aus dem Myometrium trächtiger Kaninchen angereichert und teilweise charakterisiert werden (Jütting u. Mitarb., 1967).

---

[1] Mit Unterstützung der Deutschen Forschungsgemeinschaft.

8

Die Aktivität des Enzyms steigt in der Schwangerschaft an und erreicht nach einem steilen Anstieg unmittelbar vor der Geburt etwa das 25fache des Wertes von normalen, geschlechtsreifen Tieren. Die Zunahme der Aktivität der $17\beta$-Hydroxysteroid-Oxydoreduktase ist durch die Erhöhung der Oestradiolkonzentration im Organismus bedingt (Jütting, 1962; Jütting, 1966).

In der vorliegenden Arbeit wird der Anstieg der Aktivität des Enzyms im Myometrium von Kaninchen nach Gabe von oestrogenen Hormonen untersucht und als Beispiel einer Hormonwirkung am Erfolgsorgan beschrieben. Zur Bestimmung der Aktivität des Enzyms wird der Überstand $10000 \times g$ von Organhomogenaten des Kaninchens mit $(4\text{-}^{14}\text{C-})$Oestradiol-$17\beta$ als Substrat inkubiert und das während der Inkubation entstandene Oestron gemessen. Die Identifizierung des Reaktionsproduktes erfolgt durch Papierchromatographie, durch Säulenchromatographie an Aluminiumoxyd nach Methylierung und durch wiederholtes Umkristallisieren aus verschiedenen Lösungsmitteln bis zu gleichbleibender spezifischer Radioaktivität nach Zugabe von nicht markiertem Oestron als Trägersubstanz.

$$\text{Spezifische Aktivität des Enzyms} = \frac{\text{m}\mu\text{Mol Oestron (gebildet)}}{\text{mg Protein} \times 60 \text{ min}}$$

Die $17\beta$-Hydroxysteroid:NAD(P)-Oxydoreduktase des Myometriums ist nicht strukturgebunden. Oestradiol wird nur unter Beteiligung von $NAD^+$ oder $NADP^+$ als Coenzym zu Oestron oxydiert. Außer im Myometrium wird auch in der Leber, der Niere und dem Ovar die Umwandlung von Oestradiol zu Oestron nachgewiesen.

Nach Gabe von oestrogenen Hormonen findet man im Myometrium ähnlich wie während der Schwangerschaft eine Erhöhung der spezifischen Aktivität der $17\beta$-Hydroxysteroid-Oxydoreduktase. Neben $17\beta$-Oestradiol bewirkt auch das Nicht-Steroid Diäthylstilboestrol einen Anstieg der Aktivität des Enzyms auf etwa das 50fache des bei geschlechtsreifen Tieren gefundenen Wertes. Progesteron und das $17\beta$-Hydroxysteroid Testosteron sind ohne Einfluß auf die Aktivität des Enzyms im Myometrium. In den Stoffwechselorganen Leber und Niere ändert sich auch nach längerer Gabe von hohen Oestrogendosen die Aktivität der $17\beta$-Hydroxysteroid-Oxydoreduktase nicht.

Der Anstieg der Enzymaktivität im Myometrium beginnt etwa 7 bis 10 Std nach der Gabe von $17\beta$-Oestradiol. Für diese Versuche wird die paarige Anlage des Kaninchenuterus ausgenutzt; ein Uterushorn wird vor, das andere nach der Hormongabe entnommen. Die Aktivität der $17\beta$-Hydroxysteroid-Oxydoreduktase wird in beiden Uterushörnern getrennt bestimmt; die Aktivität nach Hormongabe wird ausgedrückt in % der Aktivität vor Hormongabe. Sie beträgt 7 Std nach Gabe von 1 mg $17\beta$-Oestradiol/kg KG 115% bis 400%, 15 Std nach der Applikation des Hormons 700% bis 800% des Kontrollwertes vor Hormongabe.

Die niedrigste Oestradioldosis, durch welche ein Anstieg der Aktivität des Enzyms im Myometrium ausgelöst werden kann, beträgt 1 μg $17\beta$-Oestradiol/kg KG. 15 Std nach der Applikation dieser Dosis steigt die Aktivität der $17\beta$-Hydroxysteroid-Oxydoreduktase auf das $2-3$fache des Kontrollwertes an. Das Maximum des Aktivitätsanstieges ist etwa 40 Std nach einmaliger Gabe von 1 μg $17\beta$-Oestradiol/kg KG erreicht; 72 Std danach beträgt die Änderung gegenüber dem Kontrollwert nur wenige Prozent.

Bei gleichzeitiger Gabe von 1 µg 17β-Oestradiol/kg KG mit Actinomycin D, Puromycin oder dem Antioestrogen U 11 100 A (Nafodixin-HCl) bleibt der oestradiolbedingte Anstieg der Aktivität der 17β-Hydroxysteroid-Oxydoreduktase im Myometrium aus. Die Aktivität der zur Kontrolle ebenfalls bestimmten Stoffwechselenzyme Glukose-6-Phosphat-Dehydrogenase und Malatdehydrogenase bleibt während der Versuchsdauer unbeeinflußt.

Aus dem Myometrium von trächtigen Kaninchen und aus dem Myometrium von kastrierten Tieren, welche längere Zeit mit 17β-Oestradiol und Diäthylstilboestrol vorbehandelt wurden (1,5 mg 17β-Oestradiol/kg KG, 0,8 mg Diäthylstilboestrol/kg KG/24 Std), kann die 17β-Hydroxysteroid-Oxydoreduktase bei einer Ausbeute von 30% etwa 40fach angereichert werden. Nach der Anreicherung ist die Substratspezifität aller drei Myometriumextrakte gleich: 17β-Oestradiol und der 3-Methyläther von 17β-Oestradiol werden mit etwa der gleichen Geschwindigkeit oxydiert. Mit 17α-Oestradiol, Oestriol, Testosteron und Androstandiol als Substrat kann eine enzymatische Aktivität nicht nachgewiesen werden. In allen 3 Myometriumextrakten findet man nach Anreicherung des Enzyms neben der Dehydrogenase-Aktivität eine oestradiolabhängige Wasserstoffübertragung von NADPH auf NAD$^+$. Das Verhältnis von Dehydrogenase-Aktivität zu Transhydrogenase-Aktivität beträgt 11/1.

Der Anstieg der Aktivität der 17β-Hydroxysteroid:NAD(P)-Oxydoreduktase im Myometrium des Kaninchens nach Gabe von oestrogenen Hormonen ist oestrogenspezifisch und beruht, wie die Hemmversuche mit Actinomycin D und mit Puromycin zeigen, auf einer Neubildung von Enzymprotein. Es ist denkbar, daß durch eine Beeinflussung der Aktivität der oestradiolspezifischen 17β-Hydroxysteroid-Oxydoreduktase die Dauer der Oestradiolwirkung auf die Myometriumzelle kontrolliert werden kann. Mögliche Zusammenhänge zwischen der Aktivität des Enzyms und der Kontraktilität des Myometriums werden diskutiert.

## Literatur

Jensen, E. V.: In: Mechanisms of hormone action. S. 34, S. 245. Ed. P. Karlson, Stuttgart: Georg Thieme 1965
—, and H. I. Jacobson: Recent Progr. Hormone Res. 18, 387 (1962).
Jütting, G.: Geburtsh. u. Frauenheilk. 22, 973 (1962).
— Geburtsh. u. Frauenheilk. 26, 636 (1966).
— K. J. Thun, and E. Kuss: Europ. J. Biochem. 2, 146 (1967).
Martin, L.: J. Endocr. 30, 337 (1964).
Stone, G. M.: J. Endocr. 27, 281 (1963).

# 100 Jahre Inselforschung
## Zur Erinnerung an die Erstbeschreibung der Pankreasinseln durch Paul Langerhans
### 100 Years of Islet Research
### In Memory to the First Description of the Pancreatic Islets by Paul Langerhans


W. Creutzfeldt

Medizinische Universitätsklinik Göttingen
(Abteilung für Gastroenterologie und Stoffwechselkrankheiten)


Mit 2 Abbildungen

## Summary


At the occasion of the centenary of Paul Langerhans' discovery his thesis is reviewed. Here for the first time the histological structures in the pancreas — later called by Laguesse "islets of Langerhans" — are described. The curriculum vitae of Paul Langerhans and a short review of the research about the structure, the function and the metabolism of the pancreatic islets since 1869 are given. The close relationship between islet research and the changing views on the pathogenesis of diabetes are stressed.


Am 18. Februar 1869 wurde Paul Langerhans von der Medizinischen Fakultät der Friedrich-Wilhelms-Universität in Berlin mit der Arbeit „Beiträge zur mikroskopischen Anatomie der Bauchspeicheldrüse" zum Doktor der Medizin und Chirurgie promoviert (Abb. 1). Diese am Berliner Pathologischen Institut durchgeführte und Virchow gewidmete Arbeit enthält an Mazerations- und Zupfpräparaten gewonnene Beschreibungen der Bauchspeicheldrüse des Kaninchens. Nach einer kurzen Einleitung schreibt Langerhans (S. 5f): „Der einzige Zweck dieser Entstehungsgeschichte meiner Arbeit ist Motivirung und Entschuldigung ihres geringen Gehaltes. Ich muß leider meine Mittheilungen mit der Erklärung eröffnen, dass ich in keiner Weise im Stande bin, die abgeschlossenen Resultate einer erfolgreichen Untersuchung vorzulegen, sondern höchstens wenige vereinzelte Beobachtungen beizubringen vermag, welche einen ungleich complicirteren Bau des untersuchten Objectes ahnen lassen, als man bisher annahm." Und etwas später (S. 7): „..., und ich bitte nur um Verzeihung, wenn etwa diese Zeilen einem erfahrenen Mikroskopiker in die Hände fallen sollten und er des Bekannten ein wenig zu viel, des Unbekannten viel zu wenig darin findet."

Langerhans unterscheidet im Pankreas 9 verschiedene Strukturen. Dabei widmet er den größten Teil seiner Arbeit dem Problem der zentro-acinären Zellen. Unter [9] erwähnt er (S. 13): „Kleine Zellen von meist ganz homogenem Inhalt und polygonaler Form mit rundem Kern ohne Kernkörperchen, meist zu zweien oder zu kleinen Gruppen beisammen liegend" und beschreibt sie wie folgt (S. 24f): „Diese Zellen liegen meist in größerer Anzahl bei einander, ..., zu rundlichen Häuflein geschaart, in regelmäßigen Abständen im Parenchym [im alten Sinne des Wortes] der Drüse vertheilt. Ihre Häuflein zeigen meist einen Durchmesser von 0,1 bis 0,24 Millimeter, ...". Eine Funktion vermag Langerhans diesen Zellhaufen nicht zuzuschreiben, er sagt zu dieser Frage (S. 25): „War nun die Antwort, die ich oben auf die Frage nach der Natur der centroacinären Zellen zu geben vermochte, eine nur ungenügende und bedingte, so gilt dies leider in noch höherem Maasse von der Art, wie ich die analoge Frage bei diesen Zellen zu beantworten im Stande bin. Denn oben konnte ich wenigstens mit einem gewissen Grad von Wahrscheinlichkeit eine bestimmte Ansicht formulieren: hier aber gestehe ich offen, dass mir jede Möglichkeit einer Erklärung fehlt."

# Beiträge
# zur mikroskopischen Anatomie der Bauchspeicheldrüse.

—◆—

## INAUGURAL-DISSERTATION,

ZUR

ERLANGUNG DER DOCTORWÜRDE

IN DER

## MEDICIN UND CHIRURGIE

VORGELEGT DER

## MEDICINISCHEN FACULTÄT

### DER FRIEDRICH-WILHELMS-UNIVERSITÄT

ZU BERLIN

UND ÖFFENTLICH ZU VERTHEIDIGEN

am 18. Februar 1869

VON

### Paul Langerhans
aus Berlin.

———

**OPPONENTEN:**

G. Loeillot de Mars, Dd. med.
O. Soltmann, Dd. med.
Paul Ruge, Stud. med.

═══════════════

### BERLIN.
BUCHDRUCKEREI VON GUSTAV LANGE.

Abb. 1. Titelblatt der Dissertation von Paul Langerhans

Diese Zitate vermögen zweierlei zu verdeutlichen: Einmal die große Bescheidenheit jenes Mannes, dessen Name seitdem jedem Biologen und Mediziner geläufig ist, und zum anderen seine Ahnungslosigkeit hinsichtlich der Bedeutung der eigenen Entdeckung zu einer Zeit, als die Zusammenhänge zwischen Diabetes und Pankreas noch nicht zur Diskussion standen und eine eigentliche Endokrinologie noch nicht existierte. Langerhans selbst hat das Problem der Zellhaufen im Pankreas nicht weiter verfolgt.

Abb. 2.      Paul Langerhans
aus
J. Schumacher „Zur Geschichte der Medizinischen Fakultät Freiburg"; Stuttgart 1957,
nach Seite 20

Über sein Leben wissen wir Folgendes. Er wurde am 25. Juli 1847 in Berlin geboren und studierte in Jena und Berlin (Abb. 2). Unter seinen akademischen Lehrern waren viele klangvolle Namen. Nach seiner Promotion ging er zunächst zu dem Physiologen Ludwig nach Leipzig und dann an das Anatomische Institut der Universität Freiburg. Dort habilitierte er sich „Über die Anatomie der sympathischen Ganglienzellen" und arbeitete über nervöse Elemente im Stratum germinativum der Epidermis. Das Stratum granulosum der Oberhaut wurde nach ihm benannt („Langerhanssche Schicht"). 1874 erkrankte Langerhans an einer Lungentuberkulose und verließ die Universität. Er lebte vorübergehend in Silvaplana und auf Capri, arbeitete auch kurze Zeit am Dohrnschen Institut in Neapel und siedelte später nach Madeira über. In Funchal eröffnete er eine ärztliche Praxis. Aus dieser Zeit stammt ein wissenschaftlich und praktisch gehaltenes

Handbuch über Madeira. Am 20. 7. 1888, also im Alter von nur 40 Jahren, starb Langerhans an einer wahrscheinlich akuten Nierenerkrankung.

Er erlebte also nicht mehr das bald wachsende Interesse an den von ihm beschriebenen Zellhaufen. Denn erst 1 Jahr nach seinem Tode, 1889, führten J. von Mering und O. Minkowski die erste erfolgreiche Prankreatektomie beim Hund durch und bewiesen damit die Rolle des Pankreas für die Pathogenese des Diabetes, die vorher nur von einzelnen Klinikern (T. Cawley, 1778; E. Lanceraux, 1877; Th. Frerichs, 1884) vermutet worden war.

Die Inseln des Pankreas wurden zum ersten Mal mit einer den Kohlenhydratstoffwechsel regulierenden inneren Sekretion im Jahre 1893 von E. Laguesse in Verbindung gebracht. Laguesse war es auch, der auf ihre Erstbeschreibung durch Langerhans verwies und ihnen den Namen „îlots de Langerhans", Langerhanssche Inseln, gab. Seitdem haben sich zahlreiche Anatomen und Pathologen um die weitere Analyse der Orthologie und Pathologie des Inselsystems bemüht. Als Meilensteine auf diesem Weg seien erwähnt die Arbeiten der Pathologen A. Weichselbaum und E. Stangl sowie E. L. Opie (1901), die auf die Häufigkeit von Inselveränderungen beim Diabetes mellitus des Menschen hinwiesen, und der Anatomen M. A. Lane und R. R. Bensley (1907), die zum ersten Mal verschiedene Zelltypen (A- und B-Zellen) in den Inseln unterschieden, und schließlich die Entdeckung des Insulin durch F. G. Banting und Ch. H. Best im Jahre 1921. Hiermit schien das Problem der Diabetestherapie zunächst gelöst, nicht jedoch das der Struktur und Pathophysiologie der Langerhansschen Inseln.

Zunächst blieb noch die Frage der verschiedenen Zelltypen und ihrer unterschiedlichen Funktion. W. Bloom (1931) sowie T. B. Thomas (1937) identifizierten als dritte Inselzelle die D-Zellen. Durch die Entdeckung von J. S. Dunn, H. L. Sheehan und N. G. B. McLetchie (1943), daß Alloxan die B-Zellen zerstört und dadurch einen Diabetes unter Erhaltung der A-Zellen erzeugt, wurde bewiesen, daß das Insulin durch die B-Zellen produziert wird. Gleichzeitig wurde aber die Frage nach der Funktion der A- oder Alpha$_2$-Zellen dringlich. Sie konnte durch die Entdeckung von sogenannten Alphacytotoxinen (z. B. Kobaltchlorid), durch Extraktionsversuche vor allem durch S. A. Bencosme sowie durch Immunofluoreszenz durch Baum, Simons, Unger und Madison (1962) insofern entschieden werden, daß sie als die Produzenten des Glukagon anzusprechen sind. Nicht geklärt ist bisher die Funktion der D- oder Alpha$_1$-Zellen.

Einen besonderen Auftrieb erlebte die Inselforschung — wie die gesamte Diabetesforschung — durch die Entdeckung der betacytotropen Sulfonamide (A. Loubatières, 1946, J. D. Achelis und K. Hardebeck, 1955), die zu einer Insulinsekretion und eindrucksvollen Degranulation der B-Zellen führen, sowie in jüngster Zeit durch die Entdeckung von Substanzen, die die Insulinsekretion zu hemmen vermögen, wie Mannoheptulose und Diazoxid. Wegen seiner besonderen Verdienste um die Inselforschung muß ich schließlich noch P. E. Lacy erwähnen, dem wir die ersten elektronenoptischen und immunofluoreszenzmikroskopischen Befunde an den Langerhansschen Inseln und die Theorie der Insulinsekretion via Emiocytose verdanken.

Überblickt man die letzten 100 Jahre, so spiegeln sie den Wechsel der Ansichten über die Pathogenese des Diabetes wider. In Zeiten, in denen extrapankreatische Faktoren im Zentrum des Interesses standen (so zur Zeit Paul Langerhans' unter dem Eindruck der Ansichten Claude Bernards, in den dreißiger Jahren dieses Jahrhunderts unter dem Eindruck der Entdeckungen von B. A. Houssay, von C. N. H. Long und F. D. W. Lukens sowie von F. G. Young und wiederum im letzten Jahrzehnt infolge der Entdeckung zahlreicher peripherer Insulin-Antagonisten), war das Interesse an den Pankreasinseln gering. Aber immer wieder führten neue Entdeckungen die Forschung auf die Schlüsselstellung des Inselorgans für die Diabetespathogenese zurück. Die heute möglichen subtilen Methoden zur Erforschung der Insulin- und Glukagonsekretion in vitro und in vivo haben sogar eine Störung der Insulinsekretion als den eigentlichen ätio-logischen (genetisch determinierten) Faktor des genuinen Diabetes des Menschen wahrscheinlich gemacht. Die Entdeckung gastroenterologischer Syndrome (Zol-linger-Ellison-Syndrom, Verner-Morrison-Syndrom), die entweder mit Insel-zelltumoren oder einer diffusen Hyperplasie der Inseln einhergehen, haben außerdem bewiesen, daß die Inseln zumindest unter pathologischen Bedingungen außer Insulin und Glukagon noch weitere Hormone produzieren können. Ob sie das auch unter physiologischen Bedingungen tun, muß noch entschieden werden.

Am 18. Februar 1969, auf den Tag genau 100 Jahre nach der Promotion von Paul Langerhans, versammelten sich zur Feier dieses Ereignisses etwa 75 Insel-forscher — Morphologen, Biochemiker, Physiologen, Pharmakologen und Klini-ker — aus der ganzen Welt in Umeå, Schweden, zu einem Symposion mit dem Thema "The structure and metabolism of the pancreatic islets". Drei Tage lang wurde über neueste Forschungsergebnisse berichtet und diskutiert. Neben Fragen der Ultrastruktur der verschiedenen Inselzelltypen und der Sekretions-prozesse standen Probleme der Histochemie und des Stoffwechsels der Inseln zur Diskussion. Die Biochemiker zeigten, wie weit sie bereits in die Molekular-biologie der Inselzellen vorgedrungen sind. Ich erinnere nur an die Entdeckung des Proinsulin durch D. F. Steiner. Eindrucksvoller, als es in Umeå geschah, konnte kaum demonstriert werden, wie umfangreich und vielschichtig jenes Kapitel der biologischen Wissenschaft geworden ist, das Langerhans vor 100 Jahren zu schreiben begann.

Was Paul Langerhans mit seiner Dissertation bezwecken wollte, ist in über-wältigendem Ausmaße eingetreten. Schrieb er doch (S. 6): „Der Zweck dieser Zeilen kann somit selbst im besten Falle nur der sein, der Bauchspeichel-drüse eine etwas größere Aufmerksamkeit zuwenden zu helfen, als ihr bis jetzt von den Anatomen geschenkt wurde."


**Literatur**

1. Bardeleben, K.: In memoriam Paul Langerhans. Anat. Anz. **3**, 850 (1888).
2. Bargmann, W.: Die Langerhans'schen Inseln des Pankreas. Handbuch der mikroskopischen Anatomie des Menschen. Bd. VI, 2. Teil, 197 (1939).
3. Falkmer, S., B. Hellman, and I. B. Täljedal eds.: The structure and metabolism of the pancreatic islets, a centennial of Paul Langerhans' discovery. Oxford: Pergamon Press 1969.
4. Fischer, I.: Biographisches Lexikon der hervorragenden Ärzte. S. 862. Berlin und Wien: 1933.
5. Laguesse, E.: Sur la formation des îlots de Langerhans dans le pancreas. Ct. Rd. Soc. Biol. (Paris) **5**, 819 (1893).
6. Langerhans, P.: Beiträge zur pathologischen Anatomie der Bauchspeicheldrüse. Inaugural-Dissertation, G. Lange, Berlin, 1869.
7. Lazarus, S. S., and B. W. Volk: The pancreas in human and experimental diabetes. New York and London: Grune & Stratton, 1962.

# Zur Analytik der Oestrogene

Bericht über die Ergebnisse des Symposions: „Methodik der Oestrogenbestimmungen"
am 5. März 1969 in Köln-Lindenthal

## Analysis of Estrogens
### Results of the Symposium: Methods in Estrogen Analysis
### March 5, 1969

W. NOCKE

Universitäts-Frauenklinik Marburg


### Summary

In the *1st section*, a survey of methods for the conventional hormone laboratory was given in four lectures on the following topics: (1) determination of urinary estriol in pregnancy (B. Runnebaum, Heidelberg), (2) determination of urinary total estrogens in pregnancy (E. Kuss, Munich), (3) determination of estrogen fractions in non-pregnancy urine (W. Nocke, Marburg), (4) determination of total estrogen in non-pregnancy urines, using semi-automatic extraction (B. J. Smyth, Edinburgh). Following this section, conventional methods were thoroughly discussed. The *2nd section* was dealing with methods for the highly specialised hormone laboratory. Five lectures on the following subjects were presented: (1) determination of the newly discovered estrogens (H. Breuer, Bonn), (2) separation of 81 different phenolic steroids by multiple paper chromatography (R. Knuppen, Bonn), (3) gas chromatography and mass spectrometry of estrogens (H. Adlercreutz, Helsinki), (4) estrogen methods using radio-active isotopes (J. H. H. Thijssen, Utrecht), (5) future developments in estrogen methodology (H. Breuer, Bonn). After this section, there was a panel on estrogen methodology followed by a general discussion. The symposium including the discussions will be published in full detail elsewhere.


Außerhalb des offiziellen Programms des 15. Symposions der Deutschen Gesellschaft für Endokrinologie fand am 5. März 1969 ein Spezialsymposion über „Methodik der Oestrogenbestimmungen" mit anschließendem Podiumsgespräch und Diskussion statt. Dazu wurden Spezialisten aus dem In- und Ausland eingeladen (cf. p. 22). Die Ziele des Symposions waren, eine Bilanz über den gegenwärtigen Stand der Methodologie zu erarbeiten und eine Auswahl von Methoden zu diskutieren. Dadurch sollte versucht werden, dem praktischen, nicht auf dem Oestrogengebiet spezialisierten Endokrinologen in Klinik und Laboratorium eine Hilfe zu geben, sich in der kaum noch überblickbaren Vielfalt angebotener Methoden zurechtzufinden.

Der *erste Teil* des Symposions behandelte die *Methoden für das konventionelle Hormonlaboratorium*. B. Runnebaum u. K. Holzmann (Heidelberg) berichteten zunächst über „Bestimmungen von Oestriol in der Schwangerschaft". Diese haben in erster Linie praktische Bedeutung für die Kontrolle der Placentafunktion. Die placentare Biosynthese von Oestriol erfordert auf der fetalen Seite der Placenta eine intakte fetoplacentare Zirkulation (Zufuhr von Oestriol-Vorläufern aus der fetalen Nebennierenrinde), und auf der maternen Seite der Placenta eine ausreichende Oxygenierung des Blutes durch Kontakt mit dem maternen Kreislauf (Sauerstoffabhängigkeit der aromatisierenden Enzymsysteme der Placenta). Die Ausscheidung von Oestriol im Urin der Schwangeren ist deshalb ein empfindlicher Parameter für die Placentafunktion. Einschränkungen der Placentafunktion haben ein Absinken der Oestriol-Ausscheidung im Urin der Schwangeren zur Folge. Runnebaum gab eine kritische Übersicht der verschiedenen Verfahren, die für die drei wichtigsten Arbeitsgänge der Oestriolbestimmung (Hydrolyse, Extraktion und Reinigung, quantitative Bestimmung) zur Verfügung stehen.

Die *Hydrolyse* der Oestriolkonjugate kann entweder durch heiße Mineralsäuren oder enzymatisch erfolgen. Das Standardverfahren für die Heiße-Säure-Hydrolyse ist 60 min Erhitzen am Rückfluß mit 15% HCl (Vol. + Vol.). Dabei treten Oestriol-Verluste von 10—20% auf. Gleiche Ergebnisse werden durch 30 min Erhitzen mit 20% HCl erzielt (Brown u. Blair, 1958). Die Verluste können durch 15 min Erhitzen auf 120° C (Brown u. Mitarb., 1968a) auf < 9% verringert werden. Auch Verdünnung des Urins verringert die Verluste. Nach Reinigung des Urines durch Gel-Filtration an Sephadex vor der Hydrolyse werden < 5% Oestriol zerstört (Beling, 1963; Adlercreutz u. Luukainen, 1968). Bei der Methode von Frandsen (1963) werden etwa 5% Oestriol verloren (60 min Erhitzen bei 120° C mit 3% $H_2SO_4$). Bei der Hydrolyse glucosehaltiger Urine treten unkontrollierbare Oestriol-Verluste auf. Abhilfe ist durch Verdünnung des Urines (Brown u. Blair, 1958; Hobkirk u. Mitarb., 1959), durch Gel-Filtration (Beling, 1963) und durch Sättigung mit Ammoniumsulfat (Frandsen u. Mitarb., 1962) möglich. Die enzymatische Hydrolyse von Oestriol-Konjugaten birgt noch mehrere ungelöste Probleme und wird deshalb in Routine-Methoden weniger angewandt. Die im Urin ausgeschiedenen Enzym-Inhibitoren können durch vorherige Gel-Filtration weitgehend entfernt werden. Für die klinische Routine-Anwendung ist der Zeitverlust durch wenigstens 16stündige Inkubationsdauer von Nachteil.

Die *Extraktion* des hydrolysierten Urins erfolgt meist mit Diäthyläther. Nach vorherigem Zusatz von Natriumchlorid oder Ammoniumsulfat genügt eine einmalige Extraktion; bei Zusatz von 12% Ammoniumsulfat ist die Ausbeute praktisch quantitativ. Verunreinigung des Äthers durch Peroxyde bewirkt eine 40—50%ige Zerstörung von Oestriol.

Zur *Reinigung* des Ätherextraktes ist zunächst eine Entfernung der Neutralsteroide durch Verteilung zwischen organischen und wäßrig-alkalischen Lösungsmitteln erforderlich. Bei den meisten Methoden erfolgt die weitere Reinigung durch selektive Derivatbildung und/oder Adsorptionschromatographie an Aluminiumoxyd. Bei Methoden mit colorimetrischer Bestimmung wird z. B. 3-Methoxy-Oestriol als Derivat benutzt, während für gaschromatographische Bestimmungen Acetate und Dimethylsilyläther gut geeignet sind. Besondere Vorteile für die Separierung und Reinigung von Oestriol hat die Gel-Filtration (Beling, 1963).

Für die *quantitative Bestimmung* von Oestriol in den gereinigten Fraktionen werden colorimetrische, fluorimetrische und gaschromatographische Verfahren benutzt. Grundlage der meisten colorimetrischen Verfahren ist die für phenolische Steroide spezifische Kober-Reaktion (Kober, 1931; Brown, 1952; Bauld, 1954; Nocke, 1961). Die colorimetrische Reaktion von Bachmann (1939) ist spezifisch für Oestriol und 16-*epi*-Oestriol. Empfindlichkeit und Spezifität der Kober-Reaktion wurden bedeutend verbessert durch die von Ittrich (1958, 1960) angegebene selektive Extraktion des Farbkomplexes, der entweder colorimetrisch oder fluorimetrisch gemessen werden kann. Gaschromatographische Methoden bieten gegenüber den colorimetrischen und fluorimetrischen Verfahren nach dem gegenwärtigen Stand offenbar keine Vorteile, da sie aufwendige Reinigungen der Fraktionen erfordern.

Anschließend sprach E. Kuss (München) über „Bestimmung von Total-Oestrogenen in der Schwangerschaft". Der Referent betonte die Mehrdeutigkeit des Begriffes „Gesamt-Oestrogene", der für drei verschieden zusammengesetzte Substanzgruppen verwendet wird: 1. Verbindungen, die eine gleichartige biologische Wirkung auslösen, 2. Substanzen, die durch eine analytisch-chemische Reaktion gemeinsam bestimmt werden können, und 3. Stoffwechselprodukte, die Abkömmlinge von Oestradiol-17$\beta$ sind oder sein könnten. In der Schwangerschaft werden täglich bis zu 50 mg Oestriol ausgeschieden. Demgegenüber beträgt die tägliche Ausscheidung der übrigen Oestrogene nur etwa 1—1,6 mg. Da bei der Beurteilung der Oestrogen-Ausscheidung der Schwangeren die Oestriol-Menge im Vordergrund des Interesse steht, gelten die übrigen Oestrogene hier nur als störende Begleitsubstanzen, deren Abtrennung mit erheblichem Arbeits-, Kosten- und Zeitaufwand verbunden ist. Dies weist darauf hin, daß neben den genannten Definitionen eine zweckgerichtete Deutung der Bezeichnung „Gesamt-Oestrogene" berücksichtigt werden muß. Der Autor wies darauf hin, daß der Sprachgebrauch „Gesamt-Oestrogen-Bestimmung" in diesem Sinne eine euphemistische Bezeichnung für eine Oestriol-Bestimmung geringerer Spezifität ist.

Gesamt-Oestrogen-Bestimmungen in der Schwangerschaft werden, ebenso wie Oestriol-Bestimmungen, in erster Linie für die Kontrolle der Placentafunktion benutzt. Wegen der quantitativen Prävalenz von Oestriol hat der Fehler, der durch Verzicht auf die Separierung der Oestriol-Fraktion und durch die Miterfassung der übrigen phenolischen Steroide eingeführt wird, in der Praxis keine Bedeutung. Kuss gab eine umfassende, kritische Übersicht über die verfügbaren Methoden, die meist eine colorimetrische oder fluorimetrische Bestimmung aus einer mehr oder weniger gereinigten phenolischen Fraktion benutzen, bei deren Herstellung auf Chromatographie und Derivatbildung verzichtet wird. Die relative Einfachheit der Methoden bietet gute Möglichkeiten für Automatisierungen. So liegen bereits praktische Erfahrungen mit einer Auto-Analyzer-Methode vor (Ua Conaill, 1968), die 20 Bestimmungen/Std nach dem Prinzip der „direkten" Methode von Ittrich (1960) ermöglicht.

Beide Referenten wiesen besonders auf die Bedeutung der für eine analytische Methode zu fordernden Zuverlässigkeitskriterien (Richtigkeit, Genauigkeit, Empfindlichkeit, Spezifität) hin. Nicht alle vorhandenen Methoden werden diesen Kriterien gerecht. Praktische Möglichkeiten zur Kontrolle und Verbesserung der Zuverlässigkeit wurden erörtert.

In seinem Vortrag „Fraktionierte Oestrogen-Bestimmungen außerhalb der Schwangerschaft" gab W. Nocke (Marburg) eine detaillierte Darstellung der für die fraktionierte Bestimmung von Oestron, Oestradiol-17$\beta$, Oestriol und 16-*epi*-Oestriol im Nichtschwangerenurin benutzten Prinzipien sowie ihrer theoretischen Grundlagen. Auf die kritischen Punkte der einzelnen Arbeitsgänge wurde besonders hingewiesen.

Über die neue Schnellmethode für die Gruppenbestimmung von Total-Oestrogenen von Brown, Macleod, Macnaughten, Smith u. Smyth (1968a) berichtete Barbara J. Smyth (Edinburgh) in ihrem Vortrag "A rapid method for the estimation of oestrogens in non-pregnancy urines, using a semi-automatic extractor". Diese halb-automatisierte Methode besteht im wesentlichen aus folgenden Arbeitsgängen: 1/2000 bis 1/10000 Vol. eines 24 Std-Urins wird auf 6 ml verdünnt und mit heißer Säure hydrolysiert. Nach Zugabe von je 1 g NaCl wird 1 × mit Äther extrahiert und anschließend die saure Fraktion durch Verteilung mit Carbonatpuffer (pH 10,5) entfernt. Die Abtrennung der Neutral-fraktion erfolgt durch Verteilung zwischen Diäthyläther-Petroläther und wäßriger NaOH. Nach Zugabe von $NaHCO_3$ zur wäßrig-alkalischen Phase wird die pheno-lische Fraktion mit Äther re-extrahiert. Alle Extraktions- und Verteilungs-vorgänge werden mit einem semi-automatischen Extraktor ausgeführt, in den gleichzeitig 12 Proben eingesetzt werden können. Mit den Trockenrückständen der Ätherextrakte wird eine einstufige Kober-Reaktion ausgeführt (Brown u. Mitarb., 1968b). Der Farbstoff wird nach Ittrich extrahiert und in einem Spektral-fluorimeter mit 2 Monochromatoren gemessen. Die Anregung erfolgt bei 546 und 490 m$\mu$, die Emission wird gemessen bei 565 und 525 m$\mu$. Durch Anwendung einer empirisch ermittelten Korrekturformel wird die unspezifische Fluorescenz eliminiert. Die Messungen werden auf einen Standard von 0,1 $\mu$g Oestriol bezogen und als Oestriol-Äquivalente ausgedrückt. Mit der Methode können 12 Urine in $3^1/_2$ Std analysiert werden. Die außerordentlich hohe Empfindlichkeit ermög-licht eine universelle Anwendung für alle in der Klinik vorkommenden Frage-stellungen für Gesamt-Oestrogen-Bestimmungen im Urin bei Nichtschwangeren und Schwangeren.

Der *zweite Teil* des Symposions war den *Methoden für das spezialisierte Hormon-laboratorium* gewidmet. Als Einleitung gab H. Breuer (Bonn) in seinem Vortrag „Zur Bestimmung der ‚neueren' Oestrogene" eine Bestandsaufnahme dieses Forschungsgebietes, das durch die noch immer zunehmende Zahl neu entdeckter Verbindungen für den Nichtspezialisten immer unübersichtlicher wird. R. Knup-pen (Bonn) berichtete über „Papierchromatographische Methoden zur Trennung der nicht-klassischen Oestrogene". Durch ein elaboriertes System von multiplen Papierchromatographien führt Knuppen zunächst in Formamid-Monochlorbenzol eine Trennung des Gemisches phenolischer Steroide in die Hauptgruppen A, B und C durch. *Gruppe A* enthält die Verbindungen mit wenigstens 2 Hydroxy-Gruppen und 1 Oxo-Gruppe; in *Gruppe B* befinden sich die Verbindungen mit 2 Hydroxy-Gruppen; in *Gruppe C* sind die Verbindungen mit 1 Hydroxy-Gruppe und maximal 1 Oxo-Gruppe enthalten (Ausnahme: 2-Methoxy-Oestradiol-17$\beta$). Durch weitere Re-Chromatographien in Systemen, die Formamid als stationäre Phase und Cyclohexan, Monochlorbenzol, Chloroform, Monochlorbenzol:Äthyl-acetat oder Chloroform:Äthylacetat als mobile Phase enthalten, ist er imstande, 81 verschiedene phenolische Steroide aus einem Gemisch zu separieren. Von diesen 81 Verbindungen wurden bisher 29 beim Menschen nachgewiesen. Das ohne wesentlichen apparativen Aufwand arbeitende Trennverfahren wurde auf seine Spezifität, Genauigkeit und Richtigkeit geprüft. Die Richtigkeit wurde durch Zusatzversuche mit radioaktiv markierten Substanzen geprüft, die Spezifität durch mikrochemische Methoden bewiesen. Die Methode ist auch für Urinextrakte anwendbar.

H. Adlercreutz (Helsinki) berichtete über „Gaschromatographie und Massenspektrometrie der Oestrogene". Durch Anwendung der Gel-Filtration mit anschließender enzymatischer Hydrolyse, Lösungsmittelverteilungen, Papierchromatographie, Adsorptionschromatographie an Aluminiumoxyd, Keton-Trennung nach Girard, Methylierung und Acetonierung wird zunächst eine Vortrennung der phenolischen Steroide in 5 Gruppen vorgenommen. Die Gaschromatographie dieser Gruppen ist nur bei Phenolen, die außerdem 1 oder 2 Oxo-Gruppen oder 1 Hydroxy-Gruppe enthalten ohne Derivatbildung möglich. Die übrigen phenolischen Steroide werden ohne Derivat-Bildung bei den hohen Temperaturen durch Pyrolyse zerstört. Als Derivat finden in erster Linie Acetate, Trifluoroacetate, Heptafluorobutyrate und Trimethylsilyläther Verwendung. Letztere sind nach Adlercreutz für die Gaschromatographie phenolischer Steroide am besten geeignet. Auch Doppelderivate werden benutzt, wie z. B. Trimethylsilyläther von 3-Monomethyläthern sowie Monochlor- und Monobrom-Trimethylsilyläther. Eine wertvolle Ergänzung der Gaschromatographie ist die Kombination mit einem Massenspektrometer. Damit sind sowohl qualitative als auch quantitative Untersuchungen möglich. Mit dem Massenspektrometer können gelegentlich in gaschromatographisch einheitlichen „peaks" bis zu 6 verschiedene Verbindungen identifiziert werden. Wenn authentische Referenz-Substanzen verfügbar sind, so kann mit der Kombination Gaschromatographie-Massenspektrometrie die Struktur phenolischer Steroide definitiv geklärt werden.

J. H. H. Thijssen (Utrecht) referierte über die „Anwendung radioaktiv markierter Isotope bei der Oestrogenbestimmung". Die verfügbaren Isotopen-Methoden und ihre Anwendung wurden kritisch diskutiert. Für die Anwendung radioaktiver Isotope bei Steroidbestimmungen ergeben sich grundsätzlich 3 verschiedene Möglichkeiten:

1. *Isotopen-Derivat-Methoden.* Diese Verfahren werden meist als Doppel-Isotopen-Derivat-Verdünnungsmethoden eingesetzt. Dabei wird eine bekannte Menge der zu bestimmenden Verbindung in markierter Form (meist $^{14}$C) zur unbekannten Probe zugesetzt und anschließend ein zweites radioaktives Isotop (meist $^{3}$H) durch Derivatbildung mit einem tritiierten Reagens eingeführt. Die Fraktion der zu bestimmenden Substanz wird separiert und gereinigt und die Konzentration der unbekannten Substanz durch Bestimmung der Relation $^{3}$H/$^{14}$C ermittelt.

2. *Interne-Standard-Methoden.* Die zu untersuchende Analysenprobe wird mit einer bekannten Menge der zu bestimmenden Substanz in einfach markierter Form versetzt. Die Bestimmung des Radioaktivitäts-Verlustes am Ende der Aufarbeitung erlaubt Rückschlüsse auf den gleichzeitigen Verlust der nicht markierten Substanz. Das Verfahren ist prinzipiell für die Kontrolle aller chemischen Steroidbestimmungen anwendbar. Die methodischen Verluste sind für jede einzelne Analyse bestimmbar. Auf die klassischen Prinzipien quantitativen Arbeitens, wie z. B. wiederholte Extraktionen zur Erhöhung der Ausbeute, quantitative Überführungen in andere Gefäße etc. kann weitgehend verzichtet werden.

3. *„Tracer"-Methoden.* Bei diesen Verfahren werden markierte Steroide injiziert und die markierten Metaboliten anschließend aus dem Urin und/oder dem Blut isoliert. Unter bestimmten Voraussetzungen können bei diesen Verfahren die Sekretionsraten von Steroiden bestimmt werden. Es ist jedoch zu betonen, daß in manchen Fällen Injektionen von 2 oder sogar 3 verschieden markierten Steroiden für die Bestimmungen von Sekretionsraten notwendig sind.

In seinem abschließenden Vortrag „Ausblick auf künftige methodologische Entwicklungstendenzen" erörterte H. Breuer (Bonn) die gegenwärtig erkennbaren Möglichkeiten weiterer methodologischer Fortschritte für das konventionelle und für das spezialisierte Hormonlaboratorium. Für das konventionelle Hormonlaboratorium erscheint die halbautomatisierte Kurzmethode zur Bestimmung von Gesamt-Oestrogen im Urin nach Brown u. Mitarb. (1968a) als das Verfahren der Wahl, das nach Ansicht des Vortragenden nicht mehr wesentlich zu vereinfachen ist. Erste Mitteilungen lassen hoffen, das in absehbarer Zeit auch für Oestrogenbestimmungen im Blut praktikable Protein-Bindungs-Methoden in das konventionelle Hormonlaboratorium Eingang finden können.

Im spezialisierten Hormonlaboratorium werden die mit Mehrfach-Markierungen arbeitenden Isotopen-Methoden, Gaschromatographie, Radiogaschromatographie und Massenspektrometrie sowie Kombinationen dieser Verfahren ihren Platz behalten. Weitere Fortschritte bei der Isolierung und Identifizierung von Oestrogen-Metaboliten in kleinsten Mengen sind notwendigerweise mit den Entwicklungstendenzen dieser Geräte eng verknüpft.

Zwischen den beiden Teilen des Symposions wurden die Methoden für das konventionelle Hormonlaboratorium ausführlich diskutiert, und nach dem 2. Teil folgte ein methodologisches Podiumsgespräch mit anschließender allgemeiner Diskussion unter reger Beteiligung des Auditoriums. Die Wiedergabe von Einzelheiten würde den Rahmen eines zusammenfassenden Berichtes weit überschreiten. Das gesamte Symposion einschließlich der Diskussionen soll an anderer Stelle veröffentlicht werden.

Der Berichterstatter sieht sich vor die Frage gestellt, welche Folgerungen aus den Ergebnissen des Symposions für die gegenwärtige Situation des konventionellen und des spezialisierten Hormonlaboratoriums zu ziehen sind. Wie im *1. Teil* des Symposions deutlich wurde, hat das Bestreben, die Oestrogenbestimmung im Urin nicht nur für spezielle Forschungszwecke, sondern mehr als bisher auch für aktuelle klinische Fragen einzusetzen, zur Entwicklung zahlreicher sogen. Schnell- oder Kurzmethoden geführt. Der durchaus legitime Wunsch des Klinikers nach einem schnell zu erhaltenden Resultat ist jedoch nicht ohne Konzession von seiten des Methodikers erfüllbar. Bei einigen älteren Kurzmethoden wurden Genauigkeit, Richtigkeit und Spezifität in einem Ausmaß geopfert, das letztlich die Resultate gerade für klinische Zwecke wertlos machte. Mehrere der neueren Methoden, und hier ist besonders die von Brown u. Mitarb., (1968a) zu nennen, erfüllen beide konträre Forderungen weitgehend, d. h. sie liefern schnelle *und* zuverlässige Resultate. Damit hat die methodische Entwicklung der Oestrogenbestimmung für das konventionelle Hormonlaboratorium einen vorläufigen Abschluß erreicht. Die für die Klinik eröffneten neuen Applikationsmöglichkeiten tragen bereits erste Früchte. Allerdings muß einschränkend erwähnt werden, daß auch die schnellste Oestrogenbestimmung im Urin für einige der wichtigsten klinischen Applikationen wegen des unvermeidlichen Zeitverlustes durch die Urinsammlung unzureichend bleiben muß. Für diese Zwecke erscheinen Oestrogenbestimmungen *im Blut* mit praktikablen Protein-Bindungs-Methoden als das gegenwärtig denkbare Optimum. Die bisher bekannten Verfahren benutzen nur kurzfristig haltbare Proteine tierischen Ursprungs und sind für das konventionelle Hormonlaboratorium kaum praktikabel. In der Diskussion des Symposions berichtete P. W. Jungblut (Wilhelmshaven) über ein vielversprechendes neues Prinzip, bei dem das Antiserum gegen ein synthetisiertes, stabiles Protein mit hoher Affinität für Oestradiol-17$\beta$ benutzt wird. Das System ermöglicht Bestimmungen von Oestradiol-17$\beta$ im Picogramm-Bereich.

Im *2. Teil* des Symposions wurde erkennbar, daß die Grundlagenforschung auf dem Oestrogengebiet zunehmend die Anwendung sehr komplizierter, zeitraubender und aufwendiger Methoden sowie den Einsatz kostspieliger und störanfälliger Geräte erfordert; sie konzentriert sich daher immer mehr auf wenige, hochspezialisierte Laboratorien. Die Applikation dieser elaborierten Verfahren für klinische Untersuchungsreihen ist vorläufig nur in begrenztem Umfang und nur durch enge Zusammenarbeit zwischen Speziallaboratorium und Klinik möglich. Die Frage nach der evtl. physiologischen Bedeutung der ‚neueren' Oestrogene eröffnet ein weites Gebiet, das der Bearbeitung harrt. Erste Beobachtungen, z. B. mit 17-*epi*-Oestriol und 2-Hydroxyoestradiol-17$\beta$ (cf. Breuer, 1969; Knuppen, 1969) lassen vermuten, daß diese Verbindungen nicht nur Stoffwechselprodukte von Oestradiol-17$\beta$ sind, sondern darüber hinaus wohldefinierte biologische Wirkungen entfalten können.

Die Erfahrungen mit der auf dem 15. Symposion erstmalig praktizierten Arbeitskonferenz über ein spezielles Thema waren ermutigend. Deshalb sollte diese effektive Form eines informellen Austausches von Erfahrungen, Meinungen und experimentellen Daten für die künftigen Symposien der Gesellschaft beibehalten und weiterentwickelt werden.

Den Herren Prof. Dr. E. Buchborn und Dr. W. Winkelmann (II. Medizinische Universitäts-Klinik, Köln-Merheim) sei an dieser Stelle für die lokale Organisation des Symposions und der Fa. Boehringer GmbH (Mannheim) für die Tonband-Aufzeichnungen der Diskussionen gedankt.

Symposion „*Methodik der Oestrogenbestimmungen*" am 5. März 1969

Moderator des 1. Teils:　Ch. Lauritzen (Ulm)

Moderator des 2. Teils:　H. Breuer (Bonn)

| Teilnehmer: | H. Adlercreutz (Helsinki) | J. Breuer (Bonn) |
| --- | --- | --- |
| | R. Goebel (München) | J. Haller (Göttingen) |
| | J. Hammerstein (Berlin) | B. Hoffmann (München) |
| | K. Holzmann (Heidelberg) | E. Kaiser (München) |
| | H. Karg (München) | R. Knuppen (Bonn) |
| | E. Kuss (München) | B. Runnebaum (Heidelberg) |
| | Barbara J. Smyth (Edinburgh) | J. H. H. Thijssen (Utrecht) |
| | K. D. Voigt (Hamburg) | |

Leitung:　W. Nocke (Marburg)

## Literatur

Adlercreutz, H., and T. Luukainen: In: Gas chromatography of steroids in biological fluids, p. 215. Ed. M. B. Lipsett. New York: Plenum Press. (1968).

Bachman, C.: J. biol. Chem. **131**, 463 (1939).

Bauld, W. S.: Biochem. J. **56**, 426 (1954).

Beling, C. G.: Acta endocr. (Kbh.) Suppl. **79** (1963).

Breuer, H.: 15. Symposion d. dtsch. Ges. Endokrinol., Diskuss.-Bem., Podiumsgespräch, 1. Hauptthema, 6. 3. 1969 (1969).

Brown, J. B.: J. Endocr. **8**, 196 (1952).

— Biochem. J. **60**, 185 (1955).

—, and H. A. F. Blair: J. Endocr. **17**, 411 (1958).

— C. Macnaughtan, M. A. Smith, and B. J. Smyth: J. Endocr. **40**, 175 (1968b).

— S. C. McLoed, C. Macnaughtan, M. A. Smith, and B. J. Smyth: J. Endocr. **42**, 5 (1968a).

Frandsen, V. A.: The excretion of oestriol in normal human pregnancy. Copenhagen: Munksgaard (1963).

— J. Pedersen, and G. Stakemann: Acta endocr. (Kbh.) **40**, 400 (1962).

Hobkirk, R., A. Alfheim, and S. Bugge: J. Clin. Endocr. **19**, 1352 (1959).

Ittrich, G.: Hoppe-Seylers Z. physiol. Chem. **312**, 1 (1958).

— Acta endocr. (Kbh.) **35**, 34 (1960).

Knuppen, R.: Persönl. Mitt. (1969).

Kober, S.: Biochem. Z. **239**, 209 (1931).

Nocke, W.: Biochem. J. **78**, 593 (1961).

Ua Conaill, D., and G. G. Mui: Clin. Chem. **14**, 1010 (1968).

# Biosynthese und Stoffwechsel der Oestrogene
## Biosynthesis and Metabolism of Estrogens


P. W. Jungblut

Max-Planck-Institut für Zellbiologie, Wilhelmshaven


Mit 5 Abbildungen


**Summary**

A brief survey of the topic is given as an introduction to the subsequent proceedings of the symposion.


Die Oestrogenforschung ist ein gutes Beispiel für die Abhängigkeit des Ausmaßes an wissenschaftlicher Erkenntnis von der Qualität der verfügbaren Methoden. Seit der Isolierung und Identifizierung der „klassischen" Oestrogene: Oestron (Butenandt; Doisy, Veler und Thayer, 1929), Oestradiol (Mac Corquodale, Thayer und Doisy, 1935) und Oestriol (Marrian, 1930) dauerte es rund 20 Jahre bis besonders die Einführung der Isotopentechniken und der chromatographischen Methoden entscheidende neue Impulse setzte. Inzwischen wurde eine Vielzahl neuer analytischer und präparativer Methoden entwickelt. So kann heute die Struktur einer Verbindung allein durch die Messung physikalischer Parameter (z. B. Ultraviolett-, Infrarot-, Kernresonanz- und Massenspektren) ermittelt werden. Der Vorteil gegenüber der chemischen Strukturaufklärung liegt dabei nicht nur in der Schnelligkeit der Analyse, sondern vor allem auch darin, daß meist nur so geringe Substanzmengen benötigt werden wie sie gerade bei der Oestrogenforschung im allgemeinen zu erwarten sind. Als besonders vielversprechend erscheint in diesem Zusammenhang die Kombination von mikropräparativer gaschromatographischer Trennung und massenspektrometrischer Analyse, die ohne Zweifel unser Wissen um Biosynthese und Stoffwechsel der Oestrogene beträchtlich erweitern wird. Aber bereits jetzt verbirgt sich unter dem kurzen Titel eine so umfangreiche Literatur, daß die vorgegebene Zeit nicht ausreicht um ihr auch nur annähernd gerecht zu werden. Diese Einführung wird deshalb Lücken aufweisen, die wie ich hoffe, im Verlaufe des Symposions geschlossen werden. Die Interessierten möchte ich auf eine Reihe ausgezeichneter Übersichtsartikel hinweisen, in denen das Thema erschöpfend behandelt wird. (Dorfman 1955; Adlercreutz 1962; Breuer 1967; Morand und Lyall 1968).

## Biosynthese

Die Untersuchung der Oestrogenbiosynthese läßt sich schematisch in folgende Schritte gliedern:

1. Nachweis des Endprodukts im synthetisierenden Organ.

2. Identifizierung der Syntheseorte. (Bestimmte Zellgruppen und deren Unterfraktionen.)

3. Verfolgung des Syntheseweges
   a) durch Isolierung von Zwischenprodukten,
   b) durch Einschleusung von bekannten oder vermuteten Zwischenprodukten.
4. Isolierung spezifischer Enzyme.
5. Aufklärung übergeordneter Steuerungsvorgänge.

Die Skala der Versuchsanordnungen reicht von Versuchen mit dem intakten Organismus über Injektionsversuche am Organ in situ, Durchströmungsversuche in situ und mit isolierten Organen bis zu Inkubationsversuchen mit Organschnitten, isolierten Zellen, Zellhomogenaten, Homogenatfraktionen und schließlich isolierten Enzymen. Ohne Zweifel ist die Ursache mancher widersprüchlicher Ergebnisse in einer Abweichung der Versuchsanordnung von den physiologischen Bedingungen zu suchen. Es wäre jedoch unsinnig deshalb die Ergebnisse von in vitro Versuchen kritiklos als Artefakte abzutun. Zu fordern ist lediglich, daß ihre Ergebnisse ein physiologisches Korrelat finden.

## Oestron und Oestradiol

Oestrogensynthetisierende Organe im engeren Sinne sind die Ovarien, die Testes, die Placenta und die Nebennierenrinden (s. Dorfman 1955). Alle diese Organe können prinzipiell Cholesterin aus Acetyl-CoA synthetisieren (s. Morand und Lyall 1967). Das auf Cholesterin folgende Zwischenprodukt ist 5-Pregnenolon (Abb. 1). Es entsteht durch Hydroxylierung an $C_{20}$ und $C_{22}$ und Abspaltung von Isocapronsäure

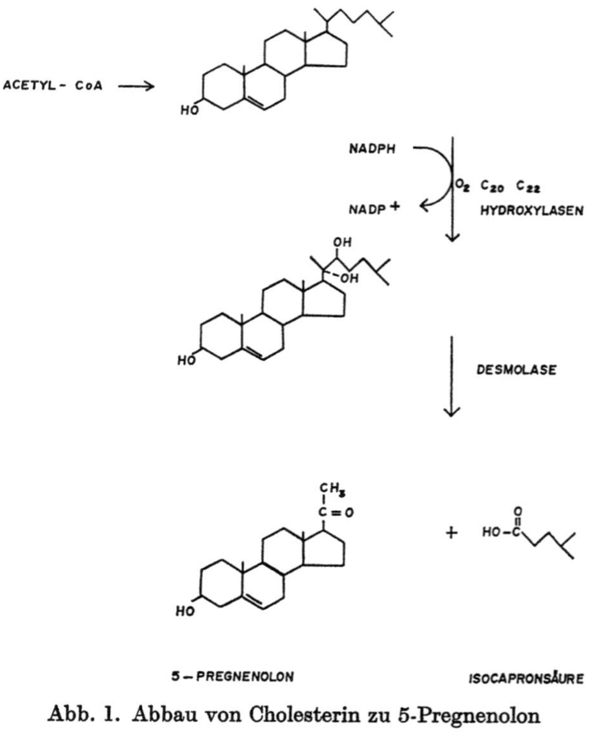

Abb. 1. Abbau von Cholesterin zu 5-Pregnenolon

(Ichii und Mitarb. 1963). In quantitativer Hinsicht ist der Weg vom Acetyl-CoA
über Cholesterin und Pregnenolon für die Oestrogensynthese der einzelnen Organe
von durchaus unterschiedlicher Bedeutung. Besonders die Placenta umgeht im
wesentlichen diese Schritte und verwendet direkt über die Blutbahn zugeführte
$C_{19}$-Steroide.

Der Abbau von Pregnenolon in den Theka- und Granulosa-Zellen des Follikels
(Ryan und Short 1965) sowie im Corpus Luteum (Ryan 1963) ist auf Abb. 2) dar-
gestellt. In den Thekazellen wird Pregnenolon durch ein spezifisches Enzym, das
NADPH und molekularen Sauerstoff erfordert, in der 17α Stellung hydroxyliert. In

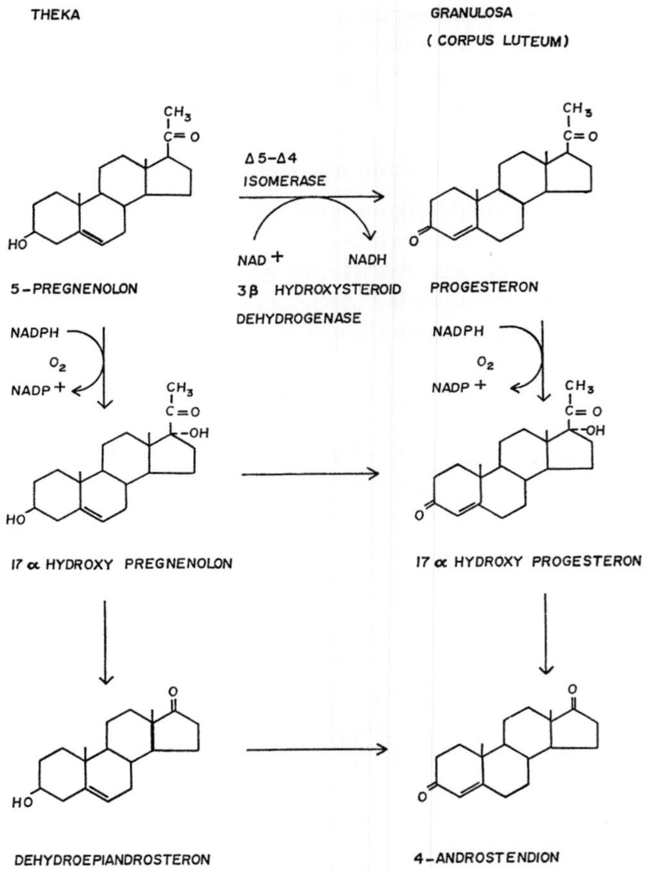

Abb. 2. Synthese von 4-Androstendion aus 5-Pregnenolon im Ovar

den Granulosazellen und im Corpus Luteum entsteht aus Pregnenolon unter der
Wirkung einer Isomerase und der NAD⁺ verbrauchenden 3β-Hydroxysteroid-
Dehydrogenase Progesteron, das anschließend durch das gleiche Enzym wie in den
Thekazellen in der 17α Stellung hydroxyliert wird. Nach Abspaltung der Seitenket-
ten resultieren dann die C-19 Steroide Dehydroepiandrosteron bzw. 4-Androsten-

dion. Die Eliminierung des $C_{19}$ Methyls und die Aromatisierung des A-Rings (Abb. 3)
erfolgt durch einen strukturgebundenen Enzymkomplex der Mikrosomenfraktion,
der NADPH und molekularen Sauerstoff benötigt (Ryan 1959, Arceo und Ryan
1967). Dieser Enzymkomplex ist in allen oestrogensynthetisierenden Organen nachgewiesen worden. Über den genauen Ablauf der Reaktionen besteht noch immer

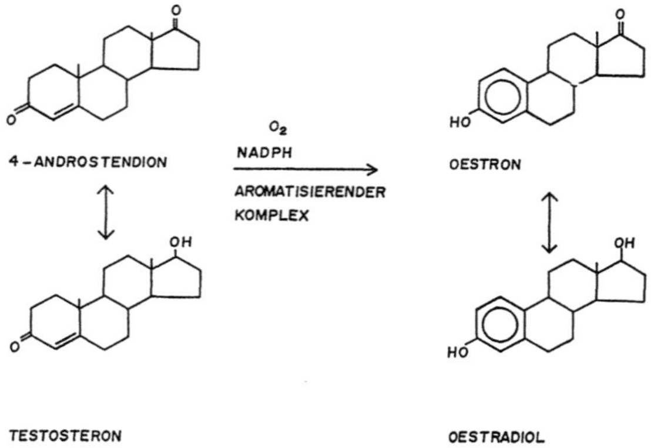

Abb. 3. Oestrogensynthese aus 4-Androstendion

keine endgültige Klarheit. Mit Sicherheit sind 19-Hydroxy- und 19-Oxoverbin-
dungen als Zwischenstufen anzunehmen. (Meyer 1956, Hyano und Mitarb. 1960,
Wilcox und Engel 1965) Breuer und Grill fanden 1961 nach der Inkubation von
gewaschenen Placentamikrosomen mit Androstendion und Testosteron in Anwesenheit von NADPH und Sauerstoff, daß die Bildung von Oestron und Oestradiol mit
der Freisetzung von Formaldehyd einhergeht. Abb. 4 ist der Arbeit von Breuer und
Grill entnommen. Nach ihren Ergebnissen trifft Reaktionsweg a) zu. In einer späteren Arbeit inkubierten Acelrod und Mitarb. (1965) Placentamikrosomen und Testosteron unter verschiedenen Bedingungen und fanden, daß vornehmlich Ameisen-
säure bei der Aromatisierung entsteht. Möglicherweise handelt es sich dabei um eine
sekundäre Oxydation von abgespaltenem Formaldehyd. Townsley und Brodie
(1967) schließlich zeigten, daß Ovarien und Placenta 19-NOR-Androsteron in
Oestron und 1$\beta$-Hydroxy-19-NOR-Androsteron umsetzen. In Ovarien überwiegt
dabei Oestron als Endprodukt, in der Placenta 1$\beta$-Hydroxyandrosteron. Sowohl
Androsteron als auch 19-NOR-Androsteron verlieren bei der Aromatisierung das
1$\beta$ Wasserstoffatom. Da die Aromatisierung NADPH und Sauerstoff benötigt, läge
der Gedanke nahe, daß ihr Weg über eine 1$\beta$ Hydroxylierung führt (Townsley
und Mitarb. 1966). Es ist jedoch bisher nicht gelungen in Inkubationsversuchen
1$\beta$-Hydroxy-19-NOR-Androsteron in nennenswertem Maße zu aromatisieren.
Immerhin ist das Vorkommen von 1$\beta$-Hydroxylase in beiden Geweben bemerkenswert und wird Anlaß zu weiteren Untersuchungen sein. Ein modifizierter Synthese-
weg b) nach Breuer und Grill kann jedenfalls nicht völlig ausgeschlossen werden
(Townsley und Brodie 1968).

Das Verhältnis der Produktion von Oestradiol und Oestron liegt in Ovarien und
Testes zu Gunsten des Oestradiols, während die Placenta in größerem Ausmaße
Oestron synthetisiert. Als Ursache dafür kann der hohe Gehalt der Placenta an

17$\beta$-Hydroxysteroid-Oxyreduktase angesehen werden. Für die Nebenniere ist keine
klare Aussage möglich. Die Oestrogensyntheserate in den Nebennieren ist zwar gering, jedoch von nicht unerheblichem klinischen Interesse. Breuer (1964) hat den
für die Synthese entscheidenden Aromatisierungskomplex in Nebennierenmikroso-
men nachweisen können. Damit ist sichergestellt, daß die Nebennieren auch ohne

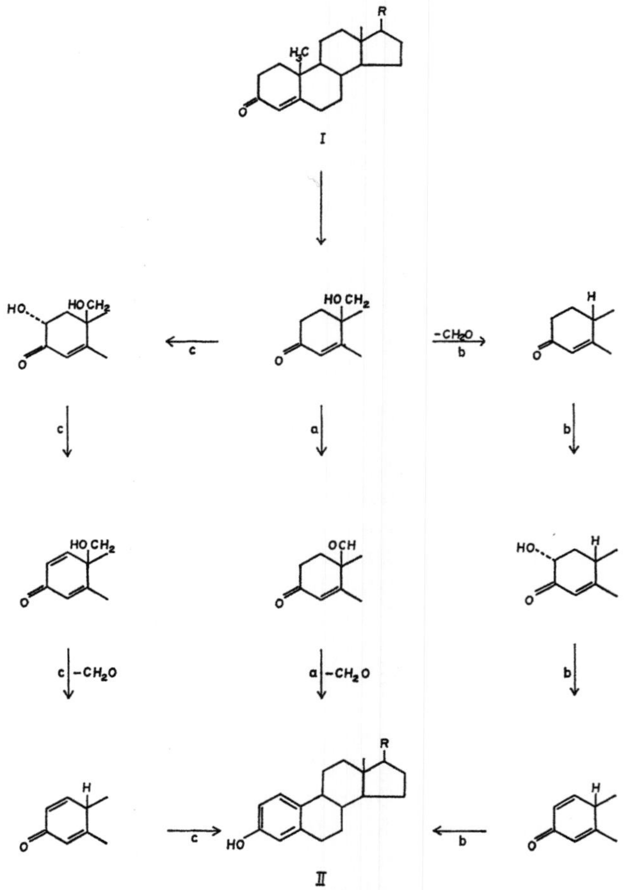

Abb. 4  Mögliche Aromatisierungsmechanismen nach Breuer und Grill. (Weg a trifft zu)

Zwischenschaltung anderer Organe in der Lage sind Oestrogene zu synthetisieren.
An dieser Stelle ist zu erörtern, ob Corticoide als Vorstufen für Oestrogene dienen
können. Nach Untersuchungen der Breuerschen Arbeitsgruppe scheint das nicht
zuzutreffen, weil eine Substitution an C 11 die Aromatisierung hindert.

Alle in Frage kommenden glandotropen Hormone, im Falle der Nebennieren
gehört auch das ACTH dazu, haben einen fördernden Einfluß auf die Oestrogensynthese. Es kann sich dabei nicht allein um einen indirekten Effekt — etwa in der
Art einer organ- und zellspezifischen Wachstumsförderung — handeln, weil in
Durchströmungsversuchen kurzfristige Synthesesteigerungen durch glandotrope

Hormone zu beobachten sind. So konnten Cedard u. Mitarb. (1968) zeigen, daß luteinisierendes Hormon (LH) die Aromatisierungsrate von Testosteron in der durchströmten menschlichen Placenta innerhalb von 30 Minuten verdoppelt.

## Oestriol

Oestriol ist ein wesentliches Endprodukt des Oestrogenstoffwechsels (Grant und Marrian 1950). Der Chemismus der 16$\alpha$-Hydroxylierung wurde von Fishman und Mitarbeitern (1966) in sehr eleganten Versuchen aufgeklärt. Sie injizierten Versuchspersonen ein Gemisch von $^{14}$C Oestradiol und einem in der 16$\beta$ Position mit $^{3}$H markiertem Oestradiol. Das Isotopenverhältnis des aus dem Harn isolierten Oestriols zeigte, daß die 16$\beta$ Tritiummarkierung erhalten blieb. Wenn das Injektionsgemisch dagegen 16a $^{3}$H markiertes Oestradiol enthielt, ging die Markierung während der Oestriolsynthese verloren (Abb. 5). Der umgekehrte Effekt war am Epioestriol festzustellen. Eine 16 Oxoverbindung kann deshalb als Zwischenprodukt ausgeschlossen werden.

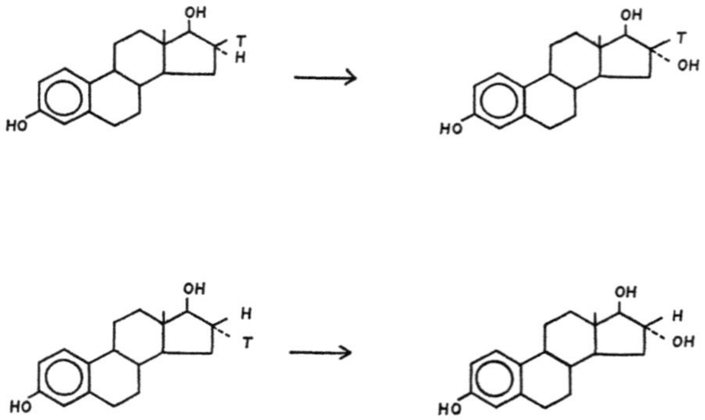

Abb. 5. Ausschluß einer 16-oxo Zwischenstufe bei der Oestriolsynthese nach Fishman u. Mitarb. (s. Text)

Während der Schwangerschaft steigt die Ausscheidung von Oestriol beträchtlich an. Die Hauptquelle der erhöhten Oestriolproduktion ist die Placenta, oder genauer gesagt, die „Feto-Placentare-Einheit". Vorstufen der placentaren Oestrogensynthese sind hauptsächlich neutrale C-19 Steroide, wie Androstendion, Testosteron und Dehydroepiandrosteron (Bolte und Mitarb. 1964 a). Eine besondere Rolle kommt offenbar dem Dehydroepitestosteronsulfat zu, das durch placentare Sulfatase leicht gespalten wird. (Baulieu und Dray 1963, Bolte und Mitarb. 1964 b). Diese Vorstufen stammen vornehmlich aus den mütterlichen und fetalen Nebennierenrinden. Ihre Umwandlung in Oestron und Oestradiol erfolgt sehr rasch durch den Aromatisierungskomplex der Placentamikrosomen. Oestriol, das Hauptprodukt der placentaren Oestrogensynthese kann jedoch nicht unmittelbar aus den genannten C-19 Steroiden durch Aromatisierung und 16$\alpha$ Hydroxylierung entstehen, weil die Placenta keine 16$\alpha$ Hydroxylase enthält. Sie benötigt deshalb in 16$\alpha$ hydroxylierte Vorstufen, von denen vor allem 16$\alpha$ Hydroxyepiandrosteron und das entsprechende Sulfat zu nennen sind. Die Bildung der Vorstufen erfolgt wiederum vornehmlich in den Nebennierenrinden (Colas und Mitarb. 1964). Die Höhe der Oestriolausscheidung während der Schwangerschaft ist ein brauchbarer Indikator für die Intaktheit der feto-placentaren Einheit.

## Stoffwechsel

### a) Konjugation

Der wohl wesentlichste Vorgang im Verlaufe des Stoffwechsels der Oestrogene ist die Überführung der phenolischen Steroide in wasserlösliche Derivate vor allem in Sulfate und Glucuronide.

Die Sulfatkonjugation erfolgt durch Übertragung des Sulfatrestes von 3′ phosphoadenyl 5′ phosphosulfat (Robbins und Lipmann 1958) unter der Wirkung von Sulfotransferasen. Es entstehen vornehmlich Sulfatester des phenolischen Hydroxyls (s. Adlercreutz 1962).

Glucuronyltransferasen katalysieren die Bildung von Glucuronylglycosiden aus Uridindiphosphatglucuronsäure und den verschiedensten alkoholischen Hydroxylen sowie der phenolischen Hydroxylgruppe der Oestrogene. Bei Kaninchen, die in mancher Hinsicht Eigenheiten im Oestrogenstoffwechsel aufweisen, ist neben Glucuronsäure auch N-Acetylglucosamin als Konjugationspartner gefunden worden (Collins und Mitarb. 1967). Die Konjugation findet nicht nur in der Leber statt, sondern auch in der Niere und im Dünndarm. Zweck der Konjugation ist wahrscheinlich eine Erleichterung der Ausscheidung in den Harn und in die Galle. Über den enterohepatischen Kreislauf der Oestrogene und Oestrogenmetabolite wird Dr. Adlercreutz anschließend sprechen.

Kürzlich haben Kuss (1967) in München und Jellinck (1967) in Vancouver einen neuen wasserlöslichen Oestradiolmetaboliten isoliert, bei dem es sich wahrscheinlich um eine Thioätherverbindung des Gluthathions handelt.

### b) Modifikation am Ringsystem

Die Liste der bisher isolierten Oestrogenmetabolite, die durch Dehydrogenierung und Hydrogenierung, Hydroxylierung, Methoxylierung, Epimerisation und evtl. auch durch Ringsprengung entstehen, ist lang und die gestern von Dr. Knuppen genannte Zahl 80 sicher noch nicht endgültig.

Von besonderem Interesse sind 2-Methoxyverbindungen, die durch Methylierung von 2-Hydroxyoestron und 2-Hydroxyoestradiol entstehen (s. Morand und Lyall 1967). Obwohl die beiden phenolischen Hydroxyle in den Positionen 2 und 3 chemisch gleichwertig sind, ist es bisher nicht gelungen die 3-Methoxyverbindung oder das 2, 3 Dimethoxyderivat zu isolieren. Knuppen und Breuer (1968) sind dieser Frage nachgegangen. Das Ergebnis ihrer Untersuchungen ist ein vorzügliches Beispiel für die Problematik der Korrelation von in-vivo und in-vitro Versuchen. Sie fanden, daß die in-vitro Methylierung von Oestrogencatecholen mit 0-Methyltransferasen oder S-Adenosylmethionin zwischen den beiden phenolischen Hydroxylen nicht diskriminiert. Es entstand ein Gemisch aus den Monomethoxyverbindungen und dem Dimethoxyderivat. Unter der Annahme, daß die selektive in-vivo Methylierung in Position 2 erst nach vorheriger Bildung des 3-Sulfatesters erfolgt, inkubierten sie dann 2-Hydroxyoestradiol mit der löslichen Fraktion eines Leberhomogenates unter Zusatz der notwendigen Substrate und Cofaktoren. Das überraschende Ergebnis war eine ausschließliche Konjugation in Position 2, gefolgt von der Bildung des Methylaethers in Position 3. Die letzte, den in-vivo Verhältnissen am nächsten kommende Versuchsanordnung war die isoliert durchströmte Rattenleber. Nach Zusatz von markiertem 2-Hydroxyoestradiol wurden nur die 2-Methoxyverbindungen des Oestradiols und des Oestrons in der freien Steroidfraktion gefunden. Die in-vivo gefundenen Konjugate waren nicht nachzuweisen.

Ich möchte mit einer Bemerkung schließen, die eigentlich an den Anfang gehört hätte:

Nach der Definition lösen Oestrogene einen bestimmten physiologischen Prozeß aus. Wir wissen heute, daß ihre Wirkung vielfältiger ist, jedoch in allen empfindlichen und in spezifischer Weise regaierenden Organen den gleichen biochemischen Mechanismen folgt. Außer für die körpereignen aromatischen Steroide wird die Funktionsbezeichnung Oestrogen z. B. auch für synthetische Verbindungen wie Diaethystilboestrol und Hexoestrol angewendet. Diese beiden synthetischen Produkte sind selbst dann noch als Oestrogene zu bezeichnen, wenn die Berechtigung dazu nicht aus der oestruserzeugenden Wirkung im biologischen Test, sondern direkt aus den charakteristischen zellulären und molekularen Prozessen abgeleitet wird. Eine derartige Begrenzung würde jedoch nur noch für eines der drei klassischen Oestrogene diese Bezeichnung rechtfertigen, nämlich für das Oestradiol (Jensen und Jacobson 1962).

Ich hatte bereits erwähnt, daß Oestradiol ein Hauptprodukt des Oestrogenstoffwechsels ist, aber auch das zuerst isolierte „Oestrogen" Oestron ist außerhalb der synthetisierenden Zellen vor allem als ein Metabolit des eigentlichen Hormons anzusehen. Injiziertes Oestron wirkt erst nach Reduktion zu Oestradiol, ein Vorgang der zumindest bei der Ratte nicht in den Erfolgsorganen Uterus und Vagina selbst stattfindet.

Die übliche summarische Bezeichnung von Ring A-aromatischen C-18 Steroiden als „Oestrogene", ohne auf ihren Metabolitencharakter hinzuweisen ist deshalb nicht mehr als ein fest eingebürgerter Sprachgebrauch, von dem der Titel dieses Vortrages keine Ausnahme macht.

## Literatur


Adlercreutz, H.: Acta endocr. Kbh Suppl. **72**, (1962).

Arceo, R. B., u. K. J. Ryan: Acta endocr. Kbh **56**, 275 (1967).

Axelrod, L. R., C. Matthiysen, P. N. Rao, u. J. W. Goldzieher: Acta endocr. Kbh **48**, 383 (1965).

Baulieu, E. E., u. F. Dray: J. clin. Endocr. **23**, 1298 (1964).

Bolté, E., S. Mancuso, G. Erisson, N. Wigvist, u. E. Diczfalusy: Acta endocr. Kbh **45**, 535 (1964a).

—————— Acta endocr. Kbh **45**, 560 (1964b).

Breuer, H., Proceedings of The Second International Congress of Endocrinologie, London 1964. Experta Medica International Congress Series No. 83, p. 1106.

— Europ. Rev. Endocr. Suppl. **2**, part 2 (1967).

— u. P. Grill: Hoppe-Seylers Z. Physiol. Chem. **324**, 254 (1961).

— u. J. Knuppen: Workshop Conference on Steroid Metabolism "In vitro versus in vivo", Schering AG, Berlin 1968, in Druck.

Butenandt, A.: Naturwissenschaften **17**, 879 (1929).

Cedard, L., E. Alsat, C. Ego, and J. Varangot: Steroids **11**, 179 (1968).

Colàs, A., W. L. Heinrichs, and H. I. Tatun: Steroids **3**, 417 (1964).

Collins, D. C., K. I. H. Williams u. D. S. Layne: Arch. Biochem. **121**, 609 (1967).

Doisy, E. A., C. D. Veler, and S. A. Thayer: Amer. J. Physiol. **90**, 329 (1929).

Dorfman, R. I.: In: The hormones, Vol. 3. New York: Academic Press 1955.

Fishman, J., L. Hellmann, B. Zumoff, and J. Cassouto: Biochemistry **5**, 1789 (1966).

Grant, J. K., and G. F. Marrian: Biochem. J. **47**, 1 (1950).

Hyano, M., J. Longchampt, W. Kelly, C. Gual, and R. I. Dorfman: Acta endocr. Kbh Suppl. **51**, 699 (1960).

Ichii, S., E. Forchielli, and R. I. Dorfman: Steroids **2**, 631 (1963).

Jellinck,P. H., J. Lewis, and F. Boston: Steroids **10**, 329 (1967).

Jensen, E. V., and H. I. Jacobson: Rec. Prog. Hormone Res. **18**, 387 (1962).

Kuss, E.: Hoppe-Seylers Z. Physiol. Chem. **348**, 1707 (1967).

MacCorquodale, D. W., S. A. Thayer, and E. A. Doisy: Proc. Soc. exp. Biol. (N. Y.) **32**, 1182 (1935).

Marrian, G. F.: Biochem. J. **24**, 435 (1930).

Meyer, A. S.: Biochem. biophys. Acta (Amst.) **17**, 441 (1956).

Morand, P., and J. Lyall: Chem. Rev. **68**, 85 (1968).

Robbins, P. W., and F. Lipmann: J. biol. Chem. **233**, 681 (1958).

Ryan, K. J.: J. biol. Chem. **234**, 268 (1959).

— Acta endocr. Kbh **44**, 81 (1963).

— and R. V. Short: Endocrinology **76**, 108 (1965).

Townsley, J. and H. J. Brodie: Biochem. biophys. Acta (Amst.) **144**, 440 (1967).

— —: Biochemistry **7**, 33 (1968).

— G. Possanza, and H. J. Brodie: Fed. Proc. **25**, 282 (1966).

Wilcox, R. B., and L. L. Engel: Steroids, Suppl. **1**, 49 (1965).

# Oestrogene und Lebererkrankungen
## Oestrogens and Diseases of the Liver

H. ADLERCREUTZ

Institut für Klinische Chemie der Universität Helsinki, Finnland

Mit 1 Abbildung

**Summary**

The metabolism of eostrogens in liver disease is presented in a review and attempts are made to explain the very controversial results hitherto obtained. Some of the results can be explained solely on the basis of poor methodology, since the measurement of oestrogens in liver disease involves many hazards. In addition the results are much depending on the type and the stage of the disease. The changes in oestrogen metabolism detected seem usually not to be due to disturbed metabolism of oestrogens in the liver cells but mainly to changes in the enterohepatic circulation, uptake and transport of the oestrogens. Following oestrogen load different excretion patterns are obtained in subjects with various types of cholestasis, in subjects with chronic liver disease without hypoproteinemia and ascites and in such subjects in which extracellular fluid retention occurs. However, since most investigators have not tried to analyze their clinical material in detail, the results have been confusing. It seems now, that it will be possible to find typical patterns of oestrogen metabolism in various types and stages of liver disease.

Gynaekomastie (Corda, 1925; Silvestrini, 1926) und Hodenatrophie (Corda, 1925) sind zwei gewöhnliche Symptome in chronischen Leberkrankheiten und diese Symptome wurden zuerst von Glass u. Mitarb. (Edmondson u. Mitarb., 1939; Glass u. Mitarb., 1940, 1944) im Zusammenhang mit einer verminderten Oestrogeninaktivierung in der Leber dargestellt. Die Autoren fanden bei den Patienten eine erhöhte Oestrogenausscheidung im Urin sowohl vor als nach Oestrogengabe. Sie fanden auch große Mengen freier Oestrogene im Urin dieser Patienten, dieses Phänomen kann man aber wenigstens teilweise dadurch erklären, daß in den verwendeten Extraktionsverfahren für freie Oestrogene sicher auch z. B. Oestronsulfat mitextrahiert wurde (siehe Diskussion von Adlercreutz, 1962, S. 108—109). In den obengenannten Studien wurde eine biologische Methode verwendet und mit ähnlichen Methoden haben viele Autoren diese Resultate bestätigt (für Literatur siehe Adlercreutz, 1962; Schedl, 1964).

Andere Symptome außer Gynaekomastie und Hodenatrophie bei Patienten mit chronischen Leberkrankheiten sind auch als primäre oder sekundäre Ausdrücke einer erniedrigten Inaktivierung der Oestrogene in der Leber angesehen worden. Die hauptsächlichen Symptome, die einem sekundären Hyperoestrogenismus zugeschrieben sind, sind spezifizierte anatomische Veränderungen in Prostata (Wu, 1952), verminderte Axillar- und Pubesbehaarung, Sterilität, verschiedene Menstruationsveränderungen, Verlust von Libido, Palmarerythem, Spinnennaevi, prämenstruale Symptome und Brustveränderungen (Literatur siehe

Adlercreutz, 1962). Wie viele von diesen Symptomen wirklich ein Resultat verminderter Oestrogeninaktivierung in der Leber sind, kann man heute nicht sagen, weil nur in wenigen Studien Korrelation zwischen Oestrogenausscheidung im Urin und den klinischen Symptomen eines Hyperoestrogenismus vorhanden ist.

Es ist darum sehr wahrscheinlich, daß auch viele andere Faktoren an der Entwicklung dieser Symptome beteiligt sind, diese Faktoren können aber nicht in diesem Zusammenhang diskutiert werden.

Pincus u. Mitarb. (1951) stellten als erste fest, daß eine erhöhte Ausscheidung von Oestrogenen nicht in allen Fällen von Leberzirrhose vorkommt. Sie verwendeten eine biologische Methode und fanden eine erhöhte Ausscheidung bei einem Drittel der Patienten. In anderen Studien, in welchen entweder biologische oder chemische Methoden verwendet wurden, fand man eine vermehrte Ausscheidung von Totaloestrogenen oder von einem von den drei Oestrogenen Oestron, Oestradiol oder Oestriol bei 25 bis 100% aller Patienten mit Leberzirrhose (Rupp u. Mitarb., 1951; Dohan u. Mitarb., 1952; Gregorius, 1957; Müller, 1958; Bloomberg u. Mitarb., 1958; Brown u. Mitarb., 1964).

In einigen anderen Studien dagegen, in welchen die Methode von Brown (1955) oder Ittrich (1960) benutzt wurde, hatten keine von den Patienten mit Leberzirrhose (Birke u. Mitarb., 1959) oder nur wenige (2 von 12 Patienten) (Cameron, 1957) (1 von 26 Patienten) (Szarvas u. Mitarb., 1966) eine Oestrogenausscheidung, die größer als normal ist. Das kann jedoch von der Tatsache erklärt werden, daß im Urin, der mit Säure gekocht wurde, einige Chromogene erschienen, die in Kober-Reaktion die Werte nach der Korrektion von Allen (1950) sogar negativ machen (Adlercreutz und Schaumann, 1964). Diese Substanzen stören insbesondere die Bestimmung von Oestradiol, bisweilen aber auch die zwei anderen Fraktionen und die Totaloestrogenbestimmung von Ittrich (1960) (nicht publizierte Resultate). Es gibt einige Hinweise dafür, daß diese Chromogene möglicherweise von Gallensäuren abstammen (siehe Diskussion von Adlercreutz 1962, p. 80—81).

Andere Autoren haben die Vaginalausstriche bei Frauen mit Leberkrankheiten mit Oestrogeneinwirkung untersucht. Timjiras und Barbarossa (1950) fanden erhöhte Oestrogenaktivität bei postmenopausalen Frauen mit Leberzirrhose. Dagegen fanden Sachdev und Sachdev (1957) nur hypotrophische oder atrophische Veränderungen der Vaginalschleimhaut bei Patienten mit Leberzirrhose. De Waard (1956a) studierte das Urinsediment mit derselben Technik und fand auch, daß das zytologische Bild bei Leberzirrhose allgemein nicht von hyperoestrogenischem Typus ist. Bei akutem, floridem Hepatitis (2 Fälle) und bei primärem Leberkarzinom (5 Fälle) dagegen wurden typische Veränderungen, die von Oestrogenen produziert worden sein könnten, in allen Fällen mit einer Ausnahme festgestellt. Man kann daraus schließen, daß das Studium von Vaginalausstrichen und Urinsedimenten begrenzte Anwendung beim Auswerten der Umfassung des Leberschadens hat.

Viele Faktoren können eine erhöhte Oestrogenausscheidung und Symptome eines Hyperoestrogenismus bei Leberkrankheiten verursachen. Wenigstens die folgenden Faktoren können einbegriffen sein: Leberzellaufnahme, Lagerung und Transport der Oestrogene in der Leberzelle, Konjugierung, biochemische Strukturveränderungen des Oestrogenmoleküls und Ausscheidung mit der Galle und enterohepatischer Kreislauf dieser Steroide.

Zondek und Black (1947) fanden normale Plasmaoestrogenwerte bei Leberkrankheiten. Viele Untersuchungen, in welchen biologische Methoden verwendet wurden, haben gezeigt, daß nach Verabreichung der Oestrogene die Clearance von Blut sich verspätet hat; bei vielen Patienten aber ist das Phänomen nicht immer gefunden worden, nicht einmal bei weit vorgeschrittenem Stadium der Leberkrankheit (Zondek und Black, 1947; Rakoff und Gross, 1951; Rakoff und Sosnowski, 1952; Marti und Koller, 1953). Ferner konnte man nicht diese verspätete Clearance von Blut mit den klinischen Symptomen in Zusammenhang bringen (Pincus u. Mitarb., 1951). Shaver u. Mitarb. (1963) studierten die Clearance von isotopenmarkiertem Oestradiol bei Patienten mit Leberzirrhose. Sie fanden, daß die Clearance von Totalradioaktivität bei Patienten mit Leberzirrhose, wenn mit normalen Fällen verglichen, verzögert wurde, und Resultate, die bei Bestimmung von chromatographisch aus Plasma isoliertem $^{14}$C-Oestradiol erhalten wurden, stimmten hiermit überein. Der Unterschied zwischen normalen und pathologischen Fällen war noch signifikant auf 1% Niveau nach Korrektion der individuellen Plasmavolumina annehmend, daß das Volumen 5% des Körpergewichts ist. Es ist zweifelhaft, ob in dieser Weise das Plasmavolumen bei Leberkrankheiten richtig berechnet wird. Bei Leberkrankheiten findet man erhöhtes Plasmavolumen, extrazelluläre Flüssigkeitsvermehrung und die Patienten weisen gleichzeitig große Verluste an Muskelmasse auf. Dazu weiß man, daß das Testosteron-bindende Globulin (TGB), das auch Oestradiol bindet, bei Leberkrankheiten erhöht ist (Murphy, 1968). Das erhöhte Plasmavolumen und TGB tragen darum wenigstens teilweise die Verantwortung für die verzögerte Oestradiol-Clearance und es ist sehr schwer zu sagen, ob diese Verzögerung die biologische Aktivität des Steroids im Organismus erhöht.

In den Leberzellen werden die Oestrogene durch verschiedene enzymatische Prozesse zu einer großen Menge von Metaboliten transformiert. In diesem Zusammenhang werden nur die wichtigsten metabolischen Prozesse diskutiert (Abb. 1). Man kann zwei Hauptwege des Metabolismus der Oestrogene in der Leber unterscheiden: der eine Weg leitet zu 16α-hydroxylierten Metaboliten und der andere Weg zu 2-hydroxylierten und 2-methoxylierten Metaboliten. 16β-Hydroxylierung ist quantitativ nicht ebenso wichtig wie die 16α-Hydroxylierung, die mit Oestriol das hauptsächliche Ausscheidungsprodukt der Oestrogene ist. Gleichzeitig werden die Oestrogene mit Sulphat und Glukuronsäure konjugiert und es scheint sehr wichtig, sich immer daran zu erinnern, daß die Konjugierung und die in der Leberzelle stattfindenden biochemischen Veränderungen des Oestrogenmoleküles wenigstens teilweise mit einander verbunden sind.

Da die Bestimmung der Basalwerte im Urin auf Grund des niedrigen Niveaus der Oestrogene und störender Chromogene leicht falsche Resultate geben kann, haben viele Autoren versucht, Veränderungen im Oestrogenmetabolismus bei Leberkrankheiten nach Verabreichung von Oestrogenen und radioaktiv markierten Oestrogenen zu untersuchen.

Stealy und Stimmel (1948) und Stimmel (1954) stellten nach solchen Untersuchungen fest, daß schwere Leberschädigung die reversible Umwandlung von Oestradiol und Oestron nicht verhindert aber daß sie die Umwandlung dieser beiden Oestrogene in Oestriol reduziert. Sie fanden auch, daß in sehr schweren Fällen einer portalen Leberzirrhose die Oestrogene zum größten Teil unkonjugiert

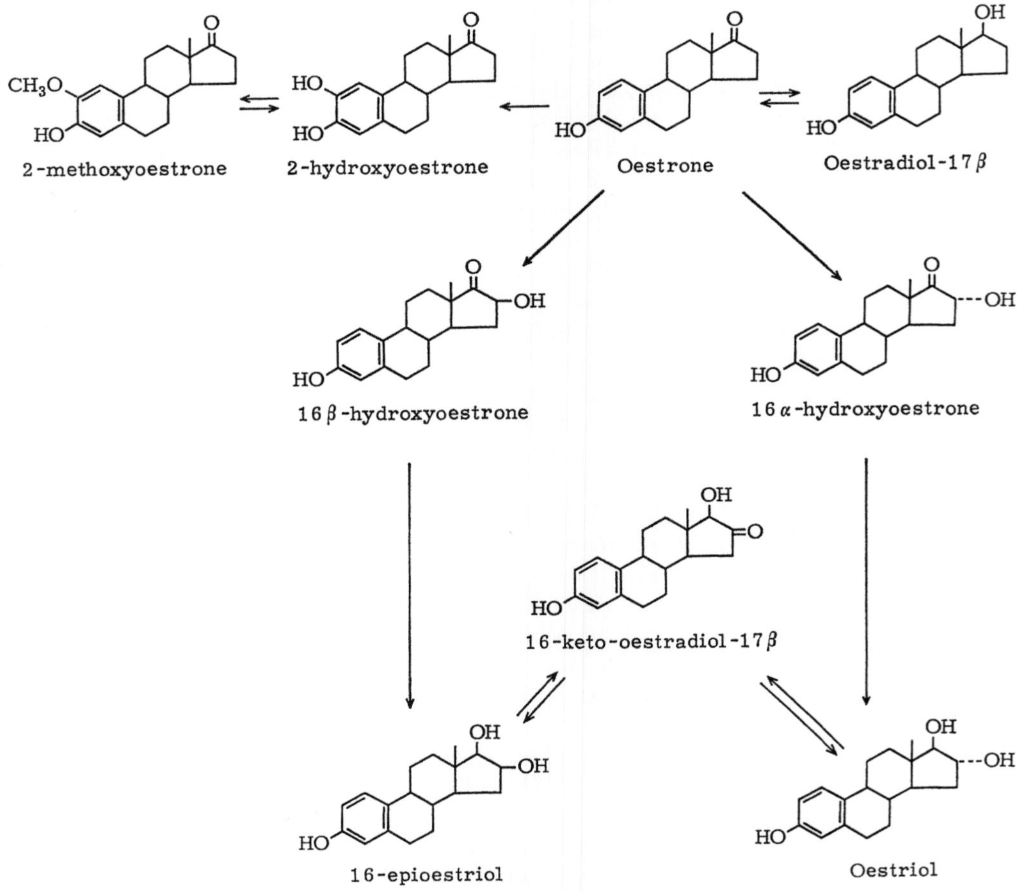

Abb. 1. Hauptwege des Metabolismus der Oestrogene in der Leber des Menschen

in den Urin ausgeschieden werden. Nach Belastung war die totale Wiederfindung
der Oestrogene im Urin erhöht bei Patienten mit Leberkrankheit. Schlechte
Umwandlung von Oestradiol oder Oestron in Oestriol bei Leberkrankheiten
wurde später, insbesondere bei schwerer Leberschädigung auch von anderen
Autoren gefunden (Lorenzini und Nanni, 1955; Lyngbye und Mogensen, 1961;
Adlercreutz und Schauman, 1964; Brown u. Mitarb., 1964; Linquette u. Mitarb.,
1967). Auch die Beobachtung, daß in schweren Fällen freie Oestrogene nach
Oestrogenbelastung im Urin vorkommen, wurde von anderen bestätigt (Lyngbye
und Mogensen, 1961; Birke u. Mitarb., 1959). Brown. u. Mitarb. (1964) bemerkten,
daß auch in Fällen mit Leberzirrhose, die eine erhöhte endogene Oestriol- oder
Oestronausscheidung aufwiesen, die Totaloestrogenausscheidung nach Belastung
normal war. Nach Oestrogenbelastung war das Oestriol bei der Hälfte aller Fälle
und Oestradiol bei 3 Patienten relativ vermehrt. Aus diesen Resultaten haben
die Autoren geschlossen, daß die erhöhte Oestrogenausscheidung bei Lebercirrhose
auf einer erhöhten Sekretion von primärem Oestrogen und nicht auf einem

gestörten Oestrogenumsatz in der Leber beruht. Adlercreutz und Schauman (1964) (siehe auch Adlercreutz und Luukkainen, 1967) bemerkten, daß nach oraler Verabreichung von 2 mg Oestradiolbenzoat der Höchstpunkt der Oestriolausscheidung in zwei Fällen mit Lebercirrhose und 4 Fällen mit Dubin-Johnson Syndrom (Dubin, 1958) auf den ersten Tag der Belastung, in den Normalfällen aber gewöhnlich auf den nächsten Tag gefallen ist. Die Oestronausscheidung war auch etwas schneller in den pathologischen Fällen. Die Autoren machten den Vorschlag, daß dieses Phänomen durch einen unterbrochenen enterohepatischen Kreislauf erklärt werden kann.

Zu den gleichen Konklusionen kamen auch Linquette u. Mitarb. (1967), die den Patienten 2,5 mg Oestradiolbenzoat intramuskulär gaben, dazu machten sie aber auch die Beobachtung, daß bei solchen Patienten mit Lebercirrhose, die Oedem und Ascites haben, die Oestriolausscheidung niemals am einzelnen Tag mehr als 31% der Totaloestrogenausscheidung war (stimmt auch mit dem Fall T. H. in Arbeit von Adlercreutz und Schauman (1964) überein). Diese Tatsache wurde dadurch erklärt, daß das injizierte Oestradiol in einem größeren Pool, der zum großen Teil extravaskulär gelegen ist, gelangt und dadurch nicht so schnell in die Leber transportiert und zum Oestriol metabolisiert wird. In ihren weiteren Studien zogen sie die Schlüsse, daß der Metabolismus von injiziertem Oestradiol vielleicht weniger auf Veränderung in der Leberzelle beruht, sondern daß es vielmehr eine Konsequenz der anatomischen und biologischen Veränderungen ist, die der sklerosierende Leberprozeß hervorruft und der zu portalem Hochdruck und extracellulärer Flüssigkeitsvermehrung führt.

Eine von den interessantesten Studien jüngster Zeit wurde von Zumoff u. Mitarb. (1968) gemacht. Sie haben $^3$H-Oestradiol an 6 Patienten mit Lebercirrhose und 23 normale Personen intravenös verabreicht. Die Wiederfindung von Totalradioaktivität war 71% bei den Patienten und 51% bei den normalen Versuchspersonen. 42% von der verabreichten Dose konnte man als Glucuronidkonjugat wiederfinden, was ganz normal war. Oestron und Oestradiol wurden in normalen Mengen ausgeschieden, aber die Oestriolausscheidung repräsentierte eine 7% höhere Fraktion der Totalaktivität des hydrolysierten und extrahierten Urins in den pathologischen Fällen. Das auffallendste Resultat war, daß die Menge von 2-Hydroxyoestron nur 3% von der Totalradioaktivität des Extraktes im Vergleich mit 20% bei den normalen Versuchspersonen war. Auch 2-Methoxy-Oestron wurde in kleineren Mengen ausgeschieden, aber die Menge von 16$\alpha$-Hydroxyoestron stieg von 6% zu 12% der Totalradioaktivität. Es ergab sich also, daß der Metabolismus von Oestradiol bei Lebercirrhose durch ein umgekehrtes Verhältnis zwischen dem Ausmaß von 16$\alpha$-Hydroxylierung und 2-Hydroxylierung charakterisiert ist, was man auch bei Hypothyreose und Mammacarcinom bei Männern gefunden hat (Fishman u. Mitarb., 1965; Zumoff u. Mitarb., 1966). Die Erhöhung von 16$\alpha$-Hydroxy-Metaboliten war jedoch kleiner als die Verminderung der Ausscheidung von 2-Hydroxy-Metaboliten und 2-Methoxy-Metaboliten, und darum konnte man feststellen, daß bei Lebercirrhose die 2-Hydroxylierung definitiv vermindert ist, daß die 16$\alpha$-Hydroxylierung vielleicht vermindert ist und daß eine definitive Verminderung der Umwandlung aus 16$\alpha$-Hydroxyoestron in Oestriol vorhanden ist.

Zur Erklärung aller dieser verschiedenen Resultate mindestens teilweise muß man zuerst wissen, wie eine reine Cholestase ohne Leberzellschädigung auf den Oestrogenstoffwechsel einwirkt und in welcher Weise die Oestrogene an dem enterohepatischen Kreislauf teilnehmen.

Normalerweise wird vier- bis fünfmal mehr Oestriol als Oestron + Oestradiol in der Galle ausgeschieden (Adlercreutz, 1962). Die Hauptmenge des Oestriols kommt als Doppelkonjugat, ein Sulphoglukuronid, und als Oestriolglukuronid vor (Emerman u. Mitarb., 1967; Adlercreutz, 1962). Wenn Ikterus vorhanden ist, sinkt die Menge dieser polaren Oestriolkonjugate stark ab und die Oestriolausscheidung in der Galle wird sehr gering (Adlercreutz u. Mitarb., 1967a, b; Adlercreutz und Luukkainen, 1967). Dadurch wird erklärt, daß bei Dubin-Johnson-Syndrom (Adlercreutz und Schauman, 1964, siehe auch Adlercreutz und Luukkainen, 1967) und Leberzirrhose (Adlercreutz und Schauman, 1964; Zumoff u. Mitarb., 1968) die Oestrogene und insbesonders das Oestriol nach Belastung schneller als in Normalfällen ausgeschieden werden, da sie nicht oder nur wenig an dem enterohepatischen Kreislauf beteiligt sind.

Jetzt ist es auch möglich, die Beobachtung von Zumoff u. Mitarb. (1968) zu erklären, daß die Umwandlung von $16\alpha$-Hydroxyoestron in Oestriol sich definitiv vermindert. Nach intramuskulärer Injektion von Oestradiol bei einem Mann mit einem T-Schlauch im Choledochus wurde festgestellt, daß in der ersten 12 Std-Gallenportion verhältnismäßig große Mengen von $16\alpha$-Hydroxyoestron ausgeschieden wurden, aber in den nächsten Gallenportionen der prozentuale Anteil von diesem Oestrogen schnell absank, während der prozentuale Anteil von Oestriol schnell stieg. Im Urin war der prozentuale Anteil der Ausscheidung von $16\alpha$-Hydroxyoestron konstant (Adlercreutz und Luukkainen, 1967). Es ist darum wahrscheinlich, daß das am enterohepatischen Kreislauf teilnehmende $16\alpha$-Hydroxyoestron sich wenigstens teilweise in Oestriol umwandelt und wieder in der Galle herausgeschieden wird. Wenn jetzt bei Ikterus der enterohepatische Kreislauf der Oestrogene wenigstens teilweise unterbrochen ist, gelangen die Oestrogene wieder direkt ins Blut und werden im Urin ausgeschieden. Das $16\alpha$-Hydroxyoestron, das gewöhnlich in der Galle herausgeschieden wäre, wird darum nicht in Oestriol umgewandelt. Wir haben in einem Fall von intrahepatischen, cholestatischen Ikterus in Schwangerschaft (Adlercreutz, Svanborg, Ånberg, nicht publiziert) gefunden, daß auch $16\alpha$-Hydroxyoestronausscheidung in der Galle niedrig ist und dazu haben wir neulich in 6 solchen Fällen beobachtet, daß die $16\alpha$-Hydroxyoestronausscheidung im Urin im Verhältnis zu der Oestriolausscheidung ungefähr zweimal größer als bei normalen Schwangeren ist. Da die Produktion von $16\alpha$-Hydroxyoestron in der foetoplazentaren Einheit in dieser Krankheit kaum größer sein kann und die Leberzellfunktion sehr wenig gestört ist, ist es wahrscheinlich, daß die verhinderte Umwandlung von $16\alpha$-Hydroxyoestron in Oestriol nur auf Grund der Gallenstauung nach dem beschriebenen Mechanismus entstanden ist und nicht einen Enzymdefekt repräsentiert.

Es gibt keine definitiven Beweise für eine Verminderung der Konjugierungskapazität der Leber betreffs der Oestrogene in Leberkrankheiten. Wie kann man denn erklären, daß in vielen Fällen nach Oestrogenbelastung freie Oestrogene im Urin ausgeschieden werden? Eine Ursache könnte die Nierenschädigung mit

Tabelle 1. *Ergebnisse der Oestrogenbestimmungen im Urin nach oraler Gabe von 2 mg Oestradiol-benzoat bei einem 19jährigen Mädchen mit Gilbert's-Krankheit. Untersuchung wurde nach der menstrualen Periode durchgeführt*

| | Frei | | | Total | | |
|---|---|---|---|---|---|---|
| | Oestron | Oestradiol | Oestriol | Oestron | Oestradiol | Oestriol |
| Basalwerte | 0.2 | 0.2 | 0.5 | 3.9 | 1.5 | 2.9 |
| 1. Testtag | 18.4 | 2.8 | 1.1 | 140.8 | 26.7 | 7.4 |
| 2. Testtag | 0.4 | 0.1 | 0.7 | 39.3 | 9.2 | 11.7 |
| 3. Testtag | 1.1 | 0.1 | 0.6 | 16.0 | 3.6 | 5.9 |
| 4. Testtag | 0.6 | 0.1 | 0.5 | 11.2 | 3.3 | 4.7 |
| 5. Testtag | 0.2 | — | 0.4 | 7.4 | 3.7 | 5.8 |

Proteinurie sein, was nicht bei schweren Leberkrankheiten ungewöhnlich ist. Die schwere Hypoproteinämie verursacht vielleicht auch, daß die Plasmaproteine nicht alle freien Oestrogene, die nach Injektion ins Blut gelangen, binden kann, und damit werden sie leichter in dem Urin ausgeschieden. Die dritte Möglichkeit ist, daß in einigen Fällen die Aufnahme der Oestrogene in der Leberzelle in derselben Weise verhindert ist, wie man in Hinsicht auf Bilirubin bei Gilbert's Krankheit gefunden hat. Darum haben wir auch ein junges Mädchen mit Gilbert's Krankheit untersucht und Oestradiolbenzoat oral gegeben und in Tabelle 1 werden die Resultate dargestellt. Es wurde festgestellt, daß am ersten Belastungstag signifikante Mengen von freiem Oestron und Oestradiol ausgeschieden wurden, was bedeuten kann, daß bei dieser Krankheit auch Oestrogenaufnahme in der Leber gestört ist. Dazu haben wir eine sehr kleine Oestriolbildung bemerkt, was auf eine schlechte Oestrogenaufnahme in der Leber deutet, da 16$\alpha$-Hydroxylierung nur in der Leber stattzufinden scheint. Es ist darum auch wahrscheinlich, daß die von Linquette u. Mitarb. (1967) beobachtete, verzögerte Oestriolbildung bei Hypoproteinämie mit Oedemen und Ascites wirklich auf einer schlechten Aufnahme von Oestrogenen in der Leberzelle beruht, teils durch das vergrößerte Plasmavolumen und die Extrazellularflüssigkeit und teils vielleicht durch die Veränderungen in den Plasmaproteinen, die für die Aufnahme der Oestrogene in der Leberzelle von Bedeutung sein können. Daß man in einigen Fällen sehr kleine Oestriolbildung nach Belastung gefunden hat, könnte darum wenigstens teilweise durch eine schlechte Leberzellaufnahme mit unterbrochenem, entero-hepatischen Kreislauf erklärt werden. Man muß sich auch daran erinnern, daß nach einer Operation zur Ableitung des Pfortaderkreislaufes, die in der Galle ausgeschiedenen Oestrogene, die später gewöhnlich normalerweise in Oestriol umgewandelt werden, jetzt den großen Kreislauf erreichen und im Urin ausgeschieden werden können.

Bisher kann man keine Erklärung der verminderten 2-Hydroxylierung (Zumoff u. Mitarb., 1968) geben und es gibt keine *in Vitro*-Versuche, in welchen man diese Frage studiert hat.

Die sehr große Oestrogenausscheidung im Urin, die zum Beispiel Brown u. Mitarb. (1964) in einigen Fällen beobachtet haben, ist nicht zu erklären. Die Autoren haben vorgeschlagen, daß es sich um eine gesteigerte Sekretion von primärem Oestrogenhormon handelt. In diesen Fällen sind die Oestrogene jedoch weder isoliert, identifiziert, noch mit einer spezifischen gaschromatographischen Methode bestimmt worden, was jedoch wichtig ist, in der Zukunft zu machen, wenn solche Fälle in der Klinik vorkommen. Da die Patienten in den meisten Fällen Männer gewesen sind und da man weiß, daß Hodenatrophie sehr gewöhnlich ist, ist es schwer zu verstehen, wovon diese Oestrogene stammen. Eine andere Erklärung wäre, daß der Aromatisierungsprozeß in der Leber vermehrt ist, so daß neutrale Steroide aus den Nebennieren in Oestrogene umgewandelt werden.

Die hier gegebenen Erklärungen des gestörten Stoffwechsels der Oestrogene bei Leberkrankheiten sind teils hypothetisch, teils fordern sie weitere Experimente, um bestätigt zu werden. Doch scheint es mir, daß sowohl die biochemische als auch die klinische Forschung jetzt gemeinsam viele von diesen Problemen recht schnell lösen kann. Der gestörte enterohepatische Kreislauf ist ohne Zweifel ein sehr wichtiger Faktor; es war tatsächlich nicht einmal möglich alle die Veränderungen, die der gestörte enterohepatische Kreislauf im Oestrogenstoffwechsel hervorruft, in diesem Zusammenhang zu beschreiben. Wenn es möglich ist, alle verschiedenen Veränderungen des Oestrogenstoffwechsels zu messen, dann kann man es wieder versuchen, die Veränderungen in Zusammenhang mit dem klinischen Bild zu bringen, und wahrscheinlich findet man dann bessere Korrelationen als bisher.


## Literatur

Adlercreutz, H.: Acta endocr. (Kbh.) Suppl. 72 (1962).
—, and T. Luukkainen: Acta endocr. (Kbh.) Suppl. 124, 101 (1967).
—, and K.-O. Schauman: Acta endocr. (Kbh.) 46, 230 (1964).
— A. Svanborg, and Å. Ånberg: Scand. J. clin. Lab. Invest 19, Suppl. 95, 68 (1967a).
— — — Amer. J. Med. 42, 341 (1967b).
Allen, W. M.: J. clin. Endocr. 10, 71 (1950).
Birke, G., E. Diczfalusy, and L. O. Plantin: Nord. Med. 61, 423 (1959).
Bloomberg, B. M., K. Miller, K. J. Kelley, and J. Higginson: J. Endocr. 17, 182 (1958).
Brown, J. B.: Biochem. J. 60, 185 (1955).
— G. P. Crean, and J. Ginsberg: Gut 5, 56 (1964).
Cameron, C. B.: J. Endocr. 15, 199 (1957).
Corda, L.: Minerva med. 5, 1067 (1925).
Diczfalusy, E., und C. Lauritzen: Oestrogene beim Menschen, Berlin (1961).
Dohan, F. C., E. M. Richardson, L. W. Bluemle Jr., and P. György: J. clin. Invest. 31, 481 (1952).
Dubin, I. N.: Amer. J. Med. 24, 268 (1958).
Edmondson, H. A., S. J. Glass, and S. N. Soll: Proc. exp. Biol. (N. Y.) 42, 97 (1939).
Emerman, S., G. H. Twombly, and M. Levitz: J. clin. Endocr. 27, 539 (1967).
Fishman, J., L. Hellman, B. Zumoff, and T. F. Gallagher: J. clin. Endocr. 25, 365 (1965).
Glass, S. J., H. A. Edmondson, and S. N. Soll: Endocrinology 27, 749 (1940).
— — — J. clin. Endocr. 4, 54 (1944).
Gregoris, L.: Acta med. patav. 17, 277 (1957).
Ittrich, G.: Acta endocr. (Kbh.) 35, 34 (1960).
Linquette, M., J.-P. Gasnault, J. Dupont-Lecompte et A. Racadot: Sem. Hôp. (Paris) 43, 2714 (1967).
Lorenzini, P., e E. Nanni: Endocr. Sci. cost. 22, 145 (1955).
Lyngbye, J., and E. F. Mogensen: Acta endocr. (Kbh.) 36, 350 (1961).
Marti, M., und F. Koller: Helv. med. Acta 20, 340 (1953).
Murphy, B. E. P.: Canad. J. Biochem. 46, 299 (1968).
Müller, J.: Acta endocr. (Kbh.) 28, 205 (1958).
Pincus, I. J., A. E. Rakoff, E. M. Cohn, and H. J. Turner: Gastroenterology 19, 735 (1951).

Rakoff, A. E., and M. L. Gross: Fed. Proc. **10**, 107 (1951).
—, and J. R. Sosnowski: J. clin. Endocr. **12**, 946 (1952).
Rupp, J., A. Cantarow, A. E. Rakoff, and K. E. Paschkis: J. clin. Endocr. **11**, 688 (1951).
Sachdev, S., and J. C. Sachdev: Indian J. med. Sci. **11**, 69 (1957).
Schedl, H. P.: In: Progress in Liver Disease, Popper, H., and F. Schaffner, Eds. New York
    2$^{nd}$ ed., 104 (1965).
Shaver, J. C., M. Roginsky, and N. P. Christy: Lancet **1963 II**, 335.
Silvestrini, R.: Rif. med. **142**, 701 (1926), quoted by Glass et. al. (1940).
Stealy, C. L., and B. F. Stimmel: J. clin. Endocr. **8**, 67 (1948).
Stimmel, B. F.: J. clin. Endocr. **14**, 764 (1954).
Szarvas, S., C. Schirren, und K. Becker: Acta hepato-splenol. (Stuttg.) **13**, 356 (1966).
Timjiras, P. S., e C. Barbarossa: Arch. E. Maragliano Pat. Clin. **5**, 293 (1950), quoted by
    Diczfalusy und Lauritzen (1961).
de Waard, F.: De oestrogene stoffen bij levercirrhose. Een studie bij de zuidafrikaanse bantoe.
    Proefschrift. Utrecht (1956a).
Wu, S. D.: Arch. Path. **34**, 735 (1942).
Zondek, B., and R. Black: J. clin. Endocr. **7**, 519 (1947).
Zumoff, B., J. Fishman, J. Cassouto, L. Hellman, and T. F. Gallagher: J. clin. Endocr. **26**,
    960 (1966).
— — T. F. Gallagher, and L. Hellman: J. clin. Invest. **47**, 20 (1968).

# Podiumsgespräch

## Welche Bedeutung haben quantitative Oestrogenbestimmungen und die Erforschung des Oestrogenstoffwechsels für die Klinik?

**Round Table Discussion: Clinical Importance of Investigations on Estrogen Metabolism and Quantitative Estrogen Analysis**

*Moderator:* J. Zander, Heidelberg

*Teilnehmer:*

1. H. Adlercreutz, Helsinki
2. H. Breuer, Bonn
3. J. Hammerstein, Berlin
4. P. W. Jungblut, Wilhelmshaven
5. E. Kuss, München
6. W. Nocke, Marburg/Lahn
7. J. Plotz, Bonn
8. K. D. Voigt, Hamburg

*Zander:*

Meine Damen und Herren, das Thema dieses Gespräches lautet: Welche Bedeutung haben quantitative Oestrogenbestimmungen und die Erforschung des Oestrogenstoffwechsels für die Klinik? Es ist das Ziel unseres Gespräches, eine Verbindung zwischen den Vorträgen und der klinischen Praxis herzustellen.

Zuerst wollen wir die diagnostische Bedeutung quantitativer Oestrogenbestimmungen diskutieren. Wir gehen dabei von der Bestimmung des Oestriols aus. Unter welchen Bedingungen hat die quantitative Bestimmung von Oestriol eine unmittelbar praktische Bedeutung?

*Nocke:*

Ich bin der Ansicht, daß Oestriolbestimmungen im Schwangerenurin für die akute Dringlichkeitsdiagnostik des Geburtshelfers keine Bedeutung haben, wohl aber für die Verlaufskontrolle gefährdeter Schwangerschaften. Man muß dabei jedoch berücksichtigen, daß selbst bei einer Ultra-Rapid-Methode 24 Stunden vergehen, bevor man mit der Analyse beginnen kann. Dann kann es schon zu spät sein für die Sectio, die man eventuell gemacht hätte. Vielleicht können wir für diesen speziellen Zweck durch Analysen aus 4-, 6-, 8- oder 12-Stunden-Urin zu einem Kompromiß kommen. Dabei ist zu berücksichtigen, daß die Varianz der Resultate umso größer wird, je kleiner die Sammelzeit der Urine ist; die Urinproben werden immer weniger repräsentativ für den 24-Stunden-Zeitraum. Die Interpretation der Ergebnisse wird dadurch erschwert.

Ob wir Oestriolbestimmungen auch für die akute Dringlichkeitsdiagnostik nutzbar machen können, hängt wahrscheinlich davon ab, ob wir sie durch Bestimmungen im Plasma ersetzen können. Schnellmethoden für Plasma-Oestriol in der Schwangerschaft sind gegenwärtig noch nicht verfügbar. Es ist zu erwarten, daß hierfür in absehbarer Zeit Protein-Bindungsmethoden eingesetzt werden können. Es bleibt zu klären, ob die Oestriolbestimmung im Plasma, die nur eine „Momentaufnahme" ist, die Bestimmung im Urin, die eine Bilanzuntersuchung darstellt, überhaupt ersetzen kann.

*Plotz:*

Seitdem die feto-placentare Einheit entdeckt und erforscht wurde, bot sich die Oestriolbestimmung im Harn als eine Methode an zur Ermittlung einer Gefährdung des Kindes bei bestimmten klinischen Situationen. So z. B. beim Diabetes in der Schwangerschaft. Wir wissen, daß es hierbei häufig zu einem frühzeitigen Absterben des Kindes kommen kann. Wenn man das durch die Bestimmung von Oestriol frühzeitig erkennen kann, so ist das ein Fortschritt in der klinischen Geburtshilfe. Eine andere Situation ist die Rh-Immunisierung der Mutter. Auch hier ist das vorzeitige Absterben des Kindes ein Problem. Weiterhin ist an die Präeklampsie und an die rechnerische Übertragung zu denken, die den Geburtshelfer immer wieder vor große Probleme stellt. Wir sind oftmals nur auf die Angaben der Frau angewiesen. Wenn uns eine Methode zur Verfügung stünde, die bei einem Verdacht auf eine rechnerische Übertragung eine klinische Aussage zuließe, so wäre das ebenfalls ein Fortschritt.

Nun zurück zur Frage des Diabetes. Zur Zeit lassen wir uns praktisch von einigen Kriterien leiten, die uns ziemlich genau sagen können, wann wir beginnen sollten, daran zu denken, die Schwangerschaft zu beenden. Wenn man hier — und das ist in der Literatur berichtet worden — wiederholte Bestimmungen des Oestriols durchführt und dann in der Serie einen bestimmten Trend in der Ausscheidung findet, so hilft uns das, den rechten Zeitpunkt für die Beendigung der Schwangerschaft zu finden.

Bei den Rh-Situationen sind die Angaben in der Literatur sehr uneinheitlich. Ich möchte darauf hinweisen, daß es bei der Rh-Situation zu einer vermehrten Ausscheidung der Gonadotropine in der Frühschwangerschaft kommen kann, ähnlich wie manchmal auch bei Diabetikerinnen. Die Frage, ob das Gonadotropin einen Einfluß auf die Oestriol-Synthese in der Schwangerschaft hat, möchte ich zur Diskussion stellen. Sollte HCG die Oestriol-Synthese in der Placenta erhöhen, so würde der klinische Wert der Oestriolbestimmung im Urin reduziert werden. Jedenfalls ist nach der Literatur gerade bei der Rh-Sitution die Aussagekraft der Oestriolbestimmung nicht sehr groß. Bei der Präeklampsie ist das Geschehen meist so dramatisch, daß ich nicht weiß, ob wir uns von einem Oestriol-Ergebnis im Urin leiten lassen sollten, wann wir die Schwangerschaft terminieren. Hier gibt es ganz bestimmte geburtshilfliche Kriterien, die ich aus rein praktischen Gründen für wichtiger halte.

Bei der rechnerischen Übertragung oder bei habituellen Frühgeburten bei Frauen, die wiederholte Mangelgeburten gehabt haben, sind Oestriolbestimmungen besonders interessant. Diese Patientinnen sollten dann aber auch wochenlang in der Klinik beobachtet werden, um den Trend in der Harnausscheidung zu erkennen.

*Jungblut:*

Ich wollte eine Außenseiterbemerkung zu Herrn Nockes Vorschlag machen, die Urinsammelperioden zu begrenzen. Ich habe zwar keine Ahnung, ob entsprechende Untersuchungen für Oestriol vorliegen, aber ich möchte annehmen, daß es eine erhebliche Tagesrhythmik und individuelle Unterschiede in der Ausscheidung gibt, die nicht generalisiert werden können.

*Kuss:*

A. Klopper hat die Varianz der Oestriolausscheidung von Schwangeren untersucht. Er fand Variationskoeffizienten von etwa 40 %, wenn die Sammelzeit kürzer war als 24 Stunden. Nur wenn die Probanden im Flüssigkeitsgleichgewicht gehalten wurden, waren die Variationskoeffizienten der 2 Stunden-Proben mit 20 % etwa gleich groß wie die der üblichen 24 Stunden-Proben.

*Hammerstein:*

Bei der Interpretation von Oestriolbestimmungen sollte man daran denken, daß es in der Schwangerschaft eine Reihe von Situationen mit niedriger Oestriolausscheidung ohne Gefährdung des Feten gibt, die also nicht zu einer vorzeitigen Geburtseinleitung indizieren. Ich denke hier z. B. an den Anencephalus, der mit außerordentlich niedrigen Oestriolwerten einhergeht und im Zweifelsfalle im Röntgenbild zu verifizieren ist. Ferner ist bei der Insuffizienz der mütterlichen Nebennierenrinde mit niedrigen Oestriolwerten zu rechnen. Außerdem sind aus dem Edinburgher Arbeitskreis von Wallace und Michie eine Reihe von Schwangerschaften mit normal ausgetragenen Früchten mitgeteilt worden, obwohl die Oestriolausscheidung deutlich vermindert war. Bei der katamnestischen Kontrolle dieser Kinder fanden sich relativ häufig cerebrale Schädigungen und neurologische Ausfälle.

*Zander:*

Ich persönlich bin auch der Auffassung, daß man bei entsprechender Indikation nach Möglichkeit Verlaufskontrollen der Oestriolausscheidung in der Schwangerschaft machen sollte. Auf Grund unserer Erfahrung halte ich auch die sog. Aufpfropfgestose für eine besonders gute Indikation für Oestrogenbestimmungen. Hier weiß man ja meist frühzeitig, daß die Schwangerschaft gefährdet ist. Man hat eine Möglichkeit, langfristig den Verlauf der Ausscheidung zu beobachten. Ich glaube, daß wir eine Reihe von Kindern durch solche langfristigen Beobachtungen retten konnten. Einzelbestimmungen würde ich mit Zurückhaltung betrachten.

Wir wollen jetzt die diagnostische Bedeutung der Bestimmung der Totaloestrogene diskutieren. Heute morgen haben wir gehört, daß uns hierfür zahlreiche Methoden zur Verfügung stehen. Nun dürfte es interessant sein zu erfahren, was man mit diesen Methoden machen kann. Bei welchen Bedingungen sind Bestimmungen der Totaloestrogene angezeigt?

*Breuer:*

Es gibt einige Erkrankungen, bei denen das Ausscheidungsmuster der drei klassischen Oestrogene Oestron, Oestradiol und Oestriol im Urin gegenüber gesunden Personen verändert ist. Das ist z. B. bei Erkrankungen der Schilddrüse der Fall. Hypothyreote Patienten scheiden vermehrt Oestriol aus, während die Ausscheidung der 2-substituierten Oestrogene reduziert ist. Bei hyperthyreoten Patienten liegen die Verhältnisse umgekehrt. Es scheint so zu sein, daß zwischen der 2-Hydroxylierung und der $16\alpha$-Hydroxylierung von Oestron eine gewisse Kompetition besteht, die von der Konzentration der Schilddrüsenhormone abhängig ist.

Darüber hinaus zeichnen sich erste Hinweise dafür ab, daß auch beim Hochdruck die Ausscheidung der Oestrogene verändert ist. Schließlich möchte ich erwähnen, daß beim Mammacarcinom des Mannes ebenfalls charakteristische Änderungen beobachtet worden sind. Die bisherigen Untersuchungen haben allerdings nur vorläufigen Charakter. Man wird weiter suchen müssen, ob sich irgendwelche quantitative, besser noch qualitative Unterschiede finden lassen.·

*Hammerstein:*

Die Schwierigkeiten, die der Interpretation von Oestrogen-Analysen bei der Nichtschwangeren entgegenstehen, sind ja bekannt. Eine einmalige Oestrogenanalyse bei Frauen im geschlechtsreifen Alter besagt praktisch kaum etwas, da die Varianz der Oestrogenausscheidung sowohl nach der Höhe als auch nach dem zeitlichen Verlauf außerordentlich groß ist. Wenn man sich die Frage vorlegt, wann bei der nichtschwangeren Frau bzw. beim Mädchen eine Oestrogenanalyse einen Sinn hat und dringend indiziert ist, so möchte ich als wichtigstes das Oestroblastom beim jungen Mädchen und der postmenopausalen Frau herausstellen. Hier sollte die Oestrogenanalyse auch bei geringstem Verdacht unbedingt herangezogen werden, ungeachtet der Tatsache, daß Oestroblastome außerordentlich selten sind. So erleben wir pro Monat 1—2 Vorstellungen von Kindern mit Pubertas praecox bzw. unklaren Zuständen der Frühreife, wo an ein Oestroblastom zu denken ist. In solchen Fällen führen wir zunächst einen vaginalen Zellabstrich durch. Beim Vorliegen einer hohen Proliferation der Vaginalschleimhaut besteht dann die unbedingte Indikation zu einer chemischen Oestrogenbestimmung. Das gleiche trifft natürlich auch auf die entsprechenden Verhältnisse bei der postmenopausalen Frau zu.

*Voigt:*

Ich möchte kurz auf die Frage der Oestrogenbestimmung beim Mann eingehen. Eindeutige diagnostische Zuordnungen von Oestrogenwerten beim Mann sind meiner Meinung nach die ausgesprochenen Ausnahme. Beim Chorionepitheliom des Mannes, einer extrem seltenen Erkrankung, lohnt sich eine Oestrogenbestimmung. Gewünscht werden Oestrogenbestimmungen sehr häufig bei der Gynäkomastie. Die Ergebnisse dabei sind außerordentlich wenig zufriedenstellend. Nur sehr selten lassen sich da leicht erhöhte Werte nachweisen. Auf die Frage der Lebererkrankung wird vielleicht Herr Adlercreutz für die praktische Bedeutung noch eingehen.

Ein sehr großes Gebiet, bei dem in der letzten Zeit diese Bestimmung Interesse gewonnen hat, ist das Prostata-Adenom des Mannes mit der Frage, ob dieses oestrogen- oder testosteronabhängig ist. Die bisherigen Untersuchungen zeigen aber, daß die Oestrogenverhältnisse bei dieser Erkrankung keine Abweichung von der Norm erkennen lassen.

*Nocke:*

Ich möchte Herrn Hammerstein fragen, wie häufig er bei den Kindern, die zur Frage eines Oestroblastoms vorgestellt werden, wirklich einen Tumor findet. Weiter möchte ich anregen, die Indikation für Oestrogenbestimmungen nicht auf Oestroblastome zu beschränken, sondern sie auch auf die Tumoren von Testis und Nebennierenrinden zu erweitern. Wir haben einige solcher Tumoren untersucht und fanden auch bei klinisch virilisierenden Tumoren sehr hohe Oestrogenausscheidungen. Eine cytologische Vorsortierung ist nach unserer Erfahrung problematisch, da bei diesen Fällen selbst hohe Oestrogenausscheidungen nicht notwendigerweise mit einem starken Oestrogeneffekt im Vaginalabstrich kombiniert sein müssen. Wahrscheinlich haben bei diesen Tumoren die gleichzeitig produzierten hohen Androgenmengen eine antagonistische Wirkung zu Oestrogenwirkung am Vaginalepithel.

*Hammerstein:*

Auf Ihre Frage ist zu antworten, daß wir in der Postmenopause alle 1−2 Jahre auf eine Patientin mit einem Oestroblastom treffen. Sie selbst haben ja auch eine Reihe solcher Patientinnen publiziert. Hier hat die Oestrogenbestimmung nicht nur präoperativ, sondern auch für die Früherkennung der Metastasierungen Bedeutung. Wir haben laufend Patientinnen in Betreuung, bei denen halbjährliche Oestrogenanalysen aus diesem Grunde durchgeführt werden müssen. Bei Kindern haben wir bisher noch kein Oestroblastom gefunden; aber deswegen ist die Indikation zur Oestrogenbestimmung bei Fällen von Pubertas praecox sicherlich nicht falsch. Selbst wenn wir nur alle 5 oder 10 Jahre einen solchen Fall zu sehen bekommen, ist die Durchführung von Oestrogenanalysen als Ausschlußverfahren durchaus berechtigt.

*Zander:*

Herr Adlercreutz, Sie verfügen über ausgedehnte Erfahrungen an einem großen Hospital in Helsinki. Können Sie uns einmal Ihre Meinung über die diagnostische Bedeutung der Oestrogenbestimmungen sagen. In diesem Zusammenhang wäre es vielleicht auch interessant, von Ihnen zu erfahren, wieviel Bestimmungen Sie etwa pro Monat in Ihrem großen Hospital vornehmen.

*Adlercreutz:*

Mein Labor ist das Zentrallabor des Universitätskrankenhauses in Helsinki. Wir machen Analysen für 1 000 Betten: Innere Medizin, Chirurgie, Neurologie und Lungenkrankheiten. Wir machen nicht mehr als ungefähr 10 Analysen pro Monat. Zunächst möchte ich sagen, daß es bei Leberkrankheiten keine klinische Indikation zur Oestrogenanalyse gibt. Wissenschaftliche Indikationen gibt es natürlich viele. Ich glaube, daß die Frage der Oestrogene bei Lebererkrankungen zusammen mit den Klinikern gelöst werden muß. Zu den Oestrogenanalysen, die wir vornehmen, gehören Patienten mit Tumorverdacht. Dann werden Oestrogenbestimmungen gewünscht bei Frauen mit cyclischen Oedemen und mit cyclischer Anurie. In solchen Fällen haben wir hohe Oestrogenwerte gefunden. Weiterhin gibt es cyclische Lebererkrankungen mit erhöhten Transaminasen. Ich glaube, daß man bei diesen Fällen Oestrogenanalysen machen sollte.

*Zander:*

Bei den letzten von Ihnen genannten Erkrankungen steht das wissenschaftliche Interesse im Vordergrund. Ich nehme an, daß Sie hier durch Oestrogenanalysen keine neuen diagnostischen Informationen erhalten. Nun möchte ich noch eine spezielle Frage stellen, nämlich nach der Bedeutung der Oestrogenbestimmung im Klimakterium. Haben Oestrogenbestimmungen irgend eine Bedeutung für die Erkennung und für die Behandlung klimakterischer Störungen?

*Plotz:*

Wenn ich mich ganz kurz fassen darf, vom praktischen Gesichtspunkt aus gar keine. Aber vom wissenschaftlichen Standpunkt aus sind sie natürlich sehr interessant und sehr wichtig. Gerade in der derzeitigen Phase ist es notwendig, Untersuchungen dieser Art an einem ausgesuchten Patientenmaterial unter bestimmten Fragestellungen vorzunehmen. Auch Bestimmungen der Sekretionsraten und Produktionsraten sind z. B. bei der alternden Frau bisher wenig gemacht worden, interessanterweise mehr beim alternden Mann. Für die Klinik als solche oder für die Sprechstundenpraxis spielen aber Oestrogenbestimmungen im Harn bei der Erkennung bestimmter Syndrome, die man vielleicht mit dem Klimakterium oder mit der Postmenopause assoziieren will, keine große Rolle.

*Zander:*

Vielleicht sollte man hier ergänzen: „im Augenblick", denn es ist natürlich möglich, daß sich in der Zukunft bei der außerordentlichen Bewegung, in der sich dieses Gebiet befindet, neue Gesichtspunkte ergeben.

*Plotz:*

Ich möchte hier besonders das große biochemische Labor ansprechen. Sollte man z. B. spezifische Oestrogenmetaboliten im Klimakterium erkennen, die eine gewisse pathogenetische Aussage zulassen, dann wäre vielleicht in einigen Jahren die Frage ganz anders zu beantworten. Das unterstreicht aber, wie wichtig es ist, dieser Frage auf der wissenschaftlichen Ebene mit ganz konkreten Fragestellungen nachzugehen.

*Zander:*

Ich glaube, zu diesem Punkt besteht an unserem Tisch weitgehende Übereinstimmung.

Wir kommen damit zum Thema der fraktionierten Bestimmungen, also der differenzierteren Bestimmungen einzelner Oestrogene (unter Ausschluß von Oestron, Oestradiol und Oestriol).

*Breuer:*

Ich glaube, im Augenblick ist die fraktionierte Bestimmung der Oestrogene nicht praktikabel, jedenfalls nicht für diagnostische Zwecke. Der methodische Aufwand, das möchte ich hier einmal ganz klar sagen, ist doch recht groß. Wir brauchen zur Durchführung einer Analyse der Gesamtoestrogene ungefähr eine Woche. Das ist sehr knapp gefaßt, und es zeichnen sich im Augenblick noch keine Möglichkeiten ab, die Analysendauer wesentlich zu verkürzen. Unter Hinzuziehung eines Gaschromatographen und der Massenspektroskopie könnte man vielleicht eine Beschleunigung erreichen. Wenn ich noch kurz etwas zu den Oestrogen-Mangelzuständen sagen darf: In den letzten 10 Jahren ist bekannt geworden, daß die Ausscheidung der Oestrogene bei Frauen in der Postmenopause sehr stark schwankt. Es können Werte zwischen 2 und manchmal 30 µg pro 24 Stunden beobachtet werden. Man hat meines Wissens noch nicht versucht, einen klinisch faßbaren Oestrogen-Mangelzustand mit der Oestrogenausscheidung zu korrelieren.

*Zander:*

Herr Adlercreutz, Sie haben mit gaschromatographischen und massenspektrophotometrischen Oestrogenbestimmungen eine große Erfahrung. Sehen Sie schon Indikationen für fraktionierte Bestimmungen der Gesamtoestrogene?

*Adlercreutz:*

Es gibt bisher keine. Zur Zeit läuft in unserem Laboratorium nur die fraktionierte Bestimmung von Oestron, Oestradiol und Oestriol. Dr. Procope hat gezeigt, daß bei postmenopausalen Frauen die Bestimmung von z. B. Oestron allein nicht reicht. Man muß Oestron, Oestradiol und Oestriol bestimmen. Dann erhält man eine viel bessere Korrelation zu der Ovarial-Histologie. Für Tumoren gibt eine Totaloestrogenausscheidung von über 20 $\mu$g bei finnischen postmenopausalen Frauen kombiniert mit Endometriumhyperplasie oder mit einer positiven Papanicolaou-Färbung gute Hinweise. Die Bestimmung von z. B. Oestron allein reicht nicht aus, weil ältere Leute im Verhältnis zu Oestron und Oestradiol mehr Oestriol ausscheiden. Eine Totaloestrogenbestimmung gibt sicher auch gute Resultate.

*Voigt:*

Auch für den Mann kann man sich den Vorrednern anschließen: Praktisch gibt es hier keine Indikation für eine unterteilte oder getrennte Bestimmung der einzelnen Oestrogene im Urin. Wissenschaftlich hingegen stellen sich einige interessante Fragen — ich darf wieder das Prostata-Adenom als ein Beispiel hierfür erwähnen.

*Zander:*

Ich glaube, das Gespräch bringt bisher schon eine gewisse Klarheit über die praktische Bedeutung der Oestrogenbestimmungen. Es zeigt, daß im Vordergrund die Oestriolbestimmungen in der Schwangerschaft stehen, und daß es eine Reihe von weiteren Indikationen außerhalb der Schwangerschaft für die Bestimmung der Totaloestrogene gibt. Insgesamt sind aber z. Z. die Indikationen für die Anwendung solcher Methoden noch verhältnismäßig begrenzt. Möglicherweise ergeben sich für die fraktionierte Bestimmung der Oestrogene in der Zukunft noch neue Gesichtspunkte. Es muß Ziel unserer Bemühungen bleiben, mit Hilfe der Laboratoriumsmethoden zu spezifischeren Diagnosen zu kommen, für die unsere klinischen Möglichkeiten nicht ausreichen.

*Plotz:*

Wir sollten hier noch die fortlaufende Oestrogenbestimmungen bei der Behandlung anovulatorischer Frauen als eine weitere mögliche Indikation besprechen.

*Hammerstein:*

Man kann zu dieser Frage sehr unterschiedlich Stellung nehmen. Selbstverständlich läßt sich eine Gonadotropin-Behandlung ohne Kontrolle der Oestrogenausscheidung durchführen. Das geschieht in großem Maße überall in der Welt. Die Überlegungen, die trotzdem viele veranlaßt haben, die Gonadotropinapplikation durch Oestrogenbestimmungen im Harn zu kontrollieren, gehen davon aus, daß wir gerade bei dieser Behandlung in einem hohen Maße mit ovariellen Überstimmulierungen und mit Mehrlingsschwangerschaften zu rechnen haben, und daß man an die Oestrogenanalyse die Hoffnung knüpft, die Quote dieser unerwünschten Effekte herabzusetzen. Z. B. hat Gemzell den Vorschlag gemacht, zuerst eine Probebehandlung mit gonadotropen Hormonen unter Ausschluß von Konzeptionsmöglichkeiten vorzunehmen. Wenn dabei die Oestrogenausscheidung auf über 500 µg pro Tag ansteigt, liegt ein Risikofall vor, bei dem nach Möglichkeit von einer Fortsetzung der Therapie Abstand genommen werden sollte. Das ist die eine Möglichkeit. Die zweite besteht darin, daß man sich mit Hilfe der Schnellmethode von Brown an der Oestrogenausscheidung orientiert, wann von der HMG- auf die HCG-Applikation überzugehen ist. Hier besteht sicherlich eine echte Indikation. Allerdings setzt dieses Vorgehen ein nicht nur hochspezialisiertes, sondern auch sehr arbeitswilliges Labor voraus; denn derartige Bestimmungen müssen dann natürlich auch an den Wochenenden durchgeführt werden.

*Zander:*

Würden Sie meinen, daß es für die hier zweifellos sehr wichtigen Verlaufskontrollen notwendig ist, fraktionierte Bestimmungen, z. B. mit der Brownschen Methode, zu machen, oder kommen uns da nicht gerade die kurzen und halbautomatisierten Methoden sehr entgegen?

*Hammerstein:*

Ganz unbedingt. In diesem Zusammenhang hat die Fraktionierung überhaupt keine Bedeutung, denn wir wollen lediglich wissen, in welcher ungefähren Größenordnung sich die Oestrogenproduktion bewegt.

*Zander:*

Nun möchte ich das Auditorium fragen, ob Fragen oder Kommentare zu dem bisher besprochenen Fragenkomplex bestehen?

*Kaiser:*

Ich möchte zur Problematik der Oestriolbestimmung in der Schwangerschaft Stellung nehmen. Wir haben in unseren Untersuchungen Tagesschwankungen beobachtet, die auch in einzelnen Portionen über 50—60% streuen. Als zweites ist zu sagen, daß es sich bei den Fällen, die wir mit der Oestriolausscheidung überwachen, fast immer um sog. Risikofälle handelt, bei denen meistens schon zwischenzeitlich eine Therapie eingeleitet wurde, die wiederum die Oestriolbestimmungen stören. Auf der anderen Seite darf die Oestriolbestimmung sicher nicht in der Reihe der anderen Methoden fehlen, die wir in der Perinatologie gebrauchen, nämlich z. B. Kardiotokographie, Blutgasanalyse, Ultraschallcephalometrie oder dergleichen. Wir konnten in Zusammenhang mit allen diesen Methoden die perimentale Sterblichkeit an unserer Klinik sehr herabdrücken.

*Zander:*

Mich würde interessieren, ob Sie die großen Tagesschwankungen bei Patienten, die bettlägerig waren oder bei Patienten, die sich draußen normal bewegten, erhielten.

*Kaiser:*

Bei bettlägerigen Patienten.

*Haller:*

Wir haben die gleiche Erfahrung gemacht, auch mit 12-Stunden-Sammelurin im Vergleich zum 24-Stunden-Sammelurin und haben auch Abweichungen von 40—60% in den Analysen feststellen müssen. Es handelte sich dabei teilweise um ambulante Kontrollen, bei denen die unterschiedliche physische Tagesbelastung und möglicherweise eine inkorrekte Urinsammlung diese Unterschiede bedingt haben kann. Bei Verlaufskontrollen stationärer Patientinnen, die zum Teil mit Ödemen hereinkamen, bei Bettruhe und medikamentöser Behandlung unterschiedlich stark entwässerten, und bei denen sich unter der Therapie der Blutdruck normalisierte, erscheinen mir die gefundenen Schwankungen in den 12-Stunden-Urinproben des gleichen Tages gleichfalls erklärbar. Wir glauben daher, daß der Übergang auf 24-Stunden-Sammelurine obligatorisch ist.

Eine andere Beobachtung ist noch erwähnenswert:

10 von 80 stationär beobachteten Schwangeren, die überdurchschnittlich körperlich durch Beruf und/oder Familie belastet waren, und die mit Verdacht auf chronische Placentainsuffizienz und Oestriolwerten an der unteren Grenze der Norm aufgenommen waren, zeigten unter alleinigem Einhalten von Bettruhe einen bleibenden Anstieg der Oestriolwerte in völlig normale Bereiche. Auch solche Frauen sollten nicht vorzeitig aus stationärer Behandlung entlassen werden. Grundsätzlich sollten wir uns darüber im klaren sein, daß die fortlaufende Oestriolbestimmung nur *einen* Parameter zur Erkennung und Beurteilung einer Placentainsuffizienz darstellt, und daß zur Bestimmung des Zeitpunktes einer Geburtseinleitung auch die Messung des fetalen Kopfwachstums mittels Ultraschall, die optische Untersuchung des Fruchtwassers und die Belastungsprobe der respiratorischen Funktion der Placenta durch Wehenstimulierung bei Einsatz eines Cardiotokographen herangezogen werden sollten.

*Breuer:*

Ich möchte noch kurz etwas zu den Tagesschwankungen sagen. Wir haben keine eigenen Erfahrungen, aber ich weiß, daß Herr Borth in Canada sich mit diesem Problem eingehend beschäftigt hat, und zwar im Zusammenhang mit der genauen Bestimmung des Zeitpunktes der Ovulation. Er hat die Ausscheidung von Oestron und Oestradiol im Urin in 4-Stunden-Portionen bei gesunden Frauen, die in einem Flüssigkeitsgleichgewicht waren, untersucht. Soweit ich ihn verstanden habe, hat er keine nennenswerten Tagesschwankungen bei diesen Frauen gefunden.

*Jungblut:*

Herr Kaiser, mich interessieren die 50- bis 60%igen Schwankungen, von denen sie sprachen. Für welche Sammelperioden wurden diese Schwankungen gemessen? Glauben Sie, daß es sich um ein physiologisches Phänomen handelt?

*Kaiser:*

Ich glaube, daß sie physiologisch bedingt sind. Die Tagesschwankungen wurden sowohl im 24-Stunden-Urin als auch in kleineren Stundenportionen festgestellt.

Möglicherweise spielt ein dekompensierter Wasserhaushalt dabei die entscheidende
Rolle. Zur Bestimmung des Oestriols wenden wir die Methode nach Ittrich mit
colorimetrischer Endpunktbestimmung an. Die Darstellung von Herrn Kuss, eine
Oestriolausscheidung von 10 mg/die als Warnung und von 5 mg/die als Alarmzeichen
zu betrachten, ist manchmal problematisch. Wir haben beim intrauterinen Fruchttod noch Werte gefunden, die weit über den von Herrn Kuss angegebenen Werten
lagen. — Wir haben diese erhöhten Werte mit mehreren Methoden (der Brown-
Methode und anderen Methoden) nachgeprüft, auch die Lebertransaminasen
wurden bestimmt. Das zeigt die Problematik der Oestriolbestimmungen in her-
kömmlicher Weise, daß man also nicht immer niedrige Werte beim intrauterinen
Fruchttod finden muß.

*Plotz:*

Wir wissen, daß die Clearance von Inulin etc. bei der Schwangeren von Tag zu
Nacht sehr wechseln kann. Vor allen Dingen spielt es eine Rolle, ob die Patientin
liegt oder steht, ob sie auf der Seite oder auf dem Rücken liegt. Ich frage, ob Oestriol-
Clearance-Untersuchungen unter diesen verschiedenen Bedingungen solche Diskrepanzen erklären könnten.

*Schild:*

Wie ist die Aussagekraft der Oestriolbestimmungen in bezug auf die Zeitbe-
stimmung der Schwangerschaft ? Es würde ja für den Kliniker von Bedeutung sein,
zu erfahren, ob sich z. B. beim habituellen Abortus noch eine operative Maßnahme
lohnt. Ich denke in Richtung Shirodkar-Operation.

*Plotz:*

Ich glaube, daß bei habituellen Aborten für die Frau ein Alles- oder Nichts-Ge-
setz gilt, und ich würde mich nicht von einem Laborwort leiten lassen, eine Shirodkar-
Operation evtl. nicht durchzuführen.

*Bierich:*

Wenn die Tagesschwankungen tatsächlich so groß sind, so ist ja zu vermuten, daß
man mit den Blutanalysen auch nicht sehr viel weiterkommen wird. Was hier nicht
angesprochen worden ist, ist eine Sache, die im amerikanischen Schrifttum verschiedentlich diskutiert worden ist. Ich weiß von Dr. Schindler aus Dallas in Texas,
daß er in der Amnion-Flüssigkeit das Oestriol bestimmt hat, um eine Indikation zu
gewinnen. Ich möchte fragen, was davon zu halten ist ? Dann noch zu Herrn
Hammerstein wegen der Frühreife. Wir haben eine Menge von Frühreifen gesehen,
sowohl in Hamburg als auch jetzt in Tübingen, insgesamt 25 Mädchen mit einer
idiopathischen Frühreife. Niemals war ein oestrogen-produzierendes Blastom dabei.
Trotzdem brauchen wir Oestrogenbestimmungen, weil wir diese Kinder ja heute
behandeln können. Wir geben ihnen Gestafortin oder Depoprovera und sehen dann
den Abfall. Aus dem Verlauf können wir beurteilen, wieviel von diesen Gestagenen
wir geben müssen. Ich glaube, das ist eine Indikation, die noch erwähnt werden sollte.

*Adlercreutz:*

Die Frage der Oestriolbestimmungen im Fruchtwasser ist recht schwierig. Es ist
möglich, daß es Indikationen für Oestriolbestimmungen im Fruchtwasser gibt. Bei

schlechten Fällen findet man oft sehr hohe Werte, weil die Amnion-Flüssigkeit Mekonium enthält. Das haben wir mit Bestimmungen der alkalischen Phosphatase kontrolliert. Wir fanden keine Korrelation zwischen Oestriol im Fruchtwasser und fetalem Gewicht. Es war sogar so, daß sich bei höchsten Oestriolwerten kleine Kinder in schlechtem Zustand fanden. Schindler und Ratanascopa haben bei Rh-Immunisierung diese Bestimmungen gemacht und eine schöne Korrelation gefunden. Damit haben wir keine Erfahrung.

*Kuss:*

Noch eine Bemerkung zur klinischen Relevanz der Ergebnisse von Einzel- und Serienbestimmungen der Oestrogenausscheidung in der Spätschwangerschaft. In der Münchner Klinik wurden Risikoschwangerschaften auf Grund *eines* Oestrogenwertes vorzeitig beendet, die Kinder überlebten. Ob sie den Geburtstermin intrauterin erlebt hätten, kann nicht entschieden werden. Andererseits haben wir auch schon die Oestrogenausscheidung einer Schwangeren solange kontrolliert, bis das Kind abgestorben war. Ich glaube, unser Problem ist nicht die Wahl zwischen Einzelbestimmungen oder Serienbestimmungen. Wenn wir die Freiheit dieser Wahl hätten, müßten wir uns selbstverständlich für die Serienbestimmung entscheiden. Aber häufig heißt die Alternative in Wirklichkeit: Sollen wir ein möglicherweise unnötiges intrauterines Absterben des Kindes oder sollen wir eine möglicherweise unnötige vorzeitige Beendigung der Schwangerschaft riskieren?

Es sind bisher einige zehntausend Schwangerschaften kontrolliert worden. Die publizierten Ergebnisse, einschließlich der von Herrn Hammerstein zitierten Ergebnisse aus Edinburgh, stimmen darin überein, daß niedrige Werte eine Gefährdung des Kindes, extrem niedrige Werte mit hoher Wahrscheinlichkeit den Tod der Frucht anzeigen. Als Richtzahlen gelten $< 12$ mg/24 Std bzw. $< 4$ mg/24 Std für die letzten Schwangerschaftswochen, wobei neben der biologischen auch die methodische Varianz zu berücksichtigen ist. Die relativ seltenen Ausnahmen dieser Regel sind z. B. hohe Cortison-Medikation der Schwangeren oder niedriger $O_2$-Partialdruck der Atmosphäre oder z. B. der von Herrn Hammerstein bereits erwähnte Anencephalus. Die zur Zeit einzige Möglichkeit einer „Therapie" liegt in der vorzeitigen Beendigung der Schwangerschaft.

Wenn also eine Frau am Ende der Schwangerschaft erstmalig in die Klinik kommt und auf Grund der Proteinurie oder ähnlicher Symptome als Risikopatientin aufgenommen wird und es wird eine niedrige Oestrogenausscheidung gefunden, dann dürfte die Wahrscheinlichkeit, daß das Kind in Gefahr ist, größer sein als die Wahrscheinlichkeit, daß eine „physiologisch" abnorm niedrige Oestriolausscheidung vorliegt, von der Herr Kaiser sprach. Meiner Ansicht nach ist hier ein aktives Eingreifen des Geburtshelfers indiziert und nicht eine Verlaufskontrolle der Oestrogenausscheidung, vorausgesetzt, die Laborergebnisse sind hinreichend zuverlässig.

*Lauritzen:*

Ich möchte noch einmal betonen, daß die Methode der Messung der Oestrogenausscheidung als Kriterium für die Funktion der feto-placentaren Einheit sicherlich nicht schlechter ist als die anderen Methoden, die uns zur Verfügung stehen und die auch ihre Nachteile und Fehlermöglichkeiten besitzen. Sie ist keine Konkurrenzmethode zur Amnioskopie, Amniocentese oder Kardiographie, sondern kann diese ergänzen. Andererseits bietet sie die einzigartige Möglichkeit, pathologische Tendenzen zu erkennen und längerfristige Vorhersagen ohne Gefährdung der Patientinnen zu machen. Bei allen Unsicherheiten, die der Methode anlasten, möchte ich daher diejenigen Herren, die Oestrogenbestimmungen machen können, bitten, diese möglichst routinemäßig durchzuführen; denn wir brauchen dringend statistische Unterlagen. In den Diskussionen über Oestrogenbestimmungen in der Schwangerschaft wird mit Recht gefragt: ,,Wo sind Eure Statistiken? Mit der Amnioskopie, mit der Fruchtwasserpunktion und anderen Methoden können wir die Mortalität auf so und so viel Prozent reduzieren? Welche Stellungnahme können Sie als Endokrinologe, als Bestimmer von Oestrogenen, dazu abgeben?" Da muß man sagen: ,,Gar keine!" Wir haben solche Zahlen nicht. Ich meine, das ist ein Grund, Oestrogenbestimmungen zu machen, einfach um die Erfahrungen zu erhalten. Ich glaube, die Amnioskopierer und die Fruchtwasserpunktierer werden uns sonst bald nicht mehr ernst nehmen. Natürlich ist der Wert der Oestrogenbestimmung im Einzelfall nicht immer sicher, und wenn das Kind lebend herauskommt, wird man nie sagen können, war es richtig oder war es nicht richtig, die Indikation zum Eingreifen aus den abfallenden Oestrogenwerten zu stellen. Ich glaube nicht, daß man sich an Werten festhalten kann, also sagen kann, unter 5 mg ist das Kind in Gefahr usw. Da gibt es auch Werte in zahlreichen Veröffentlichungen, die unter 5 mg lagen, und das Kind war gesund, häufig allerdings im Gewicht etwas reduziert.

Oestrogenbestimmungen können sicherlich heute nicht mehr wesentlich verkürzt werden. Die Frage des 12-Stunden-Urins sollte man verfolgen. Klopper schreibt, daß 12-Stunden-Urine und 10-Stunden-Urine durchaus noch tragbar sind in ihrer Schwankung. Die prozentuale Variation ist nicht viel größer, ich glaube $4 \pm 4\%$ größer als beim 24-Stunden-Urin. Der Gewinn bei 48-Stunden-Urin ist nicht groß. Sehr wichtig ist, daß die Frauen ausreichend trinken. Sie müssen im Flüssigkeitsgleichgewicht sein.

Schließlich möchte ich darum bitten, die verschiedenen Indikationen für Oestriolbestimmungen in der Schwangerschaft hier noch einmal klar herauszustellen.

*Kaiser:*

Ich wollte noch etwas sagen zu dem angeschnittenen Problem: Plasmabestimmungen. Ich glaube, daß man Plasmabestimmungen in derselben Zeit durchführen kann wie eine Gesamtoestrogenbestimmung im Harn. Wir machen das routinemäßig und liegen damit ganz gut. Zu berücksichtigen ist aber, daß wir dabei nur eine Momentaufnahme bekommen. Man sollte dann möglicherweise auf den Belastungstest von Herrn Lauritzen zurückgreifen, der uns, meiner Meinung nach, ganz gut weiterhilft. Zwar sind da auch noch einige Probleme auszuräumen, aber ich glaube, daß man dabei möglicherweise auch auf Plasmabestimmungen zurückkommen kann.

*Zander:*

Herr Plotz, könnten Sie vielleicht noch einmal kurz die Frage von Herrn Lauritzen beantworten? Sie hatten ja schon zu Beginn einen Katalog der Indikationen für Oestriolbestimmungen in der Schwangerschaft aufgestellt.

*Plotz:*

Ich hatte den Diabetes genannt, die Rh-Immunisierung und die Gestosen. Ich muß dann unterstützen, was Herr Zander sagte, daß bei den Aufpfropfgestosen, besonders bei Frauen mit Hypertonien, die bereits schon vor der Schwangerschaft bestanden haben, eine ausgezeichnete Indikation besteht. Schließlich habe ich auf die Frage der rechnerischen Übertragung oder des Verdachtes auf eine placentare Insuffizienz hingewiesen. Ich glaube aber, man muß jeden Einzelfall individualisieren und die klinischen Bedingungen, die der Fall mit sich bringt, bei der Indikationsstellung für die Bestimmung der Oestrogene mitberücksichtigen. Wenn ich bei einer Patientin mit Diabetes weiß, ich werde morgen aus bestimmten Gründen terminieren, dann ist kein Grund, nochmals das Oestrogen zu bestimmen. Unter bestimmten Bedingungen halte ich Oestriolbestimmungen in wiederholten Urinmengen für eine Methode, die klinisch eingebaut werden sollte. Ich stimme mit Ihnen überein, Herr Lauritzen, daß jede Klinik, die ein Hormonlabor hat, sich diese Methode nicht entgehen lassen sollte.

*Zander:*

Wir kommen jetzt zu der Frage der Bedeutung der Erforschung des Stoffwechsels der Oestrogene für die Klinik. Was zeichnet sich hier im Augenblick an Möglichkeiten ab ? Für welche Erkrankungen können wir neue Erkenntnisse erhoffen ?

*Breuer:*

Im Augenblick läßt sich diese Frage nicht eindeutig beantworten. Zwar sind in den letzten Jahren zahlreiche Studien über den Stoffwechsel von exogen zugeführtem Oestron und Oestradiol-17$\beta$ bei verschiedenen Erkrankungen durchgeführt worden, doch haben diese Untersuchungen bisher noch keine diagnostischen Bedeutung erlangt. Mir ist auch kein Krankheitsbild bekannt, bei dem qualitative Änderungen im Vergleich zu Normalpersonen nachgewiesen werden konnten. Wie ich aber schon zu Beginn sagte, zeichnen sich bestimmte Möglichkeiten ab.

*Zander:*

Wie steht es mit dem Hochdruck in der Schwangerschaft ?

*Breuer:*

Während der letzten beiden Jahre haben wir uns etwas mit den Zusammenhängen zwischen Hochdruck und Oestrogenstoffwechsel beschäftigt. Es dürfte kein Zweifel mehr darüber bestehen, daß die Methylierung der 2-hydroxylierten Oestrogene einerseits und der Katecholamine andererseits beim Menschen durch das gleiche Enzymsystem bewirkt wird. Dieses Enzym — die Sauerstoff-Methyltransferase — kommt in nennenswerter Menge auch in der Placenta vor. Es liegt auf der Hand, daß Störungen in der Bildung von 2-hydroxylierten Oestrogenen oder der Placentafunktion ihrerseits Rückwirkungen auf die Inaktivierung von Katecholaminen und damit auf den Blutdruck haben können.

*Zander:*

Wie steht es weiter mit den Funktionsstörungen der Schilddrüse ?

*Breuer:*

Man weiß seit den Untersuchungen von Gallagher u. Mitarb., daß der Stoffwechsel von exogen zugeführten radioaktiven Oestradiol-17$\beta$ bei einer Hypothyreose anders verläuft als bei einer Hyperthyreose. Wie bereits erwähnt, steht bei einer Überfunktion der Schilddrüse die Bildung von 2-hydroxylierten Oestrogenen, bei einer Unterfunktion dagegen die Bildung von Oestriol im Vordergrund. Diese Untersuchungen haben aber zunächst nur rein wissenschaftliches Interesse.

*Zander:*

Herr Adlercreutz, sehen Sie für die Entstehung z. B. der Feminisierung, der Hodenatrophie, der Impotenz usw. bei den Lebererkrankungen, Möglichkeiten des unmittelbaren Zusammenhanges mit dem Oestrogenstoffwechsels?

*Adlercreutz:*

Ich habe dazu schon in meinem Vortrag meine Meinung gesagt. Wir müssen zur Klärung dieser Fragen vor allen Dingen eine gute Zusammenarbeit zwischen Kliniker und Biochemiker herbeiführen. Wir haben jetzt die Methoden, und wir sollten nur die guten und reinen Leberfälle auswählen, die ohne Medikamente untersucht werden können, und nicht die komplizierten Fälle. Dann können wir nach einiger Zeit die Probleme vielleicht besser verstehen.

*Gerdes:*

Wenn ich Herrn Adlercreutz richtig verstanden habe, so ist die Frage Hyperoestrogenismus und Lebererkrankung bis heute nicht geklärt. Soweit ich verstanden habe, finden sie nur in einem Teil der Patienten mit Lebercirrhose erhöhte Oestrogenwerte im Urin. Dazu möchte ich noch fragen, ob man nicht von vornherein einen theoretischen Denkfehler begeht, wenn man postuliert, daß die Oestrogene bei einer Abbaustörung erhöht sein sollen. Ist es nicht so, daß bei allen Steroiden, die einer hypophysären Steuerung unterliegen, in dem Moment, in dem es auf Grund einer Abbaustörung zu einem Anstieg des Blutspiegels kommen würde, sofort der Rückkopplungsmechanismus einsetzt. Die Sekretionsrate fällt dann ab. Erhöhte Werte müßte man eigentlich nur im akuten Stadium einer Leberschädigung oder bei einem frischen Schub erwarten. Wenn ein chronischer Zustand in der Leberschädigung eingetreten ist, wie bei einer Cirrhose, müßte man eher fordern, daß die Werte niedrig sind.

*Adlercreutz:*

Man hat ja in der Klinik gesehen, daß in vielen Fällen keine Symptome von Hyperoestrogenismus bestehen. Wenn man Fälle mit Symptomen eines Hyperoestrogenismus untersucht, hat man gewöhnlich auch keine Korrelation zwischen den Symptomen und der Oestrogenausscheidung gefunden. Es gibt eine Arbeit, in welcher man eine Korrelation zwischen Spinnennaevi und Oestrogenausscheidung gefunden hat. Wie Sie gesagt haben, muß man vielleicht mit einer erniedrigten Oestrogenausscheidung im chronischen Stadium rechnen, da eine Regulation von der Hypophyse her sicher stattfindet. Ich habe diese Frage nicht in meinem Vortrag behandelt, da nur wenige Studien über die Gonadotropinausscheidung bei Leberkrankheiten vorliegen. Man sollte vielleicht das freie Oestradiol im Blut bestimmen, wie Dr. Jungblut vorgeschlagen hat, aber dann sollte man auch das

Bindungsvermögen bestimmen, ähnlich wie bei Testosteronbestimmungen. Aber bisher hat man bei erhöhtem Oestrogenspiegel öfters erhöhte Oestriolwerte im Urin gefunden.

*Breuer:*

Wir haben in in-vitro Versuchen nachweisen können, daß die cirrhotisch veränderte Leber des Menschen in größerem Umfange Oestron hydroxyliert als die normale Leber des Menschen. Das würde auch mit der Beobachtung übereinstimmen, wonach die Oestriolausscheidung gelegentlich erhöht ist. Die Methylierung von 2-Hydroxyoestrogenen ist bei der Lebercirrhose nicht beeinträchtigt. Die Aktivität der Glucuronyltransferase, die ja zur Inaktivierung der Oestrogene ebenfalls beiträgt, ist nicht wesentlich reduziert, es sei denn, daß große Teile der Leber völlig cirrhotisch sind. Es bleibt also nur ein typisches Merkmal, nämlich die Erhöhung der Hydroxylierungskapazität bei Lebercirrhosen.

*Adlercreutz:*

Ich danke Ihnen, Herr Breuer, für diesen Kommentar. Diese Befunde hatte ich erwartet.

*Nocke:*

Ich möchte zwei Vorschläge machen. Mein erster Vorschlag betrifft die Frage einer Einflußnahme auf die Placentafunktion durch die abdominale Dekompression nach Hyns. Ich möchte anregen, zu untersuchen, ob sich bei Anwendung der Methode eine Verbesserung der normalen und der pathologisch eingeschränkten Placentafunktion durch eine Erhöhung der Ausscheidung von Oestrogenen im Urin objektivieren läßt. Mein zweiter Vorschlag basiert auf einer Einzelbeobachtung, die wir bei einer Patientin mit anovulatorischer Polymenorrhoe gemacht haben. Sie schied bei mehreren Kontrollen zwischen 15 und 45 µg/24 Std Gesamtoestrogene aus. Davon waren 80—90% Oestron + Oestradiol-17$\beta$, der Rest Oestriol. Freies Oestradiol-17$\beta$, in Propylenglykol i. m. injiziert, wurde im selben Verhältnis metabolisiert, so daß eine atypisch niedrige 17$\alpha$-Hydroxylierungsrate zu vermuten ist. Für eine Einschränkung der Leberfunktion ergab sich kein Hinweis. Ich möchte anregen, durch fraktionierte Oestrogenbestimmungen festzustellen, ob ähnliche Abweichungen von den typischen Relationen der „klassischen" Oestrogene bei Polymenorrhoen öfters zu beobachten sind.

*Zander:*

Ich glaube, auch zu unserer letzten Thematik, die wir nur kurz andiskutieren konnten, kann man sagen, daß wir erst am Beginn einer Entwicklung stehen. In der Zukunft wird aber von dieser Entwicklung vielleicht einiges zu erwarten sein, nachdem die methodischen Möglichkeiten für die vollständige Erschließung des Spektrums des Oestrogenstoffwechsels unter den verschiedensten Bedingungen immer näher rücken.

Ich danke Ihnen für Ihre Beteiligung und für Ihre Aufmerksamkeit.

# Oestrogene im biphasischen und im gestörten menstruellen Cyclus
## Estrogens in the Biphasic and Disturbed Menstral Cycle


J. Hammerstein

Abteilung für Gynäkologische Endokrinologie
der Frauenklinik im Klinikum Steglitz der Freien Universität Berlin


Mit 19 Abbildungen


### Summary

This review on estrogens in the ovulatory cycle and in anovulatory disorders is mainly based on long-term estrogen excretion studies as performed by the author in more than 45 cases during the last 12 years. This sort of investigations still today appears to be the only feasable approach for studying the dynamics of the endogenous estrogen production in this field. Its advantages and limitations are briefly referred to.

The well established urinary excretion pattern of estrogens in the course of the ovulatory cycle is discussed with regard to its physiological range of variation and to its correlation to other events and parameters of the cycle such as colpocytology, histology, urinary and plasma levels of gonadotropins and urinary pregnanediol. Special attention is paid to the time relationship between the first estrogen excretion peak, the ripening of the follicle and ovulation. The increase of the urinary estrogen output during the second half of the cycle is interpreted as being due to the activity of the corpus luteum.

On the basis of estrogen excretion curves, at least three types of anovulatory cycles may be distinguished. Most frequently pseudomenstruation are preceeded by remarkably elevated estrogen values in the urine. In rare cases a sharp midcycle peak occurs just as in ovulatory cycles, but no evidence of corpus luteum function is seen afterwards. In the third type, estrogen excretion is fairly constant at low or moderate levels throughout the whole anovulatory cycle.

Functional as well as dysfunctional uterine bleedings are generally thought to be triggered either by hormonal deprivation or — in the case of break-through bleedings — by a relative hormonal deficiency which is know to develope at constant estrogen levels in the course of time. This concept, however, does not appear to be attributable to all kinds of dysfunctional bleedings. Thus, recurrent dyshormonal uterine hemorrhages do not only start in the presence of decreasing or steady but also of sharply increasing urinary estrogen excretion values. Furthermore, endometria sometimes fail to respond with bleeding to adequate estrogen deprivation. Factors are quoted which may modify the responsiveness of the target organ in such instances.


Die ersten Berichte über das Verhalten der Oestrogene im Cyclus der Frau stammen aus dem Jahre 1926, also noch aus der Zeit vor der Reindarstellung und Strukturaufklärung der weiblichen Sexualhormone (Loewe und Lange; Frank). Bereits damals haben Loewe und Lange auf die Zunahme der Harnausscheidung brunsterregender Stoffe in der Mitte des Cyclus hingewiesen. In der Folgezeit hat es nicht an aufwendigen Harn- und Blutuntersuchungen zur Aufklärung der Oestrogen-Bildung und -Absonderung bei verschiedenen ovariellen Funktionszuständen gefehlt (Lit. bei Diczfalusy und Lauritzen, 1961; Hammerstein, 1960, 1962a). Es stehen uns indessen erst seit 1955 Oestrogenbestimmungsverfahren mit der erforderlichen Spezifität, Reproduzierbarkeit und Empfindlichkeit zur Verfügung, die eine zuverlässige Analyse der oestrogenen Situation im ovulatorischen wie auch gestörten Cyclus der Frau gestatten. In diesem Zusammenhang sind die Verdienste von J. B. Brown besonders hervorzuheben, dem wir nicht nur die Entwicklung der ersten brauchbaren Methode zur Oestrogenbestimmung im Harn, sondern auch die ersten grundlegenden klinisch-analytischen Arbeiten auf diesem Spezialgebiet verdanken.

Tabelle 1. Hormonalytische Untersuchungsprinzipien

| Methodisches Prinzip | Aussage über: |
| --- | --- |
| 1. Chemische bzw. biologische Hormonbestimmungen in endokrinen Organen | Art und Menge der gespeicherten Hormone |
| 2. Organ-Inkubation in vitro mit Biosynthese-Präkursoren | Hormon-Biosynthese |
| 3. Hormonbestimmungen im Venenblut endokriner Drüsen (arterio-venöse Differenzen) | Hormonabsonderung einer einzelnen endokrinen Drüse in der Zeiteinheit |
| 4. Bestimmung von Sekretions- und Produktionsraten | Sekretion und periphere Neubildung eines einzelnen Hormons in der Zeiteinheit |
| 5. Hormonbestimmungen im peripheren Blut | Endogenes Hormonmilieu in Stichproben |
| 6. Hormonbestimmung im Harn<br>a) Einzelanalyse | Hormonausscheidung in der Zeiteinheit als indirektes orientierendes Maß für die Größe der Hormonproduktion |
| b) Serienanalyse | Regulative Veränderungen der Hormonsekretion unter physiologischen, pathologischen und therapeutischen Bedingungen |

Trotz der Vielzahl der uns heute zur Verfügung stehenden hormonanalytischen Untersuchungsprinzipien (Tabelle 1) eignen sich nur kontinuierliche Hormonbestimmungen in Blut und Harn zur Aufklärung der im Vordergrund des theoretischen und klinischen Interesses stehenden Dynamik der endogenen Oestrogenproduktion bzw. -sekretion. Einzelanalysen sind in diesem Zusammenhang praktisch wertlos, ja sie gestatten auch unter physiologischen Bedingungen nur mit größtem Vorbehalt Rückschlüsse auf die hormonalen Vorgänge im Organismus. Serienuntersuchungen im Blut dürften bei entsprechend kleinen — beispielsweise täglichen — Intervallen trotz ihres Stichprobencharakters das endokrine Milieu am besten widerspiegeln. Es fehlt bisher jedoch noch an praktikablen PlasmaBestimmungsverfahren, die allen methodischen Anforderungen gerecht werden.

Unsere Kenntnisse über die Regulationsvorgänge im Cyclus der Frau basieren also notgedrungen fast ausschließlich auf langfristigen Kontrollen der Oestrogenausscheidung im Urin. So wünschenswert zuverlässige Informationen über den Oestrogenspiegel im Blut in diesem Zusammenhang auch sind, so haben die kontinuierlichen Harnuntersuchungen gegenüber den Blutanalysen immerhin den Vorzug der lückenloseren Information. Außerdem sind die cyclischen Niveauunterschiede des Oestrogengehaltes im Harn offenbar bedeutend größer als im

Blut. Andererseits ist von Nachteil, daß die Oestrogen-Ausscheidungskurven lediglich Aussagen über die relativen Veränderungen des endogenen Hormon-milieus zulassen, während quantitative Rückschlüsse auf den Oestrogenspiegel im Blut bzw. auf die Sekretions- oder Produktionsrate nur innerhalb weiter Fehlergrenzen möglich sind. So streuen z. B. die Ausscheidungsraten zugeführter Oestrogene nach übereinstimmenden Untersuchungen von Brown (1957) und Eren u. Mitarb. (1967) um den Mittelwert innerhalb eines Variationsbereiches von mehr als ± 50%.

Für eine angemessene Interpretation von Harnanalysen ist schließlich auch noch die Frage nach dem zeitlichen Intervall zwischen Absonderung und Aus-scheidung des betreffenden Hormons von Bedeutung. So fand J. B. Brown (1957), daß die Oestradiol- und Oestron-Ausscheidung nach i. m. Verabfolgung von 1 mg dieser beiden Oestrogene in den der Injektion folgenden 24 Std am größten ist, daß tags darauf noch beträchtliche Mengen ausgeschieden werden, während anschließend kaum noch erhöhte Werte im Harn anzutreffen sind. Die Oestriol-ausscheidung hinkt demgegenüber erheblich nach. Eine noch schnellere Aus-scheidungsgeschwindigkeit haben Eren u. Mitarb. (1967) nach Injektion von markiertem Oestradiol ermittelt. Danach war die Harnausscheidung von markier-tem Oestron schon nach 24 Std und diejenige des Oestradiol nach 48 Std beendet, während markiertes Oestriol noch 4 Tage nach der Oestradiolapplikation in kleinen Mengen im Harn anzutreffen war.

Die folgenden Ausführungen beschränken sich auf das Verhalten der drei klassischen Oestrogene im biphasischen und gestörten menstruellen Cyclus. Ihnen liegen eigene Erfahrungen anhand von mehr als 45 Untersuchungsreihen aus den letzten 12 Jahren unter Verwendung der Originalmethode von J. B. Brown (1955) zugrunde. Der Verseifungsschritt wurde nur gelegentlich bei Wieder-holungsanalysen eingeschaltet (J. B. Brown u. Mitarb., 1957). Bei meiner Dar-stellung kommt es mir nicht allein auf die Demonstration von Oestrogen-Aus-scheidungskurven an, sondern mindestens ebenso sehr auf deren Korrelation zu den übrigen morphologischen und hormonalen Cyclusphänomenen; nur unter diesen Umständen erlangen die Oestrogenbefunde ihren eigentlichen Sinn als endokrinologische Parameter. In diesem Zusammenhang bin ich Herrn Prof. Dr. J. Nevinny-Stickel für die Befundung der histologischen Präparate und seine Einwilligung in die Mitteilung noch unveröffentlichter Beobachtungen zu beson-derem Dank verpflichtet. Die Untersuchungen bei dysfunktionellen Blutungen sind mit ihm gemeinschaftlich durchgeführt worden.

## Verhalten der Oestrogene im ovulatorischen Cyclus

### 1. Normalausscheidung der Oestrogene im Harn

#### a) Schema der Oestrogenausscheidung

Üblicherweise besitzt die Oestrogen-Ausscheidung im ovulatorischen Cyclus den in Abbildung 1 dargestellten charakteristischen Verlauf: Nach gleichbleibend niedrigen Werten in den ersten 8—10 Tagen des Cyclus nimmt der Oestrogen-gehalt des Harns ziemlich plötzlich innerhalb von 4—5 Tagen zu, um am 14. Cyclus-tag ein scharf begrenztes Maximum zu erreichen. Im Anschluß an einen mehr oder weniger ausgeprägten Abfall kommt es etwa 3—6 Tage nach diesem Maximum zu einem neuerlichen Anstieg der Oestrogen-Ausscheidung, dessen Ausmaß etwas hinter jenem in Cyclusmitte zurückbleibt und 6—10 Tage anhält. Die Menstruation kündigt sich bereits 1—3 Tage vorher durch eine Abnahme der Oestrogenwerte im Harn an.

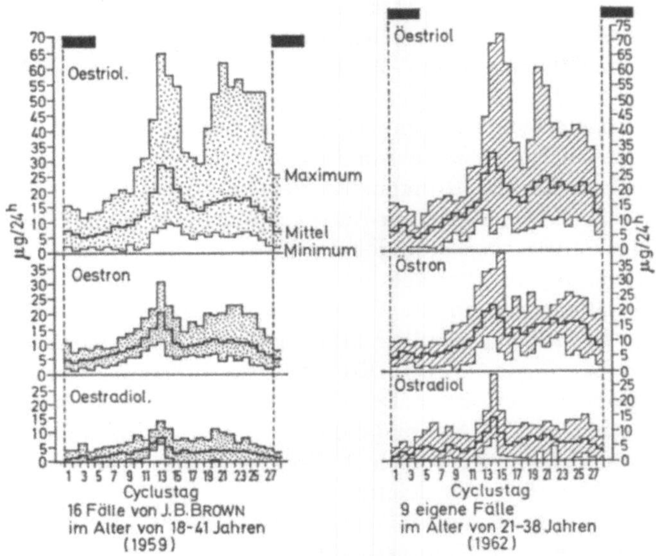


Abb. 1. Oestrogenausscheidung bei 25 ovulatorischen Cyclen mit Angabe der Maximal-, Minimal- und Mittelwerte (Methode: Brown 1955)

### b) Individuelle Varianten

Die auf Abb. 2 dargestellte Oestrogenausscheidung zweier ovulatorischer Cyclen entspricht diesem Standardverlauf weitgehend. Man beachte besonders die deutlich ausgeprägten ovulatorischen und lutealen Maxima mit dem dazwischenliegenden Tief und die Paralellität der lutealen Oestrogen- und Pregnandiol-Ausscheidungskurven (s. u.). In Abb. 3 ist das Verhalten der Hormonausscheidung bei nur 23 tägigem Cyclus wiedergegeben. Im links dargestellten Fall geht die Verkürzung zu Lasten der frühen postmenstruellen Phase mit konstant niedriger Oestrogen-Ausscheidung; im rechten Cyclus mit auf 9 Tage herabgesetzter Corpusluteum-Phase ist das Intervall zwischen postovulatorischem Abfall und lutealem Wiederanstieg der Oestrogene ebenso verringert wie die Dauer des hohen lutealen Oestrogenplateaus. Gleich 3 Varianten der Oestrogen-Ausscheidung finden sich in dem in Abb. 4 dargestellten Cyclus. Erstens erfolgt hier bereits in der Follikelphase ein kurzfristiger Anstieg, möglicherweise als Korrelat zu einem reifenden, aber kurz vor dem Sprung in Atresie übergehenden Follikel; ferner ist das luteale Maximum höher als dasjenige zur Ovulationszeit und schließlich stellt Oestriol die kleinste und nicht wie sonst üblich die größte der 3 klassischen Oestrogenfraktionen.

Bei drei jungen Frauen fanden wir eine überraschende Konstanz hinsichtlich Verlauf und Höhe der Oestrogenausscheidung jeweils während vier hintereinanderfolgender ovulatorischer Cyclen. Die in Abb. 5 zusammengestellten analytischen

60

Resultate eines dieser Fälle zeigen außerdem, daß die aus kontrazeptiven Gründen erfolgende Dauermedikation kleinster Gestagenmengen keine wesentliche Änderung der Hormonausscheidung zu bedingen braucht. Eine hormonale Kontrazeption ist demnach auch bei erhaltenem hormonalem Cyclus möglich (Hammerstein, 1968).

*c) Verteilungsmuster der drei klassischen Oestrogene*

Das Verteilungsmuster der drei klassischen Harnoestrogene ist in quantitativer Hinsicht großen individuellen Schwankungen unterworfen (Tab. 2). Anhaltspunkte dafür, daß der Oestrogenstoffwechsel in den einzelnen Cyclusabschnitten

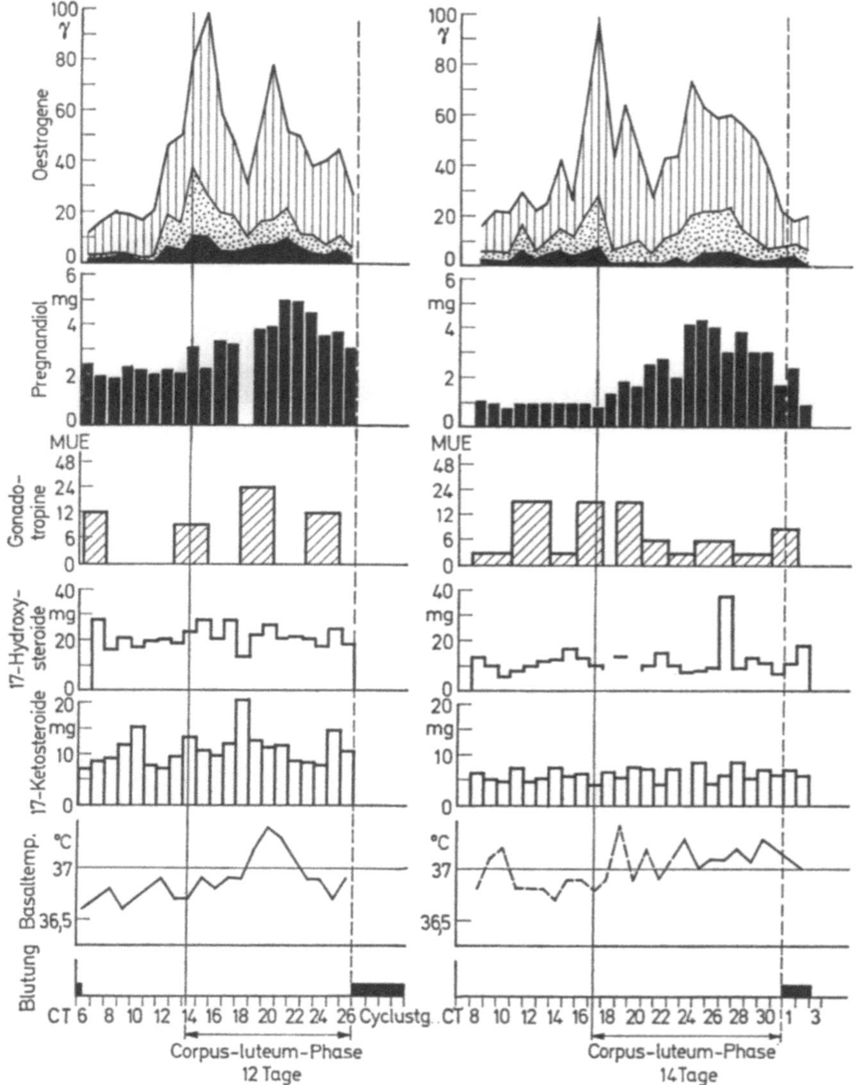


Abb. 2. Charakteristisches Verhalten der Oestrogenausscheidung bei 2 ovulatorischen Cyclen (Hammerstein, 1962) Oestradiol = schwarz, Oestron = punktiert, Oestriol = schraffiert

unterschiedlich abläuft, gibt es nach Untersuchungen von Eren u. Mitarb. (1967)
mit markiertem Oestradiol nicht. In Übereinstimmung mit Brown (1957) haben
wir dementsprechend auch keine statistisch zu sichernden Cyclusphasen-Unter-
schiede hinsichtlich der quantitativen Beziehung der drei klassischen Oestrogene
zueinander ermitteln können (Tab. 2). Dies steht im Gegensatz zu der Feststellung
von Smith, Smith und Gavian (1959), daß der Oestriolanteil an der Gesamt-
oestrogen-Ausscheidung in der Gelbkörperphase signifikant größer sei als in der
Follikelphase. Eren u. Mitarb. (1967) halten in diesem Zusammenhang sogar eine
ovarielle Oestriol-Bildung in der zweiten Cyclushälfte für möglich.

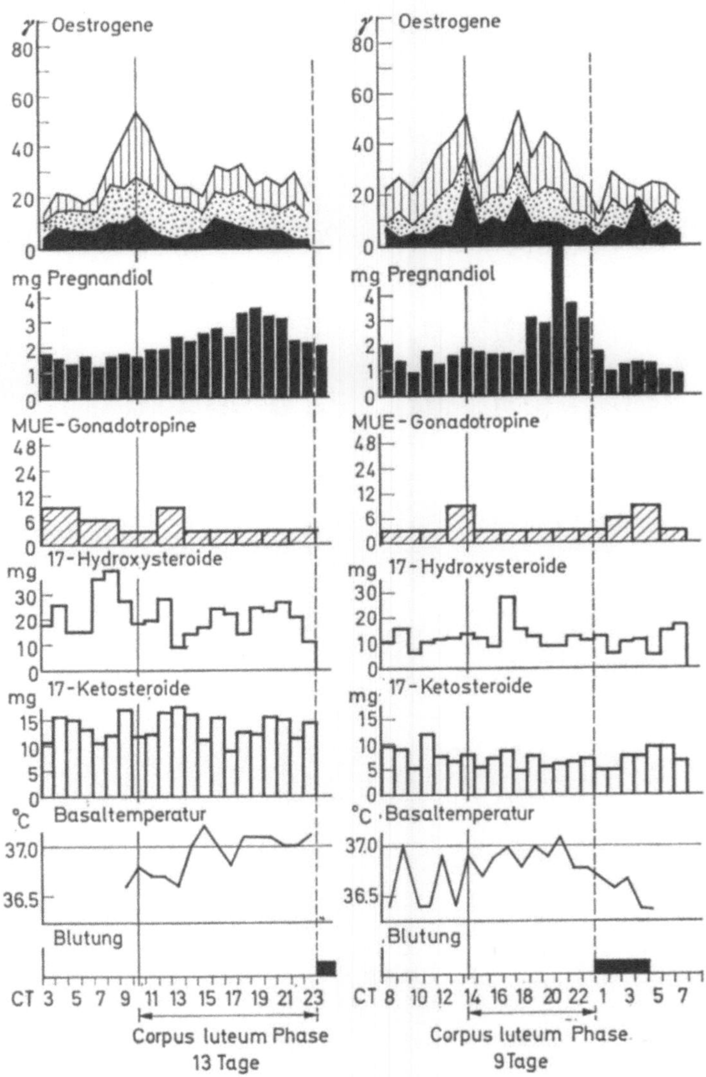



Abb. 3. Hormonausscheidung bei zwei auf 21 Tage verkürzten Cyclen (Hammerstein,
1962)

Tabelle 2. Verteilungsmuster der drei klassischen Oestrogene im Harn in den beiden Cyclusphasen (Hammerstein, 1962a)

| Oestrogen | Follikelphase eigene Befunde[a] | Brown (1957) | Corpus-luteum-Phase eigene Befunde[a] | Brown (1957) |
|---|---|---|---|---|
| Oestriol | $42,7 \pm 17,0\%$ | $45 \pm 12\%$ | $46,0 \pm 16,7\%$ | $48 \pm 11,5\%$ |
| Oestron | $36,7\% \pm 11,1\%$ | $40 \pm 8\%$ | $36,7 \pm 11,7\%$ | $38 \pm 8\%$ |
| Oestradiol | $20,6 \pm 6,8\%$ | $15 \pm 5\%$ | $17,3 \pm 7,4\%$ | $14 \pm 4\%$ |

[a] Durchschnitt der zehn Phasenmittelwerte $\pm$ Standardabweichung

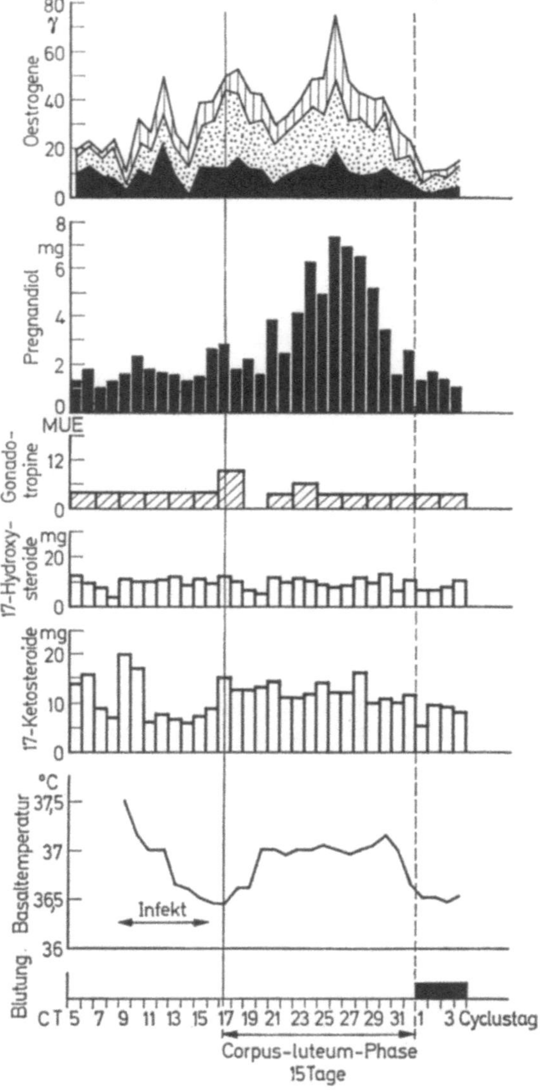


Abb. 4. Drei Varianten der Oestrogenausscheidung bei einem 32 tägigen ovulatorischen Cyclus; Erläuterungen im Text (Hammerstein, 1962)

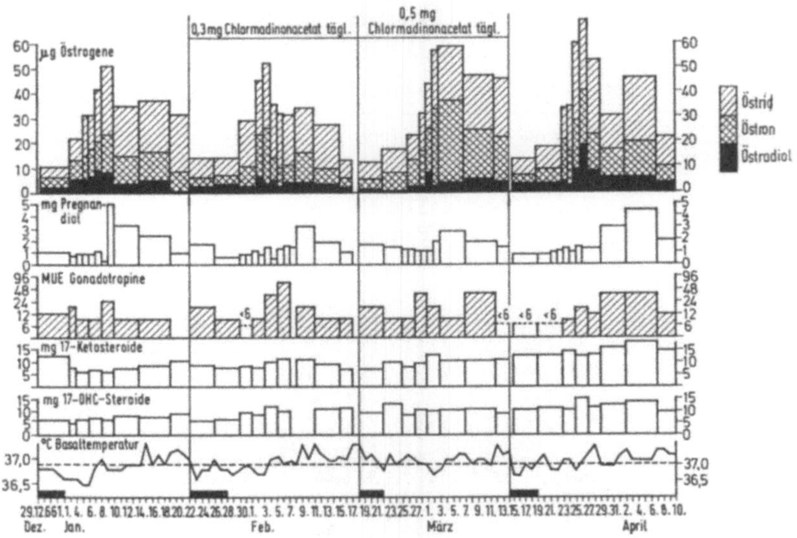


Abb. 5. Konstanz der Oestrogenausscheidung während vier hintereinanderfolgender ovulatorischer Cyclen, die mittleren beiden unter niedrigdosierter Gestagen-Dauermedikation (Alle Oestrogenwerte auf 100% Wiederfindung mittels „internem Standard" korrigiert)

## 2. Oestrogenproduktion im Cyclus

Unter Zugrundelegung der von J. B. Brown ermittelten Ausscheidungsrate in Höhe von 16% des zugeführten Oestradiol (ohne Berücksichtigung der methodischen Verluste) errechnet sich für unsere normalen ovulatorischen Cyclen annäherungsweise eine tägliche endogene Oestrogenproduktion bzw. -ausschüttung von 30 bis 600 µg und eine Gesamtbildungskapazität pro Cyclus von 3,3 bis 6,9, im Durchschnitt von 5,3 mg. Im Hinblick auf die bekanntgewordenen Oestradiol-Produktionsratenbestimmungen erscheinen diese Werte zu hoch. Goering u. Mitarb. (1965) haben z. B. eine tägliche Produktionsrate für Oestradiol in der Follikelphase zwischen 38 und 158 µg und in der Gelbkörperphase zwischen 60 und 180 µg ermittelt. Die entsprechenden Werte von Barlow und Logan (1966) liegen mit 118 bis 192 µg und 151 bis 325 µg zwar höher, kommen aber nicht an die unseren heran. Bei derartigen Vergleichen ist allerdings in Betracht zu ziehen, daß die zitierten Produktionsratenbestimmungen im Gegensatz zu den eigenen Kalkulationen nicht auch zur Zeit der Oestrogenmaxima und -minima durchgeführt worden sind.

## 3. Korrelation der Oestrogen-Ausscheidung zu anderen Cyclus-Phänomenen

a) *Kolpocytologie*: Beim Vergleich unserer schematisierten Oestrogen-Ausscheidungskurve im ovulatorischen Cyclus (Hammerstein, 1962) mit dem auf 2500 Einzelauswertungen beruhenden Verlauf des Karyopyknose- und Eosinophilenindex von Pundel (1966) ergibt sich bis zur Mitte des Cyclus — also bis zum Einsetzen der lutealen Progesteronproduktion — eine gute Parallelität der Kurven (Abb. 6). Im individuellen Falle kann es allerdings zu erheblichen Diskrepanzen kommen, und zwar sogar bei derselben Patientin in verschiedenen Cyclen

(Puttarajurs und Taylor, 1959). Da auch in anderem Zusammenhang erhebliche
Divergenzen zwischen Hormonausscheidung und Kolpocytologie beobachtet worden sind (Boquoi und Hammerstein, 1969), wird man daraus schließen müssen,
daß diese beiden Cyclus-Parameter nicht in jedem Fall eng miteinander korreliert
sind.

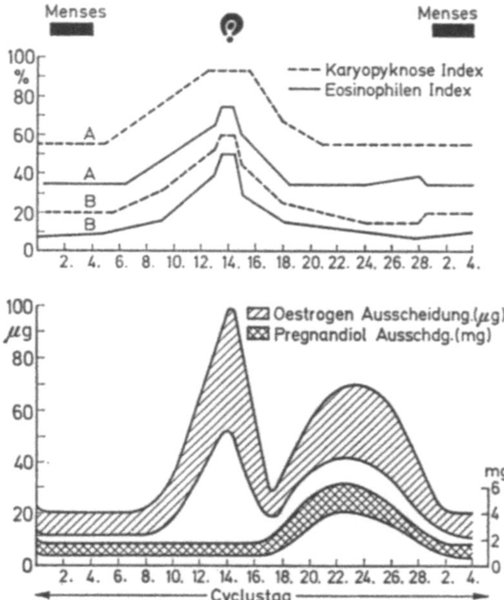


Abb. 6. Schema der Korrelation zwischen Kolpocytologie (Pundel, 1966) und Hormonausscheidung (Hammerstein, 1962a) im ovulatorischen Cyclus

b) *Endometrium*: Vergleichende Untersuchungen über Endometriumbiopsie
und Hormonausscheidung liegen für den ungestörten ovulatorischen Cyclus nach
unserer Kenntnis bisher nicht vor. Wir wissen daher nicht, wie eng die cyclischen
Veränderungen der Gebärmutterschleimhaut mit der Oestrogenexkretion in Beziehung stehen. Orientiert man sich nur an den Veränderungen der Endometrium-
höhe während des ovulatorischen Cyclus, so ergibt sich ein der Oestrogen-
Ausscheidungskurve nicht unähnlicher 2gipfliger Verlauf. Die ersten regressiven
Zeichen werden 2—3 Tage vor Regelbeginn, also etwa gleichzeitig mit der prämenstruellen Abnahme der Oestrogenausscheidung erkennbar (Hoffmann, Ober
und Schmitt, 1953).

c) *Gonadotropin-Ausscheidung*: Schon lange ist bekannt, daß die Ausscheidungs-
maxima der Oestrogene und Gonadotropine im Intermenstruum etwa zur gleichen
Zeit auftreten (Abb. 7). Im Einzelfall können die Gonadotropine bis zu 3 Tagen
nachhinken; ihr Maximum ist dagegen nie vor jenem der Oestrogene anzutreffen,
worauf Brown, Klopper und Loraine (1958) erstmalig hingewiesen haben. Diese
überraschende Beobachtung ist von Loraine und Bell (1963), Kaiser u. Mitarb.
(1964) und von uns selbst (1960, 1962) immer wieder bestätigt worden.

Vergleichende Untersuchungen von Burger, Catt und Brown (1968) über die
radioimmunologisch ermittelten Plasma-LH-Spiegel und die Oestrogen-Harn-

ausscheidung im ovulatorischen Cyclus haben kürzlich zum gleichen Resultat geführt (Abb. 8). In allen 5 Fällen trat das erste Oestrogenmaximum im Cyclus vor oder gleichzeitig mit dem Plasma-LH-Gipfel auf, nie jedoch danach. Auf Grund dieser Befunde kann die präovulatorische Oestrogenausscheidung nicht mehr länger als Folge einer gesteigerten LH-Stimulation angesehen werden; die Verhältnisse liegen eher umgekehrt.

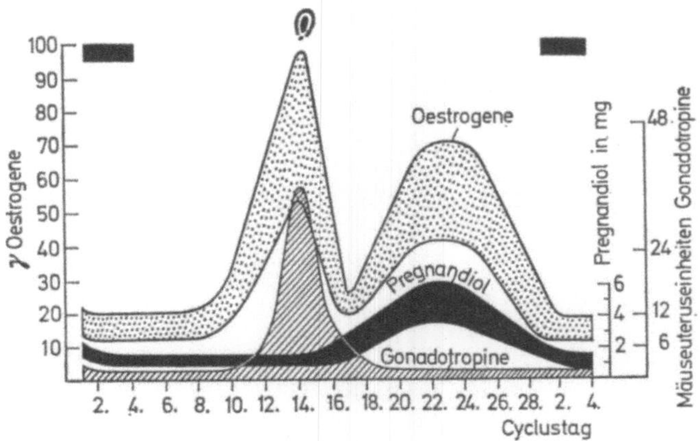


Abb. 7. Schema der Hormonausscheidung in ovulatorischen Cyclus (Hammerstein, 1962b)

d) *Erstes Oestrogen-Ausscheidungsmaximum und Ovulation*: Damit ist die Frage nach der Korrelation dieses ersten Oestrogenanstiegs im ovulatorischen Cyclus mit den zur Ovulation führenden Vorgängen im Ovar bereits angeschnitten. Daß der reifende Follikel als Hauptlieferant für die präovulatorische Zunahme der Harnoestrogene entscheidende Bedeutung besitzt, ist schon lange vermutet worden zumal sowohl das Heranreifen des Tertiärfollikels zur Sprungreife als auch der präovulatorische Oestrogenanstieg jeweils etwa 3—5 Tage in Anspruch nehmen (Corner, 1952). Diese Vorstellung ist durch vergleichende Oestrogenanalysen im venösen Abfluß beider Ovarien weiter gestützt worden. Mikhail (1967) fand z. B. im Venenblut desjenigen Ovars, das den sprungreifen Follikel beherbergte, zweieinhalb bis fünfmal mehr Oestradiol und Oestron als im Venenblut des anderen Ovars. Letzteres enthielt aber immerhin noch das 2 bis 3fache an Oestrogenen im Vergleich zum peripheren Plasma. Trotz dieser und anderer überzeugender Indizien steht der letzte Beweis dafür noch aus, daß das erste Ausscheidungsmaximum der Oestrogene zeitlich unmittelbar mit der Ovulation zusammenfällt; daß es eng mit dem Follikelsprung korreliert ist, darüber kann es freilich keinen Zweifel geben.

e) *Zweites Oestrogen-Maximum und Gelbkörperfunktion*: Die Kurvenverläufe der Oestrogen- und Pregnandiol-Ausscheidung besitzen in der zweiten Cyclushälfte (Abb. 7) große Ähnlichkeit und legen die Annahme nahe, daß die Muttersubstanzen dieser Steroide demselben Organ entstammen und gleichen Steuerungsvorgängen hinsichtlich Biosynthese und Absonderung unterliegen. In Übereinstimmung hiermit hat Mikhail (1967) gezeigt, daß im Venenblut des Ovars mit dem Gelbkörper nicht nur Progesteron, sondern auch Oestrogene in wesentlich größeren Mengen vorkommen als im venösen Blut des anderen Ovars oder in der Peripherie.

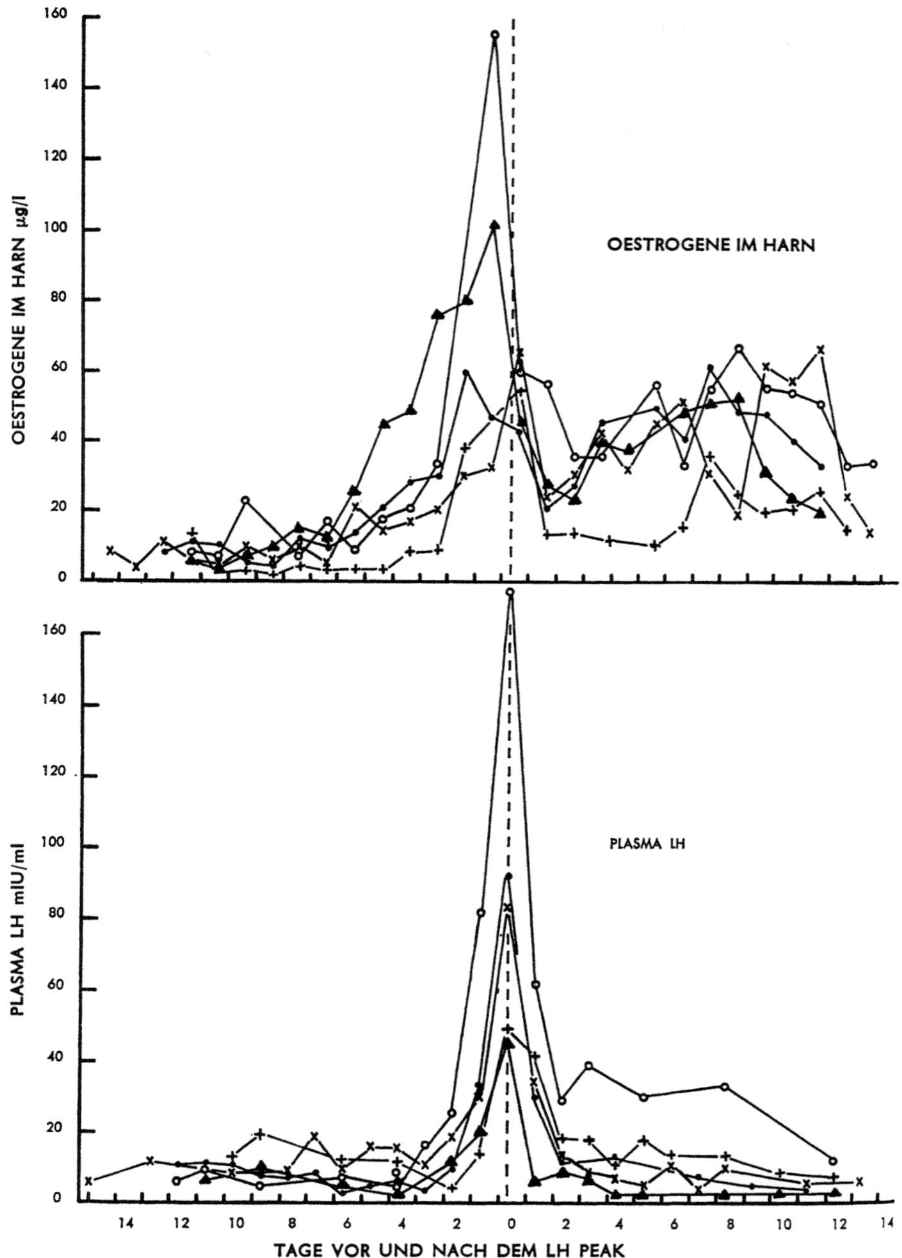


Abb. 8. Zeitliche Korrelation zwischen den Ovulationsmaxima der Oestrogenausscheidung im Harn und dem LH-Spiegel im Plasma (Burger u. Mitarb. 1968)

Daß Oestrogene im menschlichen Gelbkörper mit chemischen Methoden nachweisbar sind, haben Zander u. Mitarb. schon vor 10 Jahren gezeigt. Dementsprechend ergaben gemeinsam mit Rice und Savard (1964) durchgeführte Inkubationsexperimente, daß menschliche Gelbkörperschnitte neben Progesteron und anderen Steroiden regelmäßig auch Oestrogene aus markiertem Acetat in vitro zu synthetisieren vermögen. In Anbetracht der Zusammensetzung des Gelbkörpers aus zwei sehr unterschiedlichen Zellpopulationen ist die Frage allerdings noch offen, ob die Synthese von Oestrogenen und Gestagenen von ein und derselben Zellart bewerkstelligt wird, oder ob sie gesondert in den beiden Zelltypen abläuft.

### Verhalten der Oestrogene im anovulatorischen Cyclus

Unterbleibt die Ovulation, ohne daß es zu Abweichungen von Rhythmus und Blutungstyp kommt, dann liegt ein anovulatorischer Cyclus vor. Über die pathogenetischen, morphologischen und hormonalen Vorgänge bei dieser Cyclusvariante sind wir nur unzureichend informiert. Es kommt hinzu, daß ihr mehr als nur

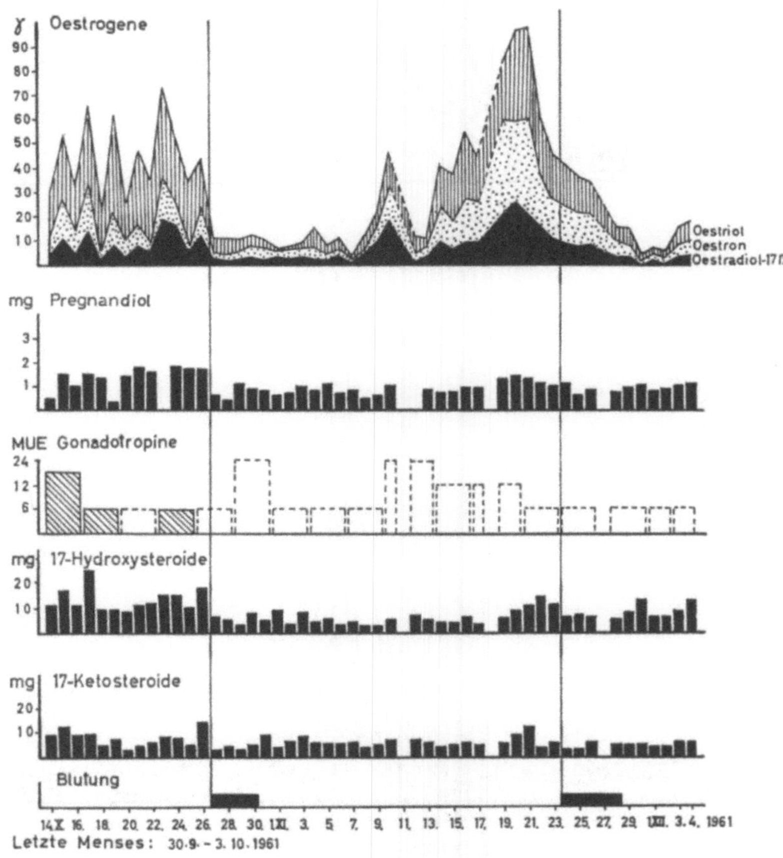


Abb. 9. Typ A des anovulatorischen Cyclus mit hoher prämenstrueller Oestrogenausscheidung (Hammerstein, 1965)

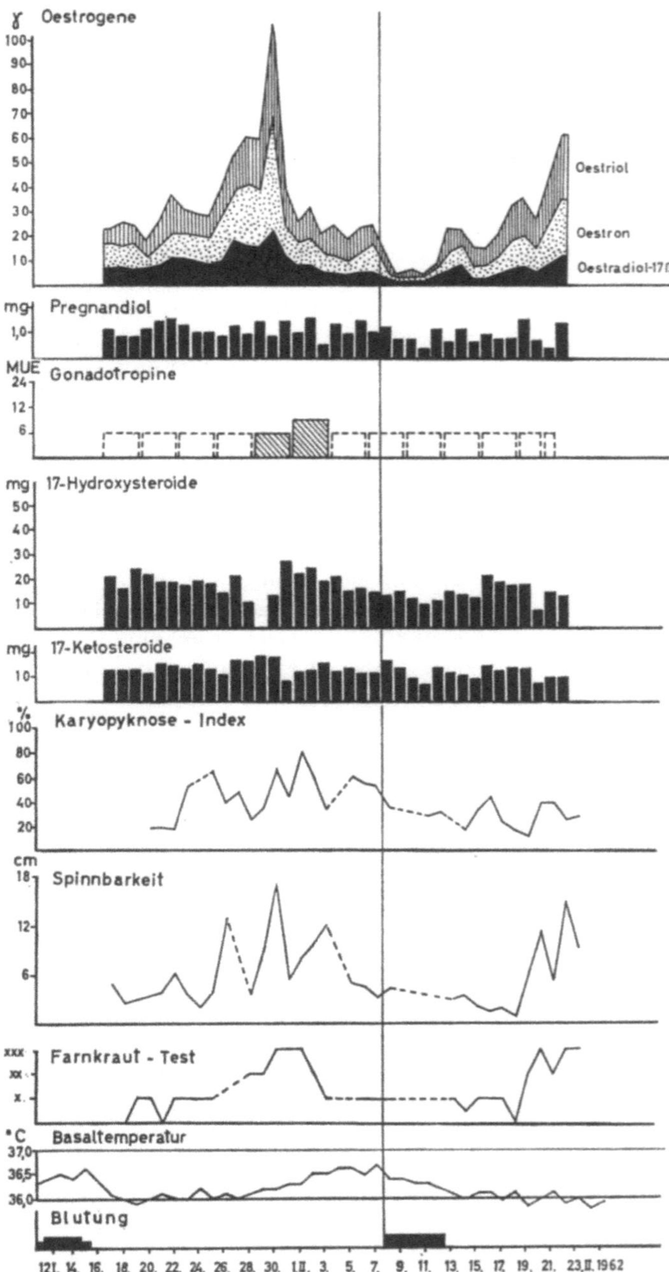


Abb. 10. Typ B des anovulatorischen Cyclus mit scharfem Maximum der Oestrogenausscheidung in Cyclusmitte (Hammerstein, 1965)

ein hormonales Ausscheidungsmuster zugrunde liegt. So lassen sich nach dem Verlauf der Oestrogen-Ausscheidung wenigstens drei verschiedene Typen unterscheiden, die gut mit den von De Allende und Orias (1950, 1958) aufgrund kolpocytologischer Serienuntersuchungen postulierten Formen übereinstimmen. Am Endometrium können dabei alle Stadien von der Atrophie bis zur Hyperplasie angetroffen werden.

Am häufigsten pflegt nach unseren Erfahrungen die Oestrogen-Ausscheidung während der letzten 7—10 Tage vor Einsetzen der anovulatorischen Pseudomenstruation auf Werte anzusteigen, wie sie sonst nur zur Zeit der Ovulation angetroffen werden (Hammerstein, 1965). Als Beispiel hierfür ist in Abb. 9 die Hormonausscheidung eines 15jährigen Mädchens 5 Monate nach der Menarche wiedergegeben. Diese Form des anovulatorischen Cyclus (Typ A) kann im übrigen auch unter 0,5 mg Chlormadinonacetat-Dauermedikation (s. o.) auftreten. In einem solchen Fall ermittelten wir dabei einen ungewöhnlich hohen prämenstruellen Anstieg der Oestrogen-Ausscheidung auf fast 180 µg/24 Std (Hammerstein, 1968). Diesem 1959 von uns erstmalig beschriebenen Typ könnten kurzfristige Follikelpersistenzen zugrunde liegen, wie sie von verschiedenen Sachkennern als gesichertes Phänomen im gestörten Cyclus angenommen werden (s. Hammerstein, 1965).

Besonders interessant ist der zweite Typ des anovulatorischen Cyclus (Typ B), der von uns bisher nur einmal als spontanes Ereignis beobachtet worden ist (Abb. 10). Die Hormonausscheidung unterschied sich in diesem Falle während der ersten 2 Wochen in nichts von derjenigen eines ovulatorischen Cyclus: Es kam zu einem charakteristischen „Ovulationsmaximum" der Oestrogen-Ausscheidung, gefolgt von einem solchen der Harn-Gonadotropine. Anschließend blieben aber die Zeichen der Corpus luteum Funktion aus; auch das Endometrium befand sich zu allen Zeiten nur im Stadium der Proliferation. Ein entsprechender Verlauf der Oestrogen-Ausscheidung im anovulatorischen Cyclus ist als Einzelfall auch von Brown und Matthew (1962) beschrieben worden. Ferner kommt dieser Typ des anovulatorischen Cyclus unter der schon mehrfach erwähnten Kontraception mit kleinsten Gestagendosen vor (Hammerstein, 1968), und schließlich ist er ausnahmsweise auch bei der konventionellen Empfängnisverhütung mit Oestrogen/Gestagen-Gemischen anzutreffen (Shearman, 1964).

Besonders rätselhaft ist, warum die Blutung in solchen Fällen nicht direkt nach dem „postovulatorischen" Abfall der Oestrogen-Ausscheidung einsetzt (s. u.), sondern erst 5—9 Tage später. Das anatomische Korrelat im Ovar bei diesem eigentümlichen Cyclusablauf ist uns nicht bekannt. Es könnte sich nach Corner u. Mitarb. (1950) um einen sprungreifen Follikel handeln, der im letzten Moment atretisch wird. Als Alternative ist entsprechend den Beobachtungen von Stieve (1952) an die Ablösung des Granulosabelags direkt beim Ovulationsvorgang zu denken.

Schließlich gibt es noch den anovulatorischen Cyclus mit relativ konstanter Oestrogen-Ausscheidung (Typ C), der von Brown als häufigste Form überhaupt apostrophiert worden ist, während wir ihn nur ausnahmsweise zu Gesicht bekommen haben. Bei dieser Spielart des anovulatorischen Cyclus dürfte es am Ovar in schneller Aufeinanderfolge zum Heranreifen neuer Follikelgenerationen kommen, die in einem frühen Stadium der Atresie verfallen.

Bevor wir uns abschließend den oestrogenen Verhältnissen bei acyclischen dysfunktionellen Blutungen zuwenden, sind einige grundsätzliche Bemerkungen über die hormonalen Auslösemechanismen uteriner Blutungen am Platze. Erinnern wir uns daran, daß der normalen Menstruation als dem Prototyp einer Entzugsblutung eine gleichzeitige Abnahme der Oestrogen- und Pregnandiol-Ausscheidung um ein bis drei Tage vorauseilt. Die entsprechenden analytischen Befunde von 10 Cyclen sind in Abb. 11 dargestellt.

Beim ersten der drei beschriebenen Typen des anovulatorischen Cyclus kommt es aufgrund des alleinigen Absinkens der Oestrogene ebenfalls zu einer Entzugsblutung, die sich in ihren Erscheinungsformen nicht von einer echten Menstruation zu unterscheiden braucht (Abb. 12). Somit überwiegen bei cyclischen Metrorrhagien die reinen Entzugsblutungen. Sehr viel seltener tragen rhythmisch auftretende Pseudomenstruationen den Charakter von Durchbruchblutungen. Ihnen liegt nach Ober (1955) ein relativer Hormonmangel zugrunde, der auf der Eigentümlichkeit des Endometrium beruht, zur Aufrechterhaltung seiner Funktion steigender hormonaler Impulse zu bedürfen.

Wie Abb. 13 zeigt, können solche Durchbruchblutungen in Form sogenannter Zwischenblutungen auch im ovulatorischen Cyclus vorkommen. In beiden dargestellten Fällen leistete eine verlängerte Follikelphase dem Auftreten kurzfristiger Metrorrhagien infolge eines passageren Oestrogenmangels offenbar Vorschub. Man beachte auch die Mittelblutungen, die entgegen den allgemeinen Vorstellungen mehr mit dem ersten Auftreten der Pregnandiol-Ausscheidung als mit dem postovulatorischen Oestrogenabfall korreliert sind (Hammerstein, 1962b).

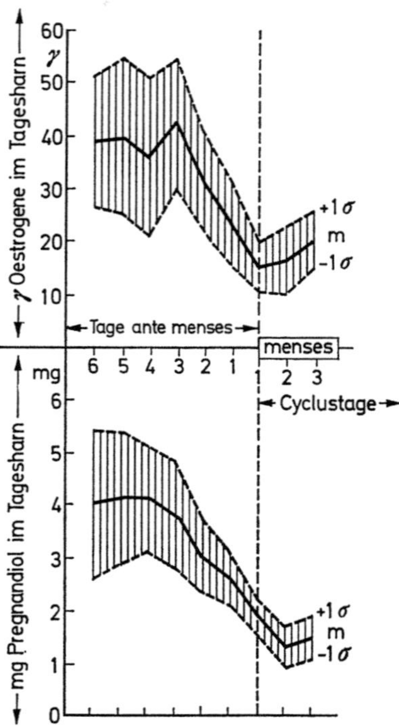


Abb. 11. Prämenstrueller Abfall der Oestrogen- und Pregnandiolausscheidung im ovulatorischen Cyclus (Hammerstein, 1962a)

## Oestrogene bei dyshormonalen Blutungsstörungen

### *a) Vorbemerkungen*

Ausgehend von diesem Konzept der hormonalen Auslösemechanismen uteriner Blutungen sollte man erwarten, daß dyshormonale, anovulatorische Blutungsstörungen vorwiegend durch einen inadäquaten, beispielsweise verzettelten Hor-

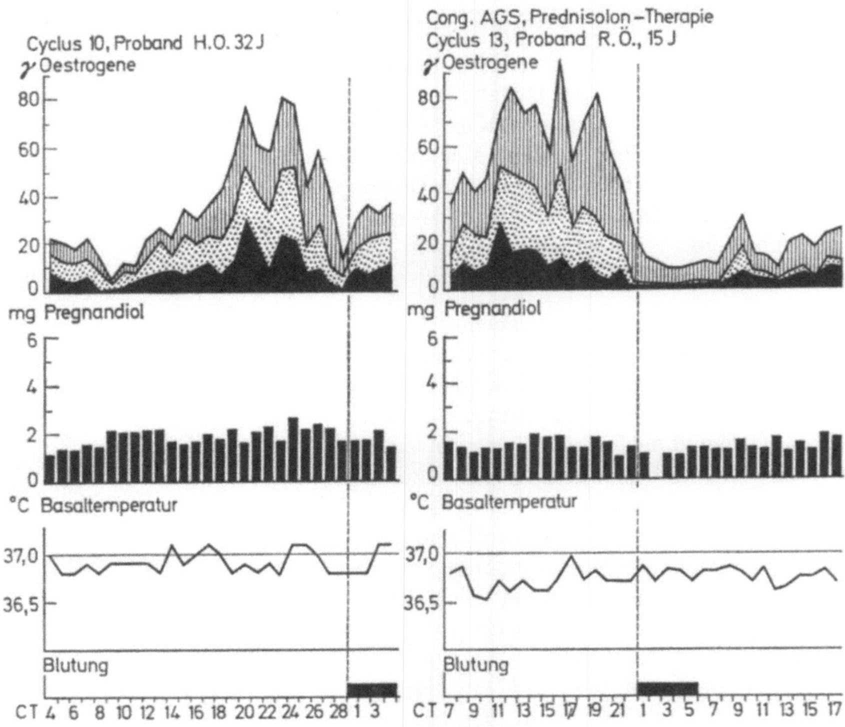


Abb. 12. Prämenstrueller Abfall der Oestrogenausscheidung bei Typ A des anovulatorischen Cyclus (Hammerstein, 1962b)

monentzug nach hoher Oestrogeneinwirkung oder aber durch einen relativen Hormonmangel bei mäßig- bis mittelhohem, konstanten Oestrogenniveau zustande kommen. Es erscheint ferner naheliegend, den Proliferationsgrad des Endometrium direkt mit der Höhe der oestrogenen Stimulation in Beziehung zu setzen, wie es in der gynäkologischen Praxis ja auch tatsächlich täglich geschieht. Die bisher bekanntgewordenen analytischen Befunde sprechen allerdings eindeutig gegen gesicherte derartige Korrelationen. Geradezu falsch ist insbesondere die weitverbreitete Annahme, das Vorliegen eines glandulär-cystischen Endometriums beweise eine vorausgegangene überhöhte Oestrogeneinwirkung („Hyperfollikulinie") (Hammerstein, 1969). Gemeinsam mit Nevinny-Stickel (1969) durchgeführte Untersuchungen haben in Übereinstimmung mit Brown u. Mitarb. (1959, 1962) gezeigt, daß hyperplastische Schleimhautbilder als Funktion der Zeit auch bei niedrigen Oestrogenwerten im Harn auftreten können. Dergleichen ist vom Therapieexperiment her schon länger bekannt (Buschbeck, 1954). Die zeitlichen und quantitativen Beziehungen zwischen Oestrogenausscheidung, Endometriumhistologie und Blutungsauslösung sind also bei den dyshormonalen Blutungsstörungen im Gegensatz zu den Verhältnissen bei cyclischen Metrorrhagien noch in vieler Hinsicht ungeklärt. Einige eigene Untersuchungen zu dieser Frage seien abschließend angeführt.

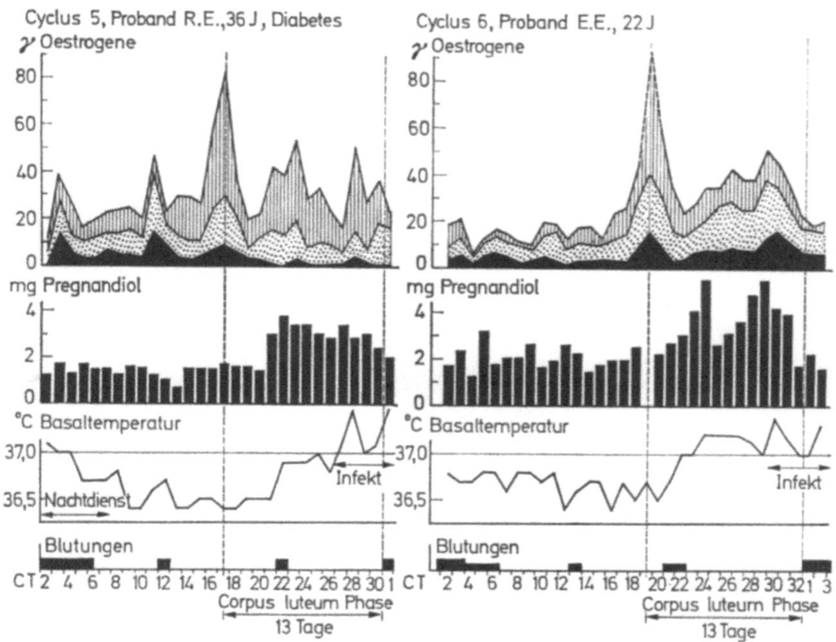


Abb. 13. Hormonausscheidung bei zwei verlängerten ovulatorischen Cyclen mit Zwischen- und Mittelblutungen, Erläuterungen im Text (Hammerstein, 1962b)

### b) Hohe fluktuierende Oestrogenausscheidung

Als Beispiel für eine dyshormonale Blutungsstörung in Verbindung mit hoher Oestrogen-Ausscheidung und glandulär-cystischer Hyperplasie mögen unsere Befunde bei einer 21 jährigen Patientin mit rezidivierenden acyclischen anovulatorischen Dauerblutungen dienen (Abb. 14). Ähnlich wie in vergleichbaren Fällen besaß die Oestrogen-Ausscheidung hier keinen konstanten, sondern einen wellenförmigen Verlauf. Während die erste Blutung unter Berücksichtigung einer möglichen Oestrogen-Ausscheidungsverzögerung (s. o.) zur Not noch mit einem begrenzten Hormonentzug erklärt werden könnte, setzte die zweite Dauermetrorrhagie entgegen allen Erwartungen trotz steigender Oestrogenwerte im Harn ein. Hierbei handelt es sich keineswegs um einen Einzelfall, wie auch die in Abb. 15 wiedergegebene Beobachtung von Brown und Matthew (1962) erkennen läßt. Eine vernünftige Interpretation dieses Phänomens steht noch aus.

### c) Konstante, niedrig- bis mittelhohe Oestrogenausscheidung

Gar nicht selten treten dyshormonale Blutungsstörungen bei mehr oder weniger konstanter, niedriger Oestrogen-Ausscheidung zwischen 10 und 30 μg auf. Zwei Beispiele hierfür finden sich in Abb. 16 dargestellt. Ähnliche Oestrogenwerte im Harn sind auch bei amenorrhoischen Patientinnen anzutreffen. Warum bei gleichhoher Hormonausscheidung in einem Falle eine dysfunktionelle Blutung, im anderen eine Amenorrhoe auftritt, ist zur Zeit noch nicht zufriedenstellend

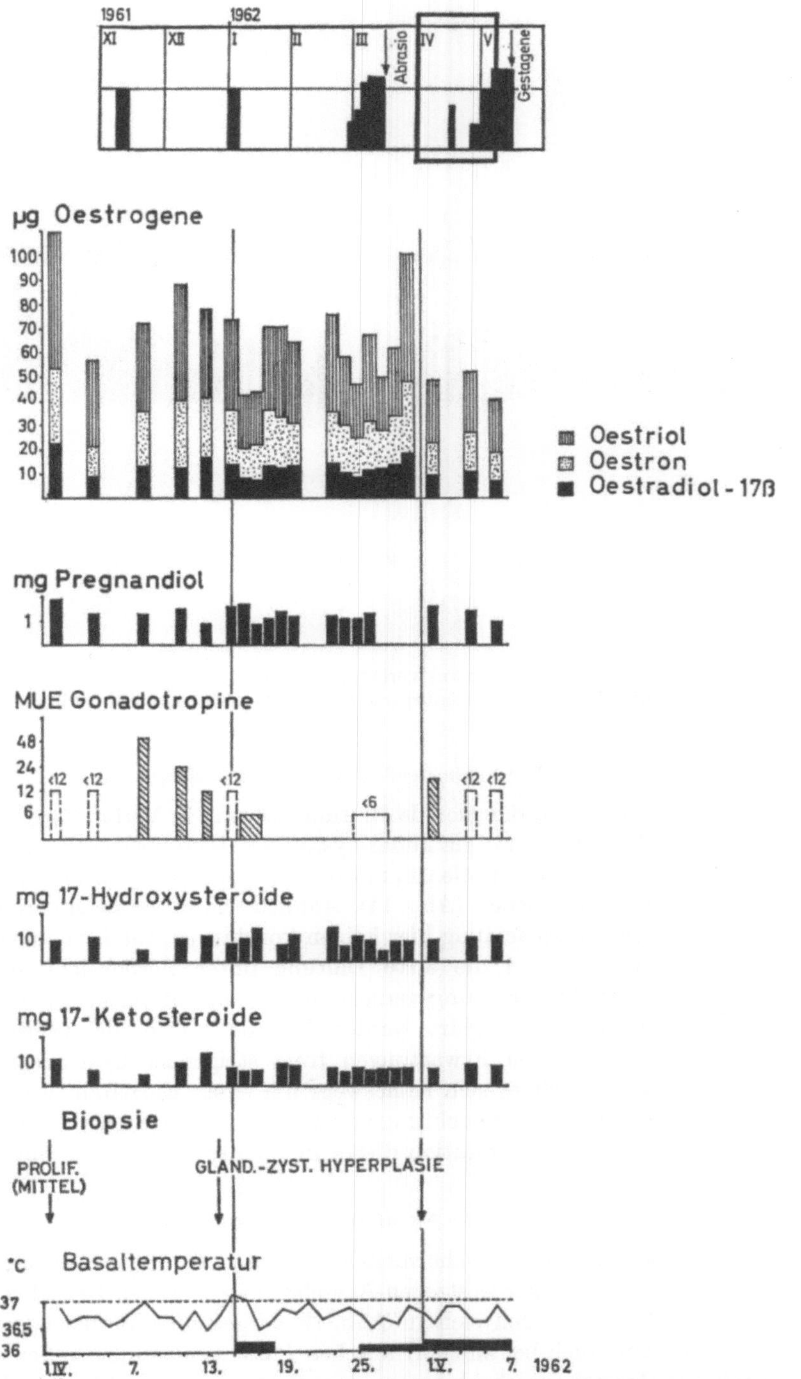


Abb. 14. Hohe, fluktuierende Oestrogenausscheidung bei 21j. Pat. mit rezidivierenden juvenilen Blutungen (Hammerstein u. Nevinny-Stickel, 1969)

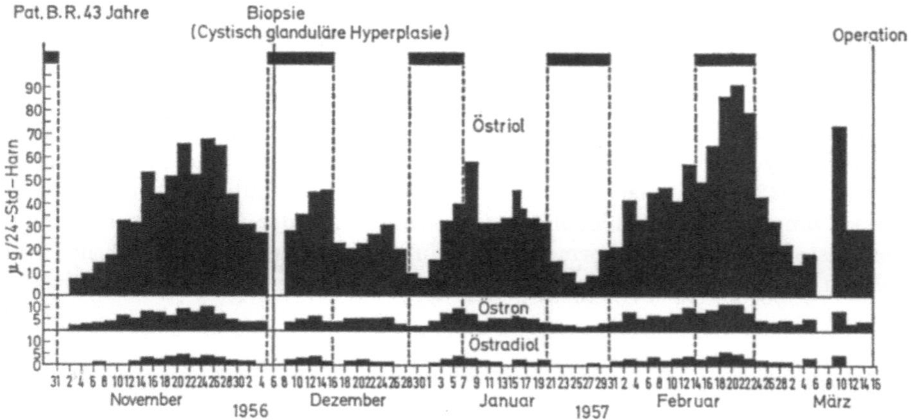



Abb. 15. Hohe, fluktuierende Oestrogenausscheidung bei 43j. Pat. mit rezidivierenden klimakterischen Blutungen (Brown and Matthew, 1962)

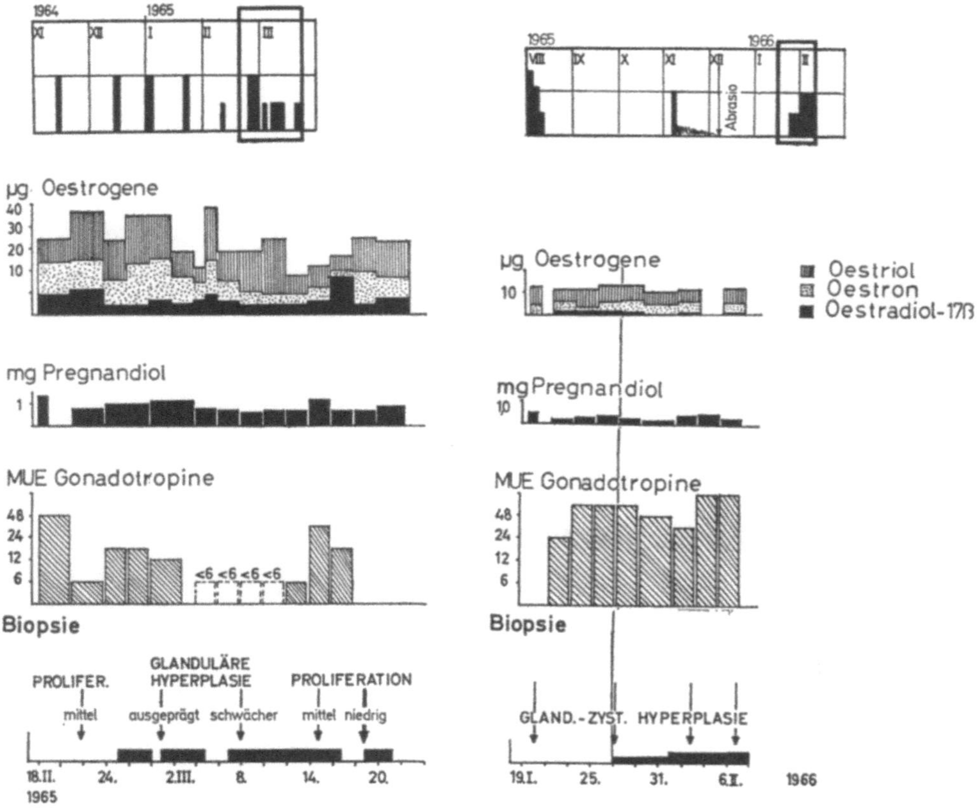

Abb. 16. Konstant niedrige Oestrogenausscheidung in Verbindung mit hyperplastischem Endometrium bei rezidivierenden dyshormonalen Blutungsstörungen; li. 38j. Pat., re. 50j. Pat. (Hammerstein u. Nevinny-Stickel, 1969)

geklärt. Ein Zusammenhang mit den eingangs erwähnten, sehr unterschiedlichen Oestrogen-Ausscheidungsraten ist unwahrscheinlich, aber nicht ganz ausgeschlossen.

### d) Anovulatorische Cyclusstörung mit Spätovulation

Gelegentlich kann sich auf eine anovulatorische, zu dyshormonalen Blutungen führende Cyclusstörung eine Spätovulation aufpfropfen. Dementsprechend hat Gruner (1942) im Abrasionsmaterial dysfunktioneller Blutungen in 4,2% sekretorisch umgewandelte Schleimhäute angetroffen. Die der Abb. 17 zu entnehmenden histologischen und hormonalen Befunde entstammen offensichtlich einer solchen Situation. Nach einem ausgeprägten Anstieg der Oestrogen-Ausscheidung

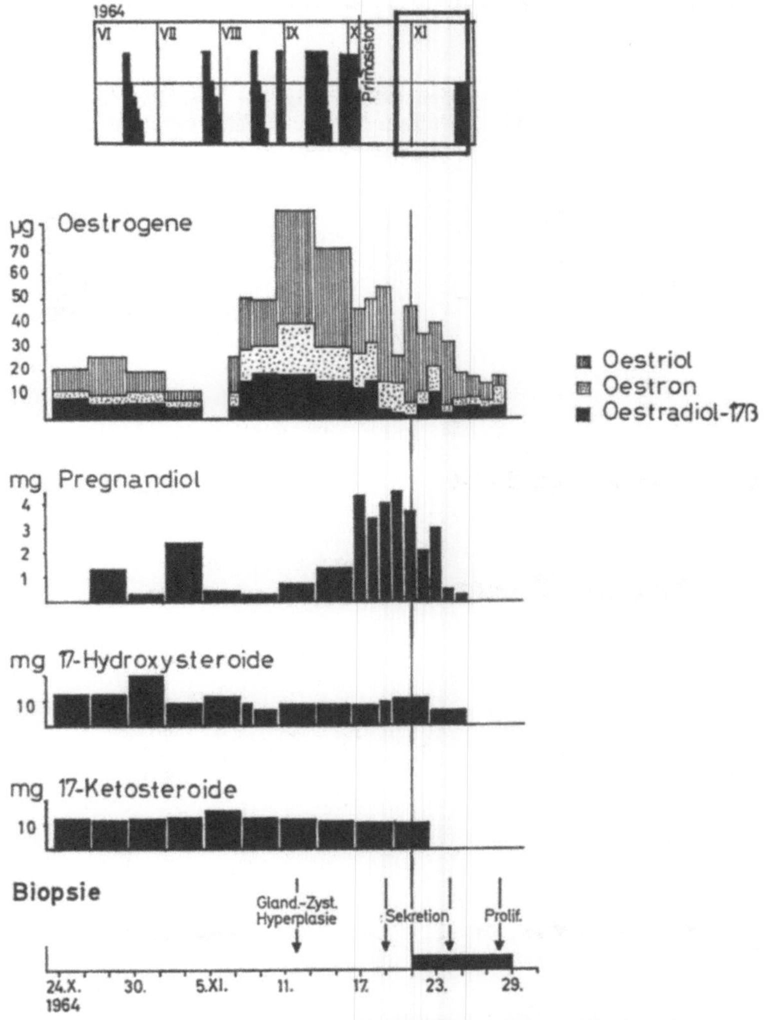


Abb. 17. Hohe, fluktuierende Oestrogenausscheidung bei dyshormonalen Blutungsstörungen mit aufgepfropfter Spätovulation; 29j. Pat. (Hammerstein u. Nevinny-Stickel, 1969)

mit Entwicklung des Vollbildes einer glandulär-cystischen Hyperplasie trat eine Spätovulation auf, die zwar noch eine Transformation des Endometrium zur Folge hatte, einen vorzeitigen Blutungseintritt aber nicht mehr verhindern konnte; infolgedessen reichte die erhöhte luteale Oestrogen- und Pregnandiol-Ausscheidung im Gegensatz zum biphasischen Cyclus (Abb. 11) bis weit in die Menstruation hinein.

*e) Refraktäres Verhalten des Endometrium auf adäquaten Oestrogenentzug*

Die in vieler Hinsicht noch bestehende Undurchsichtigkeit der Beziehungen zwischen Endometrium, Blutungsauslösung und Oestrogenen sei abschließend durch die in Abb. 18 zusammengestellten Befunde bei einem 19jährigen Mädchen mit rezidivierenden juvenilen Blutungen veranschaulicht: Nach einer Primosiston-Verabfolgung zur Beendigung dysfunktioneller Blutungen blieben Metrorrhagien

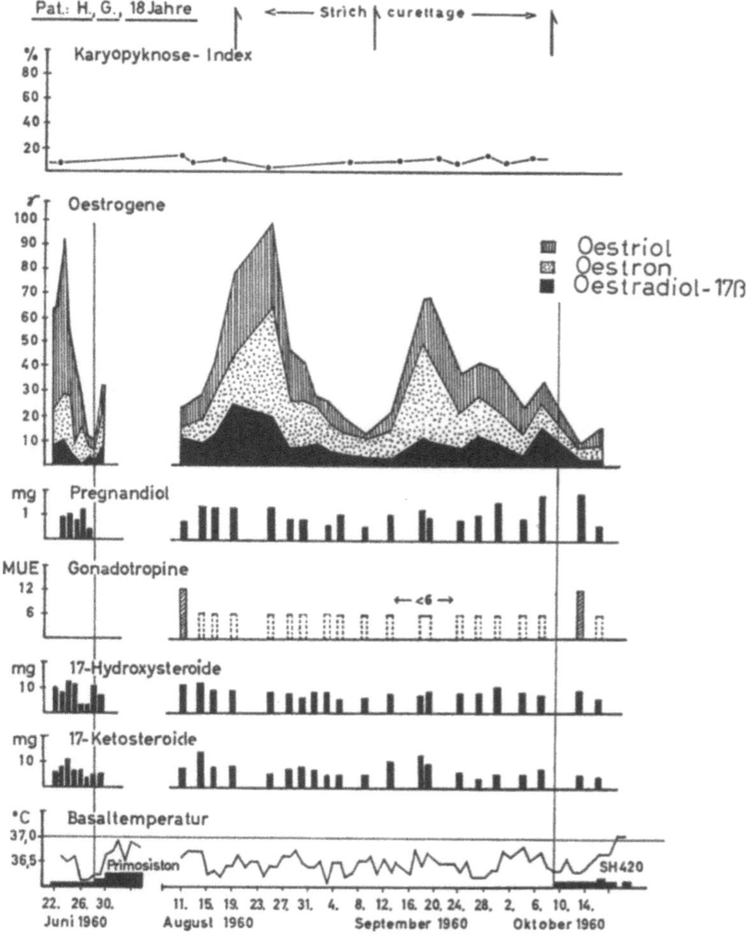


Abb. 18. Ausbleiben einer Oestrogen-Entzugsblutung bei 18j. Pat. mit rezidivierenden juvenilen Blutungen (Hammerstein u. Nevinny-Stickel, 1969)

für die nächsten 3 Monate aus, obwohl die Oestrogen-Ausscheidung in der Mitte dieser Zeit nach Erreichen eines Maximum von fast 100 µg/24 Std steil abfiel, was nach allen Erfahrungen eine Blutung hätte zur Folge haben müssen. Zu erneuten dyshormonalen Blutungen kam es erst sehr viel später im Zusammenhang mit einem geringeren und langsameren Abfall der Oestrogen-Ausscheidung. Das wiederholt histologisch untersuchte Endometrium befand sich während der ganzen Zeit im Stadium der Proliferation (Hammerstein, 1962 b). Welche Faktoren hier für das vorübergehend refraktäre Verhalten des Endometrium, adäquat auf hormonale Impulse zu reagieren, verantwortlich sind, ist uns nicht bekannt.

## Schlußbemerkungen

In Anbetracht der weitgesteckten Thematik konnten im Rahmen dieses Referats nur einige, für die Kenntnis der oestrogenen Situation bei der geschlechtsreifen, nichtgraviden Frau besonders wichtige Gesichtspunkte und Fakten herausgestellt werden. Detailfragen, wie z. B. das Verhalten der Oestrogene während Pubertät und Klimakterium, bei Dysmenorrhoe, prämenstruellem Syndrom und „verzögerter Abstoßung" mußten demgegenüber ebenso zurückstehen wie das Problem der Beeinflußbarkeit der endogenen Oestrogene durch Funktionsanomalien von NNR und Schilddrüse, durch endokrin relevante Therapiemaßnahmen u. a. m.

Mit J. B. Brown u. Mitarb. (1959) lassen sich grundsätzlich zwei Kategorien der Oestrogen-Ausscheidung voneinander unterscheiden, solche mit fluktuierendem und andere mit konstantem Verlauf. Wie Abb. 19 erkennen läßt, sind der ersten Gruppe die zweigipflige Kurve im ovulatorischen Cyclus, die intermittierend auf hohe Werte ansteigenden Verläufe bei dyshormonalen Blutungsstörungen und ferner die damit nahe verwandten anovulatorischen Cyclen mit hoher prä-

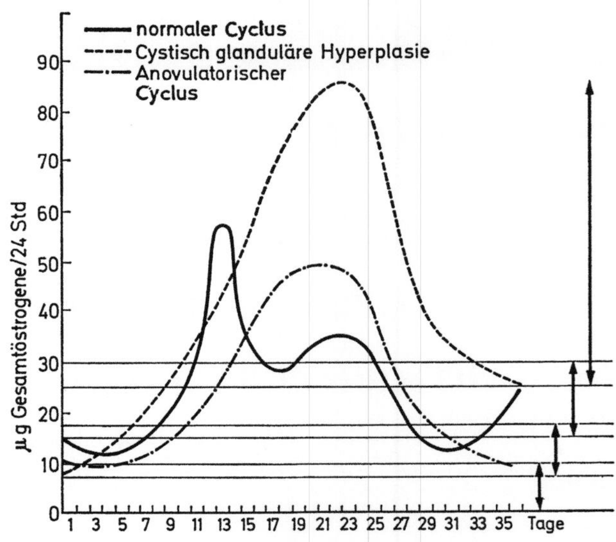



Abb. 19. Schema verschiedener Typen der Oestrogenausscheidung im ovulatorischen und gestörten Cyclus (Brown u. Matthew, 1962)

menstrueller Oestrogen-Ausscheidung vom Typ A zuzurechnen. Dieses Schema wäre noch durch den anovulatorischen Cyclus mit hoher, eingipfliger Kurve vom Typ B (Abb. 10) zu ergänzen.

Auch bei gleichbleibender Oestrogenausscheidung haben Brown u. Mitarb. (1959) verschiedene Gruppen nach der Höhe der Harnwerte voneinander unterschieden. Dem Versuch dieser Autoren, den einzelnen Gruppen bestimmte Endometriumbilder zuzuordnen, ist allerdings mit Zurückhaltung zu begegnen. Zwar mögen sich solche Wechselbeziehungen bei Zugrundelegung eines großen Materials mehr oder weniger deutlich abzeichnen; Ausnahmen sind aber, wie im letzten Abschnitt gezeigt werden konnte, so häufig, daß einem derartigen Ordnungsprinzip kaum praktische Bedeutung für den Einzelfall zukommen dürfte.

Sicherlich ist die eingangs bereits erwähnte, individuelle Verschiedenheit der Oestrogen-Ausscheidungsrate nicht die einzige Variable, die zur Erklärung von Diskrepanzen zwischen hormonalem Befund und geweblicher Reaktion herangezogen werden kann. Man sollte in diesem Zusammenhang nicht vergessen, daß auch das Reaktionsvermögen des Zielorgans keine Konstante darstellt, sondern z. B. durch konditionierende Einflüsse seitens der Schilddrüsen- und NNR-Hormone, durch den peripheren hormonalen Antagonismus zwischen Oestrogenen und Androgenen, durch nervale Einwirkungen u. a. m. modifiziert werden kann. Speziell am Endometrium spielen darüberhinaus die mit dem Zeitfaktor eng verbundenen trophischen Vorgänge für den Ausfall der geweblichen Reaktion eine ausschlaggebende Rolle.

Die endokrinen Regulationsvorgänge in der Körperperipherie werden eben nicht nur von Art, Höhe und Dauer der hormonalen Impulse bestimmt, sondern unabhängig davon auch von dem innerhalb der genetischen Determinierung beeinflußbaren und veränderlichen Vermögen des Endorgans, die endokrinen Informationen in spezifische Zelleistungen umzusetzen. Hieran sollte bei der Interpretation analytischer Oestrogenbefunde mehr als bisher gedacht werden; denn hier liegen ganz allgemein die Grenzen der Aussagemöglichkeit von Hormonbestimmungen. In der Aufklärung der Ursachen für die unterschiedliche Ansprechbarkeit des Endometrium auf Oestrogene, ist eine der Hauptaufgaben zukünftiger Forschung auf diesem Gebiet zu sehen, die nur in gemeinschaftlichem Bemühen von Hormonanalytiker, Biochemiker, Histochemiker und Elektronenmikroskopiker zu bewältigen sein dürfte.

Die Hormonanalysen wurden mit Unterstützung der Deutschen Forschungsgemeinschaft durchgeführt.

## Literatur

Allende, I. L. C., de: Obstet. gynec. Surv. **13**, 753 (1958).
—, and O. Orías: Cytology of the human vagina. New York: P. Hoeber 1950.
Barlow, J. J., and C. M. Logan: Steroids **7**, 309 (1966).
Brown, J. B.: Biochem. J. **60**, 185 (1955).
— J. Endocr. **16**, 202 (1957).
— J. Obstet. Gynaec. Brit. Emp. **66**, 795 (1959).
— R. D. Bulbrock, and F. C. Greenwood: J. Endocr. **16**, 49 (1957).
— R. Kellar, and G. D. Matthew: J. Obstet. Gynaec. Brit. Emp. **66**, 177 (1959).
— A. Klopper, and J. A. Loraine: J. Endocr. **17**, 401 (1958).
—, and G. D. Matthew: Recent Progr. Hormone Res. **18**, 337 (1962).

Burger, H. G., K. J. Catt, and J. B. Brown: J. clin. Endocr. 28, 1508 (1968).

Buschbeck, H.: Acta endocr. (Kbh.) 17, 31 (1954).

Corner, G. W.: Brit. med. J. 1952 II, 403.

— E. J. Farris, and G. W. Corner: Amer. J. Obstet. Gynec. 59, 514 (1950).

Diczfalusy, E., u. C. Lauritzen: Oestrogene beim Menschen. Berlin-Göttingen-Heidelberg: Springer 1961.

Eren, S., G. H. Reynolds, M. E. Turner, F. H. Schmidt, J. H. Mackay, C. M. Howard, and J. R. K. Preedy: J. clin. Endocr. 27, 1451 (1967).

Frank, R. T.: Surg. Gynec. Obstet. 42, 572 (1926).

Goering, R. W., S. Matsuda, and W. L. Herrman: Amer. J. Obstet. Gynec. 92, 441 (1965).

Gruner, W.: Arch. Gynäk. 172, 465 (1942).

Hammerstein, J.: Z. Geburtsh. Gynäk. 152, 24 (1959).

— Habilitationsschrift, Berlin 1960.

— Arch. Gynäk. 196, 504 (1962a).

Gewebs- und Neurohormone — Physiologie des Melanophorenhormons, S. 241. Berlin-Göttingen-Heidelberg: Springer 1962 (b).

— Arch. Gynäk. 200, 638 (1965).

— Verhandlungsberichte. Tagung dtsch. Ges. f. Gynäk. — Arch. Gynäk. 207, 48, (1969) (ausführliche Publikation in Vorbereitung).

— Der Gynäkologe 1, 112 (1969).

—, and E. Boquoi: Acta cytol. (Philad.) (im Druck).

—, u. J. Nevinny-Stickel: Arch. Gynäk. (in Vorbereitung).

— B. F. Rice, and K. Savard: J. clin. Endocr. 24, 597 (1964).

Hoffmann, I., K. G. Ober u. A. Schmitt: Geburtsh. u. Frauenheilk. 13, 81 (1953).

Loewe, S., u. F. Lange: Klin. Wschr. 5, 1038 (1926).

Loraine, J., and E. T. Bell: Lancet 1963 I, 1340.

Kaiser, R., B. Mackert u. W. Keyl: Arch. Gynäk. 199, 414 (1964).

Mikhail, G.: Clin. Obstet. Gynec. 10, 29 (1967).

Ober, K. G.: Dtsch. med. Wschr. 80, 532 (1955).

Pundel, J. P.: Précis de Colpocytologie hormonale. Paris: Masson & Cie 1966.

Puttarajurs, B. V., and W. Taylor: J. Endocr. 18, 67 (1959).

Shearman, R. P.: Lancet 1964 II, 557.

Smith, O. W., G. V. Smith, and N. G. Gavian: Amer. J. Obstet. Gynec. 78, 1028 (1959).

Stieve, H.: Der Einfluß des Nervensystems auf Bau und Tätigkeit der Geschlechtsorgane des Menschen. Stuttgart: Thieme 1952.

Zander, J., E. Brendle, A.-M. v. Münstermann, E. Diczfalusy, B. Martinsen, and K.-G. Tillinger: Acta obstet. gynec. scand. 38, 724 (1959).

# Oestrogene und Mammacarcinom
## Estrogens and Cancer of the Mammary Gland


H. Breuer

Institut für klinische Biochemie der Universität Bonn


Mit 7 Abbildungen


## Summary

1. Oestrogens appear to have an influence on certain types of human mammary cancer. This applies particularly to metastazising, hormone-dependent tumours which frequently show remission after ovariectomy and adrenalectomy. However, the clinical response, observed after endocrine ablation, is most probably due to changes of the hormonal environment rather than to the total elimination of endogenous oestrogens. Therefore, it seems justified to revise the long-held view that breast cancer is an oestrogen-dependent disease. Hence, the term *carcinogen* should no longer be associated with oestrogens.

2. So far, attempts to correlate the excretion of endogenous oestrogens in patients with mammary cancer to the prognosis of the disease have not been successful. However, as has been shown by Bulbrook and his colleagues [48—52], the amounts of androgen and corticosteroid metabolites in the urine are closely related to the clinical response of patients with advanced breast cancer to endocrine ablation. As compared to normal, no significant qualitative or quantitative differences were demonstrated in the metabolism of oestrogens in patients with mammary cancer *in vivo* or in tissue preparations of breast tumour *in vitro*. The same is true for the uptake of oestrogens by normal and cancerous breast tissues.

3. The 7,12-dimethylbenzanthrazene-induced mammary tumour of the rat appears to be a suitable object for the study of the interrelation between oestrogens and mammary cancer. However, a fuller understanding of this interrelationship will not be possible before the mode of action of oestrogens on the cellular and molecular level is known. Then, the question may also be answered if and under which circumstances oestrogens may play a dominant role in the production and in the course of mammary cancer.


Es gehört heute zu den Selbstverständlichkeiten, wenn man feststellt, daß zwischen der Endokrinologie einerseits und der Onkologie andererseits vielfältige Beziehungen und Abhängigkeiten bestehen. Diese Feststellung trifft in besonderem Umfange für das Mammacarcinom zu. Die Vorstellung, daß die Ovarialfunktion beim Mammacarcinom eine entscheidende Rolle spielt, ist schon über 100 Jahre alt. Bereits 1836 hat Cooper [1] einen Zusammenhang zwischen Menstruation und Mammacarcinom beobachtet; er fand, daß die durch den Brustkrebs verursachten Beschwerden jeweils vor der Menstruation ausgeprägter in Erscheinung treten und daß Mammatumoren zu Beginn der Postmenopause gehäuft vorkommen (zit. nach [2]). 1889 empfahl Schinzinger [3] auf dem 18. Kongreß der Deutschen Gesellschaft für Chirurgie die Kastration zur Behandlung des Mammacarcinoms und führte in seinem Autoreferat aus: ,,Die von anderen Kollegen ebenfalls gemachte Erfahrung, daß die Prognose um so schlimmer sich gestaltet, je jünger die von Brustkrebs befallenen Individuen sind, legt die Frage nahe, ob es nicht gestattet sei, die Damen rascher alt zu machen dadurch, daß man mit der Entfernung der Ovarien die Brustdrüse rascher in Atrophie überführt und dem Krebsknoten die Möglichkeit gibt, sich in dem schrumpfenden Drüsengewebe abzukapseln. Man entfernt die Ovarien zu dem Zweck, durch den Fortfall von Ovulation und Menstruation direkt oder indirekt Heilerfolge zu erzielen, wobei es gleichgültig ist, ob die Ovarien gesund sind oder nicht." Unabhängig von Schinzinger und auf Grund ganz anderer Überlegungen schlug 1896 Beatson, ein Chirurg am Cancer Hospital von Glasgow, die Ovariektomie bei Patientinnen mit Brustkrebs vor [4]. Er konnte zu diesem Zweck bereits über Behandlungserfolge bei 2 kastrierten Patientinnen berichten und traf die bemerkenswerte Feststellung: „Wir müssen in den Ovarien den Sitz der Krebsentstehung, jedenfalls der Entstehung des Mammacarcinoms, sehen" (zit. nach [2]). Diese auf reine Empirie gestützte Hypothese nahm die Resultate zahlreicher Tierexperimente des folgenden halben Jahrhunderts intuitiv vorweg und dürfte wohl wesentlich zu der Vorstellung beigetragen haben, daß zwischen den Oestrogenen und dem Mammacarcinom kausale Beziehungen bestehen. Merkwürdigerweise geriet die Ovariektomie Anfang dieses Jahrhunderts weitgehend in Vergessenheit — vielleicht bedingt durch die Einführung der Strahlenkastration — und wurde erst in den vierziger Jahren wieder aufgegriffen; seither gilt sie als die wirksamste endokrine Maßnahme bei der Behandlung des metastasierenden Mammacarcinoms.

Zahlreiche Versuche an Mäuse-Inzuchtstämmen mit spontan auftretendem Mammacarcinom hatten inzwischen den Beweis erbracht, daß oestrogene Wirkstoffe bei der Genese des Brustdrüsenkrebs dieser Tiere ebenfalls eine wichtige Rolle spielen. Loeb hatte in den Jahren 1913—1924 nachweisen können, daß virginell gehaltene Weibchen weniger Mammatumoren bekommen als weibliche Tiere, die geworfen haben; die frühzeitige Kastration konnte das Auftreten der Carcinome verhindern (zit. nach [5]). Murray [6] gelang es, durch Ovarimplantation bei den sonst krebsfreien Männchen Mammacarcinome hervorzurufen; die Erzeugung dieser Tumoren mit Hilfe des rein dargestellten Follikelhormons durch Lacassagne [7] führte in Verbindung mit den Befunden von Murray und Loeb zur Entdeckung eines *hormonalen* Faktors bei der Entstehung des Mammacarcinoms. Auf Grund dieser Ergebnisse stellte sich die jahrelang diskutierte Frage, ob das Follikelhormon eine cancerogene Wirkung besitzt oder nicht. Nach ausgedehnten Untersuchungen kamen Kaufmann und Butenandt [5, 8, 9] schließlich zu folgenden wichtigen Feststellungen: 1. Das Follikelhormon gehört nicht zu den cancerogenen Stoffen. 2. Das Follikelhormon ist ein bedingt krebsauslösender Stoff mit spezifisch organotroper Wirkung; die Oestrogene bilden durch ihre proliferative Wirkung auf das Mammagewebe lediglich den Boden für die Manifestierung einer vorhandenen Krebsanlage, sie führen aber nicht durch eine übersteigerte Proliferation zu einer malignen Entartung. Man kann also im Falle der Oestrogene lediglich von einer „Mitwirkung" bei vorhandener Krebsanlage sprechen.

In konsequenter Weiterführung der Vorstellung, daß beim metastasierenden Mammacarcinom alle körpereigenen Oestrogene auszuschalten seien, empfahl Huggins die Adrenalektomie als zusätzliche therapeutische Maßnahme zur Ovariektomie; er ging dabei von der Annahme aus, daß in der Nebenniere das Menschen ebenfalls Oestrogene gebildet werden. Diese Vermutung wurde durch Versuche bestätigt [10, 11], in denen bei ovariektomierten Frauen eine Zunahme der Oestrogenausscheidung im Urin, und zwar nach Zufuhr von ACTH, nicht aber nach Gabe von Gonadotropinen nachweisbar war (Abb. 1). 1952 konnte Huggins erstmals über Remissionen bei metastasierenden Mammacarcinom nach Adrenalektomie berichten [13], und er führte diese Besserungen auf die Ausschaltung

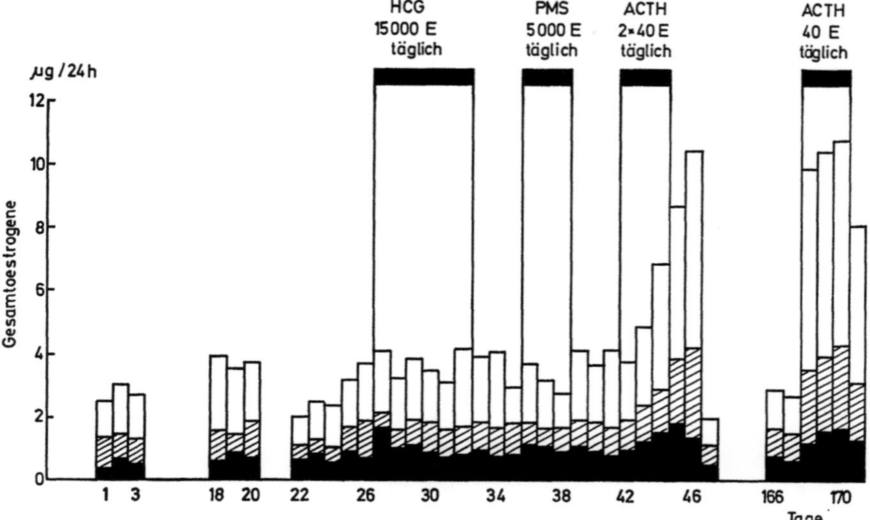



Abb. 1. Ausscheidung von 17β-Oestradiol, Oestron und Oestriol im Urin einer 34jährigen Kastratin vor sowie unter Verabreichung von HCG (Predalon, Organon), PMS (Anteron, Schering) und ACTH (Cortophine Z, Organon) [11]. Die Bestimmung der Oestrogene erfolgte nach der Methode von Brown, Bulbrook u. Greenwood [12]

■ Oestradiol-17β    ▨ Oestron    □ Oestriol

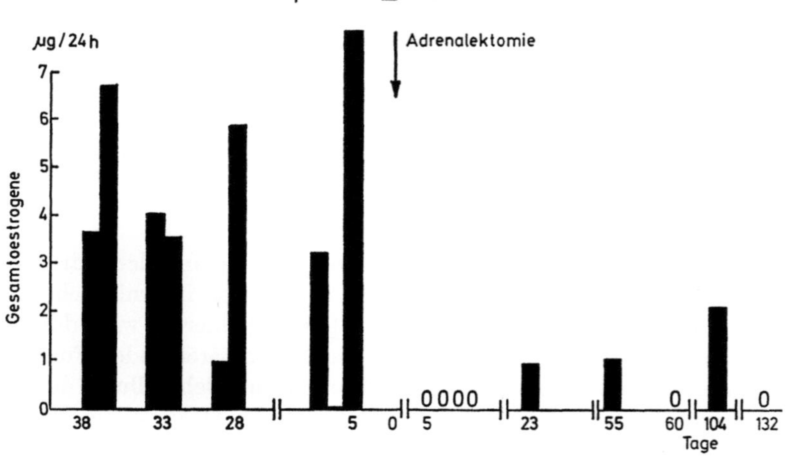



Abb. 2. Ausscheidung der Gesamtoestrogene (Oestradiol-17β, Oestron und Oestriol) im Urin einer 48jährigen Patientin vor und nach bilateraler Adrenalektomie [16]. Die Bestimmung der Oestrogene erfolgte nach der Methode von Brown, Bulbrook u. Greenwood [12]. Der Tag der Adrenalektomie ist durch einen Pfeil gekennzeichnet

der adrenalen Oestrogene zurück [14]. In der Tat nimmt, wie spätere Untersuchungen [15, 16] mit zuverlässigen Methoden [12] zeigten, die Ausscheidung der Oestrogene im Urin nicht nur nach Ovariektomie, sondern auch nach Adrenalektomie ab (Abb. 2). Auf dem Wege zur operativen Entfernung von inkretorischen Organen, die in unmittelbarem Zusammenhang mit der Oestrogenbildung stehen, bedeutete dann die Hypophysektomie den letzten logischen Schritt [17]. Abb. 3 zeigt das Verhalten der Oestrogenausscheidung bei einer Patientin mit metastasierendem Mammacarcinom vor und nach Hypophysektomie [18]. 3 Wochen nach der Operation konnten keine Oestrogene im Urin mehr nachgewiesen werden. Weitere Untersuchungen nach 9 Wochen und 14 Monaten bestätigten dieses Ergebnis. Einschränkend muß allerdings bemerkt werden, daß die Hypophysektomie nicht bei allen Patientinnen ein völliges Verschwinden der Oestrogene im Urin zur Folge hat [18].

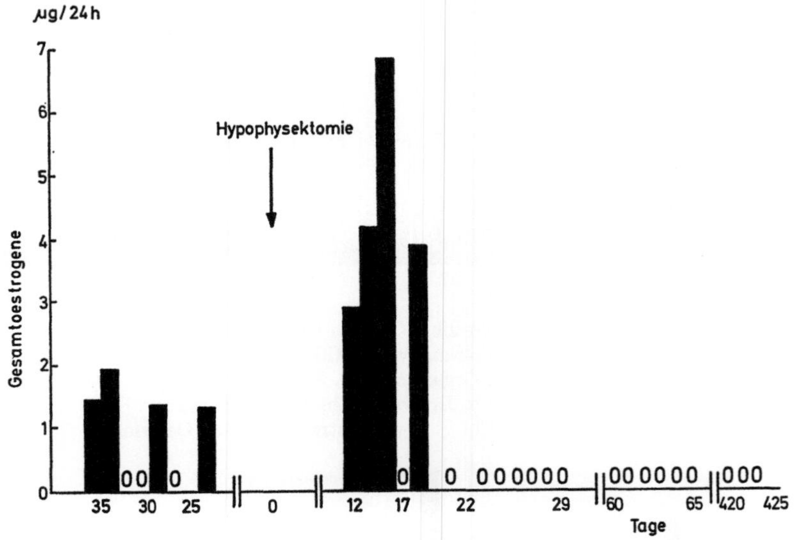


Abb. 3. Ausscheidung der Gesamtoestrogene (Oestradiol-17β, Oestron und Oestriol) im Urin einer 65jährigen Patientin vor und nach Hypophysektomie [18]. Die Bestimmung der Oestrogene erfolgte nach der Methode von Brown, Bulbrook u. Greenwood [12]. Der Tag der Hypophysektomie ist durch einen Pfeil gekennzeichnet

Um das Risiko und die Nebenerscheinungen, die mit der Adrenalektomie zwangsläufig verbunden sind, zu reduzieren, wurde von internistischer Seite die medikamentöse Adrenalektomie empfohlen [19, 20]; hierbei wird durch Zufuhr relativ hoher Dosen von Corticosteroiden die Nebennierenrinden-Funktion stillgelegt. Als die medikamentöse Adrenalektomie zur Behandlung des Mammacarcinoms vorgeschlagen wurde, stand wiederum der Gedanke im Hintergrund, durch diese therapeutische Maßnahme die adrenale Oestrogenproduktion auszuschalten. Die Richtigkeit dieser Annahme konnte durch experimentelle Untersuchungen bewiesen werden [20]: Unter Behandlung mit Corticosteroiden nimmt die Ausscheidung der Oestrogene im Urin deutlich ab (Abb. 4).

Die bisher beschriebenen Beobachtungen führten zu der besonders in den fünfziger Jahren vorherrschenden Meinung, den Oestrogenen komme beim Mammacarcinom *die* entscheidende Rolle zu. Diese eher einseitige Betrachtungsweise ist inzwischen weitgehend aufgegeben worden; man nimmt heute an, daß die Wirksamkeit der endokrinen Behandlungsmaßnahmen beim metastasierenden Mammacarcinom weniger auf die teilweise oder völlige Ausschaltung aller Oestrogenquellen als vielmehr auf die hormonale Umstimmung des Organismus zurückzuführen ist. Für die Richtigkeit dieser Annahme sprechen zahlreiche Hinweise und Befunde, auf die jedoch im vorliegenden Zusammenhang nicht näher eingegangen werden kann.

Im Hinblick auf die Beziehungen zwischen Oestrogenen und Mammacarcinom ist in vielen Arbeiten die Ausscheidung von Oestrogenen im Urin bei Patientinnen mit Mammacarcinom untersucht worden. Brauchbare Werte konnten allerdings erst gewonnen werden, nachdem Bauld [22] und Brown [23] unabhängig von-

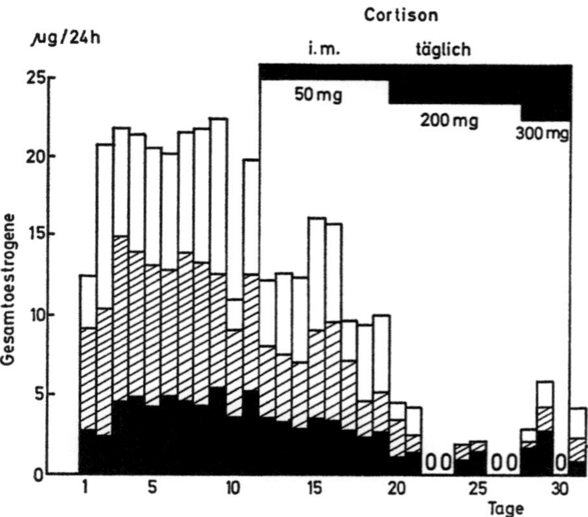


Abb. 4. Ausscheidung von Oestradiol-17$\beta$, Oestron und Oestriol im Urin einer 46jährigen ovariektomierten Patientin vor und während intramuskulärer Zufuhr von Cortison [21]. Die Bestimmung der Oestrogene erfolgte nach der Methode von Brown, Bulbrook u. Greenwood [12], ■ Oestradiol-17$\beta$, ▨ Oestron, □ Oestriol

einander genügend empfindliche und zuverlässige Methoden zur chemischen Bestimmung von Oestrogenen im Urin entwickelt hatten. Aus der Vielzahl der Untersuchungen seien einige herausgegriffen. So berichtete Brown 1957 in einer ausführlichen Studie über die Ausscheidung der endogenen Oestrogene bei Frauen mit und ohne Mammacarcinom in der Postmenopause [24]. Wie aus Tab. 1 hervorgeht, ergaben sich hinsichtlich der Ausscheidung von Oestradiol-17$\beta$ und Oestron keine Unterschiede zwischen den beiden Gruppen; lediglich die Ausscheidung von Oestriol und damit auch die Konzentration der Gesamtoestrogene im Urin war bei den Patientinnen mit Mammacarcinom etwas höher als bei den Frauen der Kontrollgruppe. Zu anderen Ergebnissen gelangten Lemon, Wotiz

Tabelle 1. *Ausscheidung der endogenen Oestrogene im Urin bei Frauen in der Postmenopause mit und ohne Mammacarcinom [24]. Die Bestimmung der Oestrogene erfolgte nach der Methode von Brown, Bulbrook u. Greenwood [12]. Die Ergebnisse sind in µg/24 Std angegeben.*

| Oestrogene | Untersuchte Gruppe | Zahl | Geometrischer Mittelwert | Geometrischer Bereich (P = 0,05) | P |
|---|---|---|---|---|---|
| Oestron | Kontroll | 22 | 1,4 | 5,2—0,4 | — |
|  | Carcinom | 27 | 1,5 | 3,8—0,6 |  |
| Oestradiol-17$\beta$[a] | Kontroll | 22 | 0,3 | 1,5—0 | — |
|  | Carcinom | 27 | 0,6 | 1,9—0 |  |
| Oestriol | Kontroll | 22 | 4,1 | 16,2—1,0 | } 0,05 |
|  | Carcinom | 27 | 5,8 | 16,6—2,0 |  |
| Gesamt | Kontroll | 22 | 6,0 | 19,1—1,9 | } 0,05 |
|  | Carcinom | 27 | 8,1 | 19,0—3,5 |  |

[a] Arithmetische Mittelwerte

u. Mitarb. [25]. Diese Autoren fanden vor der Menopause bei Patientinnen mit Mammacarcinom niedrigere Oestriolwerte als bei gesunden Frauen (Tab. 2). Weniger deutlich ausgeprägt war die verminderte Oestriolausscheidung bei den Patientinnen in der Postmenopause. Da aus den Absolutwerten der Oestrogenausscheidung keine verbindlichen Schlußfolgerungen gezogen werden konnten, wurde ein Oestriol-Ausscheidungsquotient nach folgender Formel berechnet:

$$E_q = \frac{\text{Oestriol (µg/24 Std)}}{\text{Oestron + Oestradiol-17}\beta \text{ (µg/24 Std)}}$$

Die Gruppenmediane für die Oestriol-Ausscheidungsquotienten betrugen bei gesunden Frauen 1,3 vor der Menopause und 1,2 in der Postmenopause; die entsprechenden Werte beliefen sich bei Patientinnen mit Mammacarcinom auf 0,5 vor der Menopause und auf 0,8 in der Postmenopause. Wotiz und Lemon schließen aus diesen Ergebnissen auf ein Überwiegen der „aktiven" Oestrogene (Oestradiol-17$\beta$ und Oestron) gegenüber dem „gehemmten" Oestrogen (Oestriol) beim Vorliegen eines Mammacarcinoms.

Tabelle 2. *Ausscheidung der endogenen Oestrogene im Urin bei Frauen mit und ohne Mammacarcinom [25]. Die Bestimmungen der Oestrogene erfolgte nach der Methode von Brown, Bulbrook u. Greenwood [12].*

| Untersucht | Vor der Menopause | | Postmenopause | |
|---|---|---|---|---|
|  | Kontrollgruppe | Mammacarcinom | Kontrollgruppe | Mammacarcinom |
| Oestron (µg/24 Std) | 5,6 | 2,8 | 5,6 | 3,7 |
| Oestradiol-17$\beta$ (µg/24 Std) | 5,3 | 4,1 | 3,4 | 3,1 |
| Oestriol (µg/24 Std) | 10,2 | 4,3 | 6,9 | 5,0 |
| Mittlerer Eq[a] | 1,5 | 0,5 | 1,2 | 0,8 |
| Gruppenmedian Eq[a] | 1,3 | 0,5 | 1,2 | 0,8 |

[a] Oestriol-Ausscheidungsquotient $Eq = \dfrac{\text{Oestriol (µg/24 Std)}}{\text{Oestron + Oestradiol-17}\beta \text{ (µg/24 Std)}}$

Tabelle 3. *Konzentration der Gesamtoestrogene (Oestradiol-17β, Oestron und Oestriol) im Urin und Prognose nach endokrinen Eingriffen beim metastalierenden Mammacarcinom [26]. Wenn nicht anders vermerkt, wurden die Oestrogene im Urin mit chemischen Methoden bestimmt; die Werte sind in μg/24 Std angegeben.*
Adren = Adrenalektomie — Hypo = Hypophysektomie

| Autoren | Behandlung | Ausscheidung der Oestrogene bei | |
|---|---|---|---|
| | | Nichtansprechbarkeit | Ansprechbarkeit |
| Huggins u. Dao [27] | Adren | 8,4[a] | 22,1[a] |
| Bulbrook u. Mitarb. [16, 18] | Adren | 5,8 (4) | 6,2 (2) |
| | Hypo | 3,9 (9) | 7,0 (4) |
| Brown u. Mitarb. [28] | Adren | 6,5 (3) | 6,9 (4) |
| Block u. Mitarb. [29] | Adren | < 1,5 | > 1,5 |
| McAllister u. Mitarb. [30] | Adren | 6,8 (7) | 6,1 (8) |
| | Hypo | 6,9 (16) | 6,4 (9) |
| Shucksmith u. Mitarb. [31] | Adren | < 3,0 (5) | > 3,0 (10) |
| Irvine u. Mitarb. [32] | Adren | 5,6 (5) | 5,0 (13) |
| Palmer u. Helstrom [33] | Adren | 10,2 (3) | 11,4 (4) |

[a] Internationale Einheiten (biologische Bestimmung)

Von besonderem Interesse erschien die Frage, ob die Bestimmung der endogenen Oestrogene einen prognostischen Wert für die Behandlung des metastasierenden Mammacarcinoms hat. Eine Zusammenstellung der in der Literatur mitgeteilten Befunde läßt erkennen, daß dies offenbar nicht der Fall ist [26]. Die Ergebnisse sind zu widersprüchlich, als daß sie für die Beurteilung der Ansprechbarkeit der Erkrankung auf die Adrenalektomie oder Hypophysektomie eine Aussagekraft besäßen. Möglicherweise ist die Heterogenität der untersuchten Patientinnen dafür verantwortlich. Es wäre durchaus denkbar, daß unter genauer definierten Bedingungen den Oestrogenbestimmungen ein prognostischer Wert zukommt, doch sind diese Bedingungen bis heute noch nicht bekannt.

Der Stoffwechsel exogen zugeführter Oestrogene bei Patientinnen mit Mammacarcinom ist ebenfalls eingehend untersucht worden in der Hoffnung, quantitative und möglicherweise auch qualitative Unterschiede gegenüber gesunden Frauen zu finden. Brown [24] stellte fest, daß nach Injektion von Oestradiol-17β die Wiederfindung der Gesamtoestrogene bei Frauen mit und ohne Mammacarcinom etwa gleich groß war (Tab. 4). Allerdings war der Anteil der Oestriol-Fraktion an der Gesamtausscheidung bei den Patientinnen mit Mammacarcinom deutlich größer. Diese Besonderheit könnte einerseits als unspezifischer Ausdruck einer Krankheit schlechthin gewertet werden, zumal bekannt ist, daß bei Patienten mit Herzinfarkt die Ausscheidung von Oestriol gegenüber Oestradiol-17β und Oestron erhöht ist [34]. Andererseits haben Gallagher u. Mitarb. [35] die sehr interessante Beobachtung gemacht, daß auch bei Männern mit Mammacarcinom die Bildung von Oestriol aus Oestradiol-17β im Vergleich zu gesunden Personen deutlich erhöht ist; ferner fanden sie eine verminderte Bildung von Oestron, 2-Hydroxyoestron und 2-Methoxyoestron. Da die Autoren bei ihren Patienten Erkrankungen des Herzens, der Leber und der Niere sowie Störungen der Schilddrüsenfunktion ausschließen konnten, sehen sie — wenn auch mit gewissen

Tabelle 4. *Wiederfindung von verabreichtem Oestradiol-17β als Oestron, Oestradiol-17β und Oestriol im Urin bei Frauen in der Postmenopause mit und ohne Mammacarcinom* [24]. *Die Bestimmung der Oestrogene erfolgte nach der Methode von Brown, Bulbrook u. Greenwood* [12]

| Ermittelt | Untersuchte Gruppe | Zahl | Log. Mittelwert | Log. Bereich (P = 0,05) | t | P |
|---|---|---|---|---|---|---|
| Gesamtoestrogene in % der injizierten Dosis | Kontroll | 9 | 14,8 | 22,4— 9,8 | 0,2 | — |
| | Carcinom | 25 | 14,5 | 28,8— 6,9 | | |
| Oestriol in % der Gesamtoestrogene | Kontroll | 9 | 57,5 | 100,0—30,0 | 3,1 | 0,01— |
| | Carcinom | 25 | 72,4 | 100,0—48,0 | | 0,001 |

Einschränkungen — in den Veränderungen des Oestrogenstoffwechsels ein charakteristisches Merkmal für das Mammacarcinom des Mannes. Hier bieten sich möglicherweise weitere Ansatzpunkte für Untersuchungen bei Frauen mit Mammacarcinom, die dann allerdings nicht nur Oestradiol-17β, Oestron und Oestriol, sondern auch alle bekannten Oestrogene umfassen müßten. Erste Versuche in dieser Richtung sind vor einigen Jahren von Kushinsky u. Mitarb. [36] unternommen worden; nach Injektion von Oestradiol-17β wurde das Verhalten mehrerer Oestrogenfraktionen im Urin untersucht, doch konnten bei Patientinnen mit Mammacarcinom im Vergleich zu gesunden Frauen keine signifikanten Unterschiede festgestellt werden, da die individuellen Schwankungen zu groß waren. Immerhin ergaben sich Hinweise für einen verstärkten Umsatz von Oestradiol-17β besonders bei solchen Frauen, die auf eine Behandlung mit Oestrogenen nicht ansprachen.

Aus den geschilderten Ergebnissen geht hervor, daß bisher weder die Bestimmung der klassischen Oestrogene im Urin noch die Untersuchung des Stoffwechsels von zugeführtem Oestradiol-17β neue Erkenntnisse über die Zusammenhänge zwischen dem Mammacarcinom der Frau und den Oestrogenen vermittelt haben. Im Hinblick auf die Tatsache, daß die Oestrogene im Organismus durch Aromatisierung neutraler Steroide entstehen, erschien es deshalb interessant, die Umwandlung von zugeführtem Testosteron zu Oestrogenen bei Frauen mit und ohne Mammacarcinom zu studieren. Dabei wurde von der Annahme ausgegangen, daß möglicherweise Unterschiede zwischen den beiden Gruppen bestehen. Nach einer einmaligen Injektion von 100 mg Testosteronpropionat wurde die Ausscheidung von Oestradiol-17β, Oestron und Oestriol im Urin bestimmt [37]. Die Ergebnisse sind in Abb. 5 dargestellt. Die Aromatisierungsraten, die auf Grund der vermehrten Oestrogenausscheidung ermittelt wurden, lagen bei den Frauen mit Mammacarcinom in etwa der gleichen Größenordnung wie bei Normalpersonen. Diese Ergebnisse sprechen zunächst dafür, daß die Umwandlung von Androgenen zu Oestrogenen bei Patientinnen mit Mammacarcinom keine Besonderheiten zeigt. Damit ist allerdings die Möglichkeit noch nicht ausgeschlossen, daß bei Zufuhr physiologischer Dosen von Testosteron in geeigneter Form Unterschiede auftreten, aus denen sich möglicherweise prognostische Rückschlüsse ziehen lassen.

In mehreren Untersuchungen ist die Aufnahme von Oestrogenen durch Mammacarcinomgewebe des Menschen geprüft worden. So studierten Folca u. Mitarb. [38] bei Patientinnen mit Mammacarcinom nach Injektion von tritiiertem Hexoestrol die Verteilung dieser Verbindung im Organismus. Sie fanden in hormonabhängigen Mammacarcinomen eine stärkere Anreicherung als in hormonunabhängigen Tumoren. Diese vielversprechende Beobachtung konnte offenbar nicht bestätigt werden und hat deshalb für die Prognose keine praktische Bedeutung erlangt. Auch der Versuch, aus der Aufnahme von radioaktivem Oestradiol-17$\beta$

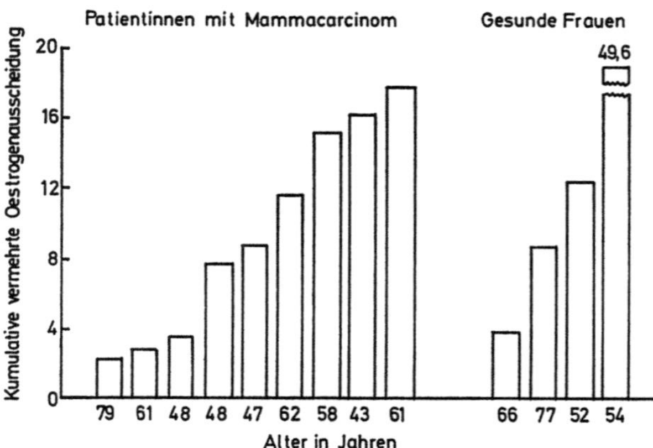


Abb. 5. Kumulative vermehrte Ausscheidung der Gesamtoestrogene (Oestradiol-17$\beta$, Oestron und Oestriol) im Urin nach einer einmaligen Injektion von 100 mg Testosteronpropionat bei 10 Patientinnen mit Mammacarcinom und 4 gesunden Frauen [37]. Die Bestimmung der Oestrogene erfolgte nach der Methode von Brown, Bulbrook u. Greenwood [12]

durch Schnitte des menschlichen Mammacarcinoms zu prognostischen Schlußfolgerungen zu kommen, blieb ohne Erfolg [39, 40]. Dagegen stellten Kushinsky u. Mitarb. [4] fest, daß bei Patientinnen mit Mammacarcinom nach Injektion von [4-$^{14}$C] Oestradiol-17$\beta$ im Tumorgewebe größere Mengen an Radioaktivität nachweisbar waren als im gesunden Mammagewebe und im Fettgewebe; dabei war der durchschnittliche Anteil von Oestradiol-17$\beta$ im Carcinom höher als in den übrigen Geweben. Verbindliche Rückschlüsse können allerdings aus diesen Untersuchungen, wie auch aus vielen anderen, nicht gezogen werden, da die Schwankungen zwischen den einzelnen Patientinnen zu groß waren. Diese Feststellung gilt in gleicher Weise für Versuche, in denen der Stoffwechsel von Oestrogenen im menschlichen Mammacarcinom verfolgt wurde [42, 43]; auch hier waren die Schwankungen infolge der Inhomogenität der verwendeten Gewebe recht erheblich.

Bei diesen Schwierigkeiten bedeutete es einen wesentlichen Fortschritt, als es Huggins u. Mitarb. [44, 45] gelang, durch Verfütterung von 7,2-Dimethylbenzanthrazen (DMBA) bei der weiblichen Ratte Mammacarcinome zu erzeugen, die in ihrem histologischen Aufbau dem Mammacarcinom des Menschen ähneln und darüber hinaus die Eigenschaft besitzen, in bestimmten Phasen ihrer Entwicklung hormonabhängig zu sein. Ähnlich wie beim Menschen wird die Phase der Hormonempfindlichkeit in einem späteren Stadium der Entwicklung des Carcinoms von einer solchen der Hormonunempfindlichkeit abgelöst. Das DMBA-Mammacarcinom eignet sich also in besonderer Weise zum Studium der Hormonabhängigkeit des Tumorwachstums. Von den zahlreichen Untersuchungen mit diesem Tumor seien zwei erwähnt, die eine enge Beziehung zum Problem Oestrogene und Mammacarcinom erkennen lassen.

Mobbs [46] injizierte Ratten mit DMBA-Mammatumoren tritiiertes Oestradiol-17β und machte dabei folgende Feststellungen (Abb. 6). In den Tumoren, die nach Ovariektomie der Tiere keine Remission zeigten, war die Konzentration von tritiierten Oestrogenen 20 min nach Injektion zweimal so hoch wie in der Muskulatur; dieses Verhältnis blieb bis zu 2 Std nach Injektion etwa gleich groß.

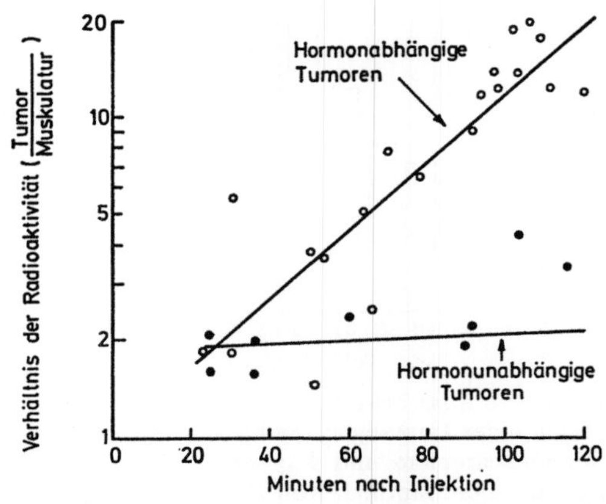


Abb. 6. Verhältnis der Radioaktivität im Tumorgewebe (T) zu derjenigen im Muskelgewebe (M) bei Ratten mit Dimethylbenzanthrazen-induzierten Mammacarcinomen nach Injektion von [6,7-³H]Oestradiol-17β [46]

Im Gegensatz dazu konzentrierten die Mammtumoren, die auf eine Ovariektomie der Tiere mit einer Remission reagierten, Oestradiol-17β in einem wesentlich größeren Ausmaß. Die Menge an tritiiertem Oestradiol-17β nahm nach Injektion ständig zu; sie war nach 100 min in den Tumoren 8—20 mal größer als in der Muskulatur. Somit verhält sich also das hormonabhängige DMBA-Mammacarcinom wie Uterusgewebe und andere oestrogenempfindliche Erfolgsorgane. Diese besondere Eigenschaft benutzten auch Jensen u. Jungblut [47] zu der Ausarbeitung eines Tests, mit dessen Hilfe im Einzelfall Rückschlüsse auf die Hormonabhängigkeit eines Mammacarcinoms gezogen werden können. Jensen und Jungblut gingen dabei von der Vorstellung aus, daß ein von Oestradiol abhängiges Gewebe über spezifische Receptoren verfügen muß, die sich durch antioestrogene Substanzen absättigen lassen. Diese Vorstellung sollte auch für den hormonabhängigen Mammatumor gelten. In Abb. 7 sind die Ergebnisse entsprechender Versuche dargestellt. Schnitte eines hormonabhängigen und eines hormonunabhängigen DMBA-Tumors wurden einmal mit tritiiertem Oestradiol-17β alleine und dann mit Oestradiol-17β sowie der antioestrogenen Substanz Upjohn 11 100 inkubiert. Die beiden Tumoren zeigten ein unterschiedliches

Verhalten. Der hormonabhängige Tumor nahm eine wesentlich größere Menge Oestradiol-17β auf, die durch Zusatz von U 11 100 reduziert wurde; aus diesem Versuch kann der Schluß gezogen werden, daß in diesem Tumor oestrogenspezifische Receptoren vorhanden sind. Der hormonunabhängige Tumor nahm vergleichsweise wenig Oestradiol-17β auf; außerdem blieb der gleichzeitige Zusatz von Antioestrogen ohne Wirkung. Dieser Test hat den Vorteil, daß es lediglich auf die Differenz der Oestradiol-Aufnahme bei Anwesenheit oder Abwesenheit der antioestrogenen Substanz ankommt. Es liegt nahe, diese Versuchsanordnung

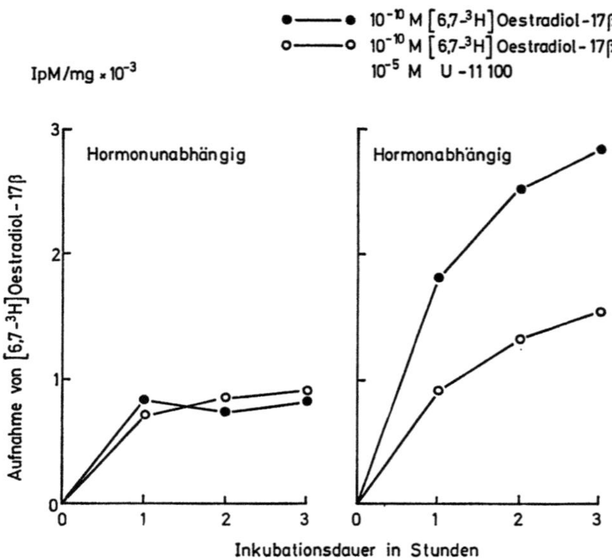


Abb. 7. Aufnahme von [6,7-³H]Oestradiol-17β durch Schnitte des Dimethylbenzanthrazen-induzierten Mammacarcinoms der Ratte in Gegenwart des Antioestrogens U — 11 100 [47]

auch bei menschlichem Mammacarcinomgewebe anzuwenden. Hier scheint sich eine neue Möglichkeit abzuzeichnen, prognostische Aussagen zu machen und dementsprechend eine optimale endokrine Therapie einzuleiten.

Auf Grund unserer derzeitigen Kenntnisse über die Zusammenhänge zwischen Oestrogenen und Mammacarcinom können folgende Feststellungen getroffen werden:

1. Bei bestimmten Formen des menschlichen Mammacarcinoms haben die Oestrogene offenbar einen Einfluß auf den Verlauf der Erkrankung. Dies gilt besonders für die sog. hormonempfindlichen metastasierenden Mammacarcinome, bei denen nach Ovariektomie und Adrenalektomie häufig Remissionen beobachtet werden. Die therapeutische Wirkung der Extirpation endokriner Organe dürfte jedoch weniger durch die völlige Eliminierung der endogenen Oestrogene als vielmehr durch eine allgemeine Änderung des hormonellen Milieus bedingt sein. Insofern erscheint eine Revision der lange vorherrschenden Meinung, das Mammacarcinom sei eine oestrogenabhängige Erkrankung, durchaus gerechtfertigt. Das Adjektiv cancerogen sollte im Zusammenhang mit den Oestrogenen nicht mehr benutzt werden.

2. Bisher konnten keine diagnostisch oder prognostisch verwertbaren Unterschiede in der Ausscheidung der Oestrogene bei Patientinnen mit Mammacarcinom im Vergleich zu gesunden Frauen festgestellt werden; wie Bulbrook u. Mitarb. [48—52] in zahlreichen Untersuchungen gezeigt haben, ist es dagegen möglich, aus den Konzentrationen der Androgene und Corticosteroide unter Verwendung der sog. Diskriminanten-Funktion weitgehende Rückschlüsse auf die Wirksamkeit endokriner Behandlungsmaßnahmen zu ziehen. Der Stoffwechsel von Oestrogenen in vivo bei Patientinnen mit Mammacarcinom sowie in vitro in Schnitten menschlicher Carcinome weist ebenfalls keine qualitativen oder quantitativen Besonderheiten auf; die gleiche Feststellung trifft für die Aufnahme von Oestrogenen durch Mammacarcinome des Menschen zu.

3. Das durch 7,12-Dimethylbenzanthrazen induzierte Mammacarcinom der Ratte scheint ein geeignetes Versuchsobjekt zum Studium der Zusammenhänge zwischen Oestrogenen und Mammacarcinom zu sein. Ein Verständnis dieser Zusammenhänge auch beim Menschen wird allerdings erst dann möglich sein, wenn der Wirkungsmechanismus der Oestrogene auf der cellulären und molekularen Ebene aufgeklärt ist. Damit könnte gleichzeitig die Frage beantwortet werden, ob und unter welchen Bedingungen die Oestrogene bei der Entstehung des Mammacarcinoms und beim Verlauf dieser Erkrankung eine dominierende Rolle spielen.

### Literatur


1. Cooper, A.: The principles and practice of surgery. Vol. I, p. 323, 333. London: E. Cox, 1836.
2. Martz, G.: Die hormonale Therapie maligner Tumoren. Berlin-Heidelberg-New York: Springer, 1968.
3. Schinzinger: Über Carcinoma mamae. Cbl. Chir. 1889, Beilage (18. Kongreß), p. 55—56.
4. Beatson, G. T.: On treatment of inoperable cases of carcinoma of mamma; suggestion for a new method of treatment with illustrative cases. Lancet 1896 II, 104, 162.,
5. Kaufmann, C., H. A. Müller, A. Butenandt u. H. Friedrich-Freksa: Z. Krebsforsch. 56, 482, (1949).
6. Murray, W. S.: Amer. J. Cancer 20, 573 (1934).
7. Lacassagne, A.: Ergebn. Hormon- u. Vitamin-Forsch. 2, 259 (1939).
8. Butenandt, A.: Dtsch. med. Wschr. 75, 1 (1950).
9. Kaufmann, C., u. H. A. Müller: Dtsch. med. Wschr. 75, 1409 (1950).
10. Bayer, J. M., H. Breuer u. W. Nocke: Langenbecks Arch. klin. Chir. 288, 84 (1958).
11. — — — Klin. Wschr. 38, 1143 (1960).
12. Brown, J. B., R. D. Bulbrook, and F. C. Greenwood: J. Endocr. 16, 49 (1957).
13. Huggins, C., and D. M. Bergenstal: Cancer Res. 12, 134 (1952).
14. —, and T. L. Dao: J. Amer. med. Ass. 151, 1388 (1953).
15. Bulbrook, R. D., F. C. Greenwood, G. J. Hadfield, and E. F. Scowen: Brit. med. J. 1958 II, 7.
16. — — — — Brit. med. J. 1958 II, 12.
17. Luft, R., and H. Olivecrona: J. Neurosurg. 10, 301 (1953).
18. Bulbrook, R. D., F. C. Greenwood, G. J. Hadfield, and E. F. Scowen: Brit. med. J. 1958 II, 15.
19. Lemon, H. M.: Ann. intern. Med. 46, 457 (1957).
20. Nissen-Meyer, R., u. J. H. Vogt: Acta Un. int. Cancr. 15, 2240 (1959).
21. Bayer, J. M., H. Breuer u. W. Nocke: Endokrinologie 40, 129 (1961).
22. Bauld, W. S.: Biochem. J. 63, 488 (1956).
23. Brown, J. B.: Biochem. J. 60, 185 (1955).
24. — Urinary oestrogen studies. In: Endocrine aspects of breast cancer, p. 197. Edinburgh, London: E. & S. Livingstone, 1958.

25. Lemon, H. M., H. H. Wotiz, L. Parsons, and P. J. Mozden: J. Amer. med. Ass. **196**, 1128 (1966).
26. Bulbrook, R. D.: Proc. Ass. clin. Biochem. **2**, 165 (1963).
27. Huggins, C., and T. L. Dao: Ann. Surg. **140**, 497 (1954).
28. Brown, J. B., C. W. A. Falconer, and J. A. Strong: J. Endocr. **19**, 52 (1959).
29. Block, G. E., J. D. McCarthy, and F. A. Coller: Surg. Gynec. Obstet. **108**, 651 (1959).
30. McAllister, R. A., A. W. Sim, R. Hobkirk, D. W. Blair, and A. P. M. Forrest: Lancet **1960 I**, 1102.
31. Shucksmith, H. S., G. M. Bonser, J. A. Dosset, W. R. Henderson, and J. W. Jull: Proc. roy. Soc. Med. **53**, 901 (1960).
32. Irvine, W. T., E. H. Aitken, D. F. Rendleman, and P. J. Folca: Lancet **1961 II**, 791.
33. Palmer, J. D., and J. Helstrom: Canad. J. Surg. **5**, 180 (1962).
34. Bauld, W. S., M. L. Givner, and I. G. Milne: Canad. J. Biochem. **35**, 1277 (1957).
35. Zumoff, B., J. Fishman, J. Cassonto, L. Hellman, and T. F. Gallagher: J. clin. Endocr. **26**, 960 (1966).
36. Crowley, L. G., J. A. Demetriou, P. Kotin, A. J. Donovan, and S. Kushinsky: Cancer Res. **25**, 371 (1965).
37. Breuer, H.: Europ. Rev. Endocr., Suppl. 2, part 2, p. 295 (1967).
38. Folca, P. J., R. F. Glascock, and W. T. Irvine: Lancet **1961 II**, 796.
39. Braunsberg, H., and V. H. T. James: Biochem. J. **90**, 15 P (1964).
40. Breuer, H.: Unveröffentlichte Ergebnisse.
41. Demetriou, J. A., L. G. Crowley, S. Kushinsky, A. J. Donovan, P. Kotin, and I. Macdonald: Cancer Res. **24**, 926 (1964).
42. Breuer, H.: Proc. II. int. Symp. on Mammary Cancer, Perugia 1958, p. 15.
43. —, u. L. Nocke: Acta endocr. (Kbh.) **31**, 69 (1959).
44. Huggins, C., L. C. Grand, and F. P. Brillantes: Nature (Lond.) **189**, 204 (1961).
45. —, and N. C. Yang: Science **137**, 251 (1962).
46. Mobbs, B. G.: J. Endocr. **36**, 409 (1966).
47. Jensen, E. V. u. P. W. Jungblut: Persönliche Mitteilung.
48. Bulbrook, R. D., F. C. Greenwood, and J. L. Hayward: Lancet **1960 I**, 1154.
49. — J. L. Hayward, C. C. Spicer, and B. S. Thomas: Lancet **1962 II**, 1235.
50. — — — — Lancet **1962 II**, 1238.
51. — —, and B. S. Thomas: Lancet **1964 I**, 945.
52. Hayward, J. L., and R. D. Bulbrook: Cancer Res. **25**, 1129 (1965).

# Oestrogens and Atherosclerosis

G. S. BOYD

Department of Biochemistry, University of Edinburgh Medical School, Edinburgh, U. K.

With 10 Figures

## Summary

1. There is evidence which suggests that the plasma cholesterol concentration is related to the degree of atherosclerosis. Atherosclerosis in man predisposes to coronary artery disease.

2. The incidence of coronary artery disease in young women is lower than in males of a comparable age.

3. The plasma lipids in women undergo cyclical fluctuations related to the menstrual cycle.

4. The plasma lipids in women are elevated after the menopause or after ovariectomy.

5. Oestrogens at high dosage depress the plasma cholesterol concentration in rats and in man.

6. The effect of oestrogens on the plasma lipids requires an intact pituitary, and growth hormone appears th have a permissive role in the mode of action of oestrogens on the plasma lipids.

7. While it is possible that individuals with coronary artery disease may have an endocrine imbalance involving oestrogen, this has yet to be established.

8. Oestrogen therapy may influence the progress of atherosclerosis but definitive evidence has not yet been produced.

## Introduction

When some species such as rabbits, rats, guinea pigs, monkeys etc. are fed certain diets high in cholesterol, then this feeding regimen predisposes these animals to vascular changes which are similar to those changes observed in man and termed atherosclerosis. This subjects has been reviewed recently by Constantinides (1965). Also a plasma hypercholesterolaemia often precedes the onset of experimental atherosclerosis. From studies performed in man, it has been shown that individuals who present prematurely with the clinical consequences of atherosclerosis, such as coronary artery disease, have a tendency towards elevated plasma cholesterol concentrations. These changes often precede the clinical presentation with this disease state (Dawber, Kannel, and Lyell, 1963).

When studies on atherosclerosis are limited to man, it is clear that the incidence of the clinical sequelae of this disease in males in the younger groups greatly exceeds the incidence observed in females of comparable age (cf. Furman, 1969). It has been known for many years that young premenopausal women, rarely present with the clinical signs and symptoms of coronary disease and conversely, it is becoming ever apparent that males under the age of forty years frequently present with coronary artery disease.

These facts have been studied in an attempt to link the endocrine status of the individual with the plasma lipid concentrations and to examine the possible causal role of an endocrine imbalance in the pathological process termed atherosclerosis.

This paper will be concerned with a few aspects of this problem which have been conducted in our laboratory on the effects of oestrogens on lipid metabolism in different species and studies of the long term effect of certain oestrogens on plasma lipids in an attempt to control the arterial or clinical changes associated with atherosclerosis.

### Experimental Studies

It is well known that certain hormones influence plasma lipids and so it was decided to study the plasma lipid concentrations in healthy young women during the menstrual cycle. These investigations showed that the plasma cholesterol concentration fluctuates cyclically about a mean level and reaches the lowest concentration at about mid-cycle, when one would predict that in these healthy young women, the oestrogen secretion would be near maximal (Oliver and Boyd, 1953). See Fig. 1. Subsequent studies performed by Brown (1955) confirmed

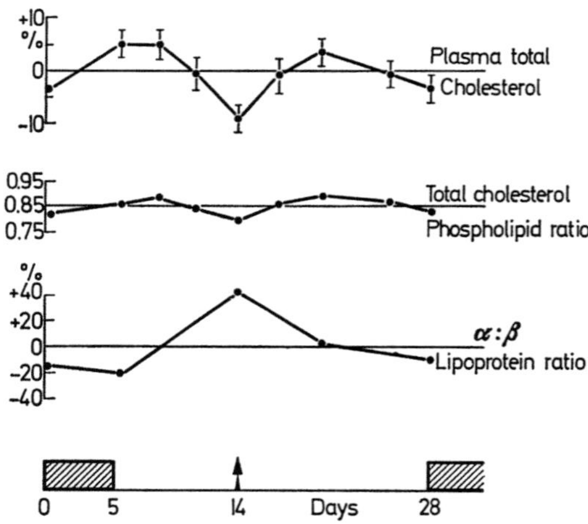


Fig. 1. Fluctuations in the plasma lipids observed during the menstrual cycle in a group of healthy young women

that the peak secretion of oestradiol, oestrone and oestriol, occurred at mid-cycle. If the thesis is correct that fluctuations in the plasma cholesterol concentration in these healthy young women are attributable to variations in the secretion of oestrogens, then it should be possible to study the effect on the plasma cholesterol concentration of ablation of the ovaries and studies of this sort were performed in experimental animals and in women.

The results of studies on castration in the rat with the appropriate plasma cholesterol observations are shown in table 1 (cf. Boyd, 1961). It will be noted that after ovariectomy in the rat there is a prompt rise in the plasma cholesterol concentration which thereafter remains steady and is elevated about ten or twenty per cent above the level exhibited by sham-operated control female rats (Fillios, 1957).

In studies on the plasma cholesterol concentration in a section of the female population in the Edinburgh area who had been subjected to unilateral or bilateral

Table 1

| | Operation | No. | 0 | 1 | 3 | 5 | 9 | 14 | 20 |
|---|---|---|---|---|---|---|---|---|---|
| Males | Sham | 12 | $61 \pm 6$ | 65 | 66 | 72 | 68 | 65 | $73 \pm 7$ |
| | Castrated | 12 | $73 \pm 7$ | 68 | 78 | 79 | 85 | 80 | $88 \pm 5$ |
| Fermales | Sham | 10 | $75 \pm 5$ | 73 | 78 | 67 | 64 | 73 | $63 \pm 7$ |
| | Ovariectomised | 10 | $70 \pm 4$ | 80 | 88 | 89 | 93 | 91 | $86 \pm 6$ |

*Period after operation (Weeks)*

ovariectomy (for therapeutic reasons) we were impressed by the rise in the plasma cholesterol concentration observed in the subjects who were bilaterally ovariectomised. See Table 2. In the pre-menopausal period, women and men of comparable age groups have plasma cholesterol concentrations which on average are not significantly different from one another. However, immediately post-menopausally, whether spontaneous or induced, the plasma cholesterol concentration of women rose significantly (Oliver and Boyd, 1959).

It is well known that when a cholesterol supplement is fed in a "conventional diet" to normal adult rats there is only a small change in the plasma cholesterol concentration. The effect of the gonadal secretions on the plasma cholesterol concentration was coupled to studies on the response of the rat to small increments in the dietary cholesterol content.

In our studies there were eight groups of rats and twelve adult animals in each group. The rats were male and female, intact or castrated and fed a normal diet (Boyd and Oliver, 1960) or the same diet with a 1% cholesterol supplement. It will be observed from Fig. 2 that the small plasma cholesterol concentration increment produced by gonadectomy was greatly exaggerated when the organism was also challenged by a dietary cholesterol increment. Similar findings have been reported (Mukherjee and Gupta, 1967) but we have as yet no satisfactory explanation of these effects. It appears possible that the adjustment to fluctuations in dietary cholesterol intake made by premenopausal women is lost postmenopausally with an attendant rise in plasma cholesterol concentration.

It has been shown that oestrogens influence the 'partitioning' of cholesterol within the plasma-liver cholesterol pool. Table 3 shows that exogeneous oestrogen administration to male rats on a conventional or a cholesterol supplemented diet results in a plasma cholesterol lowering effect and an associated increase in liver cholesterol.

Table 2

| Study | No. | Age Range | Plasma Cholesterol concentration mg.,100 ml. |
|---|---|---|---|
| Control Group | 237 | 45—59 | 198 |
| Unilateral Ovariectomy | 31 | 42—48 | 217 |
| Bilateral Ovariectomy | 36 | 37—58 | 251 |

Table 3

| No. Animals | Diet | Hexoestrol μg.,day | Plasma Cholesterol mg.,100 ml. | Liver Cholesterol mg.,100 ml. |
|---|---|---|---|---|
| 10 | Stock | 0 | 75 ± 7 | 212 ± 10 |
| 10 | Stock | 50 | 27 ± 10 | 257 ± 16 |
| 10 | 1% cholesterol | 0 | 119 ± 16 | 493 ± 37 |
| 10 | 1% cholesterol | 50 | 53 ± 12 | 574 ± 31 |

These studies prompted us to investigate the effects of the administration of oestrogens on the plasma lipids in experimental animals and in humans. A variety of natural and synthetic oestrogens were studied in rodents and Fig. 3 shows the effect of the administration of one such synthetic oestrogen to the rat. In this species the substance hexestrol exhibits a prompt and marked hypocholesterolaemic effect which can be maintained for several weeks. We subsequently studied the effect of this substance and other oestrogenic compounds on the plasma cholesterol concentration in the rat. Fig. 4 shows the results of biological assays, in male rats, of a number of oestrogens. These experiments demonstrated that the naturally occurring and synthetic oestrogens could lower the plasma cholesterol concentration in the rat.

We decided to try to find out how oestrogens affect the plasma cholesterol concentration. It is well known that the pituitary is influenced by oestrogen administration at the level required to produce effects on lipid metabolism. This prompted us to study the effect of hypophysectomy in the rat on certain

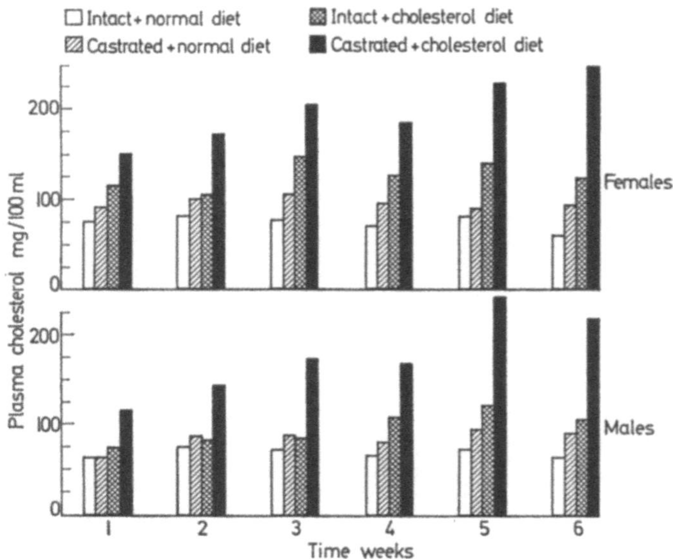


Fig. 2. Changes in the plasma cholesterol concentration in the rat produced as a result of castration in combination with a „conventional" or a dietary 1% cholesterol supplement

aspects of cholesterol metabolism. This surgical procedure in the rat produces a drop in the rate of cholesterol synthesis (Chaikoff et. al., 1955) and this reduction is observable twenty-four hours after the operation and the effect persists. Conversely the plasma cholesterol concentration is raised after hypophysectomy (Wells and Ershoff, 1962).

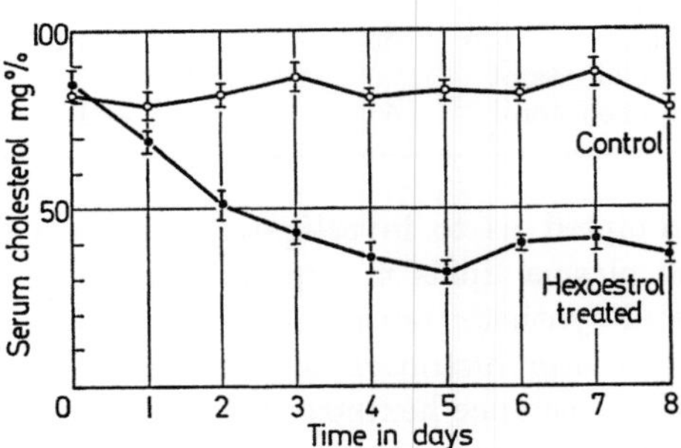


Fig. 3. The effect of hexoestrol (50 μg/100 g. bodywt., day) on the plasma cholesterol concentration of adult male rats

We studied the effect of the administration of oestrogenic hormones on the plasma cholesterol concentration in sham-operated and hypophysectomised rats. In the hypophysectomised rat the oestrogenic hormone did not exert its hypocholesterolaemic effect. In the intact rat the percentage plasma cholesterol depression — within certain limits — is related to the dose of oestrogen by a log dose-response relationship. On the other hand, in the case of the hypophysectomised animals, the administration of large doses of oestrogen failed to influence the plasma cholesterol concentration (see Fig. 5). This observation prompted us to consider that certain hormones produced by the pituitary may exert a permissive role in the oestrogenic effect on the plasma cholesterol concentration. A similar conclusion was reached by Uchida (1968) and Steinberg (1968).

We investigated the effect of oestrogens on castrated male rats (McGuire, 1956) and Fig. 6 shows that in the castrated male animal the oestrogenic hormone exerts its effect as a plasma hypocholesterolaemic agent. From this we concluded

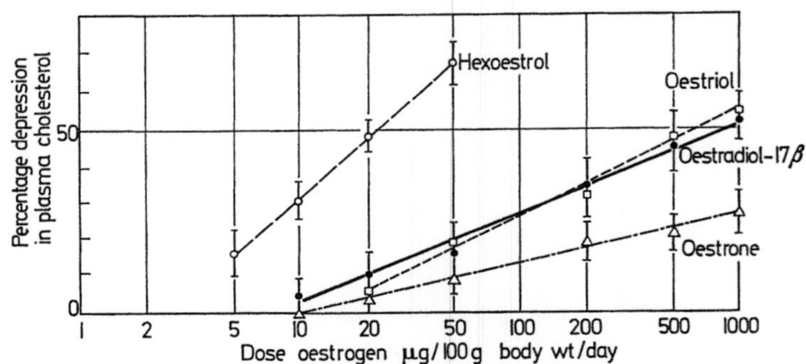


Fig. 4. The change in the plasma cholesterol concentration associated with the daily administration of oestrogens to male rats for 5 days

98

that it was unlikely to be the loss of the pituitary gonadotrophins which resulted in the abolished cholesterol response of the hypophysectomised rat to oestrogen treatment.

In a similar fashion we investigated the effects of the oestrogenic hormone on the plasma cholesterol in intact and adrenalectomised animals and as shown

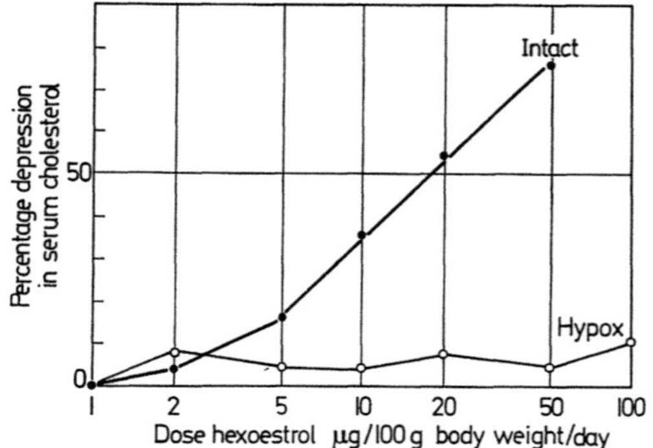


Fig. 5. The effect of hexoestrol on the plasma cholesterol concentration in intact and hypophysectomised male rats

in Fig. 7, oestrogens exert their hypocholesterolaemic effect in the absence of the adrenal glands. It can, therefore, be concluded that ACTH is unlikely to be directly implicated in this oestrogen effect (cf. McGuire, 1956).

These studies were extended to the thyroid gland. Male rats were thyroidectomised in the usual way and five weeks later, when their basal metabolic rate had stabilised at a value about 70% of that observed in the intact male animal, the rats were used in an oestrogen-cholesterol assay-type of experiment. The hypothyroid rats received oestrogen at various dosages and it can be seen from Fig. 8 that the oestrogenic hormone exerted a diminished hypocholesterolaemic effect in hypothyroid animals. Although the percentage response in change

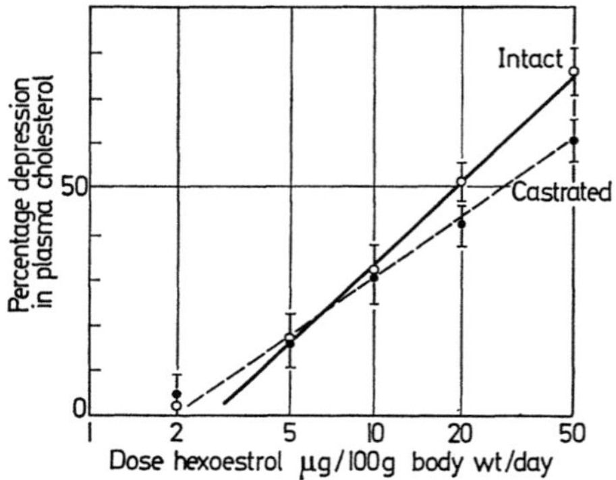


Fig. 6. The effect of hexoestrol on the plasma cholesterol concentration in intact and and castreted male rats

in the plasma cholesterol concentration was not as great as that observed in the intact or euthyroid animals, nevertheless, in the absence of the secretions of the thyroid gland the oestrogenic hormone was able to influence the plasma cholesterol concentration.

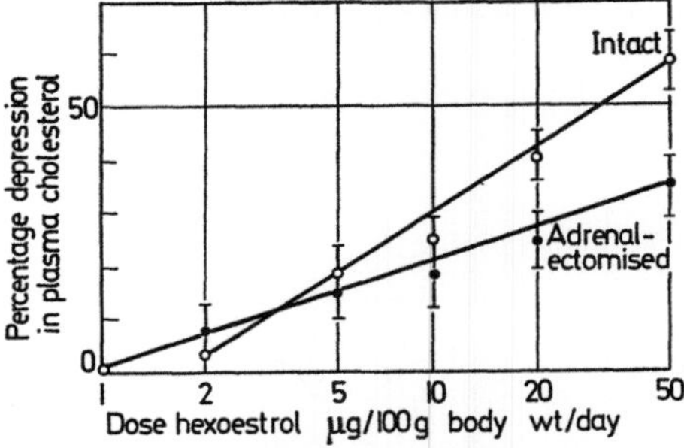

Fig. 7. The effect of hexoestrol on the plasma cholesterol concentration in intact and adrenalectomised male rats

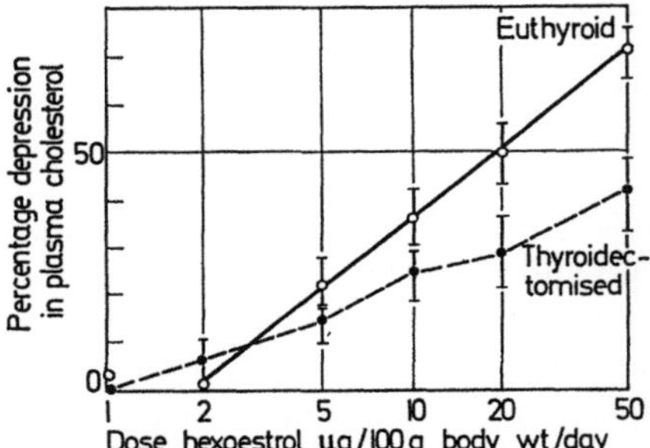

Fig. 8. The effect of hexoestrol on the plasma cholesterol concentration in intact and thyroidectomised male rats

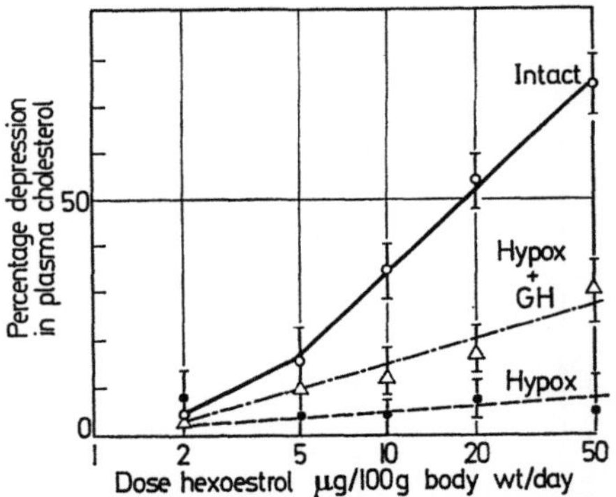

Fig. 9. The effect of hexoestrol on the plasma cholesterol concentration in intact, hypophysectomised, and hypophysectomised animals receiving growth hormone (0.5 mg.,day) "replacement therapy"

These studies suggested to us that the hypocholesterolaemic effect of the oestrogenic hormone could not be exhibited in the absence of the pituitary but could be exerted in the absence of the gonads, the adrenal glands or the thyroid gland. Consequently, we turned our attention to the possibility that one of the other secretion of the anterior pituitary might be responsible for the permissive role of the pituitary in the hypocholesterolaemic action of the oestrogenic hormones.

Of the various hormones studied, only growth hormone (0.5 mg.,100 g. body wt.,day) was able to influence the plasma cholesterol concentration in the presence of oestrogenic hormones in the hypophysectomised male rat as shown in Fig. 9.

Thus when the rat is deprived of the anterior pituitary, hepatic cholesterol synthesis is reduced to a very low level, the plasma cholesterol concentration is raised and oestrogenic preparations do not produce a decrease in the plasma cholesterol concentration. The administration of large doses fo growth hormone to the hypophysecto-

100

mised male rat partially restores the animal's response to the hypocholesterolaemic effect of oestrogens.

We investigated a variety of naturally occurring oestrogens and various
synthetic oestrogens to attempt to establish whether any pattern could emerge
with regard to a structure-function relationship in the oestrogenic series of
compounds. We wanted to explore possible compounds which might influence
plasma lipid concentrations but were either weakly oestrogenic or non-oestrogenic.
Fig. 4 shows a log dose-response curve of some of the naturally occurring oestrogens
and also one of the synthetic oestrogens, hexestrol, as assayed on the plasma
cholesterol concentration in the adult male rat. It will be observed from this
study that most of the naturally occurring oestrogens when administered sub-
cutaneously have a potency in the rat lower than the synthetic oestrogen hexestrol.
When oestrogens are administered orally to human males, the naturally occurring
oestrogens such as oestradiol-17$\beta$, oestrone and oestriol were more potent than
hexestrol as plasma cholesterol depressants.

Of the oestrogenic compounds administered orally to man in our studies,
ethinyl oestradiol seemed the most potent when assayed on the plasma cholesterol
depressant activity. It was for this reason that we decided to use ethinyl oestradiol
at a dosage of about 200 µg. per man per day in a long-term study on plasma
cholesterol depressants.

The subjects used in all studies were individuals who had suffered a recent
myocardial infarction and who were of an age range such that they were likely
to tolerate oestrogen therapy. The administration of this orally active oestrogen
to these male subjects resulted in a variety of side effect as well as the hypocholesterolaemic effect (see Oliver and Boyd, 1961). Fig. 10 shows the effect.
on the plasma cholesterol concentration of administering ethinyl oestradiol

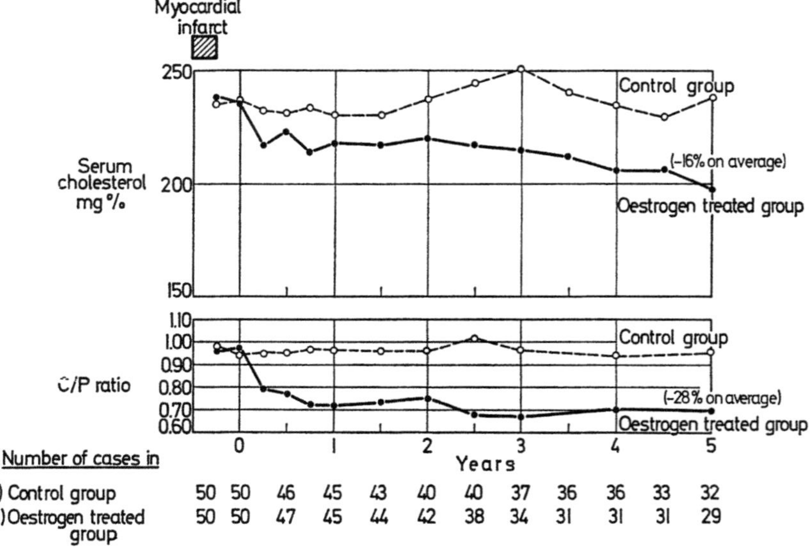


Fig. 10. The effect of oestrogen administration for 5 years on the plasma lipid concentrations
and mortality in patients with coronary heart disease

to a group of hypocholesterolaemic subjects and it can be seen that there is a marked depression in the plasma cholesterol concentration.

In this long-term study (Oliver and Boyd, 1961) one hundred men, all of whom had suffered a myocardial infarction, were investigated over a period of five years. Fifty of the subjects received a placebo preparation while the other fifty received 200 $\mu$g. ethinyl oestradiol per day, and the plasma cholesterol concentration was measured at regular intervals over the next five years. Ethinyl oestradiol was capable of effecting a marked reduction in the plasma cholesterol concentration in these mildly hypercholesterolaemic subjects and this plasma cholesterol depressant activity could be maintained throughout the entire period under study, see Fig. 10. There were, of course, a number of minor and sometimes disagreeable side-effects of this medication. The oestrogen was administered to these subjects in order to assess its influence on the progress of atheresclerosis in these subjects. This long-term study failed to influence the morbidity or mortality in this smallgroup. Comparable studies with somewhat more optimistic results have been reported by others (Stamler et. al., 1962; Marmoston et. al., 1964).

The essentially negative aspect of our study while it was disappointing, nevertheless, is explicable. The initial myocardial infarction in these subjects may be causally related to the plasma hypercholesterolaemia plus other factors, as demonstrated by the Framingham study. However, the ultimate survival of the individual after a myocardial infarction may not be dependent upon the same set of parameters which led to the initial clinical incident. These secondary prevention studies, in which individuals who have suffered a myocardial infarction are used as "test subjects" for the efficacy of certain "therapeutic" procedures may not be as informative as investigators desire.

The ideal study is one in which normal healthy individuals who may be subjects "at risk" are investigated, such as hypercholesterolaemic individuals who have not as yet experienced a myocardial infarction. In such a primary prevention trial, the aim of the study is to depress the plasma cholesterol concentration in these subjects and hence attempt to arrest or defer the onset of the clinical consequences of the atherosclerotic process. Thus if this oestrogen administration type of plasma lipid depressant study had been conducted with such a group of hypercholesterolaemic individuals in a pre-ischaemic state, the outcome might have been different from that observed in the secondary prevention trial with individuals who had already suffered a myocardial infarction. It is of course not realistic to imagine that young (healthy) hypercholesterolaemic males would willingly endure the consequences of the continued consumption of oestrogenic hormones with all their attendant side effects and it is for this reason that the primary prevention trials which are under study at the present time are being conducted with substances other than oestrogenic hormones.


### Conclusions

The rat and the human respond to the administration of certain doses of oestrogens in a similar fashion. The dose of oestrogen which is required to produce this hypercholesterolaemic effect in the human or in the rat far exceeds the oestrogenic dose. It is for this reason that a search was made for substances structurally related to oestrogenic hormones, which would have the so-called desirable "hypo-lipaemic effect" of the potent oestrogens but would be devoid of oestrogenicity. As is well known, a number of substances related to oestradiol or hexestrol were synthesised and tested in experimental animals and man. Although certain compounds in the oestrogen series show a favourable trend towards a hypo-cholesterolaemic effect without marked oestrogenicity, nevertheless, to date, no oestrogenic-like compound has emerged which is active in depressing the plasma cholesterol concentration in man without having oestrogenic activity also. There is evidence linking the sex hormones and the plasma lipid concentrations but little evidence to support an endocrine imbalance in many hyperlipaemic individuals.

## References


Boyd, G. S.: Fed. Proc. **20**, Suppl. 7, 152 (1961).
—, and W. B. McGuire: Biochem. J. **62**, 19 P (1956).
—, and M. F. Oliver: J. Endocr. **21**, 25 (1960).
Brown, J. B.: Lancet 1, 320 (1955).
Chaikoff, I. L., R. Hill, and J. W. Bauman: Endocr. **57**, 316 (1955).
Constantinides, P.: Experimental atherosclerosis. Amsterdam: Elsevier 1965.
Dawber, T. R., W. B. Kannel, and L. P. Lyell: Ann. N. Y. Acad. Sci. **107**, 539 (1963).
Fillios, L. C.: Endocr. **60**, 22 (1957).
Furman, R. H.: Atherosclerosis. Edited by Schettler and Boyd. Amsterdam: Elsevier 1969.
Marmovston, J., F. J. Moore, C. C. Hopkins, O. T. Kuzma, and J. Weiner: Proc. Soc. Exptl. Biol. and Med. **110**, 400 (1962).
McGuire, W. B.: Ph. D. thesis, Edinburgh (1956).
Mukherjee, S., and S. Gupta: J. Atherosclerosis Res. **7**, 435 (1967).
Oliver, M. F., and G. S. Boyd: Clin. Sci. **12**, 217 (1953).
— — Lancet **1959 II,** 690.
— — Lancet **1961 II,** 499.
Stamler, J., R. Pick, L. M. Katz, A. Pick, B. M. Kaplan, D. M. Berkson, and D. Century: J. Amer. med. Ass. **183**, 632 (1963).
Steinberg, M.: "3rd International Symposium on Drugs affecting lipid Metabolism". Milan — in press (1963).
Uchida, K.: Folia Endocr. Jap. **39**, 1112 (1968).
Wells, A. F., and B. H. Ershoff: Proc. Soc. exptl. Biol. **109**, 643 (1962).

# Oestrogene im Klimakterium und in der Postmenopause
## Estrogens during the Climacterium and Postmenopause


E. J. PLOTZ

Universitäts-Frauenklinik Bonn


Mit 3 Abbildungen


**Summary**

Basic knowledge of the endocrine changes during the climacterium and postmenopause is a prerequisite for a sound clinical management of their disorders. The practicing physician should carefully evaluate symptoms and findings before treatment. It is mendatory to treat the patient and not the menopause. The true goal of treatment is to help and quide women during a period of transition from one phase of life to another, but not to eliminate the menopause. If hormonal treatment is necessary, it should be carefully controlled by the physician. It is important to realize that many of the questions raised to-day can only be answered by exact clinical and basic research.


Die Frage der Oestrogentherapie während des Klimakteriums und während der Postmenopause ist in den letzten Jahren häufig diskutiert worden. Es stehen sich folgende Auffassungen gegenüber. Eine kleine Gruppe von Autoren verneint die Oestrogenbehandlung aus grundsätzlichen Erwägungen. Die endokrine Umstellung während des Klimakteriums und nach der Menopause sei physiologisch und natur-gewollt; es stehe dem Arzt nicht an, durch eine hormonale Substitution diesen Vor-gang beeinflussen zu wollen. Andere, und das sind wohl die meisten, vertreten die Auffassung, daß klimakterische Beschwerden und die durch einen Oestrogenmangel bedingten klinischen Veränderungen am Genitale mit Oestrogenen behandelt wer-den sollten. Neuerdings wird von einer dritten Gruppe von Autoren, oftmals in geradezu polemischer Form, gefordert, daß beim Einsetzen der Menopause mit der Oestrogentherapie begonnen und auf unbegrenzte Zeit, also bis zum Tode der Frau, fortgesetzt werden soll (Wilson u. Wilson, 1963). Die Langzeittherapie mit Oestro-genen soll nach dieser Auffassung das vorzeitige Altern, das Auftreten der Coronar-sklerose und die altersbedingte Oesteoporose verhindern oder hinauszögern.

Die Besprechung dieses therapeutischen Problems setzt eine kurze Schilderung der morphologischen Veränderungen des Ovars und der damit verbundenen Um-stellung der Ovarialfunktion vor und nach der Menopause voraus.

## Die Funktion des alternden Ovars

Im Gegensatz zu den männlichen Gonaden besitzen die Ovarien bei der Geburt einen Vorrat an Gameten, der während der Kindheit und im Laufe der 30 bis 35 Jahre dauernden Geschlechtsreife aufgebraucht wird. Mit dem Eintritt der Meno-pause enthalten die Ovarien nur noch wenig Follikel. Die Masse der Granulosazellen als Hormonquelle wird also mit fortschreitendem Alter laufend reduziert. Inwieweit dieser Vorgang bereits vor dem Auftreten klinischer Symptome, also während der sogenannten Prämenopause, zu einer Verminderung der Gesamtmenge der von den Ovarien produzierten Oestrogene führt, ist noch nicht klar entschieden. Ich möchte in diesem Zusammenhang auf zwei ältere Untersuchungen hinweisen. Pincus und Mitarb. (1955) haben bei 320 Frauen die tägliche Harnauscheidung der Gesamt-oestrogene mittels einer biologischen Testmethode in verschiedenen Lebensaltern bestimmt und festgestellt, daß bereits vor dem eigentlichen Menopausealter die Ausscheidung abnimmt. Die tägliche Gonadotropinausscheidung dagegen nimmt während der Geschlechtsreife mit fortschreitendem Alter zu und erreicht vor dem Eintreten der Menopause relativ hohe Werte (Albert, 1956). Eine Wiederholung dieser Untersuchungen mit neueren Methoden und unter Berücksichtigung der Cyclusphasen erscheint notwendig, bevor eindeutige Schlußfolgerungen gezogen werden können.

Mit fortschreitendem Alter wird schließlich ein Zeitpunkt erreicht, an dem klinische Zeichen einer veränderten Ovarialfunktion auftreten. Das wichtigste Zeichen ist das Aufhören der Regelblutungen: die Menopause. Nur bei einigen Frauen kommt es zu einem abrupten und plötzlichen Sistieren der bisher regelmäßigen und normalen Menses. Bei anderen kommt es zu einer Vielzahl von Blutungsstörungen, die eine Reihe von verschiedenen Veränderungen der Ovarialfunktion reflektieren. Diese Störungen des ovariellen Cyclus sind durch ausbleibende Ovulation (anovulatorische Blutungen), seltenere Ovulationen oder durch eine abnormale Corpus luteum Bildung, meist im Sinne einer Unterfunktion, gekennzeichnet.

Das klinische Ereignis der Menopause ist nicht gleichbedeutend mit einem völligen Sistieren des cyclischen Wachstums und Vergehens der restlichen Follikel. Unterschwellige Cyclen können weiterhin ablaufen, wie fortlaufende Untersuchungen des Vaginalabstrichs demonstriert haben. Die gleiche Schlußfolgerung wurde von Bulbrook und Greenwood (1957) gezogen, die cyclische Fluktuationen der Oestrogenausscheidung im Harn nach der Menopause feststellten.

Mit fortschreitendem Alter werden auch die restlichen Follikel aufgebraucht, das Ovar besteht dann nur aus bindegewebigen Stromazellen. Die von Woll und Mitarb. (1948) beschriebene corticale Stromahyperplasie ist während der Postmenopause besonders häufig, besonders im 6. Lebensjahrzehnt. Diese Hyperplasie ist meist in Form von Knötchen in der Peripherie der Rinde verstreut. Bei starker Ausdehnung nimmt sie die gesamte Cortex ein. Oftmals findet man darin kleine oder auch größere Bezirke von luteinisierten Stromazellen, die Lipoideinlagerungen enthalten und den Thecazellen sehr ähnlich sind. Novak und Mitarb. (1965) haben die Stromazellen des Ovars nach der Menopause histochemisch untersucht. Ihre Ergebnisse unterstützen die Annahme, daß Stroma- und auch Hiluszellen Enzyme besitzen, die an der Steroidsynthese, besonders der der Androgene, beteiligt sind.

Eigene in vitro Untersuchungen (Plotz und Mitarb. 1967) haben ergeben, daß in den Ovarien auch nach der Menopause Enzyme vorhanden sind, die für die Biosynthese der Androgene und Oestrogene notwendig sind. Abbildung 1 zeigt eine Zusammenfassung unserer Ergebnisse. Unterstrichen sind die Metaboliten, die nach Inkubation der kombinierten mikrosomalen und löslichen Fraktionen der Gewebshomogenate mit radioaktiven Precursors identifiziert wurden. Die durchgezogenen

Pfeile kennzeichnen die enzymatischen Reaktionen, die in vitro demonstriert werden konnten.

Wir haben die de novo Synthese von Oestrogenen aus Acetat nicht untersucht. Bei Verwendung von markiertem Acetat haben Lemon u. Mitarb. (1958) nur in 3 von 5 Fällen Spuren von Oestriol oder Oestron nach der Inkubation von Postmenopause-Ovarien aufgefunden. Rice und Savard (1966) haben nach Inkubation von Ovarialschnitten mit Acetat 4-$C^{14}$ in Gegenwart von Gonadotropinen ebenfalls Spuren von Oestradiol und Oestron isolieren können. Ähnliche Ergebnisse wurden von Forleo und Collins (1964) berichtet, die Progesteron-$C^{14}$ als Substrat verwendeten.

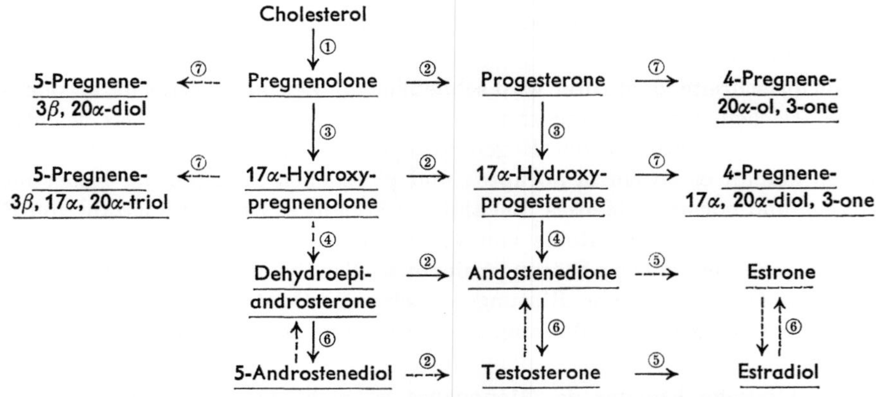


① Cleavage of side chain of Cholesterol. ② $\Delta$ 5-3β-Hydroxysteroid dehydrogenase. ③ 17α-Hydroxylation (17α-hydroxylase). ④ Cleavage of side chain of $C_{21}$-steroids (17-desmolase). ⑤ Aromatization of $C_{19}$-steroids. ⑥ Oxidoreduction (17β-hydroxysteroid dehydrogenase). ⑦ 20α-Reduction.

Abb. 1. Biosynthese von Steroiden in Postmenopause-Ovarien. Unterstrichen: In vitro nachgewiesene Metaboliten. Durchlaufende Pfeile: In vitro nachgewiesene enzymatische Reaktionen. Gestrichelte Pfeile: In vitro nicht nachgewiesene Reaktionen (Plotz u. Mitarb., 1967 b)

Bei Verwendung von Pregnenolen als Substrat konnten wir nur einmal in 13 Postmenopause-Ovarien Spuren von Oestradiol und Oestron als Umwandlungsprodukte nachweisen (Abb. 2). Es handelte sich um eine 51jährige Frau mit adenomatöser Hyperplasie des Endometriums. Beide Ovarien waren vergrößert mit ausgedehnter corticaler Stromahyperplasie und Nestern von Theca-ähnlichen luteinisierten Stromazellen. Im Vaginalabstrich wurden deutliche proliferative Vorgänge am Vaginalepithel („mittlerer Oestrogeneffekt") nachgewiesen. Bezüglich der möglichen Hormonproduktion in luteinisierten Stromazellen möchte ich aber darauf hinweisen, daß in 5 anderen Ovarien mit Bezirken solcher Zellen eine Umwandlung des Pregnenolons oder anderer Precursors in Oestrogene nicht gefunden werden konnten. Dagegen wurden in jedem Fall Androstendion und Testosteron als Metaboliten nachgewiesen.

Der Nachweis von $\Delta^5$-Androstendiol als Stoffwechselprodukt des Dehydroepiandrosteron verdient Beachtung (Abb. 2). Bisher wurde dieses Steroid nur nach Inkubation von Nebennierenrindencarcinomen als Metabolit gefunden

(Ungar u. Dorfmann, 1963; Axelrod u. Mitarb. (1965). Bei der Untersuchung von insgesamt 6 Postmenopause-Ovarien haben wir 5 mal die Umwandlung des Dehydroepiandrosterons in $\Delta^5$-Androstendiol nachgewiesen (Tab. 1). Die Ausbeute war in jedem Fall sehr hoch (zwischen 14,0 und 25,3%). Bei diesen Versuchen wurden zusammen mit dem Androstendiol ebenfalls Androstendion und Testosteron, aber keine Oestrogene als Metaboliten identifiziert. Das Ergebnis dieser in vitro Untersuchung schließt aber nicht aus, daß in vivo Oestrogene über den $\Delta^4$-Pathway gebildet werden.

Androstendio nund Testosteron wurden in fast allen Inkubationsversuchen als Metaboliten verschiedener Precursors nachgewiesen (Tab. 2). Unter Berücksichtigung der bekannten beschränkten Aussagekraft von in vitro Untersuchungen erscheint es gerechtfertigt, den Schluß zu ziehen, daß die Ovarien während der Postmenopause vorwiegend Androgene bilden.

Die Ergebnisse dieser in vitro Untersuchungen sollen nun im Zusammenhang mit den Ergebnissen von in vivo Untersuchungen besprochen werden.

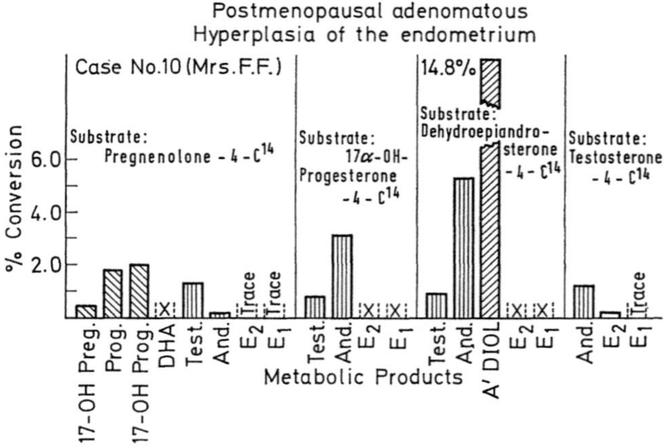


Abb. 2. Ausbeute von Metaboliten nach Inkubation der wasserlöslichen und mikrosomalen Fraktionen von Homogenaten der Ovarien einer Frau mit adenomatöser Hyperplasie des Endometriums nach der Menopause (Plotz u. Mitarb., 1967b)

Tabelle 1. *In vitro Stoffwechsel von Dehydroepiandrosteron in Ovarien nach der Menopause (Plotz u. Mitarb., 1967b)*

*In vitro Stoffwechsel von DHA-$C^{14}$*

| Diagnose | Metaboliten (Mol $\times 10^{-9}$ per Gramm Gewebsprotein) | | | | | |
|---|---|---|---|---|---|---|
| | 5-A'diol | | Test. | | And. | |
| Carcinom des Endometriums | 3460 | (14,0%) | 72 | (0,29%) | 165 | (0,67%) |
| | 4126 | (29,3%) | 215 | (29,5%)[a] | 0,56 | (0,79%)[a] |
| Adenomatöse Hyperplasie | 1100 | (14,8%) | 64 | (0,90%) | 397 | (5,3 %) |
| Kontrollen | 1808 | (17,5%) | 0 | | 135 | (1,3 %) |
| | 1311 | (15,5%) | 58 | (0,7%) | 108 | (1,3 %) |

[a] Nur ganz geringe Mengen Substrat benutzt.

Tabelle 2. *In vitro Umwandlung verschiedener Precursors in Androsteron und Testosteron in Ovarien nach der Menopause (Plotz u. Mitarb., 1967 b)*

| Substrat | Zahl der untersuchten Ovarien | Umwandlungsrate | |
|---|---|---|---|
| | | And. | Test. |
| Pregnenolon-4-$C^{14}$ | 13 | 0,2—2,3% | 0,7—10,6% |
| 17α-Hydroxyprogesteron-4-$C^{14}$ | 7 | 0,7—3,1% | 0,8— 1,5% |
| Dehydroepiandrosteron-4-$C^{14}$ | 6 | 0,7—6,3% | 0,3—29,5% |

Ich zitiere zunächst die Ergebnisse von Nocke und Mitarb. (1968), die die Harnausscheidung von Oestrogenen vor und nach Ovariektomien während der Postmenopause bei 8 Frauen untersuchten. Wegen Carcinom des Endometriums war bei diesen Patientinnen eine bilaterale Ovariektomie und Totalexstirpation des Uterus vorgenommen worden. Bei 5 von den 8 Frauen war die Oestronausscheidung im Urin nach Ovariektomie signifikant erniedrigt. Der mutmaßliche ovarielle Anteil an der Oestronausscheidung, gemessen an der Differenz der prä- und postoperativen Werte, betrug im Mittel 0,43γ/24 Std (Tab. 3). Der extraovarielle, also der vermutlich adrenale Anteil, war mit einem Mittel von 0,82 γ/24 Std etwa doppelt so hoch. Bei 2 Patientinnen mit relativ hoher Oestrogenausscheidung vor der Operation wurde kein Abfall der Gesamtoestrogene nach der Operation beobachtet. Die Annahme erscheint berechtigt, daß die von diesen Patientinnen ausgeschiedenen Gesamtoestrogene von durchschnittlich 6 γ/24 Std. ausschließlich adrenaler Herkunft waren. Bei der 8. Patientin waren vermutlich 28 γ ovarieller und etwa 10 γ adrenaler Herkunft.

Eine gleichbleibende Oestrogenausscheidung nach Ovariektomie, wie sie Nocke und Mitarb. (1968) bei einem Teil ihrer Fälle beobachtet haben, wurde ebenfalls von Brown und Mitarb. (1959) und kürzlich wieder von Procopé (1968) berichtet. Der letztere fand nur bei Frauen mit corticaler Stromahyperplasie der Ovarien einen signifikanten Abfall der Gesamtoestrogene nach der Ovariektomie.

Ein Abfall der Oestrogenausscheidung im Harn nach Ovariektomie beweist aber nicht, daß unter diesen Umständen der sogenannte ovarielle Anteil der Oestrogene in den Ovarien voll synthetisiert wird. Es ist ohne weiteres denkbar, daß Oestrogen-Precursors in den Plasmapool abgegeben werden und in der Peripherie, zum Beispiel

Tabelle 3. *Mutmaßliche ovarielle und adrenale Anteile von Oestrogenen, die während der Menopause im Harn ausgeschieden wurden (Noche u. Mitarb., 1968)*

*Verhalten der Oestrogenausscheidung nach Ovariektomie in der Menopause*

| | Der mutmaßliche | |
|---|---|---|
| | ovarielle Anteil | adrenale Anteil |
| Abfall von Normalwerten (5) | 0,43γ/24 Std Oestron | 0,82 γ/24 Std Oestron |
| Abfall von hohen Werten (1) | 28 γ/24 Std Oestrogene | 10 γ/24 Std Oestrogene |
| Gleichbleibende Ausscheidung (2) | — | 6 γ/24 Std Oestrogene |

in der Leber, aromatisiert werden. Ich zitiere die Untersuchung von West und Mitarbeitern (1956). Diese Autoren konnten radioaktives Oestron und Oestradiol nach Injektion von Testosteron -4-C$^{14}$ bei zwei ovariektomierten und adrenalektomierten Frauen identifizieren. McDonald und Mitarb. (1967) haben bei jungen oophorektomierten und adrenalektomierten Frauen eine Umwandlung von 1,1 % bzw. 1,7 % des injizierten Androstendions zu Oestron gefunden. Sie haben errechnet, daß bei der jungen Frau etwa 44 $\gamma$ Oestron täglich in „extraglandulären" Quellen gebildet wird.

Die aufgrund der Ergebnisse unserer in vitro Untersuchungen ausgesprochene Vermutung, daß die Ovarien während der Postmenopause vorwiegend Androgene bilden, wird durch Ergebnisse der Untersuchungen von 17-Ketosteroid-Ausscheidungen vor und nach Ovariektomie unterstützt (Nocke und Mitarb. 1968). Bei 5 von 8 Patientinnen waren die Unterschiede zwischen den prä- und postoperativen Werten signifikant. Der mutmaßliche ovarielle Anteil der im Harn ausgeschiedenen 17-Ketosteroide war mit einem Mittelwert von 3,7 mg/24 Std (0,3—6,1 mg/24 Std) erstaunlich hoch. Im Gegensatz zu diesen Autoren konnte aber Procopé (1968) keinen Abfall der 17-Ketosteroide nach Ovariektomie nachweisen.

Ich habe bereits darauf hingewiesen, daß bei einem Teil der Frauen die Entfernung der Ovarien während der Postmenopause keine Verminderung der täglichen Ausscheidung der Oestrogene im Harn mit sich bringt. Wie bereits erwähnt, erscheint die Annahme berechtigt, daß bei dieser Gruppe von Frauen die im Harn ausgeschiedenen Oestrogene adrenalen Ursprungs sind. Um so überraschender sind die Ergebnisse der Untersuchungen von Bulbrook und Greenwood (1957). Diese Autoren fanden bei Frauen, die längere Zeit nach der Ovariektomie adrenalektomiert worden waren, in fast allen Fällen beträchtliche Mengen Oestrogene im Urin. Es ist bisher vermutet worden, daß der Ursprungsort dieser Oestrogene akzessorisches Nebennierenrindengewebe sei. Man sollte aber die von Slaunwhite und Mitarb. (1965) vertretene Hypothese nicht unbeachtet lassen, die besagt, daß jedes mesodermale Gewebe unter bestimmten Bedingungen als potentielle Quelle von Steroidhormonen in Frage kommt.

Die geschilderten Untersuchungsergebnisse lassen keinen Zweifel, daß während der Postmenopause Oestrogene in individuell verschiedenem Ausmaß produziert werden.

Um einen Anhalt für die spezifische Wirkung dieser Oestrogene auf die Erfolgsorgane des alternden Organismus zu gewinnen, ist von vielen Autoren die proliferative Wirkung der Oestrogene auf das Vaginalepithel mittels der Vaginalausstrichmethode geprüft worden. Praktisch alle Ergebnisse dieser Untersuchungen sprechen dafür, daß die während der Postmenopause gebildeten Steroide in einem großen Prozentsatz der Fälle eine definitive Wirksamkeit auf das Vaginalepithel haben. So haben Stoll und Ledermair (1960) zwei bis zehn Jahre nach der letzten Regelblutung in 21 % eine hohe Proliferation, in 55 % eine mittlere Proliferation, und nur in 24 % einen atrophischen Zelltyp gefunden. Wenn die Menopause länger als 10 Jahre zurücklag, wurden immerhin noch in 14 % eine hohe Proliferation, in 49 % eine mittlere Proliferation, und in 39 % ein atrophischer Zelltyp gefunden. Der Ausstrichtyp der „mittleren Proliferation" entspricht dem von Papanicolaou als „crowded menopause type" bezeichneten Vaginalsmear. Nach Wied (1954) kann durch exogene Zufuhr von Androgenen dieser Typ aus einer Atrophie erzeugt wer-

den. Wied's Interpretation des in der Postmenopause häufigsten Ausstrichtyps als
„androgenen Ausstrich" ist im Hinblick auf die These, daß das Postmenopause-
Ovar vorwiegend Androgene bildet, von Interesse.

Die Wirkung der während der Postmenopause gebildeten Oestrogene ist ebenfalls am Endometrium zu erkennen. Aus der Fülle der Veröffentlichungen möchte
ich die Untersuchung von Procopé (1968) zitieren. Bei mehr als der Hälfte der von
ihm untersuchten Patientinnen stellte er eine deutliche proliferative Wirkung auf
das Endometrium fest (Tab. 4).

Die Frage, ob die spezifische Wirksamkeit der Oestrogene in alternden Erfolgsorganen herabgesetzt oder verändert ist, steht offen. Procopé (1968) fand zwar eine
signifikante Korrelation zwischen der Menge der im Harn ausgeschiedenen Oestrogene und den karyopyknotischen und eosinophilen Indices im Vaginalausstrich; in
Einzelfällen war aber eine Diskrepanz zwischen der ausgeschiedenen Oestrogenmenge und den Indices der oestrogenen Wirksamkeit auf das Vaginalepithel unverkennbar. Unter 21 Patientinnen mit atrophischem Endometrium schied eine Patientin ungewöhnlich große Mengen im Urin aus (Tab. 5). Die Unterschiede zwischen
der mittleren täglichen Harnausscheidung der Gesamtoestrogene von Frauen mit
atrophischem Endometrium und der von Frauen mit proliferierendem Endometrium
war aber statistisch nur „beinahe", also nicht ganz gesichert (P<0,05). Der hoch-
interessanten und wichtigen Frage der Oestrogenwirkung auf alternde Erfolgsorgane sollte mit Hilfe neuer Methoden und unter Berücksichtigung neuer Forschungsergebnisse nachgegangen werden.

Zusammenfassend ist zu sagen, daß kein Zweifel darüber besteht, daß der Orga-
nismus auch nach der Menopause Oestrogene bildet. Das bedeutet nicht, daß die
Ovarien Hauptbildungsort der Oestrogene sind. Der extraovarielle Anteil der
Oestrogenproduktion ist in der Postmenopause relativ hoch. Die Ovarien bilden
aller Wahrscheinlichkeit nach vorwiegend Androgene, wobei die Möglichkeit in
Erwägung gezogen werden muß, daß diese Androgene in anderen Organen, zum
Beispiel in der Leber, zu Oestrogenen aromatisiert werden. Auch nach Entfernung
der Ovarien ist der Organismus in der Lage, Oestrogene zu bilden. Der Ursprungsort
dieser Oestrogene ist wahrscheinlich die Nebennierenrinde. Bemerkenswert sind die
individuellen Unterschiede in der Menge der Oestrogenproduktion während der
Postmenopause. Die Frage, ob die Gewebswirksamkeit der Oestrogene im alternden Organismus quantitativ oder qualitativ verändert ist, kann zur Zeit nicht beantwortet werden.

Tabelle 4. *Proliferationsstadien des Endometriums in der Postmenopause (Procopé, 1968)*

| Endometrium | Zahl | Mittleres Alter (Jahre) | Mittel der Jahre nach der Menopause |
| --- | --- | --- | --- |
| Atrophisch | 21 | 60,3 | 9,3 |
| Proliferation | 8 | 59,0 | 9,5 |
| Hyperplasie | 11 | 56,0 | 2,3 |
| Cystisch-glanduläre Hyperplasie | 6 | 53,5 | 4,0 |

(Nach J.-H. Procopé, 1968).

Tabelle 5. *Korrelation der Harnausscheidung der Oestrogene mit Proliferationsstadien des Endometriums während der Postmenopause (Procopé, 1968)*

*Endometrium in der Postmenopause, (nach J.-H. Procopé, 1968)*

| Endometrium | Gesamtoestrogene in $\gamma$/24 Std |
|---|---|
| Atrophie | 7,9 (2,5—20,9) |
| Proliferation | 18,0 (6,3—23,8) |
| Hyperplasie | 19,8 (10,6—49,2) |
| Cystisch glanduläre Hyperplasie | 16,5 (11,2—60,1) |

### Die Behandlung der symptomatischen Patientin

Ungefähr 25 Prozent aller Frauen suchen den Arzt wegen Beschwerden auf, die wirklich oder scheinbar mit der endokrinen Umstellung während des Klimakteriums zusammenhängen. Der häufigste Fehler seitens des Arztes ist eine sofortige Verschreibung von Oestrogenen, ohne die Patientin gründlich zu untersuchen. Die Frauen sind oft intelligent und informiert. Sie wollen Klarheit haben, ob ihre Beschwerden mit dem Klimakterium zusammenhängen oder nicht. Nur eine allgemeine und eine gynäkologische Untersuchung kann diesen Zusammenhang klären. Bei Blutungsstörungen müssen in jedem Fall organische Ursachen ausgeschlossen werden. Bei der Differentialdiagnose der Blutung stehen maligne Veränderungen im Bereich des Genitaltrakts im Vordergrund, aber auch an seltenere Blutungsursachen muß gedacht werden. Wir haben kürzlich eine 43jährige Frau, die seit drei Jahren cyclisch mit Oestrogenen wegen Hitzewallungen behandelt worden war, wegen einer Extrauteringravität operiert.

Sehr schwierig ist oft die Beantwortung der Frage, ob die von den Patientinnen geklagten psychischen Störungen wie Depressionen, Nervosität, Reizbarkeit usw. mit der endokrinen Umstellung während des Klimakteriums oder in der Postmenopause in direktem Zusammenhang stehen. Mc Candless (1964) hat in einer ausgezeichneten Abhandlung darauf hingewiesen, daß bereits vorhandene oder durch die Situation bedingte psychische Probleme durch die klinische Manifestierung der endokrinen Umstellung in den Vordergrund gerückt werden. Die endokrine Umstellung ist also nicht als unmittelbare Ursache der psychischen Störungen anzusehen. Bei dieser Symptomatik hat die Behandlung mit Oestrogenen meist einen Placebo-Effekt. Oft kommt es bei einer Oestrogenbehandlung nur vorübergehend zu einer subjektiven Besserung. Bei einer erneut auftretenden Verschlechterung wird dann meist die Oestrogendosis erhöht, ohne daß eine therapeutische Wirkung erkennbar wird. Eine Beratung und Behandlung durch einen Psychiater ist unter diesen Umständen wirksamer als eine Oestrogenbehandlung. Ziel dieser Behandlung sollte sein, der Patientin bei der Anpassung an eine neue Lebensphase behilflich zu sein.

Ich halte aber eine Oestrogenbehandlung dann für notwendig, wenn Symptome wie Hitzewallungen, Nachtschweiß, Herzklopfen, Schlafstörungen usw. im Vordergrund stehen. Ich möchte nochmals darauf hinweisen, daß eine internistische Untersuchung zum Ausschluß organischer Störungen, die sich durch ähnliche Symptomatik auszeichnen, oft notwendig ist. Eine Atrophie der Vagina bei ausgesprochenem Oestrogenmangel, die zu Kohabitationsschwierigkeiten führt, ist eine definitive Indikation für die Oestrogenbehandlung. Ich halte es nicht für meine Aufgabe, im Rahmen dieses Vortrages auf Einzelheiten der indizierten Oestrogentherapie während des Klimakteriums und der Postmenopause einzugehen, möchte aber darauf hinweisen, daß eine klinische Kontrolle dieser Therapie in regelmäßigen Abständen notwendig ist.

### Die Behandlung der asymptomatischen Patientin

Ein großer Teil der Frauen hat während des Klimakteriums keine nennenswerten Symptome. Auch während der Postmenopause treten bei den meisten keine Krankheitszeichen auf, die mit Sicherheit auf einen Oestrogenmangel zurückzuführen sind. Autoren, die die Langzeittherapie mit Oestrogenen nach der Menopause für alle Frauen propagieren, glauben aber, daß die Coronarsklerose, die Altersosteoporose und ganz allgemein das vorzeitige Altern durch diese Therapie verhindern zu können. Wer eine solche prophylaktische Therapie vorschlägt und durchführt, muß einen Beweis oder zumindest eine gute Begründung für die Wirksamkeit einer solchen Therapie erbringen. Auch muß er eventuelle unerwünschte Nebenwirkungen in Betracht ziehen, und diese, falls sie vorhanden sind, gegen bewiesene therapeutische Wirkungen abwägen.

Die folgende Diskussion ist ein Versuch, einen kurzen Überblick über den heutigen Wissensstand der prophylaktischen Langzeittherapie mit Oestrogenen während der Postmenopause zu geben.

*Zur Frage der Prophylaxe der Coronarsklerose mit Oestrogenen.* Mein Vorredner, Professor Boyd, hat einen umfassenden Bericht zum Thema „Oestrogene und Atherosklerose" gegeben. Ich möchte deshalb nur ganz kurz zu zwei retrospektiven Untersuchungsreihen, die aus der Gynaekologie berichtet worden sind, Stellung nehmen. Eine kritische Analyse der von Davis und Mitarb. (1961) durchgeführten Untersuchungen, bestätigt nicht die Schlußfolgerungen der Autoren, daß eine kontinuierliche Langzeitbehandlung mit kleinen Dosen von Oestrogen das Auftreten der Atherosklerose der Coronarien während der Postmenopause verzögert. Die von den Autoren berichteten Werte für Serum Cholesterin, Phospholipoide, C/P-Ratio und Gesamtlipide lassen keinen Unterschied zwischen unbehandelten Frauen nach physiologischer und chirurgisch induzierter Menopause einerseits und behandelten ovariektomierten Frauen andererseits erkennen (Tabelle 6). Abnormale Elektro-

Tabelle 6. *Gesamtlipide, Cholesterin und Phospholipide im Blutplasma nach der Menopause (Davis, Jones und Jarolin, 1961)*

|  | Nach physiol. Menopause | Nach Ovariektomie unbehandelt | behandelt[a] |
|---|---|---|---|
| Gesamtlipide | 996 mg-% | 995 mg-% | 1000 mg-% |
| Cholesterin | 272 mg-% | 271 mg-% | 267 mg-% |
| Phospholipide | 269 mg-% | 264 mg-% | 284 mg-% |
| C/P-Ratio | 1,034 | 1,055 | 0,986 |

(Nach Davis, Jones u. Jarolim, 1961) — [a] Kleine tägliche Dosen von Diäthylstilböstrol

kardiogramme wurden bei unbehandelten ovariektomierten Frauen in 8% der
Fälle und bei behandelten ovariekomierten Frauen in 4,8% der Fälle beobachtet.
Eine statistische Auswertung dieses Unterschiedes wurde von den Autoren nicht
vorgenommen. In einer anderen retrospektiven Untersuchungsreihe haben Ritterband und Mitarb. (1963) 267 ovariektomierte Frauen mit 385 hysterektomierten
Frauen verglichen. Der Prozentsatz von klinisch diagnostizierten Erkrankungen
der Coronarien war bei allen Gruppen gleich, ungeachtet ob Oestrogene verabreicht
wurden oder nicht (Tab. 7).

Das fundamentale Problem, warum Frauen in allen Lebensaltern seltener als
Männer an koronarer Atherosklerose erkranken, und warum eine deutliche Zunahme der Erkrankungshäufigkeit nach der Menopause beobachtet wird, ist meiner
Ansicht nach ungelöst. Ob die gestern von Professor von Eiff u. Mitarb. geschilderte
protektive Wirkung der Oestrogene auf die Blutdruckregulation einer der pathogenetisch wichtigen Faktoren ist, sollte weiter untersucht werden. Ob bestimmte
Veränderungen im Stoffwechsel der Androgene eine Rolle spielen, ist noch ungeklärt. Ich möchte auf die interessanten Untersuchungsergebnisse von Dingmann
und Lim (1963) hinweisen. Diese Autoren haben gefunden, daß Dihydrotestosteron
den Cholesterinspiegel im Serum von Personen mit Androgenmangel und die be-
gleitende Hypercholesterinaemie senkt, aber nicht bei Personen mit einer normalen
Androgenbildung. Die Erforschung des möglichen Einflusses eines gestörten Andro-
genstoffwechsels auf die Cholesterinsynthese ist meines Wissens bei Frauen in der
Postmenopause nicht durchgeführt worden, erscheint mir aber im Hinblick auf die
aufgeworfene Fragestellung wichtig.

*Zur Frage der Prophylaxe der Altersosteroporose.* Im Jahre 1941 berichteten
Albright, Smith und Richardson, daß die exogene Zufuhr von Oestrogenen eine
positive Calcium- und Stickstoffbilanz bei älteren Frauen mit Osteoporose bewirken. Seitdem ist viel über diese Frage geschrieben worden, insbesondere über den
Wirkungsmechanismus der Oestrogene bei der Knochenbildung. Die allgemein ver-
treteneAnsicht ist, daß die Oestrogene eine anaboleWirkung auf die Knochenbildung
haben. Eine Abnahme der Knochensubstanz bei Oestrogenmangel und bei gleichbleibender kataboler Wirkung der Nebennierenrindenhormone führen zu den
charakteristischen osteoporotischen Veränderungen. Ich möchte auf die verschiedenen Theorien der Entstehung der Altersosteoporose bei Frauen nicht eingehen und
hoffe, daß im nachfolgenden Podiumsgespräch diese Frage aufgegriffen wird. Ich

Tabelle 7. *Einfluß der Oestrogenbehandlung auf die Häufigkeit von klinisch diagnostizierten
Coronaerkrankungen (Ritterband u. Mitarb., 1963)*

*Per cent with ASDH among castrates and non-castrates — According to history of estrogen
administration — Examined 10—25 years after operation*

| Estrogens | Castrates | Non-Castrates |
|---|---|---|
| Less than one year | 9.4 | 8.8 |
| Regularly more than one year | 8.5 | 9.7 |
| Less than one year or irregularly more than one year | 6.9 | 8.8 |
| No estrogens | 9.4 | 8.8 |

(Ritterband u. Mitarb., 1963)

möchte aber darauf hinweisen, daß die Oestrogenmangeltheorie nicht von allen Autoren vertreten wird.

Meines Wissens sind bisher keine in ihrer Aussage verbindlichen prospektiven Untersuchungen durchgeführt worden, die die Wirksamkeit der Oestrogenprophylaxe der Altersosteoporose bei der Frau demonstriert haben. Das Problem einer verläßlichen Dokumentation des therapeutischen Effektes auf dem Röntgenbild sollte unbedingt gelöst werden. Konventionelle Röntgenaufnahmen sind nur dann von Wert, wenn sich die typischen Kompressionsdeformitäten der Wirbelkörper bereits entwickelt haben. Radiographische Methoden für die Messung der Knochendichte und damit einer semiquantitativen Bestimmung der Knochenmineralien sind für den Fingerknochen (Lanzl u. Strandjord, 1964) und für den Radius (Meema u. Mitarb. 1965) entwickelt worden. In einer retrospektiven Untersuchungsreihe haben die letzteren mit fortschreitendem Alter eine ständig fortschreitende Demineralisierung des Radius gefunden, deren Ausmaß in einem direkten Verhältnis zu der Anzahl der Jahre nach der Menopause stand. Es ist zu hoffen, daß diese oder andere Methoden, die die therapeutische Wirkung an den Wirbelkörpern selbst röntgenologisch dokumentieren, als Grundlage für eine objektive Auswertung des Versuchs einer Prophylaxe der Altersosteoporose mit Oestrogenen dienen werden.

*Zur Prophylaxe des vorzeitigen Alterns.* Wenn behauptet wird, daß die kontinuierliche Zufuhr von Oestrogenen nach der Menopause das Altern hinauszögere, so sollte man erwarten, daß diese Ansicht durch entsprechende klinische Untersuchungen untermauert wird. Solche Untersuchungen liegen nur in Fragmenten vor. So lange wir nur wenig über die spezifischen Prozesse, die im alternden Organismus ablaufen, wissen, wird es schwer sein, eine rationale Therapie durchzuführen. Wir wissen, daß auch im Alter die exogene Zufuhr von Oestrogenen eine proliferierende Wirkung auf die Erfolgsorgane, zum Beispiel auf das Endometrium, das Vaginalepithel und die Brustdrüsen hervorrufen kann. Auch durch eine endogene Oestrogenproduktion, zum Beispiel durch hormonbildende Ovarialtumoren, können diese Erfolgsorgane stimuliert werden. Die Frage, ob mit fortschreitendem Alter aber entsprechend höhere Mengen Oestrogen für die Proliferation notwendig sind, ist wahrscheinlich mit ja zu beantworten, sollte aber durch exakte klinisch-experimentelle Untersuchungen geprüft werden.

Über einen möglichen proliferativen Effekt der Oestrogene auf andere Gewebe, insbesondere auf die Haut, ist wenig bekannt. Verwertbare Untersuchungen, die die Behauptung unterstützen, daß ein Oestrogenmangel die Haut trocken, rauh und schuppig und unelastisch macht, liegen meiner Ansicht nach nicht vor. Andererseits stimmt es, daß die lokale Anwendung von Oestrogenen im Bereich der Vulva zu einem Wiederaufbau fragmentierter elastischer Fasern führt, die Durchblutung der Capillaren erhöht, und eine Zunahme der Zellzahl in der Epidermis der Vulva bewirkt. Chieffi (1950) hat die Elastizität der Haut von 26 älteren Frauen bei lokaler und parenteraler Anwendung von Oestrogenen untersucht und gefunden, daß die lokale Applikation die Elastizität erhöht, die parenterale Anwendung dagegen keine Wirkung hat. Goldzieher (1949) glaubt ebenfalls bei lokaler Anwendung von Oestrogenen und Testosteronen auf die Haut seniler Frauen „regenerative" Vorgänge in der Epidermis gesehen zu haben. Ob eine orale Langzeittherapie ähnliche Wirkungen im Bereich der gesamten Körperhaut hat, ist bisher durch exakte Untersuchungen nicht bewiesen.

Von Interesse sind die Ergebnisse der Untersuchungen des Einflusses von Steroidhormonen auf die Talgdrüsen. Mit fortschreitendem Alter nimmt bei der Frau die Talgexkretion ab, beim Mann dagegen nicht (Smith 1960). Wenn älteren Frauen 17-Hydroxyprogesteroncapronat parenteral verabreicht wurde, nahm die Talgexkretion zu; ein ähnlicher Effekt wurde bei alternden Männern mit Testosteron erzielt. Oestrogene dagegen scheinen die Proliferation des Talgdrüsenepithels zu unterdrücken.

Untersuchungen des Effekts einer Langzeittherapie auf die Funktion anderer alternder Organe sind bisher nur in beschränktem Ausmaß durchgeführt worden. Ich möchte kurz den Einfluß von relativ hohen Dosen Oestrogen auf die Bindung von Nebennierenrindenhormonen und von Schilddrüsenhormonen im Blutplasma erwähnen. Die Signifikanz dieses Effekts auf die periphere Wirkung dieser Hormone sollte bei alternden Frauen, die mit verschiedenen hohen Dosen von Oestrogen „prophylaktisch" behandelt werden, durch systematische Untersuchungen geklärt werden.

Zusammenfassend ist zu sagen, daß die vorliegenden Untersuchungsergebnisse nicht den Schluß erlauben, daß die Langzeittherapie mit Oestrogen das Altern der Frau verzögert oder verhindert.

*Mögliche Nebenwirkungen.* Wie bereits erwähnt, kann die Oestrogenverabreichung bei alternden Frauen die Proliferation des Endometriums, des Vaginalepithels und des Mammagewebes stimulieren. Es erhebt sich die Frage, ob auch atypische Zellen innerhalb dieser Gewebe unter dem Einfluß einer Langzeittherapie mit Oestrogenen zum Wachstum angeregt werden. Bei gutartigen Veränderungen, zum Beispiel beim Myom, bei der Endometriose und bei der zystischen Fibrose der Mamma ist dies möglich. Ein umstrittenes Problem ist aber die Behauptung, daß die exogene Zufuhr von Oestrogenen bei der Pathogenese des Mammacarcinoms bzw. des Endometriumcarcinoms eine Rolle spielt.

Professor Breuer hat gerade zum Thema „Oestrogene und Mammacarcinom" gesprochen. Es unterliegt wohl keinem Zweifel, daß das klinisch manifeste Mammacarcinom beim Menschen in seinem Wachstum von hormonalen Faktoren abhängig sein kann. Ob der Schluß berechtigt ist, daß auch im präklinischen Stadium des Mammacarcinoms hormonale Faktoren eine Rolle spielen, ist nicht entschieden. Es ist aber meiner Ansicht nach nicht angängig, zu behaupten, daß die klinische Beobachtung einer günstigen Beeinflussung von Carcinommetastasen durch Oestrogenverabreichung während der Postmenopause gleichbedeutend ist, daß die Entstehung des Carcinoms im präklinischen Stadium während der Postmenopause durch die Oestrogenverabreichung verhindert wird.

Verschiedene klinische Beobachtungen unterstützen die Annahme, daß eine Beziehung zwischen dem hormonalen Status der Patientin und der Pathogenese des Endometriumcarcinoms besteht. Störungen des rhythmischen Ablaufs von Proliferation, sekretorische Transformation und Desquamation des Endometriums sollen angeblich die Entstehung des Korpuscarcinoms begünstigen. Die Rolle der adenomatösen Hyperplasie des Endometriums als Präcancerose wird von einer Zahl von Autoren als wahrscheinlich angesehen. Bei den folgenden klinischen Zustandsbildern kommt das Endometriumcarcinom häufiger vor als zu erwarten ist: [1] langjährig rezidivierende anovulatorische Blutungen, oft mit Hyperplasie des Endometriums vergesellschaftet, [2] Spätes Menopausealter, [3] Stein-Leventhal

Syndrom und [4] Theca- und Granulosazelltumoren. Zahlreiche kasuistische Beiträge legen den Verdacht nahe, daß ein Zusammenhang zwischen einer langdauernden Oestrogentherapie und der Entstehung eines Endometriumcarcinoms bestehen könnte.

In neuerer Zeit wurden einige Untersuchungen durchgeführt, die die Oestrogenproduktion bei Frauen mit klinisch manifestem Corpuscarcinom geprüft haben. Die Ergebnisse der bereits erwähnten Untersuchungen von Nocke und Mitarb. (1968) haben keine Hinweise auf eine erhöhte Produktion von Oestrogenen bei Frauen mit Carcinom im Vergleich mit gesunden Frauen ergeben. Procopé (1968) fand bei Frauen mit Endometriumcarcinom eine niedrige Ausscheidung von Oestron, Oestradiol und Oestriol, die durch die Ovariektomie nicht wesentlich beeinflußt wurde. Es bestand kein Unterschied zwischen der Oestrogenausscheidung bei Frauen mit Carcinom und der bei Frauen mit atrophischem Endometrium. Eigene in vitro Untersuchungen des Stoffwechsels von Steroidhormonen in Postmenopause-Ovarien ergaben keine Unterschiede zwischen dem Spektrum der Metaboliten bei Frauen mit Carcinom und dem bei Kontrollen. Bei einer 68jährigen Patientin mit einem Adenoacanthom des Endometriums haben wir (Plotz und Mitarb. 1967) die Umwandlung verschiedener Precursors in Oestrogene in einer Ovarialmetastase nachgewiesen (Tab. 8). Im Vaginalepithel war ein starker Oestrogeneffekt vorhanden. Das außer dem Carcinom noch vorhandene Endometrium war im Sinne einer cystisch-glandulären Hyperplasie hochproliferiert. Als Ursprungsort der Oestrogenproduktion in der Metastase wird das Stroma angesehen, in dem ausgedehnte Bezirke Theca-ähnlicher Zellen vorhanden waren (Abb. 3).

Die Ergebnisse der zitierten Untersuchungen dürfen aber nicht so interpretiert werden, daß die Oestrogene keine Rolle in der Pathogenese des Endometriumcarcinoms spielen. Wir wissen nichts über die Länge der Latenzzeit des Corpuscarcinoms bis zu seiner klinischen Manifestierung. Hueper (1959) hat bei anderen Krebsen des Menschen, bei denen das Carcinogen bekannt ist, Latenzzeiten von durchschnittlich etwa 10—12 Jahren angegeben. Wenn beim Corpuscarcinom die Latenzzeit ebenso lang ist, würde bei einem Altersgipfel seiner klinischen Manifestierung um das 60. bis 70. Lebensjahr eine prophylaktische Langzeittherapie in diese Latenzperiode fallen. Die Frage, ob die Oestrogenmedikation einen Einfluß auf die Länge der Latenzzeit hat, steht aber noch völlig offen.

Eine Methode, mit deren Hilfe die Frage nach einem möglichen Zusammennhang zwischen Oestrogenen und Krebsentstehung nachgegangen werden könnte, sind

Tabelle 8. *In vitro Stoffwechsel von Steroidprecursors in einer Ovarialmetastase eines Corpuscarcinoms (Plotz u. Mitarb., 1967 a)*

| Substrat | Metabolit[a] | | Ausbeute |
|---|---|---|---|
| Pregnenolon | Oestron | 3,7 | 0,16% |
| Progesteron | Oestron | 2,2 | 0,09% |
| | Oestradiol | 5,0 | 0,20% |
| Dehydroepiandrosteron | Oestron | 4,0 | 0,18% |
| Testosteron | Oestron | 4,9 | 0,16% |
| | Oestradiol | 6,1 | 0,19% |

[a] Mol $\times$ 10$^{-9}$ $g$ Gewebsprotein

gut organisierte, prospektive epidemiologische Untersuchungsreihen. Meines Wissens sind Ergebnisse von Untersuchungen dieser Art nicht veröffentlicht. Um eine ungefähre Vorstellung über den Umfang einer solchen Untersuchung zu erlangen, möchte ich auf die Zahlen hinweisen, die von Seigel und Corfmann (1968) für ähnliche Untersuchungen der möglichen Nebenwirkungen oraler Kontrazeptiva angegeben

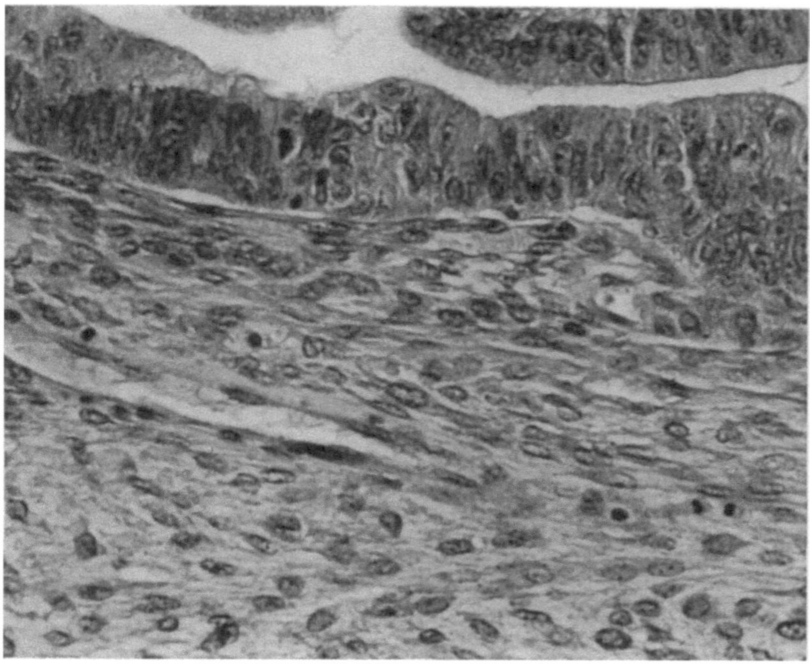

Abb. 3. Ovarialmetastase eines Corpuscarcinoms mit Theca-ähnlichen Stromazellen (Plotz u. Mitarb., 1967a)

wurden. Bei der Annahme, daß bei jüngeren Frauen eine Verdoppelung der Häufigkeit des Brustkrebses oder des Corpuscarcinoms nach 1 Jahr durch die Behandlung verursacht wird, müßten je 85 000 bzw. je 600 000 behandelte und nichtbehandelte Frauen durch die Untersuchung erfaßt werden, um den Beweis für die Richtigkeit dieser Annahme erbringen zu können. Um eine Verdoppelung nach 10jähriger Behandlung beweisen zu können, müßten je 25 000, bzw. 140 000 Frauen untersucht werden. Ähnliches Zahlenmaterial sollte sich für ältere Frauen bei der Fragestellung „Einfluß von Oestrogentherapie auf die Entstehung des Mammacarcinoms bzw. Corpuscarcinoms" errechnen lassen.

### Zusammenfassung

Eine klinisch fundierte Behandlung von Störungen, die gehäuft während des Klimakteriums und der Postmenopause auftreten, setzt ein grundlegendes Wissen der endokrinen Umstellung während dieser Lebensphase voraus. Wir als praktizierende Ärzte sollten uns bei der Behandlung dieser Frauen von einer sorgfältigen, prätherapeutischen Diagnostik leiten lassen. Wir müssen die Patientin behandeln und nicht die Menopause, wie es von einigen Autoren gefordert worden ist. Das wahre Ziel der Behandlung besteht darin, den Frauen den Übergang von einer Lebensphase in die andere zu erleichtern, also eine echte Therapie zu treiben, aber nicht darin, die Menopause eliminieren zu wollen. Eine sorgfältige Kontrolle der Hormontherapie durch den Arzt ist notwendig. Wir sollen uns dabei im Klaren sein, daß noch viele ungelöste Probleme der heute diskutierten Fragestellung darauf warten, durch exakte Forschung gelöst zu werden.

## Literatur


Albert, A.: Human urinary gonadotropin. In: Pincus, G. (Ed.): Recent progress in hormone research. Vol. XII, p. 227. New York: Academic Press 1956.

Albright, F., P. H. Smith, and A. M. Richardson: Postmenopausal Oesteoporosis. Its clinical features. J. Amer. med. Ass. **116**, 2465 (1941).

Axelrod, L. R., J. W. Goldzieher, and S. D. Ross: Concurrent 3-$\beta$-hydroxysteroid dehydrogenase deficiency in adrenal and sclerocystic ovary. Acta endocr. (Kbh.) **48**, 392 (1965).

Brown, J. B., R. Kellar, and W. G. D. Matthew: Preliminary observations on urinary oestrogen excretion in certain gynaecological disorders. J. Obstet. Gynaec. Brit. Emp. **66**, 177 (1959).

Bulbrook, R. D., and F. C. Greenwood: Persistence of urinary oestrogen excretion after oophorectomy and adrenalectomy. Brit. med. J. **1**, 662 (1967).

Chieffi, M.: An investigation of the effects of parenteral and topical administration of steroids on the elastic properties of the senil skin. J. Geront. **5**, 17 (1950).

Davis, M. E. R. J. Jones, and C. Jarolim: Long-term estrogen substitution and atherosclerosis. Amer. J. Obstet. Gynaec. **82**, 1003 (1961).

Dingman, J. F., and N. Y. Lim: Androgen metabolism in patients with hypercholesteremia and coronary artery disease. J. Amer. med. Ass. **186**, 316 (1963).

Forleo, R., and W. P. Collins: Some aspects of steroid biosynthesis in human ovarian tissue. Acta endocr. (Kbh.) **46**, 265 (1964).

Goldzieher, J. W.: The direct effect of steroids on the senile human skin. J. Geront. **4**, 104 (1949).

Hueper, W. C.: Environmental Cancer. In: Homburger, F., and W. H. Fishman (Ed.): Physiopathology of Cancer, ed. 2, p. 919. New York: Harper & Row, Publ., Inc., Hoeber Medical Division, 1959.

Lanzl, L. H., and N. M. Standjord: Radioisotopic device for measuring bone mineral. Argonne Cancer Research Hospital. Semiannual Report to the Atomic Energy Commission, March, 1965, p. 257.

Lemon, H. M., H. H. Wotiz, S. G. Sommers, L. Parson, and J. W. Davis: In: Severi, L. (Ed.): Proceedings of the Second International Symposium on Mammary Cancer, 1958, p 111.

McCandless, F. D.: Emotional problems of the climacteric. Clin. Obstet. Gynaec. **7**, 489 (1964).

McDonald, P. C., R. P. Rombaut, and P. K. Siiteri: Plasma precursors of estrogen. I. Extent of conversion of plasma $\Delta^4$-androstenedione to estrone in normal males and nonpregnant normal, castrate and adrenalectomized females. J. clin. Endocr. **27**, 1103 (1967).

Meema, H. E., M. L. Bunker, and S. Meema: Loss of compact bone due to menopause. Obstet. and Gynec. **26**, 333 (1965).

Nocke, W., R. Buchholz, L. Nocke u. B. Röcke: Untersuchungen über die Ausscheidung von $C_{18}$-, $C_{19}$- und $C_{21}$-Steroiden im Urin bei Frauen mit Carcinoma corporis uteri vor und nach Totalexstirpation. Arch. Gynäk. München: J. F. Bergmann (in Druck).

Novak, E. R., B. Goldberg, G. S. Jones, and R. V. O'Toole: Enzyme histochemistry of the menopausal ovary associated with normal and abnormal endometrium. Amer. J. Obstet. Gynec. **93**, 669 (1965).

Pincus, G., R. I. Dorfman, L. P. Romanoff, B. L. Rubin, E. Bloch, J. Carlo, and H. Freeman: Steroid metabolism in aging men and women. In: Pincus, G. (Ed.): Recent progress in hormone research, Vol. XI, p. 307. New York, N. Y.: Academic Press, Inc., 1955.

Plotz, E. J., M. Wiener, A. A. Stein, and B. D. Hahn: Enzymatic activities related to steroid synthesis in common ovarien Cancer. Amer. J. Obstet. Gynec. **97**, 1050 (1967).

Plotz, E. J., M. Wiener, A. A. Stein, and B. D. Hahn: Enzymatic activities related to steroidgenesis in postmenopausal ovaries with and without endometrial carcinoma. Amer. J. Obstet. Gynec. **99**, 182 (1967).

Procopé, B.-J.: Studies of the urinary excretion, biological effects and origin of oestrogens in post-menopausal women. Acta endocr. (Kbh.) Suppl. **135** (1968).

Rice, B. F., and K. Sarvard: Steroid hormone formation in the human ovary: IV. Ovarian stromal compartment; formation of radioactive steroids from acetat-1-$^{14}$C and action of gonadotropins. J. clin. Endocr. **26**, 593 (1966).

Ritterband, A. B., I. A. Jaffe, P. A. Densen, J. F. Magagna, and E. Reid: Gonadal function and the development of coronary heart disease. Circulation **27**, 237 (1963).

Seigel, D., and Ph. Corfman: Epidemiological problems associated with studies of the safety of oral contraceptives. J. Amer. med. Ass. **203**, 950 (1968).

Smith, J. G.: The aged human sebaceous gland. A. A. A. Arch. Dermat. **80**, 663 (1960).

Stoll, P., u. O. Ledermair: Funktionelle Zytologie in der Menopause. Geburtsh. u. Frauenheilk. **20**, 263 (1960).

Slaunwhite, W. R., M. A. Karsay, A. Hollmer, A. A. Sandberg, and K. Niswander: Fetal liver as an endocrine tissue. Steroids, Suppl. II, 211 (1965).

West, C. D., B. L. Damast, S. D. Sarro, and O. H. Pearsen: Conversion of testosteron to estrogens in castrated, adrenalectomized human females. J. biol. Chem. **218**, 409 (1956).

Wied, G. L.: Zytologie der Gravidität und der Menopause. Bakteriell bedingte Veränderungen im zytologischen Abstrich. In: H. Runge, Gynaekologische Zytologie, S. 24. Dresden: Th. Steinkopff 1954.

Wilson, R. A., and Th. A. Wilson: The fate of the nontreated postmenopausal woman: A plea for the maintenance of adequate estrogen from puberty to the grave. J. Amer. Geriatric Soc. **9**, 347 (1963).

Woll, E., A. T. Hertig, G. V. S. Smith, and L. C. Johnson: The ovary in endometrial carcinoma. Amer. J. Obstet. Gynec. **56**, 617 (1948).

# Podiumsgespräch

## Oestrogentherapie, Folgerungen für Klinik und Praxis
### Round Table Discussion

*Moderator*: E. J. Plotz, Bonn

*Teilnehmer*:

| | |
|---|---|
| 1. H. Nowakowski, Hamburg | 10. J. Hammerstein, Berlin |
| 2. E. J. Plotz, Bonn | 11. J. R. Bierich, Tübingen |
| 3. G. S. Boyd, Edinburgh | 12. J. Zander, Heidelberg |
| 4. F. Husmann, Würzburg | 13. R. W. Jungblut, Wilhelmshaven |
| 5. V. Patt, Bonn | 14. R. Blobel, Tübingen |
| 6. H. Schriefers, Bonn | 15. H. Adlercreutz, Helsinki |
| 7. H. L. Krüskemper, Hannover | 16. E. Tonutti, Ulm |
| 8. Ch. Lauritzen, Ulm | 17. H. Breuer, Bonn |
| 9. W. Nocke, Marburg | |

*Plotz:*

Wir können mit dem Podiumsgespräch beginnen. Ich habe es mir so gedacht, daß wir das Gespräch in drei Abschnitte einteilen. Wir beginnen mit einigen internistischen Aspekten; danach die gynäkologischen Aspekte, diese wieder aufgeteilt in Aspekte der Prämenopause und Postmenopause; und zum Schluß die Frage der möglichen Einwirkung der Oestrogene auf die Entstehung von Carcinomen.

Herr Boyd hat uns in eleganten, sehr klaren experimentellen und auch klinischen Versuchsanordnungen gezeigt, wie er die Frage der Relation Oestrogene und Entwicklung einer coronaren Atherosklerose bei dem jetzigen Stand des Wissens beantwortet.

Herr Nowakowski, Sie sind Internist. Ich glaube, Sie sollten das Gespräch beginnen.

*Nowakowski:*

Dr. Boyd, you mentioned in your talk that you treated males with estrogens and you used, as I understand estradiol. What was the dose you gave to your patients ?

*Boyd:*

We employed 200 micrograms of ethinyl estradiol per day. This dose was selected because it was sufficient to bring down the plasma cholesterol concentration to that which we saw in healthy young individuals. In about ten of the fifty men it was necessary to raise the dose of 200 micrograms to 250 micrograms a day to achieve this.

*Nowakowski:*

When you treated your patients for many years, can you tell us anything about the side effects with this dosage ?

*Boyd:*

Yes. The side effects, of course, I described them in our original publication. All individuals had gynecomastia, all had loss of the libido; they all experienced some degree of nausea.

*Nowakowski:*

Your experiments were similar to those of Katz and Staemmler in Chicago. Did they use the same dosage of estrogens and had they the same results you had ?

*Boyd:*

In some of their experiments they used the same preparation as we did; in other experiments they used a different preparation. This is why I say the design of their experiments was different from ours. They had some experiments with Premarin. The dosage was given at a dose level which would alter the plasma lipids. This is in contrast to the experiments where the dose of estrogen given was much lower and often no effect was seen on the plasma lipids.

*Plotz:*

If I remenber correctly they used Premarin in doses of 10 mg and later 5 mg which are extremely high of course, compared with the dosages we as gynecologists give to our patients. I wonder, how did the side effects influence the study in regard to dropouts ? Some of the men, I understand, have said that they would rather be dead than loose the libido. How did it influence the study ?

*Boyd:*

There were no dropouts because the selection was made from individuals who were all beyond fifty years; and — well, the case was put to them that this particular form of therapy would, of course, influence their domestic life and at the same time it would alter the plasma cholesterol concentration. On this basis of a careful selection there were no subsequent dropouts.

*Nowakowski:*

Would you recommend generally the treatment of coronary atherosclerosis with estrogens ?

*Boyd:*

I think the problem of the present time is that most people are searching for other compounds to change the plasma lipids.

*Plotz:*

Well, this brings up the question what other steroids can be used. We know that some androgenic compounds may alter the plasma lipid levels. For instance dihydrotestosterone which was used by Dingmann and Lim. I wonder if you have done any studies with this compound ?

*Boyd:*

Not in humans. Other steroids will, of course, influence plasma lipid concentrations. We tend to think of plasma cholesterol as a single metabolic compound. This is wrong. In men cholesterol is being carried on both the alpha and the beta lipoproteins. We know, that estrogens influence the alpha lipoprotein in one direction. The androgens influence them in the opposite direction. It might be possible that by means of a suitable combination of an androgenic and an estrogenic preparation it would be possible to lower this.

*Plotz:*

I know that Dr. Husmann has done some work in this respect. Would you be so kind and comment on this.

*Husmann:*

Wir haben eine umfangreiche Untersuchung mit 1$\alpha$-Methyl-Dihydrotestosteron bei Männern angestellt und haben 25 Patienten mit einer Hyperlipämie behandelt, wobei auch Patienten mit einer familiären Hypercholesterinämie in diese Untersuchung miteinbezogen wurden.

Unsere Ergebnisse lassen erkennen, daß es unter der Gabe von 150 mg dieses Präparates pro Tag zu einem statistisch signifikanten Rückgang aller Lipidfraktionen kommt. Es sinkt nicht nur der Cholesterinspiegel ab. Es gehen auch die Neutralfette zurück. Es gehen die freien und die veresterten Fettsäuren zurück. Die Triglyceride und das freie Glycerin lassen unter dieser Therapie eine statistisch signifikante Senkung erkennen. Man kann, wenn der gewünschte Therapieerfolg eingetreten ist, die erforderliche Dosis reduzieren. Wir gehen dabei so vor, daß wir von 150 mg auf zunächst 125 mg zurückgehen und das Verhalten der Lipide kontrollieren. Wenn der Spiegel im Normbereich bleibt, gehen wir auf 100 mg zurück und können in einigen Fällen auf eine Erhaltungsdosis von 75 mg zurückgehen. Wir haben allerdings keinen Patienten in unserer Untersuchungsgruppe, der mit einer Dosis auskommt, die unter 75 mg liegt. Wenn man versucht, weiter abzubauen, kommt es in allen Fällen zu einem Wiederanstieg aller Lipidfraktionen. Der Mechanismus, der diesem Rückgang der Lipide zugrunde liegt, ist noch nicht geklärt. Diskutiert wird in der Literatur eine Verminderung der Resorption aus dem Intestinaltrakt. Wenn aber alle Lipide und alle Lipidfraktionen zurückgehen, muß man wohl auch daran denken, daß eine Störung der Synthese oder der Lipolyse mit vorliegt.

*Plotz:*

Herr Husmann, welches Präparat haben Sie benutzt?

*Husmann:*

Es ist 1$\alpha$-Methyl-5$\alpha$-androstan-17$\beta$-ol-3-on, das unter dem Handelsnamen Proviron erhältlich ist.

*Boyd:*

I have not looked at this compound. How was the selection in these patients? Were these patients with familial hypercholesteremia? We deliberately avoided these people on the basis that perhaps if they have a genetic defect that no amount of hormonal manipulation may correct it.

*Patt:*

In 1964 Gordon et al. published a paper on certain phenolic steroids which seemed to have an hypocholesteremic effect devoid of estrogenic activity. I think you, Dr. Boyd, have done some work with these substances. Would you give us a survey of your experiences with estrogen derivatives methoxylated at C-2 and C-3 positions in comparison with hexestrol? I would also like to ask you wether the cholesterol phospholipid ratio is of any value as a predictor of coronary heart disease? As shown in the Framingham study there is no evidence to suggest an important role for this lipid ratio in the pathogenesis of atherosclerosis.

*Boyd:*

We started a laboratory exercise over ten years ago, beginning with the basic structure such as estradiol and looking for a compound which would influence plasma lipids and be fairly free from estrogenic effects. As you know, a number of compounds emerged, for instance 3-methoxy-16 methyl-estradiol. But unfortunately in order to influence the plasma lipid levels you had to administer more of the compound, although on the laboratory test side it was possible to discriminate between the estrogenicity and the lipid effects. In regard to your question about the C/P-ratio: As you know we carry out cholesterol, $\beta$- and $\alpha$-lipoprotein determinations; the cholesterol phospholipid ratio of the $\beta$-lipoprotein is considerably less than unity. The cholesterol phospholipid ratio of the $\beta$-lipoprotein is about 1.5. Therefore there are dependant variables; as you increase the $\alpha/\beta$-ratio, so you alter the C/P-ratio and also the plasma cholesterol is dependant on the $\alpha/\beta$-lipoprotein-ratio.

*Plotz:*

One more question I would like to ask or to be discussed in regard to the topic. What is the common denominator of the mechanism of action of androgens for instance dihydrotestosteron and of estrogens on cholesterol levels? Dr. Boyd has given us some ideas and I wonder if anyone else would like to comment on this specific question.

*Schriefers:*

Über den Wirkungsmechanismus kann ich nichts sagen. Ich möchte nur nochmal darauf hinweisen, daß ein Zusammenhang zwischen der Größe der Schilddrüsenaktivität einerseits, und der Größe der $\Delta^4$-5$\alpha$-Hydrogenase-Aktivität in der Leber besteht. Bei erhöhter Schilddrüsenaktivität oder bei Zufuhr von Schilddrüsenhormonen steigt die Enzymaktivität an. Der Anstieg der $\Delta^4$-5$\alpha$-Hydrogenase-Aktivität verschiebt im Stoffwechsel der Androgene das Verhältnis 5$\alpha$-reduzierte Verbindungen/5-$\beta$ reduzierte Verbindungen zugunsten der ersteren. Auf diese Weise entsteht mehr Androsteron als Ätiocholanolon, und vom Androsteron wissen wir, daß es einen thyreomimetischen Effekt hat: Es senkt beim Menschen wie beim Versuchstier den Plasma-Cholesterinspiegel.

*Krüskemper:*

Wenn man die Literatur über das Verhältnis von Steroidstruktur und Effekt des Steroids auf den Cholesterinspiegel durchsieht, stellt man fest, daß man die Androgenität oder die Oestrogenität der Verbindung nicht dem Effekt zuordnen kann. Es ist zum Beispiel so, daß Methyltestosteron in hoher Dosis den Cholesterinspiegel senken kann. Testosteron aber in gar keiner Dosis. Das kann nun wieder damit zusammenhängen, daß Methyltestosteron sehr viel länger in der Leber liegen bleibt und nicht metabolisiert wird. Es sieht so aus, als ob die 17-$\alpha$-Alkyl-Verbindungen einen anderen Effekt haben, als die 17-$\beta$-Ester.

*Plotz:*

Vielen Dank, Herr Krüskemper. Ich glaube, wir sollten das Thema, so interessant es ist, jetzt verlassen und uns nun dem Problem zuwenden: Oestrogene und gynäkologische Erkrankungen oder Funktionsstörungen während der Prämenopause. Herr Hammerstein hat in detaillierter Weise seine exakten und klaren Untersuchungen heute dargestellt und ich bitte nun um Kommentare. Vielleicht darf ich Herrn Lauritzen zunächst bitten, dazu Stellung zu nehmen.

*Lauritzen:*

Ja, zunächst ist wohl einmal zu betonen, daß offensichtlich ein Zusammenhang zwischen der absoluten Höhe des Oestrogenspiegels und auch des Gonadotropinspiegels einerseits und der Stärke klimakterischer Beschwerden andererseits nicht besteht. Es ist nicht immer klar, was wir unter klimakterischen Beschwerden wirklich verstehen sollen. Die klimakterischen Beschwerden sind sicher das Resultat eines sehr komplexen Geschehens, in dem psychische Dinge offensichtlich sekundär wie auch primär eine große Rolle spielen. Auch sind die psychische Verarbeitung der klimakterischen Beschwerden, das Milieu, aus dem die Frau stammt, und ihr Aufgabenkreis von großer Bedeutung. Das sind Dinge, die nur sehr schwer zu analysieren sind. Dennoch kann man sagen, daß klimakterische Beschwerden, wobei man sich nicht nur auf die Hitzewallungen zu beziehen braucht, durch die Zufuhr von Oestrogenen in jedem Falle sehr sicher — ich möchte fast sagen mit der Sicherheit eines Experimentes — beseitigt werden können. Dieser Effekt steht ganz im Vordergrund der Erfolgsbeurteilung. Solche Patientinnen haben sehr oft — obwohl sie nicht krank sind — doch ein echtes Krankheitsgefühl. Sie finden sich in ihrer Arbeitskapazität und in ihrer psychischen Kapazität reduziert und diese Beschwerden kann man im allgemeinen mit der Oestrogentherapie sehr gut und sehr sicher beseitigen.

*Nocke:*

Bezüglich der Behandlung klimakterischer Beschwerden kann ich die Beobachtungen von Herrn Lauritzen bestätigen. Ich möchte noch etwas zur Dauersubstitution jüngerer Frauen mit Oestrogenen ergänzen. Dabei denke ich in erster Linie an Patientinnen mit irreversibler Schädigung oder völligem Fehlen der Ovarialfunktion, also an Gonadendysgenesien, hypergonadotrope Amenorrhoen und junge Kastratinnen, bei denen der Uterus belassen wurde. Auch in diesen Fällen können die Oestrogenmangelsymptome mit Sicherheit beseitigt werden. Man muß dabei allerdings oft höher dosieren. Bei Gonadendysgenesien kann

innerhalb von 1—2 Jahren die somatische und psychische Feminisierung fast
immer nachgeholt werden. Ist ein blutungsfähiges Endometrium vorhanden,
so erhebt sich die Frage, ob man durch eine Oestrogen-Gestagen-Behandlung
nach dem Kaufmann-Schema cyclische Entzugsblutungen erzeugen soll, oder
ob man nur Oestrogene geben und es auf Durchbruchsblutungen ankommen
lassen soll. Wir haben gute Erfahrungen gemacht mit der Gabe einer individuellen,
nach dem gewünschten Effekt variierten Oestrogendosis, die solange gegeben
wird, bis eine Durchbruchsblutung auftritt. Dann wird die Transformations-
dosis eines Gestagens eingeschaltet, und nach der Gestagen-Entzugsblutung
die Oestrogen-Behandlung wieder begonnen. Die nächste sekretorische Umwandlung des Endometriums wird etwas vorverlegt. So kommt man der Oestrogen-
Durchbruchsblutung zuvor und vermeidet 2 malige Blutungen in kurzen Abständen. Auf diese Weise erzeugt man, je nach der Oestrogen-Dosis, Cyclen von
6-, 8- oder 10 wöchiger Dauer. Hypergonadotrope Amenorrhoen, bei denen die
Ovarien auf Gonadotropine nicht ansprechen, und Kastratinnen mit Uterus
werden genau so behandelt; hypergonadotrope Amenorrhoen jedoch nur, wenn
sich keine Ovulationen auslösen lassen. Bei Gonadendysgenesien ohne ansprech-
bares Endometrium und bei Kastratinnen ohne Uterus geben wir nur Oestrogene.

*Hammerstein:*

Bei der Ovarialinsuffizienz sollte man zwei Dinge, nach meiner Meinung,
unterscheiden. Einmal die vorübergehende, die sekundäre Amenorrhoe und dann
die Fälle, auf die Herr Nocke eben schon hingewiesen hat mit einer irreversiblen
Veränderung. In den Fällen, bei denen ein vorübergehender Ausfall der Ovarialfunktion vorliegt, führen wir drei Monate lang eine cyclische Behandlung mit
Oestrogenen und Gestagenen in Form Kaufmannscher Cyclen durch und weisen
die Patientin an — je nachdem ob ein Reboundeffekt auftritt oder nicht —, zumindest drei Monate abzuwarten ohne Blutung, dann wiederzukommen und
sich einer neuen Behandlung zu unterziehen. Wir haben in einem hohen Prozentsatz manchmal anovulatorisch, gelegentlich auch ovulatorisch, Reboundeffekte
auftreten sehen und gelegentlich kommt der Cyclus unter dieser Behandlung
tatsächlich wieder in Gang. Wenn man den Patienten aufgibt, drei Monate
zu warten, bis sie wegen einer erneuten Amenorrhoe wieder zum Arzt kommen,
hat man die Patienten in der Kontrolle. Die Patienten, bei denen sich der
Cyclus normalisiert hat bei einer kurzfristigen Amenorrhoe, scheiden aus der
Behandlung dann aus. Die anderen Patienten müssen einer laufenden derartigen
Behandlung zugeführt werden. Nun, bezüglich der Behandlung der irreversiblen
Funktionsausfällen kommt noch ein anderes Argument hinzu. Es kommt nicht
nur darauf an, die Ausfallserscheinungen, die ja auch, wie z. B. bei der Gonaden-
dysgenesis, fehlen können, zu behandeln. Es steht aber die Frage der
Osteoporose ganz im Vordergrund. Und das ist ein Punkt, zu dem ich persönlich
hier noch Stellung nehmen möchte. Herr Professor Plotz hat in seinem
Vortrag schon das Problem angesprochen, nämlich die Frage des objektiven
Nachweises der Knochendichte durch röntgenologische Untersuchungen. Er
wies auch auf Schwierigkeiten hin. Kokowski hat vor einigen Jahren ein
Verfahren publiziert, mit dem er in der Lage ist, die Knochendichte objektiv
am Lendenwirbel zu bestimmen. Die Osteoporose nimmt von der Wirbelsäure

ihren Ausgang, so daß er ein Substrat zu untersuchen hat, welches auch
frühzeitige Veränderungen im Sinne einer Osteoporose erkennen läßt. Nun hat
Kokowski sich sehr bestimmt in dem Sinne geäußert, daß aufgrund seiner Untersuchung mit dieser Methode eine hormonale oder hormonal bedingte Osteoporose
in der Postmenopause nicht auftritt, sondern daß diese Veränderung einfach
mit dem Altersvorgang zu erklären wäre. Er kommt zu dem Resultat, daß mit
dem 60. Lebensjahr in 25% der Fälle eine Osteoporose bereits vorliegt; im
80. Lebensjahr in 100%. Er hat einige Gründe angeführt, warum er eine hormonal
bedingte Osteoporose ablehnt. Daraus hat sich eine Diskussion und eine Gemein-
schaftsarbeit ergeben und wir haben versucht, dieser Frage einmal auf einem
ganz anderen Wege etwas näher zu rücken. Wenn seine Vorstellung richtig ist,
dann dürfte das Versiegen oder Gar-nicht-in-Gang-Kommen der Keimdrüsen-
tätigkeit erst zu einem späteren Alter zu einer Osteoporose führen. Wer mit
Gonadendysgenesien Erfahrung hat, wird wissen, daß schon mit 18 und 20 Jahren
erhebliche Osteoporosen vorhanden sind. Wir haben infolgedessen gemeinsam
einige Untersuchungen durchgeführt, wie sich bei primärer Ovarialinsuffizienz
die Frage der Osteoporose beantworten läßt. Das Interessanteste an den Ergebnissen ist, daß bis zum 20. Lebensjahr bei den Knochendichte-Untersuchungen
praktisch die Werte noch im Normalbereich liegen, daß dann aber spätestens
vom 25. Lebensjahr ab die Werte steil abfallen. Ich möchte mit aller Vorsicht
und bei allem Vorbehalt aus den wenigen Analysen, die wir bisher gemacht
haben — es ist bekanntlich schwierig, derartige Patientinnen zu bekommen —, die
Folgerung ziehen, daß zum mindesten in jüngeren Jahren eine Oestrogenbehandlung zur Verhinderung derartiger Osteoporosen unbedingt erforderlich ist. Wir
werden dieser Frage in Langzeitstudien in Berlin nachgehen.


*Plotz:*

Diese Mädchen haben einen sehr kleinen Uterus; ist der Uterus unter der
Oestrogenbehandlung im Laufe der Jahre gewachsen ?


*Hammerstein:*

Wir haben eine Reihe von Patientinnen laparoskopiert und gelegentlich
überhaupt keinen Uterus gesehen. Er verschwand einfach hinter einer kleinen
Falte von der einen Tube zur anderen. Ich habe dann immer gesagt, es dauert sechs
Wochen, dann kommt bei diesen Fällen die erste Blutung zustande, und wenn sie die
Patientin konsequent unter Oestrogenbehandlung nehmen, dann erreicht der
Uterus häufig fast normale Größe.


*Nowakowski:*

Zu diesen Befunden von Herrn Hammerstein bei der Gonadendysgenesie
wollte ich eines zu bedenken geben. Das, was wir als Osteoporose bei der Gonadendysgenesie sehen, dürfen wir wohl nicht identifizieren mit dem, was wir unter
postmenopausischer Osteoporose verstehen. Es handelt sich ja bei der Gonadendysgenesie um einen schweren genetischen Defekt, der auch das Mesenchym als
Ganzes betrifft. Herr Bierich hat besonders große Erfahrung auf diesem Gebiet
bei Kindern. Vielleicht könnte er noch etwas dazu sagen.

*Bierich:*

Herr Nowakowski hat das Stichwort schon gegeben. Es handelt sich sicherlich nicht um eine Oestrogenmangel-Osteoporose. Das geht aus zwei Dingen ganz klar hervor. Diese Kinder sind osteoporotisch, lange bevor sie überhaupt in die Pubertät kommen können, wenn sie Ovarien gehabt hätten. Sie sind osteoporotisch oder sagen wir besser osteopenisch bereits mit 8 oder 9 Jahren. Ein guter Röntgenologe wird ohne weiteres im Alter von 10 oder 11 Jahren aus dem Röntgenbild des Handskeletts die Diagnose Turner-Syndrom stellen können, auch ohne das klinische Bild vorher gesehen zu haben, — so charakteristisch ist diese osteopenische Knochenstruktur mit reticulärer Zeichnung. Das andere Argument, das für diese Auffassung spricht, ist die Tatsache, daß diese Kinder zu klein sind. Sie sind zu klein, wenn wir die Diagnose stellen. Sie sind bereits zu klein bei der Geburt und sie bleiben unterdurchschnittlich groß. Sie sind also primordial minderwüchsig. Das Genom, die X0-Konstellation der Geschlechtschromosomen oder das entsprechende Mosaik ist in jeder Zelle, also auch in jeder Mesenchym- bzw. Knochenzelle, vorhanden und bestimmt daher die primordiale Wachstumsstörung. In unseren Hamburger Fällen von Gonadendysgenesien hat Herr Gusek vom Pathologischen Institut elektronenoptische Untersuchungen des Mesenchyms durchgeführt[1]. Er hat deutliche Veränderungen nicht nur am Knochen, sondern auch an anderer Stelle im Bindegewebe zeigen können. Ein Kind mit einer Aortenisthmusstenose, welche ja zu den typischen Mißbildungen bei Turner-Syndrom gehört, haben wir postoperativ an einer Insuffizienz der Gefäßnähte an der Aorta verloren, — eine ganz ungewöhnliche Komplikation beim Kind, die aller Wahrscheinlichkeit nach auf der abnormen Textur der Gefäßwand beruhte.

Zusammenfassend glaube ich also nicht, daß bei diesen Patientinnen eine Oestrogenmangel-Osteoporose vorliegt. Darüberhinaus würde ich warnen vor einer zu frühzeitigen Behandlung mit Oestrogenen, weil die Oestrogene einen frühzeitigen Epiphysenverschluß und damit einen Abschluß des Wachstums bewirken, — einen Effekt, den Whitehouse u. Mitarb. und ebenso wir seit langem ausnutzen, um überlange Mädchen nicht zu Giganten werden zu lassen.

*Zander:*

Herr Hammerstein, ich bin etwas verwundert über Ihre Aussage, daß die Gonadendysgenesien unter der Oestrogenbehandlung einen fast normal großen Uterus bekommen. Ich habe sehr viele Gonadendysgenesien gesehen, aber ich habe noch niemals, auch unter jahrelanger Behandlung, beobachtet, daß der Uterus eine normale Größe gewinnt, wenn er vorher kaum erkennbar war. Ich bin eigentlich immer verwundert gewesen, wie wenig der Uterus bei Gonadendysgenesien wächst.

*Hammerstein:*

Ich möchte erst zur Frage der Osteoporose Stellung nehmen. Da bin ich wahrscheinlich mißverstanden worden insofern, als die Fälle keineswegs nur Gonadendysgenesien waren, sondern sich zur Hälfte aus Gonadendysgenesien und zur

---

[1] J. R. Bierich, M. A. Lassrich, W. Gusek, Minerva Pediatrica, **17**, 649 (1965). Veränderungen mesenchymaler Strukturen beim Ullrich-Turner-Syndrom.

Hälfte aus anderen Amenorrhoen zusammensetzen. Dieses sowieso kleine Material müßte nochmals halbiert werden. Außerdem, wenn man röntgenologisch im zehnten Lebensjahr bei diesen Individuen bereits Zeichen der Osteoporose findet, so sollte man nicht vergessen, daß die Ovarialtätigkeit schon mit dem achten Lebensjahr normalerweise beginnt. Also ich halte das nicht für vollständig ausgeschlossen, daß auch diese Erscheinungen ein Oestrogenmangel sind. Die Frage der Gonadendysgenesie: da haben wir tatsächlich andere Erfahrungen. Wir überblicken jetzt 22 Gonadendysgenesien an unserer Klinik, und eine Reihe von diesen Gonadendysgenesien nehmen wir auch zur Testierung beispielsweise von verschiedenen Hormonpräparaten, um die Gestagenaktivität und dergleichen festzustellen. Wir haben die objektive Größe des Uterus immer wieder erprobt durch Strichcurettagen, und da müssen wir sagen, daß wir im allgemeinen einen Uterus vorfinden, der nicht wesentlich kleiner ist als ein normaler. Das ist dann natürlich auch eine Frage der Oestrogenmenge, die Sie applizieren.

*Plotz:*

Wenn ich dazu Stellung nehmen darf. Ich habe das gleiche gesehen wie Herr Zander. Ich bin immer erstaunt, wie wenig die Uteri auf Oestrogenbehandlung ansprechen. Aus diesem Grunde halte ich es — das ist meine persönliche Meinung, Herr Hammerstein — nicht für richtig, Oestrogen- oder Gestagenpräparate bei diesen Individuen zu testen, denn sie sind keine guten Testobjekte. Ich glaube, das beste Testobjekt ist eine Kastratin, die kurz vorher ovariektomiert worden ist. In diesem Zusammenhang mit der Frage der Ansprechbarkeit der Erfolgsorgane auf Oestrogene möchte ich Herrn Jungblut ansprechen. Können Sie sich vorstellen, daß unter solchen Umständen, wie wir sie jetzt gerade diskutiert haben, oder auch beim alternden Erfolgsorgan eine unterschiedliche Ansprechbarkeit auf die gleiche Dosis besteht; ob man gegebenenfalls die Dosis erhöhen muß, um den gleichen Erfolg zu erzielen, und ob qualitative Unterschiede in bezug auf den Wirkungsmechanismus unter solchen Umständen zu erwägen sind.

*Jungblut:*

Oestrogene verursachen beim Überschreiten einer bestimmten Sättigungskonzentration keinen weiteren Wirkungsanstieg. Das hängt mit der Konzentration eines extranuclearen Bindungsfaktors zusammen, der Oestradiol zum Kern der Erfolgszelle transportiert. Dieser Faktor wird beim Transport verbraucht. Er kann deshalb durch hohe Oestradioldosen völlig erschöpft werden. Ein erneuter wirkungsspezifischer Transport des Hormons zum Zellkern wird dann erst nach Neusynthese des Faktors möglich. Es gibt also eine Art Refraktärphase. Es ist kaum anzunehmen, daß dieser für Erfolgsorgane charakteristische Mechanismus bei den erwähnten pathologischen Zuständen oder im alternden Organismus qualitativ verändert ist, jedoch kann das sehr wohl in quantitativer Hinsicht der Fall sein. Ich denke dabei weniger an eine allgemein verminderte Syntheserate des Transportfaktors, sondern vielmehr an einen völligen Verlust der Synthesefähigkeit einer mehr oder weniger großen Zahl von Zellen des betreffenden Erfolgsorgans, die dadurch oestrogen-unempfindlich werden.

*Staemmler:*

Wie erklären Sie sich, daß bei einem Teil der Frauen schon vor der eigentlichen Menopause Ausfallserscheinungen, besonders in Form von Hitzewallungen, auftreten? Sie sind auch auf entsprechenden Formblättern festgehalten worden. Man muß die Frauen entsprechend gezielt fragen. Meine zweite Frage betrifft folgendes: Wieviel Prozent der angelegten Primordialfollikel befinden sich zur Zeit der Menopause noch in beiden Ovarien? Wir haben gewöhnlich gelehrt, daß etwa 90% der Follikel während der Geschlechtsreife verbraucht werden. Stimmt diese Behauptung? Auffallend ist doch folgendes: Wenn man einer jüngeren Frau ein Ovarium entfernen muß und vom anderen auch nur einen Teil erhalten kann, so daß also mit einem Verlust an Keimparenchym von gut $^3/_4$ zu rechnen ist, dann verläuft der Cyclus bei diesen Frauen in den meisten Fällen völlig regelrecht weiter. Diese Frauen konzepieren oftmals auch. Irgendwelche Ausfallserscheinungen werden bei ihnen nicht beobachtet. Es ist eigentlich unverständlich, warum in der Menopause die Hormonbildung ganz unterbleibt, obwohl noch 10—20% der Primordialfollikel vorhanden sind. Besteht nicht die Möglichkeit, daß die Ovarien bzw. das Keimparenchym in dieser Zeit der Prämenopause und in der Menopause weniger ansprechbar auf die in ausreichender Menge abgegebenen Gonadotropine sind?

*Plotz:*

Zur ersten Frage: Relation Oestrogenspiegel und Hitzewallungen in der Prämenopause. Man könnte sagen, daß die Gesamtmenge der Oestrogene im Cyclus während dieser Zeit geringer als im jüngeren Alter ist, wie es uns Herr Kaiser gestern berichtet hat. Aber ich möchte diese Erklärung nicht als definitiv ansehen, denn wir wissen ja gar nicht, in welcher Weise Oestrogene auf das vegetative Nervensystem einwirken. Wie kommt es überhaupt zu den Hitzewallungen? Eine Ausschüttung von Serotonin wurde dafür verantwortlich gemacht. Es hat bestimmt nichts damit zu tun.

*Lauritzen:*

Die Tatsache des Absinkens der Oestrogene ist für das Auftreten von Beschwerden offenbar wichtiger als die absolute Höhe des Oestrogenspiegels. Die Erklärung des Mechanismus der Oestrogenwirkung ist schwierig. Ich habe versucht, mir das so zu erklären, daß Oestrogene über ihre parasympaticomimetische Wirkung Einfluß auf das Vegetativum nehmen. Man kann mit Parasympaticomimetica oder Sympaticolytica ebenfalls eine Behebung oder Verminderung der klimakterischen Beschwerden erreichen.

*Plotz:*

Ihre zweite Frage, Herr Staemmler, ist eine hochinteressante Frage. Man könnte die Frage noch breiter stellen: Warum reagiert vor der Pubertät der Primordialfollikel nicht auf die hypophysären Hormone? Warum reifen während des Beginns des Cyclus in der ersten Phase viele Follikel heran, warum gehen die meisten zugrunde und warum wächst nur einer weiter? Ich glaube, wir haben keine Antwort auf diese Fragen.

*Blobel:*

Ich möchte Herrn Hammerstein fragen, ob er glaubt, daß ein Zusammenhang besteht zwischen der Oestrogenausscheidung und dem Oestrogenspiegel,
und ob man berechtigt ist, allein aufgrund der Oestrogenausscheidung mehrere
Typen, z. B. von anovulatorischen Cyclen zu unterscheiden. Sollte man nicht
gleichzeitig die metabolische Clearance-Rate und die Produktionsrate untersuchen ?

*Hammerstein:*

Ich habe am Anfang meiner Ausführungen darauf hingewiesen, daß man
mit Harnuntersuchungen keine Aussagen über den endogenen Spiegel, über die
Sekretionsrate, und über die Produktionsrate machen kann. Man kann lediglich
die relativen Veränderungen von Fall zu Fall beurteilen, wobei zu unterstellen
ist, daß Steroidmetabolismus im Untersuchungszeitraum immer praktisch gleich
ist. Ich möchte auf den Fall mit niedriger Oestrogenausscheidung bei einer glandulär-cystischen Hyperplasie des Endometriums in diesem Zusammenhang hinweisen. Bei dieser Patientin hat wahrscheinlich eine ganz niedrige Ausscheidungsrate bei hohem Gewebsspiegel vorgelegen.

*Nocke:*

Der Aussagewert der Oestrogenbestimmung im Urin ist begrenzt. Aber ich
möchte doch etwas optimistischer sein als Herr Hammerstein und sagen: es
besteht eine — allerdings in relativ weiten, individuellen Grenzen — definierte
Korrelation. Wenn man Oestradiol-17$\beta$ oder Oestron injiziert, so findet man
davon im Mittel etwas über 20 % im Urin als Oestron, Oestradiol-17$\beta$ und Oestriol
wieder.

*Tonutti:*

Ich wollte zur Frage der Primärfollikel auf Sheehan verweisen. Er hat bei
Patientinnen des nach ihm benannten Syndroms gesehen, daß Primärfollikel
bis zu dem Alter des Klimakteriums im Ovar bestehen bleiben, gerade so, als
wenn sie eine normale Ovularfunktion gehabt hätten, daß aber dann in diesen
Jahren, ohne daß eine Aufbrauchsituation gegeben ist, die Primärfollikel von
selbst verschwinden.

*Adlercreutz:*

Ich wollte nur die Frage von Herrn Dr. Kaiser beantworten. Leider kenne ich
nicht die Literatur über Osteoporose und Oestrogene, aber ich kann eine Arbeit
von Hernberg in Helsinki nennen. Er hat eine Gruppe von Frauen mit Oestrogenen behandelt. Diese Patientinnen behielten ihre Größe bei, im Gegensatz
zu einer Kontrollgruppe von unbehandelten Frauen [(Hernberg, C. A.: Acta
Endocr. 34, 51 (1960).]

*Krüskemper:*

Ich möchte zunächst auf Definitionen eingehen. Senile Osteoporose ist zu
trennen von praeseniler Osteoporose. Senile Osteoporose ist eigentlich das, was
der Pathologe letztlich beschreibt. Praesenile Osteoporose ist ein klinisches

Syndrom, das man bei Frauen in den ersten zehn Jahren nach Eintreten der Menopause beobachtet. Die senile Osteoporose im pathologisch-anatomischen Sinn spricht eigentlich auf keine Therapie, wie auch immer, an. Einen großen Teil der Patientinnen mit praeseniler Osteoporose sollte man vielleicht doch in die Gruppe der Hormonmangel-Osteoporosen einbeziehen. Diese Patientinnen sprechen auf die Steroidtherapie (Oestrogene plus Anabolica) gut an — jetzt rein klinisch betrachtet. Der Therapieerfolg bezieht sich aber lediglich auf das klinische Beschwerdebild. Wenn man den anatomischen Kontrollen glauben kann, dann ist es so, daß eher der Stützapparat, die Gelenkkapseln, in seinem Eiweißbestand gebessert wird als der Knochen selbst. Ich glaube also, daß man bei Patientinnen, die statische Beschwerden haben, in jedem Fall eine Therapie mit Oestrogenen, bzw. mit einem Oestrogen-Androgen-Gemisch versuchen sollte. Man kann aber nicht um jeden Preis eine Beschwerdefreiheit erreichen, sondern muß wegen der möglichen Nebenwirkungen spätestens nach sechs bis acht Wochen diese Therapie abbrechen.

*Nowakowski:*

Die Frage Hormone und Skelettstoffwechsel ist eines der umstrittensten Gebiete, das wir heute kennen. Da gibt es zwei Parteien. Die einen, die Albright folgen und glauben, daß es zweifellos einen Einfluß der Steroide auf den Skelett-stoffwechsel gibt. Die anderen, repräsentiert durch Nordin in England, lehnen das völlig ab. Albright war der Meinung, daß es im wesentlichen ein Problem des Eiweiß-Stoffwechsels ist, und Nordin ist der Meinung, daß es im wesentlichen ein Problem des Kalzium-Stoffwechsels ist. Nordin vertritt die wohlbegründete Behauptung, daß es im wesentlichen die Abbauvorgänge des Knochen sind, die hierbei betroffen werden. Sicher ist aber, daß wohl die Wahrheit in der Mitte liegen wird, nämlich daß vermutlich Eiweiß- wie Mineralhaushalt bei der post-menopausischen Osteoporose gestört sind. Es kann nicht bezweifelt werden, daß Oestrogene oft eine subjektive Besserung herbeiführen. Es ist aber schwierig, das zu objektivieren.

*Krüskemper:*

Die Untersuchungen von Hernberg scheinen eine Bestätigung der schon länger zurückgehenden Untersuchungen von Hennemann und Wallach zu sein. Diese Autoren haben eindeutig gezeigt, daß man mit Premarin in der Lage ist, den Höhenverlust von Patientinnen mit Osteoporose aufzuhalten, wenn man diese Patientinnen ausreichend mit Oestrogen behandelt. Diese Beobachtung ist ein sehr wichtiges Argument zugunsten der Hypothese Albrights. Auf der anderen Seite ist der Beweis der Wirksamkeit einer hochdosierten Kalziumtherapie, wie sie Nordin propagiert, bis heute noch nicht erbracht worden. Was die subjektiven Beschwerden angeht, so kann man sowohl mit Hormonen als auch mit Kalzium-gaben die subjektiven Beschwerden ganz erheblich bessern. Wir wissen, daß nicht jede kastrierte Frau und nicht jede Frau in der Postmenopause eine Osteo-porose entwickelt. Es müssen außer dem Oestrogenmangel noch andere konditionierende Faktoren hinzukommen. Sicher spielt die Frage der Kalziumbilanz, vor allen Dingen der negativen Kalziumbilanz, dabei eine sehr wesentliche Rolle. Denn schon allein die negative Kalziumbilanz kann — wie Nordin in Tierexperimenten gezeigt hat — eine Osteoporose herbeiführen durch Steigerung der Abbauprozesse am Knochen. Das heißt also mit anderen Worten, eine Frau wird dann eine Osteoporose in der Postmenopause entwickeln, wenn außer dem Oestrogenmangel noch ein Kalziummangel hinzukommt, zum Beispiel durch Störung der Kalzium-Resorption bei Magen-Darm-Gallenerkrankungen, die ja schließlich bei den Frauen auch nicht selten sind.

*Plotz:*

Ich möchte nun bitten, daß vielleicht Sie, Herr Nowakowski, vom Standpunkt des Klinikers zur Frage, Oestrogene und Mammacarcinom Stellung nehmen würden.

*Nowakowski:*

Das ist eine nicht ganz leichte Frage, die Sie mir da stellen. Ich werde mich ganz kurz fassen. Zunächst einmal erscheint mir folgende Frage sehr wichtig: was ist wirksamer, Oestrogene oder Androgene bei Mammacarcinom? Das heißt also, bei Frauen mit Mammacarcinom in der Menopause. In älteren Berichten des Council on Drugs wurde behauptet, daß die Oestrogene einen wesentlich höheren Prozentsatz objektiver Remissionen herbeiführen als die Androgene. Das stimmt sicher nicht. Wir wissen heute, daß die Oestrogene den Androgenen wirkungsgleich sind. Und ganz abgesehen davon wird man aber wohl Frauen nach der Menopause mit einem Mammacarcinom unter allen Umständen zunächst Oestrogene geben, wenn sie gleich wirksam sind, da sie ja wesentlich weniger Nebenwirkungen als Androgene aufweisen. Also das wäre das Grundsätzliche dazu. Und es ist ja bekannt, daß Oestrogene zu einem bestimmten Prozentsatz, also etwa 25 % können wir sagen, objektive Remissionen bei Frauen in der Menopause herbeiführen, vor allen Dingen steigt der Prozentsatz der objektiven Remissionen nach dem fünften Jahr deutlich an, und daß Weichteilmetastasen am günstigsten darauf reagieren, dann weniger günstig die Knochenmetastasen und am ungünstigsten die visceralen Metastasen, von denen dann die Hirnmetastasen und die Lebermetastasen bekanntlich die schlechteste Prognose haben. In diesem Zusammenhang darf ich nun eine ganz kurze Frage an Herrn Breuer richten. Sie haben ja auf die sogenannte chemische Adrenalektomie hingewiesen. Es kommt ja zweifellos — wie ich aus Ihrer Kurve gesehen habe — zu einer Reduktion der Oestrogenausscheidung durch Cortisongaben. Aber Sie brauchen ja da immerhin Dosen, die bei 200—300 mg Cortison pro Tag liegen. Das ist ja eine gewaltige Dosis, die dazu erforderlich ist. Während die chemische Adrenalektomie, sowie sie von Nissen-Meyer propagiert wird, als Therapie auf jeden Fall wesentlich niedriger liegt. Er gibt 50 mg Cortison pro Tag. Das würde also bedeuten, daß es hier zweifellos nicht zu einer wesentlichen Reduktion der Oestrogene kommt.

*Breuer:*

In der Tat kann man bereits nach Verabreichung von 50 mg Cortison pro Tag eine Abnahme der Oestrogenausscheidung im Urin beobachten. Die Dosen, die bei dem von mir demonstrierten Versuch gegeben wurden, waren z. T. wesentlich höher. Es ging mir dabei im wesentlichen um die Frage des Wirkungsmechanismus der medikamentösen Adrenalektomie; hohe Dosen Corticosteroide können die Ausscheidung von Oestrogenen im Urin auf nicht-meßbare Werte reduzieren.

Im übrigen habe ich zum Ausdruck gebracht, daß die nach Corticosteroiden oft beobachteten Remissionen nicht ausschließlich durch die Ausschaltung der adrenalen Oestrogene bedingt sind. — Zu dem ersten Punkt, den Sie ausgesprochen haben, möchte ich folgendes bemerken. Ich habe mich natürlich ganz bewußt von irgendwelchen Äußerungen über die Behandlung des metastasierenden Mammacarcinoms mit Oestrogenen oder Androgenen zurückgehalten. Aber vielleicht darf ich sagen, daß Therapieversuche mit hohen Oestrogendosen solchen Patientinnen vorbehalten bleiben sollten, die keine hormonabhängigen Tumoren haben. Es gibt zahlreiche Hinweise für die Richtigkeit der Annahme, daß Oestrogene in pharmakologischen Dosen eher als Cytostatica und weniger im Sinne einer hormonellen Umstellung wirksam sind.

*Nowakowski:*

Dem möchte ich widersprechen, denn auf endokrine Maßnahmen reagieren nur die hormonabhängigen Tumoren. Und das ist ja unser Problem. Wir stehen ja vor der Schwierigkeit, daß wir keine Methode zur Hand haben, um die Hormonabhängigkeit zu erkennen. Wir wissen ja, daß praktisch nur fünfzig Prozent der Mammacarcinome auf endokrine Maßnahmen ansprechen, und das sind die hormonabhängigen, nicht die hormonunabhängigen.

*Breuer:*

Ich möchte meine Feststellung etwas spezifizieren. Unter hormonabhängigen Mammacarcinomen verstehen wir solche Tumoren, die auf Ovariectomie, Adrenalektomie und/oder Hyphophysektomie mit einer Remission reagieren. Wie Bulbrook u. Mitarb. gezeigt haben, ist es durchaus möglich, durch Bestimmung der sogenannten Diskriminanten-Funktion (Verhältnis der Ausscheidung von Ätiocholanolon zu 17-Hydroxycorticosteroiden im Urin) mit etwa 60—80%iger Sicherheit vorauszusagen, ob ein metastasierendes Mammacarcinom auf endokrine Behandlung ansprechen wird. — Der Aussagewert der Diskriminanten-Funktion ist durch eine kürzliche Mitteilung von Bulbrook aus London weiter unterstrichen worden. Man hat seit etwa 8 Jahren Urin gesunder Frauen von der Insel Guernsay gesammelt und eingefroren. Dann hat man festgestellt, welche dieser Frauen inzwischen an einem Mammacarcinom erkrankt sind. Die Urine dieser Frauen wurden nachträglich untersucht, und es zeigte sich, daß die Konzentration von Ätiocholanolon erniedrigt und die der 17-Hydroxycorticosteroide erhöht war. Demnach hatten die inzwischen erkrankten Frauen bereits vor der Erkennung der Erkrankung einen negativen Diskriminanten. Möglicherweise wird man also in Zukunft auf Grund einer Urinuntersuchung sagen können, ob mit dem Auftreten eines Mammacarcinoms gerechnet werden muß.

*Nowakowski:*

Nun, der Diskriminant gilt ja nur für die ablativen Verfahren. Wie ist es nun für die Hormontherapie, gilt es da genauso? Denn die älteren Frauen behandeln wir ja zunächst mit Hormonen.

*Breuer:*

Man hat die Diskriminanten-Funktion bisher nur im Zusammenhang mit der Adrenal- und Hypophysektomie untersucht, nicht aber bei einer Hormonbehandlung mit Androgenen oder Oestrogenen. Im Falle einer Hormonbehandlung ginge das schon aus methodischen Gründen nicht, da die zugeführteu Hormone die Analysenergebnisse verfälschen würden.

*Plotz:*

Herr Jungblut, ich glaube, Sie müssen sich angesprochen fühlen in bezug auf die Frage, ob man bestimmte in vitro-Untersuchungen beim Menschen einbauen könnte. Wie weit sind entsprechende Untersuchungen gediehen?

*Jungblut:*

Die Versuche von Jensen und Jacobsen haben recht klar gezeigt, daß alle oestrogenempfindlichen Organe, die sogenannten Erfolgsorgane wie Uterus, Vagina, Adenohypophyse und Mamma, zumindest eine gemeinsame Eigenschaft haben: Sie vermögen Oestrogene gegen einen erheblichen Konzentrationsgradienten zu akkumulieren und retinieren das Hormon über Stunden. Verantwortlich dafür ist der vorhin genannte extranucleare Transportfaktor und ein Kernbindungsfaktor, an dessen Bildung ein Strukturelement des Kernes und ein das Hormon tragender Teil des Transportfaktors beteiligt sind. Da ohne Oestrogenbildung keine Wirkung erfolgt, scheint es gerechtfertigt, die Frage der „Hormonabhängigkeit", d. h. der Hormonempfindlichkeit eines Organs auf diese eine Qualität zu reduzieren. Die Möglichkeit zur Prüfung ist durchaus gegeben, daß Erfolgsorganschnitte in vitro $6{,}7^3$H Oestradiol in gleicher Weise binden wie die Organe in vivo und daß der Transportfaktor vollständig aus unbehandelten Erfolgsorganen extrahiert und in Lösung mit $6{,}7^3$H Oestradiol gesättigt werden kann. So läßt sich z. B. mit Schnitten in vitro die Oestradiol-Sättigungskonzentration messen, die für Rattenuteri genau wie in vivo bei ca. $2 \times 10^{-5}$ M/kg liegt; oder die für Erfolgsorgane typische Retention in oestradiolfreiem Medium nach vorausgegangener Inkubation mit dem Hormon. Beide Verfahren eignen sich jedoch wenig für Mammacarcinome, weil die Tumoren meistens unterschiedliche Anteile an Fett- und Bindegewebe enthalten.

Diese Schwierigkeit ist mit einem Trick zu eliminieren: Antioestrogen wie Upjohn 11 100 A oder Parke Davis CN-55, 947-27 konkurrieren mit Oestradiol um die Bindung in den Erfolgsorganzellen. Bei gleichzeitiger Inkubation mit $10^{-10}$ M/L Oestradiol und $10^{-8}$ M/L Antioestrogen über mehrere Stunden, nehmen Erfolgsorganschnitte deshalb im Vergleich zur Oestradiolkontrolle nur so viel Hormon auf wie mit Oestradiol allein inkubierte Schnitte von nicht oestrogensensitiven Organen. Eine Divergenz der beiden Aufnahmekurven bedeutet erfolgsorganspezifische Hormonbindung, eine Übereinstimmung Verlust der spezifischen Bindungsfähigkeit. Herr Breuer hat Ihnen heute morgen ein Beispiel dafür gezeigt.

Wir haben vor drei Jahren in Chicago gemeinsam mit Dr. Block begonnen, Mammacarcinome mit dieser Methode zu untersuchen. Leider standen uns zunächst nur metastatische Carcinome von Frauen zur Verfügung, bei denen nach vorvorausgegangener Oophorektomie eine Adrenalektomie vorgenommen wurde. Wahrscheinlich sahen wir deshalb unter den ersten zehn Fällen nur zwei mit positivem Kurvenverlauf. Da die Inkubation von Schnitten nur mit frischem Gewebe möglich ist, hat die Jensensche Gruppe inzwischen ein Verfahren zur

Titration des Oestradiol-Transportfaktors in Mammacarcinomen ausgearbeitet, für das auch gefrorenes Gewebe benutzt werden kann.

Ich möchte darauf hinweisen, daß Tests dieser Art zwar eine klare negative Antwort ermöglichen, jedoch keinen Aufschluß darüber geben wieviel Tumorzellen noch die Fähigkeit besitzen, Oestradiol in der gleichen spezifischen Weise wie gesunde Zellen zu binden und wieviel Tumorzellen diese Fähigkeit schon verloren haben. Um den Grad der Entdifferenzierung eines Tumors zu erfassen, müßte ein zusätzlicher Parameter herangezogen werden, der beiden Zelltypen gemeinsam ist.

Auch bereits ohne diese wünschenswerte Ergänzung verspricht die Prüfung der spezifischen Oestrogenbindung ein brauchbares prognostisches Maß zu werden. Voraussetzung dafür ist jedoch eine möglichst große Zahl von Untersuchungen mit sorgfältiger Verfolgung des klinischen Verlaufs, um den Zusammenhang zwischen spezifischem Hormonbindungsvermögen und „Hormonabhängigkeit" wirklich sicherzustellen.

# Die Oestrogenausscheidung in Prämenopausecyclen
### Excretion of Estrogens in Premenopausal Menstrual Cycles

R. Kaiser

I. Universitäts-Frauenklinik und Hebammenschule München

Mit 1 Abbildung


**Summary**

Permanent analyses of estrogene and pregnanediol were conducted of 12 women with regular cycles during the pre-menopause. 7 cycles showed a corpus-luteum-insufficiency. Compared to normal cycles the excretion of estrogene and pregnanediol decreased by one third. During 5 anovulatory cycles the reduction of estrogene excretion was on an average of almost two thirds. The lowered steroid excretion corresponded with a raised excretion of gonadotrophins.


Bei 12 Frauen im Alter von 44 bis 51 Jahren, die noch einen weitgehend regelmäßigen Cyclus zwischen 24 und 35 Tagen hatten, wurde die Oestrogenausscheidung nach Brown täglich bestimmt und mit den Normwerten verglichen. Zusätzlich erfolgten noch Pregnandiolbestimmungen nach Klopper sowie Gonadotropinbestimmungen mit dem Uteruswachstumstest.

In der Abbildung (a) sind zunächst die Normwerte der Oestrogenausscheidung einschließlich der Standardabweichungen, die wir zusammen mit Daume bei 25 Frauen mit normalen Cyclen vor einer Ovulationshemmung ermittelt haben, wiedergegeben. Die durchschnittliche Oestrogenausscheidung im Gesamtcyclus beträgt pro 24 Std-Urin 30,7 µg, das ovulatorische Maximum liegt bei 50 µg. — Bei 7 Frauen mit einem pathalogisch-ovulatorischen Cyclus und einem Durchschnittsalter von 46,8 Jahren (b) beträgt demgegenüber die durchschnittliche Oestrogenausscheidung im Gesamtcyclus nur noch 22 µg/24 Std-Urin; sie liegt damit fast ein Drittel niedriger als in den Normcyclen. Dasselbe gilt für den ovulatorischen Gipfel mit 34 µg. — Bei 5 Frauen mit einem Durchschnittsalter von 47,1 Jahren undanovulatorischen Cyclen (c) bewegt sich die Oestrogenausscheidung im Gesamtcyclus relativ homogen um 10 µg bei einem Durchschnittswert von 11 µg/24 Std-Urin; dies bedeutet bereits eine um zwei Drittel erniedrigte mittlere Oestrogenausscheidung.

Die Pregnandiolausscheidung verhält sich ähnlich; d. h. sie ist postovulatorisch bei den Corpus-luteum-Insuffizienzen um etwa ein Drittel erniedrigt; in den anovulatorischen Cyclen liegt sie um 1 mg/24 Std-Urin im Durchschnitt. Für das Ausscheidungsverhältnis Oestrogene : Pregnandiol[1] ergibt sich für die Normcyclen ein Mittelwert von 1 : 80, für die pathologisch-ovulatorischen Cyclen von 1 : 60 und für die anovulatorischen Cyclen von 1 : 5. — Aufgrund der Ausscheidungsuntersuchungen besteht bei einer Corpus-luteum-Insuffizienz neben dem Progesteronmangel auch ein eindeutiger Oestrogenmangel. Der herabgesetzten Steroidausscheidung entspricht eine erhöhte Gonadotropinausscheidung besonders auch in Cyclusmitte bei den pathologisch-ovulatorischen Cyclen.

---

[1] ovarieller Herkunft

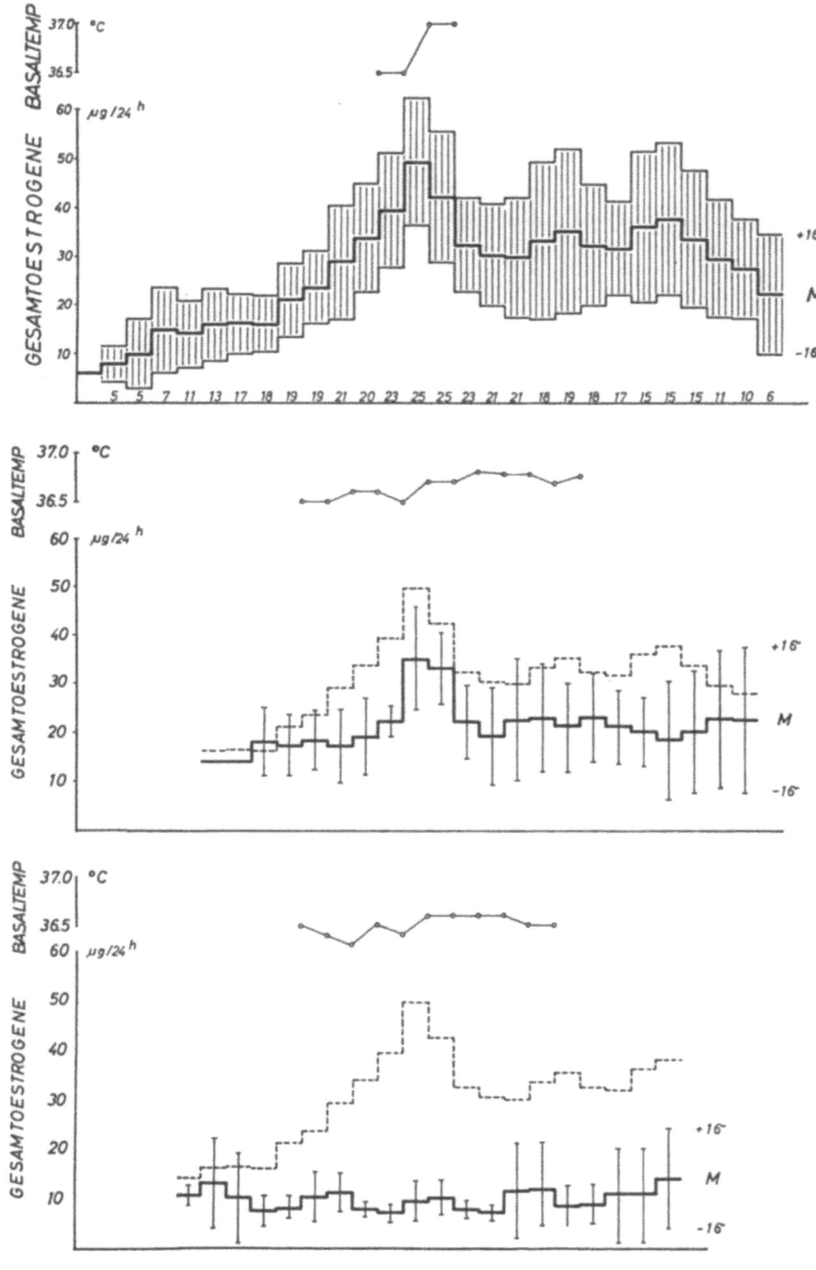

Abb. a Mittelwerte der Oestrogenausscheidung pro 24 Std-Urin von 25 Normcyclen

b Mittelwerte der Oestrogenausscheidung im 24 Std-Urin von 7 pathologisch-ovulatorischen Cyclen mit den Zeichen einer Corpus luteum-Insuffizienz in der Prämenopause

c Mittelwerte der Oestrogenausscheidung im 24 Std-Urin von 5 anovulatorischen Cyclen in der Prämenopause

# Untersuchungen über den Oestrogenspiegel im Blutplasma bei corpuscarcinomkranken Frauen

## Estrogen Plasma Levels in Women Suffering from Carcinoma of the Uterine Corpus


G. STRAUSS, P. KNAPSTEIN und F. W. STREICHER

Universitäts-Frauenklinik Mainz



### Summary

In 30 women with adenocarcinoma of the uterus plasma levels of estrone, estradiol and estriol were analyzed by Ittrich-reaction. The results were compared with 30 normal individuals of the same menopausal age and the same weight by statistical methods according to Wilcoxon. No significant differences could be found. It was concluded that this type of carcinoma is not induced by higher estrogen production.


Während für die Entstehung des Gebärmutterhalskrebses exogene Faktoren angeschuldigt werden, scheint das Carcinom des Gebärmutterkörpers eher endogen bedingt zu sein. Dafür spricht die auffallende Syntropie dieser Erkrankung mit Adipositas, Hypertonie und Diabetes sowie ihr häufiges Auftreten bei Nonnen, die dafür aber kaum je an Cervixcarcinomen leiden.

Die Art der endogenen Ursachen ist aber noch weitestgehend unbekannt. Oft diskutiert werden die Sexualhormone und von diesen vor allem die Oestrogene. Insbesondere nordamerikanische Gynäkologen um Hertig machen aus klinischen cyto- und histologischen Beobachtungen eine gesteigerte Oestrogenwirkung für die Entstehung des Corpuscarcinoms verantwortlich.

Solche Vorstellungen unterstellen, daß ein langdauernder oder verstärkter Proliferationsreiz am Endometrium ein hormonell kontrolliertes in ein eigengesetzliches Wachstum überführen könne. Besonderes Gewicht wird dabei u. a. der durch mangelnde Gestagenbremsung verlängerten Oestrogenwirkung bei monophasischen Cyclen zugesprochen. Dafür soll z. B. das gehäufte Auftreten des sonst bei jungen Frauen extrem seltenen Corpuscarcinoms in Verbindung mit dem Stein-Leventhal-Syndrom sprechen. Dieser Mechanismus verlängerter Oestrogenwirkung kann aber zur Zeit der größten Häufigkeit des Corpuscarcinoms am Ende der sechsten Lebensdekade keine Bedeutung mehr haben. Bleibt man aber bei der Annahme seiner Oestrogeninduktion, dann müßte man bei diesen Frauen den Nachweis eines höheren Oestrogenspiegels als bei einer gesunden Vergleichsgruppe erwarten. Nicht zuletzt die derzeit weltweite therapeutische Anwendung der Oestrogene macht das Interesse an dieser Frage verständlich.

Um so mehr muß es erstaunen, daß sich Aussagen über die Oestrogensituation bei corpuscarcinomkranken Frauen bislang fast nur auf indirekte klinische, cyto- und histologische Hinweise stützen. Oestrogenbestimmungen im Urin wurden dagegen nur in geringer Zahl und in wenigen Fällen, im Blutplasma unseres Wissens überhaupt noch nicht durchgeführt.

Wir haben daher den aktuellen Oestrogenspiegel im Blutplasma von 30 corpus-carcinomkranken und ebensoviel gesunden Frauen nach der von Ittrich angegebe-nen, von Oertel modifizierten Methode bestimmt. Die Vergleichsfälle mußten denen der Untersuchungsgruppe in Menopausenalter und Körpergewicht entsprechen, da ein Abfall des Oestrogenspiegels mit der Menopausendauer zu erwarten war und ein statistisch gesicherter Zusammenhang zwischen Adipositas und Corpuscarcinom besteht.

Wie die Strichdiagramme zeigen, ergibt sich nun für die drei Oestrogenfrak-tionen Oestron, Oestradiol und Oestriol sowie für die Gesamtoestrogene kein auf-fälliger Unterschied in der absoluten Größe und Verteilung der Werte innerhalb der beiden Gruppen. Die Gesamtoestrogene liegen bei der Carcinomgruppe zwischen 0.22 und 0.82, bei der Vergleichsgruppe zwischen 0.26 und 0.77 Gamma/100 ml Plasma. Dem entsprechen als Mittelwerte 0.39 bzw. 0.41 Gamma. Die Mittelwerte beider Gruppen sind etwa fünf mal niedriger als die von Ittrich mit 2.5, von Oertel mit 1.9 Gamma für geschlechtsreife Frauen angegeben.

Das Ergebnis wurde statistisch durch den Rangtest nach Wilcoxon für unver-bundene Stichproben überprüft. Auch dabei ergibt sich kein auffälliger Unterschied im Oestrogenspiegel beider Gruppen. Als Nebenbefund fiel uns auf, daß die Oestro-genwerte der Vergleichsgruppe eine deutliche Korrelation zum Menopausenalter zeigen. Ein solcher Zusammenhang fehlt bei der Gruppe der Adenocarcinome. Ob dies als Zufallsergebnis infolge der niedrigen Fallzahl zu werten ist, bedarf der wei-teren Klärung durch eine größere Untersuchungsreihe.

Zusammenfassend läßt sich aus unseren Untersuchungen die Ansicht nicht stützen, daß die Oestrogene das Carcinom des Gebärmutterkörpers auslösen.


### Literatur

1. Hertig, A., u. H. Gore: Z. Krebsforsch. **65**, 201 (1963).
2. Ittrich, G.: Hoppe-Seylers Z. physiol. Chem. **320**, 103 (1960).
3. Oertel, G. W.: Klin. Wschr. **39**, 492 (1961).
4. Wilcoxon, Th. Zit. aus Pfanzagl, A: Allgemeine Methodenlehre der Statistik. Bd. II, S. 151. Berlin: de Gruyter 1966.
5. Gore, H., and A. Hertig: Am. J. Obst. Gynec. **94**, 134 (1966).

# Das Verhalten der Steroidausscheidung unter Langzeitbehandlung mit einer Oestrogen-Gestagen-Kombination
## Excretion of Steroids in Therapy with Combined Estrogen-Progestagen of Long Duration

F. HUSMANN

Medizinische Poliklinik der Universität Würzburg

**Summary**

The long-term application of 3 mg chlormadinone acetate + 0,1 mestranol causes a decrease of the excretion of adrenocortical hormones by 2 different mechanisms. 1. Increase of the globulin bound plasma cortisol with decrease of the renal clearance rate. 2. Direct or indirect inhibition of adrenocortical activity with development of a certain insufficiency.

Seit mehr als 4 Jahren untersuchen wir den Einfluß einer Kombination von 3 mg Chlormadinonacetat + 0,1 mg Mestranol auf den Hirsutismus und kontrollieren ihre Einwirkung auf den Steriodstoffwechsel. Das Präparat wurde cyclisch verabreicht, und nach je 8 Cyclen wurde ein therapiefreies Intervall von je 2 Cyclen eingeschaltet. 6 Patientinnen mit adrenal bedingtem Hirsutismus und 2 endokrin gesunde Frauen konnten über einen Behandlungszeitraum von je 48 Cyclen beobachtet werden.

Unter der Behandlung kommt es zu einem raschen Rückgang der Ausscheidung an 17-Hydroxycorticosteroiden (17-OH-CS) bei endokrin gesunden Frauen, der bei Patientinnen mit adrenal bedingtem Hirsutismus verzögert abläuft, so daß bei dieser Gruppe von Patientinnen erst nach 6 bis 8 Cyclen ein Minimum erreicht ist. Der Wiederanstieg der Hormonausscheidung verläuft in beiden Gruppen steil, so daß bereits am Ende des 1. therapiefreien Cyclus die Ausgangswerte nahezu wieder erreicht sind. Im 2. und 3. Behandlungsintervall über je 8 Cyclen läßt sich ein Unterschied im Verhalten der 17-OH-CS-Ausscheidung zwischen den beiden Gruppen der Patientinnen nicht mehr feststellen: rascher Rückgang der Sekretion und steiler Wiederanstieg in den behandlungsfreien Cyclen. Gegen Ende des 4. Behandlungsintervalls ändert sich das Verhalten der Steroidexkretion deutlich. Die durchschnittliche Ausscheidung an 17-OH-CS sinkt im 38. Behandlungscyclus auf 2,1 mg/24 Std ab. Der Wiederanstieg verläuft träge, so daß im 2. therapiefreien Cyclus, dem 40. des gesamten Beobachtungszeitraumes, nur noch 4,7 mg/24 Std erreicht werden, d. s. 59,5 % des Ausgangswertes. — Im 48. Behandlungscyclus beträgt die durchschnittliche 17-OH-CS-Ausscheidung nur noch 1,2 mg/24 Std — Diese durch Summenbestimmung gewonnenen Ergebnisse wurden durch quantitative Bestimmung der Cortison- und Cortisolmetaboliten gestützt.

Die Bestimmung der 17-OH-CS-Werte im Plasma ergab vor und unter der Belastung mit 80 iE ACTH (als Infusion in 500 ml physiol. NaCl-Lösung) im Mittel folgende Werte in Gamma/100 ml: vor der Behandlung: 16,4 bzw. 35,9; im 8. Behandlungscyclus: 32,6 bzw. 49,8; im 48. Cyclus: 36,4 bzw. 41,6. — Die entsprechenden mittleren Anstiege der 17-OH-CS-Ausscheidung im Urin lagen bei 16,31; 14,11 und 5,96 mg/24 Std.

Wie sind diese Befunde zu interpretieren? Die angegebenen Werte lassen auf einen in 2 Phasen ablaufenden Mechanismus schließen. Der rasche Anstieg der Plasma-17-OH-CS unter der Therapie bei entsprechendem Rückgang der Ausscheidung und zunächst intakter Ansprechbarkeit der Nebennierenrinde (NNR) auf ACTH kann über die Verschiebung der Cortisol-Eiweißbindung mit Einschränkung der renalen Clearance-Rate erklärt werden [2]. Die weiteren Befunde, die nach sehr langer Behandlungsdauer erhoben wurden, sprechen für die mögliche Entwicklung einer gewissen NNR-Unterfunktion, die durch folgende Mechanismen bedingt sein kann:

1. Direkte Hemmung der NNR-Aktivität durch den Gestagen-Anteil, die bisher nur im Tierexperiment nachgewiesen wurde [1].

2. Indirekte Hemmung der NNR-Funktion durch das Gestagen ggf. nach Hydroxylierung und Einschränkung der ACTH-Sekretion. Außerdem könnte der durch das Oestrogen bedingte Anstieg des eiweißgebundenen Cortisols im Plasma von einer gewissen Konzentration an die ACTH-Sekretion hemmen [3].

### Literatur


1. Arends, J.: Arch. Pharm. Chemi. **70**, 907 (1963).
2. Marks, L. J., G. Benjamin, F. J. Duncan, and J. V. I. O'Sullivan: J. clin. Endocr. **21**, 826 (1961).
3. Peterson, R. E., G. Nokes, P. S. Chen, and R. L. Black: J. clin. Endocr. **20**, 495 (1960).

# Oestrogenaktivität von 17α-Oestradiol, Equilin, Equilenin und ihren Sulfokonjugaten im Tierversuch und beim Menschen
## Estrogenic Activity of 17α-Estradiol, Equilin, Equilenin and Their Sulfoconjugates in Experimental Animals and in Man


CH. LAURITZEN

Frauenklinik der Universität Ulm



### Summary

Oestrone sulfate and Equilin sulfate, main components of the pregnant mare urines conjugated oestrogens, are oral highly active in different biological tests. In contrast Equilenin, its sulfate and 17α-Oestradiol are weak compounds. In the human the oral dose for the proliferation of an atrophic endometrium is 30 mg for Oestrone sulfate, 30 mg for Equilin sulfate. 17α-Oestradiol was ineffective in doses up to 70 mg. The effect on vaginal smear, cervical mucus and gonadotropin excretion corresponded to the oestrogenic activity.


Konjugierte Oestrogene aus Stutenharn werden gegenwärtig in der Behandlung klimakterischer Beschwerden mit gutem Erfolg verwendet. Hauptbestandteile dieses natürlichen Gemisches sind die Sulfokonjugate von Oestron (ca. 50 %), Equilin (ca. 20 %), 17α - Oestradiol (ca. 6 %), Equilenin (ca. 3 %) und 17α - Dihydroequilenin (ca. 16 %). Über die biologische Wirksamkeit der Komponenten des Präparates ist wenig bekannt. Es erschien daher interessant, die oestrogene Aktivität der Einzelverbindungen zu analysieren.

## Material und Methodik

Verwendet wurden kastrierte Ratten (Wistar) und Mäuse (Agnes Blum) aus gleichen Würfen mit je 4 Tieren pro Dosis (Schlundsonde). 16 Frauen mit sekundären Amenorrhoen, 2 kastrierte Patientinnen und 29 Frauen mit klimakterischen Beschwerden erhielten die Oestrogene oral. Untersucht wurden Vaginalcytologie, Cervixschleim sowie Endometrium vor, während und nach 14 Behandlungstagen. Die Untersuchung der Ausscheidung gonadotroper Gesamtaktivität im 24-Stunden-Harn erfolgte mit Loraine u. Brown-Extraktion im Mäuseuterustest nach Klinefelter ($\lambda = 0{,}19$). Die Reinheit der von uns verwendeten Substanzen wurde dünnschichtchromatographisch geprüft. Das 17α - Oestradiol enthielt weniger als 1 % 17β - Oestradiol, das Equilinsulfat weniger als 0,5 % Oestronsulfat.

## Ergebnisse

Im Uteruswachstumstest an der Ratte ist bei *oraler* Verabfolgung das Equilin fast gleichstark wie Oestron. Equilenin ist wesentlich weniger aktiv, 17α - Oestradiol das schwächste der untersuchten Oestrogene. Die Dosis-Wirkungskurve entspricht in ihrem flachen Verlauf etwa derjenigen des Oestriol. Im Allen-Doisy-Test

ist Equilin, oral gegeben, etwas stärker und Equilenin 25fach schwächer als Oestron.
Bei den Sulfokonjugaten ist Na-Oestron-Sulfat, oral verabfolgt, im Rattenuterus-
test gering stärker als Oestron-Sulfat. Equilenin-Sulfat ist zehnfach-, 17-αOestra-
diol-Sulfat mehr als zehnmal schwächer. Im Allen-Doisy-Test zeigen Oestron-Sulfat und Equilin-Sulfat oral etwa gleiche Aktivität. Equilenin-Sulfat und 17α-Oestra-
dilsulfat besitzen kaum 1/10 dieser Wirksamkeit.

Bei *subcutaner* Verabreichung sind die erforderlichen Dosisrelationen für eine
MED 50 im Allen-Doisy-Test ähnlich. Oestron-Sulfat steht an erster Stelle, knapp gefolgt von Equilin-Sulfat und dem 15fach unterlegenen Equilenin-Sulfat.

Beim Menschen wurden die oralen Proliferationsdosen am Endometrium mit
30 mg für Oestron-Sulfat und mit 30 mg für Equilin-Sulfat ermittelt. Mehr als 70 mg
17α-Oestradiol oral in Gelatinekapseln führten nicht zu einer Proliferation des
atrophischen Endometriums. Dementsprechend waren die Amenorrhoeindices für
alle Steroidsulfate bei gleicher Dosierung etwa gleich (Tab. 1)

Tabelle 1. *Proliferationsdosen und Amenorrhoeindices oraler Oestrogene*

| Präparat | Proliferations-dosis/mg | Anzahl Pat. | Amenorrhoe-Index[a] | Dosis mg/die |
|---|---|---|---|---|
| Äthinyloestradiol-Tabletten | 2,0 | — | 3,50 | 0,04 |
| Oestronsulfat-Dragées | 30,0 | 10 | 1,34 | 2,50 |
| Konjugierte Oestrogene-Dragées | 40,0 | — | 1,20 | 2,50 |
| Equilinsulfat-Kapseln | 30,0 | 4 | 1,30 | 2,50 |
| 17α-Oestradiol-Kapseln | > 70,0 | 4 | — | 5,00 |

[a] $\frac{D}{T} \times E$, nach Kuppermann

Equilin-Sulfat beeinflußte Farnhänomen, Spinnbarkeit und Pyknoseindex im
Vaginalabstrich quantitativ und qualitativ gleich wie Oestron-Sulfat. Es war deutlich stärker als 17α-Oestradiol. Die Gonadotropinausscheidung im Harn wurde
durch 1,0 mg Equilin-Sulfat oral pro Tag bereits deutlich reduziert. 17α-Oestradiol
zeigte in einer Dosis von 3 mg oral pro Tag keinen deutlich gonadotropinbeein-
flußenden Effekt.

Bei klimakterischen Beschwerden war, gemessen an dem Kriterium Hitzewal-
lung, mit 1,20 mg Oestron-Sulfat und mit 1 mg Equilin-Sulfat eine einwandfreie
Besserung zu erzielen. Die Wirkung von 0,9 mg/die konjugierter Oestrogene aus
Stutenharn schien insgesamt kaum günstiger als die Wirkung einer der verwendeten
Teilkomponenten Oestron-Sulfat und Equilin-Sulfat (Tab. 2). 17α-Oestradiol
hatte in Dosen über 3 mg täglich in Gelatine-Kapseln keinen deutlichen Einfluß auf
klimakterische Beschwerden.

Es weisen demnach alle Ergebnisse darauf hin, daß Oestron-Sulfat und Equilin-
Sulfat, oral gut wirksame Oestrogene, die Hauptbestandteile der Mischung konjugierter Oestrogene sind. Beide haben jedoch teilweise ein eigenes Wirkungs-
spektrum. Die Sulfate werden offenbar gut resorbiert, da sie, zumindesten beim
Menschen, oral wirksamer sind als die freien Verbindungen. 17 α -Oestradiol und
Equilenin-Sulfat sind schwache Oestrogene, wobei das erste offenbar qualitativ
eher dem Oestriol ähnlich ist. Equilenin und 17α-Oestradiol mit ihrer geringen

Tabelle 2. *Minimaldosen für Therapie klimakterischer Beschwerden*
*(Kriterium: Hitzewallungen)*

| Präparat | wirksame Dosis mg/die oral | Beschwerden % beseitigt | gebessert | gleich |
|---|---|---|---|---|
| Äthinyloestradiol-Tabletten | 0,02 | 69 | 31 | — |
| Oestronsulfat-Dragées | 1,20 | 52 | 38 | 10 |
| Konjugierte Oestrogene-Dragées | 0,90 | 76 | 24 | — |
| Equilinsulfat-Kapseln | 1,00 | 3/6 | 3/6 | — |
| 17α-Oestradiol-Kapseln | > 3,00 | — | 3/5 | 2/5 |

oestrogenen Wirksamkeit sind dementsprechend biologisch wahrscheinlich unbedeutende Anteile der oestrogenen Aktivität in den konjugierten Oestrogenen aus Stutenharn.

Weitere eingehende Untersuchungen sind geplant, sobald größere Mengen der konjugierten Oestrogene für eine orale Therapie zur Verfügung stehen.

Literatur auf Wunsch beim Verfasser.

# Klinische Untersuchungen über die antigonadotrope Wirkung von Oestrogenen
## Clinical Investigations on the Antigonadotrophic Action of Estrogens


URSULA LASCHET und L. LASCHET

Psychoendokrinologische Abteilung der Pfälzischen Nervenklinik Landeck


## Summary


Results with a 28 to 30 day's oral treatment of postmenopausal women with 4 mg estriol, 2 mg estrone, 2 mg free estradiol, 2 mg estradiol-17$\alpha$-valerate, 1,25 mg and 0,3 mg conjugated estrogens and 50, 100 and 200 $\mu$g 1-Hydroxy-ethinylestradiol-1.3-diacetate are indicating a divergence of the peripheral and the central antigonadotrophic activity of different estrogens.


Systematische klinische Untersuchungen über die antigonadotrope Aktivität von Oestrogenen unter Berücksichtigung aller drei bestimmbarer Parameter und getestet gegen ein internationales Referenz-Präparat, liegen unserer Kenntnis nach nicht vor.

Wir berichten über erste Ergebnisse einer systematischen Untersuchung der antigonadotropen Wirkung von Oestrogenen an Postklimakterinnen in Abhängigkeit von Dosis und Zeit.

## Methodik

ICSH immunologisch, FSH im Steelmann-Pohley-Test, Gesamtgonadotropine im Mausuterustest; alle drei Parameter aus demselben 24-h-Harnextrakt in IE II. Referenz-Präparat für HMG. Je drei Kontrollwerte vor Behandlung; Untersuchung während der Behandlung in 4—7 tägigen Abständen; Kontrolle nach Absetzen der Therapie bis zur Normalisierung der Werte. 28—30 Behandlungstage bei oraler Applikation; einmalige intramuskuläre Injektion.

Es liegen vor: Ergebnisse bei 3 Postklimakterinnen mit 4 mg Oestriol, 3 mit 2 mg Oestron, 4 mit 2 mg freiem Oestradiol, 5 mit 2 mg Oestradiolvalerianat, 10 mit 1,25 und 10 mit 0,3 mg natürlichen konjugierten Oestrogen; 3 mit je 50 und 100 und 200 $\mu$g 1-Hydroxy-äthinyloestradiol-1,3-diacetat/Tag 10 Tage lang; und 2 Frauen mit 5 mg Oestradiolvalerianat in öliger Lösung einmalig i. m.

## Ergebnisse

4 mg Oestriol/Tag ließen keine eindeutige antigonadotrope Wirkung erkennen.

2 mg Oestron/Tag führten in 2 von 3 Fällen bereits am 4. Behandlungstag, in einem am 7. Behandlungstag zur eindeutigen Verminderung der Gonadotropinausscheidung, in einem Fall unter die Nachweisgrenze, in den beiden anderen auf 1/4—1/10 der Vorbehandlungswerte. Bereits am 4. Tag nach Behandlungsstopp stiegen die Werte wieder an.

Unter 2 mg freiem Oestradiol/Tag war in allen Fällen eine eindeutige antigonadotrope Aktivität nachweisbar, jedoch blieb die Gonadotropinausscheidung
immer meßbar und lag im Mittel bei 25 % der Ausgangswerte. In zwei Fällen war
ein Protraktionseffekt erkennbar: Am 13. bzw. am 18. Tag nach Beendigung der
Oestradiolzufuhr war noch kein Wiederanstieg der Gonadotropine zu finden.

Unter 2 mg Oestradiolvalerianat entsprach die antigonadotrope Wirkung in 3 der
5 Fälle etwa der unter 2 mg freiem Oestradiol, in 2 Fällen waren Gonadotropine
nicht mehr meßbar.

Unter 50 $\mu$g 1-Hydroxy-äthinyloestradiol-1,3-diacetat, 10 Tage lang verabreicht, war eine antigonadotrope Wirkung nicht sicher nachweisbar. 100 $\mu$g führten
in 2 Fällen zur Senkung der Gonadotropinausscheidung um 30—50% 200 $\mu$g senkten
auf die Hälfte bis 1/10 der praetherapeutischen Werte.

Unter 1,25 mg natürlichen konjugierten Oestrogenen waren in 4 der 10 Fälle
Gonadotropine erstmalig am 10., spätestens am 18. Behandlungstag nicht mehr
meßbar. Die Normalisierung der Gonadotropinausscheidung erfolgte zwischen dem
13. und 22. Tag nach Therapieende.

Mit 0,3 mg konjugierten Oestrogenen kam es in 2 Fällen zum Anstieg der Gonadotropinausscheidung (vgl. Rosemberg). In 2 weiteren Fällen deutete sie auf eine
schwache Gonadotropinhemmung hin.

Einer dieser Fälle reagierte nach Absetzen der Medikation trotz der gering-
fügigen Hemmung mit einem kräftigen Rebound-Effekt.

Injizierten wir einmal 5 mg Oestradiolvalerianat in öliger Lösung i. m., so waren
um den 14. Tag eine Reduktion der Gonadotropinausscheidung auf 1/10 der Ausgangswerte, am 21. Tag ein schon wieder ansteigender Gonadotropingehalt des
Harns und am 28. Tag wieder Normalwerte zu finden.

Vergleicht man die experimentell gegen Oestron ermittelten uterotropen
Aktivitäten und die Proliferationsdosis mit den bisherigen Ergebnissen über die
antigonadotrope Wirkung, so ist festzustellen, daß Oestriol antigonadotrop ebenso
wenig aktiv ist wie am Uterus oder am Endometrium.

Über die orale Proliferationsdosis von Oestron fanden wir keine Angaben. Die
antigonadotrope Wirkung war etwa die gleiche wie unter Oestradiolvalerianat, von
dem die Aufbaudosis mit 60—80 mg und die uterotrope Aktivität bezogen auf
Oestron mit 3,58 angegeben werden. Oral appliziertes freies Oestradiol ist schwächer
antigonadotrop wirksam als Oestron und Oestradiolvalerianat bei einem ebenfalls
niedrigeren Faktor für die uterotrope Aktivität von 2,01. Die antigonadotrope
Aktivität von freiem Oestradiol und Oestradiolvalerianat scheint in ihren Relationen
den ermittelten uterotropen Aktivitäten parallel zu gehen, die von Oestron scheint
demgegenüber höher zu sein. Die uterotrope Wirkung von 1-Hydroxy-äthinyl-
oestradiol-1,3-diacetat entspricht der von 17α-Äthinyloestradiol; die Proliferationsdosis liegt im Mittel bei 800 $\mu$g. Die antigonadotrope Wirkung dieser Substanz
scheint jedoch im Vergleich zur uterotropen und proliferativen Wirkung geringer zu
sein.

Die bisher vorliegenden ersten Ergebnisse lassen eine Divergenz zwischen der
peripheren und der zentralen Oestrogenwirkung erkennen. Sie zeigen auch, daß es

nicht allein ausschlaggebend sein kann, in einem oder zwei Fällen die antigonadotrope Aktivität zu ermitteln; es ist vielmehr nötig, in einer größeren Fallzahl die
individuellen Schwankungsbreiten in die Schlußfolgerungen mit einzubeziehen.

Literatur

Hilgar, G., and J. Palmore jr.: Uterotropic Bioassay Data. Issue III of Endocrine Bioassay
  Data (1968).
Rosemberg, E., u. I. Engel: J. clin. Endocr. **20**, 1576 (1960).

# Applikation von Dehydroepiandrosteron-Sulfat als Oestrogenprecursor bei Frauen im Klimakterium [1]

## Application of Dehydroepiandrosterone Sulfate as Estrogen Precursor in Climacteric Women

E. Kaiser, H. Schmidt-Elmendorff, H.-D. Gnisa, H. van der Crabben und W. Gerteis

Endokrinologische Abteilung und Cytologische Abteilung der Univers.-Frauenklinik Düsseldorf

Mit 2 Abbildungen

### Summary

Besides the application of oestrogens in free or conjugated form for treatment of the menopausal syndrome, the use of dehydroepiandrosterone sulfate (Ro 6-6827) has been proposed, for this oestrogen precursor will be metabolised to oestrogens an increase — among others — the endogenous oestrogen level. The effect of this steroid conjugat has been studied in a number of climacteric women, estimating the alterations of the fractionated urinary and plasma steroids. An increase of the urinary and plasma oestrogen levels and a typical oestrogenic effect in the vaginal smear were observed during therapy. The climacteric complains also improved.

Dehydroepiandrosteron (DHEA), in seiner sulfokonjugierten Form von Baulie u. Mitarb. als wichtiger Precursor anderer Steroidsulfate und von Vande Wiele u. Mitarb. als ein direkt und aktiv von der Nebennierenrinde sezerniertes Steroidkonjugat erkannt, durchläuft im Organismus einen ,,indirekten'' und ,,direkten'' Stoffwechselweg, wobei nach Baulieu bis zu 90 % beim Mann und zu 65 % bei der Frau bei weitem der direkte, effektvollere Weg überwiegt.

Nach Breuer u. a. kann folgender stufenweiser Reaktionsablauf von den $C_{19}$-Steroiden zu Oestrogenen angenommen werden:

vom DHEA → Androstendion → 19-Hydroxy-androstendion → 19-Oxo-androstendion zum Oestron, bzw. über Testosteron → 19-Hydroxy-testosteron → 19-Oxo-testosteron zum Oestradiol.

Knapstein, Wendlberger u. Oertel konnten die direkte Transformation von DHEA-S zu $C_{19}$-Steroiden und $C_{18}$-Steroiden im Ovargewebe nachweisen, wobei Oertel, Treiber und Rindt annehmen, daß die Biosynthese von Oestron-Sulfat über ein dem Androstendion entsprechendes 3,5-dienolsulfat verläuft.

Oertel, Groot u. Wenzel wiesen weiterhin nach, daß die Konjugation in Sulfatidform eine bevorzugte Vorstufe zur Bildung von Oestrogenen ist, nachdem Oertel bereits vorher eine Umwandlung von i. v.-appliziertem DHEA-S in DHEA-sulfatid fand.

Nach Befunden des gleichen Arbeitskreises passieren $C_{19}$-Steroid-Sulfate ohne nennenswerte Hydrolyse sowohl die Darmwand, als auch die Leber, dagegen wird

[1] Mit Unterstützung des Ministerpräsidenten des Landes Nordrhein-Westfalen — Landesamt für Forschung, Düsseldorf.

148

DHEA-glucuronosid größtenteils in der Darmwand hydrolysiert und als Sulfat rekonjugiert.

Aufgrund des aufgezeigten Metabolismus könnte DHEA in seiner sulfokonjugierten Form durchaus geeignet sein, im Klimakterium als körpereigenes Steroid neben anderen spezifischen Stoffwechselleistungen, „endogen" den Oestrogenspiegel zu erhöhen und damit möglicherweise zum Nachlassen bzw. zur Beseitigung klimakterischer Beschwerden beizutragen.

Klimakterische, teils ovarektomierte Frauen mit starken klimakterischen Ausfallserscheinungen erhielten DHEA-S (Ro 6-6827) zuerst über drei Monate in einer Dosierung von 20 mg/die oral appliziert.

Die Ausscheidung an Gesamt-17-Ketosteroiden im Harn wurde erwartungsgemäß aufgrund des exogen zugeführten DHEA-S signifikant um fast das Doppelte gegenüber der Ausgangslage erhöht aufgefunden. Ähnlich verhielten sich die 17-Hydroxy-Corticosteroide im Harn. Vor allem durch vermehrt ausgeschiedenes Oestron stiegen die Oestrogene im Harn während des 2.und 3. Behandlungsmonat an, lagen aber immer im Streubereich, so daß eine signifikante Sicherung nicht möglich war.

Auffällig war bei einer derartigen Applikationsweise des DHEA-S — nämlich 20 mg/die oral — die geringe, aber signifikante Zunahme der Sulfatid- und Glucuronosidfraktion im Plasma, die vor allem auf eine Erhöhung des Oestrons in seiner entsprechend konjugierten Form beruhte.

Die Fraktionierung der Plasmasteroide ließ neben einer Zunahme des 17α-Hydroxypregnenolons ein deutliches Ansteigen der Fraktion des Androstendions, weniger des Testosterons und der Gesamtoestrogene erkennen, wobei vor allem beim Androstendion die sulfokonjugierte Form und hier wiederum besonders das Sulfatid überwiegten.

Da klinisch und analytisch nach Applikation von 20 mg/die DHEA-S ein sichtbarer, aber meist nur geringer Effekt vorhanden war, was sich auch cytologisch

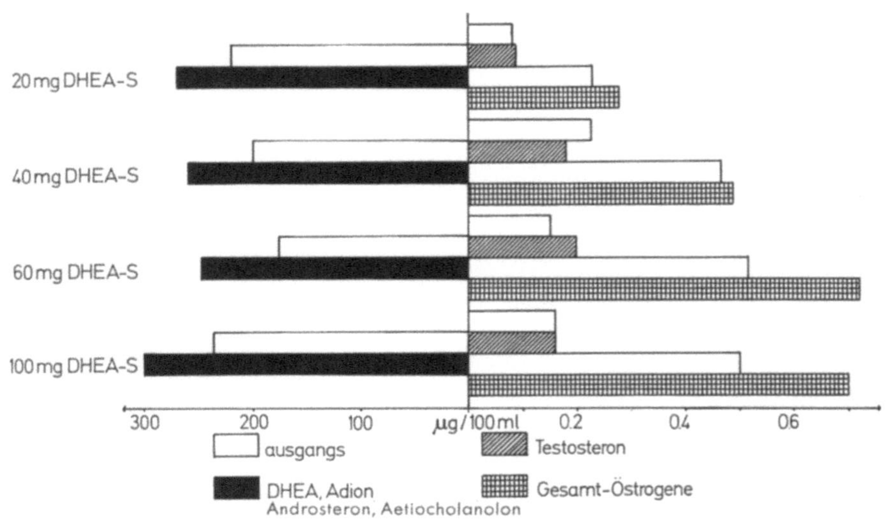



Abb. 1. Plasma-androgene-oestrogene unter DHEA-S

bestätigen ließ, wurde im Anschluß an diese Untersuchungen bei weiteren Probanden Dosierungen in Höhe von 40, 60 und 100 mg/die oral gewählt.

Während klinisch und cytologisch ein bedeutend schnellerer und effektvollerer Wirkungseintritt beobachtet wurde, ließen sich im Harn und Blutplasma folgende Befunde hinsichtlich der Steroidspiegel erheben (Abb. 1).

Im 24-Std-Urin stiegen die Gesamt-Oestrogene vor allem bei höherer Dosierung sofort um durchschnittlich 20 % an, lagen aber auch hier nur selten über der bekannt starken Tagesschwankung. Dagegen fand sich im Plasma ein Anstieg der Androgene, der wie die Fraktionierung zeigte, auf einer Erhöhung fast allein des Androstendionspiegel beruhte. In der Fraktion des Testosterons ließ sich kein verwertbarer Befund erheben.

Was die Fraktionen der Plasma-Oestrogene betraf (Abb. 2), so fand sich bereits ab einer Dosierung von 40 mg/die DHEA-S ein signifikanter Anstieg, der sich

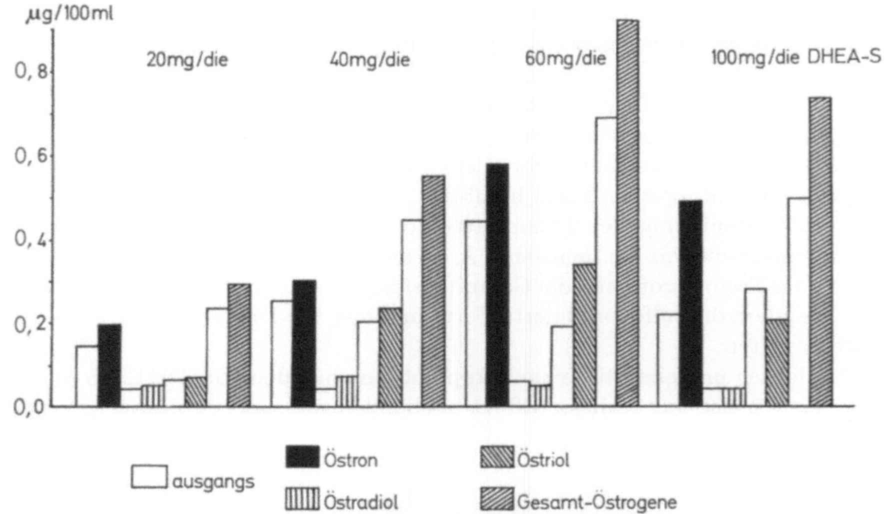


Abb. 2. Plasma-oestrogene unter DHEA-S

durch höhere Dosierungen nur unwesentlich steigern ließ. Diese Erhöhung beruht auf dem vermehrten Angebot an Oestron, vor allem in seiner sulfokonjugierten Form.

Zusammenfassend läßt sich sagen, daß mit der exogenen Zufuhr von sulfokonjugiertem DHEA in einer Dosierung von über 20 mg/die sich der endogene Oestrogenspiegel — und hier besonders das Oestron — anheben läßt, so daß sich auch bei ovarektomierten Frauen die Applikation dieses Steroid-Konjugats zur Behandlung klimakterischer Beschwerden diskutieren läßt. Daneben muß aber für die klinische Wirkung des DHEA-S ein Androgeneffekt diskutiert werden.


### Literatur

Baulieu, E. E., C. Corpéchot, F. Dray, R. Emiliozzi, M.-C. Lebenau, P. Mouvais-Jarvis, and P. Robel: Progr. Hormone Res. **21**, 411 (1965).
Breuer, H.: Acta endocr. (Kbh.) **40**, 111 (1962).
Knappstein, P., F. Wendlberger, u. G. W. Oertel: Hoppe-Seylers Z. physiol. Chem. **348**, 89 (1967).
Oertel, G. W.: Biochem. Z. **339**, 125 (1963).

# Histomorphologische Untersuchungen zur Beeinflußbarkeit der Kraurosis vulvae durch konjugierte Oestrogene

## Histomorphological Investigations on the Modification of Craurosis Vulvae by Conjugated Estrogens


O. Dapunt

Universitäts-Frauenklinik Innsbruck


Mit 2 Abbildungen


### Summary

The administration of high doses of conjugated estrogens (Premarin) to a 59 year old patient with kraurosis vulvae in the atrophic stage resulted in complete clinical recovery and histologic recovery ecept for minor microscopec residual findings. The clinical improvement started 8 months after the onset of treatment, the histologic improvement was first apparent in the third biopsy 19 months after the start of the therapy.

From this observation some recommandations are derived: For an optimal effect replacement doses of 1.25 to 2.5 mg conjugated estrogens daily should be given according to the vaginal cytological findings. This dosage is often above the bleeding threshold. Estrogen containing creams are not sufficient for a complete long-term hormonal replacement and are only recommanded as an initial additional treatment.

Complete estrogen replacement therapy can lead to a remarkable improvement, but not to a complete cure of kraurosis vulvae and is indicated in postmenopausal cases of hormonal aetiology.


Im Schrifttum herrscht keine Übereinstimmung, ob die 1885 von Breisky definierte Kraurose der Vulva (Kr. v.) als Krankheitsbild sui generis aufzufassen ist, oder ob es sich um eine aus vielen möglichen Ursachen resultierenden Schrumpfung des vulvovaginalen Überganges handelt (Janovsky 1968). Für einen Teil der insbesondere postmenopausischen Kraurosefälle ist jedenfalls die schon von Breisky hervorgehobene hormonale Ursache nicht zu leugnen. Die Aussichten einer Hormontherapie wurden indes unterschiedlich beurteilt. Dies scheint einerseits in der uneinheitlichen Ätiologie des Leidens begründet zu sein. Betrachtet man andererseits frühere Berichte mit dem heutigen Wissen um den Hormonsatz, so entstehen Zweifel über die Tauglichkeit der angewandten Hormone, ihre Dosierung Applikationsform- und Dauer.

Das hier wiedergegebene klinische Experiment einer hochdosierten Langzeittherapie mit konjugierten Oestrogenen konnte zur Klärung zweier Fragen beitragen:

1. Wie weit geht der Effekt einer Oestrogentherapie?
2. Welche Dosierung ist erforderlich?

Bei einer 59 j. Patientin bewirkte die orale Therapie mit konjugierten Oestrogenen (Premarin) eine vollständige klinische und bis auf karge Restbefunde (Lymphocyteninfiltration) auch histologische Rückbildung einer Kr. v. im atrophischen Stadium. Der Erfolg zeigte sich klinisch nach 8, histologisch erst in der dritten Probeexcision nach 19 Monaten (Abs. 1, 2). Die Ergebnisse unterlegen die auffällige Hormon- und insbesondere Oestrogenabhängigkeit des im Genitalbereich lokalisierten „steroidsensitiven Bindegewebe" (Szirmai, 1954).

Aus der Beobachtung lassen sich einige therapeutische Empfehlungen ableiten: Für die Erreichung eines optimalen Effektes sind Substitutionsdosen erforderlich,

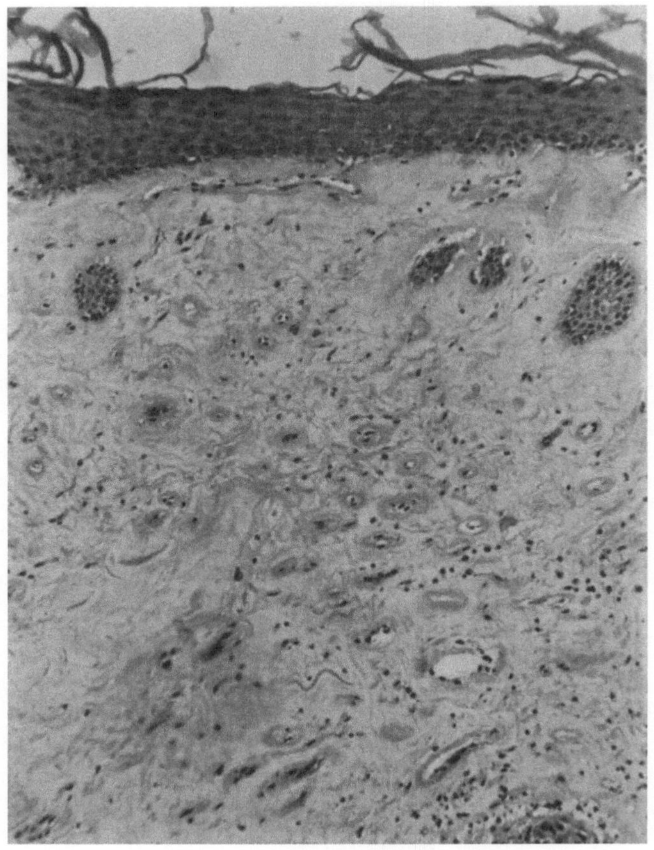

Abb. 1. E.M., 59 J. 1. Gewebsprobe aus der Vulva, entnommen vor Therapiebeginn (13. 7. 1966). Vollbild der Kraurosis vulvae im atrophischen Stadium. Oberflächenepithel verschmälert und leukoplakisch verhornt. Corium ödemsklerotisch und locker lymphocytär infiltriert. H.-E., 100fach

welche aus der Vaginalcytologie ermittelt werden können (1,25—2,5 mg Premarin/ die). Diese Dosierung liegt vielfach oberhalb der Blutungsschwelle, was mit eigenen Befunden (glandulär-cystische Hyperplasie) übereinstimmt. Entzugsblutungen können aber u. E. ob des günstigen Effektes unter ständiger Überwachung in Kauf genommen werden. Wir bevorzugten für den Oestrogenvollersatz die cyclische Intervallbehandlung (3 Wochen Medikation, 1 Woche Pause), da diese die Hormoneinwirkung in regelmäßigen Abständen unterbricht. Oestrogenhaltige Salben scheinen für den notwendigen Ersatz nicht zu genügen, sie werden daher nur als initiale Zusatztherapie empfohlen. In größeren Abständen verabreichte kleine Oestrogendosen waren für die Erhaltung des günstigen Lokalbefundes erforderlich.

Die optimale Oestrogenersatztherapie brachte eine erstaunliche Rückbildung, aber keine Heilung, die geschilderte Therapieform ist in Fällen postmenopausischer hormonal bedingter Kr. v. indiziert.

Abb. 2. Gewebsprobe aus der Vulva nach 19 monatiger Oestrogenersatztherapie (12. 2. 1968). Völlige Restitution des Oberflächenepithels. Umwandlung der corialen Sklerosezone in ein gut vascularisiertes (jedoch immer noch lymphocytär infiltriertes) Bindegewebe. H.-E., 100 fach

## Literatur

Dapunt, O.: Kraurosis vulvae. Geburtsh. u. Frauenheilk. **29**, 33—44 (1969).

# Der Einfluß der Oestrogene auf die Blutdruckregulation; ein Beitrag zur geschlechtsspezifischen Prognose der Arteriosklerose

### Effect of Estrogens on Blood Pressure Regulation

A. W. v. Eiff, E. J. Plotz, K. J. Beck und A. Czernik, Bonn[1]

Mit 1 Abbildung


### Summary

In a double blind study the influence of estrogens and of a combination of estrogens plus gestagens on the regulatory mechanism of the systemic circulation was studied. The following groups of healthy women were examined: 28 ovariectomized women; 15 women after physiologic menopause, and 34 women during the menstrual cycle. It was proved that estrogens exert a protective influence on the mechanism of blood pressure regulation. The possible significance of this finding on long-term changes of the morphology of the blood vessels is discussed.


Beim Vergleich des Blutdruckverhaltens männlicher und weiblicher Personen war in früheren Untersuchungen gefunden worden, daß es eine geschlechtsspezifische Blutdruckregulation gibt. Die Ergebnisse sprachen für einen protektiven Mechanismus bei der Blutdruckregulation der geschlechtsreifen Frau. Der Analyse dieses Mechanismus, der zu schwächeren und selteneren Anstiegen des systolischen Blutdrucks bei der geschlechtsreifen Frau führt, galten folgende Versuche:

1. Bei 28 Frauen mit bilateraler Ovarektomie wurde das Verhalten von Blutdruck, Pulsfrequenz, elektromyographisch erfaßtem Muskeltonus und Atemfrequenz während Ruhe und während zweier Reize geprüft. Danach wurde jede Vpn aufgrund von Zufallszahlen einer von 3 Gruppen zugeordnet, bezüglich des Hormoneinflusses am Vaginalepithel getestet und erhielt im doppelten Blindversuch — je nach Gruppenzugehörigkeit — eine Substanz. Tab. 1 zeigt die

Tabelle 1

| Gruppe | I | II | III |
|---|---|---|---|
| Zahl der Vpn. | 8 | 8 | 12 |
| Alter ($\bar{x}$ in Jahren) | 52,4 | 52,5 | 52,0 |
| Grad der Oestrogenwirkung (Vaginalephitel) | 2,4 | 2,6 | 2,7 |
| Substanz | Oestradiol-Valerianat 20 mg i. m. | Oestradiol-Valerianat 20 mg + 17α-Hydroxy-Progesteron-Capronat 250 mg i. m. | 0,9% NaCl Lösung i. m. |

[1] Die varianzanalytische Auswertung des Materials erfolgte durch H. J. Jesdinsky, Freiburg, i. Br.

Altersverteilung, den Oestrogeneinfluß vor Injektion der Substanz und die applizierte Substanz bei den 3 Gruppen. 8 Tage später wurden die autonomen Funktionen in gleicher Weise wie bei der 1. Untersuchung geprüft. Die Ergebnisse sind in Tab. 2 dargestellt, soweit sie den Vergleich der Oestrogen- mit der Placebogruppe betreffen. Der Vergleich des Oestrogeneffekts mit dem kombinierten Oestrogen-Gestageneffekt ergab bei keiner Gruppe einen sicheren Unterschied.

Tabelle 2. *Oestrogeneffekte (Differenz von Gruppe I und III und Untersuchung 2 und 1)*

|  | Ruhe | Reiz I (Rechnen) | Reiz II (Rechnen + Lärm) |
|---|---|---|---|
| $RR_s$ mmHg | — 6,9 | — 16,4[b] | — 12,8[b] |
| $RR_d$ mmHg | — 5,9[a] | — 5,0 | — 5,2 |
| Puls/min. | — 8,1[a] | — 6,3 | — 2,9 |
| EMI log. 10 (EMI + 2) | — 0,3 | — 0,1 | — 0,3 |
| AF/min. | — 0,4 | — 1,3 | — 1,3 |

[a] $p < 0,05$, [b] $p < 0,01$

2. Bei 34 Frauen vor der Menopause wurden in einer ähnlichen Versuchsanordnung jeweils während 4 Cyclen (2 mal vor und 2 mal nach der Ovulation) die autonomen Funktionen geprüft und zu dem hormonalen Status (durch 5 Parameter definiert) in Beziehung gesetzt. Als Kontrollgruppe dienten 15 Frauen nach der Menopause, die in analoger Weise untersucht wurden. Es konnte bewiesen werden, daß mit zunehmendem Oestrogeneinfluß der Anstieg des systolischen Blutdrucks bei Reiz abnimmt, wobei der protektive Mechanismus umso ausgeprägter war, je stärker der systolische Blutdruck einer Altersgruppe reagierte (Abb. 1). Die verschiedenen Altersgruppen mit unterschiedlichen Blutdruck-

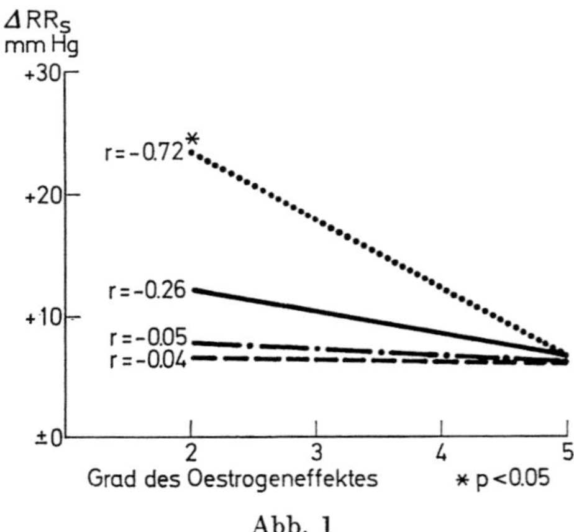


Abb. 1

reaktionen zeigten dementsprechend unterschiedliche Regressionen (durch Punkte bzw. gestrichelte Linien gekennzeichnet; die ausgezogene Linie stellt die durchschnittliche Regressionsgerade des Gesamtkollektivs dar).

Die Resultate, die mit den synthetischen Hormonen in der 1. Versuchsreihe
gewonnen worden waren, gaben demnach Aufschluß über die Verhältnisse während
des menstruellen Cyclus. Bei dem protektiven Mechanismus der Blutdruckregulation der geschlechtsreifen Frau handelt es sich um die Wirkung der Oestrogene. Es wird angenommen, daß dieser protektive Mechanismus der Blutdruckregulation für die günstigere Prognose der Arteriosklerose bei der geschlechtsreifen Frau mitverantwortlich ist.

### Literatur

A. W. v. Eiff: Verh. dtsch. Ges. inn. Med. 73, 42—58 (1967).

# Beeinflussung des Lipidstoffwechsels durch Oestrogenderivate
## Effect of Estrogen Derivates on Lipid Metabolism


V. Patt, M. Möllering und H. Breuer

Institut für Klinische Biochemie der Universität Bonn



### Summary

The effect of phenolic steroids with low estrogenic activity on the serum lipids was studied in male rats. The phospholipid and free fatty acid concentration of the animals increased significantly after the treatment with estrogens, hydroxylated or methoxylated in C-2, C-3 and C-4 positions. The concentrations of fatty acid esters were lowered, and there was a slight decrease of cholesterol.


Coronarsklerosen treten beim Manne im 4. und 5. Lebensjahrzehnt in wesentlich größerem Umfange auf als bei der Frau. Die unterschiedliche Anfälligkeit beider Geschlechter geht mit zunehmendem Alter zurück. Aus diesen Beobachtungen ist auf einen Kausalzusammenhang zwischen atherosklerotischen Erkrankungen und der endogenen Produktion von Oestrogenen geschlossen worden. Tatsächlich konnte unter verschiedenen experimentellen Bedingungen eine Wirkung von Oestrogenen auf die Konzentrationen von Cholesterin, Phosphatiden und Fettsäuren im Blut nachgewiesen werden.

In diesem Zusammenhang war es von Interesse, phenolische Steroide zu prüfen, die — ohne oestrogene Nebenwirkungen aufzuweisen — eine deutliche Wirkung auf den Lipidstoffwechsel ausüben. Dabei wurde folgende Versuchsanordnung gewählt: Männliche Wistar-Ratten mit einem Gewicht von 260-300 g erhielten am 1., 4., 8. und 11. Tag des Versuchs je 30 µg eines Oestrogenderivats. Im einzelnen wurden folgende Präparate injiziert: 2-Hydroxyoestron, 2-Methoxyoestron, 2-Hydroxyoestron-3-methyläther, 4-Hydroxyoestron-3-methyläther, 2-Methoxyoestradiol-17$\beta$-3-methyläther, 4-Methoxyoestron-3-methyläther. Am 14. Tag des Versuchs wurden die Tiere getötet und Cholesterin, Phosphatide, veresterte Fettsäuren sowie freie Fettsäuren im Serum bestimmt. Unter der Behandlung mit den angegebenen Steroiden erfolgte ein statistisch gesicherter Anstieg der Phosphatide um das 3—6fache gegenüber den Kontrolltieren (Mittelwert der Kontrolltiere 137 mg/100 ml, Mittelwert der behandelten Tiere 447 mg/100 ml). In gleicher Weise nahm die Konzentration der freien Fettsäuren zu (Mittelwert der Kontrolltiere 0,17 mM; Mittelwert der behandelten Tiere 1,00 mM). Die veresterten Fettsäuren waren deutlich, aber nicht bei allen Steroiden signifikant abgefallen (Mittelwert der Kontrolltiere 11,7 mM, Mittelwert der behandelten Tiere 7,1 mM). Die Abnahme des Cholesterin-Gehaltes ließ sich statistisch nicht sichern (Mittelwert der Kontrolltiere 90 mg/100 ml, Mittelwert der behandelten Tiere 70 mg/100 ml). Entsprechend den Werten von Cholesterin und Phosphatiden war der Cholesterin-Phosphatidquotient stark erniedrigt (Mittelwert der Kontrolltiere 0,65, Mittelwert der behandelten Tiere 0,18). Im Gegensatz zu den Beobachtungen von Gordon und Mitarbeitern [1] nahm die Konzentration von Cholestrin nur geringfügig zu. Durch eine Steigerung der applizierten Dosis dürfte jedoch eine stärkere Wirkung zu erreichen sein. Der Anstieg der Phosphatide gilt seit den Untersuchungen von Ahrens und Kunkel [2] als günstiger Faktor bei der Verhinderung einer Atherosklerose. Im Gegensatz dazu muß nach den Ergebnissen der prospektiven Framingham-Studie [3] vom Jahre 1966 mit einer schlechteren Prognose bei hohen Phosphatidwerten gerechnet werden. Die Zunahme der Phosphatidwerte stellt also einen noch umstrittenen Effekt dieser Oestrogengruppe dar.

Als eindeutig positive Veränderung in bezug auf die Atherosklerose ist der Abfall der veresterten Fettsäuren zu werten. Er ist bedingt durch einen Rückgang der Neutralfette und kann die Abnahme einer atherosklerotischen Hyperlipämie anzeigen. Der deutliche Anstieg der freien Fettsäuren ist auf die fettmobilisierende Wirkung der Oestrogene zurückzuführen; daraus kann jedoch kein prognostischer Hinweis abgeleitet werden. Die Untersuchungsergebnisse demonstrieren die Beeinflußbarkeit des Lipidstoffwechsels durch Oestrogenderivate; für die prophylaktische Anwendung bei Atherosklerosen müssen diese Derivate jedoch noch eingehend überprüft werden.

### Literatur


1. Gordon, S., W. E. Cantrall, H. P. Cekleniak, H. J. Albers, S. Maurer, S. M. Stolar, and S. Bernstein: Steroids 4, 267 (1964).
2. Ahrens, E. H., and H. G. Kunkel: J. exp. Med. 90, 409 (1949).
3. Thomas, H. E., W. B. Kannel, T. R. Dawber, and P. M. McNamara: New Eng. J. Med. 274, 701 (1966).

# Synthetisches Oestrogen und Gestagen zur Bahnung der Coli-Pyelonephritis im Tierexperiment
## Influence of Synthetic Estrogen and Progestagen on Pyelonephritis by E. coli


R. Commichau, W. Henkel, H.-G. Koch und K. Sack

II. Med. Klinik u. Poliklinik und Institut für Hygiene und Medizinische Mikrobiologie
der Medizinischen Akademie Lübeck



**Summary**

In rats coli-pyelonephritis does not persist without temporary ureterligation or electro-coagulation of the kidney. After weekly injections of hydroxyprogesteronecapronate (1—25 mg) or oestradiolundecylate (0,01—2 mg) and endovesicle instillation of approximately $10^8$ E. coli 0 25 : K 19 : H 12/ml a significant rate of pyelonephritis after 3 weeks is to be found.


Eine nicht-obstruktive Coli-Pyelonephritis (Pn) läßt sich im Tierexperiment bisher nicht nachvollziehen (5). Eine Steigerung der renalen Infektanfälligkeit besteht bei Ratten während eines DOCA-Hochdrucks [8] oder nach Nierenstauung [2] und ist durch Kaliumentzug [3] sowie medikamentöse Leukozytendepression [6] zu erzielen. Auch Oestrogene sollen bei Tieren die renale Infektresistenz reduzieren. So beobachteten Lauerman u. Berman [4] unter Stilben-Medikation bei Nerzen die Entwicklung spontaner Harnwegsinfekte, Andriole u. Cohn [1] eine gesteigerte hämatogene Pn-Rate an Ratten. Toivanen [7] registrierte nach Vorbehandlung mit Oestradiolvalerianat einen signifikanten Anstieg der Letalität von Mäusen an Staphylokokken-Infektionen. In Verbindung mit diesen Feststellungen und der klinischen Beobachtung, daß während der Gravidität gehäuft Pyelonephritiden auftreten, prüften wir, ob bei weiblichen Albino-Wistar-Ratten unter dem Einfluß wöchentlicher intramuskulärer Gaben von Hydroxyprogesteronkapronat (1-25 mg/Tier) oder Oestradiolundezylat (0,01-2 mg/Tier) Entwicklung und Persistenz der ascendierenden Pn begünstigt werden. Der breite Dosisfächer wurde gewählt, da es zunächst ausschließlich um die Frage ging, ob mit diesem Gestagen- und Oestrogen-Ester überhaupt eine Steigerung der Pn-Quote zu erzielen ist. Die hohe Dosierung, insbesondere von Oestrogen, schien uns auch insofern gerechtfertigt, als es uns bisher lediglich darauf ankam, einen einfachen Weg zu finden, mit dem rasch und in einem großen Prozentsatz eine nicht-obstruktive Pn bei der Ratte auszulösen ist. Die endovesikale Instillation einer Suspension von E. coli 0 25 : K 19 : H 12 in einer Konzentration von annähernd $10^8$ Keimen/ml erfolgte in Pentobarbitalnarkose am 7. und 14. Tag nach der ersten Hormon-Applikation. Die quantitativen bakteriologischen Untersuchungen von Nierenhomogenat und Harn sowie Keimidentifizierung durch Objektträgeragglutination wurden nach 3 bzw. 6 Wochen vorgenommen.

Diese Untersuchungen ergaben, daß im Vergleich zur unbehandelten Kontrollserie, die nach 3 Wochen nur noch eine kleine Zahl von Nieren mit Keimzahlen $\leqq$

$10^4/g$ N aufweist, nach Gestagen-Gabe eine statistisch gesicherte Zunahme von Pyelonephritiden besteht ($p < 0{,}025$) und auch in der Oestrogenreihe ein signifikanter Anstieg vorliegt ($p < 0{,}001$). Um zu einer orientierenden Analyse der Versuchsserie zur Frage einer Dosis-Wirkungsbeziehung zu kommen, wurde die Gestagen- und Oestrogen-Gruppe jeweils in 3 Dosisbereiche aufgeschlüsselt und als ein sogenannter Infektionsindex der Nieren das arithmetische Mittel ihrer Keimzahlen bestimmt. Diese Auswertung deutet an, daß die mittlere Keimzahl nach 3 Wochen parallel zur Höhe der Gestagen- bzw. Oestrogen-Dosis etwas ansteigt. Deutlicher wird dieser Zusammenhang bei der Persistenzquote, die im Bereich der Extremdosen am größten ausfällt.

Pathologisch-anatomisch zeigt die hormonal gebahnte Pn nach sechswöchigem Verlauf eine der menschlichen Pn sehr ähnlich angeordnete herdförmige Ausdehnung, die entsprechend dem ascendierenden Infektionsweg vor allem die Papille erfaßt, den Markraum durchsetzt und in einzelnen Infektstraßen die Rinde erreicht. Histologisch finden sich als morphologisches Äquivalent der persistierenden Infektion auch noch nach 6 Wochen in zahlreichen Nieren polymorphkernige Leukocyten neben einer Rundzellinfiltration aus Plasmazellen und Lymphozyten. Zusammenfassend ist festzustellen, daß bei der Ratte mit Hydroxyprogesteronkapronat und Oestradiolundezylat die Manifestation der ascendierenden Coli-Pyelonephritis gebahnt und ihre Persistenz gefördert wird.

### Literatur


1. Andriole, V. T., and G. L. Cohn: J. clin. Invest. **43**, 1136 (1964).
2. Brumfitt, W., and R. H. Heptinstall: Brit. J. exp. Path. **40**, 145 (1959).
3. Carone, A. F., M. Kashgarian, and F. H. Epstein: Clin. Res. **6**, 286 (1958).
4. Lauerman, L. H., and D. T. Berman: Amer. J. vet. Res. **23**, 1097 (1962).
5. Prát, V.: Pyelonephritis-Symposium Salzuflen 1966.
6. Rocha, H., and F. R. Fekety jr.: J. exp. Med. **119**, 131 (1964).
7. Toivanen, P.: Bibl. microbiol. (Basel) **5**, 4 (1966).
8. Woods, J. W.: J. clin. Invest. **37**, 1686 (1958).

# Untersuchungen über die Wirkung von Oestradiol und konjugierten Oestrogenen auf den Mesenchymstoffwechsel, das Nebennierengewicht und den Corticoid-Spiegel im Serum von Ratten[1]

## Effects of Estradiol and Conjugated Estrogens on Mesenchymal Metabolism, Adrenal Weight and Serum Corticoid Level in Rats


G. Junge-Hülsing, I. Kuckulies, H. Wagner und W. H. Hauss

Medizinische Klinik und Poliklinik der Westfälischen Wilhelms-Universität Münster, Westf.


### Summary


Experiments in animals concerning the influence of oestrogens on the metabolism of the mesenchym have shown the stimulating effect of 17β-oestradiol whereas the effect of conjugated oestrogens may result in an inhibition as well as an increase of the metabolic rate of the mesenchym, depending on the different conditions of the performed experiments.

The behaviour of the level of serum-corticoids was contrary to the disturbed metabolism of the mesenchym. It seems to be possible, that conjugated oestrogens are effecting on the metabolism of the mesenchym directly and at the same time indirectly by changing the level of serum-corticoids.


Ergebnisse früherer tierexperimenteller Untersuchungen ließen erkennen, daß einige Hormone den Bindegewebsstoffwechsel stimulieren, andere ihn hemmen. Zum Beispiel wirken Cortison, ACTH und Glukagon hemmend, während DOCA, Insulin, Parathormon und Testosteron zu einer Acceleration der $^{35}$S-Sulfat-Inkorporation in die sulfatierten Mucopolysaccharide (SMPS) des Bindegewebes führen. Bei der Überprüfung der Wirkung von Kortison auf den Mesenchymstoffwechsel ergaben sich qualitative Unterschiede in Abhängigkeit von der Dosierung : Kleine Dosen an Cortisol stimulieren, große Dosen hemmen den Bindegewebsstoffwechsel [4].

In weiteren Untersuchungen wurde die Wirkung von 17 β-Oestradiol und konjugierten Oestrogenen auf den Mesenchymstoffwechsel, auf das Nebennierenfrischgewicht und auf die 11-Hydroxycorticoidkonzentration im Nüchternserum von Ratten überprüft. Die Methoden dieser Untersuchungen sind an anderer Stelle ausführlich publiziert worden [1, 2, 3].

Die Untersuchungsergebnisse lassen erkennen, daß *17 β-Oestradiol* generell zu einer Erhöhung der $^{35}$S-Sulfat-Inkorporationsraten in die SMPS des Bindegewebes von Herz und Aorta führt. Diese Acceleration des Messenchymstoffwechsels war sowohl nach 13-tägiger Dauerapplikation von Oestradiol wie auch nach einmaliger Gabe von 17 β-Oestradiol über eine Nachbeobachtungszeit von 30 Tagen nachweisbar. Eine niedrige Dosis an Oestradiol hatte einen geringeren Stoffwechseleffekt, eine erheblich höhere Dosis bewirkte eine stärkere Stimulation des Bindegewebsstoffwechsels.

---


[1] Mit dankenswerter Unterstützung der Landesversicherungsanstalt Westfalen, der Bergbauberufsgenossenschaft Bochum und der Deutschen Forschungsgemeinschaft.

Bei der Überprüfung der Wirkung konjugierter Oestrogene (Presomen[2]) auf das Bindegewebe wurden andere Ergebnisse als bei Anwendung von 17 $\beta$-Oestradiol gewonnen. Eine einmalige Applikation konjugierter Oestrogene bewirkte nach anfänglicher und kurzfristiger Hemmung und anschließender Stimulation eine anhaltende Hemmung des Sulfateinbaues in die SMPS.

Die Bestimmung der 11-Hydroxycorticoidkonzentrationen im Serum ergab nach Presomengabe folgende Veränderungen: Während der Stimulation des Mesenchymstoffwechsels durch Presomen lag der Corticoidspiegel deutlich unterhalb des Normalbereiches; in den Phasen der Hemmung des $^{35}$S-Sulfat-Einbaus in die SMPS des Bindegewebes war hingegen eine deutliche Erhöhung des Serum-Corticoidspiegels nachweisbar. Die Frischgewichte der Nebennieren blieben bei dieser Versuchsanordnung konstant.

Nach einer langfristigen Applikation konjugierter Oestrogene über einen Versuchszeitraum von 30 Tagen wurde während der ersten 12 Versuchstage eine deutliche Stimulation des Mesenchymstoffwechsels beobachtet. Eine längerdauernde Behandlung mit konjugierten Oestrogenen führte im weiteren Verlauf des Versuches zu einer erheblichen Hemmung des Bindegewebsstoffwechsels (in Herz und Aorta). Die 11-Hydroxy-Corticoid-Konzentration im Serum war während der Stimulation des Mesenchymstoffwechsels wiederum gegenüber Normaltieren erniedrigt, um im weiteren Verlauf des Versuches während der Hemm-Phase gegenüber unbehandelten Kontrolltieren bei jetzt verminderter Inkorporationsrate deutlich anzusteigen. Die Frischgewichte der Nebennieren waren zu Beginn des Versuches deutlich erhöht.

Weitere Untersuchungen über die Wirkung konjugierter Oestrogene auf die durch systemischen Toxinreiz ausgelöste unspezifische Mesenchymreaktion haben ergeben, daß eine 10- bzw. 20-tägige Vorbehandlung zu einer deutlichen Hemmung dieses pathologisch gesteigerten Mesenchymstoffwechsels führt.

Bei Überprüfung der unmittelbaren Wirkung konjugierter Oestrogene auf den Mesenchymstoffwechsel von Haut in der in vitro-Versuchsanordnung konnte ausschließlich eine dosisabhängige Hemmung der Sulfatinkorporationsraten in die SMPS festgestellt werden.

**Literatur**

1. Hauss, W. H., G. Junge-Hülsing u. U. Gerlach: Die unspezifische Mesenchymreaktion. Stuttgart: Thieme 1968.
2. Junge-Hülsing, G.: Untersuchungen zur Pathophysiologie des Bindegewebes. Heidelberg: Dr. A. Hüthig 1965.
3. Spaethe, R., Ch. Minneker u. H. Otto: Z. klin. Chem. klin. Biochem. **5**, 168 (1967).
4. Wagner, H., G. Junge-Hülsing, W. Wirth, I. Kuckulies u. O. Rave: Z. Rheumaforsch. **27**, 2 (1968).


---

[2] Presomen (Oestronsulfat, Equilinsulfat, Equileninsulfat, $\alpha$-Oestradiolsulfat, $\alpha$-Dihydroequilinsulfat, $\alpha$-Dihydroequileninsulfat), Firma Kali Chemie Hannover. Wir danken für die freundliche Überlassung der Versuchsmengen.

# Der Einfluß von Azathioprin auf die Oestrogenausscheidung nach Ovartransplantation bei Schweinen

## Influence of Azathioprin on Excretion of Estrogen Following Ovary Transplantation in the Pig


ANNEMARIE KÖNIG, E. PERINGS, W. HUNSTEIN, D. SMIDT und E. HARMS

Abt. für klinische und experimentelle Endokrinologie an der Universitäts-Frauenklinik, Medizinische Klinik, Institut für Tierzucht und Haustiergenetik der Universität Göttingen



### Summary

Homotransplantations of the ovaries were performed in 22 mature miniature pigs. All animals were in the dioestrous stage of sexual cycle. 4 control pigs received no therapy, while 18 pigs were treated with the antimetabolic drug Azathioprine. Endocrine function of the grafted ovaries was judged by urinary excretion of oestrogens. In treated pigs cyclic excretion of oestrogens lasted for 4 or 5 cycles. In control animals only one cycle with normal excretion values was observed.


Ovartransplantationen haben — neben einer möglichen praktischen Bedeutung — den Sinn, Erkenntnisse zum Problemkreis der Organtransplantationen überhaupt zu vermitteln. Nur wenn das transplantierte Ovar seine endokrinen und generativen Funktionen aufnimmt und aufrecht erhält, kann von einer gelungenen Transplantation gesprochen werden. Zur Beurteilung der endokrinen Funktion benutzten wir die Oestrogenausscheidung im Urin und die Beobachtung auf Brunstsymptome.

## Methodik

Als Versuchstiere dienten 24 geschlechtsreife, gleichaltrige, weibliche Göttinger Zwergschweine. Bei 2 Tieren wurden während des 21-tägigen Sexualcyclus jeden zweiten Tag die Gesamtoestrogene im Urin bestimmt (Ittrich). Bei 22 Tieren wurden im Diöstrusstadium reziproke Ovartransplantationen vorgenommen. 4 Tiere (Kontrollen) erhielten nach der Transplantation keine Therapie, während die übrigen mit Azathioprin (Imurale[1]) behandelt wurden. Dieser Antimetabolit, von dem nachgewiesen wurde, daß er in der Lage ist, sowohl die Antikörperproduktion zu hemmen (Nathan u. Mitarb.), als auch die Überlebenszeit von Homotransplantaten zu verlängern (Zukorki u. Mitarb.), wurde zur Unterdrückung der Abstoßreaktionen eingesetzt. Das Präparat wurde in 4 verschiedenen Dosierungen peroral appliziert: 10, 25, 50 und 75 mg/kg Tier und Tag. Die Behandlungsdauer erstreckte sich bis zu 10 Wochen. Bei 14 Tieren wurde mit der Medikation 8 bis 10 Tage vor der Transplantation begonnen.

## Ergebnisse

Die bei Zwergsauen durchgeführten Bestimmungen der Oestrogenausscheidung während des Sexualcyclus zeigten gute Übereinstimmung mit den von anderen

---

[1] Burroughes Wellcome & Co.

Autoren bei normalen Hausschweinen ermittelten Werten (Rommel u. Rommel).
Im Oestrus trat ein deutliches Maximum mit Oestrogenkonzentrationen von 80 bis
90 µg pro Liter Urin auf, im Pro- und Diöstrus schwankten die Konzentrationen
zwischen 0 und 40 µg pro Liter. Ovartransplantierte Tiere mit Azathioprin-Be-
handlung wiesen gegenüber den unbehandelten Tieren länger anhaltende cyclische
Oestrogenauscheidungen auf. Die Oestrogenwerte der Kontrolltiere fielen schon im
zweiten Cyclus auf subnormale Werte ab, bei behandelten Tieren erfolgte dieser Abfall erst nach dem vierten Cyclus. Bei beiden Tiergruppen waren die Oestrogenausscheidungen im ersten nach der Transplantation auftretenden Cyclus am höchsten. Sie erreichten bei den behandelten Tieren Werte, die doppelt so hoch waren
wie diejenigen der Kontrolltiere. Für diese hohen postoperativen Ausscheidungen
ist möglicherweise eine vermehrte Oestrogensekretion durch die Nebennieren verantwortlich.

Für eine statistische Differenzierung zwischen den 4 verschiedenen Azathio-
prin-Dosisgruppen reichte das Material nicht aus. Jedoch wurde an anderer Stelle
schon darauf hingewiesen, daß eine Dosierung von 10 mg/kg/Tier und Tag bei oraler
Anwendung in unseren Versuchen nicht ausreichend waren, um eine normale
Funktion des transplantierten Ovars zu gewährleisten (Smidt u. Mitarb.). Auch bei
den höheren Dosierungen stellten die Ovarien ihre endokrine Funktion nach durchschnittlich 4 bis 5 Cyclen ein.


### Literatur

Ittrich, G.: Hoppe-Seylers Z. physiol. Chem. **312**, 1639 (1955).
Nathan, H. C., S. Bieber, G. B. Elion, and G. H. Hitchins: Proc. Soc. expt. Biol. (N. Y.) **107**,
796 (1961).
Rommel, P., u. W. Rommel: Zuchthyg. Fortpflanz.-Stör. besam. Haustiere **6**, 224 (1962).
Smidt, D., E. Harms, F. Ellendorff, E. Perings, W. Hunstein u. A. König: Kongreßberichte
VI. Int. Kongr. d. Fortpfl. u. Bes. d. Haust., Paris 1968.
Zukorski, C. F., J. M. Callaway, and W. E. Rhea jr.: Transplantation **1**, 293 (1963).

# Analytische und diagnostische Zuverlässigkeit von Oestrogenbestimmungen in der Schwangerschaft
## Analytical and Diagnostic Reliability of Estrogen Measurement in Pregnancy


R. Goebel, K. Winkler und E. Kuss

I. Universitäts-Frauenklinik München



### Summary

The accuracy and precision of four methods for the determination of oestrogens in human pregnancy urine has been checked. Satisfactory results were obtained by a method similar to the method described by van Baelen et. al. Using this method 310 estimations of oestrogens were made from 184 pregnant women. The indications of oestrogen determinations and the clinical value of the results were discussed.


4 Methoden zur Bestimmung von Oestrogenen im Harn wurden auf ihre Zuverlässigkeit geprüft (Tab. 1).

Tabelle 1. *Präzision und „Richtigkeit" von Oestrogenbestimmungen*

| Methode | $Vk_S$. | $Vk_T$. | Korrelation zur Methode Brown | |
|---|---|---|---|---|
| | | | r | s |
| Brown | 3 | 9 | — | — |
| Ittrich | 9 | 10 | 0,87 | $\pm$ 4,89 |
| Fehér (mod.) | — | — | — | — |
| Van Baelen (mod.) | 5 | 5 | 0,98 | $\pm$ 1,93 |

$Vk_S$.   Variationskoeffizient in der Serie (20 Doppelbest.)
$Vk_T$.   Variationskoeffizient von Tag zu Tag (Kontrollurin)
r      Korrelationskoeffizient
s      Streuung

Die Brownsche Methode ist für die Routinediagnostik zu aufwendig und zu störanfällig. Die „direkte" Methode von Ittrich erwies sich als zu unspezifisch, besonders bei Urinen mit geringem Oestriolgehalt. Die Dünnschichtchromatographie ($1,5 \times 10^{-4}$ der Tagesmenge, Aufarbeitung in Anlehnung an die Angaben von Fehér u. Mitarb., Anfärbung mit dem Reagenz von Folin-Ciocalteu) ergab gute Abschätzbarkeit der Oestriol-Mengen von 0,3, 0,5, 1,0 und 2,0 µg. Die modifizierte Van Baelen-Methode erfüllte die Erfordernisse der Klinik hinsichtlich Praktikabilität und Zuverlässigkeit und wurde zur Überwachung von Risikoschwangerschaften eingesetzt.

Vom 1. April 1968 bis zum 15. Februar 1969 wurden bei 184 Schwangeren nach der 30. Schwangerschaftswoche 310 Oestrogenbestimmungen durchgeführt; 167 Krankengeschichten konnten ausgewertet werden (Tab. 2).

Tabelle 2. *Diagnostische Signifikanz der Oestrogenausscheidung*

| Oestrogen mg/Tag | reif | unreif | pädatr. | Kind unr. u. pädatr. | gest. bis 10. Tag p. p. | gest. a. p. | Anzahl der Fälle |
|---|---|---|---|---|---|---|---|
| 0— 3,99 | — | — | — | 1 | 1 | 5 | 7 |
| 4,0— 7,99 | 1 | 8 | 1 | — | 1 | — | 11 |
| 8,0—11,99 | 10 | 5 | 3 | — | — | — | 18 |
| 12,0—15,99 | 11 | 5 | 2 | — | — | — | 18 |
| > 16 | 107 | 2 | 4 | — | — | — | 113 |
| | 129 | 20 | 10 | 1 | 2 | 5 | 167 |

In 7 Fällen wurden Oestrogenausscheidungen unter 4 mg/24 Std gemessen. Davon waren 5 Kinder ante partum gestorben, 1 Kind überlebte. In diesem Fall wurde im Urin der Mutter am Bestimmungstag eine Glucosekonzentration von 15,6 g/l gefunden. Wahrscheinlich wurde deswegen die Oestrogenausscheidung fälschlich zu niedrig bestimmt. Auch in den anderen Gruppen entsprach das Befinden der Neugeborenen im wesentlichen den Erwartungen. Nach den vorliegenden analytischen und diagnostischen Ergebnissen ist die modifizierte Van Baelen-Methode geeignet, im klinischen Laboratorium als Routinemethode zur Oestrogenbestimmung in der Spätschwangerschaft eingesetzt zu werden.

**Literatur**

Brown, J. B.: Biochem. J. **60**, 185 (1955).
Van Baelen, H., W. Heyns, and P. De Moor: J. clin. Endocr. **27**, 1056 (1967).
Fehér, K. G. and M. Csillag: Clin. chim. Acta **15**, 343 (1967).
Ittrich, G.: Acta endocr. **35**, 34 (1960).

# Gaschromatographische und densitometrische Routineanalyse von Oestrogenen im Nichtschwangeren-Urin

## Gaschromatographic and Densitometric Routine Analysis of Estrogens in Non Pregnancy Urine


P. Knapstein, J. C. Touchstone und G. W. Oertel

Mainz, Universitäts-Frauenklinik und
Philadelphia, USA, Hospital of the University, Steroid Laboratory



### Summary

Two relatively simple methods of good accuracy, precision, sensitivity and specificity are presented. Steroid conjugates from 50 ml nonpregnant urine are precipitated with ammonium sulfate (Cohen, 1966) and solvolyzed in ether perchloric acid. Free steroids are extracted with isopropyl ether (Touchstone, 1969). After phenolic separation and a single thin layer chromatography gaschromatographic quantitation of free or acetylated estrogens is performed. In the second method the diazonium derivatives are separated on a thin layer plate and quantitated as such by densitometry.


Die Routineanalyse von Oestrogen im Nichtschwangerenurin ist auch heute noch recht schwierig. Die quantitative Bestimmung mittels Farbreaktionen ermangelt häufig einer hinreichenden Spezifität, gaschromatische Methoden erfordern in der Regel eine komplizierte Aufarbeitung. Im Folgenden werden zwei relativ einfache und wenig zeitraubende Verfahren beschrieben, deren Genauigkeit ($\pm$ 4,7 %), Richtigkeit (69 %), Spezifizität und Sensitivität gesichert bleiben. Die Aufarbeitung des Materials besteht in der Kombination einiger neuerer und sinnvoller Schritte, die rasch zu genügender Reinigung von Oestron, Oestradiol und Oestriol führen.

Tabelle 1. *Schema der Aufarbeitung*

1. 50—100 ml Urin; Aussalzen der Gesamt-Steroidkonjugate mit 70% (g/v) Ammoniumsulfat (Cohen, 1966); Äthylacetat-Reextrakt eindampfen.

2. Solvolyse in 100 ml Diäthyläther (DÄ), gesättigt mit Perchlorsäure, 20 Std bei 40 °C (Treiber, 1967); 40 ml Wasser zugeben, DÄ eindampfen.

3. Extraktion mit Isopropyläther (IPÄ), 30 — 20 — 20 ml; 1 $\times$ waschen mit 5 ml 8% $NaHCO_3$ (Touchstone).

4. 70 ml n-Hexan zugeben; phenolische Trennung mit 4 $\times$ 15 ml 1 $N$ NaOH; NaOH mit 5 $N$ HCl auf pH 4 ansäuern; Extraktion mit DÄ, 30 — 20 — 20 ml; DÄ waschen mit 5 ml 8% $NaHCO_3$, 2 $\times$ 5 ml $H_2O$.

5. Dünnschichtchromatographie (DSC) auf Kieselgel G in Aceton-IPÄ (20:80 v/v).

6. Elution mit Methylenchlorid-Methanol (9:1 v/v); Eindampfen, aufnehmen in 25 ml DÄ, waschen mit 2 ml 8% $NaHCO_3$ und 2 $\times$ 2 ml $H_2O$.

7a. Gaschromatographie (10% QF—1 plus 5% L—45 auf Gaschrom Z 80, mesh 100; 260 °C) (Touchstone).

7b. Acetylierung (Pyridin-Essigsäureanhydrid, 15 Std bei 20 °C; Gaschromatographie auf 5% L—45).

8. Diazotierung (2 ml Carbonatpuffer pH 9 + 1 ml 0,5% Violettsalz B in $H_2O$, 10 min. bei 55 °C, Extraktion mit 1 ml Chloroform); DSC auf Kieselgel G in Benzol-Butylacetat 30:70 v/v; Densitometrie (Double beam spectrodensitometer, Mod. SD 3000, Schoeffel Instr., Westwood, N. J. USA).

Die Gesamtsteroidkonjugate aus 50—100 ml Urin werden nach der von Cohen [1] angegebenen Methode mit Ammoniumsulfat ausgefällt. Der Trockenrückstand des Re-extraktes wird einer schonenden und vollständigen Äther-Perchlorsäure-Solvolyse nach Treiber [2] unterworfen, welche allen anderen bekannten Hydrolyse-Verfahren überlegen ist. Zur Extraktion der freigesetzten Steroide aus der wässrigen Phase verwenden wir nicht wie üblich Diäthyläther, sondern Isopropyläther (IPÄ). Letzterer hat für Oestrogene annähernd den gleichen Lösungsmittelverteilungs-koeffizienten wie Diäthyläther, enthält jedoch 35 mal weniger Wasser und liefert daher bemerkenswert wenig verunreinigte Extrakte. Die Zugabe von 1 Vol n-Hexan verändert die Polarität von IPÄ derartig, daß die vollständige Extraktion phenolischer Steroide mit $1N$ NaOH ermöglicht wird. Eine erste Auftrennung der Gesamtoestrogene in die 3 Hauptfraktionen geschieht durch Dünnschichtchromatographie (DSC) im System Aceton-IPÄ (20 : 80 v/v). Durch die Verwendung von Methylenchlorid-Methanol (9 : 1 v/v) werden Verluste bei der Elution vermieden.

Die beiden hier beschriebenen Methoden zur Endpunktbestimmung schließen eine neuerliche Chromatographie ein, was die Spezifizität — bei guter Sensitivität — beträchtlich erhöht. Zur Gaschromatographie verwenden wir Säulen, die die Trennung der freien Steriode ohne Derivatbildung erlauben. Sollte dies durch zu starke Verunreinigung nicht zu befriedigenden Resultaten führen, wird eine Azetylierung der Dünnschicht-Eluate eingeschaltet. Ein besonderer Nachteil der Gaschromatographie — lange Retentionszeiten — macht sich vor allem bei Reihenuntersuchungen bemerkbar. Dieser wird im zweiten Verfahren vermieden. Dabei bildet man farbige, stabile Derivate (Diazoniumsalze mit Violettsalz B) die dann als solche auf der Dünnschichtplatte getrennt und direkt densitometrisch bestimmt werden.

## Literatur


Cohen, S. L.: J. clin. Endocrin. **26**, 994 (1966).
Touchstone, J. C., and T. Murawec: in Vorbereitung.
Treiber, L., u. G. W. Oertel: Z. klin. Chem. klin. Biochem. **5**, 83 (1967).

# Nebennierenandrogene als Ausgangssubstrate für die periphere Entstehung von Oestrogenen
## (Untersuchungen mit ³H- und ¹⁴C-markierten Steroiden über einen neuen 17β-Hydroxy-Biosyntheseweg der Oestrogene)

**Adrenocortical Androgens as Precursors of Peripherial Estrogen Biosynthesis (Investigations Using ³H- and ¹⁴C-Labelled Steroids on a New Way of 17β-hydroxybiosynthesis of Estrogens)**


H. M. BOLT und W. BOLT

Abteilung für Arbeits- und Sozialmedizin an der Med.-Universitätsklinik Köln


Mit 1 Abbildung

## Summary


³H-dehydroepiandrosterone-sulfate and ¹⁴C-dehydroepiandrosterone have been injected simultaneously in two hormonally healthy human males. The quotient ³H/¹⁴C of the steroids in the urine prove an own previously published formula-scheme of the metabolism from androgenes in estrogenes. Estrone and estradiol originate from androgenes exclusively by the 17-keto-pathway; whereas in estriol and 16-epiestriol there will be found a various influx coming from the 17β-hydroxy-pathway.


Die *periphere Entstehung von Oestrogenen* außerhalb der endokrinen Drüsen hat in der letzten Zeit eine zunehmende Beachtung gefunden. In den früheren Arbeiten konnten wir zeigen, daß *Testosteron* und *Androstendion* peripher in die Oestrogene Oestron, Oestradiol, Oestriol und 16-Epioestriol umgewandelt werden. Außerdem werden Oestrogene aus Nebennieren-Steroiden peripher gebildet. Neuerdings nimmt man an [1], daß auf diese Weise der größte Teil der Oestrogene entsteht, die bei Frauen in der Menopause nachgewiesen werden. Wichtige Oestrogen-Vorstufen sind das *Dehydroepiandrosteron* (DHEA) und *Dehydroepiandrosteron-Sulfat* (DHEA-S).

Die direkte Verknüpfung des Stoffwechsels von DHEA und Androstendion ist schon seit längerer Zeit bekannt. Etwa 20 % des Androstendions und 30—50 % des Testosterons werden über den 17β-Hydroxyweg metabolisiert, dessen wichtigste Zwischenstufe das Androstandiol ist. Die Umwandlung von DHEA-S zu Androstandiolen verläuft hauptsächlich direkt und nur zu einem geringeren Maße über Androstendion und Testosteron.

Lipsett [2] kam 1966 nach Untersuchung des Stoffwechsels von gleichzeitig injiziertem ³H-Testosteron und ¹⁴C-Oestradiol zu dem Schluß, daß ein Teil des injizierten Testosterons unter Umgehung des Plasma-Oestronpools direkt zu Oestriol metabolisiert wird. Später konnten wir zunächst bei der Ratte, dann beim Menschen feststellen, daß Androstandiol zu Oestriol und 16-Epioestriol aromatisiert wird [3]. Somit war das in *Abb. 1* dargestellte *Formelschema* wahrscheinlich geworden.

Um eine *experimentelle Bestätigung dieses Formelschemas* zu erhalten, wurde zwei endokrinologisch gesunden Männern 7α-³H-DHEA-S und 4-¹⁴C-DHEA simultan i. v. injiziert. Der Harn der beiden ersten Tage nach der Injection wurde aufgearbeitet [3]. Für die einzelnen Steriode wurde das Verhältnis der $^3$H- zur $^{14}$C-Aktivität berechnet. Zwischen den bei beiden Patienten gewonnenen Ergebnissen lag eine gute Übereinstimmung vor [3]. In Abb. 1 sind die bei einem der beiden Patienten gewonnenen Ergebnisse in das zugrunde gelegte Formelschema eingetragen.

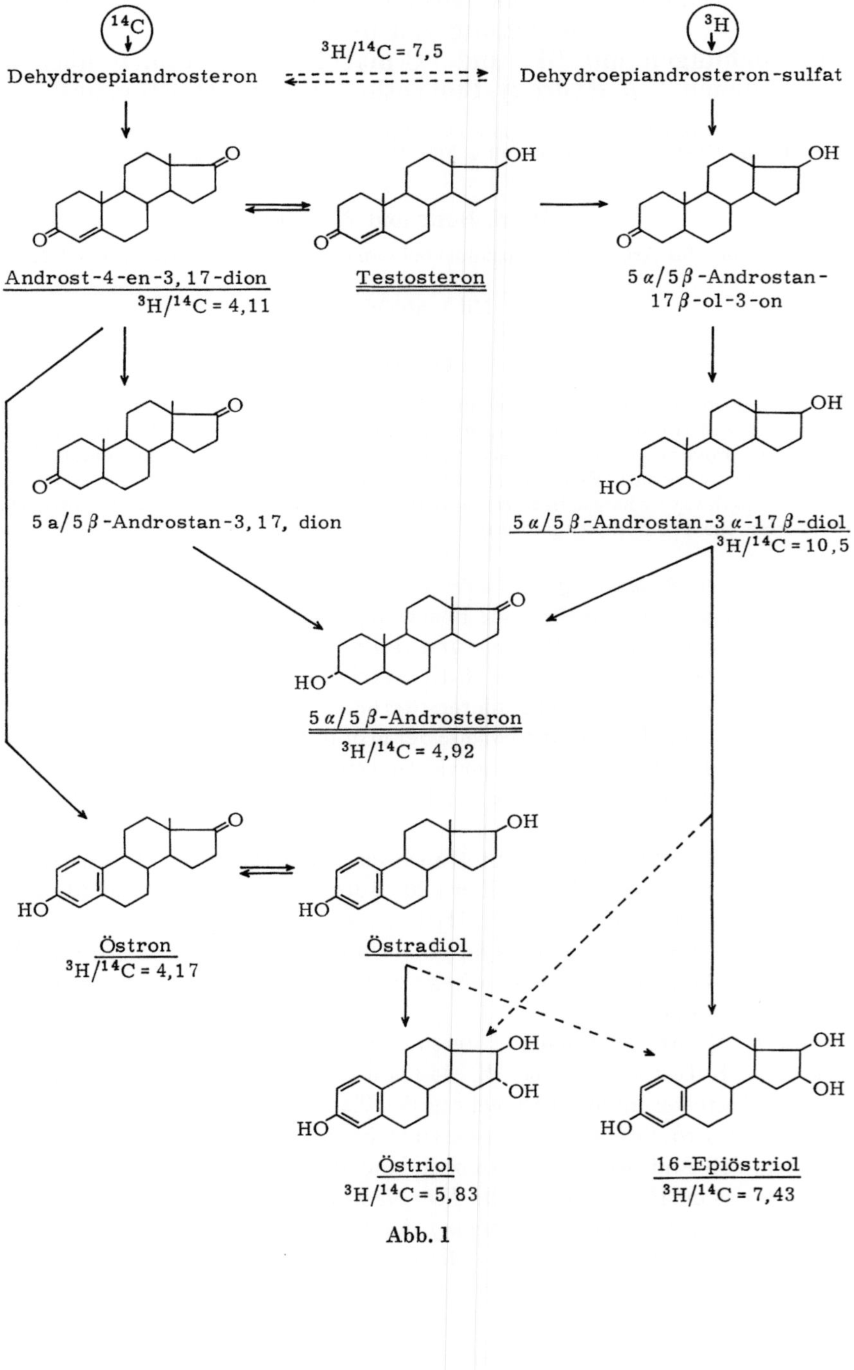

Abb. 1

Das Verhältnis der injizierten $^3$H- zur injizierten $^{14}$C-Aktivität betrug 7,5. Metaboliten, die vorzugsweise aus DHEA-S gebildet werden, müssen einen höheren $^3$H/$^{14}$C-Quotienten aufweisen als 7,5, während den Metaboliten, die hauptsächlich aus DHEA entstehen, ein niedrigerer Wert zukommen muß. So liegt der Quotient für Androstendion bei 4,11, der von Androstandiol bei 10,5. Für Oestron ergibt sich ein Wert von 4,17; es entsteht also ausschließlich auf dem 17-Keto-Weg aus den Androgenen. Das Gleiche wäre für Oestradiol anzunehmen, da wir hierfür einen Quotienten von 3,95 ermittelten. Oestriol und 16-Epicœstriol zeigen ein völlig anderes Verhalten, da diese Oestrogene auch über den 17$\beta$-Hydroxy-Weg über Androstandiol gebildet werden. So ergeben sich $^3$H/$^{14}$C-Quotienten von 5,83 für Oestriol und 7,43 für 16-Epicœstriol. Bei dem zweiten untersuchten Patienten war der Zufluß aus dem 17$\beta$-Hydroxy-Weg noch größer, da wir dort Werte von 7,23 für Oestriol bzw. 8,25 für 16-Epicœstriol feststellten. Die Bildung des 16-Epicœstriols aus den Androgenen erfolgt also zum größten Teil über den 17$\beta$-Hydroxy-Weg.


### Literatur

1. Procopé, J. B.: Acta endocr. (Kbh.) Suppl. **135** (1969).
2. Lipsett, M. B.: Vortrag 2nd Internat. Congr. on Hormonal Steroids, Milano 1966; Excerpta med. Internat. Congr. Series Nr. 111, Abstract 63 (1966).
3. Bolt, W., F. Rritzl u. H. M. Bolt: Nebennierenrindenandrogene als Ausgangssubstrate für die Entstehung von Oestrogenen. 5. Jahrestag. Ges. Nuclearmed., Wien 1967. Nucl.-Med. (Stuttg.) Suppl. **7**, 431 (1968).

# Transformation von Oestrogenen und Androgenen durch Fettgewebe des Menschen in vitro

## Transformation of Estrogens and Androgens by Human Adipose Tissue in vitro


D. ENGELHARDT, B. BERLETH, L. RAITH und H. J. KARL

I. Medizinische Klinik der Universität München


Mit 1 Abbildung

## Summary


Metabolism of estrogens or androgens in human adipose tissue has not been described until now. We found that 4-$^{14}$C-17$\beta$-Estradiol is converted to 4-$^{14}$C-Estrone and 4-$^{14}$C-Testosterone to 4-$^{14}$C-$\Delta$-4-Androstendione in significant amounts after a 30 min incubation period. Conversely, 6,7-$^{3}$H-Estrone and 4-$^{14}$C-$\Delta$-4-Androstendione showed only slight transformation after 24 hour. 6,7-$^{3}$H-Estriol was not metabolised. The addition of cofermenting NAD or NADH did not influence the conversion of the steroids. It may be concluded from this results, that human adipose tissue contains a 17$\beta$-Hydroxysteroid-Oxido-Reductase, which favours the formation of dehydrogenated, biologically less active metabolites.


Untersuchungen an hepatektomierten oder eviszerierten Tieren ergaben, daß Steroidhormone auch extrahepatisch metabolisiert werden [1]. In Übereinstimmung mit diesen Befunden wurde von uns in vitro ein Umwandlung und ein Abbau von Cortisol und Corticosteron durch menschliches Fettgewebe nachgewiesen [2]. Weitere Untersuchungen sollten klären, ob und in welchem Ausmaß auch Oestrogene und Androgene durch Fettgewebe in vitro metabolisiert werden.

## Methode

Das Fettgewebe wurde von Omentum majus entnommen; jeweils 1,5 g wurden mit 10 ml Krebs-Ringer-Bicarbonatpuffer bei 37,5° C (pH 7,38) unter Carbogen mit folgenden radioaktiven Hormonen in annähernd physiologischen Konzentrationen 15 min bis 24 Std inkubiert: 6,7-$^{3}$H-Oestron, 4-$^{14}$C-17$\beta$-Oestradiol, 6,7-$^{3}$H-Oestriol, 4-$^{14}$C-Testosteron, 4-$^{14}$C-$\Delta$-4-Androstendion und 4-$^{14}$C-Dehydroepiandrosteron. Das Inkubationsmedium mit dem Fettgewebe wurde mit Diäthyläther extrahiert und der Extrakt durch eine 2-malige Verteilung (Methanol: Wasser; Hexan (70 : 30 ; 50)) gereinigt. Die Auftrennung der Oestrogene und Androgene erfolgte papierchromatographisch (Oestrogene im System Isooktan : Toluol; Methanol : Wasser (25 : 75; 80 : 20) und Androgene im System Petroläther : Methanol : Wasser (50 : 35 : 15)). Lokalisiert wurden die radioaktiven Hormone und deren Metaboliten mit einem Radiopapierchromatographen und quantitativ gemessen mit einem Flüssigkeitsszintillationszähler.

## Ergebnisse und Diskussion

Die Inkubation von Oestron (25 ng) ergab bei einer Versuchsdauer bis zu 24 Std mit einer Ausnahme nur eine geringe Umwandlung zu Oestradiol (2 %). 17$\beta$-

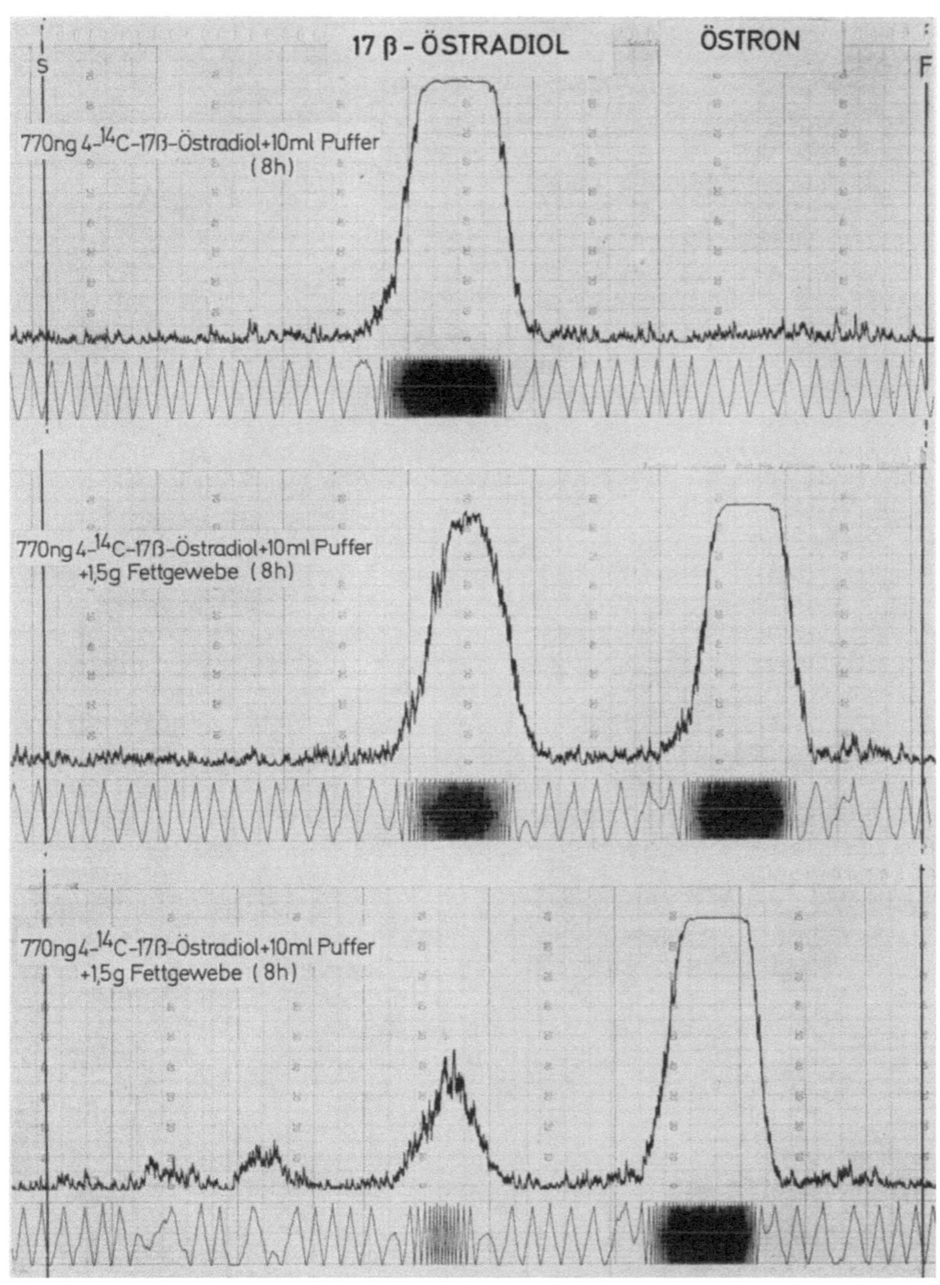



Abb. 1. Oben ist der Leeransatz, in der Mitte der Fettansatz einer Normalperson und unten der Fettansatz einer Pat. mit Ovarialcysten wiedergegeben. Näheres s. Text

Oestradiol (770 ng) wurde dagegen bereits nach einer Inkubation von 30 min zu
etwa 10 %, nach 8 Std zu 60 bis 90 %, und nach 24 Std zu etwa 95 % zu Oestron
transformiert (Abb. 1). Im Gegensatz zu Oestron und Oestradiol wurde Oestriol bei
einer Inkubationsdauer bis zu 24 Std nicht metabolisiert.

Untersuchungen mit Androgenen zeigten, daß Testosteron zu $\Delta$-4-Androsten-
dion bei gleicher Inkubationsdauer in ähnlich hohem Prozentsatz umgewandelt
wird wie 17$\beta$-Oestradiol zu Oestron. Die Transformation von $\Delta$-4-Androstendion zu
Testosteron war dagegen mit etwa 2 % nur gering.

Hieraus kann geschlossen werden, daß Fettgewebe von Menschen ein 17$\beta$-Hy-
droxysteroid-Oxydoreduktase enthält. Das Gleichgewicht der Reaktionen ist dabei
zu Gunsten der dehydrierten Verbindungen verschoben. Die Konfiguration des
Ring A des Sterangerüstes beeinflußt den Reaktionsablauf offenbar nicht, da
Oestradiol und Oestron sowie Testosteron und $\Delta$-4-Androstendion in der gleichen
Größenordnung umgesetzt werden. Eine Hydroxygruppe am C-Atom 16 des
Sterangerüstes scheint jedoch eine Umsetzung von Oestriol zu 16-Hydroxy-Oestron
zu verhindern.

Die Geschwindigkeit des Ablaufs dieser Fermentreaktion ist relativ gering. Der
Zusatz von NAD bzw. NADH zum Inkubationsmedium hatte auf den Reaktionsablauf keinen Einfluß.

Außerdem fanden wir, daß Fettgewebe von männlichen oder weiblichen Patienten Oestrogene und Androgene quantitativ und qualitativ etwa gleich um-
setzt. Bemerkenswert ist jedoch, daß bei gleicher Versuchsordnung das Verhältnis
von zugesetztem Hormon und nachgewiesenen Metaboliten im Fettgewebe einzelner Patienten sehr unterschiedlich war. Bei einem Kranken mit Ulcus duodeni lag
z. B. eine ralativ hohe Transformation von Oestron zu 17$\beta$-Oestradiol vor. Sie betrug 17 %, das ist etwa das 10-fache der üblichen Transformation von Oestron durch
Fettgewebe. Bei einer anderen Patientin, die wegen Ovarialcysten operiert wurde,
transformierte das Fettgewebe Oestradiol nicht nur zu Oestron, sondern in geringerem Maße auch zu anderen Metaboliten, die polarer waren als Oestradiol (Abb. 1).
Die Deutung dieser Befunde ist schwierig, da die Zellzahl des Fettgewebes nicht
bekannt war.

In der Regel findet bevorzugt eine Umwandlung von biologisch aktiveren Hormonen zu inaktiveren Metaboliten statt. Inwieweit diesem extrahepatischen Stoffwechsel auch in vivo biologische Bedeutung zukommt, ist noch unklar.

**Literatur**


1. Berliner, D. L., B. I. Grosser, and T. F. Dougherty: Arch. Biochem. **77**, 81 (1958).
2. Karl, H. J., L. Raith u. E. Engelhardt: 6. Jahrestagung d. Gesellschaft für Nuklearmedizin,
   Wiesbaden 1968.

# Oestradiolabhängige Induktion einer 17β-Hydroxysteroid-Oxydoreduktase im Myometrium von Kaninchen als ein möglicher Weg zur Kontrolle der Oestrogenwirkung auf ein Erfolgsorgan[1]

### Estradiol Dependent Induction of a 17β-Hydroxy Steroid Oxidoreductase in Rabbit Myometrium as a Possible Control Mechanism of Estrogen Action on a Target Organ


GERD JÜTTING

Laboratorium f. Biochemie, I. Univ.-Frauenklinik München,
Abt. Gynäkologie u. Geburtshilfe, RWTH Aachen


Mit 2 Abbildungen

### Summary


The myometrium cell of the rabbit contains a 17β-hydroxysteroid: NAD(P) oxidoreductase, which can be induced by the physiological amount of 1 µg estradiol-17β/kg bw. The peak of the increase of activity, caused by 17β-estradiol, is reached within 40 h after administration of hormone. Possibly the duration of estrogen action on this target organ may be regulated by the cytoplasmatic 17β-hydroxysteroid : NAD(P)-oxidoreductase, which is reacting with estradiol-17β as substrate.


Aus der Vielzahl der bisher über die Wirkung von oestrogenen Hormonen an ihren Erfolgsorganen bekannt gewordenen Versuchsergebnisse kann man folgern, daß Oestrogene eine Reihe von metabolischen Prozessen aktivieren, welche das Zellwachstum begünstigen. Es ist bisher nicht bekannt, auf welchem Wege die oestrogenbedingte Aktivierung des Stoffwechsels in den Zielorganen reguliert wird. Für die Erfolgsorgane der Androgene wird die Möglichkeit diskutiert, daß durch $C_{19}$-17β-Hydroxysteroid-Oxydoreduktasen die Konzentration des aktiven Hormons Testosteron und damit auch die Dauer der Hormonwirkung kontrolliert wird. Für die Oestrogene wird eine derartige Umwandlung im Erfolgsorgan bisher abgelehnt.

Eigene Versuche haben ergeben, daß das Myometrium von Kaninchen, ein Erfolgsorgan der Oestrogene, eine cytoplasmatische 17β-Hydroxysteroid: NAD(P)-Oxydoreduktase enthält, welche bevorzugt mit Oestradiol-17β als Substrat reagiert. Das Enzym konnte aus dem Myometrium von trächtigen Kaninchen und aus dem Myometrium von kastrierten Tieren, welche mit oestrogenen Hormonen vorbehandelt wurden, angereichert und teilweise charakterisiert werden. Während der Schwangerschaft und auch nach Gabe von oestrogenen Hormonen steigt die spezifische Aktivität der 17β-Hydroxysteroid-Oxydoreduktase auf ein Vielfaches des Normalwertes geschlechtsreifer Tiere an.

Der Anstieg der Aktivität des Enzyms beginnt etwa 7—10 Stunden nach der Gabe von Oestradiol-17β. Er ist auf das Erfolgsorgan Myometrium beschränkt. In den Stoffwechselnorganen Leber und Niere bleibt die Aktivität unverändert. Die

---


[1] Die Untersuchungen wurden mit Unterstützung der Deutschen Forschungsgemeinschaft durchgeführt.

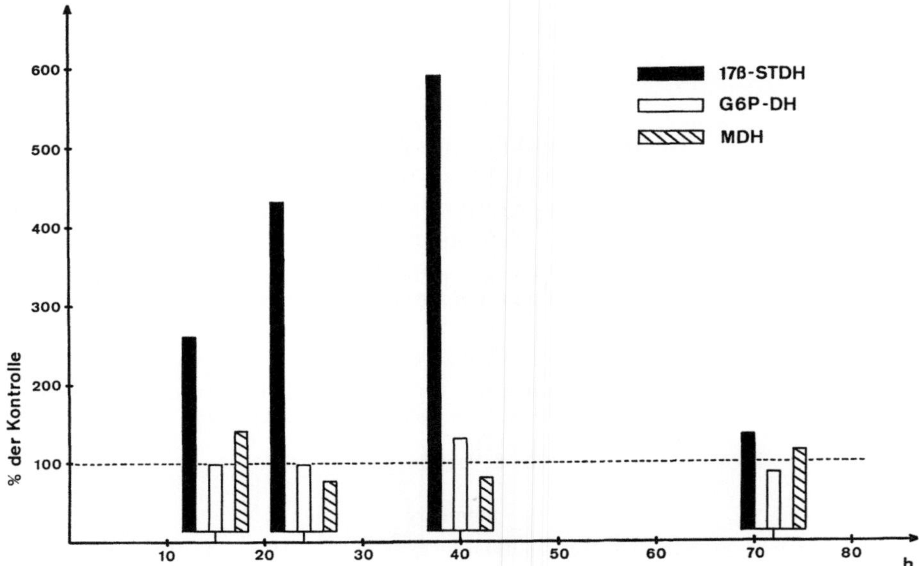

Abb. 1. Wirkung einer einmaligen Gabe von 1 μg Oestradiol-17$\beta$/kg KG auf die Aktivität der 17$\beta$-Hydroxysteroid-Oxydoreduktase (17$\beta$-STDH), Glukose-6-Phosphat-Dehydrogenase (G 6 P-DH) und Malatdehydrogenase (MDH) des Kaninchenmyometriums

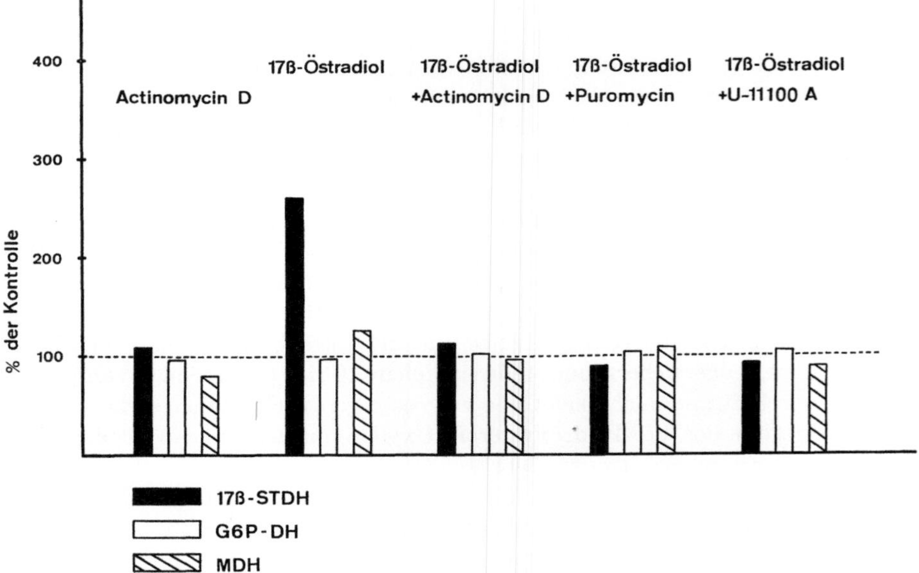

Abb. 2. Wirkung von Actinomycin D, Puromycin und U 11 100 A auf den oestradiolbedingten Anstieg der Aktivität der 17$\beta$-Hydroxysteroid-Oxydoreduktase des Kaninchenmyometriums

Minimaldosis für den Aktivitätsanstieg im Myometrium beträgt 1 μg Oestradiol-
-17β/kg KG. 15 Stunden nach einmaliger Gabe dieser Dosis steigt die Aktivität
der 17β-Hydroxysteroid-Oxydoreduktase auf 280 % des Kontrollwertes vor Hormongabe an. (Abb. 1). Das Maximum des Aktivitätsanstieges ist 40 Stunden danach erreicht, 72 Stunden später beträgt die Änderung gegenüber dem Kontrollwert nur wenige Prozent.

Durch Actinomycin D, Puromycin und das Antioestrogen U 11 100A kann der
oestradiolbedingte Anstieg der Aktivität der 17β-Hydroxysteroidoxydoreduktase
im Myometrium verhindert werden. (Abb. 2) Die Aktivität der Stoffwechselenzyme
Malatdehydrogenase und Glukose-6-Phosphat-Dehydrogenase ändert sich bei diesen Versuchen nicht wesentlich. Der Anstieg der Aktivität der 17β-Hydroxysteroid-
Oxydoreduktase dürfte demnach auf einer Neubildung von Enzymprotein beruhen.

Es ist denkbar, daß durch dieses Enzym die Konzentration des aktiven Hormons
im Myometrium ähnlich kontrolliert wird, wie in den Erfolgsorganen der Androgene.
Nach Induktion und die dadurch gegebene Möglichkeit der Oxydation von Oestradiol zu Oestron könnte die weitere Aufnahme von Oestradiol in die Zelle erschwert
werden. Ebenso ist es möglich, daß diese Oxydation erst nach der Bindung von
Oestradiol an die Hormonreceptoren erfolgt. Hierdurch könnte die Bindung zwischen Hormon und Receptormolekül gelöst und die Eliminattion aus der Zelle begünstigt werden.

# Zur Frage der Oestrogen- und Progesteronproduktion des Corpus-luteum-graviditatis in der Frühschwangerschaft

## On the Problem of Estrogen and Progesteron Production of the corpus luteum in earliest Pregnancy


R. Kaiser und W. Geiger

I. Universitäts-Frauenklinik und Hebammenschule München


Mit 2 Abbildungen


### Summary

Concerning HCG-induced pseudopregnancies the daily HCG-dosage has been chosen in order to have the HCG-values of excretion corresponding with those of normal early pregnancies. Gathering from the comparison between estrogen and pregnanediol excretion of normal pregnancies and pseudopregnancies the corpus-luteum of pregnancy is until the beginning of the 6th week the only estrogen and progesterone producer in pregnancy. During the 6th week the trophoblast is taking part in producing steroid hormones. In the beginning of the 8th week the embryo is taking part in steroid metabolism of placenta-hormones.


Als Beitrag zur Frage der Oestrogen- und Progesteronproduktion des Corpus-luteum-graviditatis und des jungen Trophoblasten in der Frühschwangerschaft kam folgender Modellversuch zur Anwendung:

Die Oestrogen- und Pregnandiolausscheidung wurde einerseits bei normalen Frühestgraviditäten und andererseits bei mit HCG induzierten postovulatorischen Pseudograviditäten bestimmt. Die HCG-Dosierung richtete sich dabei erstmals nach der HCG-Ausscheidung; d. h. sie wurde täglich ansteigend so gewählt, daß die Ausscheidungswerte denen einer normalen Frühgravidität entsprachen. Die dazu erforderlichen HCG-Tagesdosen lagen zwischen 300 I. E. und 80 000 I. E.; sie geben einen Anhaltspunkt über die HCG-Produktion des jungen Trophoblasten.

Aus Abb. 1 mit den Ausscheidungswerten bei Normalgraviditäten und Abb. 2 mit den Ausscheidungswerten bei 3 HCG-Pseudogravitäten ergibt sich für beide Kollektive bis zum 24. Tag post ovulationem eine weitgehende Identität. Dies bedeutet, daß bis zu diesem Zeitpunkt der Schwangerschaftsgelbkörper mit weitgehender Sicherheit den ausschließlichen Oestrogen- und Progesteronproduzenten darstellt. Eine über die doppelten Cycluswerte hinausgehende Oestrogen- und Pregnandiolausscheidung läßt sich trotz ansteigender HCG-Dosierung bei den Pseudogravitäten nicht erzielen. Somit muß die zwischen dem 26. und 30. Tag post ovulationem beobachtete weitere Zunahme der Oestrogen- und Pregnandiolausscheidung dem langsam mit der Steroidproduktion einsetzenden Trophoblasten zugeschrieben werden. Die beginnende Beteiligung des Embryo am Steroidstoffwechsel der Placentarhormone ist an der zunehmenden Änderung des Oestradiol-Oestron-Oestriolverhältnisses zugunsten des Oestriols ab 8. Woche post menstruationem zu erkennen.

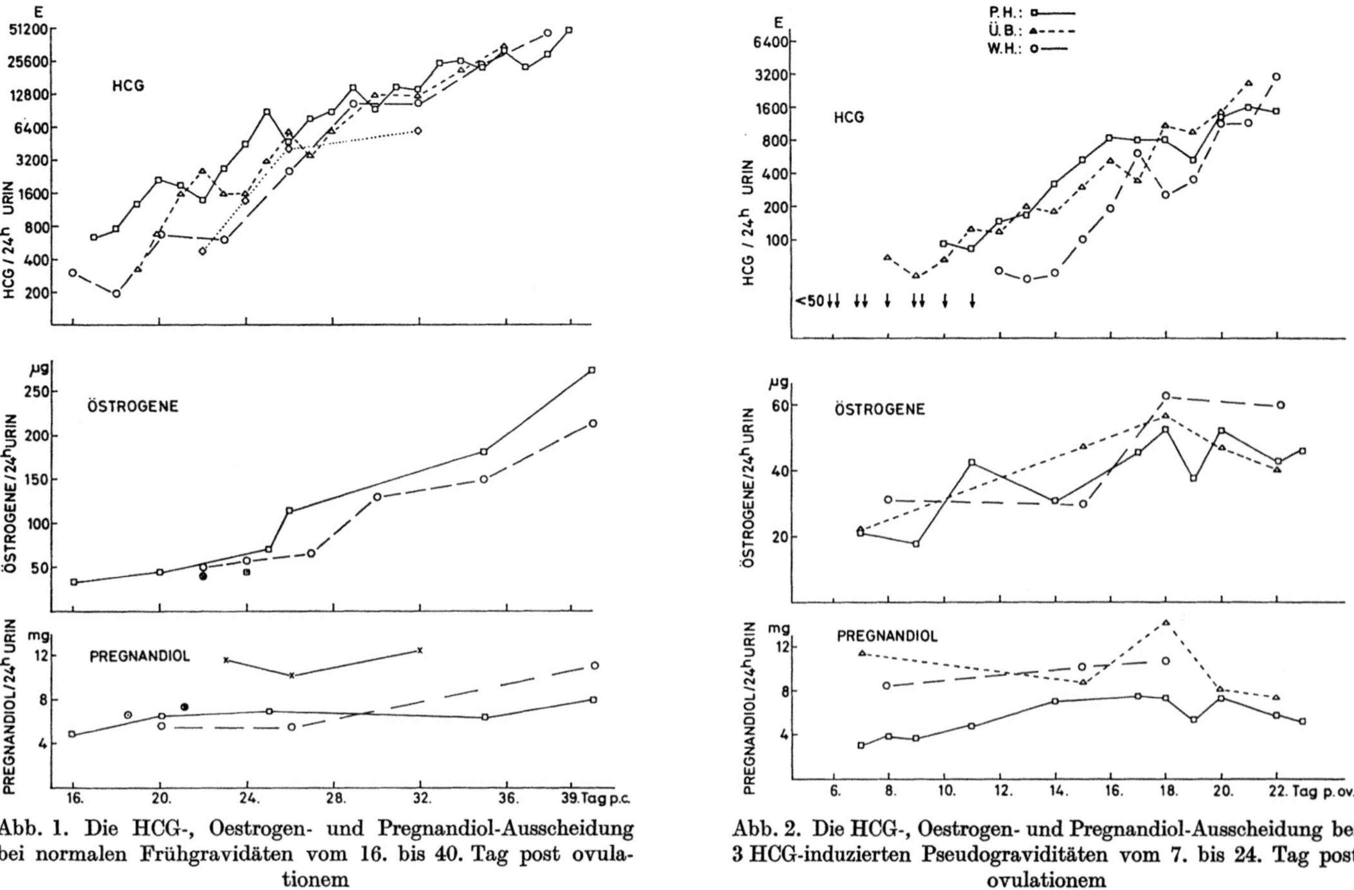


Abb. 1. Die HCG-, Oestrogen- und Pregnandiol-Ausscheidung bei normalen Frühgravidäten vom 16. bis 40. Tag post ovulationem

Abb. 2. Die HCG-, Oestrogen- und Pregnandiol-Ausscheidung bei 3 HCG-induzierten Pseudograviditäten vom 7. bis 24. Tag post ovulationem

12*

179

# Neue Metabolite des Oestradiols-17$\beta$
## New Metabolites of Estradiol-17$\beta$


E. Kuss

Laboratorium f. Biochemie der I. Universitäts-Frauenklinik München



### Summary

The main components of water soluble metabolites prepared by incubation of oestradiol--17$\beta$ with rat liver homogenates, NADPH and oxygen were shown to be S-(2,3,17$\beta$-trihydroxy-1,3,5(10)-oestratrien-1-yl)-glutathione and S-(2,3,17$\beta$-trihydroxy-1,3,5(10)-oestratrien-4-yl)-glutathione. The structures were proven by comparison with synthetic substances, the 1-H- and the 4-H-isomeres of which were differenciated by nmr spectra.

The activity of the liver homogenates in transforming oestradiol-17$\beta$ to glutathione conjugates was increased by application of phenobarbital to femal rats. The biological significance of the glutathione conjugates of 2,3-dihydroxy-oestratriens is discussed.


Wasserlösliche Metabolite des Oestradiols-17$\beta$ entstehen in vitro auch unter Bedingungen, unter denen keine Sulfate oder Glucuronoside gebildet werden (Jellinck, 1959, Übersicht: Breuer 1962). Eigene Versuchsergebnisse (Kuss, 1967, 1968, 1969) zeigten, daß eine bisher unbekannte Gruppe von Steroidkonjugaten vorliegt, und zwar 2,3-Dihydroxy-oestratriene, deren C-Atom 1 bzw. 4 thioätherartig mit Glutathion verbunden ist.

Nach Inkubation von 4-$^{14}$C-Oestradiol-17$\beta$ mit Leberhomogenat und NADPH unter Luftsauerstoff wurden die radioaktiven Metabolite durch Lösungsmittelverteilung fraktioniert. Mit Lebern älterer männlicher Ratten wurde eine höhere Ausbeute an wasserlöslichen Metaboliten erhalten als mit Lebern weiblicher oder infantiler Tiere. Wenn die Weibchen vorher mit Phenobarbital behandelt worden waren, konnte mit dem Homogenat ihrer Lebern eine ähnlich hohe Ausbeute erzielt werden wie mit den Leberhomogenaten männlicher Tiere.

Die wäßrige Metabolitfraktion wurde an Sephadex G25 gereinigt und aufgetrennt. Die Substanzen reagierten mit Ninhydrin und mit dem Phenolreagenz von Folin-Ciocalteu, deswegen wurde angenommen, daß sie aus einem Phenol- und einem Peptid-Teil bestehen.

Zur Identifizierung des Peptidteils wurde mit Perameisensäure oxydiert, nachdem Totalhydrolyse zur Freisetzung etwa äquimolarer Mengen Glutaminsäure, Cystin und Glycin geführt hatte. Als Oxydationsprodukt wurde $\gamma$-Glutamyl-$\beta$-sulfoalanyl-glycin nachgewiesen. Da das Steroid-Peptid-Konjugat vor der Oxydation nicht mit Nitroprussidnatrium reagiert hatte, war anzunehmen, daß thioätherartig gebundenes Glutathion den Peptidteil der wasserlöslichen Metabolite bildet.

Zur Identifizierung des Phenolteils wurde die Thioäther-Bindung der wasserlöslichen Metabolite mit Raney-Nickel gespalten. Die phenolischen Spaltprodukte wurden isoliert und durch Chromatographie, UV-, IR- und Massenspektrum als 2-Hydroxy-oestradiol-17$\beta$ und 2-Hydroxy-oestron identifiziert.

Nach der Desulfurierung war das UV-Maximum der Metabolite von 300 m$\mu$ nach 288 m$\mu$ verschoben, was auf eine Konjugation der Schwefelbindung mit dem aromatischen System des Steroids hinwies. Da die C-Atome 2, 3, 5 und 10 des aromatischen Ringes der 2,3-Dihydroxy-oestratriene durch Substituenten besetzt sind, sollte das Schwefelatom an das C-Atom 1 oder 4 gebunden sein. Die Annahme, daß sowohl C1- als auch C4-Thioäther entstanden waren, wurde dadurch gestützt, daß in der Chromatographie zwei Fraktionen abgetrennt wurden, die beide ein Glutathionkonjugat des 2-Hydroxy-oestradiols enthielten (neben zwei weiteren mit je einem 2-Hydroxy-oestron-Glutathionkonjugat).

Zum Strukturbeweis wurden die beiden 1- und 4-Glutathionkonjugate des 2-Hydroxy-oestradiols-17$\beta$ synthetisiert. 2-Hydroxy-oestradiol-17$\beta$ wurde mit Natriumperjodat zum o-Chinon oxydiert, das mit Glutathion umgesetzt wurde. Es wurden zwei Reaktionsprodukte isoliert; die NMR-Spektren der Verbindungen ermöglichten die Identifizierung des C1 und des C4-Glutathionthioäthers. Die beiden synthetisierten Vergleichssubstanzen waren in der Chromatographie, Spektrometrie und bei Abbauversuchen von den beiden aus enzymatischem Ansatz isolierten Glutathionkonjugaten des 2-Hydroxy-oestradiols nicht zu unterscheiden.

Aromatische Verbindungen werden vom Organismus als Mercaptursäuren ausgeschieden, als Zwischenprodukte wurden Glutathionkonjugate nachgewiesen. Möglicherweise besteht für Oestrogene eine ähnliche Reaktionsfolge (Kuss, 1968), Jellinck und Elce fanden Hinweise dafür, daß von Ratten N-Acetyl-cystein-Konjugate des 2-Hydroxy-oestradiols ausgeschieden werden. Für die eigenen, noch nicht abgeschlossenen Untersuchungen von menschlichem Urin sind als Vergleichssubstanzen die C1 und C4 N-Acetyl-cystein-Konjugate des 2-Hydroxy-oestradiols-17$\beta$ synthetisiert worden.

### Literatur


Breuer, H.: Vitam. and Horm. **20**, 285 (1962).

Jellinck, P. H.: Biochem. J. **71**, 665 (1959).

—, and J. S. Elce: persönliche Mitteilung.

Kuss, E.: Hoppe-Seylers Z. physiol. Chem. **348**, 1707 (1967); **349**, 1234 (1968); **350**, 95 (1969).

# Isolierung einer löslichen Östriol-Glucuronyltransferase aus der Leber des Menschen

## Isolation of a Soluble Estriol-Glucuronyl-Transferase from Human Liver


G. S. Rao und H. Breuer

Institut für Klinische Biochemie der Universität Bonn



### Summary

The isolation and partial purification of a soluble estriol-16α-glucuronyltransferase from human liver is described. The partially purified enzyme appears to be very unstable. Kinetic studies revealed a pH optimum of 8.0 in Tris-HCl buffer, a $K_m$ of $0.96 \times 10^{-5}$ M for estriol and $K_m$ of $1.43 \times 10^{-5}$ M for UDP-glucuronic acid. Estrone, estradiol and testosterone are not conjugated by the enzyme.


Die Metaboliten von Steroid- und Schilddrüsenhormonen sowie der Gallensäuren werden als wasserlösliche Konjugate im Urin [1] ausgeschieden. Dabei handelt es sich um Ester der Schwefelsäure und Äther der Glucuronsäure [2]. Es konnte gezeigt werden, daß die Leber der Hauptort für die Synthese von wasserlöslichen Steroidglucuroniden ist [3]; in der Niere, im Darm und in der Haut werden ebenfalls — wenn auch in geringerem Umfange — Steroidglucuronide gebildet. Glucuronide werden durch die enzymatische Übertragung von Glucuronsäure aus Uridindiphosphorsäure auf den Acceptor synthetisiert [4]; diese Reaktion wird durch Glucuronyltransferasen katalysiert.

Bis vor kurzem nahm man an, daß die Glucuronyltransferasen ausschließlich in der Mikrosomenfraktion lokalisiert seien. Inzwischen wurde jedoch über das Vorkommen einer löslichen Glucuronyltransferase im 150,000 x $g$ Überstand des menschlichen Dünndarms berichtet [5]. Dieses Enzym konjugiert vorzugsweise die 17β-Hydroxylgruppe von Oestriol; die Glucoronidierung der 3- und 16α-Hydroxylgruppen spielen quantitativ eine untergeordnete Rolle.

Im Hinblick auf diese Befunde erschien es interessant zu untersuchen, ob auch in der Leber des Menschen lösliche Glucuronyltransferasen vorkommen. Menschliche Leber wurde von Organspendern erhalten, deren Nieren für die Transplantation bei nephrektomierten Patienten verwendet wurden. Das Gewebe wurde in 0,25 M Sucrose homogenisiert und bei 11,000 x $g$ für 30 Minuten zentrifugiert. Der Überstand wurde zweimal je 60 min bei 150,000 x $g$ zentrifugiert, um alle Zellpartikel vollständig zu sedimentieren.

Anschließend wurde der Überstand mit Ammoniumsulfat fraktioniert. Der Niederschlag, der zwischen 0 und 30 % Sättigung mit Ammoniumsulfat erhalten wurde, enthielt die gesamte Glucuronyltransferase-Aktivität. Die Ammoniumsulfat-Fällung wurde in Puffer gelöst und an einer Sephadex-Säule G-200 aufgetrennt. Dabei konnte eine 50—70 fache Anreicherung des Enzyms erzielt werden. Der Inkubationsansatz bestand aus 30 mμMol Oestriol, 1,26 μMol UDP-Glucuronsäure, 5 μMol

MgCl$_2$, 2 ml 0,2 M Tris-HCl Puffer (pH 8,0) und 400-600 µg Enzym-Präparation; es wurde 60 min bei 37° inkubiert. Das nicht umgesetzte Steroid wurde mit Äthylacetat extrahiert und das gebildete Glucuronid aus der mit NaCl gesättigten wäßrigen Phase mit Butanol ausgeschüttelt. Mit Hilfe der Papierchromatographie in 2 Systemen konnte gezeigt werden, daß die Butanol-Fraktion nur Oestriol-16α-monoglucuronid enthielt; die quantitativen Untersuchungen erfolgten im Tri-Carb Scintillations-Spektrometer.

Das pH-Optimum der löslichen Glucuronyltransferasen liegt bei 8,0. Es wurde eine K$_m$ von 0,96 x 10$^{-5}$ M für Oestriol und von 1,43 x 10$^{-5}$ M für UDP-Glucuronsäure gefunden. Oestron, Oestradiol-17β und Testosteron werden nicht konjugiert. Nach 24 stündigem Aufbewahren bei +5° oder nach einmaligem Einfrieren verbleibt eine Restaktivität von 30 %.

Diese Ergebnisse zeigen, daß die menschliche Leber eine lösliche Oestriol-16α-glucuronyltransferase enthält, die eine sehr ausgeprägte Spezifität aufweist. Möglicherweise befinden sich in der Leber mehrere Glucuronyltransferasen mit hoher Substratspezifität. Es gibt Hinweise dafür, daß die Glucuronyltransferasen in der löslichen Fraktion große Unterschiede in Aktivität, Spezifität und Stabilität aufweisen. Die enzymatische Glucuronidierung ist nicht nur ein Entgiftungsmechanismus, sondern spielt auch eine große Rolle im enterohepatischen Kreislauf. Frühere Experimente haben gezeigt, daß sie ebenfalls am aktiven Transport von Steroiden durch die Zellmembran beteiligt ist [6].


### Literatur

1. Williams, R. T.: Detoxication Mechanisms, p. 796. London: Chapman 1959.
2. Isselbacher, K., and H. Axelrod: J. Amer. Chem. Soc. 77, 1070 (1955).
3. Stevens, W., D. L. Berliner, and T. F. Dougherty: Endocrinology 68, 875 (1961).
4. Dutton, G. J.: Biochem. J. 71, 141 (1958).
5. Dahm, K., and H. Breuer: Biochim. biophys. Acta (Amst.) 113, 404 (1966).
6. Hartiala, K.: Biochem. Pharmacol. 6, 82 (1961).

# Isolierung einer Steroid-Sulfotransferase aus der Leber des Menschen[1]
## Isolation of a Steroid Sulfotransferase from Human Liver


R. Gugler und H. Breuer

Institut für Klinische Biochemie der Universität Bonn



## Summary

A steroid sulphotransferase from human liver, catalysing the formation of dehydro-epiandrosterone sulphate, was purified 10—12 fold by the following procedures: differential centrifugation, 30—50% saturation of the 150000 $\times$ $g$ supernatant with ammonium sulphate, adsorption and elution from calcium phosphate-gel, chromatography on DEAE cellulose, gel filtration through Sephadex G-200. The $K_m$-value for dehydroepiandrosterone was found to be $5 \times 10^{-6}$ M, and the pH optimum ranges from 7,0—8,2 in Tris maleate buffer. Within 24 hr at $+ 5°$ the enzyme lost more than 50% of its initial activity.


Neben der Glucuronidierung spielt die enzymatische Sulfatierung sowohl für die Ausscheidung als auch für den Intermediärstoffwechsel zahlreicher Steroide eine bedeutsame Rolle. Während Sulfotransferasen aus den Nebennieren und der Leber von Meerschweinchen, Ratte und Rind bereits isoliert wurden [1, 2, 3], liegen bisher keine Angaben über eine Reinigung und Charakterisierung dieser Enzyme beim Menschen vor. Aus diesem Grunde wurden Untersuchungen mit der Cytoplasma-Fraktion der menschlichen Leber durchgeführt.

Das unmittelbar post mortem entnommene Lebergewebe wurde fraktioniert zentrifugiert; der so gewonnene 150000 x $g$-Überstand wurde mit Ammoniumsulfat behandelt und die Fraktion, die zwischen 30 und 50 % Sättigung lag, zu weiteren Reinigungschritten verwendet. Eine Enzymanreicherung, die einen 10-12 fachen Aktivitätsanstieg bewirkte, konnte durch jedes der 3 folgenden Verfahren erzielt werden: (1) Selektive Adsorption an Calciumphosphat-Gel, (2) Elution von einer DEAE-Cellulose-Säule oder (3) Gel-Filtration über eine Säule mit Sephadex G-200. Als Substrat wurde [4-¹⁴C] Dehydroepiandrosteron gewählt; eine Substratsättigung war mit 20 µM erreicht. 3′-Phosphoadensin-5′-phosphosulfat, das „aktive Sulfat“, welches aus Bäckerhefe hergestellt wurde, diente als Cofaktor. Aktivierend wirkten Cystein, Magnesiumsulfat und Kaliumsulfat auf die Reaktion. Zur Übertragung des Sulfatrestes von 3′-Phosphoadenosin-5′-phosphosulfat auf das Substrat war ATP unbedingt erforderlich. Inkubiert wurde eine Stunde lang bei 37° in einem 0,3 M Tris-Maleat-Puffer bei pH 7,8. Nach Extraktion des freien Steroids mit wassergesättigtem Äthylacetat wurde die Inkubationslösung mit Ammoniumsulfat gesättigt und das Konjugat mit Butanol extrahiert; die quantitative Bestimmung erfolgte in einem Tri-Carb-Scintillations-Spektrometer.

Das Produkt der enzymatischen Reaktion wurde mit Hilfe mikrochemischer Reaktionen als Dehydroepiandrosteronsulfat identifiziert. Die gereinigte Enzym-


[1] Mit Unterstützung der Deutschen Forschungsgemeinschaft.

präparation diente zur Durchführung kinetischer Untersuchungen. Die Bildung von Dehydroepiandrosteronsulfat in Abhängigkeit von der eingesetzten Enzymmenge folgte bis zu einer Menge von 2 mg Eiweiß einer Reaktion nullter Ordnung. Im Bereich bis zu 120 min bestand Linearität zwischen der Bildung von Dehydroepiandrosteronsulfat und der Zeit. Bei der Bestimmung der pH-Abhängigkeit fand sich ein Maximum in Form eines Plateaus zwischen 7,0 und 8,2. Die Michaelis-Menten-Konstante betrug unter den hier gewählten Bedingungen für Dehydroepiandrosteron $5 \times 10^{-6}$M.

Da das Enzym in 24 Std bei 5° einen Aktivitätsverlust von mehr als 50 % erfährt, liegt ein entscheidender Faktor bei der Behandlung des Enzyms in der Frage seiner Stabilisierung. Durch die rasche Inaktivierung der Sulfotransferase wird eine Aneinanderreihung mehrer Reinigungsschritte und somit jede Anreicherung über ein gewisses Maß hinaus problematisch. Durch Behandlung mit Glycerin, Cystein, EDTA oder Albumin konnte das Enzym nicht stabilisiert werden.

Über die Bedeutung von Dehydroepiandrosteronsulfat im Stoffwechsel der Steroide können bisher nur Vermutungen geäußert werden. Nach neueren Untersuchungen [4, 5] soll Dehydroepiandrosteronsulfat als Vorläufer bei der Biosynthese der Oestrogene eine besondere Rolle spielen.

### Literatur


1. Nose, Y., and F. Lipmann: J. biol. Chem. **233**, 1348 (1958).
2. Banerjee, R. K., and A. B. Roy: Med. Pharmacol. **2**, 56 (1966).
3. Adams, J. B., and A. Poulos: Biochim. biophys. Acta (Amst.) **146**, 493 (1967).
4. Baulieu, E. E., and F. Dray: J. clin. Encocr. **23**, 1298 (1963).
5. Morato, T., A. E. Lemus, and C. Gual: Steroids, Suppl. I, 59 (1965).

# Bindung von Steroidhormonen
# an Serumproteine bei Lebererkrankungen
## Binding of Steroid Hormones to Serum Proteins in Diseases of the Liver


J. Breuer und E. Wobser

Institut für Klinische Biochemie der Universität Bonn



## Summary

The capacity to bind oestradiol-17$\beta$ and testosterone was measured in the serum of 8 male and 5 female patients with cirrhosis of the liver and in the serum of 10 male and 10 female normal human subjects. The following values were obtained (expressed as µg steroid bound per liter serum): 10.1 for oestradiol-17$\beta$ in male and 10.6 for oestradiol-17$\beta$ in female patients; 8.4 for oestradiol-17$\beta$ in normal male and 11.2 for oestradiol-17$\beta$ in normal female subjects. The corresponding values for testosterone were 9.1 for male and 9.3 for female patients with cirrhosis, whereas in normal subjects the values were 3.8 for males and 5.8 for females.


Im Serum des Menschen befinden sich Proteine, die Oestradiol-17$\beta$ und Testosteron spezifisch zu binden vermögen. Im Hinblick auf die Störungen des Endokriniums, die bei Lebererkrankungen auftreten können, erschien es von Interesse, die Bindung von Oestradiol-17$\beta$ und Testosteron durch das Serum von Patienten mit Lebercirrhose zu untersuchen. Bei vier Personengruppen wurde die Konzentration der $\beta$-Globuline, die Oestradiol-17$\beta$ und Testosteron binden, mit Hilfe der Protein-Bindungs-Methode quantitativ bestimmt: (1) 8 männliche und (2) 5 weibliche Patienten mit bioptisch gesicherter Lebercirrhose; (3) 10 männliche und (4) 10 weibliche Normalpersonen. Es wurde nach folgendem Versuchsschema [1] vorgegangen: Das zu untersuchende Serum wird mit 1 ng tritiiertem Oestradiol-17$\beta$ oder Testosteron beladen und in Gegenwart von vorbehandeltem Sephadex G-25 und Puffer, pH 7,4, 60 min bei 25° geschüttelt. Nach dem Abzentrifugieren wird 1 ml des Überstandes zweimal mit 5 ml Dichlormethan extrahiert und die Radioaktivität im Extraktrückstand gemessen. Von jeder Serumprobe wird eine Verdünnungsreihe mit 4 Ansätzen untersucht und aus den 4 Werten das arithmetische Mittel gebildet.

Ausgedrückt in µg Steroid pro Liter Serum betrug die Bindungskapazität bei den männlichen Lebercirrhotikern 10,1 für Oestradiol-17$\beta$ und 9,1 für Testosteron gegenüber 8,4 für Oestradiol-17$\beta$ und 3,8 für Testosteron bei den Normalpersonen; bei den weiblichen Patientinnen mit Lebercirrhose betrug die Bindungskapazität 10,6 für Oestradiol-17$\beta$ und 9,3 für Testosteron gegenüber 11,2 für Oestradiol-17$\beta$ und 5,8 für Testosteron bei den Normalpersonen. Somit liegt die Konzentration des Testosteron-bindenden $\beta$-Globulins sowohl bei den männlichen als auch bei den weiblichen Lebercirrhotikern deutlich höher als bei den Normalpersonen; im Gegensatz dazu weichen die Werte für Oestradiol-17$\beta$ bei beiden Personengruppen nicht wesentlich voneinander ab. Aus den Ergebnissen können folgende Schlüsse gezogen werden:

(1) Durch die deutliche Erhöhung der Testosteron-Bindungs-Kapazität im Serum von Lebercirrhotikern wird das Gleichgewicht zwischen Androgenen und Oestrogenen gestört.

(2) Die Tatsache, daß die Konzentrationen des Testosteron-bindenden Globulins bei Lebercirrhotikern höher liegen als bei Normalpersonen, während die Konzentrationen des Oestradiol-bindenden Globulins bei Normalpersonen und Lebercirrhotikern etwa gleich groß sind, spricht gegen eine Identität [2] beider Proteine.


### Literatur

1. Pearlman, W. H., and O. Crépy: J. clin. Endocr. **27**, 1012 (1967).
2. Van Baelen, H., W. Heyns, E. Schonne, et P. de Moor: Ann. Endocr. **29**, 153 (1968). (Paris)

# Oestronabbau in der Lebermikrosomen-Fraktion menschlicher Feten
## Estron Degradation in the Liver Microsome Fraction of Human Fetuses

W. D. Lehmann

Universitäts-Frauenklinik Ulm, Donau

Mit 2 Abbildungen

## Summary

The metabolism of (4—14 C) oestrone was studied in the microsomal fraction of the fetal liver at different ages of gestation and in the microsomal fraction of the human liver of one adult. The rate of metabolism of (4—14 C) oestrone (formation of ether soluble, water soluble and protein bound fractions) increased with fetal age but did not reach the metabolic rate of the adult liver.

In der Lebermikrosomen-Fraktion Erwachsener konnten wir zusammen mit Breuer ein Enzymsystem nachweisen, das Oestron zu ätherlöslichen, wasserlöslichen und proteingebundenen Metaboliten abbaut. Der Stoffwechsel von radioaktiven Oestron vollzog sich rascher in der Leber von Männern als in derjenigen von Frauen (Lehmann u. Breuer, 1968).

In der vorliegenden Untersuchung interessierte uns die Frage, ob der menschliche Fet diese wichtigen Enzyme für den oxidativen Steroidabbau ebenfalls besitzt, oder zu welchem Zeitpunkt des intrauterinen Lebens er die Enzyme in seiner Leber synthetisiert. Wir inkubierten deshalb die Lebermikrosomen-Fraktionen von menschlichen Feten zwischen der 12. —40. Gestationswoche mit (4-14 C) Oestron und stellten quantitative und qualitative Vergleiche mit dem Steroidabbau in der Leber eines erwachsenen Mannes an.

Abb. 1 zeigt den zeitlichen Verlauf des Oestronabbaus. Mit zunehmendem Gestationsalter des Feten wird der Abbau deutlich beschleunigt. So hat 1 ml der Mikrosomen-Fraktion (entsprechend 1 g Frischgewicht) des reifen Feten (40. Woche) von dem eingesetzten 9 n Mol (500 n C) (4-14 C) Oestron nach 5minütiger Inkubation unter Anwesenheit von NADPH und Sauerstoff bei PH 7,4 die doppelte Menge abgebaut, wie die Mikrosomen-Fraktion des 12 Wochen alten Feten. Die größte Umsatzrate aber weist der erwachsene Mann auf.

Wie aus der Abb. 2 zu erkennen ist, wird Oestron bei der Inkubation mit der Mikrosomen-Fraktion der fetalen Leber zu äther-, wasserlöslichen und proteingebundenen Fraktionen abgebaut. Aus vorhergehenden Versuchen haben wir einen Anhalt, daß es sich bei der wasserlöslichen Fraktion um Oestrogene in mehreren Hydroxylgruppen handelt, die wiederum die Koppelung an Proteine begünstigen. Über den Charakter der proteingebundenen Fraktion können wir keine Aussagen machen.

Auffällig ist, daß der Fet bis zur 20. Woche fast nur ätherlösliche Metaboliten (17$\beta$-Oestradiol, 6$\alpha$-, 6$\beta$-, 7$\alpha$-, 15$\alpha$- und 16$\alpha$-Hydroxyoestron, 6$\alpha$-, 6$\beta$-, 7$\alpha$-Hydro-

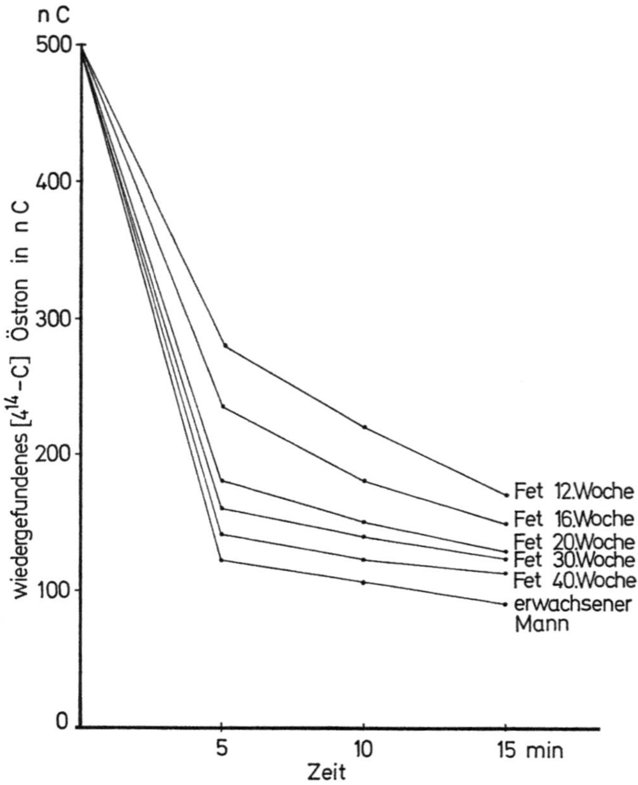



Abb. 1. Zeitlicher Verlauf des Umsatzes von (4—14 C) Oestron in der Lebermikrosomen-Fraktion menschlicher Feten verschiedenen Lebensalters und eines erwachsenen Mannes

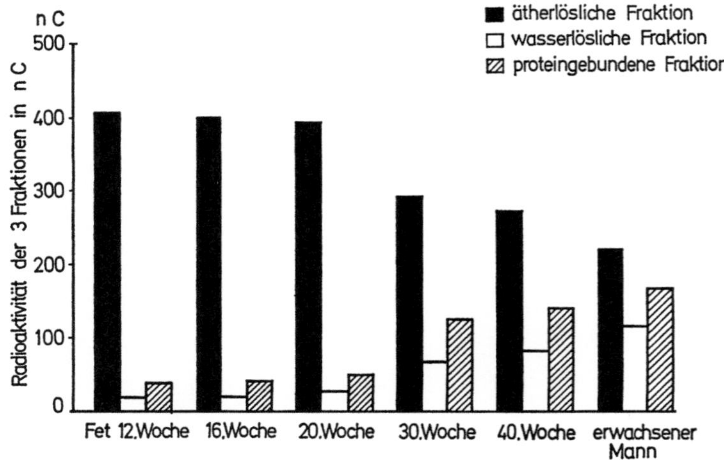



Abb. 2. Bildung der äther-, wasserlöslichen und proteingebundenen Fraktion während 15 minütiger Inkubation von (4—14 C) Oestron mit der Lebermikrosomen-Fraktion menschlicher Feten und eines erwachsenen Mannes

-17$\beta$-Oestradiol und Oestriol) bildet und erst ab 30. Fetalwoche Oestron zu wasserlöslichen und proteingebundenen Metaboliten inaktivieren kann. Hier entwickeln sich dann die Enzymsysteme, die nicht nur Steroide, sondern auch eine Vielzahl anderer Substrate (Arzneimittel usw.) angreifen und unspezifischen Charakter haben sollen. (Tierversuche von Remmer 1959, Conney u. Klutsch 1963). Möglicherweise entstehen diese Enzymsysteme gegen Ende des fetalen Lebens in steigendem Maße in der Leber, damit nach der Geburt oxidative Enzyme zur Verfügung stehen, die Fremdstoffe in dem nun selbständigen Organismus des Neugeborenen inaktivieren können.

Literatur


Conney, A. H., and A. J. Klutch: J. biol. Chem. **238**, 1611 (1963).
Lehmann, W. D., u. H. Breuer: in Vorbereitung.
Remmer, H.: Naunyn-Schmiedebergs Arch. exp. Path. Pharm. **235**, 279 (1959).

# Einwirkung von Dehydroepiandrosteron und seinen Conjugaten auf die Glucose-6-Phosphat-Dehydrogenase in menschlichen Erythrocyten

### Influence of Dehydroepiandrosterone and Its Conjugates on the Glucose-6-Phosphate-Dehydrogenase ofHuman Erythrocytes


G. W. OERTEL und I. REBELEIN

Abteilung für Experimentelle Endokrinologie, Universitäts-Frauenklinik Mainz


## Summary


Whereas dehydroepiandrosterone sulfate or glucuronoside exerted no effects upon the activity of glucose-6-phosphate dehydrogenase in human erythrocytes, a $10^{-7}$ $M$ concentration of free dehydroepiandrosterone and synthetic dehydroepiandrosterone sulfatide produced a 9% and 19% resp. inhibition of said enzyme. On the basis of endogenous plasma levels of the later compounds the assumed regulation of the enzyme under physiological conditions may be effected rather through the lipophile sulfoconjugate.


Es ist hinlänglich bekannt, daß zahlreiche Steroide die Aktivität menschlicher Glucose-6-phosphat-dehydrogenase in vitro beeinträchtigen [1,2]. Neben Dehydroepiandrosteron ($3\beta$-Hydroxy-androst-5-en-17-on) erwiesen sich $C_{21}$-Steroide wie Allopregnanolon ($3\beta$-Hydroxy-5$\alpha$-pregnan-20-on) undPregnenolon ($3\beta$-Hydroxy-pregn-5-en-20-on) als besonders wirksame Inhibitoren. Die Konzentration der genannten Verbindungen in der Fraktion freier Plasmasteroide erreicht jedoch kaum 1µg pro 100 ml. Auf der anderen Seite übt Dehydroepiandrosteron-sulfat in vitro keinerlei hemmende Wirkung auf Glucose-6-phosphat-dehydrogenase aus, obgleich unter physiologischen Bedingungen deutliche Zusammenhänge zwischen besagter Enzymaktivität und dem als Sulfokonjugat in größeren Mengen vorliegenden Dehydroepiandrosteron bestehen [2—4]. Zwecks Klärung der scheinbaren Widersprüche wurde daher die Aktivität der Glucose-6-phosphat-dehydrogenase menschlicher Erythrocyten in Gegenwart von Dehydroepiandrosteron und seinen verschiedenen Konjugaten überprüft.

Man führte dabei den Enzymtest in üblicher Weise durch, d. h. mit 0.10 ml Hämolysat gewaschener Erythrocyten (äquivalent mit 0,04 ml Vollblut), 3,00 ml 0.05 $M$ Triäthanolamin/0,005 $M$ EDTA-Puffer von pH 7,6 0.1 ml 0,01 $M$ NADP- und 0,05 ml 0.031 $M$ Glucose-6-phosphat-lösung. Die Endkonzentration des in 0,02 ml Dioxan zugesetzten Steroids bzw. Steroid-konjugats entsprach der einer $10^{-5}$ bis $10^{-7}$ $M$ Lösung. Zum Einsatz kamen freies Dehydroepiandrosteron, Dehydroepiandrosteron-sulfat, Dehydroepiandrosteron-glucuronosid und synthetisches Dehydroepiandrosteron-sulfatid[5]. Aus der Extinktionszunahme bei 366 mµ von Leerwert und Probe errechnete man die jeweilige Hemmung der Glucose-6-phosphat-dehydrogenase.

Es bestätigte sich, daß selbst in den höheren Konzentrationen weder Dehydroepiandrosteron-sulfat noch Dehydroepiandrosteron-glucuronosid eine Hemmung des Enzymsystems bewirkten. Brachte der Zusatz von freiem Dehydroepiandrosteron in $10^{-7}\,M$ Konzentration eine 9%ige Hemmung, so erzielte man mit der gleichen Konzentration an synthetischem Dehydroepiandrosteron-sulfatid sogar eine 19%ige Hemmung. Da die physiologischen Plasmaspiegel des freien Dehydroepiandrosterons kaum eine Konzentration von $10^{-7}\,M$ erreichen gegenüber einer beinahe $10^{-5}\,M$ Konzentration des lipophilen Dehydroepiandrosteron-sulfatids im peripheren menschlichen Plasma, scheint die Annahme berechtigt, daß die Regulation der Glucose-6-phosphat-dehydrogenase in vivo eher durch Dehydroepiandrosteron-sulfatid erfolgt.

Die Wirksamkeit letzteren Konjugats geht weiter aus einem anderen Experiment hervor, in dessen Verlauf gewaschene Erythrocyten zunächst für 15 min in $10^{-5}$ $M$ isotonischer Lösung der erwähnten Verbindungen bebrütet, dann erneut gewaschen und dem Enzymtest unterworfen wurden. Lediglich bei Verwendung von Dehydroepiandrosteron-sulfatid kam es zu einer Penetration der Membran, wie die 11%ige Hemmung der Glucose-6-phosphat-dehydrogenase erkennen ließ.

Nach den bisherigen Erfahrungen besitzen die als freie Verbindungen wirksamen $C_{19}$ und $C_{21}$-Steroide zumeist eine äquatoriale $3\beta$-Hydroxygruppe sowie eine 17- ider 20-Oxogruppe. Es ist durchaus denkbar, daß die Veresterung der $3\beta$-Hydrocygruppe des Dehydroepiandrosterons mit Diglyceridschwefelsäure oder „Sulfatidsäure" eine Annäherung des nun lipophilen Sulfokonjugats an das Enzymmolekül und damit dessen Konformationsänderung begünstigt.

Zusammenfassend darf festgestellt werden, daß physiologische Konzentrationen von lipophilem Dehydroepiandrosteron-sulfatid die Aktivität der Glucose-6-phosphat-dehydrogenase menschlicher Erythrocyten in vitro zu hemmen vermögen, während Dehydroepiandrosteron-sulfat als Inhibitor versagt. Derartige Befunde erlauben nicht nur die Erklärung anderweitiger Versuchsergebnisse [2,4], sondern stellen gleichfalls einen Beweis für das Vorkommen und die physiologische Bedeutung der lipophilen Sulfokonjugate bzw. der Steroid-sulfatide dar.

Tabelle 1. % *Hemmung der Glucose-6-phosphat-dehydrogenase in menschlichen Erythrocyten durch Dehydroepiandrosteron und seine Konjugate*

| Verbindung | Konzentration | | |
| --- | --- | --- | --- |
| | $10^{-5}M$ | $10^{-6}M$ | $10^{-7}M$ |
| Dehydroepiandrosteron | 62 | 27 | 9 |
| Dehydroepiandrosteronsulfat | 1 | 0 | 0 |
| Dehydroepiandrosteronglucuronosid | 3 | 0 | 0 |
| Dehydroepiandrosteronsulfatid | 84 | 38 | 19 |

## Literatur


1. Marks, P. A., and J. Banks: Proc. natl. Acad. Sci. (Wash.) **46**, 447 (1960).
2. Brandau, H., u. W. Luh: Geburtsh. u. Frauenheilk. **28**, 1074 (1968).
3. Tsutsui, E. A., P. A. Marks, and P. Reich: J. biol. Chem. **237**, 3009 (1962).
4. Sonka, J., I. Gregorova, M. Jiranek, F. Kölbel u. Z. Matys: Endokrinologie **45**, 115 (1965).

# In vivo Perfusion eines menschlichen Ovars mit 7α-³H-Pregnenolon-sulfat

## Perfusion of a Human Ovary by 7α-³H-Pregnenolone-Sulfate in vivo

P. KNAPSTEIN, L. BECK und G. W. OERTEL

Universitäts-Frauenklinik Mainz

**Summary**

The substrate was injected into an ovarian artery in vivo. Over 15 min. the ovarian veinous blood was collected and analyzed for free and conjugated steroids. In plasma 1.6%, in ovarian tissue 12% of total radioactivity were found to be free steroids, indicating sulfatase activity. In this fraction only progesterone and androstenedione besides pregnenolone could be isolated. After solvolysis of sulfoconjugates only delta-5-metabolites such as dehydroepiandrosterone and androstenediol were detected. It was concluded that free and sulfoconjugated pregnenolone underwent different metabolism.

In vivo Perfusionen menschlicher Gonaden mit freiem und sulfokonjugiertem Dehydroepiandtrosteron hatten ergeben, daß die mit dem arteriellen Blut angebotenen Substrate in den spezifischen Steroidstoffwechsel eingeschleust werden. Die Perfusionstechnik mit radioaktiven Präkursoren kann also durchaus zur Aufklärung bestimmter physiologischer Biosynthesewege auch diesen Organe verwandt werden. Im vorliegenden Experiment interessierte die Frage, welchem Metabolismus Pregnenolon-sulfat in einem menschlichen Ovar unterliegt.

Man injizierte dazu bei einer 37jährigen Frau am 18. Tag des Cyclus 0,001 $\mu$Mol 7α-3H-markiertes Substrat mit 2 500 000 Ipm in den ramus tubarius einer arteria uterina. In den folgenden 15 min wurden aus den zugehörigen Ovarialvenen insgesamt 38 ml Blut oder 20 ml heparinisiertes Plasma gesammelt. Das perfundierte Organ wurde homogenisiert und ebenfalls analysiert. Nachdem man die freien Steroide mit Diäthyläther extrahiert hatte, gewann man die Steroidkonjugate durch Behandlung mit Äthanol-Aceton. Nach Äther-Perchlorsäure-Solvolyse wurden die freien Steroide durch mehrfache Papier- und Dünnschichtchromatographie, Bildung der 2,4-Dinitrophenyl-hydrazone und Reinigung bis zu konstanter spezifischer Aktivität charakterisiert. Progesteron, DHEA und Androstendion wurden außerdem zweimal umkristallisiert.

Tabelle 1. *Insgesamt wiedergefundene Aktivität*

| Material | Freie Steroide | | Sulfokonjugate | | $\dfrac{K^a}{F}$ |
|---|---|---|---|---|---|
| | Ipm 3 H | (%) | Ipm 3 H | (%) | |
| Ovar | 5000 | (0,20) | 44000 | (1,76) | 8,8:1 |
| Plasma | 20000 | (0,79) | 1263000 | (50,1) | 63:1 |

[a] K = Konjugate
  F = Freie Steroide

Tab. 1 zeigt die insgesamt wiedergefundene Tritiumaktivität. Im Plasma konnten 50,1 % aus der Sulfonkonjugatfraktion und 0,79 % als freie Steroide gewonnen werden. Im Ovarialgewebe verteilten sich 1,76 % bzw. 0,2 % auf diese beiden Fraktionen. Der Quotient „Konjugate zu freien Steroiden" war im Ovar mit 8 : 1 (gegenüber 63 : 1 im Plasma) zugunsten der letzteren verschoben, was auf eine deutliche Sulfataseaktivität hinweist.

In Tab. 2 sind die aus der Fraktion freier Steroide des Plasmas isolierten Verbindungen aufgeführt. Als Metaboliten von Pregnenolon konnten lediglich Progesteron und Androstendion, nicht jedoch 17-hydroxy-Progesteron oder Delta-5-Verbindungen nachgewiesen werden.

Tab. 3 enthält die Steroide aus der Sulfokonjugatfraktion des Plasmas nach Solvolyse. Hier wurden nur Delta-5-Verbindungen — nämlich $17\alpha$-hydroxy-Pregnenolon, DHEA und Delta-5-Androstendiol — eindeutig charakterisiert. Delta-4-Steroide wurden nicht gefunden. Aus der phenolischen Fraktion konnten 3 Substanzen abgetrennt werden, die sich chromatographisch wie Oestron, Oestradiol und Oestriol verhielten. Eine polare Verbindung — XP — und eine unpolare — XUP — wurden nicht weiter analysiert.

Die Tritium-aktivität im Ovarialgewebe war zu gering, als daß sich eine hinreichende Charakterisierung entstandener Metaboliten durchführen ließ.

Unter den gewählten Versuchsbedingungen wurde also Pregnenolon-sulfat im menschlichen Ovar teilweise hydrolysiert. In diesem Zusammenhang sei erwähnt, daß auch schon in früheren in-vitro- und in-vivo-Experimenten eine Sulfataseaktivität für DHEA-sulfat nachgewiesen worden war. Ebenso wurde eine Sulfurylierung von DHEA nachgewiesen. Welche physiologische Bedeutung diesen Fermenten zukommt, ist noch ungewiß.

**Tabelle 2.**

*Metaboliten aus Fraktion freier Steroide im Plasma*

| Steroid | Ipm 3 H |
| --- | --- |
| Pregnenolon | 9400 |
| Progesteron | 5800 |
| ADN | 3900 |

**Tabelle 3.**

*Metaboliten aus Sulfokonjugatfraktionen im Plasma*

| Steroid | Ipm 3 H |
| --- | --- |
| Pregnenolon | 246000 |
| $17\alpha$-OH-Preg. | 132000 |
| DHEA | 56000 |
| ADL | 166000 |
| X—P | 296000 |
| X—Up | 80000 |
| $E_1$* | 500 |
| $E_2$* | 2300 |
| $E_3$* | 900 |
| Progesteron | — |
| ADN | — |

Offensichtlich unterlag freies Pregnenolon einem anderen Metabolismus als sein Sulfokonjugat. Denn bei den freien Steroiden fanden sich ausschließlich Delta-4-Metaboliten. Aus der Sulfokonjugatfraktion dagegen wurden überwiegend Delta-5-Verbindungen isoliert. Ob für diesen unterschiedlichen Stoffwechsel verschiedene Enzymsysteme oder verschiedene compartments ursächlich in Frage kommen, bleibt aus den vorliegenden Ergebnissen unbeantwortet. Früher gewonnene Resultate mit Tritium- und $^{35}$S-doppeltmarkierten Substraten lassen den Schluß zu, daß Pregnenolon-sulfat auch hier direkt, d. h. ohne Abspaltung der Sulfatestergruppe, metabolisiert wurde.

# Resorption von
# $(7\alpha\text{-}^{3}H)$ $3\beta$-Hydroxy-5-pregnen-20-on-$(^{35}S)$sulfat im menschlichen Dünndarm

### Resorption of $(7\alpha\text{-}^{3}H)$ $3\beta$-Hydroxy-5-Pregnene-20-one-$(^{35}S)$*Sulfate* in the Human Small Intestine


P. Menzel, F. Wendlberger und G. W. Oertel

Abteilung für Experimentelle Endokrinologie
Universitäts-Frauenklinik Mainz und Chirurgische Universitätsklinik Homburg/Saar


Mit 2 Abbildungen


**Summary**

After injection of double-labeled $(7\alpha\text{-}^{3}H)$ $3\beta$-hydroxy-5-pregnene-20-one-$(^{35}S)$ sulfate in human small intestines it could be shown, that there excists an enterohepatic circulation for this steroid. Compared to corresponding experiments with $C_{19}$-steroid-sulfates more hydrolysed substrate was found in portal vein plasma. Whereas within the first minutes steroid-sulfates in bile exhibited a practically unchanged $^{3}H/^{35}S$ ratio an increasing hydrolysis and resulfurylation of liberated steroids was observed.


Nachdem 1928 Verbindungen mit oestrogener Aktivität in der menschlichen Galle gefunden wurden [1] und in Versuchen an Hunden ein entero-hepatischer Kreislauf für Steroide gesichert war [2—5], konnte in den letzten Jahren ein solcher auch beim Menschen mittels markierter Steroide nachgewiesen werden [6, 7]. Weitere Arbeiten befaßten sich mit der Ausscheidung von Steroiden in den Faeces [8—10]. Lisboa u. Mitarb, [11] stellten fest, daß es sich bei der Resorption von freien und konjugierten Steroiden um einen aktiven Transport handelt. Bei Versuchen mit Dehydroepiandrosteron-Sulfat (DHEA-S) [12—16] fanden wir, daß dieses Konjugat die Darmwand größtenteils ohne Hydrolyse und ausgeprägten Metabolismus passierte. In dem vorliegenden Experiment sollte zu der Frage Stellung genommen werden, inwieweit die menschliche Darmwand mit ihrem vielfältigen Enzymsystemen unter in-vivo-Bedingungen einen Einfluß auf Resorption und Metabolismus von doppeltmarkiertem Pregnenolon-Sulfat (P-S) ausübt.

Dazu injizierte man einer 43jährigen Patientin, die einer Cholecystektomie unterzogen wurde, in die obere Jejunalschlinge 0,25 µMol doppeltmarkiertes $(7\alpha\text{-}^{3}H)$-$3\beta$-Hydroxy-5-pregnen-20-on-$(^{35}S)$ Sulfat mit 2 674 000 Ipm $^{3}H$ und 317 000 Ipm $^{35}S$. 3 und 7 min nach dieser Injektion entnahm man aus der Vena portae Blut und gewann daraus 15,0 ml bzw. 11,7 ml Plasma.

Die durch eine Choledochus-T-Drainage gewonnene Galle ergab in 6 Fraktionen über 26 Std 50 min insgesamt 423 ml. Der 24 Std-Urin erbrachte 1 250 ml.

Nach Extraktion der freien Steroide aus Plasma, Galle und Harn mittels Chloroform wurden die Konjugate durch Behandlung mit Aceton-Äthanol bzw. Amberlit XAD 2 gewonnen. Die Auftrennung in Steroid-Sulfate, -Sulfatide und -Glucuronoside erfolgte dünnschichtchromatographisch auf Polyamid in Cyclohexan-Diisopropyläther (1 : 1) bzw. auf Kieselgel G in Chloroform-Methanol-Ammoniak (15 : 5 : 0,2). Nach Solvolyse der Konjugate mit Äther-Perchlorsäure bzw. durch $\beta$-Glucuronidase wurden die freigesetzten Steroide ebenso wie die vorher extrahierten freien Steroide durch wiederholte Dünnschichtchromatographie in verschiedenen Lösungsmittelsystemen in Einzelverbindungen aufgetrennt. Die qualitative und quantitative Messung erfolgte im Berthold-Dünnschichtscanner bzw. im Packard-Tricarb-Spektrometer.

Abb. 1 zeigt die Verteilung der wiedergefundenen Radioaktivität im Plasma. Man erkennt den hohen Anteil freier Steroide vor allem in den ersten Minuten nach Injektion des P-S. Auf Grund vorangegangener Versuche ist zu vermuten, daß diese rasche Spaltung im wesentlichen in der Darmwand stattfand. Steroid-Sulfatide und -Sulfate wiesen keine signifikante Verschiebung des $^3$H/$^{35}$S Quotienten auf, aus der man auf Hydrolyse und Resulfurylierung hätte schließen können.

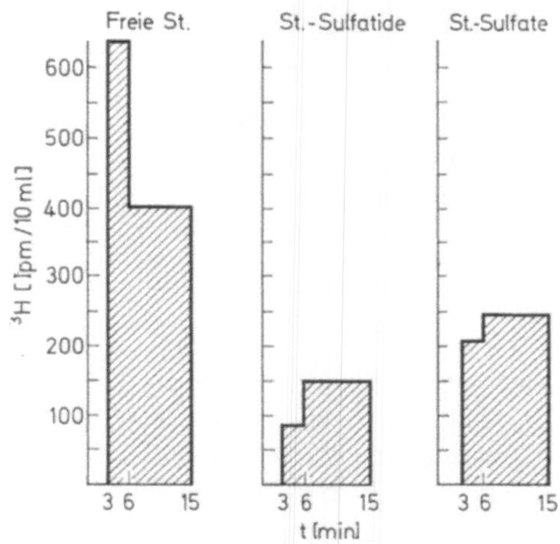


Abb. 1. Verteilung der wiedergefundenen Radioaktivität im Plasma

Abb. 2 demonstriert den zeitlichen Verlauf der Ausscheidung freier und sulfokonjugierter Steroide in den einzelnen Gallefraktionen. Im Vergleich zu früheren Versuchen mit markiertem DHEA-S überrascht hier der mengenmäßige große Anteil an freien Steroiden. Welche Rolle die Leber in diesem hydrolytischen Geschehen spielt, bleibt offen. Wie man in der oberen Abbildung sieht, steigt die Kurve der freien Steroide stetig an und erreicht in der 3. Stunde nach Injektion des P-S ihr Maximum. Dagegen liegt das Maximum der entsprechenden Ausscheidungskurve der Konjugate bereits innerhalb der ersten Stunde. Hieraus wird ersichtlich, daß zunehmend doppeltmarkierte Sulfokonjugate hydrolysiert und die freigesetzten Steroide in der Galle ausgeschieden werden. Vergleicht man den $^3$H/$^{35}$S-Quotienten des Ausgangsmaterials mit dem der einzelnen Gallefraktionen, so wird die hydrolytische Spaltung und nachfolgende Sulfurylierung der freigesetzten Steroide noch deutlicher, denn von Probe zu Probe stieg der Quotient an, bis in der letzten Fraktion sogar kein markiertes $^{35}$S mehr nachzuweisen war. Auch im 24-Std-Harn fand sich ein um mehr als das Doppelte erhöhtes $^3$H/$^{35}$S-Verhältnis, woraus auf eine etwa 60 % Hydrolyse mit nachfolgender Resulfurylierung zu schließen ist.

Die Ergebnisse dieses Versuches lassen erkennen, daß auch für P-S ein enterohe-
patischer Kreislauf besteht, daß aber im Gegensatz zu ähnlichen Experimenten mit
DHEA-S (12-16) das in das Darmlumen injizierte P-S einer weitaus stärkeren
Hydrolyse unterliegt.

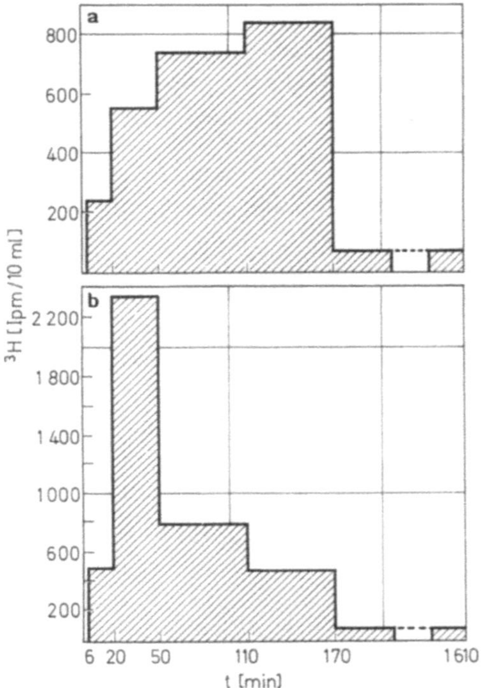

Abb. 2. Verteilung der wiedergefundenen freien (a) und sulfo-konjugierten (b) Steroide in den
einzelnen Gallefraktionen

### Literatur


1. Gsell-Busse, M. A.: Klin. Wschr. 7, 1606 (1928).
2. Stamler, C. M.: Bull. Biol. Med. exp. (USSR) 3, 31 (1937).
3. Dingemanse, E., and R. Tyslowitz: Endocrinology 28, 450 (1941).
4. Canterow, A., A. E. Rakoff, K. E. Paschkis, and L. P. Hansen: Proc. Soc. exp. Biol.
   (N. Y.) 49, 707 (1942).
5. — — — —, and A. A. Walking: Proc. Soc. exp. Biol. (N. Y.) 52, 256 (1943).
6. Sandberg, A. A., W. R. Slaunewhite jr.: J. clin. Invest. 36, 1266 (1957).
7. Twombly, G. H., and M. Levitz: Amer. J. Obstet. Gynec. 80, 889 (1960).
8. Baulieu, E. E., C. Corpechot, F. Dray, R. Emiliozzi, M. C. Lebeau, P. Mauvais-Jarvis, and
   P. Robel: Recent. Progr. Hormone Res. 21, 411 (1965).
9. Sandberg, A. A., and W. R. Slaunwhite: J. clin. Invest. 35, 1331 (1956).
10. — — J. clin. Endocr. 18, 253 (1958).
11. Lisboa, B. P., I. Drosse u. H. Breuer: Hoppe-Seylers Z. physiol. Chem. 342, 106 (1965).
12. Knapstein, P., u. G. W. Oertel: Hoppe-Seylers Z. physiol. Chem. 346, 181 (1966).
13. — — Experienta (Basel) 22, 577 (1966).
14. — L. Treiber, F. Wendlberger u. G. W. Oertel: Hoppe-Seylers Z. physiol. Chem. 348,
    401 (1967).
15. — F. Wendlberger u. G. W. Oertel: Experientia (Basel) 23, 480 (1967).
16. Fries, N., P. Knapstein, F. Wendlberger, and G. W. Oertel: Acta endocr. (Kbh.) 56, 705 (1967).

# Einfluß verschiedener Gestagene auf die Milchdrüsendifferenzierung von Mäusen und Ratten

Influence of Different Progestogens on Mammary Gland Differentiation in Mice and Rats


B. CUPCEANCU[1] und F. NEUMANN

Hauptlaboratorium der Schering AG, Berlin-West


Mit 1 Abbildung

## Summary


The influence of medroxyprogesterone acetate (MAP), norethisterone (ENT), 19-nor-hydroxy-progesterone caproate (NHPC) and allyloestrenol (AOe) on the mammary gland differentiation of rats and mice has been investigated.

ENT caused a male differentiation of the female mammary gland anlagen in mice as well as in rats, MAP showed in mice both, virilizing and feminising properties, in rats virilizing properties only. NHPC and AOe had no influence on the mammary gland differentiation in rats, but some male mammary gland rudiments in mice were partially feminized.


Es wurde der Einfluß von vier synthetischen Gestagenen auf die Milchdrüsendifferenzierung von Mäusen und Ratten untersucht. Gravide Mäuse wurden vom 12. bis 14. Tag, gravide Ratten vom 13. bis 21. Tag der Schwangerschaft subc. behandelt, die Autopsie der Feten erfolgte am 15. Tag (Mäuse) bzw 22. Tag (Ratten) der Schwangerschaft.

| Substanzen | | Tagesdosis in mg | |
|---|---|---|---|
| | | Mäuse | Ratten |
| Medroxyprogesteronacetat | (MAP) | 1,0 | 3,0 |
| Norethisteron | (ENT) | 1,0 | 3,0 |
| 17-Nor-hydroxyprogesteron-capronat | (NHPC) | 5,0 | 30,0 |
| Allyloestrenol | (AOe) | 5,0 | 10,0 |

Bei Mäusen erfolgt die Entwicklung des primären Drüsensprosses zunächst in beiden Geschlechtern gleichartig in Form einer epithelialen Aussprossung der Epidermis. Bereits am 15. Tag der Embryonalentwicklung ist bei den männlichen Tieren der primäre Drüsensproß durch Einwucherung des ihn umgebenden Mesenchyms weitgehend zerstört, die Basalmembran geht verloren (vgl. Abb. a und b).

MAP lenkt die Differenzierung bei weiblichen Feten teilweise in männliche Richtung, bei männlichen Feten teilweise in weibliche Richtung (s. Abb. c). ENT bewirkt bei den weiblichen Feten eine männliche Differenzierung (s. Abb. d); unter NHPC und AOe fiel bei einem Teil der Milchdrüsenanlagen männlicher Feten eine weibliche Entwicklungstendenz auf.

Der auffälligste Geschlechtsunterschied bei der Milchdrüsendifferenzierung von Ratten ist die Athelie bei männlichen Tieren (vgl. Abb. e und f).

---

[1] Stipendiat der Humboldtstiftung

Unter dem Einfluß von MAP war bei den weiblichen Feten die Anlage von Saugwarzen partiell oder total gehemmt (s. Abb. g), ENT führte immer zur Athelie (s. Abb. h), die Milchdrüsendifferenzierung der männlichen Feten blieb unbeeinflußt. NHPC und AOe beeinflußten weder die weibliche noch die männliche Differenzierung.

Alle Substanzen, die die Differenzierung der Sexualorgane im engeren Sinne beeinflussen, greifen auch in die Milchdrüsendifferenzierung ein. Ob die Differenzierung im männlichen oder weiblichen Sinne erfolgt, scheint nur davon abzuhängen, ob Androgene wirken oder nicht.

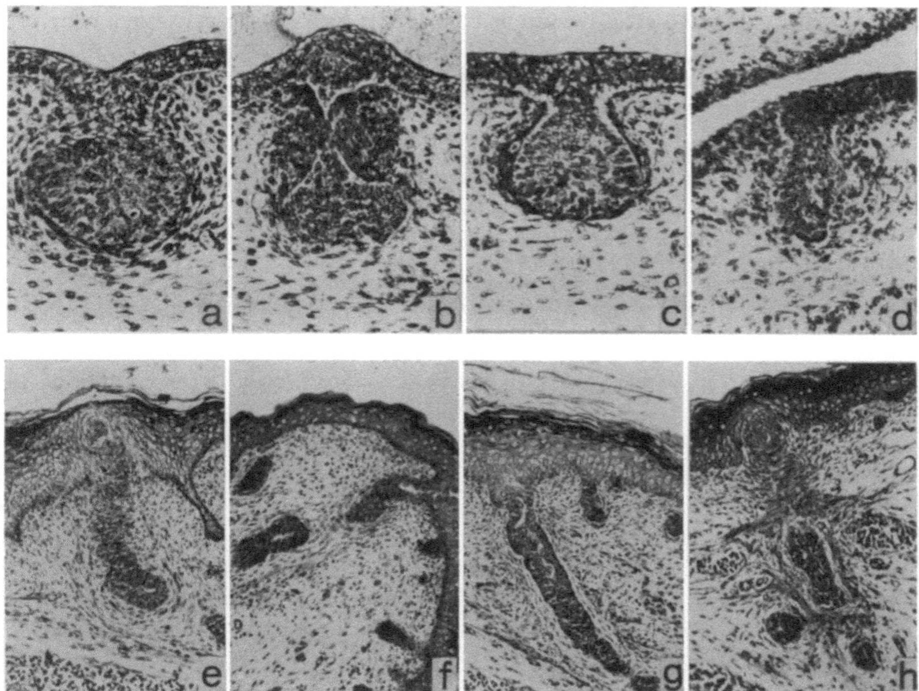

Abb. a—d: Milchdrüsenanlagen von Mäusen, 15. Tag der Fetalentwicklung (120 ×)

    a) Kontrolle (♀ Foet)
    b) Kontrolle (♂)
    c) Behandlung mit MAP (♂)
    d) Behandlung mit ENT (♀)

e—h: Milchdrüsenanlagen von Ratten, 22. Tag der Foetalentwicklung (e—g : 120 × ; h : 300 ×)

    e) Kontrolle (♀)
    f) Kontrolle (♂)
    g) Behandlung mit MAP (♀)
    h) Behandlung mit ENT (♀)

### Literatur


Cupceancu, B., u. F. Neumann: Der Einfluß verschiedener Gestagene auf die Entwicklung der Milchdrüse von Ratten. Endokrinologie (im Druck).

—, and A. Ulloa: The influence of some progestogens on the mammary gland of the mouse during the period of initial differentiation. J. Endocr. (im Druck).

# Hormonbildungsstätten im Hypophysenvorderlappen des Menschen
## Production Sites of Anterior Pituitary Hormones in Man


J. Kracht und U. Hachmeister

Pathologisches Institut der Universität Gießen, Lehrstuhl I



## Summary

In a survey the present knowledge on production sites of human anterior pituitary hormones is discussed. Most of these hormones originate from tinctorially well characterized cell types. STH and prolactin are produced by different acidophilic cells, ACTH is synthesized by mucoid R cells, LH and FSH by $S_1$ and $S_2$ cells respectively. The location of TSH and MSH production is not sufficiently evident, the hypothesis of MSH synthesis in a cell differing from the corticotrophin producing cells remains in question. TSH is tentatively presumed to be synthesized in a third type of S cells.

Demonstrating the apparent lack of correlation between cytological aspects and evident functional states of the anterior pituitary in man, perspectives of further methodological improvements of immunohistological and dye staining methods are discussed.


In dieser kurzen Übersicht soll der Wissensstand über die Lokalisation der Hormonbildung im Hypophysenvorderlappen (HVL) und in seinem Trabanten, der Rachendachhypophyse (RDH), skizziert werden. Im Vergleich zu unserer Darstellung auf dem 4. Symposion der Deutschen Gesellschaft für Endokrinologie [14] zeichnet sich ab, daß die Mehrzahl der Vorderlappenhormone bestimmten Zelltypen zugeordnet werden kann. Die sich auf färberische Amphophilie gründende Annahme einer generellen funktionellen Pluripotenz der Einzelzelle kann als widerlegt gelten. Die Möglichkeit plurihormonaler Leistungen einzelner Zelltypen ist indessen nicht ausgeschlossen und bleibt besonders für den ACTH/MSH-Komplex aktuell.

Die wesentlichen Fortschritte wurden durch den Hormonnachweis in der Zelle mit immunhistologischer Technik erzielt. Dadurch konnten deduktive Schlußfolgerungen (z. B.: Akromegalie — eosinophiles Adenom — STH-Bildung in acidophilen Zellen) um aussagekräftigere und spezifische Methoden erweitert werden. Wenn trotzdem viele Fragen ungelöst sind, liegt dies an der immunologisch unzulänglichen Reinheit der als Antigen verwendeten Hormonpräparationen, teilweise an Kreuzreaktionen zwischen einzelnen Hormonen, außerdem aber auch an den zuwenig differenzierenden Färbemethoden. Ihre Verbesserung erschloß zwar neue Zelltypen mit Untergruppen der acidophilen und basophilen Reihe, gleichzeitig gab es aber neue Nomenklaturen mit einer kaum zu entwirrenden Fülle an Bezeichnungen und Deutungen, in denen sich einige morphologische Arbeitskreise festgefahren haben [Übersicht 26b]. Zur Beseitigung dieses Mißstandes hat eine internationale Nomenklaturkommission vorgeschlagen, neutrale und nichts präjudizierende Bezeichnungen durch eine funktionelle Nomenklatur zu ersetzen und Begriffe wie somatotrope oder STH-Zelle, corticotrope oder ACTH-Zelle usw. zu wählen [24]. Dieses Vorgehen ist logisch, aber verfrüht. Es kann erst dann gültig werden, wenn die spezifische hormonale Leistung oder Leistungen der einzelnen Zelltypen definitiv feststehen. Dies ist jedoch erst teilweise der Fall. Die Methode der Wahl, um eine derartige funktionelle Nomenklatur zu erreichen, ist die Kombination von Immunhistologie und anderen biochemischen Verfahren mit Tri- und Tetrachromfärbungen.

Uns hat sich die Kombination der lichtmikroskopischen Immunhistologie mit der Perameisensäure-Alcianblau-PAS-Orange G-Färbung nach Adams und Swettenham [1] am selben Schnitt bewährt. Dieses Vorgehen erlaubt eine direkte Zuordnung von Immunfluorescenzphänomenen zu färberisch differenzierbaren Untergruppen des Mucoidzellkomplexes. Hierzu gehören R- und S-Zellen. Die Bezeichnung R-Zellen fußt auf der Resistenz PAS-positiver Granula gegenüber Extraktion mit Perameisensäure. R-Zellen besitzen eine hohe Kathepsinaktivität. S-(Sulfur-)Zellen färben sich mit Alcianblau an, zeichnen sich durch eine hohe Aktivität an $\alpha$-Glycerophosphatdehydrogenase aus und werden in den $S_1$- und den $S_2$-Typ aufgegliedert. Während die Unterscheidung von R- und S-Zellen leicht ist, gelingt die Differenzierung der Untergruppen nur in besten Färbungen. Die mögliche Existenz eines dritten S-Zellen-Typs muß angedeutet werden. Mit Orange G werden in dieser Färbung alle acidophilen Elemente dargestellt; eine weitere Typendifferenzierung ist nicht möglich. Mit der Perameisensäure-Alcianblau-PAS-Orange G-Färbung werden optimal 3 mucoide Zelltypen, ein acidophiler Anteil und chromophobe Zellen dargestellt, insgesamt 5 Zelltypen, denen 7 klassische Hormone und eine Reihe weiterer nach Wirkung und Struktur noch nicht näher definierter Aktivitäten gegenüberstehen. Die Existenz weiterer mucoider Untergruppen ist wahrscheinlich; möglicherweise umfaßt das Spektrum einen $R_1$-, $R_2$-, $S_1$-, $S_2$- und $S_3$-Typ. Eine vergleichende Wertung verschiedener Färbemethoden zur Darstellung mucoider Zellen ist zahlreichen Übersichts- und Einzelarbeiten zu entnehmen [u. a. 7, 8, 11, 26a, b, 28]. Die Tetrachromtechnik von Herlant [10] differenziert zwei acidophile Zelltypen (alpha und epsilon, Romeis [27]). Ein dritter Typ ist die erythrosinophile Schwangerschaftszelle (eta, Romeis). Eigene Erfahrungen mit einer von Brookes [3] angegebenen Färbung unterstreichen die Existenz von zwei acidophilen Zelltypen im Hypophysenvorderlappen des Menschen. Wenn in einigen immunhistologischen Untersuchungen mit Antihuman-Prolaktin- bzw. Antihuman-STH jeweils alle oder fast alle acidophilen Elemente das Antigen enthielten, kann dies nicht als Beweis für einen gemeinsamen Bildungsort von STH und Prolaktin angesehen werden, da die ausreichende Reinheit der Antigene nicht garantiert werden kann.

Weitere Fehlerquellen der Methodik liegen in der Verwendung nicht optimal mit Farbstoffen markierter Antiserumfraktionen. Sie können zu falsch positiven Ergebnissen führen, die sich nach eigenen Erfahrungen in der menschlichen Hypophyse bevorzugt am R-Zellensystem abspielen. Die Spezifität einer immunhistologischen Antigenlokalisation wird erst durch ein Spektrum adäquater Kontrollen gesichert. Immunhistologisch wurde bestätigt, daß STH und Prolaktin dem acidophilen Komplex entstammen. Es zeichnet sich ab, daß offenbar differente Bildungsstätten vorliegen [Lit. 11], wofür auch unterschiedliche Granulagröße — Prolaktin-Zellen weisen die größten Granula der chromophilen Elemente auf [20] — und färberische Unterschiede von $\alpha$- (Typ I) und $\eta$-Zelle (Typ II) sprechen. Die Schwangerschaftszelle scheint zum Typ II zu gehören. Die Bedeutung eines dritten acidophilen Typs (Typ VIII) ist offen. Färberisch und morphologisch handelt es sich hierbei um eine intermediäre acidophile Zelle, für die eine spezifische Funktion nicht gesichert ist. Die Annahme, es handele sich um den ACTH-Produzenten [11, 13] hat sich nicht bestätigt. Immunhistologische Untersuchungen mit Anti-STH legen dar, daß die fetale Hypophyse ihre STH-Produktion um die 12. Schwangerschaftswoche herum aufnimmt. Konstant positive Befunde wurden von der 17. Woche an erreicht [6]. Das Vorkommen prolaktinbildender Vorderlappenadenome bei Amenorrhoe-Galaktorrhoe Syndrom mit dem Substrat erythrosinophiler, acidophiler Elemente vom Typ der Schwangerschaftszellen scheint gesichert zu sein [18]. Dies bedeutet die Existenz von zwei hormonal aktiven Adenomtypen der acidophilen Reihe, wobei alle Übergänge von gut granulierten bis zu granulafreien (sog. chromophoben) Elementen gegeben sind, ohne daß daraus auf einen chromophoben Ursprung geschlossen werden darf. Diese Daten sichern die Existenz von mindestens zwei acidophilen Zelltypen mit den Funktionen der STH- und Prolaktin-Bildung.

Die funktionelle Validität der orthodoxen cytologischen Klassifizierung wird jedoch auch durch immunhistologische Befunde in Frage gestellt. Beck u. Mitarb. [2] fanden mit Antihuman-STH von der Ente und nachfolgender Färbung mit Perjodsäure-PAS-Orange G in Auszählungen 97,6% aller Acidophilen antigenhaltig. Darüber hinaus enthielten aber 5 von 155 (3,2%) mucoiden Zellen und 6 von 126 (5%) chromophoben Elementen ebenfalls das Antigen. Dieser Befund wird mit Sicherheit als Argument gegen eine funktionelle Cytologie und Nomenklatur verwendet werden. Wir verfügen über ähnliche, wenn auch quantitativ nicht erfaßte Beobachtungen. Die Phänomene erklärten sich meistens durch Über- und Ineinanderverlagerungen von verschiedenen Zelltypen. Wir fanden niemals eine acidophile Zelle dann antigenhaltig, wenn Zellen der mucoiden Reihe immunhistologisch spezifisch dargestellt worden waren. Die Problematik liegt auch in der Schnittdicke. Hier könnte die Immunhistologie am Semidünnschnitt und auf elektronenmikroskopischer Ebene weiterführen.

Im mucoiden Zellkomplex werden ACTH und die Gonadotropine LH und FSH gebildet. Mit Antiseren gegen extraktives und synthetisches ACTH ($\beta^{1-24}$, $\beta^{1-39}$) fanden wir wie Pearse und van Noorden [25] das Antigen in den R-Zellen des Vorder- und Hinterlappens lokalisiert. Während in den meisten Fällen alle R-Zellen markiert waren, erwiesen sich gelegentlich färberisch eindeutige R-Zellen antigenfrei. Dieser Befund weist auf die Existenz von zwei R-Zellen-Typen hin, wofür wir entgegen Pearse und van Noorden [25] zunächst keine Notwendigkeit sahen, für die sich aber auch färberische Kriterien anführen lassen. Die Bedeutung des zweiten R-Zellen-Typs, der quantitativ eine untergeordnete Rolle spielt, ist offen. Unter pathologischen Bedingungen findet sich ACTH in R-Zellen-Adenomen bei M. Cushing [7] und in transformierten R-Zellen, den Crooke- bzw. Para-Crooke-Zellen, hier jeweils in enger topographischer Beziehung zu peripheren oder perinucleären Granularestbeständen und nicht im homogenisierten, granulafreien Cytoplasma [15b]. Damit gehört dieser lange Zeit umstrittene Komplex zu den am besten gesicherten immunhistologischen Befunden am Hypophysenvorderlappen. Zur Kritik ist anzuführen, daß Kreuzreaktionen mit MSH wahrscheinlich sind und vielleicht die Ergebnisse beeinflußt haben. Abzulehnen ist jedoch die Annahme, daß mit Anti-ACTH selektiv MSH-Produzenten dargestellt werden [11]. Am Beispiel der ACTH-Bildner wird deutlich, daß Befunde am klassischen Versuchstier, der Ratte, nicht auf den Menschen übertragen werden können. Für die ACTH-Produktion im HVL der Ratte sind in ihrer Struktur sehr charakteristische und sich in Standardfärbungen nur chromophob darstellende Elemente verantwortlich. Die Frage nach dem Bildungsort von MSH ist unentschieden. Man muß zum gegenwärtigen Zeitpunkt sowohl die Möglichkeit eines besonderen Zelltyps als auch die zusätzliche Bildung von MSH in der corticotropen R-Zelle in Betracht ziehen.

Die gonadotrope Funktion der S-Zellen ist durch Midgley jr. [21] und eigene Untersuchungen [16] im Prinzip, nicht aber im Detail gesichert. Es besteht Übereinstimmung, daß unter Verwendung von Anti-HCG-Seren kreuzreagierendes LH in der Masse der $S_1$-Zellen gefunden wird, andererseits aber einige als $S_1$-Zellen zu klassifizierende Elemente antigenfrei sind wie umgekehrt Zellen des $S_2$-Typs positiv reagieren können. Hierin kommt die allein auf der unterschiedlichen Anfärbung mit Alcianblau und gewissen strukturellen Unterschieden beruhende Unsicherheit in der Differenzierung von $S_1$- und $S_2$-Zellen zum Ausdruck. Mit einem mit HCG absorbierten Antihuman-Gonadotropin-Serum fanden wir [16] wie Midgley jr. [21] positive Fluorescenzphänomene in $S_2$-Zellen, jedoch nicht in allen Elementen dieses Typs. Unter diesen Bedingungen verhielten sich R- und $S_1$-Zellen, acidophile und chromophobe Elemente negativ. Daraus folgert, daß LH und FSH distinkte, offensichtlich in verschiedenen Zellpopulationen gebildete Hormone sind. Diese Feststellung darf nicht darüber hinwegtäuschen, daß eine weitere Abklärung mit Antihumanseren und wechselseitigen Absorptionen mit dem jeweiligen Antigen erforderlich ist, da die Güte der verwendeten Antigene und Antiserumpräparationen strengen Maßstäben nicht standhält. Derart sollte es auch möglich sein, die Frage einer dritten S-Zelle abzuklären, zumal sich die Mehrzahl der Autoren für die TSH-Produktion in S-Zellen einsetzt. Hierfür lassen sich bisher unbestätigte immunhistologische Befunde von Brozman [4], färberische Befunde an thyreotropen Adenomen [12] und nicht zuletzt deduktive Schlußfolgerungen von Veränderungen im Vorderlappen bei Störungen der Schilddrüsenfunktion anführen.

Dieser Stand unterstreicht, daß unverkennbare Fortschritte erzielt worden sind. Er legt aber gleichzeitig alle jene Probleme dar, die sich jenseits des Gesicherten in Form von Wahrscheinlichkeit, Möglichkeit und Hypothese finden. Verbesserungsmöglichkeiten ergeben sich auf der präparativen Ebene, im mikroskopischen Bereich (Semidünnschnitt, Elektronenmikroskopie) und färberisch in vergleichenden Zweitfärbungen mit verschiedenen Methoden, um je nach Fragestellung die anstehenden Elemente der acidophilen oder mucoiden Reihe gegen verwandte Zelltypen bestmöglich abzugrenzen.

Der Versuch einer cytologisch-funktionellen Korrelation der Zelltypen im HVL des Menschen findet sich in der Tabelle. Nach der Klassifikation von Ezrin [7, 8] stellte Conklin [5a, b] die Typen I bis IX auf. Acidophile Elemente sind Typ I, II und VIII, mucoide Zellen sind die Typen III, IV, V, VI, VII und IX. Zwei klassischen acidophilen Typen (I, II) stehen vier mucoide Zellpopulationen (III—VI) gegenüber. Typ VII und IX sind teilweise intermediäre Zellen und sollen Funktionsstadien repräsentieren, teilweise ist ihre Funktion noch nicht geklärt. Diese neutrale Klassifizierung hat ihre Parallelen in den kleinen Buch-

staben des griechischen Alphabets (Romeıs [27]). In diese Einteilungen werden
zwei derzeit gängige Hypophysenfärbungen integriert. Ihre Stärke liegt in der
Unterdifferenzierung mucoider Zellen, welche allenfalls noch mit der Methode von
Ezrin u. Murray [7] übertroffen wird. Die von Conklin [5a, b] gegebene Einschränkung, wonach weder mit Aldehydfuchsin noch mit Aldehydthionin eine

Tabelle. *Versuch einer cytologisch-funktionellen Korrelation der Zelltypen im Hypophysen-*
*vorderlappen des Menschen*

| | Acidophile | | Mucoide | | | | Mucoid | Acidophil | Mucoid |
|---|---|---|---|---|---|---|---|---|---|
| | Typ | | Typ | | | | Typ | | |
| Ezrin | I | II | III | IV | V | VI | VII | VIII | IX |
| Conklin | | | | | | | | | |
| Kresazan | alpha | eta | beta | | delta | | gamma | epsilon | |
| (Romeis) | | | | | | | | | |
| Aldehydthionin- | alpha | alpha | beta$_1$ | beta$_2$ | delta$_1$ | delta$_2$ | beta$_3$ | | |
| PAS-Orange G | | | | | | | Modifi- | inter- | |
| (Ezrin u. Murray) | | | | | | | kation | mediär | ähnlich |
| | | | | | | | III | I und II | III, IV, VI |
| Perameisensäure- | alpha | alpha | R | S$_2$( ?) | S$_1$ | S$_2$ | | | |
| Alcianblau | | | | | | | Crooke-Russell-, | | |
| PAS-Orange G | | | | | | | Crooke-Zelle | | |
| (Pearse u. | | | | | | | | | |
| van Noorden) | | | | | | | | | |
| Funktionell | STH | LTH | ACTH | TSH | LH | FSH | ACTH | ? | Pars inter-media Funktion ? |
| Immunhistologisch | STH | | ACTH | | LH | FSH | | | |
| gesichert | LTH | | | | | | | | |

optimale Unterscheidung möglich ist, gilt nach eigenen Erfahrungen auch für
die Perameisensäure-Alcianblau-PAS-Orange G-Färbung. Somit ist besonders dieser Sektor verbesserungsbedürftig. Ohne eine zuverlässige, alle mucoiden Zelltypen
klar unterscheidende Färbemethode können keine wesentlichen weiteren Fortschritte erwartet werden. Die in der Tabelle aufgeführte funktionelle Korrelation
gründet sich teils auf Fakten, teils auf Annahmen ohne Beweis.

Neuland für die funktionelle Cytologie der Adenohypophyse des Menschen
ist die Beeinflußbarkeit von Struktur und Funktion der einzelnen Tropinbildner
durch hypothalamische Impulse vom Typ der Releasing-Faktoren, worüber
bisher nur experimentelle Befunde an Transplantationshypophysen [22, 23] und
in Gewebekulturen [14] vorliegen. Funktionszustände der einzelnen Zelltypen
im HVL werden durch hypothalamische Stimuli und durch Rückkoppelungs-
mechanismen der peripheren endokrinen Organe bestimmt. Die charakteristischen
Merkmale für derartige Funktionszustände müssen z. T. noch erarbeitet werden.

Aus Gründen der Vollständigkeit muß die RDH in die Erörterung der Hormon-
lokalisation im Hypophysenvorderlappen einbezogen werden, obwohl die praktische Bedeutung ihrer Leistungen gering ist. In der Mehrzahl der Fälle findet
man hier neben chromophoben Elementen Acidophile sowie R- und S-Zellen.

Immunhistologisch konnte ACTH wie in der intrasellären Hypophyse auch in den R-Zellen der RDH lokalisiert werden [9]. Dort kommen auch Crooke-Zellen vor [15a]. Diese Befunde und der Nachweis von Gefäßverbindungen zwischen den Kapselvenen der intrasellären Hypophyse und der RDH führten dazu, die RDH mit einer unter hypothalamischen Impulsen stehenden Transplantationshypophyse zu vergleichen und ihre prinzipielle Zugehörigkeit zum System Hypothalamus-Adenohypophyse herauszustellen [9].


## Literatur

1. Adams, C. W. M., and K. V. Swettenham: J. Path. Bact. **75**, 95 (1958).
2. Beck, J. S., S. T. Ellis, J. S. Legge, I. B. Porteous, A. R. Currie, and C. H. Read: J. Path. Bact. **91**, 531 (1966).
3. Brookes, L. D.: Stain Technol. **43**, 41 (1968).
4. Brozman, M.: Acta histochem. **26**, 261 (1967).
5. Conklin, J. L.: Anat. Rec. **156**, 347 (1966a); — Anat. Rec. **160**, 59 (1968b).
6. Ellis, S. T., J. S. Beck, and A. R. Currie: J. Path. Bact. **92**, 179 (1966).
7. Ezrin, C., and S. Murray: In: Bénoit, J., et C. Da Lage: Cytologie de l'adénohypophyse, S. 183. Paris: C. N. R. S. 1963.
8. — Discussion gén. in: Bénoit, J., et C. Da Lage: Cytologie de l'adénohypophyse, p. 345. Paris: C. N. R. S. 1963.
9. Hachmeister, U.: Endokrinologie **51**, 145 (1967).
10. Herlant, M.: Bull. micr. appl. **10**, 37 (1960).
11. —, and J. L. Pasteels: Meth. Achievm. exp. Path. **3**, 250 (1967).
12. — M. Linquette, E. Laine, P. Fossati, J.-P. May et J. Lefèvbre: Ann. Endocr. (Paris) **27**, 181 (1966).
13. — Proc. 2nd Int. Congr. of Endocrinol. Excerpta Med. Int. Congr. Ser. Nr. 88, S. 468.
14. Kracht, J.: 4. Symp. Dtsch. Ges. Endokrinol., S. 1. Berlin-Göttingen-Heidelberg: Springer 1957.
15. —, u. U. Hachmeister: Path. europ. **1**, 149 (1966a); — Endokrinologie **51**, 164 (1967b).
16. — — u. H.-J. Breustedt: 13. Symp. Dtsch. Ges. Endokrinol., S. 331. Berlin-Göttingen-Heidelberg: Springer 1968.
17. — H.-D. Zimmermann u. U. Hachmeister: Virchows Arch. path. Anat. **340**, 270 (1966).
18. Lamotte, M., R. Houdart, J. Pasteels, M.-A. Perrault, R. Couche et J.-M. Segrestaa: Presse méd. **74**, 1025 (1966).
19. v. Lawzewitsch, I., L. Debeljŭk, and R. Puig: Experentia (Basel) **25**, 86 (1969).
20. McShan, W. H.: Proc. 2nd Int. Congr. of Endocrinol. Excerpta Med. Int. Congr. Ser. Nr. 83, S. 382.
21. Midgley jr., A. R.: J. Histochem. Cytochem. **14**, 159 (1966).
22. Nikitovitch-Winer, M. B., and J. W. Everett: Endocrinology **65**, 357 (1959).
23. — J. E. Evans, and G. H. Kiracofe: Excerpta Med. Int. Congr. Ser. **111**, 95 (1966).
24. van Oordt, P. G. W. J.: Gen. comp. Endocr. **5**, 131 (1965).
25. Pearse, A. G. E., and S. van Noorden: Canad. med. Ass. J. **88**, 462 (1963).
26. Purves, H. D.: In: Young, W. C.: Sex and internal secretions. Baltimore: Williams and Wilkins Comp. 1961a; — Harris, G. W., and B. T. Donovan: The pituitary gland, Vol. 1, p. 147. London: Butterworths 1966b.
27. Romeis, B.: Handb. mikr. Anat. d. Menschen VI/3, S. 625. Berlin: J. Springer 1940.
28. Russfield, A. B.: In: Bloodworth, J. M. B.: Endocrine pathology. Baltimore: Williams and Wilkins Comp. 1968.

# Pathologie der Hypophysentumoren
### Pathology of Pituitary Tumors


W. Müller

Pathologisches Institut der Universität Köln


Mit 9 Abbildungen


## Summary

We refer to the frequent occurence of subclinical hyperplasias or microadenomas in the distal lobe of the pituitary whose size does vary very much. 10% of the intracranial tumours belong to the volume-taking adenomas. Their various extension-possibilities are described. It is noted that the individual strongly marked variation of the anatomical details in the hypophysis region influence the symptomatology of the adenomas.

The histological diagnosis based on hitherto existing staining methods does not give justice to the clinical reality. It is possible by aid of cytochemical methods to classify the adenomas in accordance with clinical statements; either into endocrine-active or endocrine-inactive groups, of which the so called eosinophilic and basophilic adenomas show extreme variances of the active group.

The idea known up to present times that practically no volume-taking basophilic adenomas exist is contradictory. Adenomas proved by histochemical methods give evidence that their cells contain substrate-complexes at changeable frequency which are responsible for the secretion of gonado-thyreotropic hormones.

We come to the conclusion that probably the tumourgrowth caused by interruption of the hypothalamic influence does transform the histological picture and, consequently also the functional behaviour of the adenomas in the sense of an inactivity for which also the distribution of age of both adenoma-groups is responsible, to wit the active group at the age peak of 35—40 and the inactive group at the age between 55—60 years.


Die folgende Darstellung der Pathologie der Hypophysentumoren beschränkt sich ausschließlich auf die Adenome der Adenohypophyse, also des Hypophysenvorderlappens. Die relativ seltenen gliösen Geschwülste der Neurohypophyse und die metastatischen Absiedlungen von Carcinomen und Sarkomen bleiben außerhalb unserer Betrachtung. Schließlich ist es aus Zeitmangel auch nicht möglich, über die nicht selten raumfordernden und somit auch neurochirurgisch bedeutsamen dysontogenetisch entstandenen Hypophysengangcysten zu referieren.

Die zu einer lokalen Symptomatik führende Vergrößerung des Hypophysenvorderlappens muß nicht in jedem Falle durch ein Adenom ausgelöst werden. Bekanntlich kann es während der Schwangerschaft zu einer vorübergehenden Volumenzunahme des Vorderlappens kommen, die gelegentlich mit dem klinischen Bild eines Adenoms einhergeht. Andererseits finden sich im Sektionsgut nicht selten umschriebene, klinisch völlig stumme Zellzunahmen im Vorderlappen. Die Häufigkeit derartiger subklinischer, herdförmiger Hyperplasien oder Mikroadenome ist sogar recht erstaunlich. So wurden von Erdheim (1926) in einem Zwölftel, von Kraus (1926) in einem Zehntel der Sektionshypophysen und von Costello (1936) in einer gezielten Untersuchung in 1000 Sektionshypophysen sogar 225, also fast ein Viertel, subklinische Mikroadenome gefunden.

Versteht man unter Vorderlappentumoren Neubildungen, die meist als raumfordernde Prozesse der ärztlichen Behandlung bedürfen, so lassen sich ziemlich übereinstimmende Zahlen für ihre Häufigkeit angeben:

Ihr Anteil an intrakrakraniellen Geschwülsten betrug in der Tönnisschen Klinik 11,5% (Backus, 1965), in der Serie Olivecrona's 8,9% (Bakay, 1950), Grant's 7% (1948), Younghusband's (1952) 8,2% und in der Statistik der U. S. Armed Forces 12% (Kernohan u. Sayre, 1956). Der deutlich höhere Anteil in der Serie von Cushing (1932), nämlich 17,8%, ergibt sich aus dessen besonderem Interesse für die intrasellären Tumoren und ihre endokrinologischen Aspekte.

Die Hypophyse liegt als gestielter Hirnanhang in einem anatomisch kompliziert konstruierten Knochenbett und einer kapselartigen Durahülle, die als Diaphragma die Sella nach oben abschließt und nur durch ein individuell unterschiedlich weites Foramen den Hypophysenstiel ziehen läßt.

Über einen Spalt zwischen Diaphragma und Hypophysenstiel besteht eine Liquorverbindung der basalen Cisterne mit der Cisterna hypophyseos, die durch Lufteinfüllung röntgenographisch sichtbar gemacht werden kann (Ferner 1955; Robertson, 1957; Engels, 1958; Friedmann u. Marguth, 1961). Diese eigentümlichen Lagebeziehungen lassen von vornherein sehr verschiedene Möglichkeiten der Ausbreitung einer Hypophysengeschwulst erwarten, die auch mit einer sehr unterschiedlichen klinischen lokalen Symptomatik verbunden sind, und auf die wir im folgenden näher eingehen wollen.

Die adenomatöse Vorderlappenvergrößerung füllt zunächst die Sella vollständig aus, wobei es infolge des Gewebsdruckes zu Ab- und Umbauvorgängen am Knochen kommt, die mit der bekannten Exkavation der Sella, im typischen Falle „Ballon-Sella" genannt, einhergehen. Hinzu kommen meist Verdünnung und Steilstellung des Dorsum sellae (Lit. s. Bergerhoff, 1960). Das nicht adenomatös veränderte Vorderlappengewebe wird komprimiert und liegt sichelförmig der Sella an. Je nach Intensität des intrasellären Druckes oder Länge des Tumorleidens atrophiert allmählich der Acinusbestand unter zunehmender Sklerosierung des Stromas. Die Vorbuckelung oder das nach-oben-Drängen der Geschwulst führt zur Komprimierung des Chiasma und somit auch zu den bekannten Störungen seiner optischen Funktion.

Richtet sich die Wachstumstendenz des Adenoms nach caudal, so wird der Sellaboden durchbrochen und die Geschwulst dringt in den Sinus sphenoidalis ein.

Gelegentlich kommt es sogar zu einer weiteren Progredienz des Tumors durch die Schädelbasis bis in den Nasopharynx (Henderson, 1939; Kay u. Mitarb., 1950). In einem von Bailey und Cutler (1940) mitgeteilten Fall suchte eine Patientin wegen eines Nasenpolypen die Klinik auf, der sich später autoptisch als bis in die Sella verfolgbares Hypophysenadenom entpuppte.

Tendiert das Wachstum des Tumors in entgegengesetzter Richtung hirnwärts, so quillt die Geschwulst nach Durchbruch oder Verdrängung des Diaphragma in die Cisterna basalis, schiebt den Zwischenhirnboden nach oben, dringt u. U. in den III. Ventrikel ein und verhält sich somit klinisch wie ein supraselläres Craniopharyngiom. Mit Jefferson (1940) sprechen wir hierbei von einer „hypothalamischen" Tumorausbreitung. Durch Occlusion des Foramen Monroi kann es schließlich zur Ausbildung eines Hydrocephalus internus kommen.

Weinberger u. Mitarb. (1940) beschrieben an 14 und Olivecrona (1941) an 16 Fällen die pathologisch-anatomischen und klinischen Veränderungen bei Einbruch

einer Hypophysengeschwulst in den Sinus cavernosus, der sich subdural bis in das
Cavum Meckeli fortsetzen kann (Jefferson, 1954).

Bricht die Geschwulst lateralwärts in die mittlere Schädelgrube ein, wird der
mediale Temporallappen durch die Tumorknollen verdrängt (Cushing, 1932;
Vosskühler, 1940; McGovern u. Mitarb., 1948). Der Tumor kann hierbei hoch in die
Sylvische Furche einwachsen. Eine bevorzugt paraselläre Geschwulstausbreitung
wurde von Jefferson (1940) in 14 % und von Henderson (1939) sogar in 22 % ihrer
Adenomfälle festgestellt.

Schließlich müssen wir noch die fronto bzw. occipitale Tumorausbreitung erwähnen (z. B. Müller, 1934; Weinberger u. Mitarb., 1940; Jefferson, 1940; White u.
Warren, 1945). Bei diesem Modus finden wir bevorzugt ein flaches, beetartiges Vorwachsen. Im Falle 5 von Weinberger u. Mitarb. (1940) bot sich differential-dia-
gnostisch die Wahl zwischen einem Hypophysenadenom oder einem Neurinom.
Autoptisch fand man ein Hypophysenadenom, das sich occipitalwärts unter dem
Tentorium hindurch im rechten Kleinhirnbrückenwinkel etabliert hatte.

Die Vielfältigkeit der Ausbreitungsmöglichkeiten der Hypophysenadenome sei
zum Schluß an einem von Dott und Bailey (1925) mitgeteilten äußerst merkwür-
digen Fall hervorgehoben, nämlich: paraselläres Vorwachsen zwischen Knochen
und Dura in die Schläfengrube, Usurierung der Temporalschuppe und extracraniale
Invasion in den Temporalmuskel.

Eine entscheidende Ursache für die Klinik, insbesondere für das frühe und späte
Einsetzen der Lokalsymptome stellt die große Variationsbreite in den anatomischen
Details der Hypophysenregion dar.

Wir verweisen zunächst auf die Größe des Foramen diaphragmatis, deren wechselndes
Ausmaß 1934 von Farberow hervorgehoben wurde. Systematische Untersuchungen hierüber
verdanken wir Busch (1951). Danach reichte das Diaphragma in über einem Drittel der untersuchten Fälle bis unmittelbar an den Hypophysenstiel heran. In den restlichen Fällen fand
er eine Vergrößerung des Foramen diaphragmatis unter zunehmender Freilegung der Vorder-
lappenoberfläche. Es handelte sich bei seinem Untersuchungsgut wohlgemerkt um keine
Fälle von Hypophysenerkrankungen.

Die Lagebeziehung des Chiasma zur Hypophyse wurde von Schaeffer (1924) an einem
großen Material genau untersucht. In 12% seiner Fälle bedeckte das Chiasma das Foramen
diaphragmatis bis auf die Durchtrittsöffnung für den Hypophysenstiel völlig. Es ist ein-
leuchtend, daß hierbei das Herauswachsen eines Adenoms aus der Sella in anderer Weise
die Sehnervenkreuzung irritieren wird, als etwa in der Situation, bei der das aus dem Foramen
drängende Adenom bevorzugt zuerst die oralen Anteile des Chiasma komprimiert.

Eine weitere Rolle für den Zeitpunkt des Einsetzens der ophthalmologischen Symptomatik spielt die Ausrichtung des Chiasma um seine Querachse; steht es sehr steil, so wird
längere Zeit bis zum Auftreten eines Chiasmasymptoms verstreichen, als wenn bei gleicher
Wachstumsgeschwindigkeit des Adenoms das Chiasma dem Diaphragma flach anliegt
(Schaeffer, l. c.).

Zieht man in Betracht, daß von den Hypophysenadenomen des neurochirurgischen Krankengutes nur etwa 15% als intraselläre Geschwülste zur Behandlung
kommen (Tönnis, 1962), dann unterstreicht diese Feststellung eindrucksvoll die Bedeutung der individuellen Variationsbreite in der Ausformung der anatomischen
Details im Sellabereich für die Ausbreitungsmöglichkeiten der übrigen 85 % der
Adenome.

Der Gegenstand unseres Berichtes ließ sich bisher ohne die historische Entwicklung abhandeln, bei der Darstellung der Histologie jedoch ist ein kurzer Rückblick notwendig.

1864, also vor fast genau 100 Jahren, beschrieb Andrea Verga zum ersten Mal bei einer 59jährigen Frau das Bild der Akromegalie und fand autoptisch einen nußgroßen Hypophysentumor (Giordano, 1941). 1886 weist P. Marie auf den Zusammenhang zwischen Akromegalie und bestimmten Hypophysenadenomen hin. 1892 erkennt Schönemann eosinophile und cyanophile Zellen als konstante Bauelemente des Vorderlappenparenchyms.

Das Etikett „Eosinophilie" bezog sich auf die Rotfärbung mit Eosin und „Cyanophilie" auf die Blaufärbung mit Hämalaun. Wenige Jahre später wird von Launois (1904) die Bezeichnung „basophile Zellen" benutzt, womit ausgedrückt werden sollte, daß gewisse Zellen eine ausgesprochene Affinität zu basischen Farbstoffen besitzen. Leider wurde dieser von der Benutzung des tatsächlich basischen Farbstoffes „Methylgrün" übernommene Begriff auch auf die Hämalaun-gefärbten cyanophilen Zellen übertragen, obwohl das Hämalaun keineswegs ein basischer Farbstoff ist (Conn, 1953). Diese Problematik, die ja auch für die Klassifizierung der Hypophysenadenome entscheidend wurde, ist von Graumann und Hinrichsen (1960) eingehend dargelegt worden. Die Autoren kommen zu der Feststellung: „Vom cytochemischen Standpunkt aus ist es völlig unbegründet, die cyanophilen" — also mit Hämalaun blau erscheinenden — „Zellen der Adenohypophyse als basophile zu bezeichnen."

Benda klassifizierte entsprechend dieser färberischen Ergebnisse und, wie wir sahen, also nicht einmal auf Grund exakt zutreffender Terminologie 1900 die Hypophysentumoren in chromophobe und chromophile, letztere noch in eosinophile und basophile unterteilend.

Ebenfalls zu Beginn unseres Jahrhunderts versuchte Courtellemont (1911) eine Klassifizierung ohne Rücksicht auf färberische Zellaffinitäten nach Merkmalen der Gewebsarchitektur, die sich weder im deutschen noch im angelsächsischen Schrifttum durchsetzte.

Bald stellte sich jedoch heraus, daß nicht in jedem Falle eine Akromegalie mit einem eosinophilen Adenom korreliert ist. Benda u. Mitarb. (1901) versuchten diese Diskrepanz damit zu erklären, daß es sich eben noch nicht um ein Adenom, sondern um eine „Struma hyperplastica oder adenomatosa" gehandelt habe. Cushing (1912) nahm an, daß die eosinophilen Adenome eines Tages ihre spezifischen Zellgranula verlieren würden; er sprach dann von Adenomen in „ausgebranntem Zustand".

Diese Unsicherheit in der Klassifizierung fand ihren Niederschlag in den mannigfaltigsten Diagnosebegriffen. Dott u. Mitarb. (1925) sprachen von "Mixed adenomas", Roussy und Oberling (1933) vom »adenome de type intermédiere ou mixte«, Kraus (1926) vom Übergangsadenom, Costero und Berdet (1939) sowie Costero (1948) vom „oligochromen Adenom" und vom "exhausted acidophilic adenoma". Bailey und Cushing (1928) bemühten sich um eine je nach Intensität der Akromegalie anwendbare Stufeneinteilung mit entsprechend histologischem Gewebsbild des Adenoms, sie führten den Begriff „fugitive" Akromegalie in die Terminologie ein.

Die Konstatierung eines grundsätzlichen Irrtums hinsichtlich der Anwendung des Basophilie-Begriffes durch Graumann und Hinrichsen (1960) fand ihre Ergänzung in kritischen Bemerkungen zur Fixations- und Färbehistologie durch Landing (1964) und Fisher und Bulmer (1964). Insbesondere wurde von Burt und Velardo (1954) und von Pearse (1962) auf die Unzulänglichkeit einer Adenomklassifizierung mit ausschließlich konventionellen Färbemethoden aufmerksam gemacht. Diese Kritik erscheint uns um so berechtigter als sich zahlreiche Autoren um eine Korrelierung zwischen Klinik und Histologie der Adenome bemüht hatten, wobei immer wieder festgestellt wurde, daß die chromophoben oder Hauptzell (= $\gamma$-Zellen)-Adenome durchaus eben nicht in allen Fällen, wie man erwarten sollte, ohne endokrine Aktivität erscheinen (Russfield u. Mitarb., 1956; D'Andrea u. Mitarb., 1956; Paillas u. Mitarb., 1957; Mogensen, 1957; Young u. Mitarb., 1965).

Fassen wir nochmals zusammen: Auf der einen Seite finden sich mit den üblichen Färbemethoden und bei der darauf basierenden Nomenklatur eosinophile Adenome ohne oder mit einem nur mäßig ausgebildeten klinischen Korrelat, auf der anderen Seite werden histologisch chromophobe Adenome beschrieben, deren Träger jedoch klinisch eindeutige Befunde einer noch endokrinen Aktivität des Tumors aufweisen.

Um dieses Unbehagen in der Diskrepanz zwischen mikroskopischer Anatomie und Klinik zu reduzieren, bemühten wir uns, andere Methoden der Histologie, nämlich cytochemische und cytometrische Verfahren zur Diagnostik heranzuziehen. Nachdem wir uns anfangs den Vorstellungen der oben zitierten Untersucher angeschlossen hatten, indem wir versuchten, von den chromophoben Adenomen jene Gruppe der in Wirklichkeit noch Hormon-sezernierenden Tumoren als Mischtypadenome (Tönnis u. Mitarb., 1953; Müller, 1954, 1955; Müller u. Walter, 1954; Brilmayer u. Mitarb., 1957; Marguth, 1959; Tönnis, 1962) auszusondern, sind wir nun der Meinung, den klinischen Vorstellungen noch mehr gerecht zu werden, wenn wir die Vorderlappentumoren in die beiden großen Gruppen endokrin-aktiv und endokrin-inaktiv einteilen, wobei gewissermaßen als Extreme der ersten Gruppe überwiegend Somatotropin- (= eosinophiles Adenom bisheriger Nomenklatur), bzw. Gonadotropin-, bzw. Thyreotropin- (= cyanophile oder basophile Adenome bisheriger Nomenklatur) absondernden Adenome diagnostiziert werden können (Müller u. Tzonos, 1967). Zur Frage der ACTH- und MSH-Sekretion in den Adenomen wird in einer anderen Mitteilung Stellung genommen werden.

Der Versuch einer funktionellen Klassifizierung ist jedoch nur durch die Pionierarbeiten zur Cytochemie der Hypophysenzellen möglich, wie z. B. durch die Untersuchungen von Purves und Griesbach (1951) und Ezrin u. Mitarb. (1958) zur histochemischen Charakterisierung der gonadotropin-bildenden Zellen einerseits und thyreotropin-bildenden andererseits oder von Pearse (1952, 1953) und Adams und Swettenham (1958) um die bevorzugt kohlenhydrat-haltigen "mucoid cells" oder R- und S-Zellen. Über die Korrelierung weiterer histochemisch ünterscheidbarer Vorderlappenzellen mit bestimmten hormonellen Partialfunktionen siehe bei Kracht (1969).

Unsere eigenen Erfahrungen stützen sich auf das bioptische Material von 525 Adenomen[1], von denen 217 männliche und 228 weibliche Patienten waren. Die Altersverteilung zeigt einen Gipfel bei 45 bis 50 Jahren (Abb. 1a). Wir gehen bei unserem Klassifizierungsvorschlag von der Vorstellung aus, daß nicht nur aus der fixations- und färbehistologisch feststellbaren spezifischen Granulierung der Drü-

---

[1] Die überwiegende Anzahl der Fälle wurde in der ehem. Abteilung f. Tumorforsch. des Max-Planck-Institutes f. Hirnforschung (Dir. Prof. Dr. W. Tönnis) in Zusammenarbeit mit der hiesigen Neurochirurg. Univ.-Klinik (Komm. Dir. Prof. Dr. R. A. Frowein) untersucht. Die Möglichkeit, weiteres Krankengut auszuwerten, verdanken wir den Herren Professoren Dr. R. Janzen (Hamburg), Dr. R. Kautzky (Hamburg), Dr. F. Loew (Homburg), Dr. H. W. Pia (Gießen), Dr. W. Schiefer (Erlangen), Dr. K. Schürmann (Mainz) sowie Herrn O. A. Priv.-Doz. Dr. T. Tzonos (Karlsruhe).

senzellen des adenomatösen Vorderlappens ihre sekretorische Leistung ablesbar ist, sondern daß hierfür viel mehr allgemein grundsätzlich cytologische Kriterien geeignet sind.

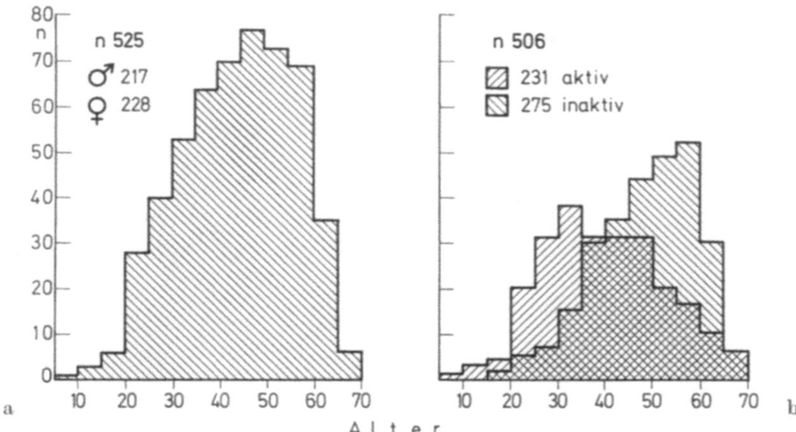



Abb. 1a und b. Darstellung der Altersverteilung. Bei a liegt der Gipfel zwischen 45 und 50 Jahren. Bei b ergeben sich nach Aufgliederung in inaktive und aktive Adenome zwei deutlich differente Gipfel bei 30—35 bzw. 55—60 Jahre

Bereits 1949 wurden von Wolfe färberisch chromophob erscheinende Zellen beschrieben, die jedoch ein ausgeprägtes Golgi-Feld, viele Mitochondrien und einen vergrößerten Nucleolus als Kennzeichen einer regen Stoffwechselaktivität aufwiesen. Wir schließen uns der Auffassung von Wolfe an, daß es in diesen Zellen nicht zur Sekretstapelung in Granulis kommt, sondern daß sich Produktion und sofortige Abgabe die Waage halten.

Betrachten wir nun unter diesen Aspekten nach lichtmikroskopischer Analyse die unterscheidbaren Kriterien der beiden Adenomtypen, so ergibt sich folgende Tabelle:

| | Aktiv | Inaktiv |
|---|---|---|
| Architektur: | Häufig acinusartige Zellanhäufung | Zellrasen |
| Vaskularisation: | reichlich | mäßig bis spärlich |
| Zellgrenzen: | unauffällig | oft deutlich ausgeprägt |
| Zellvermehrung: | Amitosen, Endocytogenesen, selten Mitosen | selten Mitosen |
| Zellkerne: | polymorph, häufig sogen. Kernvakuolen | isomorph |
| Nucleoli: | groß | unauffällig |
| Cytopl.-RNS: | häufig reichlich | unauffällig |
| Golgi-Areale: | oft prominent | unauffällig |
| Cytopl.-Granula: | häufig vorhanden (z. B. eosinophile, PAS-positive) | keine |

Es sei darauf hingewiesen, daß die Ausprägung aller dieser Merkmale nicht stets im Vordergrund steht. Es finden sich — wie es für biologische Objekte wohl die Regel

ist — Übergänge zwischen den beiden Adenomtypen, wobei das eine oder andere
Merkmal überwiegt. Die angeführten Merkmale werden durch die Abbildungen 2
bis 5 illustriert. Die histochemisch faßbare RNS läßt sich mit der Gallocyanin-Chromalaun-Färbung unter Ribonucleasekontrolle darstellen. Der Vergleich zwischen

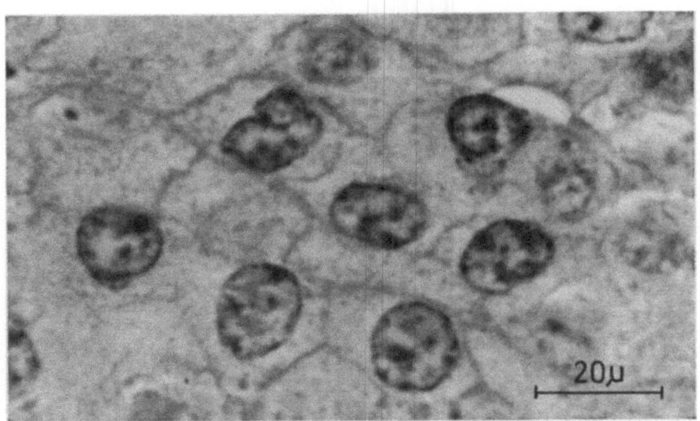



Abb. 2. Darstellung der Zellgrenzen in einem inaktiven Adenom. PAS-Reaktion, Kernfärbung
mit Hämalaun

einem inaktiven und einem aktiven Adenom zeigt den Unterschied deutlich (Abb. 3).
In Abb. 3b sei noch auf die prominenten Nucleoli als Ausdruck einer gesteigerten
Stoffwechselaktivität hingewiesen. Bei dem relativ langsamen Wachstum der
Adenome ist eher anzunehmen, daß die Zeichen einer gesteigerten Proteinsynthese zu
der Drüsenfunktion der Zellen als zu ihrer Vermehrung in Beziehung zu setzen sind.
Gerade dieses Unterscheidungsmerkmal, die RNS-bedingte Cytoplasmabasophilie,
ließ sich nicht nur photometrisch erhärten (Müller, 1964), sondern fand auch elektronenmikroskopisch seine Bestätigung (Wechsler u. Hossmann, 1965).

Eiweißhistochemisch ließ sich unter anderem zeigen (Pakulat, 1965), daß die
eosinophilen Zellen mit dem Nachweis von Thiolgruppen oder von Tyrosin elektiv
darzustellen sind (Abb. 4). Auch auf dem Gebiet der Enzymhistochemie liegen einige
Untersuchungen vor, die eine Unterscheidung der aktiven und inaktiven Adenome
erkennen lassen (Pearse u. Van Noorden, 1963; Hanefeld, 1966). Als Beispiel hierfür sind in Abb. 5 die Golgi-Areale eines aktiven Adenoms mit der Galaktosidase-
Reaktion dargestellt. Es ist zu hoffen, daß die Einbeziehung der Immunhistochemie
in die Untersuchung der Adenome weitere Aufschlüsse ihrer Partialfunktion ermöglicht. Ansätze hierfür liegen in den Untersuchungen von Cruickshank und
Currie (1958) und von Emmart u. Mitarb. (1963) vor.

Wenn man nun nach Aufgliederung des Gesamtmaterials eine Zusammenstellung nach Altersgruppen für die beiden Geschwulsttypen vornimmt (Abb. 1b),
so findet man jetzt eine zweigipflige Altersverteilung. Bei den endokrin-aktiven Geschwülsten ergibt sich ein Altersgipfel bei 35 bis 40 Jahren, bei den inaktiven bei
55 bis 60 Jahren. Die Aufgliederung des Materials nach Geschlechtern zeigt — wie
schon beim Gesamtmaterial — eine gleichsinnige Verteilung.

212

Regressive Veränderungen kommen in beiden Adenomtypen vor. Zunächst ist die Cystenbildung zu erwähnen, die über die Einschmelzung kleinerer Zellareale vor sich geht und sehr wahrscheinlich von der örtlichen Durchblutung abhängt. Scharf von diesen regressiv entstandenen Cysten sind entwicklungsgeschichtlich deutbare Kolloidcysten zu unterscheiden, die häufig auch noch ein gut ausgeprägtes Flimmerepithel enthalten (Müller u. Oswald, 1954).

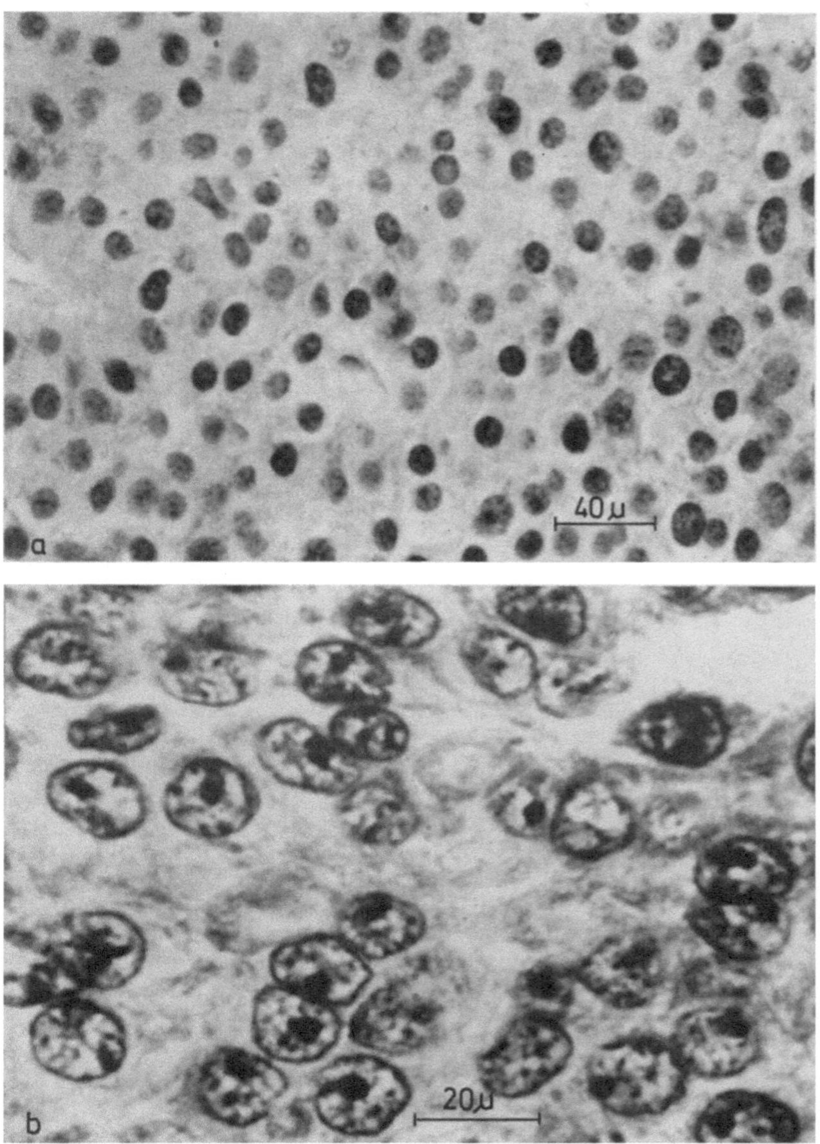


Abb. 3. Darstellung der Nucleinsäuren mit Gallocyanin-Chromalaun. Bei a fast ausschließliche Anfärbung der Zellkerne. Bei b zusätzliche Cytoplasmabasophilie. Man beachte ferner in b die prominenten Nucleoli

Eine weitere, nicht selten vorkommende, regressive Veränderung ist die Ausbildung verkalkter Zellareale. Es handelt sich hierbei nicht nur um Verkalkungen
von Gefäßwänden oder nekrotischen Parenchymarealen, sondern um die Calci-
fizierung einzelner oder in Gruppen zusammenstehender Tumorzellen (Abb. 6).

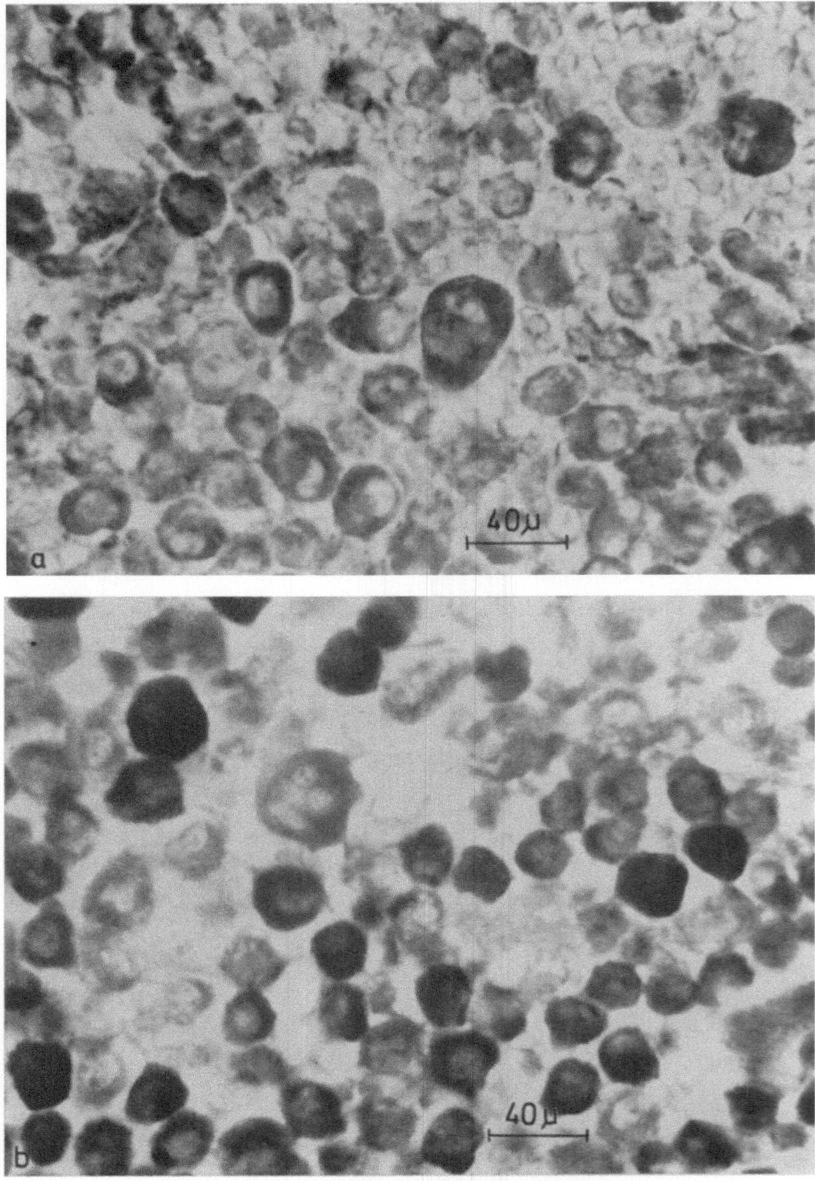


Abb. 4. Eosinophiles Adenom.
a) Darstellung Thiolgruppen-haltiger Substanzen mit DDD-Reaktion nach Barrnett und
Seligman (1953/54).
b) Tyrosin-Nachweis nach Glenner und Lillie (1959)

Die nähere Analyse spricht dafür, daß die Verkalkung über eine kolloidale Einschmelzung der Zellen zustande kommt, wobei insbesondere kohlenhydrathaltige Cytoplasma-Einschlüsse ursächlich in Frage kommen (Konjetzny, 1911; Kraus, 1926; Willis, 1938; Müller u. Udvarhelyi, 1955; Parnitzke, 1962; Hoffmann, 1966; Müller und Hoffmann 1967).

Schließlich sei noch auf die Blutungen in den Hypophysenadenomen hingewiesen, die nicht selten zu einer akuten Erblindung führen (Coxon, 1943). Die Ursache für derartige Tumorhämorrhagien sind unterschiedlicher Art. Hypertonie, Arteriosklerose, Traumen, Strahlentherapie, die eben angeführten Verkalkungen und Terapieversuche mit Sexualhormonen (Pouyanne u. Mitarb., 1949) werden für dieses häufig auch noch zu subarachnoidalen Blutungen führende Ereignis angeschuldigt (Lit. s. Fasiani u. Mitarb., 1957). Während vor einigen Jahren die Mortalität bei der akuten Verlaufsform noch bei 100% lag, konnten wir 1953 (Müller u. Pia) bei Zusammenstellung eigener und Literaturfälle einen Mortalitätsrückgang auf 50% feststellen.

Eine Malignisierung der Hypophysenvorderlappentumoren wird in der Literatur wiederholt beschrieben. Man kann bei einem Teil dieser Fälle ohne weiteres von einem Carcinom sprechen. Fernmetastasen z. B. in der Leber sind als gesicherte Befunde anzusehen. Gelegentlich wird über intracraniale und intraspinale Absiedlungen berichtet, wobei die Entscheidung einer Malignisierung nicht stets mit Sicherheit zu fällen ist (Lit. s. Braun u. Tzonos, 1964).

In den bisherigen Ausführungen fehlte die nähere Charakterisierung der sog. basophilen Adenome; dies entspricht der allgemeinen Ansicht, daß diese Tumoren

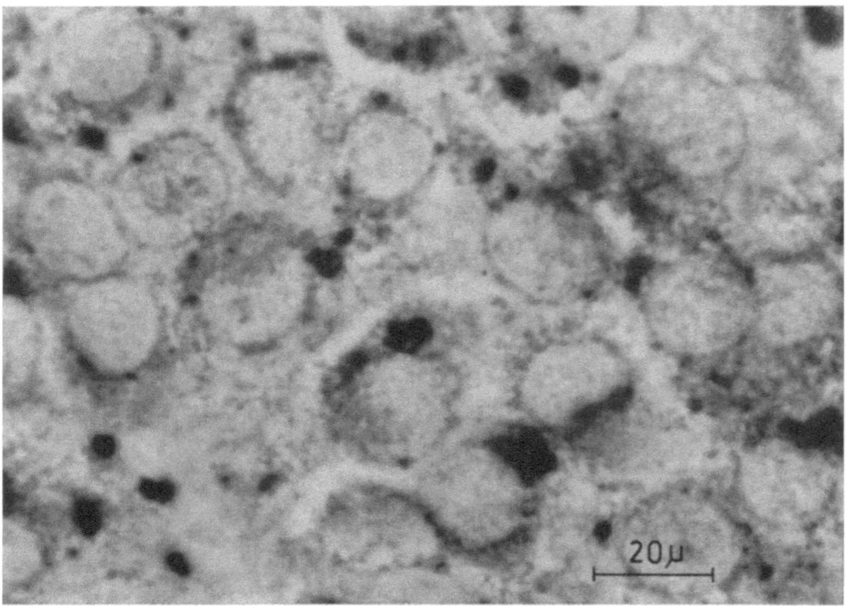

Abb. 5. Aktives Adenom. Galaktosidase — Nachweis nach Rutenburg u. Mitarb. (1958). Besonders auffällige Aktivität in den Golgi-Arealen

zumindest neurochirurgisch-klinisch keine Rolle spielen sollen. Wir sind aber nicht dieser Meinung:

Wie oben berichtet, fand Costello in 1 000 Sektionshypophysen 225 subklinische Mikroadenome, deren Aufteilung nach färberisch unterscheidbaren Zelltypen folgende Zusammensetzung ergab: 52,8% aus chromophoben oder Hauptzellen, 7,5% aus eosinophilen, 27,2% aus basophilen und 12,5% aus gemischten Zellen. Hierbei ist die hohe Zahl an basophilen, subklinischen Adenomen sehr auffällig. Ferner sei

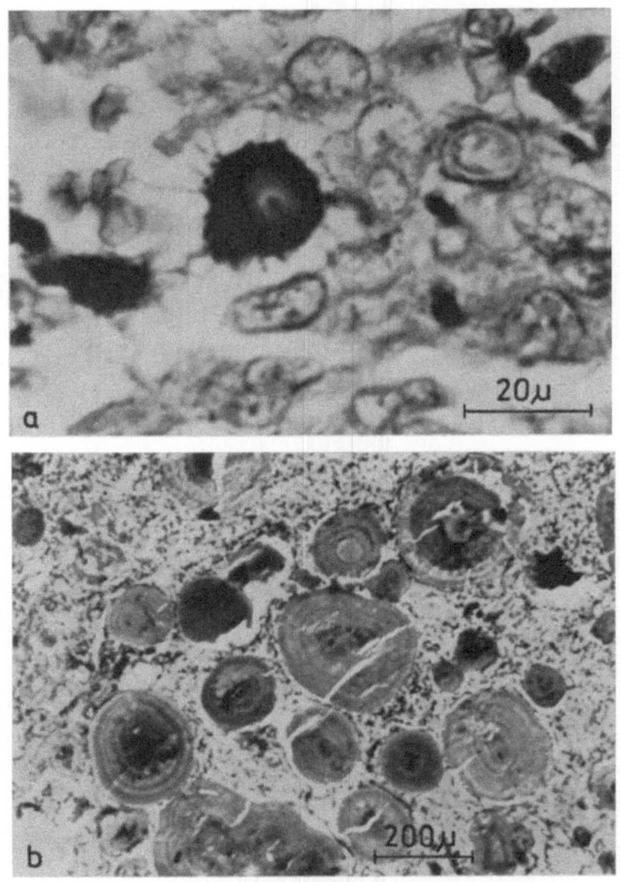


Abb. 6. Verkalkung in Adenomen.
a) Einzelne verkalkte Tumorzelle,
b) Achatartig geschichtete Kalkkonkremente (Azan-Färbung)

daran erinnert, daß bei Cushingscher Symptomatik häufig basophile Hyperplasien oder sogar Tumoren mit extrasellärer Ausbreitung gefunden werden (Lit. s. Faulhaber, 1968). Allein schon diese Fakten lassen es sehr merkwürdig erscheinen, daß es keine basophilen Adenome mit raumfordernder Volumenzunahme geben soll.

Wir finden darüber hinaus unter den endokrin-aktiven Tumoren nicht selten Geschwülste, die sich mit histochemischen Methoden als "mucoid cell"-haltige Adenome ausweisen (Abb. 7).

Wir dürfen aus diesem Ergebnis schließen, daß es sich hierbei um Adenome
handelt, die kohlenhydrathaltige Hormone enthalten. Aber nicht nur die histochemische Darstellung von derartigen Substratkomplexen spricht für das Vorkommen
dieser Adenome, sondern auch das Auftreten von typischen Kastrations- oder
Thyreoidektomie-Zellen, die an ihrer Siegelringform mit großen Cytoplasmava-
kuolen, wie sie uns aus dem Kastrationsexperiment geläufig sind und auch für
menschliche Kastraten beschrieben werden, (z. B. Sato, 1961), erkennbar sind

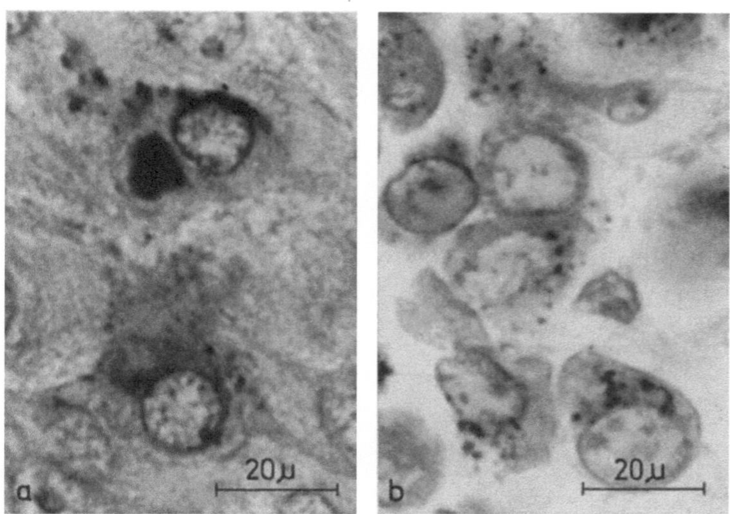


Abb. 7. Aktives Adenom, Mucopolysaccharid-Nachweis.
a) PAS-Reaktion, Zellkerne Haemalaun,
b) Hale-Reaktion, Kernechtrot

(Abb. 8). Wir fanden in unseren 231 endokrin-aktiven Geschwülsten aber nur 7
Adenome, die überwiegend aus PAS-positiven Zellen bestanden. Daher ergibt sich
die Frage, welche Faktoren sind dafür verantwortlich zu machen, daß es in einer nur
so geringen Zahl zur Ausbildung eines typischen „basophilen" Adenoms kommt.
Liegen diese Ursachen im Stoffwechsel der Tumorzellen selbst begründet, ist die
Hormonabgabe bei diesen Geschwülsten so gesteigert, daß es nur in Ausnahmen zur
Stapelung des Inkretes kommt, oder gibt es Gründe, die für eine Transformation
eines basophilen Adenoms in ein zunehmend inaktiveres gewissermaßen von außen
her sprechen?

Auf die ersten beiden Fragen lassen sich vorerst noch keine befriedigenden Antworten geben; was die letzte Frage anbetrifft, so gibt es gewichtige Hinweise für die
Möglichkeit einer extratumoralen Beeinflussung. Ich darf nochmals auf die Topo-
graphie der Sellaregion verweisen. Die Distanz zwischen Infundibulum und Diaphragma ist individuell sehr verschieden, wie insbesondere Bull (1956) durch Auswertung röntgenologisch gut dargestellter Recessus infundibuli zeigen konnte. In
Abb. 9 sind aus dieser Untersuchung 8 stark differierende Fälle zusammengestellt.
Es ist danach leicht vorstellbar, daß bei einem kurzen Abstand zwischen Infundibulum und Sella bei einem nach oben durchbrechenden Tumor in kurzer Zeit das

Infundibulum irritiert wird und somit eine Funktionsunterbrechung zwischen
Hypothalamus und Hypophyse resultieren kann. Berücksichtigt man außerdem
noch den unterschiedlich mehr oder weniger steilen Verlauf des Hypophysenstieles
und die variierende Höhe der Sattellehne, so werden auch diese Faktoren für eine
mögliche Beeinflussung des Adenoms durch übergeordnete Zentren in Frage kommen. Wir nehmen an, daß die Integration zwischen Tumorvolumenzunahme, ihrem

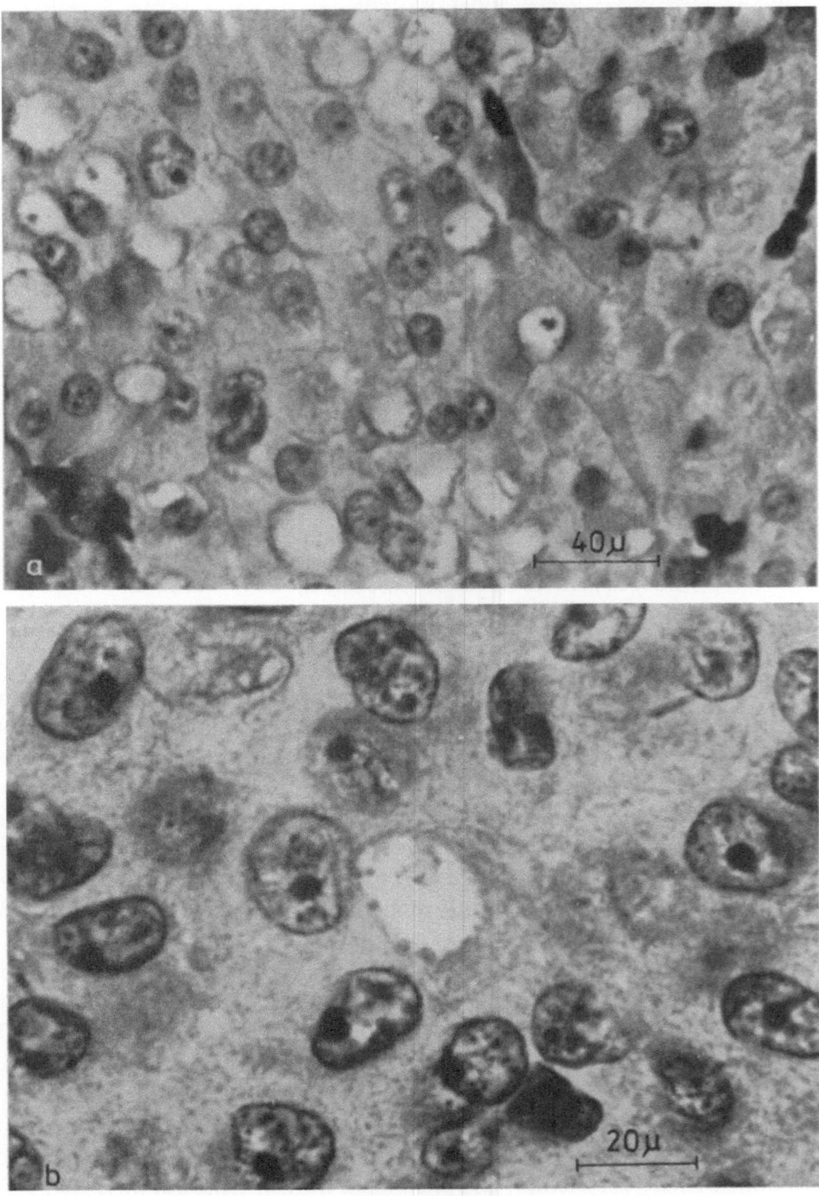

Abb. 8. „Kastrationszellen" in einem aktiven Adenom (Azan-Färbung)

zeitlichen Verlauf (Wachstumsgeschwindigkeit) und der Alteration des Kontaktes mit dem Hirn eine ganz entscheidende Phase in der Dynamik der Adenome nicht nur für die lokale Symptomatik und Diagnostik darstellt, sondern auch die Ursache sowohl für die mangelnde Ausbildung typischer großer „basophiler" Tumoren als auch für die Umwandlung der endokrin-aktiven in die inaktiven Adenome ausmacht. Auf diese Weise ließe sich auch das Zustandekommen der zweigipfligen Alterskurve verstehen.

Für die zukünftige Arbeit scheinen zwei Aufgaben von besonderem Rang zu sein: 1. Es muß versucht werden, mit neueren Methoden, wozu nicht zuletzt die Immunhistochemie gehört, die inkretorischen Partialleistungen der Adenomzellen

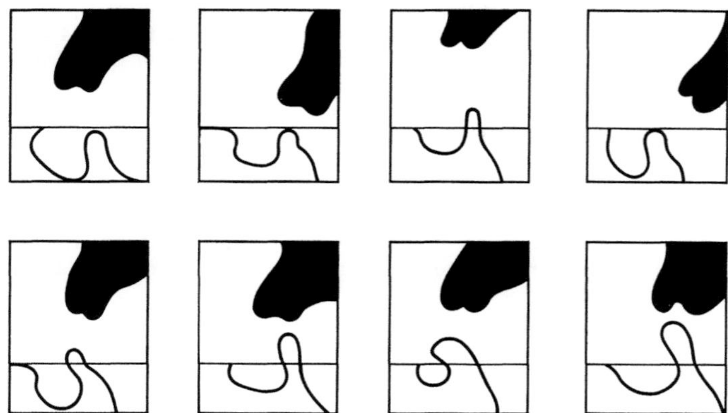

Abb. 9. Acht Fälle mit stark differierenden topographischen Beziehungen zwischen dem unteren Anteil des III. Ventrikels, der Höhe des Dorsum sellae und der Sella nach Röntgenogrammen. Die waagerechte Linie gibt die Nasion-Tuberculum sellae-Ebene an. Ausgewählt von 117 normalen Fällen aus: Bull, 1956

zu erfassen, um sie den speziellen klinischen Befunden korrelieren zu können. 2. Die Ergebnisse der Neurophysiologie und Neuroanatomie, welche die gegenseitige Beeinflussung von Hypophyse und Hypothalamus zunehmend klären, müssen in die Onkologie der Hypophysenadenome einbezogen werden.

Unser Vorschlag, die Klassifizierung der Adenome auf die beiden Gruppen aktive und inaktive zu reduzieren und die verwirrenden Begriffe der Färbehistologie zu eliminieren, mag vielleicht wie eine Simplifizierung, ja sogar wie ein Rückschritt erscheinen. Wir sind aber der Auffassung, daß hierdurch manche Vorurteile, die bisher die Diagnostik der Adenome durch den Morphologen belasteten, beseitigt und einer Zusammenarbeit mit Klinik und experimenteller Endokrinologie die Wege erfolgreicher geebnet werden.

### Literatur


Adams, C. W. M., and K. V. Swettenham: The histochemical identification of two types of basophile cell in the normal human adenohypophysis. J. Path. Bact. **75**, 95—103 (1958).
Backus, M.-L.: Untersuchungen zur Statistik der Biologie und Pathologie intrakranieller und spinaler raumfordernder Prozesse. Inaug.-Diss. Med. Fak. Köln, 1965.
Bailey, O. T., and E. C. Cutler: Malignant adenomas of the chromophobe cells of the pituitary body. Arch. Path. **29**, 268—399 (1940).

Bailey, P., and H. Cushing: Studies in Acromegaly. VII. The microscopical structure of the adenomas in acromegalic dyspituitarism (Fugitive acromegaly). Amer. J. Path. 4, 545—563 (1928).

Bakay, L.: The results of 300 pituitary adenoma operations (Prof. Herbert Olivecrona's series). J. Neurosurg. 7, 240—255 (1950).

Barrnett, J. R., and A. M. Seligman: Histochemical demonstration of sulfhydryl and disulfid groups of protein. J. nat. Cancer Inst. 14, 769—799 (1954).

Benda, C.: Über den normalen Bau und einige pathologische Veränderungen der menschlichen Hypophysis cerebri. Arch. Anat. Physiol. 1900, 373—380.

— E. Stadelmann u. A. Fraenkel: Klinische und anatomische Beiträge zur Lehre von der Akromegalie. Dtsch. med. Wschr. 27, 513, 536, 564 (1901).

Bergerhoff, W.: Die Sella turcica im Röntgenbild. Beitr. Neurochir. H. II., Leipzig: Johann Ambrosius Barth 1960.

Braun, W., u. T. Tzonos: Über ein ungewöhnlich rasch wachsendes Hypophysencarcinom mit intracerebralen Metastasen. Acta neurochir. (Wien) 12, 615—624 (1964).

Bull, J.: The normal variations in the position of the optic recess of the third ventricle. Acta radiol. (Stockh.) 46, 72—80 (1956).

Burt, A. S., and J. T. Velardo: Cytology of human adenohypophysis as related to bioassays for tropic hormones. J. clin. Endocr. 14, 979—996 (1954).

Busch, W.: Die Morphologie der Sella turcica und ihre Beziehung zur Hypophyse. Virchows Arch. path. Anat. 320, 437—458 (1951).

Conn, H. J.: Biological stains. 6^th^ edit. Geneva, New York: Biotech. Publications 1953.

Costello, R. T.: Subclinical adenoma of pituitary gland. Amer. J. Path. 12, 205—216 (1936).

Costero, J.: Some problems related to the origin and meaning of pituitary gland tumors. Arch. Path. 46, 243—259 (1948).

—, y H. Beredet: Estudio anatómico de 135 tumores de la hipófisis y dell tracto hipofisario. Monogr. Soc. Méd. del Hospital General, México, 1939.

Courtellemont, V.: Rapport au XXI Congrès des Aliènistes et Neurologistes de langue française. pp. 14—39. Amiens, 1911.

Coxon, R. V.: A case of haemorrhage into a pituitary tumour simulating rupture of an intracranial aneurysm. Guy's Hosp. Rep. 92, 89—93 (1943).

Cruickshank, B., and A. R. Currie: Localization of tissue antigens with the fluorescent antibody technic:Application to human anterior pituitary hormons. Immunology 1, 13—26 (1958).

Cushing, H.: The pituitary body and its disorders. Philadelphia: Lippincott 1912.

— Intracranial Tumours: Notes upon a series of two thousend verified cases with surgical mortality percentages pertraining thereto. Springfield (Ill.): Charles C. Thomas Publ. 1932.

Dott, N. M., and P. Bailey: A consideration of the hypophysial adenomata. Brit. J. Surg. 13, 314—366 (1925).

Emmart, E. W., S. S. Spicer, and R. W. Bates: Localization of prolactin within the pituitary by specific fluorescent antiprolactin globulin. J. Histochem. 11, 365—373 (1963).

Engels, E. P.: Roentgenographic demonstration of a hypophysial subarachnoid space. Amer. J. Roentgenol. 80, 1001—1104 (1958).

Erdheim, J.: Pathologie der Hypophysengeschwülste. Ergebn. Path. 21, 482—561 (1926).

Farberow, B. J.: Röntgendiagnostik der Tumoren der Gegend der Sella turcica. Fortschr. Röntgenstr. 50, 445—465 (1934).

Fasiani, G. M., F. Columella u. I. Papo: Über Massenblutungen in Hypophysenadenomen. Zbl. Neurochir. 17, 81—92 (1957).

Faulhaber, K. W.: Über basophile Hypophysenadenome. Inaug.-Diss. Med. Fak., Köln 1968.

Ferner, H.: Die Beziehungen der Leptomeninx und des Subarachnoidalraumes zur intrasellären Hypophyse beim Menschen. In: Stoffwechselwirkungen der Steroidhormone. pp. 151—155. Berlin-Göttingen-Heidelberg: Springer 1955.

Fisher, A. W. F., and D. Bulmer: Studies of differential staining with acid dyes in the human adenohypophysis. Quart. J. micr. Sci. 105, 467—472 (1964).

Friedmann, G., u. F. Marguth: Intraselläre Liquorcysten. Zbl. Neurochir. 21, 33—41 (1961).

Giordano, A.: Per la storia dell' acromegalia (priorità di Andrea Verga nella descrizione del quadro anatomoclinico). R. C. Ist. Lomb. Sc. Lettere-Scienze 74, 129—132 (1941).

Glenner, G. G., and R. D. Lillie: Observations on the diazotization-coupling reaction for the histochemical demonstratoin of tyrosine: Metal chelation and formazan variants. J. Histochem. Cytochem. 7, 416—422 (1959).

Grant, F. C.: Surgical experience with tumors of pituitary gland. J. Amer. med. Ass. 136, 668—672 (1948).

Graumann, W., u. K. Hinrichsen: Über die Basophilie der cyanophilen Zellen der Hypophyse. Z. Zellforsch. 52, 328—345 (1960).

Hanefeld, F.: Hydrolytische Enzyme in Hypophysenadenomen. Histochemie 7, 132—140 (1966).

Henderson, W. R.: The pituitary adenomata, a follow-up study of the surgical results in 338 cases (Dr. Harvey Cushing's series). Brit. J. Surg. 26, 811—921 (1939).

Hoffmann, H.: Beitrag zur Frage der Verkalkung in Hypophysenadenomen. Dissertation, Köln 1966.

Jefferson, G.: Extrasellar extensions of pituitary adenomas. Proc. Roy. Soc. Med. 33, 433—458 (1948).

— The invasive adenomas of the anterior pituitary. In: Sherrington Lectures, Nr. III, pp. 1—63. Liverpool: Eaton Press 1954.

Kay, S., J. K. Lees, and A. P. Stout: Pituitary chromophobe tumors of the nasal cavity. Cancer 3, 695—704 (1950).

Kernohan, J. W., and G. P. Sayre: Tumors of the pituitary gland and infundibulum. Atlas of tumor pathology. Sect. X, fasc. 36. Armed Forces Institute of Pathology, Washington D. C., 1956.

Konjetzny, G. E.: Eine struma calculosa der Hypophysis. Centralbl. Allg. Path. 22, 338—341 (1911).

Kracht, J., u. U. Hachmeister: Hormonbildungsstätten im Hypophysenvorderlappen des Menschen. 15. Symp. Dtsch. Ges. Endokrinol. Berlin-Heidelberg-New York: Springer 1969.

Kraus, E. J.: Die Hypophyse. In: Handb. d. spez. path. Anatomie, pp. 810—950. Bd. 8, Berlin: Springer 1926.

Landing, B. H.: Histologic study of the anterior pituitary gland. A compilation of procedures. Lab. Invest. 3, 348—368 (1964).

Launois, P. E.: Recherches sur la glande hypophysaire de l'homme. Thèse Fac. Sci. Paris 1904.

Marguth, F.: Fortschritte in der Diagnostik und Therapie der Hypophysenadenome. Zbl. Neurochir. 19, 108—117 (1959).

Marie, P.: Sur deux cas d'acromégalie; hypertrophie singulière, non congénitale, des extrémités supérieures, inférieures et céphaliques. Rev. Méd. (Paris) 6, 297—333 (1886).

McGovern, V. J., G. Phillips, and B. D. Wyke: An undifferentiated pituitary adenoma of unusual size. Report of a case. J. Neurosurg. 5, 202—208 (1948).

Mogensen, E. F.: Chromophobe adenoma of the pituitary gland. Acta endocr. (Kbh.) 24, 135—152 (1957).

Müller, W.: Ein Beitrag zum Ausbreitungsweg der Hypophysenadenome. Virchows Arch. path. Anat. 293, 253—256 (1934).

— Über die Verteilung der Ribonucleinsäure in Hypophysenadenomen. Dtsch. Z. Nervenheilk. 186, 190—196 (1964).

—, u. H. Hoffmann: Über Verkalkungen in Hypophysenadenomen. Zbl. Neurochir. 28, 287—290 (1967).

—, u. F. Oswald: Über das Vorkommen von Cysten in Hypophysentumoren. Zbl. Neurochir. 14, 272—281 (1954).

—, u. H. W. Pia: Zur Klinik und Ätiologie der Massenblutungen in Hypophysenadenomen. Dtsch. Z. Nervenheilk. 170, 326—336 (1953).

—, u. G. Udvarhelyi: Über Kolloidentartung und Verkalkung von Tumorzellen in Hypophysenadenomen. Endokrinologie 32, 129—136 (1955).

—, u. W. Walter: Zur Frage der Gefäßversorgung in den Adenomen der Hypophyse. Acta neuroveg. (Wien) 8, 446—450 (1954).

Olivecrona, H.: Die spezielle Chirurgie der Gehirnkrankheiten. Bd. III, pp. 193—374. Stuttgart: F. Enke 1941.

Paillas, J. E., M. Gazaix et D. Pache: Considérations sur une série chirurgicale d'adénomes de l'hypophyse. Rev. Oto-neuro-ophthal. 29, 1—15 (1957).

Pakulat, M. P.: Untersuchungen an Hypophysenadenomen mit Methoden der Eiweißhisto-chemie. Inaug.-Diss. Med. Fak., Köln 1965.

Pearse, A. G. E.: Cytochemical localization of the protein hormones of the anterior hypophysis. Ciba Foundation, Coll. on Endocrin. (London) 4, 1—19 (1952).

— Cytological and cytochemical investigations on the foetal and adult hypophysis in various physiological and pathological states. J. Path. Bact. 65, 355—370 (1953).

— Cytology and Cytochemistry of adenomas of the human hypophysis. Acta Un. int. Cancr. 18, 302—304 (1962).

—, and S. van Noorden: The histoenzymology of the human adenohypophysis. Coll. Intern. Centre Nat. Rech. Sci. Paris 1963, pp. 63—72.

Pouyanne, L., H. Pouyanne et L. Arne: La forme hémorrhagique de adenomes chromophobes hypophysaires (àpropos de trois observations). Hommage à Clovis Vincent, Maloine 1949.

Robertson, E. G.: Encephalography. Springfield (Ill.): Ch. C. Thomas, 1957.

Roussy, G., et Ch. Oberling: Contribution à l'étude des tumeurs hypophysaires. Presse méd. 41, 1799—1804 (1933).

Russfield, A. B., L. Reiner, and H. Klaus: The endocrine significance of hypophyseal tumors in man. Amer. J. Path. 32, 1055—1075 (1956).

Rutenburg, A. M., S. H. Rutenburg, B. Monis, R. Teague, and A. M. Seligman: Histochemical demonstration of $\beta$-D-galactosidase in the rat. J. Histochem. Cytochem. 6, 122—129 (1958).

Sato, I.: The volumetric and cytological studies in the anterior pituitary glands of the castrated human females. J. Iwate med. Ass. 12, 1119—1142 (1961).

Schaeffer, J. P.: Some points in the regional anatomy of the optic pathway, with especial references to tumors of the hypophysis cerebri and resulting ocular changes. Anat. Rec. 28, 243—279 (1924).

Schönemann, A.: Hypophysis und Thyroidea. Virch. Arch. path. Anat. 129, 310—336 (1892).

Tönnis, W.: Diagnostik der intrakraniellen Geschwülste. In: Hdb. Neurochir. III, Berlin-Göttingen-Heidelberg: Springer 1962.

Vosskühler, P.: Ein weiterer Beitrag zur Ausbreitungsweise der Hypophysenadenome. Z. ges. Neurol. Psychiat. 169, 444—451 (1940).

Wechsler, W., u. H.-A. Hossmann: Elektronenmikroskopische Untersuchungen chromo-phober Hypophysenadenome des Menschen. Zbl. Neurochir. 26, 105—122 (1965).

Weinberger, L. M., F. H. Adler, and F. C. Grant: Primary pituitary adenoma and the syndrome of the cavernous sinus. A clinical and anatomic study. Arch. Ophthal. 24, 1197—1235 (1940).

White, J. C., and S. Warren: Unusual size and extension of a pituitary adenoma. J. Neuro-surg. 2, 126—139 (1945).

Young, D. G., R. L. Bahn, and R. V. Randall: Pituitary tumors associated with acromegaly. J. clin. Endocr. 25, 249—259 (1965).

Younghusband, O. Z., G. Horrax, L. M. Hurxthal, H. F. Hare, and J. L. Poppen: Chromo-phobe pituitary tumors. J. clin. Endocr. 12, 611—630 (1952).

# Pathophysiologie und Klinik der Hypophysentumoren[1]
## Pathophysiology and Clinical Aspects of Pituitary Tumors


K. Schwarz

II. Medizinische Klinik der Universität München



### Summary

1. Panhypopituitarism is less common than partial pituitary insufficiency in cases of pituitary tumors, and secondary hypogonadism is more frequent than secondary hypothyroidism and secondary adrenal insufficiency. Despite the fact, that secondary hypogonadism is an early symptom of pituitary tumors most cases are only diagnosed as visual field defects appear.

2. The clinical picture and the pathophysiology of pituitary insufficiency in cases of pituitary tumors is discussed in view of the literature and own observations (acromegaly N = 26, chromophobe adenoma N = 19, mixed type adenoma N = 13 and craniopharyngeoma N = 10).

3. Pituitary adenomas following adrenalectomy for Cushing's Syndrome and pituitary adenomas in cases of myxedema are interpreted as hyperplasiogenic tumors, whereas other pituitary adenomas possibly may grow autonomously. The differential diagnosis of pituitary neoplasms is discussed in view of 16 further cases of brain tumors, metastases etc. with signs of pituitary insufficiency.


Das klinische Bild der Hypophysentumoren und sellanahen raumfordernden Prozesse bietet eine besonders bunte Symptomatik. Die Patienten kommen wegen einer totalen oder partiellen Hypophysenvorderlappeninsuffizienz zum Internisten oder Pädiater, bzw. Endokrinologen oder Gynaekologen. Wesensänderung und Antriebslosigkeit im Rahmen der endokrinen Encephalopathie [1—3] erfordern eine psychiatrische Diagnostik. Lokal bedingte neurologische Ausfälle, wie Hirnnervenläsionen oder seltener extrapyramidale Symptome u. a. können den Patienten zunächst zum Neurologen oder Neurochirurgen führen. Schließlich wird der Ophthalmologe mit den verschiedenen Formen der Gesichtsfelddefekte bei dem ebenfalls lokal bedingten Chiasma-Syndrom konfrontiert. Die klassische bitemporale Hemianopsie wird dabei in etwa 60% der Fälle beobachtet, andere Gesichtsfelddefekte sind seltener [4—12]. So können Patienten mit sellanahen Tumoren also nur bei guter Zusammenarbeit dieser verschiedenen Fachrichtungen in optimaler Weise betreut werden.

## I. Einteilung der HVL-Tumoren

Zur *Differentialdiagnose* der raumfordernden sellanahen Tumoren müssen neben primären und metastatischen Tumoren auch Granulome, entzündliche Prozesse,


[1] Mit Unterstützung der Deutschen Forschungsgemeinschaft.

Die hier mitgeteilten eigenen Beobachtungen entstammen der Zusammenarbeit von Herrn Prof. Dr. F. Marguth, Dr. R. Fahlbusch u. Mitarb. (Neurochirurgische Klinik der Universität München) und der Endokrinologischen Abteilung der II. Med. Univ. Klinik München (P. Bottermann, P. Dieterle, E. Dirr, W. Hochheuser, K. Horn, F. J. Kluge, R. Landgraf, M. Müller-Bardorff, R. Pickardt, P. C. Scriba, A. Souvatzoglou, H. Thiele, O. Zach).

regressive Veränderungen, Anlageanomalien und Traumen berücksichtigt werden
[7, 9, 13, 14].

Vom klinischen Standpunkt aus teilt man die Hypophysen-Tumoren am zweck-
mäßigsten nach dem *klinischen Bild* ein. So wären Geschwülste, bei denen die
*endokrinen Ausfälle* im Vordergrund stehen von Tumoren, die eine *endokrine
Aktivität* im Sinne der Mehrproduktion von HVL-Hormonen aufweisen, zu trennen.
Die Korrelation des klinischen Bildes zum histologischen Befund ist dabei nicht so
streng, wie früher angenommen. Die Ursache einer Akromegalie können beispielsweise eosinophile oder Mischtypadenome und die Ursache eines Cushing-Syndroms
basophile oder chromophobe Adenome sein [2, 12, 15—17].

Das Bild des HVL-Ausfalles ist beim Hypophysen-Tumor von der chronischen
HVL-Insuffizienz (Panhypopituitarismus) in quantitativer Hinsicht häufig verschieden. Bei der größeren Zahl der Fälle von Hypophysen-Tumoren besteht *nicht
das Vollbild der Simmondschen Krankheit* mit sekundärem Hypogonadimus, sekundärer Hypothyreose und sekundärer NNR-Insuffizienz, sondern nur eine
partielle HVL-Insuffizienz. Als allgemeine Regel gilt, daß der sekundäre Hypogonadismus häufiger und eher auftritt als sekundäre NNR-Insuffizienz und Hypothyreose (Tab. 1). Im Einzelfall können partielle Mindersekretionen der hypo-

Tabelle 1. *Synopsis endokriner Störungen bei Hypophysen-Tumoren*

Die Angaben über die Häufigkeit der Störungen aus der Literatur (Tab. 3—5) sind in eckigen
Klammern dargestellt. Die eigenen Beobachtungen sind in Zahl der betroffenen Patienten
pro Zahl der untersuchten Patienten angegeben. Die anamnestischen Angaben der Patienten
und die diagnostischen Kriterien [29] werden gleichzeitig mitgeteilt [23]

| | | Chromophobes Adenom N = 19 | Mischtyp-Adenom N = 13 | Kranio-Pharyngeom N = 10 | Akromegalie N = 26 |
|---|---|---|---|---|---|
| Sek. Hypo-Gonadismus | ♀ | 2/8 [58%] | 7/8 [95%] | 4/4 [20—50%] | 8/15 [57—90%] |
| | ♂ | 6/9 [39%] | 5/5 [58%] | 5/6 | 6/10 [33—66%] |
| Sek. NNR-Insuffizienz | | 1/5 [etwas häufiger] | 0/4 [selten] | 0/1 [ ?] | 1/9 [selten] |
| Sek. Hypothyreose | | 1/5 [30—50% ?] | 1/4 [30—50% ?] | 2/3 [ ?] | 2/16 [selten] |
| Diabetes insipidus | | 0/8 [selten] | 1/13 [selten] | 3/10 [19—37%] | (1)/26 [selten] |
| Minderwuchs | | [selten] | [selten] | 3/10 [13—22%] | — |
| Manifester Diabetes mellitus | | 1/19 — | 0/13 — | 0/10 — | 5/26 [13—25%] |
| Erniedrigte Glucosetoleranz | | 0/2 — | 1/3 — | — | 6/13 [> 7%] |
| Chiasmasyndrom | | 18/19 [100%] | 11/13 [89%] | 7/10 [78%] | 6/26 [54—80%] |
| Sellavergrößerung | | 18/18 [97%] | 11/13 [94%] | 9/10 [63—76%] | 25/26 [93%] |

physären Hormone (FSH, LH, ACTH und TSH sowie Wachstumshormon und MSH) beliebig kombiniert oder isoliert beobachtet werden. Eine gesetzmäßige Beziehung zwischen Tumorgröße und Lokalisation und Ausmaß der endokrinen Ausfälle besteht nicht. Suprasselläre Tumoren von beträchtlicher Größe können unter Umständen sogar nur sehr geringe oder keine endokrinen Ausfälle zur Folge haben [18].

Der sekundäre Hypogonadismus ist also ein *Frühsymptom* bei Hypophysen-Tumoren [7, 8, 19—21]. Vom endokrinologischen Standpunkt ist es daher enttäuschend, daß mit Ausnahme der Cyclusstörungen bei jüngeren Frauen, welche ihrerseits Anlaß zu Fehlinterpretationen sind, auch heute noch in den meisten Fällen erst die Störung des Visus und der Gesichtsfelddefekt den Patienten zum Arzt führen (Tab. 2).

Tabelle 2.

| Erstes Symptom in der Anamnese | Chromophobe Adenome N = 19 | Mischtyp Adenome N = 13 | Kranio-pharyngeome N = 10 | Zusammen N = 42 |
|---|---|---|---|---|
| Abnahme von Libido und Potenz | 4 | 5 | 4 | 13 |
| Amenorrhoe (primär-sekundär) | 1 | 3 | 2 | 6 |
| Wachstumsrückstand | — | — | 1 | 1 |
| Verlangsamung | — | — | 1 | 1 |
| Kopfschmerzen | 1 | — | 1 | 2 |
| Abgeschlagenheit | 1 | — | 1 | 1 |
| Gesichtsfelddefekte | 10 | 5 | 1 | 16 |
| **Symptom, das den Pat. zum Arzt führte** | | | | |
| Gesichtsfelddefekte | 16 | 11 | 5 | 32 |
| Abnahme von Libido und Potenz | — | — | 2 | 2 |
| Amenorrhoe (primär-sekundär) | — | — | 1 | 1 |
| Kopfschmerzen | 1 | 2 | — | 3 |
| Wachstumsrückstand | — | — | 1 | 1 |
| Bewußtseinstrübung | — | — | 1 | 1 |

## II. Hypophysenvorderlappeninsuffizienz beim HVL-Adenom

a) Ältere Arbeiten zeigen, daß bei den sogenannten chromophoben Adenomen, zu denen seinerzeit heute sicher als Mischtypadenom zu bezeichnende Fälle gerechnet wurden, fast alle Frauen in der generativen Lebensphase Cyclusstörungen aufwiesen [8]. Bei den Männern fand sich in der Hälfte der Fälle ein Libidoverlust und bei einem Drittel ein kompletter Potenzverlust. Ein klinisch ausgeprägter Hypogenitalismus [8] fand sich allerdings nur bei etwa 20 % der Patienten. Wenn auch der *sekundäre Hypogonadismus* also ein häufig und früh auftretendes Symptom bei Hypophysen-Tumoren (Tab. 1, 3) ist, so finden sich diese Tumoren jedoch nur bei einem sehr kleinen Teil der Patienten, die wegen Libido- und Potenzstörungen den Arzt aufsuchen. Man hat den Eindruck, daß gerade die Patienten mit dieser Form des organischen Hypogonadismus ihre subjektiven Beschwerden nicht bemerken (Amenorrhoe ohne klimakterische Beschwerden) und bei jenen Patienten mit Klagen über Libido- und Potenzverlust überwiegend eine psychogene oder altersbedingte Impotenz vorliegt.

Minderung der Sekundärbehaarung, Atrophie der *Haut*, verminderte Talg-
drüsensekretion, Wesensänderung mit Minderung der Aggressivität, Osteoporose
und Minderung der Muskelmasse sind klinische Symptome, die pathophysiologisch
zumindest teilweise auf den Mangel an Testosteron bzw. Oestrogenen zurückzuführen sind [8, 19, 21, 22]. Die Blässe der Haut ist bei diesen Patienten zum Teil auf
ihre aregenerative Anämie (Testosteronmangel) und auf den MSH-Mangel zurückzuführen. Sie wird ferner, wie auch die Anhydrose, von der sekundären Hypothyreose mitbestimmt (Tab. 3).

b) Die *sekundäre Hypothyreose* ist nach den vorliegenden Arbeiten beim HVL-
Adenom insgesamt selten. Im Gegensatz dazu ist der Grundumsatz in 25 bis 60%

Tabelle 3.

*Präoperative Ausfälle und Befunde, Literaturangaben und Münchener Beobachtungen*

| | Chromophob. Adenom / Mischtyp-Adenom (Zusammen) | Chr. Phob | Mischt. A. | Literatur-angabe |
|---|---|---|---|---|
| **Sek. Hypo-gonadismus** ♀ | 58,3% - Cyclusstörung. - 95,2%<br>2/8    7/8 | 40<br>8 | 23<br>8 | [12]<br>München |
| ♀ | Amenorrhoe 66%<br>Oligomenorrhoe 33% | 254 | | [8] |
| ♂ | Kompl. Pot.<br>Verl. 33%<br>Libidoverlust 50%<br>Hypogenitalism. 20% | 254 | | [8] |
| ♂ | 39,4% —↓Libid.,↓Pot.—57,9%<br>6/9    5/5 | 47<br>11 | 26<br>5 | [12]<br>München |
| **Sek. NNR-Insuffizienz** | 1/5    0/4<br>Gelegentl.    selten<br>z. T. ↓ —17-Ketoster. meist<br>Corticoide norm | 19<br>87<br>55 | 13<br>49<br>37 | München<br>[12]<br>[9] |
| | ↓ 11-OHCS bei<br>ACTH-Belast. 0/17<br>Pyrogentest 2/17<br>Insulinbelast. 8/17<br>Path. Meto-<br>piron-T. 9/17 | 17 | | [24] |
| **Sek. Hypo-thyreose** | 1/5    1/4<br>60% — ↓ Grundumsatz 25%<br>50% — ↓ Ges. Cholester. 50% | 19<br>87 | 13<br>49 | München<br>[12] |
| | ↓ Grund-{40%<br>umsatz {74% | 45<br>232 | | [8]<br>[6] |
| **Chiasma-syndrom** | bitemp. {60%<br>Hemian-{65%<br>posie {63% | 254<br>260<br>232 | | [8]<br>[5]<br>[6] |
| | 100% Gesichtsfeld- 89%<br>18/19 defekte insgs. 11/13 | 87<br>19 | 49<br>13 | [12]<br>München |
| **Sella turcica** | 96,7% röntgenolog. 93,5%<br>vergrößert<br>18/18    13/13 | 87<br>19 | 49<br>13 | [12]<br>München |

der Fälle vermindert [6, 8, 12]. Diese Minderung des Basalstoffwechsels ist offenbar weniger Ausdruck der sekundären Hypothyreose als vor allem durch die fehlende Stoffwechselsteigerung bei Wachstumshormonmangel verursacht. Im gleichen Sinne sind die Grundumsatzerhöhungen (61—70%) bei Akromegalie [8, 19] als Ausdruck der stoffwechselsteigernden Wirkung der vermehrten Wachstumshormonsekretion zu interpretieren (Tab. 5). Im Hinblick auf die verhältnismäßig geringe Häufigkeit der sekundären Hypothyreose beim Hypophysen-Tumor ist die Tatsache bemerkenswert, daß bei etwa der Hälfte der Fälle von chromophobem HVL-Adenom und Mischtypadenom [12] das Gesamtcholesterin erhöht ist. Die Methoden zur Erfassung leichterer Formen der sekundären Hypothyreose sind noch nicht empfindlich genug, um sicher abzugrenzen, wie weit diese Hypercholesterinämien nicht doch als Ausdruck der Schilddrüsenunterfunktion aufzufassen sind. — Die klinischen Symptome, die auf eine sekundäre Hypothyreose hinweisen, sind im allgemeinen recht diskret. Kälteempfindlichkeit, Obstipationstendenz, Ermüdbarkeit und Müdigkeit, Verlangsamung und Bradykardie sind nur selten ausgeprägt [23]. Die im Rahmen des endokrinen Psychosyndroms im Vordergrund stehende Antriebsminderung und Gleichgültigkeit resultiert zum Teil wohl auch aus dem Mangel an Schilddrüsenhormonen [23]. Die Symptome der sekundären Hypothyreose stehen in pathophysiologischem Zusammenhang mit dem Mangel an Schilddrüsenhormonen bzw. der dadurch verminderten Adrenalinempfindlichkeit.

c) In älteren Arbeiten über die Häufigkeit der *sekundären NNR-Insuffizienz* bei chromophoben und Mischtypadenomen wurde mit den damals zur Verfügung stehenden Methoden zur Messung der 17-Ketosteroid- und Gesamtcorticoidausscheidung [9, 12] eine Tendenz zu verminderter NNR-Funktion bei chromophoben Adenomen und zu normaler NNR-Funktion beim Mischtypadenom beschrieben. Eine neuere Untersuchung [24] zeigte bei 17 Patienten mit chromophobem Adenom bei fluorimetrischer Bestimmung der 11-OHCS keinen Fall von subnormalem Anstieg bei ACTH-Belastung, zwei subnormale Anstiege bei Pyrogeninjektion, 8 subnormale Anstiege beim Insulintoleranztest und 9 verminderte Zunahmen der 17-KGS im 24 Std-Urin unter Metopiron. Man wird also mit einer Häufigkeit der sekundären NNR-Insuffizienz bzw. der Mindersekretion von ACTH von bis zu 50% rechnen müssen (Tab. 3).

Die *klinischen Symptome* Hypotonie, Kollapsneigung, Tendenz zu Hypoglykämie und Adynamie beeinträchtigen die Leistungsfähigkeit der Patienten mit HVL-Adenom in erster Linie. Sie sind zum Teil Ausdruck der sekundären Nebennierenrindeninsuffizienz, wobei die fehlende Belastbarkeit dem Patienten gefährlich werden kann. Das *hypophysäre Koma* ist durch Hypothermie, Bradykardie, Hypoventilation, Hyperkapnie, Hypotonie und Hypoglykämie [25] charakterisiert und ist pathophysiologisch gesehen ein Mischbild aus akuter sekundärer NNR-Insuffizienz und sekundärer Hypothyreose. Adynamie und Kollapsneigung sind vor allem Ausdruck des Corticosteroidmangels, während die Tendenz zu Hypoglykämie durch das Fehlen mehrerer gegenregulatorisch wirksamer hypophysärer Hormone (STH, ACTH) erklärt wird. Letzteres erklärt auch die ausgeprägte Empfindlichkeit dieser Patienten beim Insulintoleranztest, der andererseits heute gerne als Provokationsmethode zur Beurteilung der HVL-Funktion angewandt wird [26—29].

<h3 align="center">III. Endokrine Ausfälle bei Kraniopharyngeom</h3>

Der sekundäre Hypogonadismus wird beim Kraniopharyngeom je nach Lokalisation des Tumors in 20 bis 50% der Fälle beobachtet [7, 11, 30]. Sichere Angaben über die Häufigkeit der sekundären Hypothyreose und der sekundären Nebennierenrindeninsuffizienz bei einem größeren Material lagen uns noch nicht vor (Tab. 4). Eine mäßige Polydipsie und Polyurie, bzw. ein manifester Diabetes insipidus finden sich in 12 bis 37% der Fälle von Kraniopharyngeom [7, 11, 30].

Tabelle 4.<br>
Präoperative Ausfälle und Befunde, Literaturangaben und Münchener Beobachtungen

| | Kraniopharyngeom | | Zahl der Fälle | Literaturangabe |
|---|---|---|---|---|
| Sek. Hypo-gonadismus | 26% | | 73 | [11] |
| | 23% | | 100 | [30] |
| | 20—50% | | 120 | [7] |
| | ♀ 4/4 | | | |
| | ♂ 5/6 | | 10 | (München) |
| Diabetes insipidus | Polydipsie | 14% | 73 | [11] |
| | Manifest. Diab. ins. | 11% | 73 | [11] |
| | Polydipsie oder | 20—37% | 120 | [7] |
| | Manifest. Diab. ins. | 19% | 100 | [30] |
| | | 3/10 | 10 | München |
| Minderwuchs | Minderwuchs | 22 % | 73 | [11] |
| | Dystrophia adiposogenitalis | 16 % | 73 | [11] |
| Chiasmasyndrom | Gesichtsfeld bds. patholog. | 74 % | | |
| | einseit. path. | 4 % | 73 | [11] |
| | bds. normal | 22 % | | |
| | Defekte insges. | 7/10 | 10 | München |
| Sella turcica | Röntgenolog. | ca. 50 % | 115 | [9] |
| | Verkalkungen | 59,7% | 1038 | [11] |
| | Röntgenolog. | 67 % | 73 | [11] |
| | vergrößert | 63 % | 100 | [30] |
| | | 9/10 | 10 | München |

Bingas und Wolter [11] beobachteten bei 73 Fällen von Kraniopharyngeom 16mal einen *Minderwuchs* und 12mal eine Kombination von Minderwuchs, Adipositas und Hypogonadismus (sog. Dystrophia adiposogenitalis). Die Tatsache, daß der Mangel an Wachstumshormon sich beim Kraniopharyngeom im Gegensatz zum HVL-Adenom so verhältnismäßig häufig als Minderwuchs manifestiert, ist darauf zurückzuführen, daß dieser Tumor in mindestens einem Drittel der Fälle in den ersten beiden Lebensjahrzehnten auftritt [11]. Auch beim chromophoben oder Mischtypadenom läßt sich eine Mindersekretion von HGH, bzw. eine verminderte Stimulierbarkeit der HGH-Sekretion häufig nachweisen [31, 32]. Das mittlere Manifestationsalter des Mischtypadenoms liegt aber bei 33 Jahren und des chromophoben Adenoms bei 45 Jahren [7].

# IV. Akromegalie

Von den Zeichen der Hypophysenvorderlappeninsuffizienz findet sich bei dem Vollbild der Akromegalie vor allem der *sekundäre Hypogonadismus* (Tab. 5). In den älteren Statistiken wird über Amenorrhoe oder Oligomenorrhoe bei 57—90% der Frauen im generationsfähigen Alter berichtet [8 ,19], wobei allerdings zu berücksichtigen ist, daß akromegale Patienten früher nur dann zum Neurochirurgen kamen, wenn Visussymptome auftraten. Libidoverlust (66%) und Potenzverlust (33%) zeigen die Häufigkeit des sekundären Hypogonadismus beim Mann [8]. Während der sekundäre Hypogonadismus (Tab. 1, Tab. 5) noch relativ häufig

Tabelle 5.

*Ausfälle und Befunde vor Behandlung[a], Literaturangaben und Münchener Beobachtungen*

| Akromegalie | | | Zahl der Fälle | Literatur- angabe |
|---|---|---|---|---|
| Sek. Hypo- gonadismus | ♀ | Cyclusstörungen | ~ 90% | 22 | [8] |
| | | Amenorrhoe | 13/22 | 22 | [8] |
| | | Oligomenorrhoe | 6/22 | | |
| | | | 8/15 | 15 | München |
| | | | 6/10 | 11 | München |
| | ♂ | Libidoverlust | 66% | 20 | [8] |
| | | Potenzverlust | 33% | | |
| NNR- Funktion | ↑ | Cortisol- und Corticosteron- Sekretionsraten | | 10 | [33] |
| | | Plasma-11-OHCS normal | | 10 | [33] |
| | | ³H-Cortisol-Prot.-Bindung normal | | 6 | [23,34] |
| | | Sek. NNR-Insuffizienz | 1/15 | 26 | München |
| Schilddrüsen- Funktion | ↑ | Grundumsatz | 61% | 46 | [8] |
| | | | 70% | 100 | [19, zit.] |
| | ↓ | Grundumsatz | 4% | 46 | [8] |
| | | Sek. Hypothyreose | 2/16 | 26 | München |
| Diabetes insipidus | | Transitorischer D. I. | 1/26 | 26 | München |
| Diabetes mellitus | | Manifester Diabetes mellitus | 22% | 46 | [8] |
| | | | 25% | ? | [37] |
| | | | 12% | 100 | [36, zit.] |
| | | | 5/26 | 26 | München |
| | ↓ | Glucosetoleranz | 7% | 46 | [8] |
| | | $k_G$-Wert < 1,0 keine Glucosurie | 6/13 | 26 | München |
| Visceromegalie | | Z. B. Struma | 35% | 46 | [8] |
| | | | 25—50% | 100 | [19, zit.] |
| | | | 20/26 | 26 | München |
| Chiasma-Syndrom | | Gesichtsfelddefekte bzw. Visusstörungen | 54% | 46 | [8] |
| | | | 78% | 55 | [6] |
| | | | 84% | ? | [19] |
| | | | 6/26 | 26 | München |

[a] Die Angaben über die eigenen Beobachtungen beziehen sich auf den Zeitraum vor jeder Behandlung und vor dem Eintreten klinischer „Inaktivität" (N = 3).

beobachtet wird, ist die sekundäre Nebennierenrindeninsuffizienz eher eine Rarität. Die Plasmaspiegel der 11-OHCS sind im allgemeinen normal, die Cortisol- und Corticosteronsekretionsraten waren dagegen bei 10 Patienten vor der Behandlung sogar erhöht [33, 34]. Ausnahmsweise kann es zu einer *akuten sekundären Nebennierenrindeninsuffizienz* kommen, wenn bei einer Akromegalie durch Blutung (Autohypophysektomie) eine akute HVL-Insuffizienz entsteht [35].

Seit ca. 1929 bemerkte der Patient Ru. W. (59 Jahre), daß die Gelenke an Umfang zunahmen, Nase, Kinn, Hände und Füße größer wurden. 1931 kam es zu heftigen stichartigen Schmerzen in beiden Schläfenpartien. 1935 brach der Patient auf der Straße plötzlich bewußtlos zusammen, im Anschluß daran war er vollkommen blind. In der Charité wurde ein damals „inoperabler" Hypophysentumor festgestellt und eine Röntgenbestrahlung der Sella durchgeführt. Noch unter dieser Bestrahlung normalisierte sich der Visus völlig, es kam anschließend zu keinem weiteren Wachstum der Acren. Schon damals fiel dem Patienten allerdings auf, daß die Achsel- und Schambehaarung ausfiel, Libido und Potenz erloschen, die Haut zunehmend trocken und schuppig wurde und eine Empfindlichkeit gegenüber Kälte bestand. Etwa seit 1956 traten Schwindelanfälle auf, daneben bemerkte er ein Nachlassen der geistigen Leistungsfähigkeit und eine auffallende Ermüdbarkeit, die besonders gegen Mittag stärker wurde.

Bei der stationären Aufnahme des 59jährigen Patienten (1966) fanden sich die Zeichen einer *ausgebrannten Akromegalie*, sowie einer *HVL-Insuffizienz* mit einem deutlich erniedrigten Blutdruck (RR 100/70, Serum-Natrium 132 mval,1). Die Cortisolwerte lagen an der untersten Grenze der Norm. Das proteingebundene Jod im Serum war auf 1,4 µg-% erniedrigt, Gonadotropine waren im 24 Std-Urin nicht nachweisbar.

Es ist anzunehmen, daß es bei dem Patienten 1935 zu einer intrasellären Blutung (Hypophysenapoplexie) kam [35], die zu einer Nekrose des Hypophysenvorderlappens *(Autohypophysektomie)* und zur allmählichen Manifestation einer schweren HVL-Insuffizienz führte.

Auch *sekundäre Hypothyreosen* sind bei der Akromegalie außerordentlich selten, auf den erhöhten Basalstoffwechsel bei Akromegalie (61—70%) wurde bereits hingewiesen [8, 19]. Ein *Diabetes insipidus* findet sich so gut wie nie bei der Akromegalie. Wir haben allerdings eine Patientin mit einem exzessiv großen Hypophysentumor und Akromegalie in Beobachtung, die im Sommer 1968 einen transitorischen Diabetes insipidus (bis 15 Liter pro Tag) hatte. Jetzt besteht eine Polyurie von 3—5 Litern/Tag bei manifestem Diabetas mellitus.

Den *lokalen Auswirkungen* des HVL-Adenoms mit HVL-Insuffizienz, Chiasma-Syndrom und Sellaerweiterung stehen die *Folgen der gesteigerten Wachstumshormonsekretion* gegenüber. Ein *manifester Diabetes mellitus* wird bei Akromegalie in 13—25% der Fälle beobachtet [8, 36, 37]. Dieser Diabetes mellitus kann sehr instabil sein [38]. Wachstumshormon führt zu Insulinunterempfindlichkeit und eventuell zur Minderung der Glucosetoleranz [39, 37, 40, 41]. Bezüglich der Glucosetoleranz ist vom pathophysiologischen Standpunkt die insulinantagonistische Wirkung des GH [42] und die lipolytische Wirkung des GH [43, 44] zu erwähnen. Auf den Aminosäuretransport und -einbau in Protein wirkt GH dagegen synergistisch zum Insulin [41, 45].

Bei der wachstumsfördernden Wirkung des GH kennen wir ebenfalls den Synergismus von Insulin. Klinisch sind die Folgen der wachstumssteigernden Wirkung des GH besonders bedeutsam. Im Rahmen der *Visceromegalie* [14] kann das Herz die Grenze des kritischen Herzgewichtes überschreiten und der Patient eine Angina pectoris oder relative Coronarinsuffizienz (myogene Herzinsuffizienz) haben. So fanden wir unter 26 Akromegalen 10mal röntgenologisch eine Herz- und 11mal eine tastbare Lebervergrößerung. Außer Nieren und Magen sind auch die

Nebennieren und die Schilddrüse häufig vergrößert. Wir beobachteten bei 26 Akromegalen 20mal eine Struma, davon einen Patienten mit innerhalb von 6 Jahren zweimal postoperativ rezidivierter großer Struma. Gerade diese vielleicht nicht ausreichend berücksichtigten Zeichen der Visceromegalie sind für uns Anlaß, eine frühzeitige radikale Behandlung der Akromegalie durch Operation des HVL-Adenoms zu befürworten.

Bei einem unserer Akromegalen kam es relativ akut zu einem schweren Cushing-Syndrom mit erheblicher hypokaliämischer Alkalose und exzessiv hohen Plasma-ACTH-Spiegeln, es handelte sich um eine beiderseitige, z. T. adenomatöse NNR-Hyperplasie [46].

Die *Skeletveränderungen* haben dem Krankheitsbild den Namen gegeben. Bei gesteigertem enchondralen und periostalen (appositionellen) Knochenwachstum besteht gleichzeitig eine Tendenz zu gesteigerter Calciumausscheidung im Urin und, bei gesteigertem Knochenumbau, eine Tendenz zu Osteoporose mit den klinischen Symptomen Rückenschmerzen und Kyphose [45, 47]. Ob hier eine Hyperplasie der Epithelkörperchen (Visceromegalie) eine Rolle spielt, ist nicht geklärt [36].

Bei der Ähnlichkeit von GH und Prolactin [48] ist es verständlich, daß in manchen Fällen von Akromegalie eine *Galactorrhoe* beobachtet wird [19].

## V. Morbus Cushing — Nelson Tumor

Das HVL-Adenom als Ursache eines Cushing-Syndroms gehört zu den selteneren Ursachen dieser Erkrankung (höchstens 10%) [2, 9, 17]. Für das Cushing-Syndrom mit bilateraler Hyperplasie beider Nebennieren, das etwa zwei Drittel der Fälle von Cushing-Syndrom im Erwachsenenalter [21, 49] ausmacht, nimmt man heute eine hypothalamische Verursachung an. Für diese Annahme sprechen die Beobachtungen von nach bilateraler Adrenalektomie entstandenen HVL-Adenomen (*Nelson-Tumoren*), die histologisch meist als chromophob bezeichnet wurden [50, 51] und heute als ACTH-produzierende R-Zelladenome [52] charakterisiert sind. Hier führt die anhaltende Stimulierung des HVL durch CRF zu hyperplasiogenen Adenomen.

Man muß sich fragen, welche HVL-Adenome als *spontane Tumoren* ohne erkennbaren hyperplasiogenen Reiz entstehen. Müller und Tzonos [12] fassen die HVL-Adenome (Mischtypadenome und chromophobe Adenome) als hyperplasiogene Tumoren auf.

Weitere klinische Beispiele für vom pathophysiologischen Standpunkt als *hyperplasiogene Geschwülste* anzusprechende HVL-Adenome finden sich bei Kretinismus und Myxödem [53—57]. Dem entsprechen die Beobachtungen über experimentelle HVL-Tumoren, welche nach Ausschaltung der Gonaden oder der Schilddrüse beobachtet wurden [58]. Wir haben in den letzten Jahren vier Patienten beobachtet, die einen Nelson-Tumor aufwiesen [29].

Die Patientin (Kr. M., 30 Jahre), gab an, daß sie von 1965 bis ca. 1959 15 kg an Gewicht zugenommen hatte. Nach der Menarche (17. Lebensjahr) war die Periode nicht mehr aufgetreten. Bei der klinischen Aufnahme 1961 fiel eine angedeutete Stammfettsucht mit Striae rubrae bei grazilen Extremitäten auf, ferner ein Vollmondgesicht, aine ausgeprägte Akne und ein Stiernacken. Wegen dieses durch Laborbefunde gesicherten Cushing-Syndroms wurde Ende 1961 in der Chirurgischen Universitätsklinik München eine beidseitige *Totaladrenalektomie* vorgenommen (bds. Nebennierenrinden-Hyperplasie). Anschließend wurde eine Substitutionsbehandlung mit Cortisol und Depot-Cortiron begonnen. Die Patientin ist jetzt tiefbraun pigmentiert. — 1963 hatte die Patientin noch eine komplikationslose Schwangerschaft und eine Spontangeburt. Von der Entbindung an hatte die Patientin zunächst wieder ihre Periode, die seit Oktober 1967 aber ausblieb (Gonadotropine im 24 Std-Urin nicht nachweisbar). Es besteht eine deutliche Sellavergrößerung, so daß wir einen Nelson-Tumor annehmen, der zu einem sekundären Hypogonadismus geführt hat, und operiert werden soll.

Die Nelson-Tumoren sind ein vom klinischen Standpunkt illustratives Beispiel für den komplizierten *Regelkreis* zwischen hypophyseotropem Hormon (CRF), glandotropem Hormon (ACTH) und freiem Cortisolspiegel [14].

## VI. Sonstige raumfordernde Prozesse

In Tab. 6 sind sonstige raumfordernde Prozesse im Chiasmabereich, die durch die Zeichen der HVL-Insuffizienz auffielen, zusammengestellt. Diese sind für den Endokrinologen im Hinblick auf die internistische und neurologische Differentialdiagnose [18] von Bedeutung.

Tabelle 6. *Sonstige raumfordernde Prozesse im Sellabereich (N = 16)*

| Präoperative Ausfälle | Fälle (N) | OP | Verst. Aut-opsie | Endokrine Ausfälle | | | Diab. insi-pidus | Besonder-heiten |
|---|---|---|---|---|---|---|---|---|
| | | | | Sek. Hypo-gon. | Sek. NNR-Insuf. | Sek. Hypo-thyr. | | |
| Keilbeinmeningeom | 4 | 4 | 3 | 3 | 1 | 1 | 1 | Exophth. 3 |
| davon Neurofibromatose | 1 | 1 | 1 | 1 | 1 | 1 | — | — |
| Neurofibromatose insges. | 2 | 1 | 1 | 1 | 1 | 1 | — | Extrapyr. Symptome |
| Intraselläre Liquorcyste | 1 | 1 | — | 1 | — | — | 1 | Liquorfistel |
| Intraselläres Chondrom | 1 | 1 | — | — | — | — | — | — |
| Tumorartige Hyperplasie des Infundibulum | 1 | — | 1 | 1 | 1 | 1 | — | Trach. Hypoplasie |
| Lymphorecticuläres Blastom der Hirnbasis | 1 | 1 | — | 1 | — | 1 | 1 | — |
| Bronchial-Carcinom Hypophysen-Metastasen | 3 | — | 3 | 1 | 3 | 3 | 2 | — |
| Melanom-Metastasen im HVL und HHL | 1 | — | 1 | — | 1 | — | 1 | — |
| Mamma-Carcinom mit HVL-Metastasen | 1 | 1 | 1 | 1 | 1 | 1 | — | — |
| Sellanahes Astrocytom mit sek. Sella | 1 | 1 | — | 1 | — | — | — | — |
| Meningitis tuberculosa | 1 | — | — | 1 | 1 | — | — | — |

## Zusammenfassung

1. Beim Hypophysentumor ist das Vollbild des Panhypopituitarismus seltener als die partielle HVL-Insuffizienz, wobei die Häufigkeit von sekundärem Hypogonadismus zu sekundärer Hypothyreose und sekundärer NNR-Insuffizienz abnimmt. Obwohl der sekundäre Hypogonadismus ein Frühsymptom ist, wird der Hypophysentumor auch heute noch im allgemeinen erst beim Auftreten von Visus-Störungen diagnostiziert.

2. Das klinische Bild der HVL-Insuffizienz wird nach Angaben der Literatur und an Hand von 68 eigenen Beobachtungen mit Akromegalie (N=26), chromophobem Adenom (N=19), Mischtypadenom (N=13) und Kraniopharyngeom (N=10) unter Berücksichtigung pathophysiologischer Zusammenhänge dargestellt.

3. Hypophysenvorderlappen-Adenome nach Adrenalektomie und bei Myxödem sind als hyperplasiogene Geschwülste anzusprechen, für andere HVL-Adenome besteht die Möglichkeit einer spontanen Entstehung. Die Differentialdiagnose raumfordernder Prozesse im Sellabereich wird an Hand von 16 Fällen aufgezeigt.


## Literatur

1. Schürmann, K.: Psychische Veränderungen bei krankhaften Prozessen im Bereich des Chiasma opticum. Dtsch. Z. Nervenheilk. **165**, 35 (1951).
2. Schwarz, K., u. P. C. Scriba: Endokrin bedingte Encephalopathien (Referat). Verh. dtsch. Ges. inn. Med. **72**, 238 (1966).
3. Bleuler, M.: Endokrinologische Psychiatrie. Stuttgart: G. Thieme 1954.
4. Schlezinger, N. S., and R. A. Thompson: Pituitary tumors with central scotomas simulating retrobulbar optic neuritis. Neurology **17**, 782 (1967).
5. Henderson, W. R.: The pituitary adenoma. Brit. J. Surg. **26**, 811 (1939).
6. Bakay, L.: Results of two pituitary adenoma operations (Professor Herbert, Olivecrona's series). J. Neurosurg. **7**, 240 (1950).
7. Tönnis, W.: Diagnostik der intrakraniellen Geschwülste. Hdb. Neurochirurgie IV/3, S. 1. Berlin-Göttingen-Heidelberg: Springer 1962.
8. Oberdisse, K., u. W. Tönnis: Pathogenese, Klinik und Behandlung der Hypophysenadenome. Ergebn. inn. Med. Kinderheilk. N. F. **4**, 975 (1953).
9. Marguth, F.: Differentialdiagnostik der Geschwülste im Bereich des Türkensattels. Dtsch. med. Wschr. **89**, 1839 (1964).
10. Davidoff, L. M., and E. H. Feiring: Surgical treatment of tumors of the pituitary body. Amer. J. Surg. **75**, 99 (1948).
11. Bingas, B., u. M. Wolter: Das Kraniopharyngeom. Fortschr. Neurol. Psychiat. **36**, 117 (1968).
12. Müller, W., u. T. Tzonos: Beitrag zur Klinik und Morphologie der Hypophysenadenome. Dtsch. Z. Nervenheilk. **191**, 97 (1967).
13. Orthner, H.: Hypophysär-hypothalamische Krankheiten. In: Handbuch der Spez. Path. Anat. Histol. Bd. XIII, 5, S. 543. Herausg. O. Lubarsch, F. Henke und R. Rössle Berlin-Göttingen-Heidelberg: Springer 1955.
14. Scriba, P. C., u. K. Schwarz: Pathophysiologie von Hypothalamus und Hypophyse. In: W. Siegenthaler: Klinische Pathophysiologie. Stuttgart: G. Thieme, im Druck.
15. Bailey, P., and H. Cushing: Studies on acromegaly; microscopical structure of adenomas in acromegalic dyspituitarism (fugitive acromegaly). Amer. J. Pathol. **4**, 545 (1928.)
16. Young, D. G., R. C. Bahn, and R. V. Randall: Pituitary tumors associated with acromegaly. J. clin. Endocr. **25**, 249 (1965).
17. Marguth, F.: Das hypophysäre Cushing-Syndrom. 11. Sympos. Dtsch. Ges. Endokr. S. 125. Berlin-Göttingen-Heidelberg: Springer 1965.
18. Bodechtel, G.: Differentialdiagnose neurologischer Krankheitsbilder. Stuttgart: G. Thieme 1963.
19. Jores, A.: Krankheiten der Hypophyse und des Hypophysenzwischenhirnsystems. Hdb. Inn. Med. VII, 1, S. 8. Berlin-Göttingen-Heidelberg: Springer 1955.
20. Younghusband, O. Z., G. Horrax, L. M. Hurxthal, K. F. Hare, and J. L. Poppen: Chromophobe pituitary rumors. I. Diagnosis. J. clin. Endocr. **12**, 611 (1952).
21. Oberdisse, K.: Pathophysiologie des Hypothalamus-Hypophysen Systems. Hdb. Neurochirurgie IV/3, S. 80. Berlin-Göttingen-Heidelberg: Springer 1962.
22. Schwarz, K.: Klinik, Pathophysiologie und Funktionsdiagnostik der Hypophysenvorderlappeninsuffizienz. Münch. med. Wschr. **104**, 777 (1962).
23. Dirr, E.: Dissertation. Universität München, in Vorbereitung.

24. Jenkins, J. S., and Else, W.: Pituirary-adrenal function tests in patients with untreated pituitary tumours. Lancet 1968 II, 940.

25. Brunner, H. E., u. A. Labhart: Das Koma bei Hypophyseninsuffizienz. Differentialdiagnose und Behandlung. Internist (Berl.) 6, 406 (1965).

26. Solbach, H. G., H. Bethge u. H. Zimmermann: Funktionsdiagnostik der Hypophysentumoren. 15. Sympos. Dtsch. Ges. Endokrinologie. Berlin-Heidelberg-New York: Springer 1969.

27. Bethge, H., D. v. d. Nahmer u. H. Zimmermann: Der Insulinhypoglykaemie-Test als Funktionsprüfung des Hypothalamus-Hypophysen-Nebennierenrinden-Systems. I. Bei Normalpersonen. Acta endocr. (Kbh.) 54, 668 (1967).

28. Greenwood, F. C., J. Landon, and T. C. B. Stamp: The plasma sugar, free fatty acid, cortisol, and growth hormone response to insulin. I. In control subjects. J. clin. Invest. 45, 429 (1966).

29. Scriba, P. C.: Postoperative Diagnostik und Therapie bei Hypophysentumoren. 15. Sympos. Dtsch. Ges. Endokrinologie. Berlin-Heidelberg-New York: Springer 1969.

30. Love, J. G., and T. M. Marshall: Craniopharyngiomas (Pituitary Adamantinomas). Surg. Gynec. Obstet. 90, 591 (1950).

31. Landon, J., F. C. Greenwood, T. B. C. Stamp, and V. Wynn: The plasma sugar, free fatty acid, cortisol and groth hormone response to insulin, and the comparison of this procedure with other tests of pituitary and adrenal function II. In patients with hypothalamic or pituitary dysfunction or anorexia nervosa. J. clin. Invest. 45, 437 (1966).

32. Stamp, T. C. B.: Plasma non-esterified fatty acid levels in hypopituitary subjects. J. Endocr. 35, 107 (1966).

33. Winkelmann, W., H. Bethge, H. Schmitt, H. G. Solbach, D. Vorster u. H. Zimmermann: Cortisol- und Corticosteronsekretion bei der Akromegalie. Klin. Wschr. 46, 1008 (1968).

34. Hochheuser, W., F. Marguth, H. Müller-Bardorff, K. Schwarz, P. C. Scriba u. H. Thiele: Diagnostische Bedeutung der Proteinbindung von Plasmacortisol, bestimmt durch Dextrangelfiltration. Klin. Wschr. 47, 300 (1969).

35. Brenner, H., u. M. Sunder-Plassmann: Beitrag zur Klinik apoplektiformer Hypophysengeschwülste. Chirurg 37, 229 (1966).

36. Williams, R. H.: Textbook of endocrinology. 4. Edition. Philadelphia—London: W. B. Saunders, Co. 1968.

37. Luft, R., E. Cerasi, and C. A. Hamberger: Studies on the pathogenesis of diabetes in acromegaly. Acta endocr. (Kbh.) 56, 593 (1967).

38. Zix, R., K. Sihler u. L. Kerp: Ungewöhnliche Schwankungen des Insulinbedarfs bei eosinophilem Hypophysenadenom (Akromegaliediabetes). Med. Klin. 62, 1746 (1967).

39. Knobil, E., and R. O. Greep: The physiology of growth hormone with particular reference to its action in the rhesus monkey and the "species specificity" problem. Recent. Progr. Hormone Res. 15, 1 (1959).

40. Luft, R., and E. Cerasi: Human growth hormone as a regulator of blood glucose concentration and as a diabetogenic substance. Acta endocr. (Kbh.) Suppl. 124, 9 (1967).

41. Rabinowitz, D., T. J. Merimee, and J. A. Burgess: Growth hormone-insulin interaction. Diabetes 15, 905 (1966).

42. Goodman, H. M.: Effects of growth hormone on glucose utilization in diaphragm muscle in the absence of increased lipolysis. Endocrinology 81, 1099 (1967).

43. — Effects of growth hormone on the lipolytic response of adipose tissue to theophylline. Endocrinology 82, 1027 (1968).

44. Swislocki, N. I., and C. M. Szego: Acute reduction of plasma nonesterified fatty acid by growth hormone in hypophysectomized and Houssay rats. Endocrinology 76, 665 (1965).

45. Astwood, E. B.: Anterior pituitary hormones and related substances. In: The pharmacological basis of therapeutics. Herausg. L. S. Goodman and A. Gilman. S. 1515. 3. Ausg. New York: Macmillan 1966.

46. Mautalen, C. A., and R. C. Mellinger: Nonsuppressible adrenocortical function in a patient with untreated acromegaly. J. clin. Endocr. 25, 1423 (1965).

47. Haymovitz, A., and M. Horwith: The miscible calcium pool in metabolic bone disease —
    in particular acromegaly. J. clin. Endocr. **24**, 4 (1964).
48. Tashjian, A. H., L. Levine, and A. C. Wilhelmi: Immunochemical studies with antisera
    to fractions of human growth hormone which are high or low in pigeon crop gland-
    stimulating activity. Endocrinology **77**, 1023 (1965).
49. Labhart, A.: Klinik der inneren Sekretion. Berlin-Göttingen-Heidelberg: Springer 1957.
50. Nelson, D. H., J. W. Meakin, J. B. Dealy, D. D. Matson, K. Emerson, and G. W. Thorn:
    ACTH-producing tumor of the pituitary gland. New Engl. J. Med. **259**, 161 (1958).
51. — —, and G. W. Thorn: ACTH-producing pituitary tumors following adrenalectomy
    for Cushing's syndrome. Ann. intern. Med. **52**, 560 (1960).
52. Kracht, J., H. D. Zimmermann u. U. Hachmeister: Immunhistologischer ACTH-Nachweis
    in einem R-Zellen-Adenom des Hypophysenvorderlappens bei M. Cushing. Virchows
    Arch. path. Anat. **340**, 270 (1966).
53. König, M. P.: Was versteht man unter Kretinismus? In: Fortschritte der Schilddrüsen-
    forschung. Internat. Sympos. S. 2. Stuttgart: G. Thieme 1962.
54. Melnyk, C. S., and M. E. Greer: Functional pituitary tumor in an adult possibly secondary
    to long-standing myxedema. J. clin. Endocr. **25**, 761 (1965).
55. Moses, A. M., and S. J. Gordon: Multiple endocrine organ refractoriness to trophic hormone
    stimulation. Ann. intern. Med. **63**, 313 (1965).
56. Ross, F., and M. L. Nusynowitz: A syndrome of primary hypothyroidism, amenorrhoea
    and galactorrhea. J. clin. Endocr. **28**, 591 (1968).
57. Mösli, P., u. C. Hedinger: Noduläre Hyperplasie und Adenome des Hypophysenvorder-
    lappens bei Hypothyreose. Acta endocr. (Kbh.) **58**, 507 (1968).
58. Furth, J.: Experimental pituitary tumors. Recent. Progr. Hormone Res. **11**, 221 (1955).

# Funktionsdiagnostik der Hypophysentumoren[1]
## Diagnostic of Endocrine Function in Pituitary Tumors


H. G. SOLBACH, H. BETHGE und H. ZIMMERMANN

2. Medizinische Klinik und Poliklinik der Universität Düsseldorf,
Abteilung für Endokrinologie


Mit 11 Abbildungen

## Summary


Direct estimations of anterior pituitary hormones in blood represent definite progress in diagnosing pituitary diseases, taking into consideration the importance of stimulation tests for recognising functional reserves of these hormones.

However, particularly when determining ACTH and TSH function in tumours of the hypothalamic-hypophyseal area one still has largely to revert to indirect investigations, using the function of peripheral glands as parameter. For example, the various adrenal function tests usually permit an accurate assessment of ACTH function in pituitary tumours and often an insufficiency of ACTH is discovered, although clinical symptoms are not yet detected or are only present to a slight degree. In these cases hormonal substitution has to be considered. The spectrum of these function tests should be as broad as possible.

In regard to the TSH function it has to be pointed out that the indirect parameters available, i. e. the thyroid function tests, are often not sensitive enough and inadequate; consequently, more or less discrete clinical criteria of secondary hypothyroidism can sometimes not be assessed by indirect functional analysis.

Results obtained by these direct and indirect investigations of diencephalo-hypophyseal function in endocrine active and inactive pituitary tumours demonstrate that the estimation of STH in different function tests (insulin-hypoglycaemic test, glucose tolerance test) are of high diagnostic value. Apart from this, untreated progressive acromegaly apparently is accompanied less frequently by impaired glandotrophic functions (ACTH, TSH and gonadotropines) than realised so far. On the contrary, in endocrine inactive pituitary tumours glandotrophic insufficiency is much more frequent. In nearly all cases STH, and in a high percentage the gonadotropines, are impaired. More than assumed up to now, ACTH is affected, whereby a partial insufficiency may exist. TSH appears to be less frequently involved, due possibly to the fact that more sensitive diagnostic methods are not yet in practice.


Eine spezifische Funktionsdiagnostik des Hypophysenvorderlappens kann entweder in Form einer direkten Bestimmung der Hypophysenvorderlappenhormone vorgenommen werden, wobei diese unter Basalbedingungen oder nach Stimulation erfolgt. Zum Teil sind wir jedoch noch auf die indirekte Prüfung der zentralen Regulationszentren durch Bestimmung der Hormone der peripheren Drüsen angewiesen; hierbei haben die Hormonanalysen unter Basalbedingungen eine geringere Aussagekraft, so daß wir unmittelbare oder mittelbare Stimulationstests anwenden müssen.

Im Folgenden wird die Diagnostik der einzelnen Partialfunktionen des Hypophysenvorderlappens abgehandelt, wobei wir ausschließlich Funktionsstörungen bei


[1] Die in diesem Referat enthaltenen eigenen Untersuchungen wurden mit Hilfe der Deutschen Forschungsgemeinschaft, Bad Godesberg, sowie des Landesamtes für Forschung Nordrhein-Westfalen, Düsseldorf, durchgeführt.

therapeutisch noch unbeeinflußten Tumoren im Zwischenhirnhypophysenbereich berücksichtigen.

## I. Hormoninaktive Tumoren im Zwischenhirn-Hypophysen-Bereich

### 1. *Adrenocorticotrope Funktion (ACTH)*

Die direkte Prüfung der adrenocorticotropen HVL-Funktion ist durch Messung der ACTH-Konzentration im Blut möglich. Im Gegensatz zu Patienten mit einem Cushing-Syndrom durch Nebennierenrindenhyperplasie, bei denen schon basal hochnormale bis deutlich erhöhte ACTH-Spiegel zu erwarten sind, liegen die Werte bei Kranken mit Hypophysenvorderlappentumoren und sekundärer Nebennierenrindenunterfunktion naturgemäß niedrig und können meist mit den biologischen und auch den radioimmunologischen Meßverfahren nicht mehr erfaßt werden (19). Es gibt jedoch Hinweise, daß durch Stimulation Anstiege des ACTH-Spiegels provoziert werden können und sich somit bessere Aussagemöglichkeiten auch für ACTH-Unterfunktionszustände ergeben [13, 31, 37, 59, 67, 100, 102].

Da die indirekten Verfahren zur Prüfung des Hypothalamus-Hypophysenvorderlappen-Nebennierenrinden-Systems durch die Messung der Corticosteroide im Harn und im Plasma unter verschiedenen Funktionsbedingungen im allgemeinen eine Beurteilung des Systems erlauben, wird man sich zum gegenwärtigen Zeitpunkt noch vorwiegend dieser Funktionsdiagnostik bedienen.

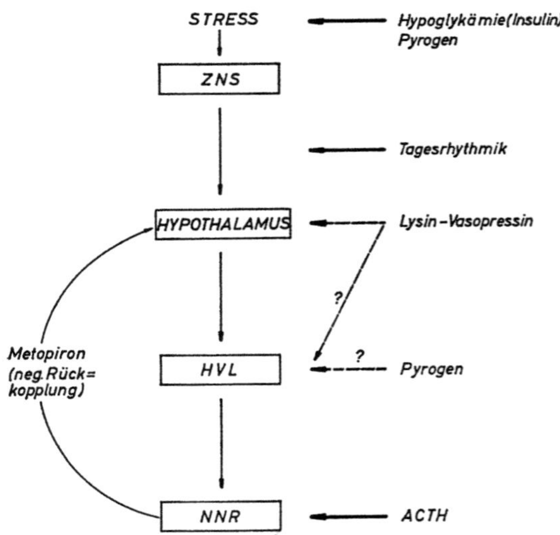


Abb. 1. Angriffspunkte der Testverfahren zur Beurteilung der ACTH-Funktion

Abb. 1 gibt einen Überblick über die Angriffspunkte der zur Zeit angewandten Testverfahren zur Beurteilung der ACTH-Funktion. Für einige Substanzen ist der Wirkungsmechanismus, der schließlich zur ACTH-Sekretion führt, noch umstritten. Die pathophysiologische Deutung der Testergebnisse wird dadurch gelegentlich erschwert. Während man z. B. früher für die pyrogenen Substanzen eher einen zentralen Angriffspunkt vermutete [12, 61], nimmt Jenkins [48, 49] aufgrund pharmakologischer Experimente und klinischer Beobachtungen einen direkten Angriffspunkt am Hypophysenvorderlappen an.

Unterschiedliche Auffassungen bestehen auch für den Wirkungsmechanismus des Vasopressins, wobei ein direkter Effekt auf den Hypothalamus [39], Hypophysenvorderlappen [61, 36] und möglicherweise auch an der Nebennierenrinde selbst [1] diskutiert wird.

Außerdem ist nichts Sicheres darüber bekannt, inwieweit ein Stimulus in seiner Art und Reizstärke und die unterschiedliche Zeitdauer der Stimulation von Bedeutung sind. So läuft z. B. der Metopiron-Test mit mindestens 24 Std langfristig, demgegenüber hat der relativ kurzfristige Insulinhypoglykämie-Test einen besonders intensiven Reizeffekt. Die gelegentliche Beobachtung von Test-Dissoziationen (s. unten) erscheint deswegen möglich und verständlich.

Zur indirekten Prüfung der adrenocorticotropen Funktion wird die Ausscheidung der Corticosteroide im Harn [99] unter verschiedenen Funktionsbedingungen gemessen. In der Abb. 2 ist die Steroidausscheidung im Harn unter Basalbedingungen, unter ACTH sowie im Metopiron-Test dargestellt. Gegenüber einem Normalkollektiv findet sich bei einer Gruppe von Patienten mit ausgeprägter sekundärer Nebennierenrindenunterfunktion eine erniedrigte Basalausscheidung, ein nur geringgradiger Anstieg unter ACTH und dementsprechend auch nur eine stark verminderte Reaktion auf Metopiron. Bei einer weiteren Gruppe mit larvierter Nebennierenrinden-Unterfunktion lagen die Basalsteroide weitgehend im Normbereich, unter ACTH erfolgte eine subnormale oder normale Reaktion, während der Anstieg im Metopiron-Test unzureichend war oder fehlte. Bei eindeutig pathologischem Ausfall des ACTH-Tests ist also der Metopiron-Test nicht mehr sinnvoll, dagegen ist bei einem Steroidanstieg unter ACTH die Anwendung des Metopiron-Tests zur Aufdeckung einer möglichen Beeinträchtigung des Rückkopplungsmechanismus angezeigt. Die Durchführung und Auswertung des Metopiron-Tests muß nach bestimmten Kriterien erfolgen [40].

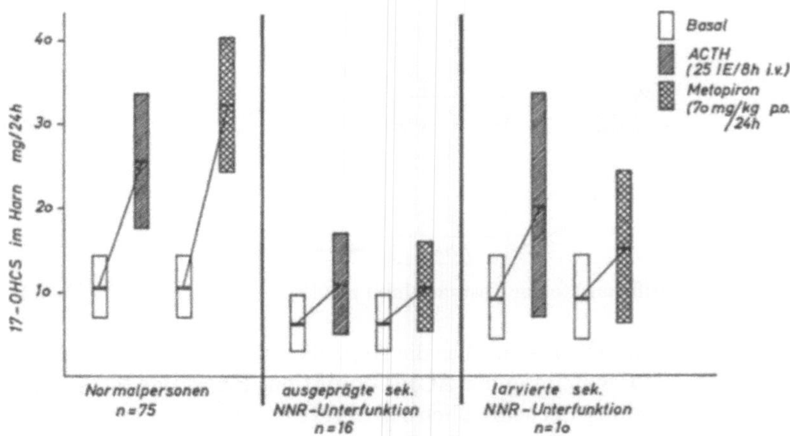


Abb. 2. 17-OHCS im 24 Std-Harn unter verschiedenen Funktionsbedingungen bei Normalpersonen und bei Patienten mit ausgeprägter und larvierter sekundärer NNR-Unterfunktion bei unbehandelten HVL-Tumoren

Über die Häufigkeit von erniedrigten Sekretionsraten des Cortisols und des Corticosterons bei Hypophysentumoren ist hier bereits berichtet worden [108].

Die Bestimmung der Plasmacorticosteroide ermöglicht es, kurzfristige Funktionsänderungen zu erkennen und damit eine differenzierte dynamische Funktionsdiagnostik durchzuführen. Auf der Abb. 3 sind die Ergebnisse zusammengestellt, die wir bei Patienten mit ausgeprägter sekundärer Nebennierenrindenunterfunktion unter verschiedenen Funktionsbedingungen gewonnen haben, wobei die 11-OHCS fluorometrisch bestimmt wurden [11]. Im Vergleich mit einem Normalkollektiv findet sich bei diesen Kranken eine Aufhebung der normalen Tagesrhythmik, indem bereits die Morgenwerte stark erniedrigt sind. Der Anstieg unter ACTH ist ungenügend. Nach Insulingabe bleibt trotz ausreichender Hypoglykämie der normale Anstieg der Corticosteroide im Plasma aus. 5 Patienten wurden nach Appli-

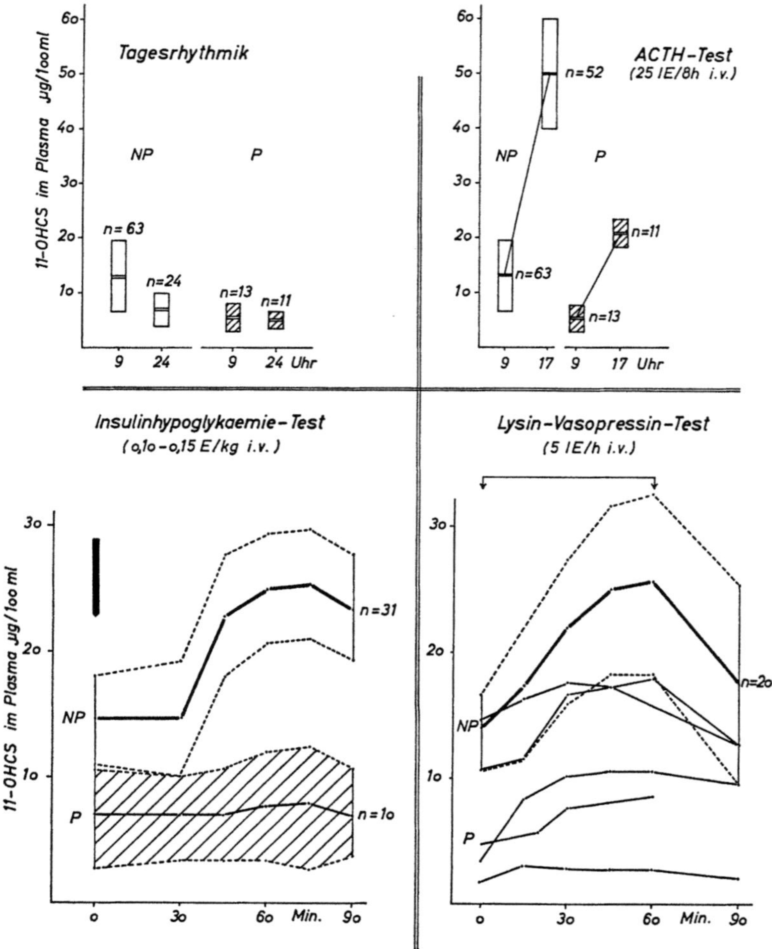



Abb. 3. 11-OHCS im Plasma unter verschiedenen Funktionsbedingungen bei Normalpersonen (NP) und Patienten mit unbehandelten HVL-Tumoren (P) (ausgeprägte sek. NNR-Unterfunktion)

kation von Lysin-Vasopressin untersucht, wobei die Reaktion entweder ungenügend
war oder völlig fehlte, wenn auch bei 2 Kranken normale Ausgangswerte vorlagen.

Bei Betrachtung der verschiedenen Funktionsprüfungen des Hypothalamus-
Hypophysenvorderlappen-Nebennierenrinden-Systems zeigt sich eine unterschiedliche Häufigkeit des pathologischen Ausfalls der verschiedenen Tests. In Abb. 4 ist
der Prozentsatz pathologischer Testergebnisse bei einem größeren Krankengut ausgewertet [32, 41, 49, 50, 54, 56, 57, 60, 61, 71, 72, 77, 78, 88, 103]. Auffallend ist dabei die relativ große Häufigkeit eines pathologischen Metopiron- und Insulin-Tests
im Vergleich zu den anderen Funktionsuntersuchungen. Man kann daraus folgern,
daß der Insulin- und Metopiron-Test offenbar einen empfindlichen Parameter für
eine gestörte adrenocorticotrope Hypophysenvorderlappenfunktion darstellen. Die
Bestimmung der Plasma- und Harncorticosteroide unter Basalbedingungen und
im ACTH-Test ist demgegenüber weniger aussagekräftig.

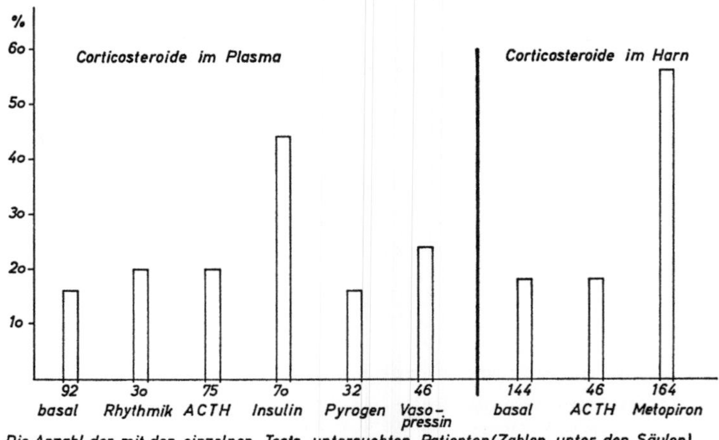


Abb. 4. Prozentsatz pathologischer Testergebnisse der NNR-Funktion bei 188 Patienten mit
unbehandeltem chromophoben Adenom: Zusammenstellung aus der Literatur und eigenem
Krankengut (25 Patienten)

Bei der Zusammenstellung einer Gruppe von 62 Patienten mit unbehandeltem
Kraniopharyngiom und hypothalamischen Tumoren in Abb. 5 [15, 41, 49, 50, 55,
56, 57, 60, 61, 71, 72, 78, 83, 103] fällt der relativ große Anteil von Patienten mit
einer gestörten Tagesrhythmik auf, wobei vor allem das Kollektiv von Krieger u.
Mitarb. [55] am meisten ins Gewicht fällt. Der pathologische Ausfall des Insulin-
und Metopiron-Tests ist wiederum häufig. Bei dem hohen Prozentsatz eines pathologischen Lysin-Vasopressin-Tests ist die nur geringe Zahl der Untersuchten zu berücksichtigen. Von Landon und Mitarb. [61, 78] und auch von uns [10] wurde
herausgestellt, daß die Kombination eines pathologischen Metopiron- und Insulin-
Tests zusammen mit einem normalen Vasopressin-Test zur Differenzierung hypophysärer von hypothalamischen Störungen angewendet werden kann. Diese Auffassung ist nicht unwidersprochen geblieben. Tucci u. Mitarb. [103] fanden kürzlich bei mehreren Patienten mit Hypophysenvorderlappentumoren die Kombination eines normalen Metopiron-Tests mit einem pathologischen Vasopressin-Test.

Auch von Jenkins und Else [49] wurde ein solcher Fall beobachtet. Eine endgültige
Klärung dieser Frage bedarf entsprechender Funktionsuntersuchungen bei einem
größeren Patientengut, wobei die Testergebnisse mit der klinischen Symptomatik,
der röntgenologischen und ophthalmologischen Lokalisationsdiagnostik sowie dem
Operationsbefund vergleichend gewertet werden müssen.

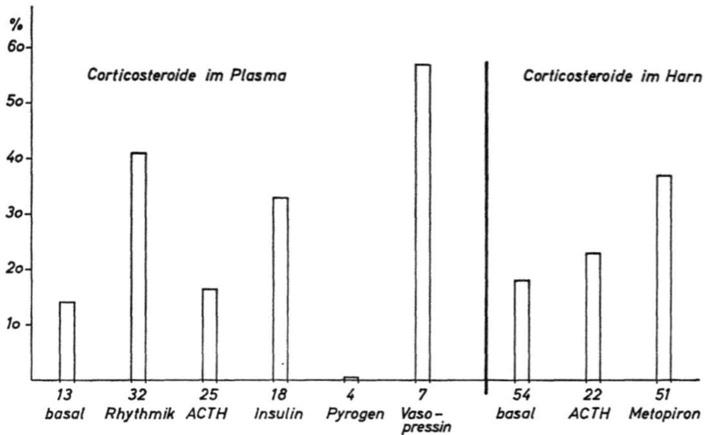


Abb. 5. Prozentsatz pathologischer Testergebnisse der NNR-Funktion bei 62 Patienten mit
unbehandeltem Kraniopharyngiom und hypothalamischen Tumoren: Zusammenstellung aus
der Literatur und eigenem Krankengut (4 Patienten)

Da dem Metopiron-Test und dem Insulinhypoglykämie-Test offenbar besondere
Bedeutung bei ACTH-Unterfunktionszuständen zukommen, ist die Frage interessant, wie häufig die Richtung der beiden Tests in ihren Ergebnissen übereinstimmt.
Wir fanden in den größeren Serien der Literatur 54 Patienten mit unbehandeltem
chromophoben Adenom, bei denen in jedem Fall beide Tests durchgeführt wurden
[49, 50, 60, 77, 78]. Es zeigte sich, daß die Testergebnisse in 76% übereinstimmten,
wobei 39% einen normalen und 37% einen pathologischen Ausfall beider Tests aufwiesen. Bei 24% bestand eine Test-Dissoziation; die Kombination eines normalen
Metopiron- mit einem pathologischen Insulin-Test war dabei in 7% bei nur 4
Patienten ausgesprochen selten, die Kombination eines pathologischen Metopiron-
mit einem normalen Insulin-Test in 17% (9 Patienten) war dagegen etwas häufiger.
Man kann zusammenfassend zu diesem Abschnitt sagen, daß bei pathologischem
Ausfall des ACTH-Tests ein pathologisches Ergebnis auch aller anderen funktions-
dynamischen Untersuchungen zu erwarten ist. Bei nicht eindeutig pathologischem
ACTH-Test sollten demgegenüber möglichst viele andere Funktionsuntersuchungen
durchgeführt werden, um ein breites Spektrum zur genaueren Beurteilung des Systems zu erhalten. Immerhin darf angenommen werden, daß beim pathologischen
Ausfall sowohl des Insulinhypoglykämie- als auch des Metopiron-Tests eine
adrenocorticotrope Funktionseinschränkung vorliegt. In diesen Fällen ist unseres
Erachtens eine Substitution schon angezeigt, auch wenn gelegentlich solche Patienten unter besonderen Stress-Situationen, wie Operation, Infekten und größeren

diagnostischen Eingriffen (z. B. Luftencephalographie) mit einem normalen Anstieg der Plasma- oder Harnsteroide reagieren können [32, 39, 49, 60, 66, 97, 110].

## 2. Thyreostimulierendes Hormon (TSH)

Die direkte Messung des bisher chemisch noch nicht identifizierten TSH im
Plasma mit biologischen oder radioimmunologischen Methoden wird bisher nur von
wenigen Arbeitskreisen durchgeführt. Die Ergebnisse sind sehr schwankend. Da
zum Teil schon bei Normalpersonen Werte unterhalb der Nachweisbarkeitsgrenze
gefunden werden [16, 42, 81], lohnt sich bei endokrin stummen Hypophysentumoren mit den zu erwartetenden TSH-Erniedrigungen der große methodische Aufwand
in dieser Hinsicht nicht, es sei denn, es würden unmittelbare Stimulationstests
entwickelt, die bisher aber für TSH nicht bekannt sind. Man wird deshalb zunächst
weiterhin auf eine indirekte Funktionsdiagnostik über die Prüfung der Schilddrüsenfunktion angewiesen sein.

In unserem Krankengut von 31 Patienten mit einem chromophoben Adenom
und 9 Patienten mit einem Kraniopharyngiom, die unbehandelt waren, lag im
Gesamtkollektiv die Radiojodaufnahme und das PBI bei beiden Tumorenformen
innerhalb des Normbereiches, während sich für das Cholesterin eine Tendenz zur Erhöhung und für den Grundumsatz eine Neigung zur Erniedrigung ablesen ließ. Betrachtet man die prozentuale Häufigkeit der pathologischen Testergebnisse (s. Abb.
6), so zeichnet sich diese Tendenz deutlich ab. Das Cholesterin ist relativ häufig über
300 mg-% erhöht und der Grundumsatz unter −10% erniedrigt. Bei solchen Patienten haben wir oft den Eindruck, daß klinisch Symptome einer Hypothyreose
schon mehr oder weniger ausgeprägt sind, ohne daß sich dies im Radiojodtest oder
mit dem PBI objektivieren läßt.

Diese Diskrepanz ließe sich vielleicht damit erklären, daß die Körperperipherie
ihren Thyroxinverbrauch mit zunehmendem T 4-Mangel einschränkt und sich damit der Stoffwechsel auf ein niedrigeres Niveau einstellt [111]. Dieser Hypometa-
bolismus kann jedoch zusätzlich durch eine Beeinträchtigung der adrenocorticotropen und somatotropen Funktion mitverursacht sein, so daß es sich oft um einen

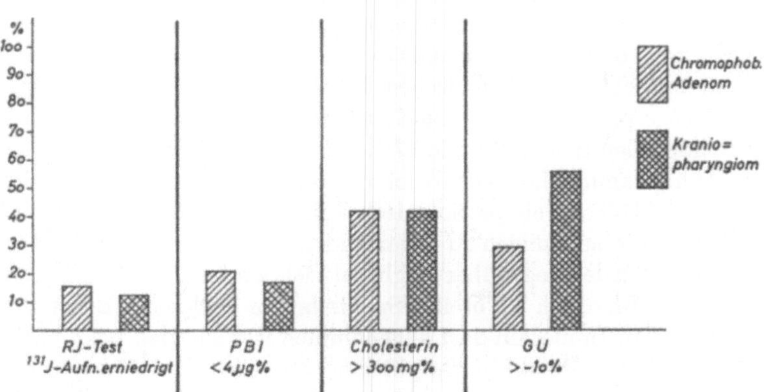


Abb. 6. Prozentuale Häufigkeit pathologischer Testergebnisse der Schilddrüsenfunktion bei
unbehandeltem chromophoben Adenom und Kraniopharyngiom

Summationseffekt handeln dürfte. Bemerkenswert ist aber, daß die klinische Symptomatik der Hypothyreose unter Substitution mit Schilddrüsenhormonen bei solchen Fällen weitgehend zurückgeht.

Eine verfeinerte Funktionsdiagnostik der Hypothyreose ist vielleicht durch die Bestimmung des freien T 4 [3, 46] oder die Erfassung der T 4-Halbwertszeit [52], unter Umständen auch durch die Tyrosin-Messung [89] im Serum zu erreichen. Damit ist aber keine funktionsdynamische Testung der TSH-Reserven möglich. Studer [101] hat einen Test entwickelt, bei dem er durch Hemmung der Jodhormonsynthese mit Thyreostatika eine gesteigerte TSH-Ausschüttung provoziert, die sich nach Absetzen des Präparates als Rebound-Phänomen in einer überschießenden $^{131}$-Jodaufnahme der Schilddrüse widerspiegeln soll. Uns [43] hat sich, ebenso wie anderen Autoren [93, 107], dieser Test aber nicht bewährt; der Anstieg der Radiojodaufnahme variiert von Fall zu Fall, wobei er oft zu gering ist und im Streubereich der Methode liegt. Vielleicht läßt sich das Rebound-Phänomen nach Verbesserung und verbreiterter Anwendung der direkten TSH-Messung im Plasma besser funktionsdiagnostisch auswerten.

*3. Gonadotropine*

Störungen der Gonadenfunktion sind ein Frühsymptom bei endokrin stummen Tumoren im Hypophysenzwischenhirnbereich [79, 80]. Zur differentialdiagnostischen Abgrenzung eines sekundären zentral bedingten von einem primären Hypogonadismus bietet sich die direkte Messung der gonadotropen Aktivitäten an. Seit Jahrzehnten wird die Ausscheidung der Gonadotropine im Harn mit biologischen Methoden gemessen (Lit. bei Apostolakis und Voigt [2]). Die in der Literatur angegebenen Ergebnisse bei unbehandelten hormoninaktiven Hypophysentumoren sind spärlich und zum Teil nicht miteinander zu vergleichen, weil unterschiedliche Methoden und Referenzpräparate verwendet wurden. Immerhin wird durch diese Untersuchungen der klinische Eindruck bestätigt, daß bei endokrin stummen Hypophysenvorderlappentumoren in einem hohen Prozentsatz eine fehlende oder erniedrigte Gonadotropinausscheidung vorliegt, wie z. B. Rabkin und Frantz (1966) bei 22 von 25 Patienten nachweisen konnten [88].

Fast ausschließlich sind bei diesen Krankheiten die Gesamtgonadotropine gemessen worden. Getrennte Bestimmungen von FSH und ICSH mit biologischen Meßverfahren bei Hypophysenvorderlappentumoren sind uns nicht bekannt. Dagegen liegen erste Ergebnisse über den ICSH- und FSH-Spiegel im Serum mit der hochempfindlichen radioimmunologischen Technik vor, worüber auf diesem Symposium berichtet wurde (Franchimont und Legros [26]). Auch eigene kürzlich erhobene Befunde bei Patienten mit unbehandeltem chromophoben Adenom bestätigten den häufigen Gonadotropinausfall.

Bis jetzt mangelt es an Möglichkeiten einer unmittelbaren Stimulation der Gonadotropine, um Funktionsreserven erfassen zu können. Insulin [23], Pyrogen [54], Vasopressin [25] und Oxytocin [25] haben in dieser Hinsicht keinen Effekt. Angeregt durch eigene frühere Ergebnisse bei Untersuchungen im Harn [95] und durch vereinzelte Hinweise aus der Literatur [64, 69, 70, 98], daß die Gonadotropinausscheidung unter Cortison ansteigt, haben wir radioimmunologisch FSH und ICSH nach i. v. Dexamethasongabe bei Normalpersonen gemessen, jedoch war

bei den 14 männlichen Probanden weder für FSH noch für ICSH über einen Zeitraum
von 2 Std ein Anstieg im Blut festzustellen [96]. Vielleicht ergeben sich bessere
Möglichkeiten in dieser Hinsicht mit Chlomiphen, worauf in der neuesten Literatur
verschiedentlich hingewiesen worden ist. So zeigten Bardin u. Mitarb. sowie Odell
u. Mitarb. [4, 82], daß Chlomiphencitrat einen Anstieg der Serumkonzentration des
ICSH herbeiführt. Peterson u. Mitarb. [84] konnten diesen Befund bestätigen und
den Stimulationseffekt dieser Substanz auch für FSH nachweisen. Dabei konnte
die Gonadotropinerhöhung allerdings erst nach mehrtägiger Applikation beobachtet werden.

### 4. Somatotropes Hormon (STH)

In den letzten Jahren hat sich ein interessanter endokrinologischer Aspekt durch
die radioimmunologische Bestimmung des STH im Plasma bei endokrin stummen
Hypophysenvorderlappentumoren ergeben. Die STH-Bestimmung unter Basalbedingungen ist dabei nicht repräsentativ, da sich auch bei Normalpersonen Werte
unterhalb der Nachweisbarkeitsgrenze finden können [35, 62, 78, 86, 92]. Dagegen
steigt in der Regel der STH-Spiegel im Insulinhypoglykämie-Test an (Abb. 7). Eine
tabellarische Auswertung aus der Literatur (Abb. 7) belegt, daß Normalpersonen
fast immer einen normalen STH-Anstieg haben, während bei 83 Patienten mit unbehandeltem chromophoben Adenom und 15 Kranken mit unbehandeltem Kraniopharyngiom in allen Fällen ein fehlender oder nur unzureichender Anstieg zu verzeichnen war [5, 8, 24, 26, 29, 62, 75, 78, 85, 88, 92, 104, 105]. Der differentialdiagnostische Wert dieses Tests wird dadurch eingeschränkt, daß bei adipösen Patienten mit stärkerem Übergewicht vielfach nur ein schwacher Anstieg der STH-
Konzentration im Blut nach Insulinhypoglykämie beobachtet wurde [6, 65, 85].

Im Pyrogen-Test sind bei einigen Patienten ähnliche Ergebnisse gefunden
worden [5, 28, 54, 62, 76, 78], während die Vasopressin- und Arginin-Belastung

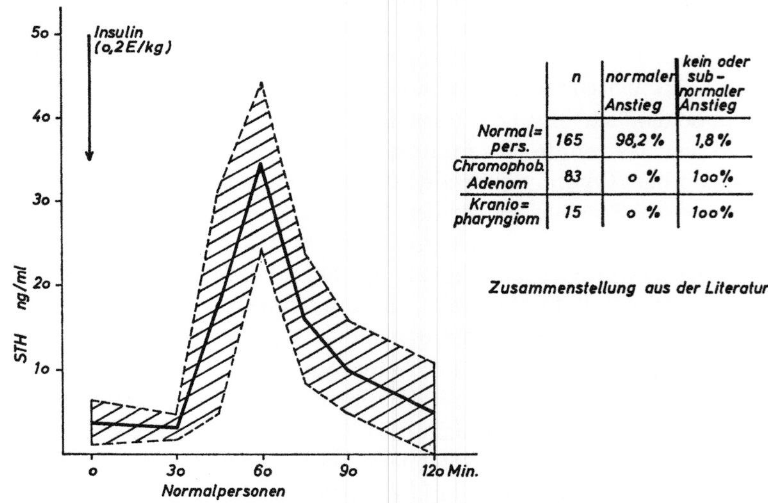



|  | n | normaler Anstieg | kein oder sub-normaler Anstieg |
|---|---|---|---|
| Normal= pers. | 165 | 98,2 % | 1,8 % |
| Chromophob. Adenom | 83 | o % | 1oo% |
| Kranio= pharyngiom | 15 | o % | 1oo% |

Abb. 7. STH-Spiegel im Insulinhypoglykämie-Test bei Normalpersonen und unbehandelten
Patienten mit chromophobem Adenom und Kraniopharyngiom

offenbar variable Resultate liefert, die zum Teil geschlechtsabhängig zu sein scheinen [5, 8, 18, 29, 34, 51, 62, 74, 75, 87].

## II. Akromegalie

### 1. Somatotropes Hormon (STH)

Eine besondere Bedeutung kommt der STH-Bestimmung bekanntlich bei der Akromegalie zu. Bei Vorliegen dieses endokrinen aktiven Tumors finden sich im unbehandelten floriden Stadium schon unter Basalbedingungen, d. h. morgens nüchtern, meist erhöhte STH-Spiegel [7, 14, 20, 22, 26, 27, 30, 44, 47, 73, 85, 91, 94, 104, 106]. Gelegentlich überlappen sich aber die Basalwerte mit solchen im oberen Streubereich der Norm und vereinzelt kann auch einmal bei einer Normalperson basal ein hoher STH-Wert gemessen werden.

Wenn auch im allgemeinen ein stark erhöhter STH-Spiegel für das Vorliegen einer floriden Akromegalie spricht, so sollte man diese Diagnose doch durch funktionsdynamische Untersuchungen absichern. Hier hat sich die STH-Bestimmung unter Glukosebelastung sehr bewährt. Während es bei Stoffwechselgesunden regelmäßig zu einem STH-Abfall oft bis unter die Grenze der Nachweisbarkeit kommt, fehlt bei Patienten mit florider Akromegalie diese Reaktion. Entweder kommt es zu keinem STH-Abfall oder ist dieser nur unvollkommen [7, 14, 26, 27, 30, 44, 73, 106].

Die Reaktion auf i.v. Insulingabe ist variabel (s. Abb. 8). Oft bleibt eine weitere Steigerung des schon erhöhten STH-Spiegels aus, manchmal kommt es zu einem zusätzlichen, unterschiedlich starken Anstieg, vereinzelt auch zu einem leichten Abfall, worauf auch Schröder u. Mitarb. auf diesem Symposion [94] und andere Autoren [7, 26, 85, 104, 106] hingewiesen haben.

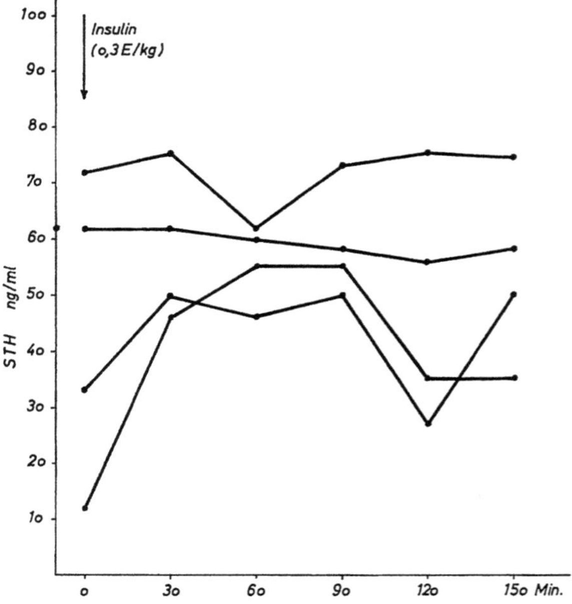



Abb. 8. STH-Spiegel im Insulinhypoglykämie-Test bei 4 Patienten mit unbehandelter Akromegalie (Franchimont, Wiegelmann, Solbach, 1969)

## 2. Insulin

Bemerkenswert ist auch das Verhalten der Insulinkonzentration im Plasma unter Glucosebelastung bei akromegalen Patienten. Hierbei fanden wir sowohl mit biologischen Meßverfahren als auch mit der radioimmunologischen Technik deutlich höhere Insulinspiegel als bei Normalpersonen; im floriden Stadium der Akromegalie lagen dabei die Werte signifikant über denen bei Kranken mit inaktiver Akromegalie [66a]. Diese Ergebnisse entsprechen den Befunden von Luft und Cerasi [69a].

## 3. Nebennierenrindenfunktion.

Von Bedeutung ist die Frage, inwieweit die glandotropen Hypophysenvorderlappenfunktionen bei der unbehandelten Akromegalie gestört sind. Hierbei variieren die Ansichten über die Häufigkeit der Unterfunktionen sehr. Zum Teil wird die Möglichkeit von glandotropen Überfunktionszuständen diskutiert.

Über die Nebennierenrindenfunktion bei unbehandelter Akromegalie liegen mehrere Untersuchungen mit zum Teil unterschiedlichen Ergebnissen vor. Die Ausscheidung der 17-OHCS und 17-KS wurde normal bis erhöht, zum Teil auch erniedrigt gefunden [33, 38, 63, 80, 90], die Plasmacorticoide lagen meistens im Normbereich [9, 38, 90, 109], die Cortisol-Tagesrhythmik war in der Regel erhalten [9, 90], das Verhalten unter ACTH ebenfalls regelrecht [9, 38]. Auch die jetzt vorgenommene Auswertung an einem größeren Krankengut bestätigt diese Befunde, wie die Abb. 9 zeigt.

Nur 3 unserer Patienten wiesen eine schwere sekundäre Nebennierenrindenunterfunktion auf. Bei diesen waren auch die anderen Hypophysenvorderlappenfunktionen beeinträchtigt, ebenso waren die Cortisol- und Corticosteronsekretions-

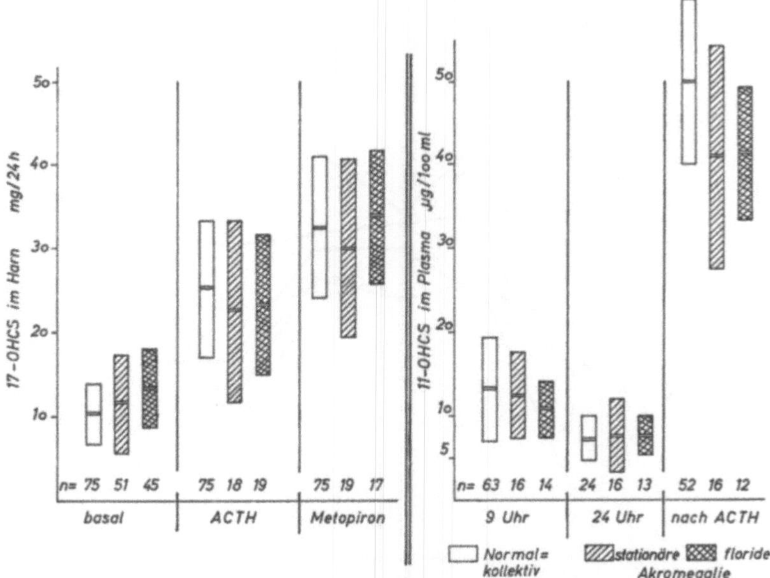


Abb. 9. Corticosteroide in Harn und Plasma unter verschiedenen Funktionsbedingungen bei unbehandelten Pat. mit stationärer und florider Akromegalie im Vergleich zu Normalkollektiven

raten erniedrigt, während im allgemeinen bei unbehandelter Akromegalie gegenüber Normalpersonen deutlich erhöhte Sekretionsraten sowohl für Cortisol als auch für Corticosteron gefunden wurden [108, 109]. Über die Ursache der gesteigerten Nebennierenrindenfunktion bei akromegalen Patienten können vorerst nur Vermutungen angestellt werden [21, 90].

### 4. Schilddrüsenfunktion

Es ist seit langem bekannt, daß die Akromegalie in einem hohen Prozentsatz mit der Entwicklung einer Struma einhergeht. Ebenfalls entspricht es der klinischen Erfahrung, daß bei akromegalen Patienten, besonders im floriden Stadium, eine Grundsatzumsatzerhöhung gefunden wird. Nicht selten kommt es deswegen vor, daß solche Patienten wegen des Zusammentreffens einer Schilddrüsenvergrößerung mit hohen Grundumsatzwerten ohne Berücksichtigung und Erkennung der zugrunde

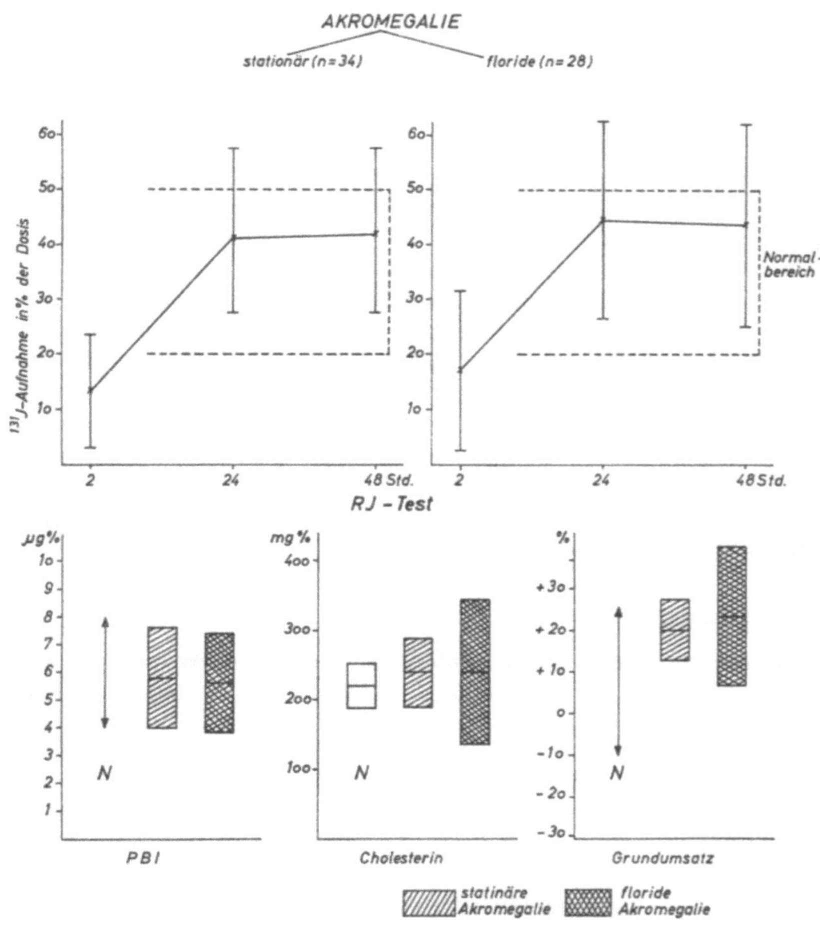


Abb. 10. Schilddrüsenfunktionsdiagnostik bei unbehandelten Patienten mit stationärer und florider Akromegalie

liegenden Akromegalie unter dem Verdacht einer hyperthyreoten Struma der operativen Therapie zugeführt werden. Wenn auch ein gewisser Hypermetabolismus relativ oft bei akromegalen Patienten besteht, so ist damit keineswegs der Beweis einer Schilddrüsenüberfunktion erbracht.

Bei unseren 62 Patienten mit unbehandelter Akromegalie (s. Abb. 10) lag der Grundumsatz, besonders bei floriden Fällen, durchschnittlich im oberen Normbereich oder war deutlich erhöht. Die Cholesterinwerte verhielten sich uncharakteristisch mit beträchtlichen Streuungen um den Normalbereich. Das PBI zeigte keine Abweichung von der Norm. Im Radiojodtest war eine Tendenz zu leicht erhöhter $^{131}$J-Aufnahme erkennbar.

Aus diesem Kollektiv war nur bei 2 Patienten aufgrund der eindeutigen klinischen Symptomatik und der Laboratoriumsdiagnostik eine hyperthyreote Stoffwechsellage zu sichern. Trotz des erhöhten Grundumsatzes war also das Auftreten einer echten Hyperthyreose selten. Für die Grundumsatzerhöhungen können andere Faktoren, wie die Vergrößerung der Körperzellmasse durch den vermehrten Muskelbestand und die Splanchnomegalie unter dem Einfluß der STH-Überproduktion verantwortlich gemacht werden [45]. Lamberg u. Mitarb. [58] haben kürzlich in einer Zusammenstellung aus der Weltliteratur über 28 Patienten einschließlich des einen von ihnen beobachteten Falles berichtet, bei denen gleichzeitig eine Akromegalie und eine Hyperthyreose bestanden. Nach diesen Autoren werden in der Literatur TSH-Erhöhungen sowohl bei hyperthyreoten als auch bei euthyreoten akromegalen Patienten beschrieben, andererseits wurden aber auch normale TSH-Spiegel bei der Akromegalie gemessen, so daß bei der Unheitlichkeit der Befunde zur Zeit keine endgültige Deutung möglich ist.

Hypothyreosen sind bei der Akromegalie sicherlich wesentlich seltener als bei hormoninaktiven Hypophysenvorderlappentumoren. In unserem eigenen Krankengut war die $^{131}$Jodaufnahme im Radiojodtest nur in 10% pathologisch erniedrigt, und zwar sowohl bei den floriden als auch stationären Zustandsbildern. Nur 4% der progredienten Formen der Akromegalie zeigten eine Erniedrigung der PBI unter 4 µg-%. Bei der Gruppe der stationären Form lag der Prozentsatz hierfür mit 22% höher. In keinem Fall war der Grundumsatz unter −10% erniedrigt. Eine Cholesterinerhöhung über 300 mg-% fand sich bei 13% der floriden und bei 28% der stationären Akromegalien.


*5. Gonadotrope Funktion*

Im allgemeinen wurden zur Beurteilung der Gonadenfunktion bei akromegalen Patienten anamnestische Angaben und die klinische Symptomatik zugrunde gelegt. Systematische funktionsdiagnostische Untersuchungen sind dagegen selten. Von einigen Autoren liegen aber Gonadotropinbestimmungen vor, so von Apostolakis und Voigt [2], die bei 9 Patienten beiderlei Geschlechts keinen pathologischen Wert gefunden haben. Nach Loraine [68] werden in den Anfangsstadien der Akromegalie hohe Gonadotropinausscheidungen beobachtet, die im Verlauf der Krankheit auf normale oder erniedrigte Werte zurückgehen. Andere Autoren berichten auch über Gonadotropinerniedrigungen [53]. Im Gegensatz dazu stehen wiederum die Befunde von McCullagh [17], der die Gonadenfunktion von 5 Männern und 3 Frauen mit ausgeprägter akromegaler Symptomatik untersuchte. Bei den Männern waren

die Gesamtgonadotropine normal oder erhöht, unabhängig davon, ob Potenzmin-
derungen angegeben wurden und Störungen der Spermiogenese vorlagen. Erniedri-
gungen der Gonadotropinausscheidung fand er nicht. Die drei Frauen im geschlechtsreifen Alter hatten ebenfalls normale oder erhöhte Werte, wobei sich die höchste
Ausscheidung bei einer 33jährigen Patientin zeigte, die seit zwei Jahren amen-
orrhoisch war. McCullagh schließt aus diesen Befunden, daß die bei der Akromegalie
auftretenden Sexualstörungen nicht auf eine ungenügende Gonadotropinproduktion zurückzuführen, sondern als „Erschöpfungsphänomen" aufzufassen sind.

Den aus der Literatur bekannten Befunden liegen ausschließlich biologische Bestimmungen der Gesamtgonadotropine zugrunde. Getrennte Messungen des FSH-
und ICSH-Spiegels bei unbehandelten akromegalen Patienten mit der radioimmunologischen Technik [23] sind in der Abb. 11 gegenüber Normalkollektiven vergleichend dargestellt. Dabei ist zu berücksichtigen, daß wegen des konstanteren
Gonadotropinspiegels von Männern die Aussagekraft in den männlichen Kollektiven besser ist. Es zeigt sich, daß bei den männlichen Akromegalen fast in allen Fällen mit wenigen Ausnahmen ICSH und FSH nachweisbar waren, wobei die FSH-
Werte stärker streuten. Die Gonadotropinwerte der weiblichen Kollektive berücksichtigen nur Bestimmungen bei Frauen im geschlechtsreifen Alter. Dabei war retrospektiv nicht sicher eruierbar, an welchem Tage der Cyclus, wenn dieser noch
vorhanden war, die Blutabnahme erfolgte. ISCH und FSH waren jedoch in den
meisten Fällen nachweisbar.

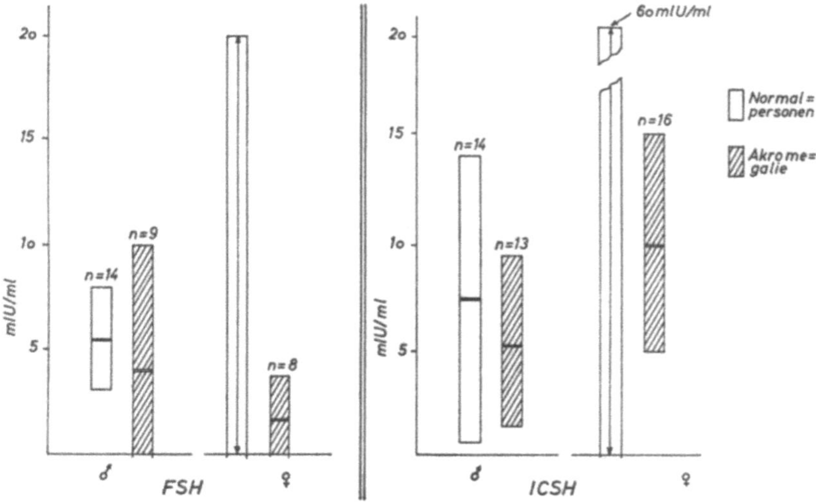



Abb. 11. FSH- und ICSH-Spiegel im Plasma bei Patienten mit unbehandelter Akromegalie
im Vergleich zur Norm (Franchimont, Legros, Wiegelmann, Solbach, 1969)

Insgesamt kann man sagen, daß bei der unbehandelten Akromegalie im Gegensatz zu den endokrin stummen Tumoren des Hypophysenvorderlappenzwischen-
hirnbereiches wesentlich seltener eindeutige Beeinträchtigung der gonadotropen
Aktivitäten gefunden wurden.

## Schlußfolgerungen

1. Die direkte Bestimmung der Hypophysenvorderlappenhormone im Plasma durch die Entwicklung radioimmunologischer Methoden stellt einen wesentlichen diagnostischen Fortschritt dar und sollte deshalb breitere Anwendung finden. Dabei ist der Wert von Stimulationstests zur Erfassung von Funktionsreserven der einzelnen Vorderlappenhormone unverkennbar.

2. Besonders bei der Prüfung der ACTH- und TSH-Funktion sind wir bei Tumoren im Zwischenhirnhypophysenvorderlappenbereich noch weitgehend auf die Anwendung indirekter Verfahren angewiesen, wobei die Funktion der peripheren Erfolgsorgane als Parameter dient.

Die Nebennierenrindenfunktionsdiagnostik bei Hypophysenvorderlappentumoren erlaubt in den meisten Fällen durch die Anwendung unmittelbarer oder mittelbarer Stimulationstests eine zuverlässige Beurteilung der ACTH-Funktion. Vielfach werden hierdurch klinisch noch nicht erkennbare oder nur angedeutet vorhandene Insuffizienzerscheinungen laboratoriumstechnisch aufgedeckt, woraus sich therapeutische Konsequenzen ergeben. Das Spektrum der Funktionstests sollte jedoch möglichst breit sein.

Für die Beurteilung der TSH-Funktion kann gesagt werden, daß die uns zur Verfügung stehenden Parameter, d. h. die Schilddrüsenfunktionstests, oft zu schwerfällig und nicht ausreichend scheinen. Klinisch mehr oder weniger diskret ausgeprägte Symptome der sekundären Hypothyreose lassen sich deshalb funktionsdiagnostisch manchmal noch nicht objektivieren.

3. Bei der unbehandelten floriden Akromegalie sind Störungen der glandotropen Partialfunktion des Hypophysenvorderlappens offenbar seltener als bisher angenommen wurde.

4. Die Frage, welche Hypophysenvorderlappenhormone bei endokrin stummen Tumoren im Zwischenhirnhypophysenbereich am häufigsten von Funktionsstörungen betroffen sind, läßt sich dahingehend beantworten, daß in nahezu allen Fällen das Wachstumshormon und in einem hohen Prozentsatz die gonadotropen Aktivitäten beeinträchtigt sind. Häufiger als bisher vermutet ist auch die ACTH-Funktion betroffen, wobei die Insuffizienz nur partiell ausgeprägt sein kann. An letzter Stelle scheint in dieser Reihenfolge das TSH zu stehen, was allerdings darauf beruhen mag, daß hier noch feindiagnostische Untersuchungsmöglichkeiten fehlen.


### Literatur

1. Andersen, R. N., and R. H. Egdahl: Effect of vasopressin on pituitaryadrenal secretion in the dog. Endocrinology 74, 538 (1964).
2. Apostolakis, M., u. K. D. Voigt: Gonadotropine. Stuttgart: Thieme 1965.
3. Arango, G., W. E. Mayberry, T. J. Hockert, and L. R. Elveback: Total and free human serum thyroxine in normal and abnormal thyroid states. Mayo Clin. Proc. 43, 503 (1968).
4. Bardin, C. W., G. T. Ross, and M. B. Lipsett: Site of action of clomiphene citrate in men: A study of the pituitary-Leydig cell axis. J. clin. Endocr. 27, 1558 (1967).
5. Baylis, E. M., F. Greenwood, V. James, J. Jenkins, J. Landon, V. Marks, and E. Samols: An examination of the control mechanisms postulated to control growth hormone secretion in man. In: Growth Hormone, Excerpta med. Found. (Amst.) S. 89 (1968).

6. Beck, P., J. H. T. Koumans, C. A. Winterling, M. G. Stein, W. H. Daughady, and D. M. Kipnis: Studies of insulin and growth hormone secretion in human obesity. J. Lab. clin. Med. **64**, 654 (1964).

7. — M. L. Parker, and W. H. Daughaday: Paradoxical hypersecretion of growth hormone in response to glucose. J. clin. Endocr. **26**, 463 (1966).

8. Best, J., K. J. Catt, and H. G. Burger: Non specifity of arginine infusion as a test for growth hormone secretion. Lancet **1968**, 20, 124.

9. Bethge, H.: Die Funktionsdiagnostik des Hypothalamus-Hypophysen-Nebennieren-rindensystems. Habilitationsschrift, Düsseldorf, 1967.

10. — K. Irmscher u. H. Zimmermann: Das Verhalten der Corticosteroide im Plasma während der Insulinhypoglykämie und unter Lysin-Vasopressin als Funktionsprüfung des Hypothalamus-Hypophysen-Nebennierenrinden-Systems. Acta endocr. (Kbh.) **55**, 622 (1967).

11. — W. Winkelmann u. H. Zimmermann: Die Beurteilung der gestörten Nebennierenrindenfunktion mit einer einfachen Methode zur Bestimmung der 11-Hydroxycorticosteroide im Plasma. Klin. Wschr. **43**, 1274 (1965).

12. Bierich, J. R., D. Schonberg u. E. Eckler: Untersuchungen zur Dynamik des Hypophysen-Nebennierenrinden-Systems. Dtsch. med. Wschr. **87**, 884 (1962).

13. Binoux, M., F. Girard, et P. Mozziconacci: Variations de l'activité corticotrope et de cortisol plasmatique au cours des nycthémère et sous l'influence de la metopirone et de l'ACTH. Ann. Bédiat. **41**, 466 (1965).

14. Boden, G., J. S. Soeldner, J. Steinke, and G. W. Thorn: Serum human growth hormone (HGH) response to i. v. glucose: Diagnosis of acromegaly in females and males. Metabolism 8, 1 (1968).

15. Brinck-Johnsen, T., J. H. Solem, K. Brinck-Johnsen, and P. Ingvaldsen: The 17-hydroxycorticosteroid response to corticotrophin, metopiron and bacterial pyrogen. Acta med. scand. **173**, 129 (1963).

16. Condliffe, P. G., and D. Robbins: Pituitary thyroid-stimulating hormone and other thyroid-stimulating substances. In: Hormones in Blood, 2nd Edition, Vol. 1, S. 333. London, New York: Academic Press 1968.

17. McCullagh, E. P.: Sex hormone deficiencies — some clinical considerations. Recent Progr. Hormone Res. **2**, 295 (1948).

18. Czarny, D., V. H. T. James, and J. Landon: Corticosteroid and growth hormone response to synthetic lysinevasopressin, natural vasopressin, saline solution and venepuncture. Lancet **1968**, 20, 126.

19. Demura, H., C. D. West, C. A. Nugent, K. Nakagawa, and F. H. Tyler: A sensitive radioimmunoassay for plasma ACTH levels. J. clin. Endocr. **26**, 1297 (1966).

20. Derot, M., G. Rosselin, R. Assan, P. Freychet, and G. Tschobroutsky: Plasma levels of growth hormone and insulin in acromegaly. Ann. Endocr. (Paris) **27**, 776 (1966).

21. Drucker, W. O., B. M. Segal, A. L. Verde, and N. P. Christy: Adrenocorticotrophic activity in plasma of patients with acromegaly. Amer. J. Med. **43**, 383 (1967).

22. Earll, J. M., L. L. Sparks, and P. H. Forsham: Glucose suppression of serum growth hormone in the diagnosis of acromegaly. J. Amer. med. Ass. **201**, 628 (1967).

23. Franchimont, P.: Le dosage des hormones hypophysaires somatotrope et gonadotrope et son application en clinique. S. A. Brüssel: Editions Arscia 1966.

24. — Le dosage radioimmunologique de l'hormone de croissance humaine. Cah. méd. Lyonnais. **44**, 887 (1968).

25. — et J. J. Legros: Influence des hormones posthypophysaires sur le taux de la somatotrophine et les gonadotrophines chez l'homme. Ann. Endocr. (Paris) **30**, 9 (1969).

26. — —: Wachstumshormonspiegel und Gonadotropinspiegel bei Patienten mit Hypophysentumoren vor und nach Bestrahlungstherapie. 15. Symp. dtsch. Ges. für Endokrinologie, Köln 1969.

27. Fraser, R., and A. D. Wright: Standard procedures for assessing hypersecretion or secretory capacity for human growth hormone using the radioimmunoassay. Postgrad. med. J. **44**, 53 (1968).

28. Frohman, L. A., E. S. Horton, and H. E. Lebovitz: Growth hormone releasing action of a pseudomonas endotoxin (Piromen). Metabolism **16**, 57 (1967).

29. Gagliardino, J. J., J. D. Bailey, and J. M. Martin: Effect of vasopressin on serum levels of HGH. Lancet 1967, 24, 1357.

30. Garcia, J. F., J. A. Lintfoot, E. Manougian, J. L. Born, and J. H. Lawrence: Plasma growth hormone studies in normal individuals and acromegalic patients. J. clin. Endocr. 27, 1395 (1967).

31. Garmendia, F., W. E. Vaubel u. E. F. Pfeiffer: Über das Verhalten der endogenen ACTH-Aktivität im menschlichen Plasma nach enzymatischer Blockade der Cortisolsynthese mit Metopiron (SU 4885). Klin. Wschr. 41, 517 (1963).

32. Gold, E. M., J. R. Kent, and P. H. Forsham: Clinical use of a new diagnostic agent, metopyrapone (SU 4885) in pituitary and adrenocortical disorders. Ann. intern. Med. 54, 175 (1961).

33. Gordon, D. A., F. M. Hill, and C. Ezrin: Acromegaly: A review of 100 cases. Canad. med. Ass. J. 87, 1106 (1962).

34. Greenwood, F. C., and J. Landon: Growth hormone secretion in response to stress in man. Nature (Lond.) 210, 540 (1966).

35. — —, and T. C. B. Stamp: The plasma sugar, free fatty acid, cortisol and growth hormone response to insulin. I. In control subjects. J. clin. Invest. 45, 429 (1966).

36. Gwinup, G.: Studies on the mechanism of vasopressin-induced steroid secretion in man. Metabolism 14, 1282 (1965).

37. — T. Steinberg, C. G. King, and J. Vernikos-Danellis: Vasopressin-induced ACTH-secretion in man. J. clin. Endocr. 27, 927 (1967).

38. Hamwi, G. J., T. G. Skillmann, and K. C. Tufts: Acromegaly. Amer. J. Med. 29, 690 (1960).

39. Hedge, G. A., M. B. Yates, R. Marcus, and F. E. Yates: Site of action of vasopressin in corticotrophin release. Endocrinology 79, 328 (1966).

40. Herberg, L., C. Frohn, H. G. Solbach u. H. Zimmermann: Der Einfluß der Metopirondosis auf die Corticosteroidausscheidung in Abhängigkeit vom Körpergewicht. 15. Symp. d. Dtsch. Ges. f. Endokrinologie, Köln 1969.

41. Hökfeld, B., and R. Luft: The effect of suprasellar tumors on the regulation of adrenocortical function. Acta endocr. (Kbh.) 32, 177 (1959).

42. Horster, F. A.: Endokrine Ophthalmopathie. Berlin-Heidelberg-New York: Springer 1967.

43. — D. Reinwein, and D. Sieper: TSH and LATS in the serum of normal persons during longstanding application of antithyroid drugs. Im Druck (1969).

44. Hunter, W. M., J. A. R. Friend, and J. A. Strong: The diurnal pattern of plasma growth hormone concentration in adults. J. Endocr. 34, 139 (1966).

45. Ikkos, D., H. Ljunggren, and R. Luft: Basal metabolic rate in relation to body size and cell mass in acromegaly. Acta endocr. (Kbh.) 21, 237 (1956).

46. Ingbar, S. H., L. E. Braverman, N. A. Dawber, and G. Y. Lee: A new method for measuring the free thyroid hormone in human serum and an analysis of the factors that influence its concentration. J. clin. Invest. 44, 1679 (1965).

47. Irie, M., M. Sakuma, K. Shizume, and K. Nakao: Study on the evaluation of activity in acromegaly. Endocr. jap. 14, 17 (1967).

48. Jenkins, J. S.: The pituitary-adrenal response to pyrogen. In: Memoirs of the Society for Endocrinology, Vol. 17: "The investigation of hypothalamic-pituitary-adrenal function". Eds. V. H. T. James and J. Landon, S. 205. Cambridge: University Press 1968.

49. —, and W. Else: Pituitary-adrenal function tests in patients with untreated pituitary tumors. Lancet 1968 II, 940.

50. Kaplan, N. M.: Assessment of pituitary ACTH secretory capacity with metopiron: II. Comparison with other tests. J. clin. Endocr. 23, 935 (1963).

51. Karp, M., K. Pertzelan, M. Doron, A. Kowaldo-Silbergeld, and Z. Laron: Changes in blood glucose and plasma insulin, free fatty acids, growth hormone and 11-hydroxycorticosteroids during intramuscular vasopressin test in children and adolescents. Acta endocr. (Kbh.) 58, 545 (1968).

52. Klein, E.: Der endogene Jodhaushalt des Menschen. Stuttgart: Thieme 1960.

53. Klinefelter, H. F., F. Albright, and G. C. Griswold: Experience with quantitative test for normal or decreased amounts of follicle-stimulating hormone in urine in endocrinological diagnosis. J. clin. Endocr. **3**, 529 (1943).

54. Kohler, P. O., B. W. O'Mallay, P. L. Rayford, M. B. Lipsett, and W. D. Odell: Effect of pyrogen on blood levels of pituitary tropic hormones. Observations of the usefulness of the growth hormone response in the detection of pituitary disease. J. clin. Endocr. **27**, 219 (1967).

55. Krieger, D. T., S. Glick, A. Silverberg, and H. P. Krieger: A comparative study of endocrine tests in hypothalamic disease. Circadian periodicity of plasma 11-OHCS levels, plasma 11-OHCS and growth hormone response to insulin hypoglycemia and metyrapone responsiveness. J. clin. Endocr. **28**, 1589 (1968).

56. — H. Koloony, and H. P. Krieger: Methopyrapone tests in hypothalamic pituitary disease. J. clin. Endocr. **24**, 1169 (1964).

57. —, and H. P. Krieger: Circadian variation of the plasma 17-hydroxycorticosteroids in central nervous system disease. J. clin. Endocr. **26**, 929 (1966).

58. Lamberg, B. A., J. Ripatti, A. Gordin, H. Juustila, A. Sivula, and G. Björkesten: Chromophobe pituitary adenoma with acromegaly and TSH-induced hyperthyroidism associated with parathyroid adenoma. Acta endocr. (Kbh.) **60**, 157 (1969).

59. Landon, J., and F. C. Greenwood: Homologous radioimmunoassay for plasma levels of corticotrophin in man. Lancet **1968 I**, 273.

60. — — T. C. B. Stamp, and V. Wynn: The plasma sugar, free fatty acid, cortisol and growth hormone response to insulin and the comparison of this procedure with other tests of pituitary and adrenal function. II. In patients with hypothalamic or pituitary dysfunction or anorexia nervosa. J. clin. Invest. **45**, 437 (1966).

61. — V. H. T. James, and D. J. Stoker: Plasma cortisol response to lysine-vasopressin. Comparison with other tests of human pituitary adrenocortical function. Lancet **1965 II**, 1156.

62. Lazarus, L.: The investigation of hypopituitarism. Austr. Ann. Med. **16**, 107 (1967).

63. Lederer, J., et R. Pasleau: La fonction cortico-surrénalienne des acromegales. Ann. Endocr. (Paris) **24**, 897 (1963).

64. Lemon, H. M.: Cortisone-thyroid therapy of metastatic mammary cancer. Ann. intern. Med. **46**, 457 (1957).

65. Lessof, M. H., Mc. H., Young, and F. C. Greenwood: Growth hormone in secretion of obese subjects. Guy's Hosp. Rep. **115**, 65 (1966).

66. Liddle, G. W., H. L. Estep, J. W. Kendall, W. C. Williams, and A. W. Townes: Clinical application of a new test of pituitary reserve. J. clin. Endocr. **19**, 875 (1959).

66a. Liebermeister, H., H. G. Solbach, W. H. Schilling, R. Rüenauver, H. Meissner, D. Grüneklee, L. Herberg, and H. Daweke: Serum insulin in acromegaly. Comparative investigations by a radio-immunological method and the biological methods using adipose and muscle tissue. Diabetologia **4**, 195 (1968).

67. Litta-Modignani, R., and M. Badoni: Metyrapone and pyrogen tests in hyperadrenocorticism: Evaluation of blood corticotrophin levels. J. Endocr. **42**, 245 (1968).

68. Loraine, J. A.: The clinical application of hormone assay. Ed.: Loraine, J. A., Edinburgh: Livingstone 1958.

69. — The effect of steroid hormones on pituitary function in man as judged by urinary gonadotrophin assays. In: Int. Congr. on Hormonal Steroids, Mailand 1962. M. D. Conolly, Excerpta med. Found. (Amst.) (1962).

69a. Luft, R., and E. Cerasi: Human growth hormone as a regulator of blood glucose concentration and as diabetogenic substance. Vortrag IV. Acta Endocr. Congress, Helsinki 8.—12. VIII. 1967.

70. Maddock, W. O., J. D. Chase, and W. O. Nelson: The effects of large doses of cortisone on testicular morphology and urinary gonadotropin, estrogen and 17-ketosteroid excretion. J. Lab. clin. Med. **41**, 608 (1953).

71. Marks, V., and M. Summers: Pituitary-adrenal function in cases of pituitary tumour. Brit. med. J. **2**, 155 (1963).

72. Martin, F. I. R.: Pituitary deficiency in patients with pituitary tumors. Aust. Ann. Med. **15**, 40 (1966).

73. Mautalen, C. A., R. C. Mellinger, and R. W. Smith: Lipolytic effect of growth hormone in acromegaly. J. clin. Endocr. **28**, 1031 (1968).

74. Merimee, T. J., D. A. Lillicrap, and D. Rabinowitz: Effect of arginine on serum levels of human growth hormone. Lancet **1965 II**, 668.

75. — D. Rabinowitz, L. Riggs, J. A. Burgess, D. L. Rimoin, and V. A. McKusick: Plasma growth hormone after arginine infusion. New Engl. J. Med. **276**, 434 (1967).

76. Miller, M., and A. M. Moses: Effect of temperature and dexamethasone on the plasma 17-hydroxycorticoid and growth hormone response to pyrogen. J. clin. Endocr. **28**, 1056 (1968).

77. Moses, A. M., and M. Miller: Stimulation and inhibition of ACTH release in patients with pituitary disease. J. clin. Endocr. **28**, 1581 (1968).

78. Nieman, E. A., J. Landon, and V. Wynn: Endocrine function in patients with untreated chromophobe adenomas. Quart. J. Med., New Series XXXVI, **143**, 357 (1967).

79. Oberdisse, K.: Die partielle Vorderlappeninsuffizienz. 4. Sympos. dtsch. Ges. f. Endokrinologie 1956, S. 40. Berlin-Göttingen-Heidelberg: Springer 1957.

80. — u. W. Tönnis: Pathophysiologie, Klinik und Behandlung der Hypophysenadenome. Ergebn. inn. Med. Kinderheilk. N. F. **4**, 976 (1953).

81. Odell, W. D.: Isolated deficiencies of anterior pituitary hormones. J. Amer. med. Ass. **197**, 1006 (1966).

82. — G. Ross, and P. Rayford: Radioimmunoassay for LH in human plasma or serum-physiological studies. J. clin. Invest. **46**, 248 (1967).

83. Oppenheimer, J. H., L. V. Fisher, and J. W. Jailer: Disturbance of the pituitary-adrenal interrelationship in diseases of the central nervous system. J. clin. Endocr. **21**, 1023 (1961).

84. Peterson, N. T., R. A. Midgley, and R. B. Jaffe: Regulation of human gonadotropin. III. LH and FSH in sera from adult males. J. clin. Endocr. **28**, 1473 (1968).

85. Pfeiffer, E. F., u. F. Melani: Menschliches Wachstumshormon. Darstellung, Bestimmung im Blute und klinische Bedeutung. Dtsch. med. Wschr. **93**, 846 (1968).

86. Quabbe, H. J., E. Schilling, and H. Helge: Pattern of growth hormone secretion during a 24-hour fast in normal adults. J. clin. Endocr. **26**, 1173 (1966).

87. Rabinowitz, D., T. J. Merimee, J. K. Nelson, R. B. Schultz, and J. A. Burgess: The influence of proteins and amino acids on growth hormone release in man. In: Growth Hormone. S. 105. Excerpta med. Found. (Amst.) 1968.

88. Rabkin, M. T., and A. G. Frantz: Hypopituitarism: A study of growth hormone and other endocrine functions. Ann. intern. Med. **64**, 1197 (1966).

89. Reinwein, D., u. H. Durrer: Untersuchungen über den Tyrosinspiegel im Blut bei gestörter Schilddrüsenfunktion. Verh. dtsch. Ges. inn. Med. **74**, 1206 (1968).

90. Roginsky, M. S., J. C. Shaver, and N. P. Christy: A study of adreno-cortical function in acromegaly. J. clin. Endocr. **26**, 1101 (1966).

91. Roth, J., S. M. Glick, P. Cuatrecasas, and C. S. Hollander: Acromegaly and other disorders of growth hormone secretion. Ann. intern. Med. **66**, 760 (1967).

92. — — R. S. Yalow, and S. A. Berson: Hypoglycemia: Potent stimulus to secretion of growth hormone. Science **140**, 987 (1963).

93. Schneeberg, N. G., and P. C. Kansal: Commentary on an propesed TSH-reserve test. J. clin. Endocr. **26**, 579 (1966).

94. Schröder, K. E., S. Raptis, R. Conrads u. E. F. Pfeiffer: Akromegalie und Wachstumshormon im Serum. 15. Symp. dtsch. Ges. f. Endokrinologie, Köln 1969.

95. Solbach, H. G.: Die Gonadotropine beim männlichen Hypogonadismus. Habilitationsschrift, Düsseldorf 1965.

96. — W. Wiegelmann u. P. Franchimont: Publikation im Druck (1969).

97. Solem, J. H., and T. Brinck-Johnsen: Indirect estimation of pituitary corticotropin reserve in man by use of an adrenocortical 11-$\beta$-hydroxylase inhibitor (SU 4885 Ciba). Acta med. scand. **170**, 89 (1961).

98. Soval, A. R., and L. J. Soffer: The influence of cortisone and adrenocorticotropin on urinary gonadotropin excretion. J. clin. Endocr. **11**, 677 (1951).

99. Staib, W., u. W. Teller: Bestimmung der reduzierenden Corticosteroide im Harn. Röntgen- u. Lab.-Praxis **13**, L 151 (1960).

100. Strott, C. A., K. Nakagawa, H. Nankin, and C. A. Nugent: A phenylalanine-lysine vasopressin test of ACTH release. J. clin. Endocr. **27**, 448 (1967).
101. Studer, H.: TSH-Reservetest mit Carbimazol. Helv. med. Acta **29**, 275 (1962).
102. Takebe, K., A. Kuroshima, M. Yamamoto, Y. Horiuchi, S. Itoh, C. Y. Bowers, and A. V. Schally: Effect of lysine vasopressin dimer on corticotropin release in man. J. clin. Endocr. **28**, 73 (1968).
103. Tucci, J. R., E. A. Espiner, P. I. Jagger, D. P. Lauler, and G. W. Thorn: Vasopressin in the evaluation of pituitary-adrenal function. Ann. intern. Med. **69**, 191 (1968).
104. Wegienka, L. C., G. M. Grodsky, J. H. Karam, S. G. Grasso, and P. H. Forsham: Comparison of insulin and 2-deoxy-d-glucose induced glucopenia as stimulators of growth hormone secretion. Metabolism **16**, 245 (1967).
105. Wiegelmann, W., K. Irmscher, P. Franchimont, H. Bethge u. H. G. Solbach: Hormonuntersuchungen bei einem Fall von idiopathischer glandotroper Hypophysenvorderlappeninsuffizienz mit erhaltener isolierter STH-Produktion. 15. Symp. dtsch. Ges. f. Endokrinologie, Köln 1969.
106. — H. G. Solbach, P. Franchimont u. J. J. Legros: Radioimmunologische Bestimmungen von menschlichem Wachstumshormon (STH) im Serum bei 62 Patienten mit einer Akromegalie. 75. Tagung dtsch. Ges. f. inn. Medizin, Wiesbaden 1969 (Im Druck).
107. Wilber, J. F., and W. D. Odell: Influence of tapazole upon serum TSH. J. clin. Endocr. **25**, 1407 (1965).
108. Winkelmann, W., H. Bethge, K. Hackenberg u. H. G. Solbach: Cortisol- und Corticosteronsekretion bei Hypophysentumoren. 15. Symp. d. dtsch. Ges. f. Endokrinologie, Köln 1969.
109. — — H. Schmitt, H. G. Solbach, D. Vorster u. H. Zimmermann: Cortisol- und Corticosteronsekretion bei der Akromegalie. Klin. Wschr. **46**, 1008 (1968).
110. Wynn, V.: The assessment of hypothalamic-pituitary-adrenocortical function in man. In: Memoirs of the Society for Endocrinology, Vol. **17**: "The investigation of hypothalamic-pituitary-adrenal function". Eds. V. H. T. James and J. Landon, S. 213. Cambridge: University Press 1968.
111. Wyss, F., u. H. Studer: Die pathophysiologische Bedeutung der eingeschränkten Leistungsreserve des Hypophysen-Schilddrüsensystems. Schweiz. med. Wschr. **93**, 1 (1963).

# Diabetes insipidus bei Tumoren der Hypophyse
### Diabetes insidipus in Pituitary Tumors


E. Buchborn und K. Irmscher

Medizinische Universitäts-Poliklinik Köln und Medizinische Klinik Köln-Merheim und
II. Medizinische Universitäts-Klinik und Poliklinik Düsseldorf



## Summary

The occurrence, degree and course of Diabetes insipidus subsequent to pituitary tumors depend upon three factors:

1. The type, localisation and extent of the tumor can damage various parts of the hypothalamic-neurohypophyseal system: Destruction of the hypothalamus and high dissection of the pituitary stalk lead to complete, low dissection to incomplete or transient forms of diabetes insipidus. Among primary brain tumors the main group consisted of craniopharyngeomas (51%), among metastatic brain lesions there were cancer of the breast in 43% and bronchogenic carcinoma in 23%.

2. Simultaneous existence of anterior pituitary insufficiency leads to less severe symptomatology and imitates "improvement".

3. In addition to ADH the degree of Diabetes insipidus and its urinary volume are determined by the amount of urinary solutes (solute load) in relation to NaCl and protein intake. Finally, the treatment of Diabetes insipidus with saluretic agents is discussed.


Auftreten, Ausprägung und Verlauf eines Diabetes insipidus (D. i.) bei Hypophysentumoren sind abhängig 1. von der Art, Lokalisation und Ausdehnung des zugrundeliegenden Prozesses bzw. therapeutischer Eingriffe, die zur Alteration des hypothalamisch-neurohypophysären Systems einschließlich hypothalamischer Durstzentren führen, 2. von evtl. gleichzeitigen Störungen der Hypophysenvorderlappenfunktionen sowie 3. von weiteren Faktoren, die neben dem antidiuretischen Hormon (ADH) auf das Harnzeitvolumen einwirken.

Die Determination polyurisch-polydiptischer Krankheitsbilder durch die *Lokalisation und Ausdehnung der Läsion* wurde am eindeutigsten tierexperimentell erkannt, seither aber durch zahlreiche klinische Beobachtungen nach neurochirurgischen Eingriffen und traumatischen Schädigungen auch für den Menschen bestätigt:

Destruktion der hypothalamischen Bildungsstätten des ADH (Nucl. supraopticus, möglicherweise auch Nucl. paraventricularis) oder die hohe Durchtrennung des Tractus supraopticohypophyseos oberhalb des Infundibulum bzw. der Eminentia mediana des Tuber cinereum gehen mit einem permanenten D. i. einher (Heinbecker, 1941, 1947; Gale u. Mitarb., 1961). Seit den Untersuchungen von Fisher, Ingram u. Ranson (1938) an Katzen ist bekannt, daß hierbei eine dreiphasische postoperative Reaktion beobachtet werden kann: Unmittelbar nach der Läsion kommt es für 4—5 Tage zur Polyurie und Polydipsie, weil alle sekretorischen Stimuli von den hypothalamischen Zentren zum neurohypophysären Speicherorgan unterbrochen sind und das im HHL gespeicherte Hormon nicht mehr ins Blut abgegeben wird. Es folgt eine ca. sechstägige antidiuretische Interphase infolge ADH-Austritt aus dem retrograd degenerierenden hormonbeladenen Gewebe der Neurohypophyse. Sie bleibt aus, wenn die Neurohypophyse bereits bei der Erstläsion mitentfernt wurde (Heinbecker u. Mitarb., 1941; Pickford u. Ritchie, 1945; Hollinshead, 1964). Andererseits führt eine Wasserbelastung während dieser Interphase nicht zur Harnverdünnung und Diuresesteigerung, da osmoregulatorische Reize nicht mehr via Hypothalamus wirksam werden können (O'Connor, 1952; Mudd u. Mitarb., 1957; László u. de Wied, 1966). Als dritte Phase resultiert dann ein permanenter D. i., sofern die auslösende Läsion, wie z. B. nach leichteren traumatischen Insulten oder neurochirurgischen Eingriffen nicht abgeschwächt war und nur ein passageres polyurisch-polydiptisches Syndrom nach sich zog. Prinzipiell dieselben Verhältnisse — wenn auch im Einzelfall durch dessen Besonderheiten modifiziert — finden sich postoperativ nach hoher Stieldurchtrennung oder posttraumatisch beim Menschen (Randall, Clark, Dodge u. Love, 1960). Da die portale Zirkulation und damit die Ernährung sowie die (hypothalamisch gesteuerte) HVL-Funktion intakt bleiben, resultiert das Vollbild eines D. i.

Erfolgt die Durchtrennung des Tractus supraopticohypophyseos dagegen unterhalb der Eminentia mediana, etwa in Höhe des Diaphragma sellae, wie z. B. häufig bei Hypophysektomie zur palliativen Behandlung eines Mammacarcinoms oder einer Retinopathia diabetica, dann kommt es zwar zum Panhypopituitarismus, weil der portale Kreislauf des HVL im Hypophysenstiel ausgeschaltet wird; dagegen degenerieren gegenüber der hohen Stieldurchtrennung mit 85—90% jetzt nur ca. 70% der Ganglienzellen in den hypothalamischen Kernrealen der ADH-Bildungsstätten retrograd; denn 15% der hier entspringenden Neurone endigen bei allen Vertebraten als kurze Axone bereits im Hypophysenstiel oberhalb des Diaphragma sellae. Sie sind in der Lage, eine Art „Ersatzhinterlappen" zu bilden, in dem sich, z. B. bei der Ratte, auch ADH nachweisen läßt, das nach einiger Zeit wieder der normalen Osmoregulation unterliegt (László u. de Wied, 1966). Dementsprechend fanden Dingman u. Mitarb. (1959) auch beim Menschen den D. i. je schwerer, desto höher der Hypophysenstiel unterbrochen wurde, während er bei Durchtrennung direkt über dem Diaphragma leichter oder passager verlief. Damit wird auch verständlich, daß die Ausprägung des D. i. bei Hypophysentumoren bzw. nach den hierduch veranlaßten Hypophysektomien unterschiedlich sein kann und sich deshalb auch klinische Bilder eines inkompletten oder partiellen D. i. nachweisen lassen.

In dem von Irmscher (1967) funktionsdiagnostisch analysierten Krankengut von 48 Pat. mit einem hypothalamischen polyurisch-polydiptischen Syndrom fanden sich die höchsten Werte für die mittleren maximalen Harnvolumina mit 9,52 ± 2,4 l/24 Std bei den Kranken mit D. i. ohne nachweisbare organische Ursache. Der Mittelwert für das maximale Harnzeitvolumen bei der Gruppe der Hirntumoren und nach therapeutischer Schädigung der Neurohypophyse lag demgegenüber mit 5,92 ± 2,2 l/24 Std signifikant (P < 0,001) niedriger.

Nun ist weder dieses geringere mittlere Harnvolumen noch eine Differenz im maximal erreichbaren spezifischen Harngewicht beim Konzentrationsversuch ein Beweis für das Vorliegen eines inkompletten D. i., da dieser auch infolge gleichzeitiger HVL-Insuffizienz (s. u.) abgeschwächt sein kann und das renale

Konzentrationsvermögen nicht allein vom ADH abhängt. Für das Vorliegen eines partiellen D. i. mit antidiuretischer Restaktivität spricht dagegen der Ausfall des Carter-Robbins-Testes.

8 von 23 Patienten mit organischer Ursache eines D. i. zeigten dabei ein für ADH-Freisetzung sprechendes Verhalten mit Abfall der Diuresegröße unter 70% des Ausgangswertes und Anstieg der Harnosmolalität über 300 mosm/kg in den ersten 30 min nach 2,5%iger NaCl-Infusion (Irmscher, 1967). Bei 7 dieser 8 Pat. handelte es sich um sellanahe Tumoren (4 Metastasen, 2 Kraniopharyngeome, 1 HVL-Adenom). Ähnliche Beobachtungen haben Dingman u. Mitarb. mitgeteilt.

Da die Serumosmolalität im Carter-Robbins-Test mit 308 mosm/kg nicht höher anstieg, als im vorangehenden Durstversuch, ist möglicherweise für die Stimulierung residualer ADH-Aktivitäten in einer Art „Ersatzhinterlappen" nicht nur die absolute Höhe der Serumosmolalität, sondern die Steilheit ihres Anstieges mitbestimmend. Jeder solchermaßen festgestellte inkomplette D. i. weist auf eine erworbene Genese hin, wobei vor allem an hypothalamusnahe Tumoren zu denken ist, während der idiopathische D. i. niemals eine inkomplette Ausprägung zeigte.

Eine Modifikation des D. i. bei sellanahen bzw. hypothalamischen Tumoren in entgegengesetzter Richtung kann dadurch zustande kommen, daß gleichzeitig durstregulierende Zentren, wie sie im Tierversuch nahe der Eminentia mediana in medialen Hypothalamusabschnitten nachgewiesen wurden (Smith u. McCann, 1962; Fusco u. Mitarb., 1966), durch den Grundprozeß mitgeschädigt bzw. gereizt werden, so daß zusätzlich zum ADH-Mangel eine zentral bedingte Polydipsie einsetzt.

Randall u. Mitarb. (1960) berichteten z. B. über einen Patienten mit ungewöhnlich starkem polyurisch-polydiptischen Syndrom und Tagesharnmengen von 27,9 l nach Hypophysenstieldurchtrennung, das die Annahme einer solchen additiven Kombination zweier hypothalamisch-neurohypophysärer Störungen nahelegt.

*Art, Sitz und Wachstumsrichtung des hypophysären bzw. sellanahen Tumors* entscheiden darüber, ob der D. i. als Früh- oder Spätsymptom oder erst im Gefolge therapeutischer Maßnahmen auftritt. Unter 47 Patienten mit D. i. bei primären Hirntumoren aus der Literatur (Jones, 1944; Blotner, 1951; Rodeck, 1961; Irmscher, 1966) überwogen Kraniopharyngeome und suprasselläre Cysten mit 51% bei weitem. HVL-Tumoren waren lediglich mit 13%, Gliome und gliomatöse Cysten dagegen mit 23% beteiligt, während Meningeome, Pinealome und Medulloblastome zu den seltenen Ursachen zählten. Unter insgesamt 120 Fällen mit Hirntumoren und D. i. der Literatur (s. o., sowie Peabody u. Olsen, 1951; Thomas, 1957) waren ätiologisch 35mal intraselläre bzw. sellanahe Hirnmetastasen beteiligt. Sie verteilten sich mit 43% auf Mammacarcinome, je 23% auf Bronchialcarcinome und auf (Lympho-)sarkome, mit 6% auf Prostatacarcinome. In Einzelfällen können auch leukämische Infiltrationen im Hypothalamus-Neurohypophysenbereich zu einem zentralen Diabetes insipidus führen (Laakso, 1964; Rosenzweig u. Kendall, 1966).

Hiernach sind neben *Hirnmetastasen* die *Kraniopharyngeome* häufigste Ursache eines symptomatischen D. i., insbesondere bei suprasellärem Sitz. Sie dürfen insofern den Tumoren der Hypophyse zugerechnet werden, als sie aus den epithelialen Resten des Hypophysenganges, der sog. Rathkeschen Tasche und damit

aus dem Gewebe der ursprünglichen HVL-Anlage hervorgehen. Bei etwa jedem
3. bis 5. Patienten mit einem Kraniopharyngeom manifestiert sich ein D. i.
(Ingraham u. Scott, 1946; Love u. Marshall, 1950; Brasel u. Mitarb., 1965).

Wesentlich seltener führen unbehandelte *chromophobe Adenome des HVL* zu
einem D. i.: Oberdisse u. Tönnis (1953) beobachteten sein Vorkommen unter
206 Fällen nur einmal. Zu erwarten ist sein Auftreten nur bei adenombedingter
Hypothalamuskompression und bei intakter HVL-Funktion, die allerdings bei
chromophoben Adenomen häufig vermißt wird. *Eosinophile und basophile Adenome
des HVL* schließlich führen wegen ihrer geringeren Ausdehnung unbehandelt
fast niemals zu einem D. i. Dagegen können neurochirurgische Maßnahmen im
Zusammenhang mit sellanahen Tumoren ebenso wie auch Isotopenimplantationen
von $^{90}$Yttrium und $^{198}$Au bei einem Teil der Patienten zu einem leichteren D. i.
führen, der allerdings nur selten eine Substitutionsbehandlung erfordert (Lit. s.
Mundinger u. Mitarb., 1967).

Der zweite für die Ausprägung eines D. i. bei Hypophysentumoren wesentliche Faktor liegt im gleichzeitigen Vorliegen einer *HVL-Unterfunktion*. Als
erste hatte F. v. Hann (1918) ausgehend von Sektionsbefunden die Bedeutung
des HVL für die endokrine Regulation des Wasserhaushaltes erkannt: „Hypophysenerkrankungen rufen nur dann D. i. hervor, wenn der Hinterlappen zerstört
oder schwer geschädigt, der HVL aber intakt oder zumindest genügend funktions-
fähig bleibt". Die hiernach zu erwartende „Besserung" eines D. i. durch Hinzu-
treten einer HVL-Insuffizienz ist seither klinisch oft bestätigt worden (Meyer,
1926; Staemmler, 1932; Leaf u. Mamby, 1952; Martin, 1959 u. a.).

Als Ursache hierfür kennen wir heute in erster Linie endokrine Einflüsse
glandotrop gesteuerter Drüsen auf die Nierenfunktion, vor allem auf die Größe
des Glomerulumfiltrates. Zuerst konnten Joseph u. Mitarb. (1944) tierexperimentell zeigen. daß die nach Hypophysektomie verzögerte Wasserausscheidung nach
Hydratisierung normalisiert werden kann durch NNR-Extrakte. Später ließ
sich zeigen, daß vor allem Cortisolsubstitution bei Hypopituitarismus die Polyurie
beim D. i. steigert bzw. überhaupt erst hervortreten läßt (Love u. Marshall, 1950;
Hoel, 1956; Mertens u. Brune, 1958; Lins u. Zimmermann, 1959). Ähnliche
Einflüsse auf das Ausmaß der Polyurie-Polydipsie beim D. i. ließen sich für eine
Thyroxinsubstitution der sekundären Hypothyreose nachweisen (Keller, 1937;
Heinbecker, White u. Rolf, 1947; Engstrom u. Liebman, 1953). Man versuchte
daher zeitweise sogar, einen D. i. durch Schilddrüsenexstirpation wesentlich zu
mildern (Findley u. Heinbecker, 1937; Blotner u. Cutler, 1941). Nicht ebenso
eindeutig ist die Zunahme des Glomerulumfiltrates nach somatotropem Hormon
(Gaunt u. Birnie, 1950; de Bodo u. Sinkoff, 1953), da die seinerzeit benutzten
HVL-Extrakte nicht genügend gereinigtes STH enthielten.

Diese Zusammenhänge werden auch in dem von Irmscher (1967) bearbeiteten
Kollektiv deutlich: Während die mittlere Tagesharnmenge bei 19 Patienten
mit D. i. und intakter HVL-Funktion 7,5 ± 2,5 l (mittleres spezif. Harngewicht
1001) betrug, lag sie bei 7 Pat. mit HVL-Insuffizienz bei 4,17 ± 1,6 l (spezifisches
Gewicht 1005), also um ca. 45% niedriger. Dementsprechend fanden sich verwertbare Hinweise auf Ausfälle glandotroper HVL-Hormone bei idiopathischem
D. i. in keinem Fall, dagegen war bei 24 Patienten mit symptomatischem D. i.
— meist infolge sellanaher Tumoren oder Hypophysektomie — eine Unterfunktion

der Gonaden in 62%, der NNR in 50% und der Schilddrüse in 39% nachweisbar; ein Drittel dieser Patienten wies eine komplette HVL-Insuffizienz auf.

Unter den hieran beteiligten Mechanismen ist zuerst die Normalisierung des bei Hypopituitarismus verminderten Glomerulumfiltrates durch Cortisol (Burston u. Garrod, 1952; Dingman u. Mitarb., 1958; Slater, 1961; weitere Lit. s. Hofmann u. Sobel, 1964) und Thyroxin (Ford u. Mitarb., 1961) zu nennen. Hinzu kommt, daß Cortisol die Verteilung zugeführten Wassers überwiegend im extracellulären anstatt im intracellulären Raum und so das Einsetzen einer Wasserdiurese begünstigt (Darrow u. Mitarb., 1939; Swingle u. Mitarb., 1957). Schließlich steigert es ebenso wie Thyroxin den Appetit und damit die Nahrungsaufnahme, aber auch den Eiweißkatabolismus und damit die Ausscheidung von Harnfixa, d. h. die „Molenlast" des Urins bzw. die osmolale Clearance. Es ist hiernach verständlich, daß im Einzelfall nicht immer leicht zu entscheiden ist, ob und inwieweit die Ausprägung eines D. i. bei Hypophysentumoren durch einen gleichzeitigen Hypopituitarismus, durch eine residuale ADH-Freisetzung oder durch nutritive und metabolische Faktoren mit Einfluß auf die Ausscheidung harnpflichtiger Substanzen bedingt ist.

Die letztgenannten Faktoren sind die praktisch wichtigsten unter einer Vielzahl endokriner, hämodynamischer und auch pharmakologischer Einflüsse, die die durch ADH bewirkte Harnkonzentrierung und damit auch einen D. i. modifizieren können (Buchborn, 1964, 1968). Die fundamentale Störung des D. i. für den Wasserhaushalt liegt ja darin, daß die aus der Nahrung und dem intermediären Stoffwechsel stammenden Soluta, in erster Linie Elektrolyte und Harnstoff infolge der Asthenurie nur in sehr großen Flüssigkeitsvolumina von der Niere ausgeschieden werden können. Um die Isotonicität des Körpermilieus aufrechtzuerhalten, bedarf es daher bei ausgeglichener Wasserbilanz eines größeren Wasserumsatzes als beim Gesunden. Alle Maßnahmen, die die Zufuhr oder Bildung und damit die Ausscheidung harnpflichtiger Soluta vermindern, reduzieren auch die Polydipsie und Polyurie und damit die Ausprägung des D. i. Daß dies z. B. durch eine salz- und eiweißarme Kost gelingt, ist ärztlicher Beobachtung und auch der Erfahrung der Patienten lange geläufig (Beaser, 1947; Early u. Orloff, 1962 u. a.).

Auf einem ähnlichen Mechanismus beruht z. T. die Wirkung der *Saluretica in der Behandlung eines D. i.:* Indem sie partiell die Na-Resorption im distalen Nephron, d. h. am Ort der Wasserverdünnung hemmen, ohne die tubuläre Wasserpermeabilität zu beeinflussen, ermöglichen sie die renale Elimination der nutritiv zugeführten Soluta, vor allem NaCl, in einem relativ kleineren Wasservolumen als bei maximaler Harnverdünnung, so daß der zur Aufrechterhaltung der Isotonicität im Körpermilieu notwendige Wasserumsatz, d. h. Polyurie und Polydipsie vermindert werden. Dieser primär renale, „paradoxe", weil diurese-*hemmende* Effekt der Diuretica, kann sekundär extrarenal durch eine initiale Verminderung des Natriumbestandes im Organismus mit Verminderung des Extracellulärraumes begünstigt und so durch eine diätetische Kochsalzrestriktion auf weniger als 4 g täglich aufrechterhalten werden (Buchborn, 1959; Early u. Orloff, 1962; Cutler u. Mitarb., 1962). Gerade bei den häufiger inkompletten Formen eines D. i. infolge Hypophysentumoren kann die saluretische Therapie in Kombination mit diätetischer Natriumrestriktion oft die Polyurie und Polydipsie auf ein erträgliches Maß reduzieren, während bei voll ausgeprägtem, zumal idiopathischem Krankheitsbild fast immer die umständlichere ADH-Substitution notwendig ist.

## Literatur


Beaser, S. B.: Amer. J. med. Sci. **213**, 441 (1947).

Blotner, H.: Diabetes insipidus. New York: Oxford Univ. Press 1951.

—, and E. C. Cutler: J. Amer. med. Ass. **116**, 2739 (1941).

Brasel, A., J. C. Wright, L. Wilkins, and R. M. Blizzard: Amer. J. Med. **38**, 484 (1965).

Buchborn, E.: Schweiz. med. Wschr. **94**, 1273 (1964).

— Störungen der Harnkonzentrierung. In: Hdb. inn. Med. Bd. VIII,1, S. 491, hrsg. H. Schwiegk. Berlin-Heidelberg-New York: Springer 1968.

Burston, R. A., and O. Garrod: Clin. Sci. **11**, 129 (1952).

Cutler, R. E., C. R. Kleeman, M. H. Maxwell, and T. Dowling: J. clin. Endocr. **22**, 827 (1962).

Darrow, D. C., H. E. Harrison, and M. Taffel: J. biol. Chem. **130**, 487 (1939).

De Bodo, R. C., and M. W. Sinkoff: Rec. Progr. Horm. Res. 8, 511 (1953).

Dingman, J. E.: Amer. J. med. Sci. **235**, 79 (1958).

— J. T. Finkenstaedt, J. C. Laidlaw, A. E. Renold, J. Jenkins, J. P. Merill, and G. W. Thorn: Metabolism 7, 608 (1958).

— A. G. Jessiman, R. H. Despointes, W. G. Hammond, D. D. Matson, E. Kendall jr., and F. D. Moore: New Engl. J. Med. **260**, 997 (1959).

Early, L. E., and J. Orloff: J. clin. Invest. **41**, 1988 (1962).

Engstrom, W. W., and A. Liebman: Amer. J. Med. **15**, 180 (1953).

Findley, J., jr., and P. Heinbecker: Proc. Soc. exp. Biol. (N. Y.) **36**, 448 (1937).

Fisher, C., W. R. Ingram, and S. W. Ranson: Diabetes insipidus. Ann Arbor, Mich.: Edwards Brothers Inc. 1938.

Ford, R. V., J. C. Owens, G. W. Curd, J. H. Moyer, and C. L. Spurr: J. clin. Endocr. **21**, 548 (1961).

Fusco, M., R. L. Malvin, and P. Churchill: Endocrinology **79**, 301 (1966).

Gale, C. C., S. Taleisnik, and S. M. McCann: Amer. J. Physiol. **201**, 811 (1961).

Garrod, C., and R. A. Burston: Clin. Sci. **11**, 113 (1952).

Gaunt, R., and J. H. Birnie: Hormones and body water. Springfield: C. C. Thomas 1951.

Hann von, F.: Frankfurt. Z. Path. **21**, 337 (1918).

Heinbecker, P., and H. L. White: Amer. J. Physiol. **133**, 582 (1941).

— —, and D. Rolf: Endocrinology **40**, 104 (1947).

Hoel, J.: Acta endocr. (Kbh.) **30**, 29 (1959).

Hofman, F. G., and E. H. Sobel: The adrenocortical hormones. In: Hdb. exp. Pharmakologie, Bd. XIV,2, hrsg. H. W. Deane u. B. L. Rubin. Berlin-Heidelberg-New York: Springer 1964.

Hollinshead, W. H.: Proc. Mayo Clin. **39**, 92 (1964).

Ingraham, F. D., and W. J. Scott: J. Pediat. **29**, 95 (1946).

Irmscher, K.: Zur Klinik des Diabetes insipidus, Habilitationsschrift, Düsseldorf 1967.

Jones, G. M.: Arch. intern. Med. **74**, 81 (1944).

Joseph, S., M. Schweizer, N. Z. Ulmer, and R. Gaunt: Endocrinology **35**, 338 (1944).

Keller, A. D.: Proc. Soc. exper. Biol. (N. Y.) **36**, 787 (1937).

Laakso, W. B.: Amer. J. Sci. **247**, 451 (1964).

László, F. A., and D. De Wied: J. Endocr. **36**, 125 (1966).

Leaf, A., and A. R. Mamby: J. clin. Invest. **31**, 60 (1952).

Lins, H., u. H. Zimmermann: Z. klin. Med. **156**, 87 (1959).

Love, G. J., and T. M. Marshall: Surg. Gynec. Obstet. **90**, 591 (1950).

Martin, F. I.: Quart. J. Med. 25, 573 (1959).

Mertens, H. G., u. G. Brune: Klin. Wschr. **36**, 1071 (1958).

Meyer, E.: Diabetes insipidus. In: Hdb. inn. Med. Bd. IV,1, S. 1014, Berlin: Springer 1926.

Mudd, R. H., H. W. Dodge jr., E. C. Clark, and R. V. Randall: Proc. Mayo Clin. **32**, 99 (1957).

Mundinger, F., T. Riechert u. P.-M. Reisert: Hypophysentumoren — Hypophysektomie. Stuttgart: Thieme 1967.

Oberdisse, K., u. W. Tönnis: Ergebn. inn. Med. Kinderheilk. **4**, 976 (1953).

O'Connor, W. J.: Quart. J. exp. Physiol. **37**, 1 (1952).

Peabody, H. D., jr., and A. M. Olsen: Proc. Mayo Clin. **26**, 107 (1951).

Pickford, M., and A. E. Ritchie: J. Physiol. **104**, 105 (1945).

Randall, R. V., E. C. Clark, H. W. Dodge, and J. G. Love: J. clin. Endocr. **20**, 1614 (1960).

Rodeck, H.: Med. Welt **41**, 2096 (1961).

Rosenzweig, A. I., and J. W. Kendall: Arch. intern. Med. **117**, 397 (1966).

Slater, J. D. H., P. Mestitz, G. Walker, and J. D. N. Nabarro: Acta endocr. (Kbh.) **37**, 263 (1961).

Smith, R. W., and S. M. McCann: Amer. J. Physiol. **203**, 366 (1962).

Staemmler, M.: Ergebn. Path. **26**, 59 (1933).

Swingle, W. W., C. J. Brannick, M. Osborn, and D. Glenister: Proc. Soc. exp. Biol. (N. Y.) **96**, 453 (1957).

Thomas, W. C., jr.: J. clin. Endocr. **17**, 565 (1957).

# Chirurgie der Hypophysentumoren
## Surgery of Pituitary Tumors


F. Marguth und R. Fahlbusch

Neurochirurgische Klinik der Universität München


Mit 6 Abbildungen


### Summary

Diagnosis of pituitary adenomas can be difficult, when bitemporal hemianopsia and typical deformation of the sella turcica are missing. Zonography of the basal cisternas is currently the best neuroradiologic method to determine the extent of the suprasellar growth of the tumor.

The authors report their experiences in 64 pituitary adenomas and 16 craniopharyngiomas, which have been operated transfrontally in the last $3^1/_2$ years. A comparison between this operative technique and other operative methods, especially with the transsphenoidal approach, shows that total removal of tumors with substantial growth is only possible by using the transfrontal way. In tumors with predominantly intrasellar growth the transphenoidal approach may be considered.

Removal of the capsule of the tumor is necessary to prevent recurrences. The operative risk has been minimized by the modern anesthesiologic procedures and the postoperative endocrinological care. The visual improvement, the rehabilitation and the mortality rate are discussed.


Die Diagnose eines Hypophysentumors läßt sich bei der Symptomentrias „endokrine Störungen, Chiasma-Syndrom und Sella-Erweiterung" gleichsam auf Anhieb stellen. Dennoch können die augenärztlichen und röntgenologischen Befunde zu Fehldeutungen Anlaß geben. Die bitemporale Hemianopsie, das sogenannte Scheuklappenphänomen, wird nur bei etwa 2/3 der Kranken nachgewiesen

Tabelle 1

GESICHTSFELDAUSFÄLLE BEI HYPOPHYSENADENOMEN

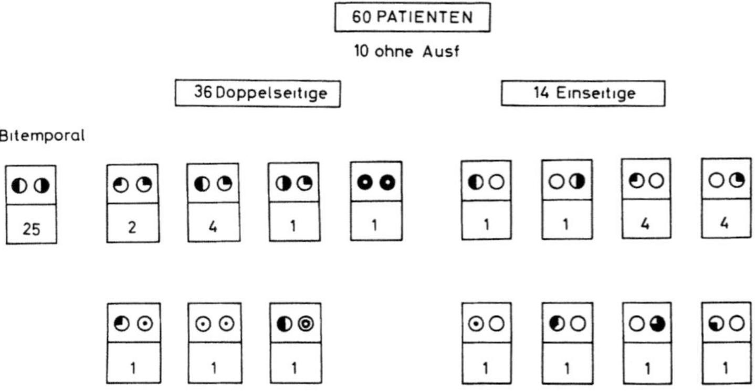

(Bakay, Tönnis, Nover, Riechert und Mundinger); in unserem Krankengut lag eine bitemporale Gesichtsfeldeinschränkung sogar nur bei jedem zweiten Patienten vor (Tab. 1). Bei akromegalen Patienten fehlt der Gesichtsfeldausfall in einem noch höheren Prozentsatz, nämlich bei ca. 2/3 der Kranken. Das läßt sich zum Teil auch mit dem langsamen Wachstumstempo der endokrin hochaktiven Adenome erklären (Marguth). Tritt bei einem Kranken mit akromegalen Symptomen die Sehstörung relativ frühzeitig auf, dann handelt es sich praktisch immer um ein Mischtypadenom. Besondere Beachtung verdienen die einseitigen Ausfälle sowie die Parazentral- und

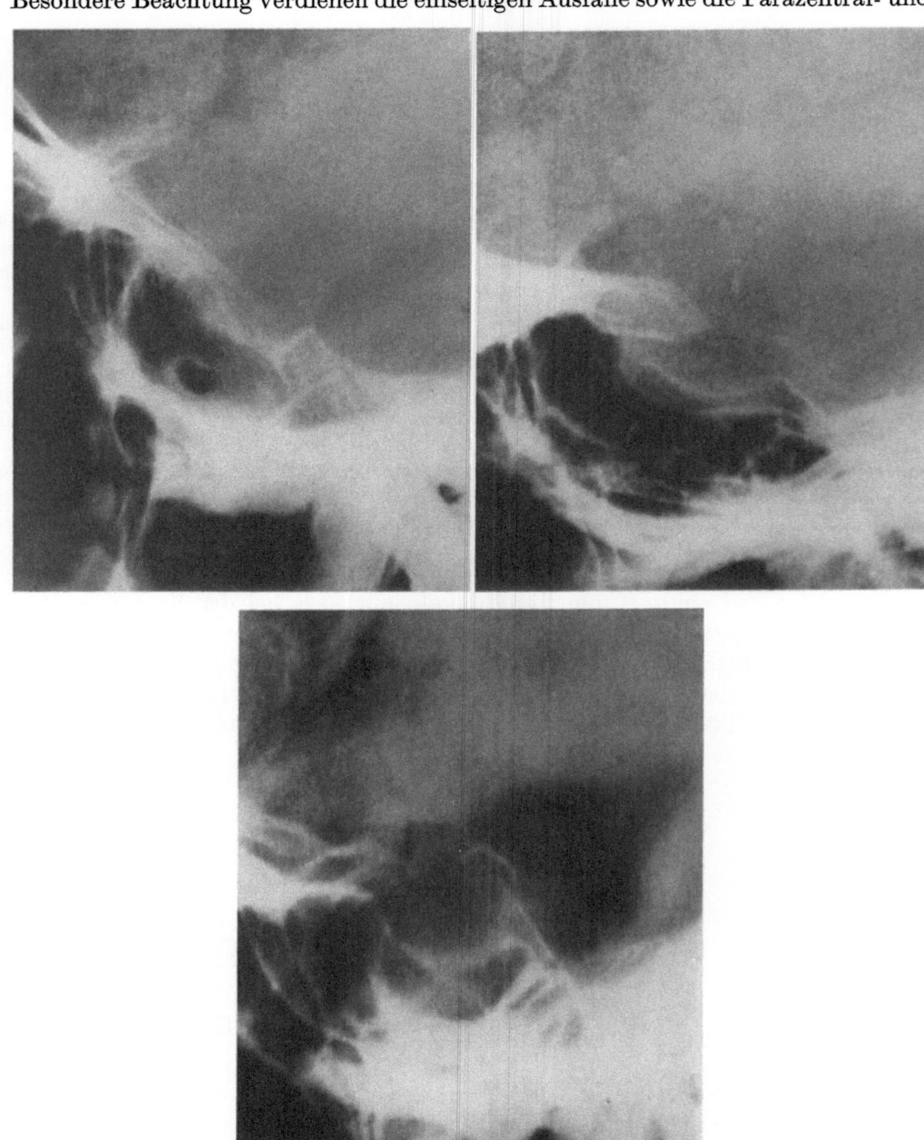

Abb. 1. Atypische Sellen bei Kranken mit Hypophysenadenom

Zentralskotome; das bitemporal-hemianopisch angeordnete Parazentralskotom geht der kompletten bitemporalen Hemianopsie häufig voraus. Das Zentralskotom führt erfahrungsgemäß praktisch immer zur Fehldiagnose einer Neuritis nervi optici. Neben dem Zeitfaktor sind Variationen in der Lage des Chiasmas (Schaefer, 1954 und Persons, 1924; Bergland, 1968) und vor allen Dingen das asymmetrische supraselläre Tumorwachstum — nach der Statistik von Tönnis wachsen nur 37% der Geschwülste in der Mittellinie in das Schädelinnere ein — für die atypischen Gesichtsfelddefekte verantwortlich.

Auch die Beurteilung der *röntgenologischen* Veränderungen am Türkensattel kann Schwierigkeiten bereiten. Von 64 Kranken unseres Krankengutes mit Hypophysenadenomen (Tab. 2) boten allein 13 Röntgenbilder, die mehr einer „sekundären" als einer „primären" Sella entsprachen (Abb. 1). Charakteristisch für diese Sellaveränderungen bei allgemeiner intrakranieller Drucksteigerung sind schüsselförmige Erweiterungen des Türkensattels, enger Sellaeingang und Entkalkung der Sattellehne (Tönnis, 1954). Krümelartige Verkalkungen im Sellabereich sprechen für ein Kraniopharyngiom (Abb. 2), während sichelförmige Kalkbildungen in der Tumorrandzone — wie bei einem chromophoben Adenom unseres Beobachtungsgutes (Abb. 3) — als Wandverkalkung eines Hirngefäßaneurysmas imponieren können. Die Carotisangiographie ist zur Klärung der Tumorausdehnung weniger bedeutsam. Typisch für supraselläres Wachstum sind die angehobene Pars circularis der A. cerebri anterior und der geöffnete Carotissyphon auf dem Seitenbild. Jedoch trägt die Angiographie differentialdiagnostisch zum Ausschluß eines intrasellären Aneurysmas oder auch eines sellanahen Meningioms bei. Durch die Zonographie wird eine plastische Darstellung der suprasellären Tumorausdehnung erzielt (Abb. 4, 5). Sie stellt eine wesentliche Verbesserung der normalen encephalographischen Darstellung der Cisterna chiasmatis dar und erfaßt nach dem tomographischen Prinzip die Mittelschicht der Sella als umschriebene Zone.

Neurologische Ausfälle oder hirnorganische Anfälle gehören nicht zum Bild der Hypophysengeschwülste, mit Ausnahme von Ausfällen der basalen Hirnnerven, vorwiegend des N. oculomotorius, bei stark parasellärem Tumorwachstum.

Nun zur *Chirurgie* der Hypophysenadenome. Im Jahre 1889 wurde erstmalig ein Hypophysenadenom operativ angegangen, und zwar durch Victor Horsley. Seit Harvey Cushing ist die Diskussion um den

Tabelle 2.

*Sellanahe Geschwülste des eigenen Krankengutes*

112 sellanahe Prozesse 1965—1968

Hypophysenadenome

| | | |
|---|---|---|
| Mischtyp | 30 | |
| Chromophop | 18 | |
| Fetal | 2 | |
| Basophil | 1 | |
| Undifferenziert | 2 | 64 |
| Leere Sella | 1 | |
| Chromoph. + front. Met. | 1 | |
| Rezidive | 4 | |
| Keine Differ. bei Yttrium | 5 | |

| | |
|---|---|
| Kraniopharyngiome | 18 |
| Rezidive | 2 |

| | |
|---|---|
| Arachnitis Optico-Chiasmatica | 13 |

| | |
|---|---|
| Supraselläre Meningiome | 9 |

Sonstige Tumoren

| | | |
|---|---|---|
| Opticus Gliome | 3 | |
| Chondrome | 2 | |
| Pinealome | 1 | 8 |
| Selläre Ca. Met. | 1 | |
| Spongioblast. (Hypothalamus) | 1 | |

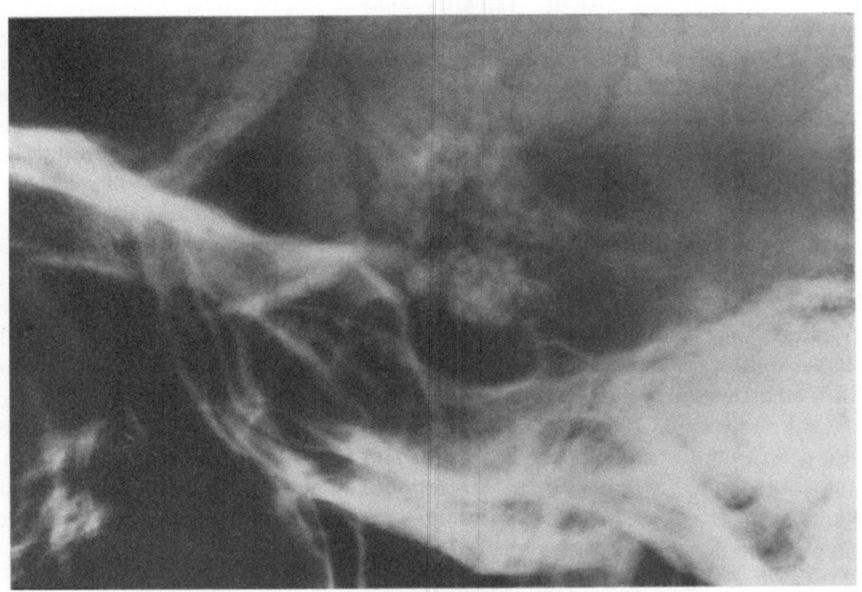

Abb. 2. Typische Verkalkungen bei einem Kraniopharyngiom

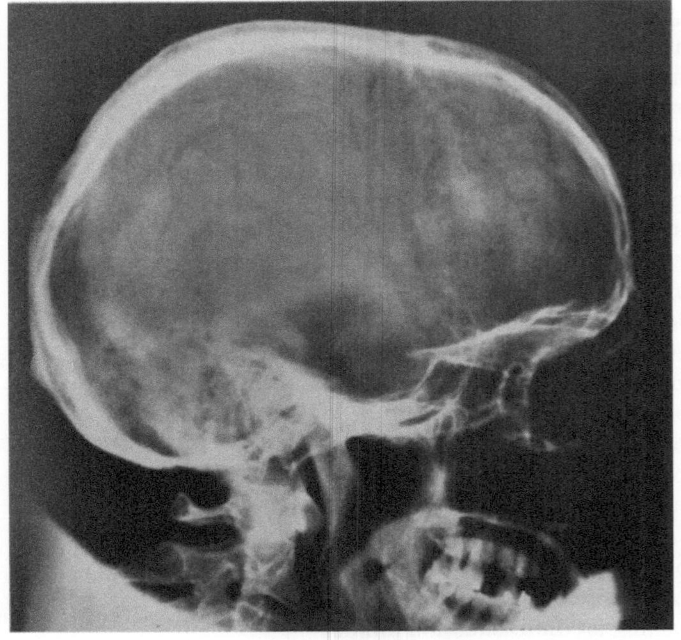

Abb. 3. Sichelartige Wandverkalkung bei einem stark suprasellär entwickelten Adenom

besten Zugang zur Sella — auf transfrontalem oder transphenoidalem Wege — nicht zur Ruhe gekommen. Cushing selbst, dem wir die entscheidenden Erkenntnisse auf dem Gebiet der Hypophysenchirurgie verdanken, gab im Hinblick auf die hohe Rezidivquote (68,2%) und die schlechteren Ergebnisse hinsichtlich der Rückbildung der Sehstörungen die transphenoidale Methode auf und operierte nur noch transkraniell. O. Hirsch verbesserte die Resultate des transphenoidalen Vorgehens durch Einlegen von Radium in die Tumorhöhle.

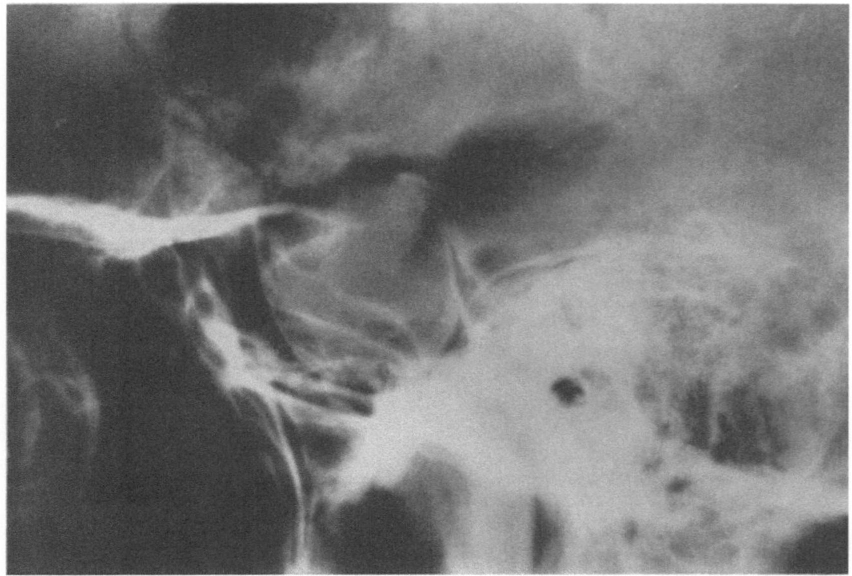

Abb. 4. Zonographie bei einem nur gering suprasellär entwickelten Adenom

Eine ganze Reihe von Autoren (Guiot u. Thibaut, 1959; Hamberger u. Norlen, 1961; Hamlin, 1962; Hardy, 1965; Svien, 1965; Burian, 1968; Riechert, 1967; Kessel 1968) setzten sich in den letzten Jahren — vor allen Dingen nach Einführung des Operationsmikroskopes und des Bildwandlers — erneut für die transphenoidale Methode ein; allerdings kommen nur Geschwülste, die rein intrasellär entwickelt sind oder nicht wesentlich über den Sellaeingang hinaus in den suprasellären Raum eingewachsen sind, für diesen Zugangsweg in Betracht. Hardy beobachtete sogar bei neun von dreizehn Patienten mit chromophobem Adenom eine Rückbildung der Gesichtsfeldausfälle; er verlor keinen seiner transphenoidal operierten Kranken. Das gleiche Ergebnis ohne Mortalität erzielte auch B. Ray (1962) mit der trans-frontalen Operation, jedoch waren nur 10% der Adenome suprasellär entwickelt.

Beide Beobachtungsserien haben also Wesentliches gemeinsam, nämlich, daß sie vorwiegend auf das Sellalumen beschränkte bzw. nur leicht darüber hinaus entwickelte Geschwülste umfassen. Wir haben schon vor Jahren darauf aufmerksam gemacht, daß nicht die Operations*methode*, sondern die Größe des Tumors — vor allem seine Beziehung zum Hypothalamus — für die Operationsgefährdung verantwortlich sind (Marguth und Wilcke). Nachteile der transphenoidalen Operationsmethode sehen wir darin, daß die meisten Autoren zur Rezidivprophylaxe röntgennachbestrahlen, und der Tumor zur Vermeidung einer Liquorfistel nur intrakapsullär ausgeräumt wird. Hypophysenadenome neigen sehr zur Infiltrierung und Durchwachsung ihrer Organkapsel, so daß wir die Abtragung der Kapsel tief in der Sella zur Vermeidung des Rezidivs für wesentlich halten. Selbst wenn wir makroskopisch infolge einer Blutung in den Tumor kein Adenomgewebe mehr nachweisen konnten, fand der Histologe immer noch Tumorzellen in der resezierten Kapsel.

Riechert hat im Jahre 1953 einen stereotaktischen Eingriff zur Bestrahlung der Hypophysenadenome angegeben, die Indikation zu diesem Vorgehen später dann

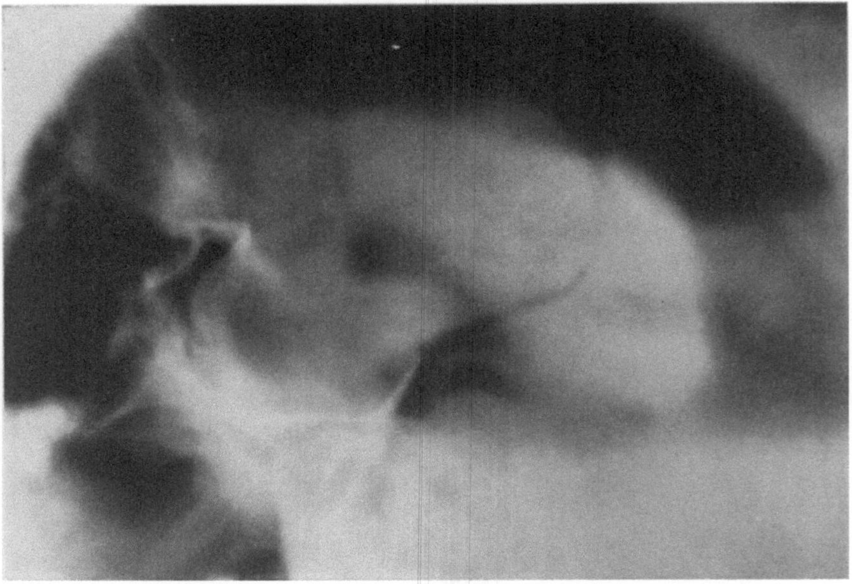

Abb. 5. Zonographie bei einer weit in den sprasellären Raum hinein entwickelten Geschwulst. Verschlußhydrocephalus durch Monroe-Blockade

aber auf die rein intrasellären Tumoren begrenzt, da Komplikationen in Form von Blutungen und bleibenden Sehstörungen zu verzeichnen waren. Die in jüngerer Zeit angewandte Cryohypophysektomie ist ebenfalls nur bei rein intrasellär entwickelten Tumoren indiziert (Adams, 1968; Rand, 1967).

In den letzten $3^1/_2$ Jahren haben wir 55 transfrontale Operationen nach Dandy bei Hypophysenadenomen durchgeführt. Wir trepanieren in der Regel beim Rechtshänder frontal mit Schnittführung in der Stirn-Haargrenze; nur bei starker Beeinträchtigung des Sehvermögens links gehen wir linksseitig vor, bei Bestehen einer Kopfglatze legen wir aus kosmetischen Gründen einen bifrontalen Hautlappen an. Durch Absaugen von Liquor aus den Basalzisternen nach Eröffnung der Dura und Wechseldruckbeatmung ist die Freilegung der vorderen Schädelbasis sehr vereinfacht. Das Stirnhirn tritt spontan zurück, so daß eine mechanische Schädigung durch den Hirnspatel praktisch vermieden wird. Ein übersichtlicher Einblick in den Chiasmabereich ist damit gewährleistet (Abb. 6).

Wie schon Cushing in 17%, so fanden auch wir in gleicher Häufigkeit bei 10
Patienten nach Eröffnung der Tumorkapsel keinen soliden Tumor, sondern altes
Blut bzw. xantochrome Flüssigkeit. 8 von diesen Patienten hatten anamnestisch
eine plötzliche Sehverschlechterung angegeben, die sich bei 7 wiederholte. Die
Rezidivblutung ereignete sich in der Regel innerhalb eines halben Jahres. Schwere
Symptome einer Hypophysenvorderlappeninsuffizienz sind dabei nicht eingetreten.

Die vom Hypophysenstiel ausgehenden *Kraniopharyngiome* müssen hier auch
erwähnt werden, da sie, wie die Adenome, intrasellär oder intra- und suprasellär entwickelt sind. Kraniopharyngiome ohne Verschlußhydrocephalus operieren wir

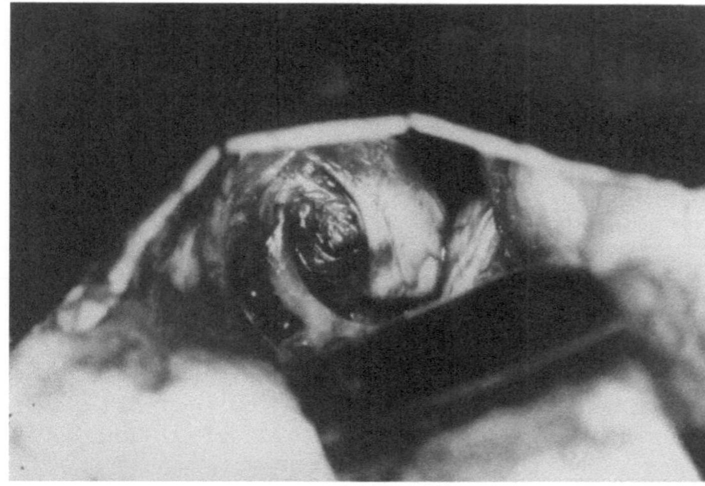

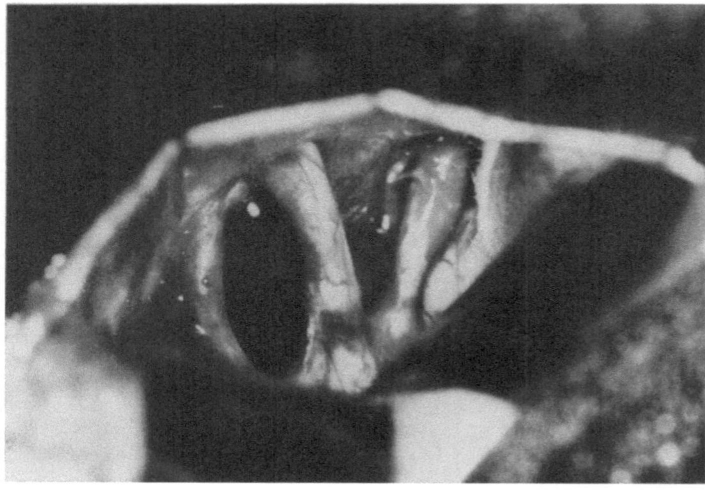

Abb. 6. Operationsphoto
Oben: Man erkennt den suprasellär entwickelten Tumor, der den linken Opticus stark ange-
hoben und abgeplattet hat. Die Carotis ist nach lateral verlagert
Unten: Nach Entfernung der Geschwulst; der Sehnerv hat wieder runde Form angenommen;
auch der rechte Opticus ist nunmehr zu erkennen

transfrontal wie das Hypophysenadenom. Ist es durch stark supraselläre Ausdehnung der Geschwulst aber zu einer Monroe-Blockade gekommen, dann legen wir zunächst zur Wiederherstellung der Liquorpassage eine Torkildsen-Drainage oder auch ein Pudenz-Heyer-Ventil mit occipitaler Verbindungsdrainage der beiden Ventrikel an. Ist die intrakranielle Drucksteigerung auf diese Weise beseitigt, gehen wir in einer zweiten Sitzung den Tumor direkt an, entweder subfrontal oder auch transventrikulär (Tab. 3).

Tabelle 3. *Operative Behandlung der Kraniophyryngeome des eigenen Krankengutes*

| | | Kraniopharyngiome (16) | | | | |
|---|---|---|---|---|---|---|
| | | intrasellär | intra-suprasellär | | suprasellär | |
| Ausbreitung: | | 3 | 7 | | 6 | |
| | | | | | Shunt | |
| präoperat. Shunt: | | — | 2 | | 1 | 2 |
| transfrontale Op. | total | | total | subtotal | — | subtotal |
| | | | 3 | 4 | | transventric. |
| | | Mortalität 0 % | | | | |

Die *Rezidivhäufigkeit* betrug bei den unbestrahlten transfrontal operierten Adenomen Cushings noch 52,5% nach zusätzlicher Bestrahlung 12,9% (Davidoff). Olivecrona gab die Rezidivquote seiner Serie mit 6,8%, Ray mit 6,4% und Tönnis mit 8,7% an. Eigene frühere Untersuchungen ergaben, daß die Rezidivtumoren vorwiegend in den ersten 5 Jahren nach der Erstoperation auftreten und einen Häufigkeitsgipfel im dritten Jahr aufweisen (Marguth u. Nover, 1964). Der Zeitraum unserer in München durchgeführten Operationen ist noch zu kurz, um zu dieser Frage Stellung nehmen zu können. Ebenfalls fehlen noch die Ergebnisse nach dem transphenoidalen Vorgehen der letzten Jahre. Auffallend ist die große Differenz der Rezidivhäufigkeit bei Cushing und den späteren Autoren, was sicher damit zusammenhängt, daß Cushing nicht so radikal operierte wie seine Nachfolger. Unter diesem Aspekt müssen auch die Mortalitätsprozentsätze betrachtet werden (Tab. 4).

*Arbeitsfähigkeit* nach transfrontaler Operation erreichten in der Operationsserie von Krayenbühl 72,5 %, von Olivecrona 54,5%, von Riechert und Mundinger 56,2 % der Patienten. 43,8 % der von

Tabelle 4

| Mortalität in % bei transfrontalen Operationen von Hypophysenadenomen | |
|---|---|
| Cushing | 4,5 |
| Dandy | > 5 |
| Davidoff u. Feiring (1948) | 13,6 |
| Grant (1928) | 9,5 |
| Horrax (1958) | 12,1 |
| Krayenbühl v. Heimbach (1959) | 9,5 |
| Mayo Klinik (n. Baker, 1960) | 5,3 |
| Nurnberger u. Korey | 11,8 |
| Olivecrona chromophobe | 11,3 |
| azidophile | 9,5 |
| Riechert u. Mundinger (1967) | 11,1 |
| Tönnis | 11,8 |
| Marguth (1969) | 5,4 |

Tönnis operierten Patienten wurden voll, 47,8% beschränkt arbeitsfähig. Bessere
Ergebnisse sind hier in Zukunft noch durch eine exakte hormonelle Substitution
zu erwarten, obwohl — wie eigene frühere Untersuchungen zeigten — bei einem
Teil der Patienten eine spontane Erholung der gonadotropen und auch der adrenocorticotropen Funktionen eintritt (Marguth, 1964).

Die postoperative *Rückbildung der Sehstörungen* hängt ab vom Schweregrad und
der Dauer der Schädigung des Sehnerven. Nach den von Mundinger und Riechert
zusammengestellten Ergebnissen der Weltliteratur (1967) wird in 63 $\pm$ 9% eine
Verbesserung der Sehfunktionen erreicht. Bei 32 genau untersuchten Patienten
unserer Serie war in 57% (= 18 Patienten) eine Sehverbesserung nachweisbar, wobei bei 6 Kranken (19%) eine völlige Wiederherstellung der Sehleistung eingetreten war.

Zusammenfassend möchten wir herausstellen, daß große, weit in das Schädelinnere einwachsende Hypophysentumoren nur auf transkraniellem Wege total
entfernt werden können. Wir selbst sind ferner der Auffassung, daß die nur bei dieser
Methode durchführbare Kapselresektion für die Dauerheilung entscheidend ist.
Da chromophobe und Mischtypadenome relativ schnell wachsen, ist auch bei ver-
besserter Diagnostik in einem hohen Prozentsatz mit ausgeprägter para- und suprasellärer Ausdehnung der Geschwülste zu rechnen. Bei vorwiegend intrasellär entwickelten Tumoren ist das transphenoidale Vorgehen durchaus gerechtfertigt; da
jedoch bei erhaltener Tumorkapsel eine erhöhte Rezidivgefahr besteht, wird eine
Röntgennachbestrahlung erforderlich bleiben.

Fragen wir uns nun, was sich seit Cushing geändert hat, so müssen die modernen
Anaesthesieverfahren, die auch einen besseren Zugang zur Chiasmaregion ermöglichen, die intraoperative Überwachung der vegetativen Funktion und die intra- und
postoperative Hormonsubstitution genannt werden. Durch diese Maßnahmen ist
das Operationsrisiko sicher erheblich vermindert worden; wir haben selbst über
70 jährige mit Erfolg transkraniell operiert. Die transphenoidale Methode ist durch
Einführung des Operationsmikroskopes und des Bildwandlers bereichert worden.
Absolut indiziert ist die operative Behandlung bei Hypophysentumoren mit
Chiasmasyndrom, wobei das Operationsrisiko im wesentlichen von der Größe und
der Ausdehnung der Geschwulst und weniger vom operativen Zugang bestimmt
wird. Eine weitere Operationsindikation ist bei endokrin aktiven Tumoren ohne
Sehstörungen mit progredienter Akromegalie und diabetischer Stoffwechsellage
gegeben.


### Literatur

Adams, J. E., and R. J. Seymour: Transphenoidal cryohypophysectomy in acromegaly.
Clinical and endocrinological evaluation. J. Neurosurg. **23**, 100—104 (1968).
Bakay, L.: The results of 300 pituitary adenoma operations. J. Neurosurg. **7**, 240—255
(1950).
Baker, G. S.: Treatment of pituitary adenomas. Arch. Surg. **81**, 824—846 (1960).
Bergland, R. M., B. S. Ray, and R. M. Torack: Anatomical variations in the pituitary gland
and adjacent structures in 225 human autopsy cases. J. Neurosurg. **23**, 93—100 (1968).
Dandy, W. E.: Hypophysical tumors. Practice of surgery, vol XII, p. 556. Hagerstown,
Maryland: W. F. Prior Co., Inc. 1932.
Deborsu, F. L.: Difficultés de la voie trans-sphenoidale de l'operation d'adenome de l'hypo-
physe. Neurochirurgía **1**, 209—215 (1959).
Erbertseder, A. W.: Zur operativen Behandlung der Hypophysenadenome. Münch. med.
Wschr. **43**, 2499—2504 (1968).

Friedmann, G., u. F. Marguth: Intraselläre Liquorcysten. Zbl. Neurochir. **21**, 33—41 (1961).
Grant, F. C.: The surgical treatment of pituitary adenomas. J. Amer. med. Ass. **113**, 1279—1282 (1939).
— Surgical experience with tremors of the pituitary gland. J. Amer. med. Ass. **136**, 668—771 (1948).
Guiot, G., et B. Thibaut: L'extirpation des adénomes hypophysaires par voie trans-sphenoidal. Neurochirurgia **1**, 133—150 (1959).
Hamberger, G. A., G. Hammer, G. Norlen, and B. Sjögren: Transantrosphenoidal hypophysectomy. Arch. Otolaryng. **74**, 2—8 (1961).
Hamlin, H.: The case for trans-sphenoidal approach to hypophysial tumors. J. Neurosurg. **19**, 1000—1003 (1962).
Hardy, I.: La chirurgie de l'hypophyse par voie trans-sphénoidale. Etude comparative de deux modalités techniques. Un. méd. Can. **96**, 702—712 (1967).
Hardy, J., and S. M. Wigser: Transsphenoidal surgery of pituitary fossa tumors with televised radiofluoroscopie control. J. Neurosurg. **23**, 612—620 (1965).
Henderson, W. H.: The pituitary adenomata. A follow-up study of the surgical results in 338 cases (Dr. Harvey Cushing's series). Brit. J. Surg. **26**, 811—921 (1939).
Hirsch, O.: Über endonasale Operationsmethoden bei Hypophysistumoren mit Bericht über 12 operierte Fälle. Berl. klin. Wschr. **1911**, 1933—1935.
— 40 Jahre transsphenoidale Operationen von Hypophysentumoren. Wien. klin. Wschr. **62**, 35—37 u. 640—644 (1950).
— Hypophysentumoren — ein Grenzgebiet. Acta neurochir. (Wien) **5**, 1—10 (1957).
Krayenbühl, H.: Reflexions sur une série de 105 cas de tuneurs de l'hypophyse, évaluation du traitement chirurgical. Neurochirurgie **4**, 356 (1958).
Marguth, F.: Zur Pathogenese endokriner Funktionsstörungen bei raumfordernden intracraniellen Prozessen. Beiträge zur Neurochirurgie, Heft 7. Leipzig: Joh. Ambrosius Barth 1964.
— Differentialdiagnostik der Geschwülste im Bereich des Türkensattels. Dt. med. Wschr. **89**, 1839—1845 (1964).
—, u. A. Nover: Morphologie und Klinik der Hypophysenadenom-Rezidive. Acta neurochir. (Wien) **5**, 716—730 (1964).
—, u. O. Wilcke: Therapie der Hypophysenadenome. Dtsch. med. Wschr. **89**, 43 2029—2032 (1964).
Müller, W., u. H. Hoffmann: Über Verkalkungen im Hypophysenadenom. Zbl. Neurochir. **28**, 287—290 (1967).
Mundinger, F., u. T. Riechert: Hypophysentumoren — Hypophysektomie. Stuttgart: G. Thieme 1967.
Nover, A.: Augensymptome bei Hypophysenadenomen. Dtsch. med. Wschr. **27**, 1381—1384 (1962).
— Über das Verhalten des Opticus nach längerdauernder Kompression. Fortschr. Neurol. Psychiat. **30**, 230 (1962).
Nurnberger, J. L., and S. R. Korey: Pituitary chromophobe adenomas. Berlin-Göttingen-Heidelberg: Springer 1953.
Olivecrona, H.: The surgical treatment of intracranial tumors. In: Handbuch der Neurochirurgie Bd. IV, 4, hrsg. von Olivecrona, H. und W. Tönnis. Berlin-Heidelberg-New York: Springer 1967.
Rand, R. W., and W. N. Hanafee: Cavernous sinus venagraphy and Stereotaxie cryohypophysectomy. J. Neurosurg. **1967**, 521—526.
Ray, B. S., and M. Horwitz: Surgical treatment of acromegaly. Clin. Neurosurg. **10**, 31—57 (1964).
—, and R. H. Patterson: Surgical treatment of pituitary adenomas. J. Neurosurg. **19**, 1—8 (1962).
Röttgen, P., u. G. Peters: Über „Massenblutungen" in Hypophysenadenomen. Zbl. Neurochir. **12**, 65—73 (1952).
Schaefer, J. P.: Some points in the regional anatomy of the optic pathway with special reference to the tumors of the hypophysis cerebri and resulting ocula changes. Anat. Rec. **28**, 253 (1954).

Schiefer, W., u. F. Marguth: Intraselläre Aneurysmen. Acta neuroveg. (Wien) 4, 344—353 (1956).

Svien, H. J., W. C. Kennedy, and T. P. Kearns: Results of surgical treatment of pituitary adenoma. The factor of excessively enlarged sella. J. Neurosurg. 20, 669—674 (1963).

—, and Th. J. Litzow: Removal of certain hypophyseal tumors by the transantral-sphenoid route. J. Neurosurg. 23, 603—611 (1965).

Tönnis, W.: Das klinische Bild der verschiedenen Hypophysenadenome. In: Handbuch d. Neurochirurgie IV. 3, hrsg. von Olivecrona, u. W. Tönnis. Berlin-Göttingen-Heidelberg: Springer 1962.

— K. Oberdisse u. E. Weber: Bericht über 264 operierte Hypophysenadenome. Acta neurochir. (Wien) 3, 113—130 (1953).

— G. Friedmann u. H. Albrecht: Zur röntgenologischen Differentialdiagnose der Hypophysenadenome. Unter Berücksichtigung der primären und sekundären Sellaveränderungen. Fortschr. Röntgenstr. 87, 678—686 (1957).

# Postoperative Diagnostik und Substitutionstherapie bei Hypophysentumoren[1]

### Postoperative Endocrine Diagnostic and Therapy in Pituitary Tumors


P. C. SCRIBA

II. Medizinische Klinik der Universität München



### Summary

1. Perioperatively, patients with pituitary tumors should regularily receive cortisol therapy, since it is difficult to predict exactly postoperative secondary adrenal insufficiency. Postoperative diabetes insipidus is instable and should be substituted carefully with fluid and antidiuretic hormone.

2. Follow-up studies of 19 patients with acromegaly and of 42 patients with pituitary tumors — chromophobe adenoma (N = 19), mixed type adenoma (N = 13) and cranio-pharyngeoma (N = 10) — were performed. Postoperatively, among the latter 42 patients, secondary hypogonadism (75%) was more frequently found than secondary adrenal insufficiency (65%) and secondary hypothyroidism (51%).

3. Long-term substitutive therapy of postoperative pituitary insufficiency has to follow careful diagnostic measures and must be controled in regular intervals. Any patient with pituitary tumor should postoperatively be provided with a certification warning of the danger of acute pituitary insufficiency in cases of accidents or acute illness.


## I. Unmittelbar postoperative Phase

In der unmittelbar an die operative Entfernung eines Hypophysentumors anschließenden Phase ist der Patient von einer *akuten HVL-Insuffizienz* bedroht. Das klinische Bild ist dabei einerseits von der bereits vor dem Eingriff nachweisbaren chronischen Druckschädigung und Insuffizienz des Hypophysenvorderlappens und andererseits vom Ausmaß des zusätzlichen operativ bedingten HVL-Ausfalls abhängig [2, 6, 33, 34, 45, 48, 58, 62, 63, 81, 91].

Während die chronische HVL-Insuffizienz beim Hypophysentumor klinisch vom Bild des Gonadotropinmangels und weniger vom TSH- und ACTH-Ausfall beherrscht ist, steht bei der akuten HVL-Insuffizienz infolge operativer Eingriffe im Hypothalamus-Hypophysengebiet die akute sekundäre Nebennierenrindeninsuffizienz vor allem mit der Kollapsneigung ganz im Vordergrund [10, 62, 69, 79, 81, 90, 91, 94]. Diese sekundäre NNR-Insuffizienz ist einerseits zu instabil und andererseits zu unberechenbar, um sinnvoll die bisher verfügbaren diagnostischen Verfahren [84] einzusetzen und die *akut erforderliche Substitutionsbehandlung* etwa


[1] Mit Unterstützung der Deutschen Forschungsgemeinschaft.

Die mitgeteilten Ergebnisse eigener Beobachtungen stammen aus der dankenswerten Zusammenarbeit von Herrn Prof. Dr. F. Marguth, Dr. R. Fahlbusch u. Mitarb. (Neurochirurgische Klinik der Universität München) und der Endokrinologischen Abteilung der II. Med. Univ.-Klinik (P. Bottermann, P. Dieterle, E. Dirr, A. Gerb, W. Hochheuser, K. Horn, F. J. Kluge, R. Landgraf, M. Müller-Bardorff, R. Pickardt, K. Schwarz, A. Souvatzoglou, H. Thiele, O. Zach).

nach den Ergebnissen dieser Diagnostik (Tab. 6) zu steuern. Unabhängig von einer ggf. präoperativ nachgewiesenen sekundären NNR-Insuffizienz substituieren wir daher schematisch mit Cortisol (Tab. 1). Die früher angewandte Substitution durch Implantation von Kalbshypophysen und ACTH-Injektionen [42, 62] wurde zugunsten der zweckmäßigeren parenteralen und später oralen Cortisolsubstitution verlassen. Die Dosierung richtet sich nach Tab. 1 und wird an Blutdruck, Blutvolumen (Haematokrit), Elektrolyte etc. angepaßt.

Tabelle 1. *Hypophysentumoren — perioperative Substitution*

| | Präoperativ | Intra-operativ | Postoperativ | | | | | | |
|---|---|---|---|---|---|---|---|---|---|
| | | | Op.-Tag | 1. Tag | 2. Tag | 3. Tag | 4.—6. Tag | | Ab 7. Tag |
| Cortisol[a] (Hydro-cortison-Hoechst) | 20—30 mg p. o. nur bei sek. NNR-Insuff. | 50 mg i. v. | 50 mg i. v. | 50 mg i. v. | 50 mg i. v. | 40 mg i. v. p. o. | 30 mg p. o. | | 20—30 mg p. o. Erhaltungsdosis |

[a] Je nach Verlauf höhere Dosierung, längere i. v.-Behandlung. Infusion von Glucose, Elektrolytlösungen, Plasma etc. nach Befunden.

Ein postoperativ einsetzender Diabetes insipidus wirft besondere Probleme auf. Bis zu einem gewissen Grade läßt die Größe des erforderlichen Eingriffes, insbesondere bei suprasellär oder suprachiasmatisch wachsenden Tumoren, schon vorher ahnen, ob es zu einem Diabetes insipidus kommt. Die Polyurie setzt 1—4 Tage nach dem Eingriff meist ziemlich schlagartig ein. Der *postoperative Diabetes insipidus* [63, 69, 94] ist durch erhebliche Instabilität mit u. U. raschem Wechsel von mehr oligurischen zu polyurischen Phasen gekennzeichnet. Exzessive Polyurie von bis zu 40 Litern pro Tag wurde beobachtet. Da die Patienten manchmal bewußtseinsgetrübt sind, ist die Gefahr einer bedrohlichen Exsiccose gegeben. Andererseits weist der postoperative Diabetes insipidus eine Tendenz zu Spontanbesserungen auch bei fortgesetzter Substitution einer gleichzeitigen Hypophysenvorderlappeninsuffizienz auf. Im Krankengut von Prof. Marguth wurde bei 55 Patienten postoperativ 7mal ein transitorischer und weitere 13mal ein *bleibender Diabetes insipidus* beobachtet. Erforderliche diagnostische Maßnahmen sind vor allem eine sorgfältige Kontrolle der Ausscheidung, des spezifischen Gewichtes, der Serum- und Urinosmolalität, sowie der Serumelektrolyte und des Hämatokrits. Die Substitutionsbehandlung erfolgt elastisch mit Flüssigkeitszufuhr, je nach Ausscheidung, und mit antidiuretischem Hormon (Pitressin-Tannat i. m. oder in schweren Fällen Tonephin als Infusion). Im Hinblick auf die Gefahr eines Hirnödems [6, 17, 20, 45, 55, 62, 63, 69, 79, 91] ist dabei eine Überwässerung sorgfältig zu vermeiden.

## II. Postoperative Diagnostik

Für die Diagnostik der postoperativen endokrinen Ausfälle gilt, daß hier nicht so sehr wie präoperativ (s. Solbach u. Mitarb. [84]) die Differenzierung von hypothalamisch-hypophysären Erkrankungen mit sekundärer NNR-Insuffizienz, sekundärer Hypothyreose und sekundärem Hypogonadismus einerseits, gegenüber einer primären Insuffizienz der peripheren Drüsen andererseits als diagnostische Aufgabe vorliegt. Diese *Differentialdiagnose* ist vielmehr aufgrund der Vorgeschichte klar. Es geht jetzt um die *quantitative* Beurteilung von zwei Fragen:

1. Wie schwer ist die sekundäre Insuffizienz der NNR, Schilddrüse und der Gonaden als Ausdruck der eingetretenen HVL-Insuffizienz? Welche Dosierungen lassen sich für die Dauersubstitution daraus ableiten?

2. Hat man mit dem Verlust der Anpassungsfähigkeit eines Patienten an Belastungen, wie Operationen, Unfälle oder schwere Erkrankungen zu rechnen und wie kann Vorsorge getroffen werden?

### a) Mitteilungen in der Literatur

1. Beim *Hypophysenvorderlappenadenom* wird auch bei schonendem Vorgehen, z. B. unter Eröffnung der Tumorkapsel, Entfernung des Adenomgewebes, Entfernung der Tumorkapsel — oft durch den Operateur [50, 58a, 62, 91] nicht sicher die Frage zu beantworten sein, ob noch normales Hypophysengewebe zurückgeblieben ist. Die Korrelation zwischen anatomischer Ausdehnung eines raumfordernden Prozesses im hypothalamisch-hypophysären Gebiet und endokrinen Ausfällen ist nicht sehr streng. Es werden besonders supraselläre Tumoren ohne oder mit nur geringen endokrinen Ausfällen beobachtet [9, 48, 72]. Wie häufig findet man nun postoperativ das *Vollbild* der *Simmondsschen Krankheit* bzw. *partielle Hypophysenvorderlappeninsuffizienzen* [62]?

Ebenso wie für das unbehandelte HVL-Adenom (chromophobes Adenom, Mischtypadenom) gilt auch für den Zustand nach Operation die Regel, daß der sekundäre Hypogonadismus häufiger als die sekundäre Nebennierenrindeninsuffizienz und diese wieder häufiger als die sekundäre Hypothyreose ist [34, 62].

Dies zeigte sich schon an der Statistik von Mogensen [55] aus dem Jahre 1957, der durch Nachuntersuchungen bei zwischen 70 und 95% einen sekundären Hypogonadismus, bei rund 50% die Zeichen der sekundären NNR-Insuffizienz und bei unter 30% Zeichen einer sekundären Hypothyreose fand (Tab. 2). Bei allen Statistiken über endokrine Ausfälle nach Behandlung von HVL-Adenomen ist genau auf die *Behandlungsart* [50, 58a, 62, 91] zu achten. Bei den Patienten von Mogensen wurde das Adenom entfernt, die Tumorkapsel aber belassen. Die Patienten waren zum Teil nachbestrahlt (Tab. 2).

Tabelle 2. *„Chromophobes" Adenom (N = 60), Mogensen (1957),* [55]
*Von 53 Überlebenden 10 × Nachbestrahlung; Nachuntersuchungen (N = 47) 3 Mon.—14 Jahre Post Op.*

| | | Hypogonadismus | | Subnormale 17-Keto-steroide | Subnormale Cortico-steroide | Subnormaler Grund-umsatz |
|---|---|---|---|---|---|---|
| Präoperativ | ♂ N = 30 | ↓ Potenz | 5/21 (24%) | 4/18 (22%) | 3/9 (33%) | 2/15 (13%) |
| | ♀ N = 29 | Cyclus-Störung | 24/26 (92%) | 4/19 (21%) | 2/10 (20%) | 3/15 (20%) |
| Postoperativ | ♂ N = 24 | ↓ Potenz- | 16/23 (70%) | 14/23 (61%) | 7/23 (30%) | 8/23 (35%) |
| | ♀ N = 22 | Cyclus-Störung | 21/22 (95%) | 11/22 (50%) | 7/21 (33%) | 6/22 (27%) |

Einen genaueren Eindruck von der Häufigkeit der sek. *NNR-Insuffizienz* nach
Behandlung eines HVL-Adenoms gibt die Statistik von Jenkins und Elkington [32].
29 Patienten wurden postoperativ und nach zusätzlicher Bestrahlung, aber ohne
vorherige Steroidsubstitution untersucht (Tab. 3). Bei 41 % stiegen die Plasma-17-
OHCS unter ACTH-Belastung nicht ausreichend an. Bei 93 % (!) zeigte der Metopirontest einen pathologischen Ausfall, wobei allerdings von diesen Patienten mit
pathologischem Metopirontest nur etwas mehr als die Hälfte einen verminderten
Anstieg der Plasma 17-OHCS nach Pyrogeninjektion aufwies.

Tabelle 3. *HVL-Adenome (N = 29) nach Operation und Bestrahlung*
*Keine CS-Substitution vor Nachuntersuchung 1—7 Jahre nach Ther.*
*Elkington (1964), [32]*

| ↓ Anstieg d. Plasma 17-OHCS bei ACTH-Belastung (2 TG) | Patholog. Metopirontest | ↓ Anstieg. d. Plasma 17-OHCS nach Pyrogen |
|---|---|---|
| 12/29 (41%) | 27/29 (93%) | 10/19 (53%) |

Elkinton u. Mitarb. [20] haben 152 Patienten nachuntersucht, die wegen eines
HVL-Adenoms operiert und nachbestrahlt worden waren. Nach den klinischen
Symptomen waren in dieser Serie 33 % der Patienten laufend substituiert worden
(Tab. 4). Eine deutliche HVL-Insuffizienz wiesen 19 % und weitere 26 % eine
mäßige HVL-Insuffizienz auf. Zusammen waren also im Mittel 7-10 Jahre nach den
Eingriffen *78% der Patienten HVL-insuffizient.* Von den 102 nicht substituierten

Tabelle 4. *HVL-Adenome (N = 152) nach Operation und Bestrahlung*
*Elkington u. Mitarb. (1967), [20]*

Nach klinischen Symptomen:

|  | laufend substituiert | nicht substituiert | | |
|---|---|---|---|---|
|  |  | erhebl. HVL-Insuffizienz | mäßige HVL-Insuffizienz | keine HVL-Insuffizienz |
| Patientenzahl (%) | 50 (33%) | 29 (19%) | 40 (26%) | 33 (22%) |
|  |  | 78 % | | |
| Jahre nach Operation (x̄) | 7 | 10 | 8 | 9 |

Nachuntersuchungen (N = 27) von nicht-substituierten Patienten (N = 102):

|  | Basal 17-KS | Basal 17-OHCS | Metopiron Test | $^{131}$J-Ausscheid. | Grundumsatz Index |
|---|---|---|---|---|---|
| normal: | 9 | 14 | 5 | 12 | 7 |
| erniedrigt: | 17 (65%) | 12 (46%) | 22 (82%) | 11 (48%) | 17 (71%) |

Patienten wurden 27 genauer nachuntersucht. Je nach zugrunde gelegtem Parameter (Basal-17-Ketosteroide, Basal-17-OHCS, Metopirontest) fanden sich bei 46 bis 82% die Zeichen der sekundären NNR-Insuffizienz. Knapp die Hälfte der Patienten war als sekundär hypothyreot zu bezeichnen (Tab. 4).

2. Von 73 Patienten mit *Kraniopharyngeom* [6] liegen leider nur Angaben über die präoperativen endokrinen Ausfälle (Tab. 5) vor. 44 der 73 Patienten hatten endokrine Ausfälle, wobei Minderwuchs, Hypogonadismus und Diabetes insipidus im Vordergrund standen. Allerdings läßt die suprachiasmatische Ausdehnung des Kraniopharyngeoms häufig keine totale Exstirpation zu [6, 11, 39, 45, 48, 62, 91, 95].

Tabelle 5. *Kraniopharyngeom (N = 73), Bingas, Wolter (1968), [6]*

| Endokrine Ausfälle | 44 | |
| --- | --- | --- |
| Minderwuchs | 16 | |
| Dystrophia adiposogenitalis (Minderwuchs, Hypogonadismus, Adipositas) | 12 | (dabei 2 × Diabetes insipidus) |
| Hypogonadismus | 19 | (dabei 6 × Diabetes insipidus) |
| Polyurie,Polydipsie | 18 | (dabei 8 × Diabetes insipidus) |

3. McCullagh u. Mitarb. [52] kamen 1965 bei der Nachuntersuchung von 29 Patientinnen mit Mamma-Carcinom und $^{90}$*Yttrium-Implantation* in die *nicht vergrößerte Sella* zu folgenden Ergebnissen: 21 von 29 Patientinnen wiesen einen pathologischen Metopirontest auf, von diesen 21 zeigten 18 Patientinnen eine verminderte *Gonadotropinausscheidung*. Letztere Untersuchung wurde von diesen Autoren [52] als *empfindlichste Methode* zur Diagnose einer HVL-Insuffizienz bezeichnet. Bei 18 dieser 21 Patientinnen sank das PB$^{127}$I unter den Wert von 3,5 µg-%.

Von Landon [42] und Stamp [85] wird das Ausbleiben eines Anstiegs der *Wachstumshormonspiegel* beim Insulintoleranztest neuerdings als empfindlichste Methode zum Nachweis einer HVL-Insuffizienz angegeben. Diese Autoren machten gleichzeitig auf den verlangsamten Anstieg der NFS bei 4stündiger Verlängerung eines nächtlichen Fastens bzw. nach Insulinbelastung aufmerksam [42, 85].

### b) Beobachtungen der Münchner Kliniken

Bei unkompliziertem postoperativen Verlauf konnten die Patienten von Prof. Marguth 7—10 Tage nach dem Eingriff wieder zu uns übernommen werden und 14 Tage bis 3 Wochen nach der Operation mit der vorläufigen Substitutionsbehandlung mit 20—30 mg Cortisol pro Tag und, bei Bedarf, mit 50 bis 100 µg Thyroxin sowie mit Vasopressin-Spray zwischenzeitlich entlassen werden. Im allgemeinen 6—8 Wochen und in keinem Fall mehr als ein Jahr nach der Operation wurden die Patienten zur endokrinologischen Diagnostik und Festsetzung der erforderlichen Dauersubstitution wieder stationär aufgenommen.

Für diese Frage haben wir bewußt *Untersuchungsmethoden* (Tab. 6) in den Vordergrund gestellt, die nicht direkt die glandotropen Hormone des Hypophysenvorderlappens als vielmehr die Serumspiegel der endokrinen Drüsen erfassen, welche vom HVL gesteuert werden. Man wird die Frage, ob ein Patient nach Operation eines Hypophysenvorderlappenadenoms oder Craniopharyngeoms im normalen täglichen Leben substitutionsbedürftig ist, bis jetzt in erster Linie vom Serumspiegel der Corticosteroide und der Schilddrüsenhormone abhängig machen müssen. Für die

Substitution mit Sexualhormonen wird die Periode, die Angaben über Libido und Potenz und die Gonadotropinausscheidung maßgeblich sein. Die Substitution mit Vasopressin erfolgt nach der Größe des täglichen Urinvolumens bzw. dem Ergebnis des Durstversuches (Tab. 6).

Tabelle 6. *Diagnostische Maßnahmen vor Festsetzung der Dauersubstitution*[a]

1. 11-Hydroxycorticosteroide im 9-Uhr-Plasma
   i.-v.-ACTH-Belastungstest (25 E von 9—13 Uhr): Plasma-11-OHCS
   Plasmaproteinbindung von $^3$H-Cortisol
2. PB$^{127}$I (proteingebundenes Jod im Serum)
   $T_3$-in-vitro-Test
   Gesamtcholesterin im Serum
3. Gonadotropine im 24 Std-Urin (3 Tage)
4. Durstversuch mit Urin- und Plasmaosmolalität

[a] Die 11-OHCS im 9-Uhr-Nüchternplasma (Normalbereich ($\bar{x} \pm 2s$) Gesunder: 4,5 bis 20,9 µg-%), sowie vor und nach zweimaliger ACTH-Belastung (Normalbereiche Gesunder: 9 Uhr = 4,3—21,5 µg-%; 13 Uhr, nach 0,25 mg Synacthen pro 4 Std i. v., = 29,9—65,9 µg-%) wurden, nach vorheriger Umsetzung der Cortisolsubstitution auf 2 × 0,25 mg Dexamethason p. o. pro Tag, fluorimetrisch bestimmt [30]. Die Bestimmung der Plasmaproteinbindung von $^3$H-Cortisol (Normalbereich Gesunder: 5,4—15,2%) erfolgte mittels Dextrangelfiltration, die Methode erreicht die diagnostische Aussagekraft der ACTH-Belastung [31]. Die Bestimmung des PB$^{127}$I (Normalbereich: 3,2—7,2 µg-%) und des sog. freien $T_3$-125 (Normalbereich: 11,5—18,5%) wurde früher beschrieben [29, 71, 82]. Die Gonadotropinbestimmungen im 24 Std-Urin wurden mit einer Hämagglutinationshemmungsreaktion [43, 92, 93], bei den meisten Patienten leider nur einfach, durchgeführt.

Tab. 7 faßt unsere Beobachtungen bei 61 Patienten mit behandelten Hypophysentumoren zusammen [18]. Dabei wurde an der Einteilung in klinisch diagnostizierte *Akromegalie* (Somatotropin produzierende HVL-Adenome) und in klinisch *endokrin-inaktive*, operativ und histologisch[2]) verifizierte, *chromophobe Adenome, Mischtypadenome* und *Craniopharyngeome* festgehalten. Bei den letzten drei Gruppen standen auch präoperativ die endokrinen Ausfallserscheinungen gegenüber den Zeichen der endokrinen Aktivität — nur ein Patient wies eine fugitive Akromegalie auf — ganz im Vordergrund [81]. Die Unterschiede von Mischtypadenomen und chromophoben Adenomen müssen bei dieser Einteilung weniger deutlich werden, als bei einer rein histologischen Gruppierung des Krankengutes [1, 12, 58, 89, 91, 96], da bekanntlich das Mischtypadenom Ursache des Vollbildes einer Akromegalie sein kann. Die *Häufigkeitsabnahme* von *sekundärem Hypogonadismus zu sekundärer NNR-Insuffizienz* und zu *sekundärer Hypothyreose* wird auch in unserem Krankengut deutlich (Tab. 7).

Unter „*z. T. partieller Diabetes insipidus*" (Tab. 7) wurden hier neben den Vollbildern des Diabetes insipidus auch Patienten mit einer permanenten Polyurie-Polydipsie von 3—4 Litern pro Tag eingeordnet [18].

Tab. 8a—c enthält anamnestische Angaben und Befunde (vgl. Tab. 6), die den in Tab. 7 aufgeführten endokrinologischen Diagnosen zugrunde gelegt wurden. Für den sekundären Hypogonadismus wurden Libido- und Potenzverlust beim Mann, Amenorrhoe bei den weniger als 45 Jahre alten Frauen und/oder verminderte Gonadotropinausscheidung gefordert. — Für die Diagnose einer sekundären Nebennierenrindeninsuffizienz waren erniedrigte Plasma-

---

[2] Für die histologischen Befunde sind wir Herrn Prof. Dr. O. Stochdorph, München, zu Dank verpflichtet.

11-OHCS- oder Werte des sog. freien Cortisols oder ein pathologischer Ausfall des ACTH-Belastungstests maßgeblich [30, 31]. — Eine sekundäre Hypothyreose wurde bei erniedrigtem PB$^{127}$I-Wert und/oder vermindertem sog. freien $T_3$-125 diagnostiziert [29, 71, 82]. Auch bei den Patienten mit operiertem Hypophysentumor war das Gesamtcholesterin [9a] verhältnismäßig oft erhöht und die Kälteintoleranz bei sek. Hypothyreose eher selten [58].

Bei *psychischen Veränderungen* von Patienten mit raumfordernden Prozessen im Sella-Bereich stehen die Minderungen des Antriebs und der Aktivität ganz im Vordergrund. Differentialdiagnostisch ist vom psychopathologischen Standpunkt die bewußt bleibende, aber willensmäßig nicht zu durchbrechende Antriebsminderung bei postoperativer HVL-Insuffizienz [18] von der Antriebsstörung durch Schädigung des Frontalhirns, die nicht bewußt ist, zu trennen [34, 62, 78]. Das Elektrencephalogramm zeigt recht häufig unspezifische Allgemeinveränderungen, die z. T. auf die endokrinen Ausfälle zurückgeführt werden können [6, 62, 79, 95]. Auch bei endokriner Substitutionsbehandlung persistieren u. U. die psychischen Störungen, wie Antriebsminderung und depressive Stimmungslage, die Bleuler unter dem Begriff endokrines Psychosyndrom (Tab. 7) zusammenfaßt [7].

Tabelle 7.

*Postoperative[a] Ausfälle bei Hypophysentumoren (betroffene/untersuchte Patienten)*

| | Hypophysenvorderlappeninsuffizienz | | | | z. T. part. Diabetes insipidus | Psychosyndrom | Gesichtsfeld-Defekte |
| | sek. Hypogonadismus | sek. NNR-Insuff. | sek. Hypothyr. | | | | |
| | ♂ ♀ | | | | | | |
| Akromegalie[a]<br>N = 19 | 5/6   5/9 | 3/12 | 2/13 | | (1)/16 | 6/16 | 0/16 |
| Op. Mischtyp-Adenom<br>N = 13 | 5/5 | 7/8   7/10 | 5/13 | | 6/13 | 1(3)/13 | 9/13 |
| Op. chromophobes Adenom<br>N = 19 | 7/9   [75 %] | 2/8   7/10   [65 %] | 7/17   [51 %] | | 6/17 | 4(9)/19 | 16/19 |
| Op. Kraniopharyngeom<br>N = 10 | 5/6 | 4/4   3/6 | 7/10 | | 7/10 | 5/10 | 5/10 |

[a] Behandlung der Akromegalen: Röntgenbestrahlung (N = 9), $^{90}$Y-Implantation (N = 3), Rö.-Bestr. + $^{90}$Y-Impl. (N = 2), ausgebrannte Akromegalie (N = 3), Transsphenoidale Hypophysekt. (N = 1), Transfrontale Hypophysektomie (N = 1).

## III. Substitutionstheraphie

Bei nachgewiesener HVL-Insuffizienz ergibt sich die Notwendigkeit, etwa wie in Tab. 9 angegeben, zu substituieren [46]. Die Cortisolsubstitution sollte dabei unter Berücksichtigung des physiologischen 24-Stunden-Rhythmus erfolgen [8, 44, 80]. Testosteron- oder Oestrogen-Langzeit-Behandlungen [65a] sind nicht nur aus naheliegenden subjektiven Gründen, sondern auch zur Vermeidung einer frühzeitigen Osteoporose erforderlich. Auf besondere Probleme der Behandlung der Infertilität kann in diesem Zusammenhang nicht näher eingegangen werden [25].

Tabelle 8. *Endokrine Ausfälle bei operierten[a] Hypophysentumoren (betroffene/untersuchte Patienten)*

| | | | op.<br>Akro-<br>megalie[a]<br>N = 19 | op.<br>Mischtyp-<br>Adenome<br>N = 13 | op.<br>chromo-<br>phobe<br>Adenome<br>N = 19 | op.<br>Kranio-<br>pharyn-<br>geome<br>N = 10 |
|---|---|---|---|---|---|---|
| | Alter - Jahre ($\bar{x}$) | | 26—69<br>(50,3) | 29—65<br>(50,9) | 32—70<br>(55,0) | 14—65<br>(34,5) |
| a)<br>sekundärer | ↓ Gonadotropine | ♂ | 4/ 4 | 2/ 3 | 2/ 2 | 3/ 4 |
| | | ♀ | 5/ 6 | 3/ 3 | 1/ 2 | 2/ 3 |
| Hypo- | ↓ Libido<br>Potenz | ♂ | 5/ 6 | 5/ 5 | 7/ 9 | 5/ 6 |
| gonadismus | Amenorrhoe | < 45 J. | 5/ 9 | 7/ 8 | 2/ 8 | 4/ 4 |
| | Wachstum nach<br>dem 17. L.-J. | | 5/19 | 0/13 | 0/19 | 4/10 |
| | Plasma-11-OHCS | < 4,3 μ-% | 3/12 | 7/10 | 3/10 | 2/ 6 |
| b)<br>sekundäre | i. v. ACTH<br>Belastg.<br>11-OHCS | 9.00< 4,3 μg-%<br><br>13.00< 30 μg-% | 3/12 | 7/10 | 7/10 | 3/ 6 |
| NNR- | sog. freies<br>Cortisol | < 5,4% | 1/ 6 | 4/ 6 | 2/ 4 | 0/ 1 |
| Insuffizienz | Systol. RR<br>Kollapsneigung | < 100 | 3/16<br>1/16 | 4/13<br>2/13 | 8/19<br>3/19 | 4/10<br>1/10 |
| c)<br>sekundäre | PB$^{127}$I<br>sog. freies T³-125 | < 3,2 μg-%<br>< 11,5% | 2/13<br>2/10 | 5/13<br>0/ 9 | 7/14<br>4/11 | 7/10<br>2/ 5 |
| Hypo- | ges. Cholest. | > 250 mg-% | 8/15 | 5/10 | 9/13 | 6/ 9 |
| thyreose | Bradykard.<br>Kälteintoleranz | < 70/min. | 4/16<br>2/15 | 1/13<br>2/12 | 7/19<br>3/19 | 5/10<br>2/10 |

[a] Behandlung der Akromegalen: Röntgenbestrahlung (N = 9), $^{90}$Y-Implantation (N = 3), Rö.-Bestrahlung + $^{90}$Y-Implantation (N = 2), ausgebrannte Akromegalie (N = 3), transsphenoidale Hypophysektomie (N = 1), transfrontale Hypophysektomie (N = 1).


Tabelle 9. *Dauersubstitution von Patienten nach Operation eines Hypophysentumors*

1. Cortisol         : 15—30 mg/Tag p. o., Tagesrhythmus!
2. Thyroxin         : 50—100 μg/p. o. (eventuell kombiniert mit $T_3$)
3. ♂ < 60 J.        : 250 mg Depot-Testosteron i. m./3—4. Wochen
   ♂ > 60 J.        : Synthetische Androgene i. m. oder p. o.
   ♀ < 45 J.        : gynäkolog.-endokrinolog. Cyclusaufbau
   ♀ > 45 J.        : Ev. Oestrogene (niedrig dosiert, gynäkolog. Kontrolle, Vorsicht bei anabolen Steroiden [Virilisierung!])
4. Antidiuretisches Hormon nach Bedarf

Ohne Frage hat es sich bewährt, die Notwendigkeit der Dauersubstitution dieser Patienten in regelmäßigen, mindestens halbjährlichen Abständen in einer Spezialambulanz, z. T. auch stationär zu kontrollieren. Dabei haben wir immer wieder erlebt, daß es möglich war, die Dauersubstitutionsdosis schrittweise abzubauen. Für die Beurteilung von *Verläufen* ist die Zeit der Zusammenarbeit mit Herrn Prof. Marguth und seinen Mitarbeitern jedoch noch zu kurz (Oktober 1966).

## IV. Spezielle Probleme

a) Ein spezielles diagnostisches Problem ergibt sich in den Fällen, bei denen der Mangel an Wachstumshormonen infolge einer postoperativen HVL-Insuffizienz auf einen noch nicht ausgewachsenen Menschen trifft. Hier ist die radioimmunologische Plasma-HGH-Bestimmung unter Provokation durch Arginin oder Pyrogen [3, 26, 65, 66] oder durch den Insulintoleranztest [23, 26, 42, 51, 66, 85] von prognostischer Bedeutung. Diese Fälle von *hypophysärem Minderwuchs* infolge von Tumoren im Hypothalamus-Hypophysenbereich sind heute nach erfolgreicher Operation u. U. einer Behandlung mit menschlichem Wachstumshormon zugänglich [6, 26, 27, 66, 67, 68, 86].

b) Auch die Frage, ob eine *Akromegalie noch aktiv* ist, kann schwierig zu beantworten sein. Insbesondere nach Bestrahlung oder [90]Yttrium-Implantation, aber auch nach operativem Vorgehen ist es rein klinisch nicht immer ohne weiteres möglich, zu entscheiden, ob eine Akromegalie zur Ruhe gekommen ist. Eine Minderung der Glucosetoleranz [47, 63, 94] muß sich nach Hypophysektomie nicht immer normalisieren (metahypophysärer Diabetes). Die Möglichkeit, radioimmunologisch Plasma-HGH-Spiegel zu bestimmen, wird diese diagnostische Entscheidung in Zukunft erleichtern [24, 26, 42, 66, 85].

c) Besondere Probleme kann die postoperative Diagnostik beim *hypothalamisch-hypophysären Cushing-Syndrom* mit sich bringen.

Ein jetzt 20jähriger Patient (R. K.) entwickelte im Alter von 9 Jahren ein Krankheitsbild, das ein Mischbild eines Cushing-Syndroms und einer Pseudopubertas praecox war [75]. Es handelte sich um eine bilaterale diffuse, z. T. adenomatöse NNR-Hyperplasie. Das Krankheitsbild bildete sich zunächst nach subtotaler Adrenalektomie weitgehend zurück (1959). In den folgenden Jahren (seit 1961) entwickelte der Patient jedoch wieder die Zeichen des Cushing-Syndroms, wobei zusätzlich eine erhebliche Pigmentation auffällig war. Der Patient wurde mehrfach nachoperiert und der Rest der linken Nebenniere vermutlich entfernt. Schließlich wurde auch noch eine Hypophysenbestrahlung mit 3000 R vorgenommen. Diese Maßnahmen führten jedoch zu keiner Besserung. Es kam 1966 zu einem schweren Psychosyndrom mit depressiver Verstimmung, hypochondrischer Wesensänderung und Suicidversuch. Da wir bisher nicht wissen, ob aberrierendes [35] Nebennierenrindengewebe — z. B. im beiderseits seit 1965 tumorös veränderten Hoden (1. PE: Leydig-Zell-Hyperplasie, 2. PE: atrophisches Gewebe; Gonadotropinausscheidung vermindert; Orchidektomie verweigert) — das Cushing-Syndrom unterhält und wie dieses gegebenenfalls zu beseitigen wäre, entschlossen wir uns im Oktober 1966 trotz röntgenologisch unauffälliger Sella zu einem Hypophysektomieversuch. Infolge beträchtlicher Verwachsungen von Chiasma und Hypophysengewebe gelang die Hypophysektomie mit Rücksicht auf den Visus nicht so vollständig, wie erwünscht; bei der Operation wurde ein HVL-Tumor (Nelson-Tumor?) vermutet. Von der Unvollständigkeit der Hypophysektomie konnten wir uns anhand der Verlaufsbeobachtungen der ACTH-Spiegel [36] überzeugen. Auch nach dem Eingriff blieben diese erhöht, zuletzt 0,11 mE ACTH pro ml Plasma (gemeinsame Beobachtung mit F. Marguth, H. J. Karl, K. Stehr, K. Schwarz, P. Dieterle und F. J. Kluge [36, 75]). In der letzten Zeit waren allerdings trotz eines klinisch eindeutigen Cushing-Syndroms die 11-OHCS-Werte im Plasma des Patienten nicht mehr erhöht, sondern lagen bei aufgehobenem 24-Std-Rhythmus um 17 µg-%.

Die ACTH-Bestimmung kann also erforderlich sein, um zu entscheiden, ob ein
*Morbus Cushing*, also ein Hypercorticismus bei basophilem oder chromophobem
Hypophysenvorderlappenadenom, oder ein nach Adrenalektomie aufgetretenes
*R-Zellenadenom* (Nelson-Tumor) vorliegt, bzw. ob der HVL-Tumor durch den
operativen Eingriff vollständig entfernt wurde [16, 36, 38, 49, 59, 60, 61, 63, 83].
Die sog. Nelson-Tumoren, von denen wir inzwischen vier beobachteten, sind Beispiele für die vom pathogenetischen Standpunkt als hyperplasiogene Geschwülste
anzusprechenden HVL-Adenome, wie sie auch bei Kretinismus und Myxoedem
[37, 53, 54, 56, 73] unter dem Einfluß der ständigen Stimulation durch die hypo-
physeotropen Hormone (Releasing factors) des Hypothalamus zustande kommen.

### V. Hypothalamisch-Hypophysäre Reserve

Tab. 10 zeigt diagnostische Maßnahmen, die zur Beurteilung der „*Reserve*" des
hypothalamisch-hypophysären Systems eingesetzt werden können [58a, 84]. Wenn
diese Verfahren auch einen gewissen Hinweis darauf geben, ob ein Patient in Be-
lastungssituationen z. B. durch eine akute sekundäre Nebennierenrindeninsuffizienz
oder ein hypophysäres Coma [14] bedroht ist, so muß vor einem diagnostischen
Optimismus in dieser Hinsicht doch unbedingt gewarnt werden. Die Diskrepanzen
zwischen den Ergebnissen des Metopirontestes, welcher häufiger pathologisch aus-

Tabelle 10. *Mögliche diagnostische Maßnahmen zur Beurteilung der „Reserve"*
*des hypothalamisch-hypophysären Systems*

**1. *Hypothalamisch-hypophysäre Funktion*** : | Literatur:

| | | |
|---|---|---|
| Metopirontest | : ↑ 17-OHCS (Urin, Plasma), | |
| | ↑ ACTH-Plasma | [19, 20, 32, 44, 52, 72] |
| Insulin-Toleranztest | : HGH-Bestimmung | [26, 42, 51, 66, 85] |
| | Plasma-11-OHCS | [4, 5, 42] |
| | (empfindliche immunolog. ACTH- | |
| | Bestimmung erwünscht) | [19] |
| | Wiederanstieg der nichtveresterten | |
| | Fettsäuren | [42, 85] |
| Pyrogen-Belastung | : Plasma-11-OHCS | [32] |
| | HGH-Bestimmung | [26] |
| 24 Std-Rhythmus | : Plasma-11-OHCS, ACTH | [8, 22, 40, 44, 57, 70, 74] |
| TSH-Reserve-Test | : Thyreostatica-Rebound Phänomen | [87] |
| | (empfindliche immunolog | |
| | HTSH-Bestimmung erwünscht) | [64] |
| Arginin-Provokat.-Test | : HGH-Bestimmung | [3, 26, 65, 66] |

**2. *Hypophysen-vorderlappenfunktion*** :

| | | |
|---|---|---|
| CRF-Analoga | : z. B. Lysin-Vasopressin Belastung: | |
| | Plasma-11-OHCS ↑, ACTH ↑ | [5, 13, 19, 41, 77, 88] |
| Gonadotropin-Bestimm. | : Urin | [43, 52, 92, 93] |
| | Plasma (HFSH, LH) | [21, 76] |

**3. *Stimulierbarkeit peripherer Drüsen*** :

| | | |
|---|---|---|
| | prolongierte ACTH-Belastung | |
| | (z. B. 5 Tage) | [14, 32] |
| | TSH-Stimulationstest | |
| | (Radiojodspeicherung) | [28] |

fiel als die Untersuchung der Basalsekretion von Corticosteroiden, bzw. die Stimulierung der Corticosteroidsekretion durch Pyrogene oder Insulinhypoglykaemie [20, 32, 33, 40, 41, 52, 85], zeigen nur zu deutlich, daß sich im Einzelfall nur *schwer voraussagen* läßt, ob ein bestimmter Patient einer nicht voraus berechenbaren *Belastungssituation gewachsen* sein wird oder nicht. Der beste Schutz vor unangenehmen Überraschungen ist für den Patienten ein *Ausweis*, mit dem auf die Natur seiner Erkrankung und die bei Unfällen, Operationen oder schweren Erkrankungen evtl. erforderliche Corticosteroidsubstitution aufmerksam gemacht wird.

## Zusammenfassung

1. Beim Hypophysen-Tumor sind unmittelbar postoperativ die Patienten wegen der Unberechenbarkeit der akuten sekundären NNR-Insuffizienz schematisch mit Cortisol zu substituieren. Die Instabilität eines postoperativen Diabetes insipidus macht eine elastische Behandlung mit Flüssigkeitsersatz und antidiuretischem Hormon erforderlich.

2. Nach der Literatur kann im weiteren postoperativen Verlauf mit einer Häufigkeit von bis zu 78% der meist allerdings partiellen HVL-Insuffizienz gerechnet werden. In München wurden in etwa zwei Jahren neben 19 Fällen von Akromegalie 42 Hypophysen-Tumoren (19 chromophobe –, 13 Mischtyp-Adenome, 10 Kraniopharyngeome) beobachtet. Bei letzteren 42 Patienten war postoperativ der sekundäre Hypogonadismus (75%) häufiger als die sekundäre NNR-Insuffizienz (65%) und die sekundäre Hypothyreose (51%).

3. Aufgabe der postoperativen Diagnostik ist die quantitative Beurteilung der Schwere der HVL-Insuffizienz und die Festlegung der erforderlichen Dauersubstitution. Diese zu überwachen, ist Aufgabe einer Spezialambulanz. Auch Patienten, die keine tägliche Dauersubstitution brauchen, sind mit „Hypophysen"-Ausweisen zu versehen, zur Prophylaxe einer krisenhaften Manifestation ihrer latenten Hypophysenvorderlappeninsuffizienz bei akuten Erkrankungen.


### Literatur

1. Bailey, P., and H. Cushing: Studies on acromegaly; microscopical structure of adenomas in acromegalic dyspituitarism (fugitive acromegaly). Amer. J. Path. **4**, 545 (1928).
2. Bakay, L.: Results of two pituitary adenoma operations (Professor Herbert Olivecrona's series). J. Neurosurg. **7**, 240 (1950).
3. Best, J., K. J. Catt, and H. G. Burger: Non-specificity of arginine infusion as a test for growth hormone secretion. Lancet **1968 II**, 124.
4. Bethge, H., K. Irmscher, H. G. Solbach, W. Winkelmann, H. Zimmermann u. J. M. Bayer: Der Insulinhypoglykämie-Test als Funktionsprüfung des Hypothalamus-Hypophysen-Nebennierenrinden-Systems. II. Bei Patienten mit hypothalamischen und hypophysären Krankheiten und bei Patientinnen mit Anorexia nervosa. Acta endocr. (Kbh.) **54**, 681 (1967).
5. — — u. H. Zimmermann: Das Verhalten der Corticosteroide im Plasma während der Insulinhypoglykaemie und unter Lysin-Vasopressin als Funktionsprüfung des Hypothalamus-Nebennierenrinden-Systems. Acta endocr. (Kbh.) **55**, 622 (1967).
6. Bingas, B., u. M. Wolter: Das Kraniopharyngeom. Fortschr. Neurol. Psychiat. **36**, 117 (1968).
7. Bleuler, M.: Endokrinologische Psychiatrie. Stuttgart: G. Thieme 1954.
8. Bliss, E. L., A. A. Sandberg, D. H. Nelson, and K. Eik-Nes: The normal levels of 17-hydroxycorticosteroids in the peripheral blood of man. J. clin. Invest. **32**, 818 (1953).

9. Bodechtel, G.: Differentialdiagnose neurologischer Krankheitsbilder. Stuttgart: G. Thieme 1963.

9a. Boyd, G. S.: Oestrogene und Arteriosklerose. 15. Sympos. Dtsch. Ges. f. Endokrinologie. Berlin-Heidelberg-New York: Springer 1969, S. 94.

10. Brenner, H., u. M. Sunder-Plassmann: Beitrag zur Klinik apoplektiformer Hypophysengeschwülste. Chirurg **37**, 229 (1966).

11. Brilmayer, H., u. F. Marguth: Die Kraniopharyngiome. Klinik und Differentialdiagnose. Dtsch. Z. Nervenheilk. **176**, 427 (1957).

12. — — u. W. Müller: Das Mischtypadenom und seine Abgrenzung gegen den chromophoben Hypophysentumor. Acta neuroveg. (Wien) **15**, 352 (1957).

13. Brostoff, J., V. H. T. James, and J. Landon: Plasma corticosteroid and growth hormone response to lysin-vasopressin in man. J. clin. Endocr. **28**, 511 (1968).

14. Brunner, H. E., u. A. Labhart: Das Koma bei Hypophyseninsuffizienz. Differentialdiagnose und Behandlung. Internist **6**, 406 (1965).

15. Chakmakjian, Z. H., D. H. Nelson, and J. E. Bethune: Adrenocortical failure in panhypopituitarism. J. clin. Endocr. **28**, 259 (1968).

16. Cushing, H.: The basophil adenomas of the pituitary body and their clinical manifestations (Pituitary basophilism). Bull. Johns Hopk. Hosp. **50**, 137 (1932).

17. Davidoff, L. M., and E. H. Feiring: Surgical treatment of tumors of the pituitary body. Amer. J. Surg. **75**, 99 (1948).

18. Dirr, E.: Dissertation, Universität München, in Vorbereitung.

19. Donald, A., S. S. Murphy, and J. D. N. Nabarro: The plasma corticotrophin response to insulin hypoglycemia, lysine-vasopressin and metyrapone in pigs. J. Endocr. **41**, 509 (1968).

20. Elkington, S. G., M. Buckell, and J. S. Jenkins: Endocrine function following treatment of pituitary adenoma. Acta endocr. (Kbh.) **55**, 146 (1967).

21. Faiman, C., and R. J. Ryan: Radioimmunoassay for human follicle stimulating hormone. J. clin. Endocr. **27**, 444 (1967).

22. Felber, J. P., and M. L. Aubert: Study on the specifity of antisera used for the radioimmunological determination of ACTH. Measurement of the circadian rhythm of plasma ACTH. In: Protein and polypeptide hormones. Herausg. M. Margoulies, Excerpta med. Found. (Amst.) **1968**, 373.

23. Frasier, S. D., J. M. Hilburn, and N. L. Matthews: The serum growth-hormone response to hypoglycemia in dwarfism. J. Pediat. **71**, 625 (1967).

24. Garcia, J. F., A. J. Linfoot, E. Manougian, J. L. Born, and J. H. Lawrence: Plasma growth hormone studies in normal individuals and acromegalic patients. J. clin. Endocr. **27**, 1395 (1967).

25. Gemzell, C.: Induction of ovulation with human gonadotropins. Recent Progr. Hormone Res. **21**, 179 (1965).

26. Glick, S. M., J. Roth, R. S. Yalow, and S. A. Berson: The regulation of growth hormone secretion. Recent Progr. Hormone Res. **21**, 241 (1965).

27. Goyka, L. F., A. Ziskind, and J. D. Crawford: Treatment of short stature in children and adolescent with human pituitary growth hormone (Raben). New Engl. J. Med. **271**, 754 (1964).

28. Greenberg, W. V.: Thyroidal [131]I-turnover in hypothyroidism: Correlation with thyrotropin responsiveness. J. clin. Endocr. **26**, 559 (1966).

29. Heinze, H. G., K. W. Frey u. P. C. Scriba: Methoden und Ergebnisse der Schilddrüsenfunktionsdiagnostik im Bayerischen Jodmangelgebiet. Fortschr. Röntgenstr. **108**, 596 (1968).

30. Hochheuser, W., M. Müller-Bardorff, P. C. Scriba u. K. Schwarz: Fluorimetrische Bestimmung der 11-Hydroxycorticosteroide im Plasma unter der Therapie mit Corticoiden. 12. Sympos. Dtsch. Ges. f. Endokrinol. S. 255. Berlin-Heidelberg-New York: Springer 1967.

31. — F. Marguth, M. Müller-Bardorff, K. Schwarz, P. C. Scriba u. H. Thiele: Diagnostische Bedeutung der Proteinbindung von Plasmacortisol, bestimmt durch Dextrangelfiltration. Klin. Wschr. **47**, 300 (1969).

32. Jenkins, J. S., and S. G. Elkington: Metyrapone and Pyrogen in the Assessment of Pituitary-adrenal function after removal of pituitary adenoma. Lancet **1964 II**, 991.

33. —, and W. Else: Pituitary-adrenal function tests in patients with untreated pituitary tumours. Lancet **1968 II**, 940.

34. Jores, A.: Krankheiten der Hypophyse und des Hypophysenzwischenhirnsystems. Hdb. Inn. Med. VII, S. 8. Berlin-Göttingen-Heidelberg: Springer 1955.

35. Kaufmann, E., u. M. Staemmler: Lehrbuch der speziellen pathologischen Anatomie. Bd. I/2. S. 1477. Berlin: W. De Gruyter & Co. 1956.

36. Kluge, F. J.: Zur biologischen Bestimmung von ACTH-Plasmaspiegeln. Dissertation Universität München 1967.

37. König, M. P.: Was versteht man unter Kretinismus? In: Fortschritte der Schilddrüsenforschung. Internat. Symposion. S. 2. Stuttgart: G. Thieme 1962.

38. Kracht, J., H. D. Zimmermann u. U. Hachmeister: Immunhistologischer ACTH-Nachweis in einem R-Zellen-Adenom des Hypophysenvorderlappens bei M. Cushing. Virchows Arch. path. Anat. **340**, 270 (1966).

39. Kramer, S., M. Southard, and C. M. Mansfield: Radiotherapy in the management of craniopharyngiomas: Further experiences and late results. Amer. J. Roentgenol. **103**, 44 (1968).

40. Krieger, D. T., S. Glick, A. Silverberg, and H. P. Krieger: A comparative study of endocrine tests in hypothalamic disease. Circadian Periodicity of plasma 11-OHCS-levels, Plasma-11-OHCS and growth hormone response to insulin hypoglycemia and metyrapone responsiveness. J. clin. Endocr. **28**, 1589 (1968).

41. Landon, J., V. H. T. James, and D. J. Stoker: Plasma cortisol response to lysine-vasopressin. Comparison with other tests of human pituitary adrenocortical function. Lancet **1965 II**, 1156.

42. — F. C. Greenwood, T. C. B. Stamp, and V. Wynn: The plasma sugar, free fatty acid, cortisol and growth hormone response to insulin, and the comparison of this procedure with other tests of pituitary and adrenal function. II. In patients with hypothalamic or pituitary dysfunction or anorexia nervosa. J. clin. Invest. **45**, 437 (1966).

43. Laschet, U., and L. Laschet: Biochemical aspects of the quantitative immunological assay of human pituitary gonadotropins. Acta endocr. (Kbh.), Suppl. **100**, 119 (1965).

44. Liddle, G. W., D. Island, and C. K. Meador: Normal and abnormal regulation of corticotropin secretion in man. Recent. Progr. Hormone Res. **18**, 125 (1962).

45. Love, J. G., and T. M. Marshall: Craniopharyngiomas (Pituitary Adamantinomas). Surg. Gynec. Obstet. **90**, 591 (1950).

46. Luft, R., and B. Sjögren: Die nicht-chirurgische Behandlung von hypophysären Krankheiten. Praxis **39**, 380 (1950).

47. — E. Cerasi, and C. A. Hamberger: Studies on the pathogenesis of diabetes in acromegaly. Acta endocr. (Kbh.) **56**, 593 (1967).

48. Marguth, F.: Differentialdiagnostik der Geschwülste im Bereich des Türkensattels. Dtsch. med. Wschr. **89**, 1839 (1964).

49. — Das hypophysäre Cushing-Syndrom. 11. Sympos. Dtsch. Ges. Endokr. S. 125. Berlin-Göttingen-Heidelberg: Springer 1965.

50. — Chirurgie der Hypophysentumoren. 15. Sympos. Dtsch. Ges. Endokrinologie. Berlin-Heidelberg-New York: Springer 1969.

51. Marks, V,. F. C. Greenwood, P. J. N. Howorth, and E. Samols: Plasma growth hormone levels in spontaneous hypoglycemia. J. clin. Endocr. **27**, 523 (1967).

52. McCullagh, E. P., M. A. Feldstein, D. C. Tweed, and D. F. Dohn: A study of pituitary function after intrasellar implantation of $^{90}$-yttrium. J. clin. Endocr. **25**, 832 (1965).

53. Melnyk, C. S., and M. E. Greer: Functional pituitary tumor in an adult possibly secondary to long-standing myxedema. J. clin. Endocr. **25**, 761 (1965).

54. Mösli, P., u. C. Hedinger: Noduläre Hyperplasie und Adenome des Hypophysenvorderlappens bei Hypothyreose. Acta endocr. (Kbh.) **58**, 507 (1968).

55. Mogensen, E. F.: Chromophobe adenoma of the pituitary gland. A follow up study on 60 surgical patients with special reference to endocrine disturbances. Acta endocr. (Kbh.) **24**, 135 (1957).

56. Moses, A. M., and S. J. Gordon: Multiple endocrine organ refractoriness to trophic hormone stimulation. Ann. intern. Med. **63**, 313 (1965).

57. —, and M. Miller: Stimulation and Inhibition of ACTH release in patients with pituitary disease. J. clin. Endocr. **28**, 1581 (1968).

58. Müller, W., u. T. Tzonos: Beitrag zur Klinik und Morphologie der Hypophysenadenome. Dtsch. Z. Nervenheilk. **191**, 97 (1967).

58a. Mundinger, F., T. Riechert u. P. M. Reisert: Hypophysentumoren, Hypophysektomie. Klinik, Therapie, Ergebnisse. G. Thieme: Stuttgart 1967.

59. Nelson, D. H., J. W. Meakin, J. B. Dealy, D. D. Matson, K. Emerson, and G. W. Thorn: ACTH-producing tumor of the pituitary gland. New Engl. J. Med. **259**, 161 (1958).

60. — —, and G. W. Thorn: ACTH-Producing pituitary tumors following adrenalectomy for Cushing's syndrome. Ann. intern. Med. **52**, 560 (1960).

61. — J. G. Sprunt, and R. B. Mims: Plasma-ACTH determinations in 58 patients before or after adrenalectomy for Cushing's syndrome. J. clin. Endocr. **26**, 723 (1966).

62. Oberdisse, K., u. W. Tönnis: Pathogenese, Klinik und Behandlung der Hypophysenadenome. Ergebn. inn. Med. Kinderheilk. N. F. **4**, 975 (1953).

63. — Pathophysiologie des Hypothalamus-Hypophysen-Systems. Hdb. Neurochirurgie IV,3, S. 80. Berlin-Göttingen-Heidelberg: Springer 1962.

64. Odell, W. D., J. F. Wilber, and R. Utiger: Studies of thyrotropin physiology by means of radioimmunoassay. Recent Progr. Hormone Res. **23**, 47 (1967).

65. Parker, M. L., J. M. Hammond, and W. H. Daughaday: The arginine provocative test: An aid in the diagnosis of hyposomatotropism. J. clin. Endocr. **27**, 1129 (1967).

65a. Plotz, J.: Oestrogene im Klimakterium und in der Menopause. 15. Symposion der Dtsch. Ges. für Endokrinologie, Köln 1969.

66. Pfeiffer, E. F., u. F. Melani: Menschliches Wachstumshormon. Darstellung, Bestimmung im Blut und klinische Bedeutung. Dtsch. med. Wschr. **93**, 844 (1968).

67. Prader, A., H. Wagner, J. Széky, R. Illig, J. L. Touber, and D. Maingay: Acquired resistance to human growth hormone caused by specific antibodies. Lancet **1964 II**, 378.

68. — M. Zachmann, J. R. Poley, R. Illig, and J. Széky: Long-term treatment with human growth hormone (Raben) in small doses. Helv. paediat. Acta **22**, 423 (1967).

69. Randall, R. V., E. C. Clark, H. W. Dodge, and J. G. Love: Polyuria after operation for tumors in the region of the hypophysis and hypothalamus. J. clin. Endocr. **20**, 1614 (1960).

70. Retiene, K., G. Schumann, R. Tripp u. E. F. Pfeiffer: Über das Verhalten von ACTH und Cortisol im Blut von normalen und Kranken mit primärer und sekundärer Störung der Nebennierenrindenfunktion. II. Die Tagesrhythmik der ACTH-Sekretion im Regulationsmechanismus des Hypothalamus-Hypophysen-Nebennierenrinden-Systems. Klin. Wschr. **44**, 716 (1966).

71. Richter, J., J. Beckebans, K. W. Frey, K. Schwarz u. P. C. Scriba: Schilddrüsenfunktion bei sogenannter euthyreoter Struma. Radiojodspeicherungstest — proteingebundenes $^{127}$Jod im Serum — Serumproteinbindung von Trijodthyronin-$^{125}$Jod — Schilddrüsen-Autoantikörper. Münch. med. Wschr. **109**, 2625 (1967).

72. Rinne, U. K.: Corticotrophin secretion in patients with head injuries examined by the metopirone test. Psychiat. et Neurol. (Basel) **152**, 145 (1966).

73. Ross, F., and M. L. Nusynowitz: A syndrome of primary hypothyroidism, amenorrhoea and galactorrhea. J. clin. Endocr. **28**, 591 (1968).

74. Ruedi, B.: Perturbations endocriniennes d'origine suprahypophysaire. Schweiz. med. Wschr. **97**, 1254 (1967).

75. Rutenfranz, J., u. K. Stehr: Cushing-Syndrom durch NNR-Hyperplasie bei einem Kinde unter 10 Jahren. Arch. Kinderheilk. **162**, 159 (1960).

76. Saxena, B. B., H. Demura, H. M. Gandy, and R. E. Peterson: Radioimmunoassay of human follicle stimulating and luteinizing hormones in plasma. J. clin. Endocr. **28**, 519 (1968).

77. Schally, A. V., E. E. Müller, A. Arimura, C. Y. Bowers, T. Saito, T. W. Redding, S. Sawano, and P. Pizzolato: Releasing factors in human hypothalamic and neurohypophysial extracts. J. clin. Endocr. **27**, 755 (1967).

78. Schürmann, K.: Psychische Veränderungen bei krankhaften Prozessen im Bereich des Chiasma opticum. Dtsch. Z. Nervenheilk. **165**, 35 (1951).

79. Schwarz, K., u. P. C. Scriba: Endokrin bedingte Encephalopathien (Referat). Verh. dtsch. Ges. inn. Med. **72**, 238 (1966).

80. — P. Dieterle, W. Hochheuser, A. Kollmannsberger, M. Müller-Bardorff u. P. C. Scriba: Zur Klinik der Nebennierenrindeninsuffizienz. Med. Klin. **62**, 551 (1967).

81. — Pathophysiologie und Klinik der Hypophysentumoren. 15. Sympos. Dtsch. Ges. Endokrinologie, S. 223. Berlin-Heidelberg-New York: Springer 1969.

82. Scriba, P. C., R. Landgraf, H. G. Heinze u. K. Schwarz: Bestimmung der Bindung von Trijodthyronin an Serumproteine mittels Dextran-Gel-Filtration. Klin. Wschr. **44**, 69 (1966).

83. — R. Hacker, P. Dieterle, F. Kluge, W. Hochheuser u. K. Schwarz: ACTH-Bestimmungen im Plasma aus dem Bulbus cranialis venae jugularis. Klin. Wschr. **44**, 1393 (1966).

84. Solbach, H. G., H. Bethge u. H. Zimmermann: Funktionsdiagnostik der Hypophysentumoren. 15. Sympos. Dtsch. Ges. Endokrinologie. Berlin-Heidelberg-New York: Springer 1969, S. 236.

85. Stamp, T. C. B.: Plasma non-esterified fatty acid levels in hypopituitary subjects. J. Endocr. **35**, 107 (1966).

86. Storment, A. M., R. F. Escamilla, and A. J. Williams: The use of androgens and thyroid for stimulation of growth in short children. Ann. intern. Med. **60**, 962 (1964).

87. Studer, H., F. Wyss, and H. W. Iff: A TSH-reserve test for detection of mild secondary hypothyroidism. J. clin. Endocr. **24**, 965 (1964).

88. Takebe, K., A. Kuroshima, M. Yamamoto, Y. Horiuchi, S. Itoh, C. Y. Bowers, and A. V. Schally: Effect of lysine vasopressin dimer on corticotropin release in man. J. clin. Endocr. **28**, 73 (1968).

89. Tönnis, W., W. Müller u. H. Brilmayer: Zur Problematik der „mixed types" der Hypophysenadenome. Acta endocr. (Kbh.) **13**, 227 (1953).

90. — K. Oberdisse u. E. Weber: Bericht über 264 operierte Hypophysenadenome. Acta neurochir. (Wien) **3**, 113 (1953).

91. — Diagnostik der intrakraniellen Geschwülste. Hdb. Neurochirurgie IV/3, S. 1. Berlin-Göttingen-Heidelberg: Springer 1962.

92. Wide, L., P. Roos, and C. A. Gemzell: Immunological determination of human pituitary luteinizing hormone (LH). Acta endocr. (Kbh.) **37**, 445 (1961).

93. — An immunological method for the assay of human chorionic gonadotrophin. Acta endocr. (Kbh.) Suppl. **70**, (1962).

94. Williams, R. H.: Textbook of Endocrinology. 4. Edition. Philadelphia-London: W. B. Saunders 1968.

95. Wolter, M., W. Götze u. B. Bingas: EEG-Befunde beim Kraniopharyngeom. Klin. Wschr. **45**, 954 (1967).

96. Young, D. G., R. C. Bahn, and R. V. Randall: Pituitary tumors associated with acromegaly. J. clin. Endocr. **25**, 249 (1965).

# Podiumsgespräch

## „Was zeichnet sich an Verbesserungsmöglichkeiten in der Diagnostik und Therapie der Hypophysentumoren ab"

### Round Table Discussion: Recent Advances in Diagnosis and Therapy of Pituitary Tumors


*Teilnehmer:*

Herr Frahm (Hamburg)

Herr Irmscher (Düsseldorf)

Herr Marguth (München)

Herr Molinatti (Turin)

Herr Mundinger (Freiburg)

Herr Pfeiffer (Ulm)

Herr Pia (Gießen)

Herr Schwarz (München)

Herr Scriba (München)

Herr Zimmermann (Düsseldorf)

*Moderator:* Herr Tamm (Hamburg)



### Summary

Remarkable progress in the diagnosis of pituitary tumors with and without hormonal activity has been made by means of direct estimation of different pituitary hormones in plasma. The determination of HGH is not only important in acromegaly but has also become an useful tool to recognize hypopituitary states, as it is now well established the secretion of HGH is diminished at an early stage of hypopituitarism. Also the lack of diurnal rhythm of ACTH secretion exhibits an important feature in recognizing disturbances of the pituitary gland. The application of clomiphen may become helpful in the diagnosis of pituitary hypogonadism at least in male patients. It is to be hoped that the determination of unbound thyroxin and triiodothyronin in plasma will improve the diagnosis of secondary hypothyroidism until reliable methods for the estimation of plasma TSH will be available.

Progress in surgical treatment of pituitary tumors arises from the use of the operation microscope which will enable the surgeon to remove small tumors from the sella turcica without doing damage to the normal pituitary tissue. The implantation of two different isotopes (Yttrium[90] and Iridium[192]) into the pituitary gland has increased the effectiveness of this therapeutic method. As the application of heavy particles in the treatment of pituitary tumors has been carried out in only a small number of patients in USA and Sweden no conclusions can be drawn up to now with regard to the therapeutic value of this method.

In the field of postoperative substitution therapy of pituitary tumors advances have been made predominantly by using Tegretal and Diabetoral in the treatment of diabetes insipidus. The mechanism of action of these drugs awaits further elucidation.


Die Grundlage der Diagnose „Hypophysentumor bzw. dringender Verdacht auf Hypophysentumor" ist nach wie vor die röntgenologische Feststellung von Veränderungen der knöchernen Sellakonturen. Bei suprasellärer Ausbreitung können gegebenenfalls Kontrastmitteldarstellungen erfolgen. Grundsätzliche Fortschritte der Diagnostik in diesem Bereich sind z. Z. noch nicht erkennbar.

Bemerkenswerte Fortschritte sind dagegen auf dem Gebiet der endokrinen Funktionsdiagnostik der Hypophyse gemacht worden. Dies ist vor allem darauf zurückzuführen, daß empfindliche radioimmunologische Testverfahren von großer

Empfindlichkeit und guter Spezifität entwickelt wurden. In erster Linie gilt dies
für das Wachstumshormon sowie für die Gonadotropine LH und FSH. Neuerlich
sind auch radioimmunologische Methoden für das ACTH beschrieben worden, die
in Zukunft die weniger empfindlichen biologischen Meßverfahren ablösen werden.
Allgemein brauchbare Methoden für das TSH stehen bisher noch nicht zur Verfügung. Das gleiche gilt auch für die spezifischen hypothalamischen Releasing-
Faktoren. Erst wenn diese Lücke geschlossen sein wird, wird das Instrumentarium
für die hypophysäre Funktionsdiagnostik weitgehend komplett sein.

Durch die endokrine Funktionsdiagnostik ist es selbstverständlich nur möglich
festzustellen, ob der zugrunde liegende hypophysäre Prozeß hormonaktiv oder -in-
aktiv ist. Für klinische Belange ist es daher auch völlig ausreichend, wenn die
Hypophysentumoren in diese zwei Kategorien eingeteilt werden.

Von besonderer Bedeutung sowohl für die hormoninaktiven Tumoren wie für
die Akromegalie ist die Bestimmung des Wachstumshormons. Die Mehrzahl der
Untersucher stimmt dahingehend überein, daß die Störung der Hypophysenvorderlappenfunktion durch hormoninaktive Tumoren sich schon sehr frühzeitig in einem
Ausfall des STH äußert. Bei nicht meßbarem STH-Spiegel im Plasma hat sich die
Insulin induzierte Hypoglykämie als brauchbarer Provokationstest erwiesen. Ist
jedoch der Ausfall der STH-Ausschüttung das einzige Symptom, ohne daß
gleichzeitig ein intra- oder suprasellärer Tumor nachweisbar ist, muß daran
gedacht werden, daß auch ein idiopathischer Partialdefekt vorliegen kann. Außerdem kann die STH-Sekretion gestört sein, wenn z. B. eine primäre Unterfunktion der Schilddrüse mit sekundärer Beeinträchtigung der Hypophysen-
vorderlappenfunktion vorliegt. Bei der Akromegalie lassen sich in der über-
wiegenden Mehrzahl der Patienten schon sehr früh hochliegende STH-Spiegel im
Plasma feststellen. Die Tatsache, daß die moderne radioimmunologische Bestimmung der Hypophysenvorderlappenhormone nur in wenigen speziell einge-
richteten Laboratorien möglich ist, sollte dazu veranlassen, die Kapazität dieser
Labors soweit zu erhöhen, daß sie auch die Hormonbestimmung anderer endokrinologischer Zentren mit übernehmen können. Der Vorschlag, z. B. die Konzentration
der freien Fettsäuren im Plasma als Parameter für die fehlende oder überschießende
STH-Aktivität heranzuziehen, wird verworfen, da erstens eine Reihe anderer Hormone ebenfalls lipolytische Effekte aufweisen, und da z. B. bei einer diabetischen
Stoffwechselsituation fehlerhafte Rückschlüsse gezogen werden könnten.

Die biologische ACTH-Bestimmung im menschlichen Plasma ist zu unempfindlich, um bei Schädigungen des HVL durch hormoninaktive Tumoren verwertbare
Aussagen zu liefern. Hier sind die „indirekten" Verfahren wie der Metopirontest, die
Insulinhypoglykämie sowie die standardisierte Pyrogenapplikation von großem
diagnostischen Wert. Der letztere Test erlaubt insbesondere Aussagen darüber, ob
der Operations- und Narkosestress bei einem Eingriff an der Hypophyse noch zu
einer adäquaten Reaktion der Nebennierenrinde führen wird oder nicht.[1]

Der ebenfalls meist sehr frühzeitige Ausfall der Gonadotropine bei hormoninaktiven Hypophysentumoren läßt sich bei entsprechendem Verdacht und gezielter
Anamnesetechnik schon sehr wahrscheinlich machen. In manchen Fällen kann die

---

[1] Ein sehr empfindliches Zeichen für Störungen der HVL-Funktion ist der Ausfall der
Tagesrhythmik der ACTH-Sekretion, die sich leicht durch die gleichbleibenden Cortisol-
konzentrationen im Plasma erkennen läßt.

Messung der Basalsekretion der Gesamtgonadotropinaktivität im Urin noch normale
Werte ergeben und über den schon vorliegenden gestörten Sekretionsmechanismus
hinwegtäuschen. Allgemein gebräuchliche Provokationstests liegen zwar noch nicht
vor. Es scheint aber so zu sein, daß die Applikation von Clomiphen, die beim nor-
malen Mann z. B. zu einer Erhöhung der Plasmakonzentrationen von ICSH und von
Testosteron führt, zu einem brauchbaren Provokationstest für die gonadotrope
Hypophysenvorderlappenfunktion ausgebaut werden kann. Ein Ausfall von Gona-
dotropin und ACTH-Sekretion beim Mann gibt sich sehr häufig durch ein völliges
Fehlen der Testosteronausscheidung im Urin zu erkennen. Wenn die sekundäre
Atrophie der Testikel noch nicht zu hochgradig ist, kann die sekundäre Form der
Gonadeninsuffizienz beim Mann durch eine HCG-Stimulation mit entsprechender
Steigerung der Testosteronausscheidung verifiziert werden.

Besondere Schwierigkeiten bietet die Bestimmung des TSH-Ausfalles bei hormoninaktiven Hypophysentumoren. Obgleich viele Patienten klinische Zeichen
für eine Unterfunktion der Schilddrüse aufweisen, werden die Meßwerte im Radiojodtest und bei der Bestimmung des PBJ noch im Normbereich gefunden. Es
müßten daher Anstrengungen gemacht werden, die Konzentrationen des nichtge-
bundenen Thyroxins und Trijodthyronins im Plasma für die Diagnostik nutzbar zu
machen.

Störungen der ADH-Sekretionsmechanismen sind zwar bei hypophysären Tumoren offenbar sehr viel weniger ausgeprägt als bei direkter Zerstörung der ADH-
produzierenden Kernbereiche im Hypothalamus. Es sollte jedoch häufiger an
larvierte Formen des Diabetes insipidus bei Hypophysentumoren gedacht werden.
Die Schwierigkeit in der Diagnostik liegt auch hier darin, daß der biologische ADH-
Test sehr unempfindlich ist.

Die Fortschritte der Behandlung von hypophysären Tumoren betreffen in
erster Linie die Anwendung des Operationsmikroskopes, die verbesserte Technik
der transsphenoidalen Hypophysektomie, die kombinierte Spickung von Hypophysentumoren mit Yttrium-90 und Iridium-192 sowie schließlich die Bestrahlung
der Hypophyse mit Protonen. Die Wirksamkeit der Therapie hängt selbstverständlich ganz allgemein von einer möglichst frühen Diagnosestellung ab. Da diese bei den
hormoninaktiven Tumoren besonders schwierig ist, weil häufig nicht daran gedacht
wird, ist es hier nötig, die Aufmerksamkeit des praktischen Arztes zu stimulieren.
Das operative Ziel, den Hypophysentumor möglichst isoliert unter Schonung des
noch gesunden Gewebes herauszulösen, ist durch das Operationsmikroskop möglich
geworden. Die Spickung von intrasellären Tumoren, vor allem solche mit Akromegalie, bedarf in manchen Fällen noch der technischen Vervollkommnung. Kontrollen des immunologisch erfaßbaren STH im Plasma haben bei manchen Patienten mit dieser Erkrankung noch über viele Monate merklich erhöhte Werte ergeben,
denen eine nur ungenügende oder keine Beeinflussung des Krankheitsbildes entsprach. Da die Hypophysenspickung ein relativ einfacher und komplikationsarmer
Eingriff ist, sind weitere Anstrengungen auf diesem Gebiet lohnend. Die Bestrahlung mit Protonen, die in den USA erst an wenigen Stellen häufiger durchgeführt
wird, hat zwar den Vorteil, daß die notwendige Dosis in einigen wenigen Sitzungen
appliziert werden kann; die Zieltechnik bedarf jedoch noch weiterer Verbesserun-
gen, um die Gefahr der Schädigung anderer Gewebe weitgehend zu bannen.

Die Substitution der Hypophysenvorderlappeninsuffizienz basiert nach wie vor auf dem Ersatz der peripher ausgefallenen Hormone. Im Vordergrund steht der Ausgleich des Nebennierenrindenhormon- sowie des Schilddrüsenhormondefizits. Grundsätzlich neue Erkenntnisse auf diesem Gebiet liegen nicht vor. Im allgemeinen darf davon ausgegangen werden, daß die Aldosteronproduktion der Nebennierenrinde auch bei Hypophysenausfall genügend hoch ist, und auch bei natriumarmer Diät eine ausreichende Natriumkonservierung durch dieses Hormon gewährleistet wird. Die Fälle mit Hyponatriämie nach Hypophysektomie infolge von Tumoren beruhen in der Mehrzahl auf einer Flüssigkeitsverteilungsstörung bei ungenügender Substitution mit Glucocortikoiden. Die intraoperative Substitution mit Hydrocortison oder Prednisolon, gegebenenfalls auch mit Schilddrüsenhormonen, wird befürwortet, auch wenn präoperativ eindeutige Ausfallserscheinungen noch nicht nachweisbar waren. In der Behandlung des prä- und postoperativen Diabetes insipidus bei Hypophysentumoren haben sich insofern neuere Aspekte ergeben, als Substanzen vom Typ des Tegretal und des Diabetoral eine Besserung der Polydipsie und Polyurie herbeiführen können. Unter Umständen wird dadurch die umständliche Anwendung von Pitressin-Depotpräparaten überflüssig. Der Wirkungsmechanismus der genannten Stoffe ist noch unklar.

J. Tamm (Hamburg)

# Hypophysäre Funktionsstörungen und Veränderungen der Sella turcica bei Schilddrüsenkrankheiten
## Pituitary Dysfunction and Changes of the sella turcica in Thyroid Diseases

F. A. Horster, D. Reinwein und H. Naraschewski

2. Med. Univ.-Klinik Düsseldorf

**Summary**

In 116 patients lateral radiograms of the cranium were taken for measuring depth, and length of sella turcica by the method of Bergerhoff. In patients with primary (43) and secondary (13) hypothyroidism and in 60 patients suffering from all forms of Graves' disease no significant aberrations from the normal form of sella turcica were seen.

Bei gewissen Schilddrüsenkrankheiten kann eine hypophysäre funktionelle Störung auffällig werden, z. B. als erhöhter Thyreotropin (TSH)-Spiegel im Serum oder als Nachweis des Exophthalmus-produzierenden Faktors (EPF) im Serum [4]. In einigen vorwiegend kasuistischen Mitteilungen (Zusammenstellung bei 1) wird eine Verkleinerung der Sella turcica bei Hyperthyreosen und eine pathologische Vergrößerung der Sella bei Hypothyreosen beschrieben.

Wir haben bei 116 Patienten mit verschiedenen Formen von Schilddrüsenfunktionsstörungen (siehe Tabelle) seitliche Röntgenaufnahme des Schädels ausgemessen, um die Größe der Sella turcica zu beurteilen. Wir bedienten uns des von Bergerhoff [2] angegebenen Meßverfahrens: Die beiden Winkel $\alpha$ und $\beta$ repräsentieren Sellatiefe und Sellalänge. $\alpha$ gewinnt man, wenn man das Tuberculum sellae mit dem Scheidelpunkt der $\lambda$-Naht verbindet und von dort eine Tangente an den Innenrand des Sellabodens legt. Der Winkel $\beta$ ergibt sich aus der Verbindung zwischen Tuberculum sellae und dem Scheitel der Coronarnaht, von dem aus eine Tangente an den Innenrand der Sellalehne gezogen wird. Unter der Voraussetzung technisch einwandfreier Röntgenaufnahmen und normaler Schädelformen ergibt sich für beide Geschlechter und jede Altersstufe ein mittlerer $\alpha$-Winkel von 5,1 Grad, während der $\beta$-Winkel altersabhängig ist und zwischen 6,2 und 7,2 Grad liegt.

Die Ergebnisse dieser Messungen werden in der folgenden Tabelle zusammengefaßt, die zugleich Aufschluß über die verschiedenen berücksichtigten Schilddrüsenfunktionsstörungen gibt:

| | n | Winkel (Grad) | |
| --- | --- | --- | --- |
| | | $\alpha$ | $\beta$ |
| Norm | : | $5{,}1 \pm 0{,}7$ | $7{,}0 \pm 1{,}2$ |
| Hypothyreose | : | | |
|     primär | : 43 | $5{,}0 \pm 0{,}9$ | $6{,}9 \pm 1{,}3$ |
|     sekundär: | : 13 | $5{,}0 \pm 1{,}2$ | $6{,}9 \pm 1{,}9$ |
| Hyperthyreose | : | | |
| ohne Struma, ohne e. O. | : 10 | $5{,}0 \pm 1{,}1$ | $6{,}5 \pm 2{,}1$ |
| mit Struma, ohne e. O. | : 23 | $5{,}1 \pm 0{,}6$ | $6{,}8 \pm 2{,}0$ |
| ohne Struma, mit e. O. | : 9 | $4{,}9 \pm 0{,}7$ | $7{,}1 \pm 1{,}8$ |
| mit Struma, mit e. O. | : 18 | $5{,}2 \pm 0{,}7$ | $7{,}0 \pm 1{,}3$ |

Die Tabelle zeigt, daß die in primäre und sekundäre Formen unterteilten Hypothyreosen weder untereinander noch gegenüber der Norm abweichende Winkelmaße ergaben. Unter den primären Hypothyreosen befinden sich Patienten mit schwerem Myxödem und deutlich erhöhten TSH-Werten im Serum. Auch bei diesen Patienten war die Sella-Form unauffällig. Bei den Patienten mit Hyperthyreosen konnten ebenfalls keine signifikanten Differenzen gegenüber den Normwerten bezüglich Tiefe und Länge der Sella turcica nachgewiesen werden. Die An- oder Abwesenheit einer Struma, die Strumaform, und auch die An- oder Abwesenheit endokriner Augensymptome verschiedener Schweregrade ließen bei den Röntgenaufnahmen dieser 60 Hyperthyreose-Patienten keine pathologischen Sella-Änderungen erkennen. Bei einzelnen Patienten war der EPF-Nachweis monatelang positiv und der TSH-Titer des Serums passager erhöht; diese auf eine hypophysäre Funktionsstörung hinweisenden Befunde waren in keinem Fall mit einer signifikanten Verkleinerung oder Vergrößerung der Sella-Winkel verbunden. Insgesamt lagen bei diesen 116 Patienten sowohl im Einzelfall wie auch beim Vergleich bezüglich Alter, Geschlecht, Dauer und Schwere des Krankheitsbildes sowie der diversen labortechnischen Parameter (Zweiphasenstudium mit $^{131}$J, in vitro-Test mit $^{131}$T$_3$, PB $^{124}$I, TSH, LATS, EPF) alle Winkelwerte innerhalb der von Bergerhoff [2] angegebenen Norm.

Folgende Gründe sprechen gegen eine Veränderung der Sella turcica bei Schilddrüsenkrankheiten:

a) Die Hypophyse füllt nur etwa 50% des Sellavolumens aus und kann sich erheblich vergrößern, ohne die Sella zu beeindrucken [3].

b) ein erhöhter intrasellärer Druck muß oft monatelang permanent sein, bis röntgenologisch auffällige Veränderungen provoziert werden [6]

c) in der Wachstumsphase und im Alter können sich Dichte, Dicke und Form der Sella verändern, ohne daß eine intraselläre Drucksteigerung nachweisbar ist [5]. Deshalb kommt wohl auch den kürzlich beschriebenen Sella-Veränderungen bei hyperthyreoter endokriner Ophthalmopathie [7] eine prinzipielle Bedeutung nicht zu.


### Literatur

1. Aretz-Naraschewski, H.: Dissertation Düsseldorf 1969.
2. Bergerhoff, W.: Die Sella turcica im Röntgenbild. Leipzig: Barth 1960.
3. Dichiro, G., and K. B. Nelson: Amer. J. Roentgenol. 87, 989 (1962).
4. Horster, F. A.: Endokrine Ophthalmopathie. Berlin-Heidelberg-New York: Springer 1967.
5. Marguth, F.: Zur Pathogenese endokriner Funktionsstörungen bei raumfordernden intrakraniellen Prozessen. Leipzig: Barth 1964.
6. New, P. F. J.: Radiol. Clin. N. Amer. 4, 298 (1963).
7. Orthen, H., u. G. Junge-Hülsing: Nuclear. Med. (Stuttg.) Suppl. 6, 149 (1967).

# Akromegalie und Wachstumshormon im Serum
## Acromegaly and Serum Growth Hormone


K. E. Schröder, S. Raptis, R. Conrads und E. F. Pfeiffer

Abteilung Endokrinologie und Stoffwechsel des Zentrums für Innere Medizin
der Universität Ulm


Mit 2 Abbildungen


### Summary

Serum levels of HGH were measured in patients with acromegaly before (n = 10) and after (n = 7) radiotherapy or surgical intervention. Besides the confirmation of diagnosis, these measurements allowed the evaluation of the endocrine activity of the disease. Unsatisfactory responses to therapeutic procedures presently in use were recorded in the majority of the cases observed.


Die Diagnose der voll ausgebildeten Akromegalie mit ihren charakteristischen Veränderungen ist kaum zu verfehlen; schwieriger ist die Objektivierung einer Spontanremission oder die Sicherung der Diagnose im Frühstadium der Erkrankung. In beiden Fällen kann die Bestimmung des Wachstumshormons im Blut wesentlich zur Klärung beitragen.

Wie bei anderen endokrinen Überfunktionszuständen sollte der Hormonspiegel nicht nur unter Ruhebedingungen, sondern auch nach entsprechender Stimulierung bzw. Suppression gemessen werden. Bluzuckersenkung durch Insulin sowie i. v. Zufuhr von Aminosäuren bewirken eine STH-Ausschüttung, während der Blutzuckeranstieg nach Glucosegabe den STH-Spiegel senkt.

Im folgenden wird über 12 Fälle von Akromegalie berichtet, die wir in den 2 Jahren seit der Gründung der Ulmer Universität beobachten und — z. T. in Zusammenarbeit mit der Neurochirurgischen Universitätsklinik Freiburg — verfolgen konnten. 10 dieser Patienten wurden lediglich vor, 7 auch nach der Behandlung untersucht. Radioimmunologische STH-Bestimmungen erfolgten im Nüchternserum sowie 30, 60, 90 und 120 Minuten nach i. v. Injektion von 0,1 E/kg KG Altinsulin. Als Kontrollen dienten 15 Stoffwechselgesunde.

Während in unserem Kollektiv von Stoffwechselgesunden ein mittlerer STH-Nüchternspiegel von 1,8 ng/ml gemessen wurde (Abb. 1), fanden sich bei den Akromegalen Werte zwischen 10 und 50, in einem Fall sogar über 300 ng/ml, die die klinische Diagnose einer aktiven Akromegalie hinreichend bestätigten.

Nach Injektion von Insulin kam es beim Gesunden zu einem dem Blutzuckerabfall synchronen Anstieg des Wachstumshormons auf über 20 ng/ml.

Bei den Akromegalen fiel der Blutzucker als Ausdruck der herabgesetzten Insulinempfindlichkeit deutlich weniger ab als in der Kontrollgruppe. Bei der Mehrzahl dieser Patienten vermißte man außerdem den reaktiven STH-Anstieg — ein Hinweis auf die von physiologischen Stimuli unabhängige Sekretion, wie sie sich auch bei Adenomen anderer endokriner Drüsen findet. Ebenso charakteristisch ist die ausbleibende STH-Depression nach oraler Glucosegabe, auf deren Darstellung hier verzichtet wurde.

Diese „Sekretionsstarre" findet sich auch beim Fall Nr. 6, der durch seinen im Normbereich liegenden Nüchternwert aus dem Rahmen fällt. Es handelt sich um eine Patientin, bei der ein Stillstand der Akromegalie infolge hämorrhagischer Selbstzerstörung des Adenoms angenommen werden kann; ein Eingriff ist in diesem Fall vorerst nicht indiziert.

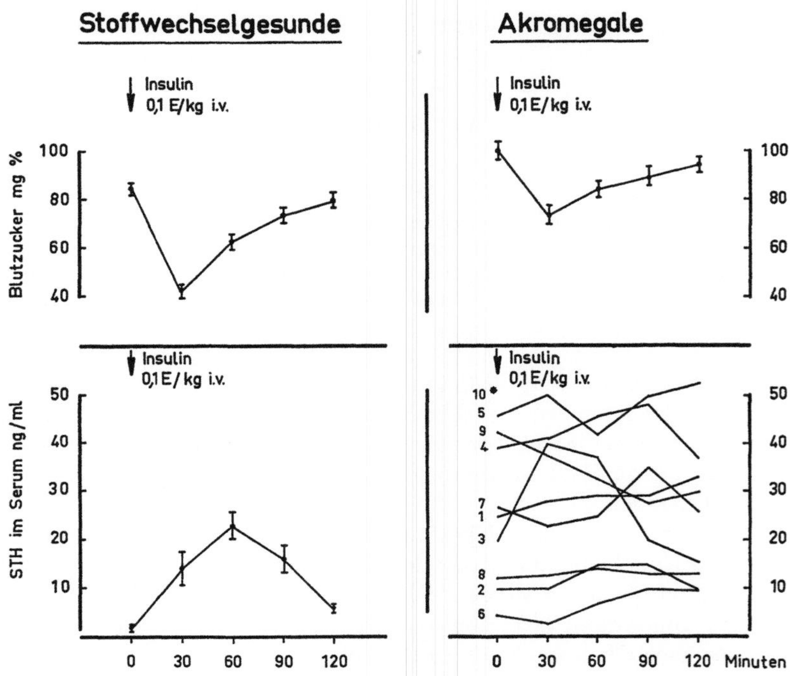


Abb. 1. STH-Ausschüttung unter Insulin-Hypoglykämie bei Stoffwechselgesunden (n = 15) und Akromegalen (n = 10) $\Phi$ MW $\pm$ SEM
* 300—400 ng/ml

Das therapeutische Ziel bei der Akromegalie ist die Zerstörung des eosinophilen Adenoms und die Senkung des STH-Spiegels in den Normbereich, d. h. in die Gegend von etwa 5 ng/ml.

Abb. 2 zeigt die STH-Kurven von drei Patienten vor und nach Implantation von [90]Yttrium: Bei zwei dieser Patienten scheint die Behandlung erfolgreich gewesen zu sein, 14 bzw. 16 Monate nach dem Eingriff lagen die STH-Werte noch im Normbereich; im dritten Fall, bei dem zusätzlich eine Teilhypophysektomie vorangegangen war, konnte keine Besserung erzielt werden.

Von drei weiteren Patienten, denen [192]Iridium implantiert worden war, hatten zwei bei der Kontrolluntersuchung immer noch deutlich erhöhte Serum-STH-Spiegel, so daß eine zweite [192]Iridium-Einlage vorgenommen werden mußte. Der dritte Patient lag nach dem Eingriff mit seinen Werten im Grenzbereich.

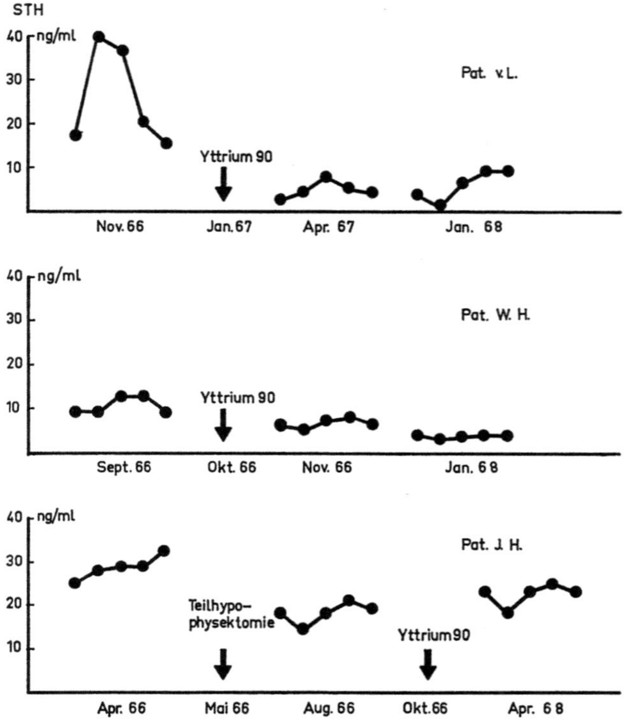



Abb. 2. Kontrolle des Therapieerfolges bei Patienten mit Akromegalie:
STH-Spiegel im Blut unter Insulinhypoglykämie

Auf eine ungewöhnliche Therapieresistenz stießen wir im folgenden Fall: Auf eine erfolglose [90]Yttrium-Einlage im Jahre 1964 folgte Anfang 1967 eine zweite, die ebenfalls nur zu einem Teilerfolg führte. Deshalb wurde Ende 1967 eine Hypophysektomie vorgenommen, die unvollständig gewesen sein muß, da der STH-Spiegel nur unwesentlich abfiel und inzwischen sogar wieder stark angestiegen ist.

# $3\beta$-Hydroxy-Steroiddehydrogenasehemmung bei progredienter Akromegalie

## Inhibition of $3\beta$-Hydroxy-Steroiddehydrogenase in Progressive Acormegaly


P. GÖBEL

Medizinische Univ.-Poliklinik Tübingen


Mit 1 Abbildung


### Summary

Clinical and biochemical correlation shows that the cases presented in this paper must be classified in progressive acromegaly with short duration of the disease, active local growth but moderate acral growth and hirsutism as a consequence of $3\beta$-ol-dehydrogenase deficiency, and longstanding cases without visible pituitary growth or visual loss but extreme acral over-growth. Between these two categories mixed forms are to be found.


Nach unserem Untersuchungsgut muß man zwei Formen der Akromegalie unterscheiden (Tab. 1): 1. Die *progrediente* bei jüngeren Patienten mit kurzer Laufzeit der Erkrankung und zunächst noch relativ wenig ausgeprägten akromegalen Veränderungen aber bereits deutlich ausgeweiteter Sella und Gesichtsfeldeinschränkung. Klinisches Leitsymptom ist ein Hirsutismus. 2. Die ausgeprägte weitgehend *inaktive* bei älteren Patienten mit langer Laufzeit der Erkrankung aber weniger vergrößerter Sella ohne Gesichtsfeldausfälle. Das Plasma-HGH ist in der

Tabelle 1. *Klinische Daten bei 14 Fällen von Akromegalie: **Mittelwerte**, obere und untere Grenzwerte ( ), bei 7 innersekretorisch Gesunden [ ].*

| | Akromegalie und Hirsutismus | Akromegalie |
|---|---|---|
| Fälle (m. w. ) | 2 m. 6. w. | 3 m. 3 w. |
| Alter (J.) | 37 | 49 |
| | (23—54) | (41—67) |
| Krankheitsdauer (J.) | 4 | 13 |
| | (2—7) | (7—27) |
| Sellafläche (cm²) | 2,27 | 1,59 |
| [0,82 (0,66—1,0)] | (0,66—4,0) | (0,66—2,53) |
| Gesichtsfeldeinschränkg. (Fälle) | 4 | 0 |
| Plasma-HGH (ng/ml) | 124,2 | 91,5 |
| [3,1 (0,4—7,1)] | (4,1—561) | (4,0—297,4) |
| Plasma-ACTH (mE/100 ml) | 1,72 | 1,13 |
| [0,4 (0,24—0,83)] | (0,5—3,43) | (0,24—2,08) |
| Plasma-Cortisol ($\mu$g/100 ml) | 5,8 | 11,5 |
| [9,2 (6,6—13,4)] | (3,57—7,6) | (4,55—16,4) |

ersten Gruppe stärker vermehrt als in der zweiten. Ein ähnlicher Unterschied
zwischen den beiden Gruppen findet sich bei der Bestimmung des Plasma-ACTH.
Die Ursache hierfür ist bei der progredienten Form der Akromegalie in einer Hemmung der 3β-Hydroxy-Steroiddehydrogenase bei der Nebennierenhormonbio-
synthese durch eine stark erhöhte Bildung von Wachstumshormon zu sehen [1].
Trotz der nachfolgend erhöhten ACTH-Bildung liegt das Plasma-Cortisol bei dieser

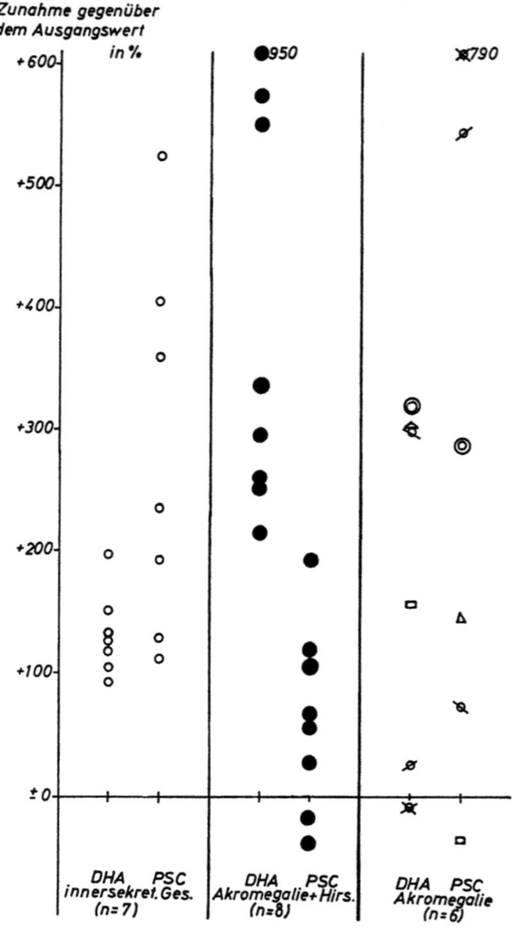


Abb. 1. Dehydroepiandrosteron (DHA) und Porter-Silber-Chromogene (PSC) bei innersekretorisch Gesunden ( ○ ), Akromegalie + Hirsutismus ( ● ) und Akromegalie

Gruppe von Fällen niedrig. Besonders nach Stimulierung der endogenen ACTH-
Bildung entstehen vermehrt Dehydroepiandrosteron und damit aus weiteren Vorstufen Testosteron, das den für die progrediente Form der Akromegalie charakteristischen adrenalen Hirsutismus bewirkt. — Bei der weitgehend inaktiven Form der
Akromegalie mit nicht so stark vermehrter Wachstumshormonsekretion besteht
keine wesentliche Hemmung der 3β-Hydroxy-Steroiddehydrogenase, kein

Hirsutismus, der Plasma-Cortisolspiegel ist entsprechend der gesteigerten Cortisolsekretion bei NN-Hyperplasie eher erhöht. Nach Metopiron steigt die Dehydroe-
piandrosteronproduktion weniger, dafür die Bildung von 11-Desoxy-Cortisol um so
kräftiger an. Zwischen diesen beiden Formen bestehen Übergänge.

Abb. 1 zeigt den Anstieg der Urinausscheidung von Dehydroepiandrosteron und
der Porter-Silber-Chromogene (als Maßstab der Cp. S-Bildung) nach Metopiron
(2 Tg. je 4mal 750 mg) in % des Ausgangswertes. Bei innersekretorisch Gesunden
(○) steigen die Porter-Silber-Chromogene — allerdings mit größerer Streubreite —
im Durchschnitt etwa doppelt so hoch an wie Dehydroepiandrosteron. Bei den progredienten Formen der Akromegalie (•) beträgt entsprechend einer latenten $3\beta$-
Hydroxy-Steroiddehydrogenasehemmung der Anstieg von Dehydroepiandrosteron
im Mittel etwa das 4fache des Ausgangswertes, während die Porter-Silber-Chromogene lediglich auf etwa das Doppelte ansteigen. Zwei weitgehend inaktive Fälle mit
ausgeprägten akromegalen Veränderungen ohne $3\beta$-Hydroxy-Steroiddehydro-
genasehemmung (⊗, ⌀) zeigen demgegenüber etwa das umgekehrte Verhalten.
◎, △, ⊠ und □ sind Übergangsformen in der 2. Patientengruppe.

**Literatur**

1. Lim, N. Y., and J. F. Dingmann: New Engl. J. Med. **271**, 1189 (1964).

# Pubertas praecox infolge von Hamartomen des Hypothalamus
## Precocious Puberty due to Hamartomas of the Hypothalamus


J. R. BIERICH, D. SCHÖNBERG und W. BLUNCK

Univ.-Kinderkliniken Tübingen und Hamburg



### Summary

Hamartomas of the tuber cinereum represent structural and functional multiplications of the hypothalamic sexual center and lead to precocious puberty via increased LRF-secretion as could be demonstrated. Treatment with progestins appears to be effective to a certain extent. Administration of cyproterone caused an increased excretion of gonadotrophin, testosterone and epitestosterone.


Bericht über 3 Kinder mit Frühreife, die bei 2 Knaben (Fall 1 u. 2) angeboren war, bei einem Mädchen (Fall 3) mit $2^3/_4$ Jahren zur Menarche führte. Starke Beschleunigung von Längenwachstum und Ossifikation. Vermehrte Ausscheidung der 17-KS, ferner des Testosterons und Epitestosterons bei den Knaben (Fall 1, 31 bzw. 24 µg, Fall 2, 47 bzw. 27 µg täglich) und der Gesamt-Oestrogene (20 µg/die) bei dem Mädchen. Gonadotropin im Harn nur bei Fall 3 nachweisbar. Bei Fall 1 bestand eine Imbezillität und eine Grand-mal-Epilepsie, ferner wurden zwangshafte Lachanfälle beobachtet. Im EEG wiesen seitengleiche Zwischenwellenausbrüche auf Störungen im Hirnstamm hin. Lachparoxysmen (mit Bewußtseinsverlust) und im EEG Poly-spike-wave-Komplexe wurden auch bei Fall 3 beobachtet. Bei allen 3 Kindern wurden pneumencephalographisch durch gezielte Luftfüllung der Basalzisternen ca. taubeneigroße Tumoren am Boden des III. Ventrikels zwischen Infundibulum und Corpora mamillaria dargestellt. Die Konzentration von LRF im Liquor c. sp. war stark erhöht. Therapeutisch erhielt das Mädchen Medroxyprogesteronacetat, worunter die Größe der Mammae deutlich zurückging und die Oestrogenausscheidung im Harn auf 2 µg täglich abfiel. Der Behandlungserfolg spricht dafür, daß das Hamartom einem Feed-back-Mechanismus zugänglich war. Die beiden Knaben erhielten 50—100 mg Cyproteron täglich. Bei Fall 1 verschwanden bei etwa gleichbleibender Testosteronausscheidung Erektionen, Masturbationen und Akne völlig. Bei Fall 2 wurden die Erektionen seltener, doch blieb das Längenwachstum weiterhin stark beschleunigt. Testosteron und Epitestosteron stiegen im Harn allmählich auf das 4- bis 5-fache der Ausgangswerte an, Gonadotropin wurde erstmalig nachweisbar. Offenbar wurde die Empfindlichkeit des hypothalamischen androgensensiblen Receptors gegenüber Testosteron durch Cyproteron beseitigt, die in gewissem Umfang bestehende Suppression aufgehoben und die LRF-Produktion weiter gesteigert. Dementsprechend sollten derartige Patienten zur Suppression zusätzlich Gestagene erhalten.

# Wachstumshormon- und Gonadotropinspiegel bei Patienten mit Hypophysentumoren vor und nach Bestrahlungstherapie

### Growth Hormone and Gonadotropins Levels in Patients with Pituitary Tumors before, during and after Treatment


P. Franchimont und J. J. Legros

Institut de Médecine, Université Lüttich


Mit 1 Abbildung

## Summary


Radioimmunoassay of HGH, FSH and LH presents a biochemical tool in diagnosing pituitary tumors and ascertaining results of therapy. Furthermore, these methods permit the study of the influence of the hypothalamic control mechanism upon pituitary tumors.


Menschliches Wachstumshormon (HGH), follikelstimulierendes Hormon (FSH) und luteinisierendes Hormon (LH) wurden bei 75 Patienten mit Akromegalie sowie bei 18 Patienten mit hormoninaktiven Hypophysentumoren, insbesondere chromophoben Adenomen und Kraniopharyngiomen, mit der radioimmunologischen Methodik (Franchimont 1966) bestimmt.

Wie wir für die *Akromegalie* schon früher gezeigt haben, ist die Höhe des HGH-Spiegels das sicherste Maß zur Beurteilung des Entwicklungsstadiums der Krankheit und des Therapieerfolges (Franchimont 1968). Bei unseren 75 Patienten mit progredienter Akromegalie schwankten die Serum-HGH-Spiegel von 20 ng/ml bis 850 ng/ml mit einem Mittelwert von 123,7 ng/ml. Nach Röntgentherapie (minimale Dosis 4000 r) zeigten von 10 Patienten alle eine Abnahme des HGH-Spiegels (Mittelwert 28 ng/ml), aber nur 2 von ihnen erreichten normale Werte. Nach lokaler Implantation von $^{144}$Au in die Sella turcica erreichten 14 von 25 Patienten normale Serumspiegel; der Mittelwert dieses mit $^{144}$Au behandelten Kollektivs betrug 18 ng/ml.

Die orale Verabreichung von Glucose senkte den HGH-Spiegel nur dann, wenn die Ausgangswerte über 70 ng/ml waren; lagen sie jedoch darüber, war der Abfall seltener und weniger ausgeprägt; in keinem Fall wurden Normalwerte erreicht. Der Effekt einer Insulinhypoglykämie auf HGH war variabel. HGH-Anstiege fanden sich häufiger bei Ausgangswerten unter 65 ng/ml als oberhalb dieses Basalspiegels, wobei die vorhandenen positiven Reaktionen zu ausgeprägt waren, als daß sie sich als spontane zyklische Veränderungen erklären ließen.

Die FSH- und LH-Werte lagen bei den akromegalen Patienten meist im Normbereich, wobei die männlichen Kollektiven wegen des konstanteren Gonadotropinspiegels bei Männern aussagekräftiger sind. Nur bei wenigen dieser Patienten waren die Gonadotropine im Serum nicht nachweisbar.

Bei Patienten mit *hormoninaktiven Hypophysentumoren* lagen die HGH-, FSH- und LH-Spiegel häufig unterhalb der Nachweisbarkeitsgrenze. In einigen Fällen waren sie erniedrigt oder im unteren Normbereich. Für diese kann eine schwache, aber insuffiziente Hormonproduktion angenommen werden (Abb.).

Im Insulinhypoglykämie-Test war der Anstieg des HGH bei Patienten mit hormoninaktiven Tumoren der Hypophyse mit einem mittleren Maximalwert von 7,5 ng/ml bei unbehandelten und von 3,5 ng/ml bei behandelten Fällen gegenüber einem Normalkollektiv (n=15) mit einem Höchstwert von 35 ± 20 ng/ml statistisch signifikant erniedrigt.

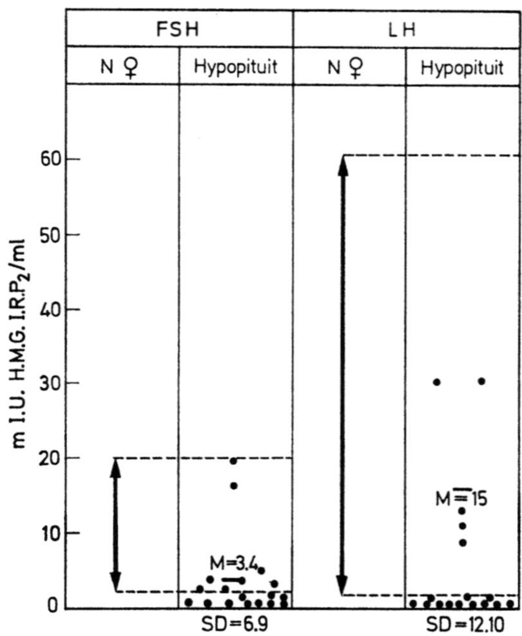


Abb. Bei Frauen mit hormoninaktiven Hypophysentumoren (Hypopituitarismus) wurden die FSH- und LH-Spiegel im Serum bestimmt und mit denen von gesunden, menstruierenden Frauen verglichen. Dabei war FSH in 7 Fällen nicht nachweisbar und in den Fällen, wo es erfaßt werden konnte, betrug der Mittelwert 3.4 m IU/ml (± 6.9).
LH konnte bei 9 Fällen nicht nachgewiesen werden, bei den Fällen, wo es radioimmologisch erfaßt werden konnte, betrug der Mittelwert 15.0 m IU/ml (+ 12.12)

**Literatur**

Franchimont, P.: Presse MED 1968, 29, 1475. Bruxelles et Paris: Ed. Arscia et Maloine 1966.

# Nebennierenrindenhormon- und Gonadotropinbestimmung zur Differenzierung der Hypophysenadenome

## Assay of Adrenocortical Hormones and Gonadotropins for Differential Diagnosis in Pituitary Adenomas

H. W. Pia, C. L. Geletneky, E. Heiss und R. Lorenz

Neurochirurgische Universitäts-Klinik Gießen

Mit 3 Abbildungen

## Summary

Urinary excretion of total corticosteroids, 17-ketosteroids, and gonadotropins determined in 85 cases of hypophyseal adenomas resulted in normal excretion values in all patients up to the age of 40 years with different types of adenomas. Pathological results were obtained in older patients predominantly in chromophobe adenomas but in other types as well. Elevated excretion values were rarely observed. Most of these were seen in cases of eosinophilic or mixed adenomas preferably in females. A marked variation of results was observed within the different groups and in individual cases after repeated determinations.

No positive correlation of sexual disturbances and gonadotropin excretion levels was observable in 50% of all cases. A differentiation between active and inactive types of hypophyseal adenomas by determination of urinary excretion of corticosteroids and gonadotropins is impossible.

Die Gliederung der Hypophysenadenome in chromophobe, eosinophile und gemischte Formen bzw. in endokrin aktive (eosinophile, gemischte und basophile Adenome) und die endokrin inaktiven chromophoben Adenome stützt sich u. a. auf die Basisausscheidung der Harn-Corticoide und 17-Ketosteroide (Marguth, Müller u. Tzonos).

Eigene Untersuchungen an 85 Kranken mit präoperativen Mehrfachbestimmungen der Harn-Basiswerte bei Corticoiden (Abb. 1a und b) und 17-Ketosteroiden (Abb. 2a und b) unter Berücksichtigung normaler Alters- und Geschlechtsverteilung bestätigen frühere Beobachtungen nicht. Sie zeigen, daß alle Adenome bei einem Behandlungsalter bis zu 40 Jahren die Nebennierenfunktion intakt lassen. Mit zunehmendem Alter geht die Ausscheidung zurück und wird mit deutlicher Betonung bei chromophoben Adenomen pathologisch. Erhöhte Werte im oberen normalen und pathologischen Bereich zeigen alle Adenome mit Betonung eosinophiler und gemischter Formen. Diese Tendenz ist bei den 17-Ketosteroiden älterer weiblicher Adenomträger am größten. Die Zahl pathologischer Fälle wird infolge starker individueller Streuung bei hier nicht durchgeführter Berücksichtigung von Mittelwerten wesentlich geringer. Die Befunde lassen eine NNR-Aktivierung durch eosinophile und einen Teil der gemischten Adenome mit Hilfe der Corticoid- und Steroid-Messung nicht sicher belegen. Sie unterstreichen den auch histologisch gesicherten Befund, daß fließende Übergänge zwischen den Adenomen die Regel sind, somit die bisherige Gliederung nicht befriedigt.

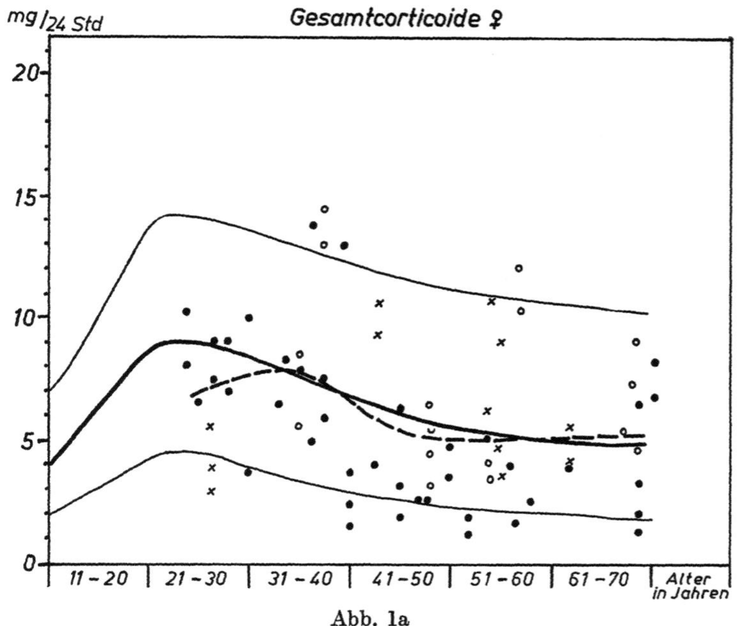


Abb. 1a

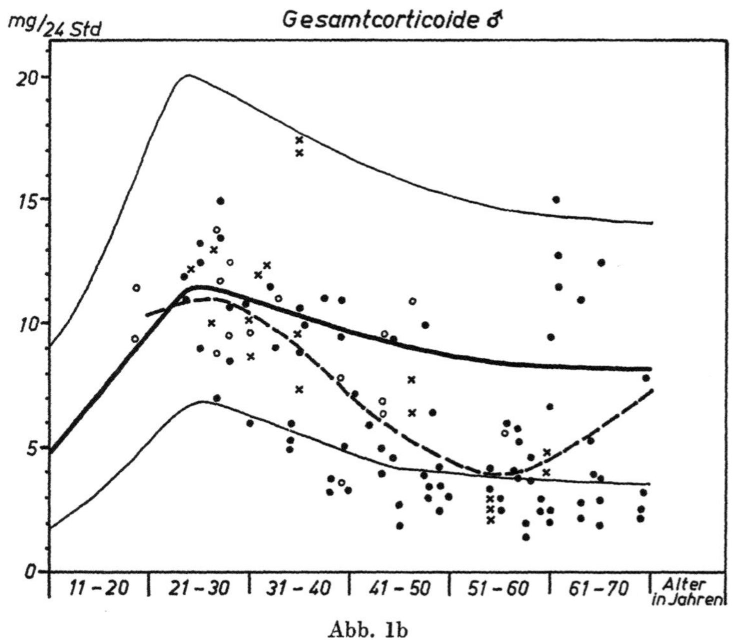


Abb. 1b

Abb. 1. Corticoide (präoperative Harnbasiswerte) bei Hypophysenadenomen
(● chromophobe A., o eosinophile A., × gemischte A.)
a) Männer    b) Frauen

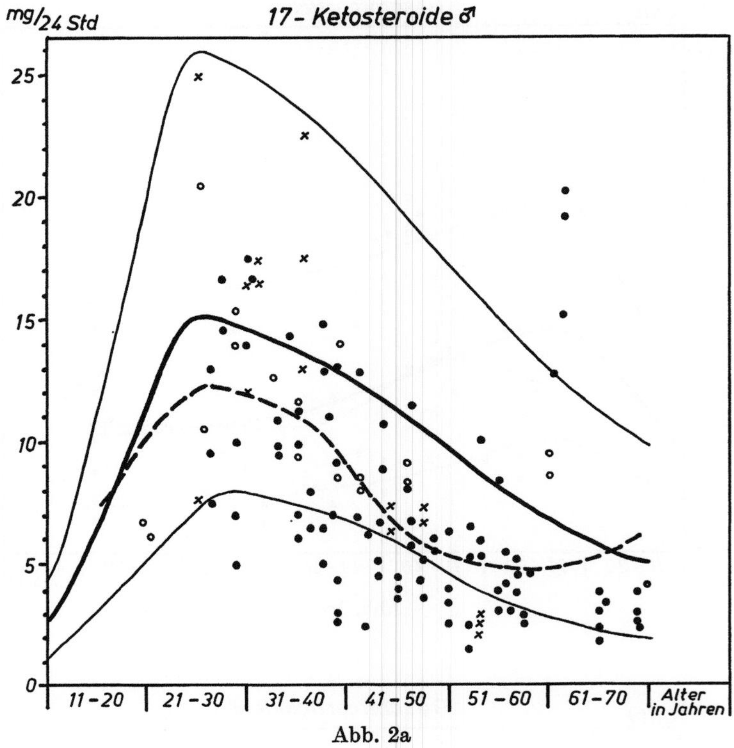


Abb. 2a

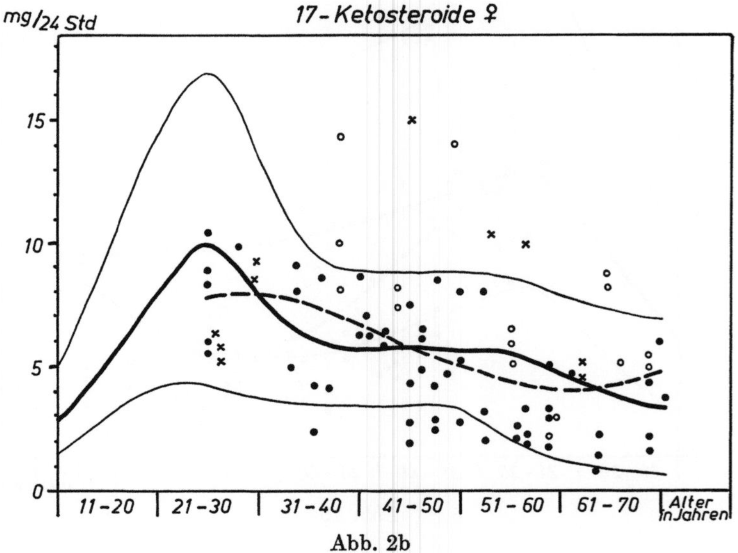


Abb. 2b

Abb. 2. 17-Ketosteroide (präoperative Harnbasiswerte) bei Hypophysenadenomen
(Symbole s. Abb. 1)        a) bei Männern        b) bei Frauen

306

Mehrfachmessungen der Harn-Gonadotropine bei 76 Adenomträgern und ihr
Vergleich mit angegebenen Sexualstörungen (Abb. 3) ergeben, daß auch die FSH-
ICSH-Bildung jüngerer Kranker bis zu einem Behandlungsalter von etwa 40 Jahren
normal bzw. methodisch bedingt nicht beurteilbar ist. Das starke Ansteigen pathologisch erniedrigter Werte in späteren Altersklassen betrifft fast ausschließlich

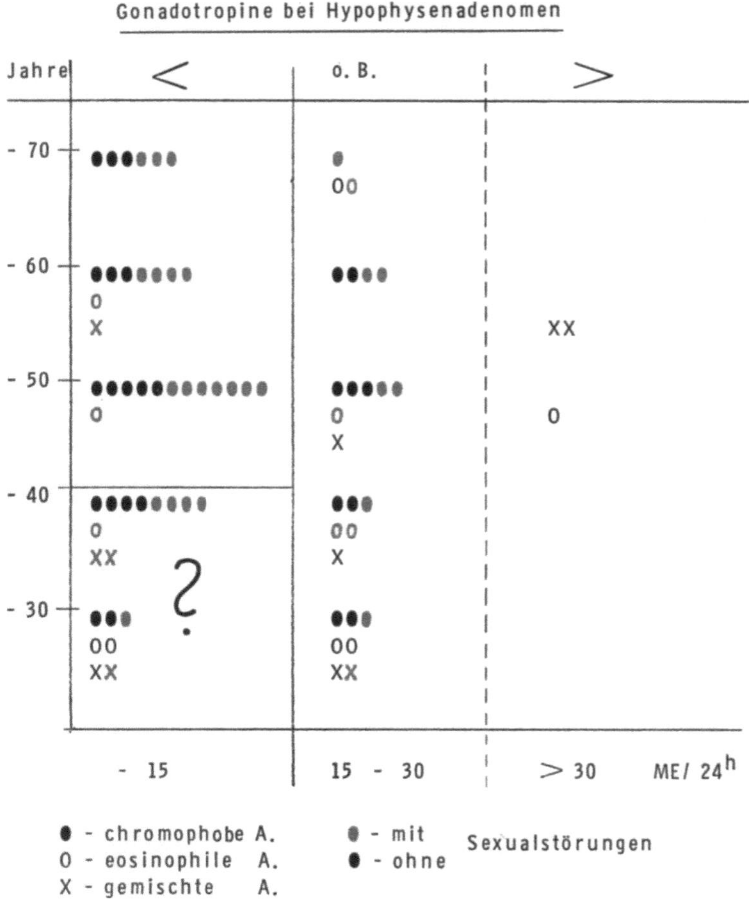


Abb. 3. Gonadotropine (präoperative Harnbasiswerte) bei Hypophysenadenomen

chromophobe Adenome. Eine Gonadotropinsteigerung wurde nicht gefunden. Eine
Ausscheidung über 30 MUE bei 3 älteren weiblichen Adenomträgern fällt in den
Normbereich. Hervorzuheben ist die Diskrepanz zwischen Gonadotropin-Werten
und subjektiven Sexualstörungen in jeweils 50 % bei normalen und bei verminderten
Gonadotropinen.

Die Beobachtung einer Schädigung der Nebennierenrinde und der gonadotropen Partialfunktion bei Kranken jenseits des 40. Lebensjahres und normaler

Befunde in früheren Altersklassen spricht für eine pathogenetische Beteiligung altersbedingter Faktoren.

Eine tumorbedingte Aktivierung der Nebennierenrinde und der Gonadotropine konnte durch die Bestimmung der Basalwerte nicht nachgewiesen werden.

### Literatur


Heiss, E.: Diagnose und Therapie der Hypophysenadenome unter besonderer Berücksichtigung endokrinologischer Befunde. Inaug. Diss. Gießen, 1967.

Marguth, F.: Zur Pathogenese endokriner Funktionsstörungen bei raumfordernden intracraniellen Prozessen. Beitr. Neurochir. Heft 7. Leipzig: J. Ambr. Barth 1964.

Müller, W., u. T. Tzonos: Dtsch. Z. Nervenheilk. **191**, 97—124 (1967).

# Cortisol- und Corticosteronsekretion bei Hypophysentumoren[1]
## Secretion of Cortisol and Corticosterone in Pituitary Tumors


W. WINKELMANN, H. BETHGE, K. HACKENBERG und H. G. SOLBACH

Med. Univ.-Poliklinik Köln und Med. Klinik Köln-Merheim
und II. Med. Univ.-Klinik Düsseldorf, Abteilung für Endokrinologie


Mit 1 Abbildung

### Summary


In 18 out of 20 patients with untreated acromegaly the mean secretion rates of cortisol and corticosterone were significantly raised, while in 2 patients with extremely enlarged sella turcica and secondary adrenocortical insufficiency both values were decreased. In 7 out of 13 patients with hormonal inactive pituitary adenoma the secretion rates of cortisol and corticosterone were normal, while in 6 with secondary adrenocortical insufficiency both values were decreased and the cortisol-corticosterone ratio dropped.


Bei der Beurteilung der NNR-Funktion hat sich die Bestimmung der Sekretionsraten zunehmend bewährt, zumal dabei einzelne Steroide wie Cortisol und Corticosteron getrennt und quantitativ exakt erfaßt werden können. Bei der Akromegalie und bei hormonell inaktiven Hypophysentumoren sind nur vereinzelt entsprechende Befunde bekannt [1, 2]. Wir haben bei 20 Patienten mit einer unbehandelten Akromegalie und 13 mit hormonell inaktiven Hypophysenadenomen die Cortisol- und Corticosteronssekretionsraten nach dem Isotopenverdünnungsprinzip bei gleichzeitiger i. v. Applikation von 0,2 $\mu$C $^{14}$C-4-Cortisol (spezifische Aktivität 54,4 mC/mM) und 1,3 $\mu$C $^{3}$H-1,2-Corticosteron (spezifische Aktivität 20,5 C/mM) bestimmt. Bei 8 der 20 Akromegaliepatienten war der HVL-Prozeß als aktiv und bei 10 als inaktiv anzusehen, während sich bei 2 Patienten mit auffallend großer Sellaexcavation eine sekundäre NNR-Insuffizienz entwickelt hatte. Abb. 1 zeigt oben die absolute und unten die auf das Körpergewicht bezogene mittlere Cortisol- und Corticosteronsekretion bei den Akromegaliepatienten. Bei dem Gesamtkollektiv (b) ohne die beiden Patienten mit sekundärer NNR-Insuffizienz war die Cortisolsekretion mit 28,2 $\pm$ 8,7 gegenüber 16,0 $\pm$ 3,7 bei Normalpersonen (a) ebenso wie die Corticosteronsekretion mit 5,4 $\pm$ 1,3 gegenüber 3,6 $\pm$ 0,3 mg/24 Std signifikant erhöht. Bei den Patienten mit aktivem HVL-Prozeß (c) betrugen die Mittelwerte 29,9 $\pm$ 8,0 bzw. 6,1 $\pm$ 1,0 und bei denen mit inaktiver Akromegalie (d) 26,9 $\pm$ 9,4 bzw. 4,7 $\pm$ 1,4 mg/24 Std. Auch bezogen auf das Körpergewicht waren die Cortisol- und Corticosteronsekretion erhöht. Die Mittelwerte bei den beiden Patienten mit sekundärer NNR-Insuffizienz (e) waren mit 2,9 bzw. 2,0 mg/24 Std signifikant erniedrigt. – Tab. 1 zeigt die Mittelwerte der Cortisol- und Corticosteronsekretion bei den Patienten mit hormonell inaktiven Hypophysenadenomen, von denen 7 eine normale NNR-Funktion (b) und 6 eine sekundäre NNR-Insuffizienz (c) hatten,

***


[1] Mit dankenswerter Unterstützung des Landesamtes für Forschung des Landes NRW und der Deutschen Forschungsgemeinschaft.

im Vergleich zu Normalpersonen (a). In der Gruppe b war die Cortisolsekretion mit 16,1 ± 6,2 gegenüber 16,0 ± 3,7 bei Normalpersonen ebenso wie die Corticosteronsekretion mit 3,7 ± 1,3 gegenüber 3,6 ± 0,3 mg/24 Std nicht sicher different. In der Gruppe c fanden sich deutlich erniedrigte Werte von 3,2 ± 1,2 bzw. 1,6 ± 0,3 mg/24 Std, wobei der Cortisol-Corticosteron-Quotient von 4,45 bei Normalpersonen zugunsten des Corticosterons auf 2,0 verschoben wurde. − Auch unter Berücksichtigung der Befunde von Drucker u. Mitarb., die mit einem biologischen Test im Plasma von unbehandelten Akromegaliepatienten eine ,,adrenocorticotrop wirksame Aktivität'' nachweisen konnten [3], läßt sich nicht sicher entscheiden, ob möglicherweise STH oder zusätzlich freigesetzte ACTH bzw. ein adrenocorticotroper Faktor zu der gesteigerten Cortisol- und Corticosteronssekretion bei der Akromegalie führt. Eine Differenzierung zwischen aktivem und inaktivem HVL-Prozeß durch Bestimmung der Cortisolsekretion pro kg Körpergewicht ist bei dem jetzt größeren Gesamtkollektiv wegen der großen Streuung im Gegensatz zu früheren

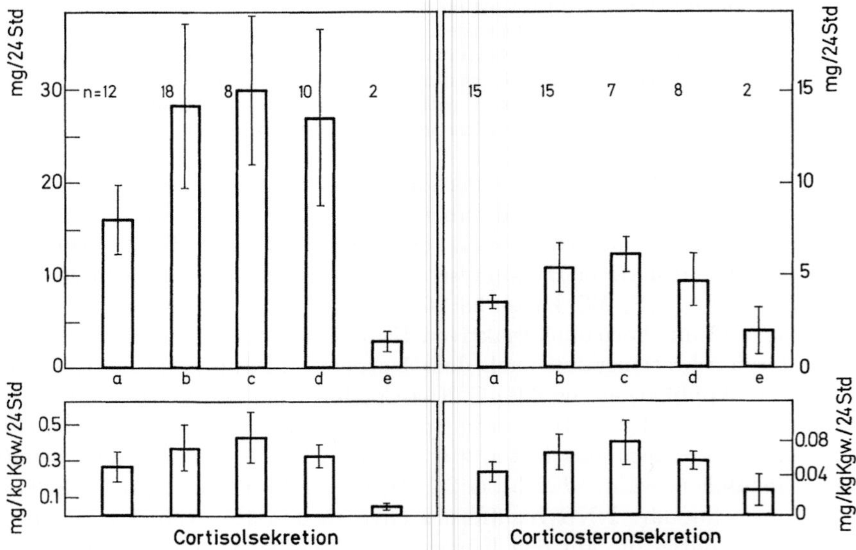



Abb. 1. Absolute und auf das Körpergewicht bezogene mittlere Cortisol- und Corticosteronsekretion bei dem Gesamtkollektiv der Akromegaliepatienten (b), bei aktiver (c) und inaktiver (d) sowie bei Akromegalie mit sekundärer NNR-Insuffizienz (e) im Vergleich zu Normalpersonen (a)

Tabelle 1. *Mittlere Cortisol- und Corticosteronsekretion bei Normalpersonen (a) sowie bei Patienten mit hormonell inaktiven Hypophysenadenomen mit normaler NNR-Funktion (b) und sekundärer NNR-Insuffizienz (c)*

| Gruppe | n | Cortisolsekretion [mg/24 Std] | [mg/kg Kgw/ 24 Std] | Corticosteronsekretion [mg/24 Std] | [mg/kg Kgw/ 24 Std] | Cortisol-Corticosteron-Quotient |
|---|---|---|---|---|---|---|
| a | 13 | 16,0 ± 3,7 | 0,270 ± 0,080 | 3,6 ± 0,3 | 0,048 ± 0,012 | 4,45 ± 0,4 |
| b | 7 | 16,1 ± 6,2 | 0,208 ± 0,053 | 3,7 ± 1,3 | 0,049 ± 0,013 | 4,3 ± 0,6 |
| c | 6 | 3,2 ± 1,2 | 0,045 ± 0,034 | 1,6 ± 0,3 | 0,022 ± 0,007 | 2,0 ± 0,3 |

Ergebnissen [2] nicht sicher möglich. Extrem erhöhte Werte dürfen jedoch im Einzelfall als Hinweise auf eine aktive Akromegalie gewertet werden. – Cope u. Mitarb. nehmen aufgrund ihrer Untersuchungen bei Patienten mit Panhypopituitarismus an, daß eine Cortisolsekretion von mehr als 2,5 mg/24 Std für eine adrenocorticotrope Restfunktion spricht [4]. Diese Hypothese wird durch die hier erhobenen Befunde gestützt. Bemerkenswert ist die Verschiebung des Cortisol-Corticosteron-Quotienten von 4,45 bei Normalpersonen auf 2,0 bei Patienten mit sekundärer NNR-Insuffizienz. Bei exogener ACTH-Applikation sind ebenfalls Änderungen des Quotienten nachgewiesen worden [5]. Die in diesem Zusammenhang diskutierte veränderte Geschwindigkeit der Biosynthese von Cortisol und Corticosteron könnte auch hier bei ACTH-Mangel von Bedeutung sein.


### Literatur

1. Roginsky, M. S., J. C. Shaver, and N. P. Christy: J. clin. Endocr. **26**, 1101 (1966).
2. Winkelmann, W., H. Bethge, H. Schmitt, H. G. Solbach, D. Vorster u. H. Zimmermann: Klin. Wschr. **46**, 1008 (1968).
3. Drucker, W. D., M. B. Segal, A. L. Verde, and N. P. Christy: Amer. J. Med. **43**, 383 (1967).
4. Cope, C. L., and J. Pearson: J. clin. Path. **18**, 62 (1965).
5. Raith, L., I. Macias-Alvarez u. H. J. Karl: 3. Intern. Congr. Endocrinology, Excerpta Med. Congr. Series No. 157, Abstract No. 346 (1968).

Antidiuretische Wirkung eines psychotropen Antiepilepticums
(5-Carbamyl-5-H-dibenzo (b, f) Azepin = Tegretal)
mit meßbarem Anstieg der ADH-Aktivität im Serum bei Kranken mit
Diabetes insipidus und hypophysenoperierten Patienten mit Polyurie
und Polydipsie

Antidiuretic Activity of a Psychotropic antiepileptic Drug (5-Carbamyl-5-H-dibenzo (b, f)
Azepin = Tegretal) with Elevation of Serum ADH Activity in Patients with diabetes insipidus
and Polyuric and Polydiptic Patients after Pituitary Surgery


H. Frahm, E. Šmejkal und R. Kratzenstein

II. Med. Univ.-Klinik u. Poliklinik Hamburg-Eppendorf
und Institut für Endokrinologie der Universität Prag


## Summary


In 6 patients with idiopathic diabetes insipidus and 6 patients suffering from polyuria
and polydipsia due to surgical resection of a pituitary adenoma no ADH activity in serum
was measurable. During the administration of Tegretal (5-Carbamyl-5-H-dibenzo (b, f) azepin),
an anticonvulsant substance, 1.6 to 18 µU/ml ADH in serum were ascertained. Concomitant
with the drug therapy polyuria and polydipsia obvioulsy and persistently diminished.


In einem Behandlungszeitraum bis zu $1^{1}/_{2}$ Jahren hat sich bei 5 Fällen mit sog.
idiopathischem Diabetes insipidus (D. i.) und 25 hypophysenoperierten Pat. mit
z. T. extremer Polyurie und Polydipsie das Antiepileptikum „Tegretal" als anti-
diuretisch hochwirksam erwiesen [1,3]. Das gesteigerte Durstgefühl schwand oder
wurde stark reduziert. Tägliche Trinkmengen von 7 bis über 12 L, die die Medikation von Pitressin erforderlich machten, gingen auf durchschnittlich 2 bis maximal
3 L zurück. Durstversuch, Nicotin- [7] und Carter-Robbins-Test [2] hatten vor der
Therapie mit Tegretal für ein völliges Fehlen oder eine erheblich gestörte ADH-Freisetzung gesprochen. Unter 400 bis 600 mg Tegretal tägl. verhielten sich jedoch die
Tests regelrecht oder weitgehend normal [3]. In einem Fall mit symptomatischem
D. i. bei eosinophilem Granulom war die Beeinflussung des Durstgefühls und der
Polyurie minimal, so daß hier weiter Pitressin verabfolgt werden mußte.
In den 5 Fällen mit idiopathischem D. i., dem einen Fall mit symptomatischem
D. i. und bei 6 Pat. mit Polyurie und Polydipsie nach Hypophysektomie bestimm-
ten wir die ADH-Aktivität im Serum. Die Messungen erfolgten an der hydrierten
Ratte nach der von Jeffers u. Mitarb. [6] sowie Heller u. Mitarb. [4] angegebenen
und Holček u. Mitarb. [5] modifizierten Methode. In allen 12 Fällen war nach Absetzen jeglischer Medikation keine ADH-Aktivität im Serum nachzuweisen. Im
Nüchternserum von 10 gesunden Kontrollpersonen fanden wir für die ADH-Aktivität einen Mittelwert von 1,8 µE/ml (1,2—2,5 µE/ml). Nach 3 tägiger Behandlung
mit 2 × 200 mg Tegretal tägl. lagen die Werte bei den 5 Fällen mit idiopathischem
D. i. zwischen 0 und 12 und nach der weiteren Medikation von 3 × 200 mg tägl.
zwischen 0—18 µE/ml Serum. Die Werte bei den 6 hypophysenoperierten Pat.

Tabelle 1. *Verhalten der ADH-Aktivitäten unter dem Einfluß von Tegretal bei Kranken mit Polyurie und Polydipsie bei Diab. insipidus und Zustand nach Operation eines HVL-Adenoms*

| Fall | Ge-schl. | Alter | Diagnose | ADH-Aktivität (µE/ml Serum) | | | | | | | | Trinkmenge l/die (durchschnittl.) | | Dauer d. Beobachtg. |
| --- | --- | --- | --- | --- | --- | --- | --- | --- | --- | --- | --- | --- | --- | --- |
| | | | | | unter Tegretal | | Pitressin 4 E s. c. | | Prednison | Prednison u. Tegretal | | | 400-600 mg/die | unter |
| | | | | ohne Therap. | 2 × 200 mg/die | 3 × 200 mg/die | n. 30′ | n. 60′ | 10 mg | 2 × 200 mg/die | 3 × 200 mg/die | vor | Tegretal unter | Tegretal i. Mon. |
| | Kontrollen | | | $\bar{x}$ 1,8 1,2-2,5 | $\bar{x}$ 1,8 1,2-2,5 | $\bar{x}$ 1,8 1,2-2,5 | | | | | | | | |
| 1 | ♂ | 30 | idiop. Diab. insip. | ∅ | 3,5 | 5,3 | | | | | | 7—9 | 2 | 12 |
| 2 | ♀ | 28 | idiop. Diab. insip. | ∅ | ∅ | ∅ | | | | | | 6—8 | 4—5 | 4 |
| 3 | ♀ | 63 | Diab. insip. b. eosin- oph. Granulom | ∅ | ∅ | ∅ | 20 | ∅ | | | | 10—12 | unver- träglich | |
| 4 | ♂ | 37 | idiop. Diab. insip. | ∅ | 12 | 16 | 21 | 12 | | | | 10—12 | 1,5—2 | 16 |
| 5 | ♂ | 23 | Diab. insip. n. tu- berk. Meningitis | ∅ | 8 | 18 | 19 | 4 | | | | 6—8 | 2—3 | 6 |
| 6 | ♀ | 31 | Diab. insip. n. Cra- niotomie | ∅ | 9 | 13 | 18 | 16 | | | | 5—6 | 1—2 | 8 |
| 7 | ♂ | 24 | Zustand n. Op. HVL-Adenoms | ∅ | 7 | 10 | | | | | | 14—16 | 2—3 | 7 |
| 8 | ♂ | 18 | ,, ,, | ∅ | 1,6 | 7 | 20 | 8 | | | | 7—9 | 2 | 6 |
| 9 | ♀ | 31 | ,, ,, | ∅ | 7 | 6 | 13 | 7 | | | | 4—5 | 1—2 | 4 |
| 10 | ♂ | 44 | ,, ,, | ∅ | 9 | 18 | 15 | 4 | ∅ | 4,3 | | 4—6 | 2 | 3 |
| 11 | ♂ | 26 | ,, ,, | ∅ | 3,4 | 8 | | | ∅ | ∅ | 7,5 | 5 | 2 | 3 |
| 12 | ♀ | 28 | ,, ,, | ∅ | 3 | ∅ | | | | | | 3—4 | 3—4 | 3 |

lagen entsprechend zwischen 1,6 und 9 bzw. 6 bis µ18 E/ml Serum. Sie betrugen bei
den 10 Kontrollen unter der genannten Tegretal-Dosis im Mittel 1,8 µE/ml (1,2—
2,5 µE/ml). In einem Fall mit idiopathischem D. i. war trotz Abnahme der Polyurie
und Polydipsie unter Tegretal keine ADH-Aktivität nachweisbar. Das gleiche gilt
für die Pat. mit symptomatischem D. i. bei eosinophilem Granulom. (s. Tab. 1)

Die bei den untersuchten Fällen klinisch eindeutige antidiuretische Wirkung des
Tegretal scheint aufgrund der experimentell gefundenen Resultate auf einem Anstieg der ADH-Aktivität zu beruhen. Die Frage nach dem Wirkungsmechanismus
läßt sich nicht beantworten. Möglicherweise wird durch diese Substanz eine Restfunktion im ADH-Produktions- oder -Freisetzungsmechanismus stimuliert oder
aber inaktiv zirkulierendes ADH wird aktiviert. Mit experimentellen Untersuchungen zu dieser Problematik haben wir begonnen.


### Literatur

1. Braunhofer, J., u. L. Zicha: Med. Welt (Berl.) **17**, 1875 (1966).
2. Carter, A. C., and J. Robbins: J. clin. Endocr. **7**, 753 (1947).
3. Frahm, H., u. J. V. Šmejkal: Med. Welt (Berl.) (im Druck).
4. Heller, J., and J. Stulc: Physiol. bohemoslov. **8**, 558 (1959).
5. Holeček, V., H. Polák, J. Bláha u. M. Jrásek: Endokrinologie **32**, 38 (1954).
6. Jeffers, J. H., M. M. Livezey, and J. A. Austin: Proc. Soc. exp. Biol. (N. Y.) **50**, 184 (1942).
7. Lewis, A. A. G., and T. W. Chalmers: Clin. Sci. **10**, 137 (1957).

# Untersuchungen des Intermediärstoffwechsels mit $^{14}$C-U-Glucose bei Kranken mit substituierter HVL-Insuffizienz

### Intermediary Metabolism of $^{14}$C-Glucose Measured in Patients with Substituted Anterior Pituitary Insufficiency


D. Glaubitt und H. Frahm

I. Med. Univ.-Klinik und II. Med. Univ.-Klinik und -Poliklinik Hamburg-Eppendorf


Mit 1 Abbildung


## Summary

After intravenous injection of $^{14}$C-U-glucose the specific radioactivity in the expired air of 2 patients with substituted pituitary insufficiency is increased. In one patient whose pituitary gland had been removed because of acromegaly the specific activity is constantly lowered. These results are due to disturbances in intermediary metabolism.


$^{14}$CO$_2$-Exhalationsmessungen nach intravenöser Verabreichung $^{14}$C-markierter Verbindungen erlauben unter bestimmten Voraussetzungen Schlüsse auf den Intermediärstoffwechsel. Der Vorzug der Methode liegt in der geringeren Belästigung der Probanden als bei zahlreichen Blutentnahmen. Auch sind mehrmalige Wiederholungen vertretbar, weil die Strahlenbelastung niedrig ist. Sie unterschreitet die Strahlenbelastung bei vielen Umsatzuntersuchungen im Blut mit $^{14}$C-etikettierten Verbindungen. $^{14}$CO$_2$-Exhalationsmessungen eignen sich ausgezeichnet für intraindividuelle Stoffwechselkontrollen.

Bei Kranken mit substituierter Hypophysenvorderlappen-Insuffizienz (HVL-Insuffizienz) hatten wir im Rahmen eines größeren Programms nach oraler Gabe von $^{14}$C-Triolein oder $^{14}$C-Ölsäure einen verlangsamten Anstieg und eine verzögerte Abnahme der spezifischen Radioaktivität in der Ausatmungsluft beobachtet, die zumindest teilweise Störungen im Intermediärstoffwechsel zuzuschreiben waren (Glaubitt u. Frahm). Nunmehr berichten wir über Untersuchungen mit $^{14}$C-U-Glucose (D-Konfiguration).

*Methodik:* Wir untersuchten 3 Patienten im Alter von 47—62 Jahren sowie eine 51jährige Patientin, bei denen wegen eines chromophoben HVL-Adenoms die Hypophysektomie vorgenommen worden war und die danach eine Substitution mit täglich oral 10 oder 15 mg Prednison und 100 oder 150 mg Thyreoidea sicca erhielten, sowie einen 39jährigen Patienten, bei dem 8 Monate vorher wegen einer progredienten Akromegalie die Hypophyse operativ entfernt worden war und der unter einer Substitution mit täglich oral 15 mg Prednison, 60 µg Trijodthyronin und 300 µg Thyroxin (in Form von 3 x 1 Tabl. Novothyral$^{®}$) stand. Zum Vergleich dienten 6 gesunde Probanden im Alter von 20—46 Jahren. Wir injizierten intravenös jeder Person 5 µCi $^{14}$C-U-Glucose (spezifische Radioaktivität 3,0 mCi/mM.; Farbwerke Hoechst AG, Frankfurt/Main-Höchst) in 10 ml isotonischer Kochsalzlösung. Danach wurden die Konzentration des $^{14}$CO$_2$ und des gesamten Kohlendioxids sowie die

spezifische Radioaktivität der Ausatmungsluft mit dem $^{14}CO_2$-Exhalationsmeß-
gerät FHT 50 A in weiterentwickelter Ausführung (Frieseke & Hoepfner GmbH,
Erlangen-Bruck) bestimmt (s. Gebauer u. Suttor; Glaubitt u. Frahm; Glaubitt).

*Ergebnisse:* Die stündlich ausgeatmete Menge des $^{14}CO_2$ übersteigt bei der Patientin und angedeutet bei einem Patienten den Normalbereich, unterschreitet ihn
jedoch bei dem wegen progredienter Akromegalie operierten Kranken. Die ausgeatmete Menge des gesamten Kohlendioxids ist bei der Patientin erniedrigt, bei dem
zuletzt erwähnten Patienten normal. Die Kinetik der spezifischen Radioaktivität
in der Ausatmungsluft steigt bei der Patientin, weniger ausgeprägt bei dem zuerst
besprochenen Patienten, rasch stark an und sinkt danach verzögert ab (Abb. 1).
Sie liegt dagegen bei dem Kranken mit präoperativ progredienter Akromegalie stets
unter dem Normalbereich. Die übrigen Kranken zeigen keine Abweichungen der
spezifischen Radioaktivität in der Ausatmungsluft von den Normalwerten.

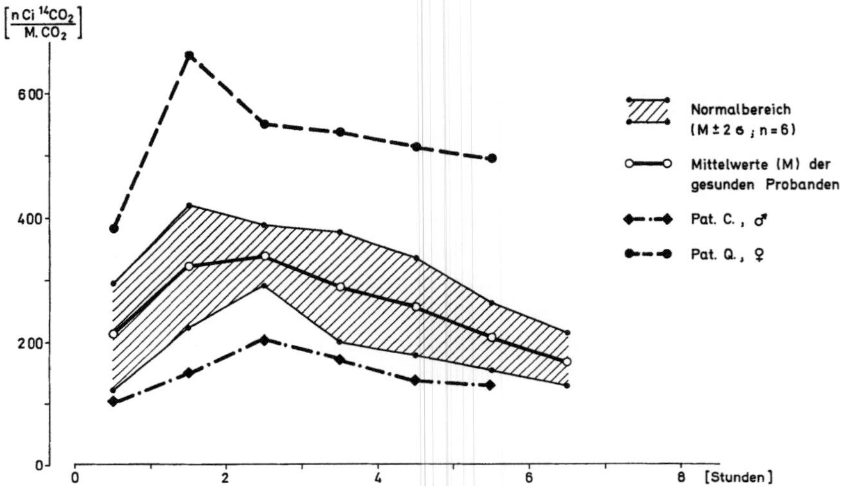


Abb. 1. Stündliche Durchschnittswerte der spezifischen Radioaktivität in der Ausatmungsluft
nach i. v. Injektion von 5 μ Ci $^{14}C$-U-Glucose

*Diskussion:* Die pathologischen Befunde sprechen pauschal für Störungen im
Intermediärstoffwechsel. Unsere Ergebnisse sind jedoch nicht einheitlich. Bei 2
Kranken ist die spezifische Radioaktivität in der Ausatmungsluft nach intravenöser
Injektion der $^{14}C$-U-Glucose erhöht, bei dem wegen progredienter Akromegalie
operierten Patienten demgegenüber erniedrigt. Es muß offenbleiben, ob die Ursache
hierfür in der unterschiedlichen Substitution mit Schilddrüsenhormonen bei diesem
Patienten im Vergleich zu den übrigen Kranken liegt. Alle Kranken wurden jedoch
mit Prednison substituiert. Thyroxin ist für den Glucosehaushalt von geringerer
Bedeutung als die Glucocorticoide, die die Gluconeogenese steigern und die Glucose-
oxydation hemmen. Die unterschiedlichen Befunde darauf beruhen, daß die klinisch
bestmögliche Substitution mit Schilddrüsen- und NNR-Hormonen feinen Stoff-
wechselschwankungen nicht angepaßt ist. Auch wirkt sich möglicherweise der Ausfall des Wachstumshormons (STH) bei jedem Kranken verschieden stark aus. STH

vermindert die Gluconeogenese und im Gegensatz zum Insulin die Glucoseoxyda-
tion, steigert aber die Eiweißsynthese und den Fettstoffwechsel. — Der Blutzucker
war bei allen Kranken normal.

### Literatur


Gebauer, H., u. F. Suttor: Atompraxis **12**, Heft 9, S. 1 (1966).
—, u. H. Frahm: In: Fellinger, K., R. Höfer: Radioaktive Isotope in Klinik und Forschung,
Bd. VIII, S. 109. München-Berlin-Wien: Urban & Schwarzenberg 1968.
Glaubitt, D.: Z. klin. Chem. klin. Biochem. **7**, 107 (1969).

# Hormonuntersuchungen bei einem Fall von idiopathischer glandotroper Hypophysenvorderlappeninsuffizienz mit erhaltener isolierter STH-Produktion[1]

## Hormone Analysis in a Case of Idiopathic Anterior Pituitary Insufficiency with Isolated Intact STH Production


W. Wiegelmann, K. Irmscher, P. Franchimont, H. Bethge und
H. G. Solbach

II. Medizinische Klinik der Universität Düsseldorf, Endokrinologische Abteilung
und Institut de Médecine der Universität Lüttich


Mit 1 Abbildung


### Summary

A patient of normal height but with typical clinical features of glandotropic pituitary insufficiency was demonstrated. The specific laboratory findings confirmed secondary hypothyroidism, adrenal insufficiency, hypogonadism with non-detectable FSH and ISCH on radioimmunoassay. However, the HGH was subnormal as determined radioimmunologically by the hypoglycaemic test. According to the aetiology, trauma at birth may be considered.


Das Krankheitsbild einer idiopathischen glandotropen HVL-Insuffizienz mit erhaltener isolierter STH-Produktion ist in der Literatur nur selten beschrieben [1, 2, 3, 4]. Ein weiterer Fall mit gleicher klinischer Symptomatik konnte von uns einschließlich differenzierter Hormonanalysen untersucht werden.

Der Patient wurde als 2. Paarling nach angeblich normalem Schwangerschaftsverlauf aus Steißlage entbunden. Während sich sein Zwillingsbruder normal entwickelte, bestand bei dem Patienten von frühester Kindheit an eine Wachstumsretardierung, die jedoch im Adoleszentenalter ohne Pubertätseintritt durch einen gesteigerten Wachstumsschub abgelöst wurde. In den darauffolgenden Jahren hielt das Längenwachstum an.

Bei der Aufnahme war der Patient 25 Jahre alt, 193 cm groß und wog 98 kg. Es bestand ein ausgeprägter Hypogonadismus mit eunuchoiden Körperproportionen, Hypogenitalismus und fehlenden sekundären Geschlechtsmerkmalen. Die Haut war blaß, trocken und kühl. Röntgenologisch konnte durch den Nachweis noch offener Epiphysenfugen eine deutliche Verzögerung der Knochenreifung belegt werden; im übrigen war besonders an der Wirbelsäule eine ausgeprägte Osteoporose nachweisbar. Sella turcica unauffällig. Der neurologische und ophthalmologische Befund waren normal.

### Endokrinologische Funktionsdiagnostik

Eine sekundäre Hypothyreose wurde durch die basal deutlich verminderte, nach TSH-Gabe jedoch normalisierte $^{131}$Jodaufnahme sowie durch ein niedriges PBI


---

[1] Die in dieser Arbeit aufgeführten eigenen Untersuchungen wurden mit Hilfe der Deutschen Forschungsgemeinschaft, Bad Godesberg sowie des Landesamtes für Forschung des Landes Nordrhein-Westfalen, Düsseldorf durchgeführt.

(2,2 y %) gesichert. Die Steroiduntersuchungen im Plasma und Harn belegten eine Nebennierenrindeninsuffizienz. So fanden sich im ACTH-, Insulinhypoglykämie- und Lysin-Vasopressin-Test entweder kein oder nur ein minimaler Anstieg der 11-OHCS im Plasma. Die Ausscheidung der 17-OHCS im Harn war basal erniedrigt und zeigte keinen Anstieg im ACTH- und Metopiron-Test. FSH und ICSH wurden radioimmunologisch [5] im Plasma bestimmt. Die Werte für beide Gonadotropine lagen jedoch unterhalb der Nachweisbarkeitsgrenze der Methodik.

Demgegenüber konnte STH im Plasma radioimmunologisch nachgewiesen werden. Die Abb. 1 demonstriert einen, wenn auch subnormalen Anstieg des STH-Spiegels im Insulinhypoglykämie-Test.

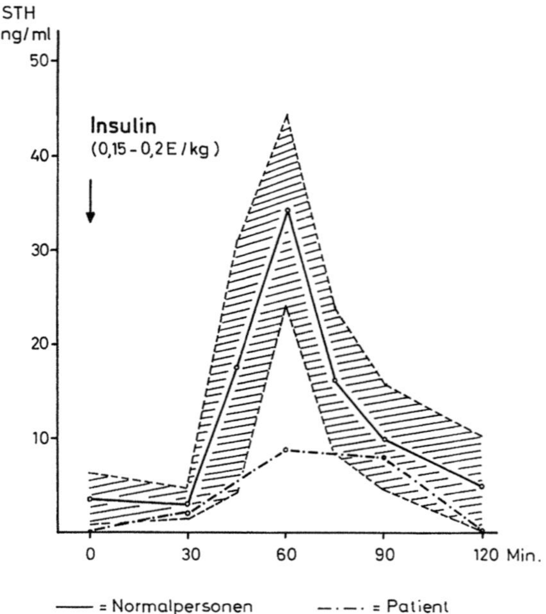


Abb. 1. STH im Plasma unter Insulinbelastung bei einem Pat. mit idiopathischer glandotroper HVL-Insuffizienz (Vergleichskollektiv = 6 männliche Probanden)

Aufgrund dieser Befunde besteht im vorliegenden Fall eine Sekretionsdissoziation des HVL bei glandotroper HVL-Insuffizienz mit erhaltener STH-Produktion. Als Ursache für dieses Krankheitsbild können wir nur eine geburtsstraumatische Genese (Steißlage) diskutieren. Hinweise für einen zentralnervösen entzündlichen Prozeß oder einen intra- bzw. suprasellär gelegenen Tumor ergaben sich nicht.

### Literatur


1. Goldman, J. K.: Amer. J. Med. **34**, 407 (1963).
2. Sarver, M. E.: New Engl. J. Med. **271**, 1286 (1964).
3. Juchems, R.: Klin. Wschr. **19**, 1133 (1966).
4. Zimmerman, Th. S.: Amer. J. Med. **42**, 146 (1967).
5. Franchimont, P.: In: Le dosage des hormones hypophysaires somatotrope et gonadotropes et son application en clinique. Brüssel: Editions Arsiac S.A. 1966.

# Ein lipidmobilisierendes Polypeptid aus Hypophysen vom Menschen
## A Lipid Mobilising Polypeptide from Human Pituitaries


P. Schwandt, H. J. Karl und R. Eicher

I. Medizinische Klinik der Universität München



### Summary

From human pituitaries a lipolytically active polypeptide had been extracted by the same method as applied for pig pituitary glands. The properties of both substances were identical in column- and thinlayerchromatography; an antigen relationship could not be demonstrated.


Aus Hypophysen vom Schwein, Schaf und Rind wurden von Rudman u. Mitarb. [4], Astwood u. Mitarb. [1], Li u. Mitarb. [4] u. Ruszka u. Mitarb. [4], spezielle lipidmobilisierende Polypeptide gewonnen. Aus Hypophysen vom Menschen wurden bisher von Friesen u. Mitarb. [3] die Peptide I und II sowie von Trygstad [10] der lipidmobilisierende Faktor LMF extrahiert.

Wir haben das erstmals von Rudman u. Mitarb. [4] aus Schweinehypophysen gewonnene lipolytische Polypeptid Fraktion H weiter gereinigt und außerdem versucht, nach dem gleichen Verfahren auch aus Hypophysen vom Menschen eine entsprechende Substanz zu gewinnen. Das chromatographische und immunologische Verhalten sowie die lipolytische Aktivität beider Substanzen sollten verglichen werden.

*Methodik.* Tiefgefrorene Menschenhypophysen[1] werden entsprechend früheren Angaben [4] im alkalischen Milieu (pH 8,5) mit 2 %iger Kochsalzlösung extrahiert, anschließend mit Aceton (Endkonzentration 90 %) im sauren Milieu (pH 4,5) fraktioniert gefällt, gegen aqua dest. dialysiert und lyophilisiert. Dieser Hypophysenrohextrakt (Fraktion G) wird dann mit Ammoniumcarbonatpuffer (kontinuierlicher Gradient von 0,01 M, pH 5,8 bis 0,25 M, pH 7,4) auf einer Sephadex CM-C-50 — Säule (2,2 x 24 cm, Durchflußrate 12 ml/Std, Sammelfraktionen 3 ml, Auftragsmenge 60 mg) chromatographiert; Extinktionsmessung bei 278 nm.

Die den Peaks zugehörigen Sammelfraktionen werden gepoolt und auf einer Sephadex G-15-Säule (0,8 x 30 cm, Durchflußrate 12 ml/Std, Sammelfraktionen 2 ml, Auftragsmenge 10 mg) entsalzt. Ammoniumsalzkonzentration nach Nessler; Extinktionsmessungen bei 278 nm bzw. 436 mn. — Die dünnschichtchromatographischen Untersuchungen wurden auf Kieselgel in dem System Methanol-Wasser-Pyridin = 20 : 5 : 1 durchgeführt. — Als Maß für die lipolytische Wirkung des als Fraktion J bezeichneten Polypeptids diente der Anstieg der freien Fettsäuren (FFS) im Serum nach 1 Std bei jeweils 6 Kaninchen nach s. c. Injektion von 250 µg Fraktion. — Das Antigenverhalten der Hypophysenextrakte wurde mit Antiserum von Kaninchen, die mit dem gereinigten Extrakt aus Schweinehypophysen immunisiert worden waren, im Ouchterlony-Doppeldiffusionstest wie früher angegeben [2] geprüft.

---

[1] Herrn Dr. K. Straub (Ulm) danken wir für die Überlassung von Hypophysen.

*Ergebnisse und Diskussion.* Aus Hypophysen vom Menschen ließ sich eine lipidmobilisierende Substanz (Fraktion J) nach dem gleichen Verfahren gewinnen, wie es bei Schweinehypophysen angewandt wurde.- Bei identischem säulenchromatographischem Verhalten beider Polypeptide ergaben sich zwei Peaks, von denen der zweite lipolytisch wirksam war. Dünnschichtchromatographisch war dieser Peak nicht einheitlich: Jeweils eine Bande war an der Auftragsstelle nachweisbar, eine zweite zeigte gleiche RF-Werte.

Die lipolytische Wirkung der aus Schweinehypophysen gewonnenen Substanz (Anstieg der FFS von 0,43 ±0,10 auf 3,84 ±0,44 mval/l) war stärker als die von Fraktion J aus Menschenhypophysen (FFS-Anstieg von 0,34 ± 0,07 auf 2,89 ± 0,10 mval/l). Der Rohextrakt aus Schweinehypophysen bewirkte im Vergleich dazu nur einen Anstieg der FFS um 1,51 ± 0,24 mval/l.

Eine Antigenverwandtschaft zwischen Fraktion G vom Schwein und vom Menschen scheint nicht zu bestehen, da es nur gegenüber dem Rohextrakt aus Schweinehypophysen, nicht jedoch gegenüber Fraktion G vom Menschen zur Ausbildung von Präzipitationslinien kam.

Weitere vergleichende Untersuchungen müssen ergeben, ob auch andere biologische Eigenschaften [8,9,10], Verhalten in der Ultrazentrifuge, Molekulargewicht und Aminosäurenzusammensetzung der Fraktion J vom Menschen mit dem aus Schweinehypophysen gewonnenen Polypeptid identisch sind. Erst die Aufklärung der Strukturformel und Untersuchungen am Menschen können die Frage beantworten, ob es sich bei dieser Substanz um das „Fettstoffwechselhormon" handelt.

### Literatur


1. Astwood, E. B., R. J. Barrett, and H. Friesen: Two metabolically active peptides from porcine pituitary glands. Proc. nat. Acad. Sci. (Wash.) 47, 1525 (1961).
2. Fateh-Moghadam, A., S. Werner, R. Eicher u. P. Schwandt: Untersuchungen über biologische Wirkungen eines lipolytisch wirksamen Peptids aus Schweinehypophysen (Fraktion H) — IV. Immunologische Eigenschaften. Z. ges. exp. Med. 149, 226 (1969).
3. Friesen, H., M. Irie, and R. J. Barrett: An immunologic study of two metabolically active peptides from anterior pituitary gland. J. exp. Med. 115, 513 (1962).
4 Li, C. H.: Lipotropin, a new active peptide from pituitary glands. Nature (Lond.) 201, 924 (1964).
5. Rudman, D., F. Seidman, and M. B. Reid: Lipemia-producing activity of pituitary gland: Separation of a lipemia-producing component from other pituitary hormones. Proc. Soc. exp. Biol. (N. Y.) 103, 315 (1960).
6. Ruszka, F. J., and A. S. Khokhlov: Purification and study of Lipotropin from pituitary glands of various animal species. Biokhimiya 30, 1277 (1965).
7. Schwandt, P., H. J. Karl, J. Thüner u. M. Knedel: Untersuchungen über eine lipolytisch wirksame Substanz aus Schweinehypophysen (Fraktion H). — Extraktion und Reinigung der lipolytischen Fraktion. Z. ges. exp. Med. 147, 246 (1968).
8. — S. Werner u. H. J. Karl: Untersuchungen über biologische Wirkungen eines lipolytisch wirksamen Peptids aus Schweinehypophysen (Fraktion H). — I. Einfluß auf die hormonempfindliche Triglyceridlipase. Z. ges. exp. Med. 148, 164 (1968).
9. — — II. Zeitliches Verhalten von Lipiden, Glucose, Elektrolyten, Eiweiß, Kreatinin und Harnstoff-N im Serum von Kaninchen. Z. ges. exp. Med. 149, 132 (1969).
10. — — u. H. J. Karl: III. Wirkung auf Enzymaktivitäten in Fettgewebe und Leber. Z. ges. exp. Med. 149, 139 (1969).
11. Trygstad, O.: The lipid-mobilizing effect of some pituitary gland preparations. Acta endocr. (Kbh.) 57, 81 (1968).

# Radioimmunologische Bestimmungen von FSH und ICSH im Serum von männlichen Normalpersonen und Patienten mit Gonadenstörungen[1]

## Radioimmunoassay of FSH and ICSH in Serum of Normal Males and Patients with Gonadal Dysfunction

W. Wiegelmann, P. Franchimont und H. G. Solbach

II. Medizinische Klinik der Universität Düsseldorf, Endokrinologische Abteilung und Institut de Médecine der Universität Lüttich

### Summary

In 10 patients with primary hypogonadism of different aetiology the FSH and ICSH was determined by radioimmunoassay. A significant increase of FSH as compared with only slightly increased or even normal ICSH results was noted. In 3 patients with secondary hypogonadism both gonadotropines were decreased or absent. 2 subjects with pubertas tarda showed FSH and ICSH results to be normal or just above normal. The control group consisted of 14 healthy men aged 20 to 25 years.

Während Gonadotropinbestimmungen im Harn mit biologischen Meßverfahren schon seit längerem durchgeführt werden, ist die Bestimmung der gonadotropen Aktivitäten im Serum mit besonderen Schwierigkeiten verbunden [1]. Erst nachdem in den letzten Jahren die radioimmunologische Methodik auch für die Messung von FSH und ICHS Anwendung gefunden hat, ist es möglich geworden, die im Nanogrammbereich liegenden Quantitäten dieser Hormone im Blut unter physiologischen und pathologischen Bedingungen zu erfassen. Bisher liegen nur relativ wenige Untersuchungsergebnisse über Gonadotropinspiegel im Serum bei andrologischen Erkrankungen vor.

In eigenen Untersuchungen wurde der FSH- und ICSH-Spiegel radioimmunologisch [2] bei 14 männlichen Normalpersonen und 15 Patienten mit Gonadenstörungen gemessen. Das Normalkollektiv bestand aus stoffwechselgesunden Studenten im Alter von 20—25 Jahren. Es ergab sich für FSH ein Mittelwert von 20,10 $\pm$ 8,48 ng/ml[2], für ICSH von 0,05 $\pm$ 0,43 ng/ml[3]. Bei 10 Patienten mit einem primären Hypogonadismus unterschiedlicher Genese (Klinefelter-Syndrom [3], Kastraten [3], unbehandelter Kryptorchismus [1], Hodenatrophie nach zu spät behandeltem Kryptorchismus [1] bzw. unklarer Genese [2]) fand sich eine erhebliche Steigerung des FSH-Spiegels (115,3 $\pm$ 61,8 ng/ml), während die Werte für ICSH mit einem Mittelwert von 0,66 $\pm$ 0,87 ng/ml nur gering erhöht waren und darüber hinaus stark variierten.

Bei 3 Kranken mit einem sekundären Hypogonadismus (Zustand nach Operation eines chromophoben HVL-Adenoms [2], idiopathischer Panhypopituitarismus

---

[1] Die in dieser Arbeit aufgeführten eigenen Untersuchungen wurden mit Hilfe der Deutschen Forschungsgemeinschaft, Bad Godesberg sowie des Landesamtes für Forschung des Landes Nordrhein-Westfalen, Düsseldorf, durchgeführt.

[2] 1 ng FSH = 0,270 m IU HMG-IRP$_2$/ml

[3] 1 ng ICSH = 14,5 m IU HCG-IRP$_2$/ml

[1]) waren beide Gonadotropine deutlich erniedrigt bzw. nicht nachweisbar. Bemerkenswert sind die Gonadotropinwerte bei 2 Kranken mit einer Pubertas tarda; sie lagen für beide gonadotropen Aktivitäten im oberen Normbereich oder zeigten sogar leichte Erhöhungen.

Die getrennte Erfassung von FSH und ICSH bringt neue Aspekte bei der Diagnostik des Hypogonadismus. Es scheint beim primären Hypogonadismus eine Sekretionsdissoziation der beiden gonadotropen Aktivitäten mit starker FSH-Erhöhung vorzuliegen; beim sekundären Hypogonadismus sind beide Gonadotropine erniedrigt oder fehlen. Der Nachweis normaler oder leicht erhöhter FSH- und ICSH-Spiegel bei der Pubertas tarda sollte Veranlassung geben, bei weiteren Patienten mit diesem Krankheitsbild Gonadotropinuntersuchungen vorzunehmen, da hiermit eine eindeutig differentialdiagnostische Abgrenzung gegenüber dem idiopathischen Eunuchoidismus im Adoleszentenalter gesichert werden könnte.

### Literatur


1. Keller, P. J., and E. Rosemberg: J. clin. Endocr. 25, 1050 (1965).
2. Franchimont, P.: In: Le dosage des hormones hypophysaires somatotrope et gonadotropes et son application en clinique pp. 147—181 et 201—209. Brüssel: Edition Arsiac S. A. 1966.

# Vergleich von radioimmunologischen und biologischen LH-Bestimmungen im Rinderblut[1]

## Comparision of Radioimmunological and Biological LH Assay in Bovine Blood


H. KARG, D. SCHAMS und S. BÖHM

Institut für Physiologie der Südd. Versuchs- und Forschungsanstalt für Milchwirtschaft
Weihenstephan, Technische Hochschule München, 8050 Freising-Weihenstephan



### Summary

The comparison between the OAAD-bioassay and the radioimmunotest (RIT) for the LH-determinations in bovine blood serum showed the advantages of the RIT mainly due to the sensitivity and the fact, that extraction procedures can be avoided. The two LH-peaks during the normal biphasic cycle in the bovine could be demonstrated with both methods; the discrepancy in regard to quantitative higher range of values in the bioassay needs further evaluation.


Zur LH-Bestimmung im Rinderblut haben wir, wie früher berichtet [1], ein Extraktionsverfahren mit anschließendem Ovarascorbinsäure-Test (OAAD-Test) ausgearbeitet. Neuerdings wurde von uns die Anwendung des Radioimmunotests zur LH-Bestimmung im Rinderblut beschrieben [2]. Die praktisch wichtigsten Testkriterien sind in der Tabelle für beide Tests zum Vergleich gegenüber gestellt.

Tabelle. *Vergleich Ovarascorbinsäure-(OAAD-)Test und Radioimmuno-(RI-)Test zur LH-Bestimmung im Rinderblut (LH-Angaben wurden auf LER-LH-791-1[a] umgerechnet)*

| | | OAAD-Test | RI-Test |
|---|---|---|---|
| 1 | Test | OAAD-Test | RI-Test |
| 2 | Meßbereich | 0,3—4 mcg/Ratte | 0,05—1,25 ng/ Inkubationsansatz |
| 3 | Präzisionsindex λ | > 0,07 | < 0,02 |
| 4 | Extraktion | erforderlich | nicht erforderlich |
| 5 | Wiederfindung von Standardzusätzen zum Serum | Biol. Standard 90—140% intern. Standard LH-125 I 68—77% | 95—105% |
| 6 | erforderliche Serummenge | 120 ml | 0,1—0,2 ml |
| 7 | Arbeitstechn. Probenkapazität pro Woche (2 Personen) | 8 | 300 |
| 8 | Physiologische Gipfelwerte | 40—120 ng/ml Serum | 5—60 ng/ml Serum |
| 9 | Physiologische Basiswerte | < 30 ng/ml Serum meist außerhalb Meßbereich | 0,2—4 ng/ml Serum |
| 10 | Vermutete interferierende Faktoren | LH — RF potenz. Wirkung von FSH bzw. anderen Plasmafaktoren | TSH |

[a] Diese antigen-fähige bovine LH-Präparation verdanken wir Dr. L. E. Reichert, Atlanta (USA)


[1] Diese Untersuchungen werden von der Deutschen Forschungsgemeinschaft unterstützt.

Die besonderen Vorteile des Radioimmunotests liegen in der hohen Empfindlichkeit und in der Tatsache, daß Extraktionsverfahren nicht angewandt werden müssen; man kommt daher mit einer sehr geringen Serummenge aus, wodurch häufige Blutentnahmen keine Belastung darstellen. Letztere sind erforderlich, um die Gipfelwerte überhaupt erfassen zu können; nach unserer Feststellung [3] erfolgt nämlich der LH-Release so kurzfristig, daß Gipfelwerte nur mit einiger Sicherheit erfaßt werden können, wenn die Proben im zeitlichen Abstand von maximal 6 Stunden genommen werden.

Physiologische Gipfelwerte wurden – in Übereinstimmung zwischen biologischem Test und Radioimmunotest – während des normalen Rindercyclus insbesondere zu zwei Terminen gefunden : Der präovulatorische Peak war ca. 15–22 Std vor der Ovulation nachzuweisen. Ein weiterer Gipfel wurde gewöhnlich einige Tage vor Cyclusmitte zu Beginn der sich maximal entfaltenden Gelbkörperphase gefunden.

Während zwischen beiden Tests in dieser grundsätzlichen, physiologischen Aussage Übereinstimmung besteht (womit der besondere Wert des Radioimmunotests für Routinebestimmungen bestätigt wird), ist jedoch eine erhebliche Diskrepanz in den Absolutwerten zwischen den beiden Verfahren ersichtlich. Die Größenordnung der mit Hilfe des OAAD-Tests gefundenen Werte ist 3- bis 10mal höher als die Aussage des Radioimmunotests ergibt. Es muß weiterer Forschung vorbehalten bleiben zu klären, welche Faktoren zu einer Höhereinstufung der mit dem biologischen Test ermittelten bzw. Unterschätzung der im Radioimmunotest gewonnenen Werte [4] führen.

### Literatur


1. H. Karg, D. Aust u. S. Böhm: Zuchthygiene 2, 55 (1967).
2. Schams, D., u. H. Karg: Acta endocr. (Kbh.) 61, 96 (1969).
3. — — Zuchthygiene, 4, 61 (1969).
4. Wide, L., E. Johannisson, K.-G. Tillinger u. E. Diczfalusy: Acta endocr. (Kbh.) 59, 579 (1968).

# Reinigung von menschlichem Choriongonadotropin
## Purification of Human Chorionic Gonadotropin


R. Brossmer, F. Leidenberger und E. Trude

Max-Planck-Institut für medizinische Forschung, Allgemeine Abteilung, Heidelberg
und Frauenklinik der Universität Heidelberg


Mit 2 Abbildungen


### Summary

Chromatography and rechromatography on CM-Sephadex C-25 using an ammonium acetate buffer pH 5,0 yield a highly purified HCG (14700 IU/mg). It is homogeneous in the ultracentrifuge (mw ca 40000) and membrane electrophoresis. However, it shows up to 5 bands in starch gel electrophoresis using a borate-tris-citrate buffer pH 7,7. It is immunologically homogeneous.


Für chemische, biochemische und immunologische Untersuchungen am Choriongonadotropin (HCG) benötigten wir ein Verfahren zur Gewinnung größerer Mengen möglichst reinen Hormons. Hierfür boten sich verschiedene bekannte Methoden an, die aber alle den einen oder anderen Nachteil besaßen. Schließlich fanden wir in der zweimaligen Chromatographie eines kommerziell erhältlichen Rohhormons an CM-Sephadex C-25 ein einfaches, gut reproduzierbares Verfahren. Abb. 1 zeigt einen solchen unter Verwendung von Ammoniumacetatpuffer (pH 5,0) durchgeführten Trennungsgang. Die Elution erfolgt mit demselben Puffer in stei-

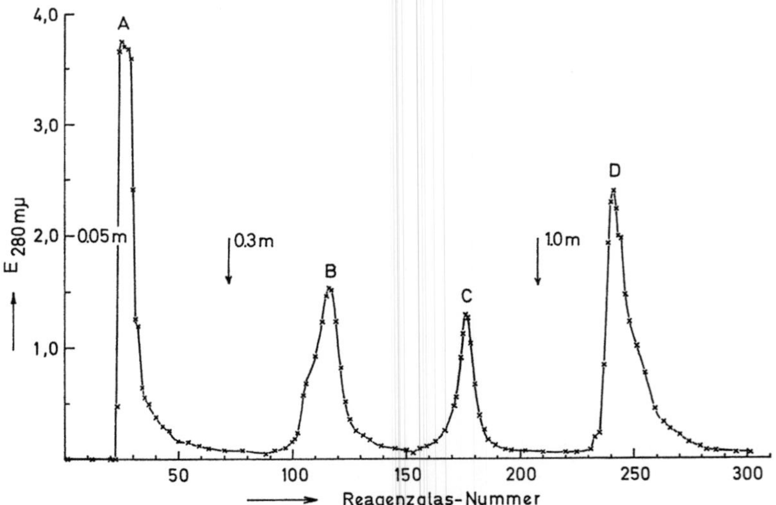


Abb. 1. Chromatographie von HCG an CM-Sephadex C-25 unter Verwendung von 0,05, 0,3 und 1,0 Ammoniumacetatpuffer pH 5,0

gender Konzentration [1]. Man gewinnt 4 gut voneinander getrennte Fraktionen, von denen die zweite etwa 80% der Ausgangsaktivität enthält. Rechromatographie dieser Fraktion (Abb. 2) nach der gleichen Methode liefert ein hochgereinigtes Hormon mit 14700 IE/mg, das wiederum der zweiten Fraktion entspricht.

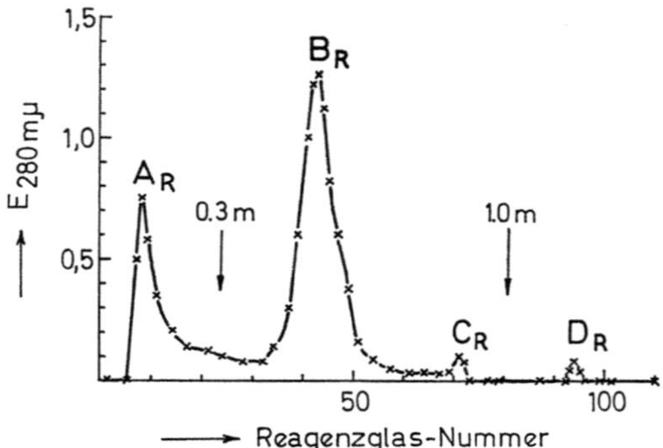


Abb. 2. Rechromatographie der Fraktion B an CM-Sephadex C-25 unter Verwendung von 0,05, 0,3 und 1,0 m Ammoniumacetat-Puffer pH 5,0

Tabelle. *Reinigung von HCG (2660 IU/mg) mit CM-Sephadex C-25*

| | Aktivität [IU/mg] | Ausb. an Protein [%] | Ausb. an Aktivität [%] | Elektrophorese [$R_{Alb}$.][a] | | $S_{20}$ | MG[d] |
|---|---|---|---|---|---|---|---|
| | | | | Membran[b] | Stärke[c] | | |
| 1. Chromatographie | 9000 (m) | 24 (m) | 80 (m) | 0,50 | | | |
| 2. Chromatographie | 14700 (m) | 50 (m) | 81 (m) | 0,47 | 5 Banden (0,61—0,25) davon 1 schwach | 3,30 | 40000 |

[a] $R_{Alb}$. = Laufstrecke bezogen auf Serumalbumin vom Rind. [b] Veronal-Puffer pH 8,6; 4 Std, 10 V/cm. [c] Tris-Citrat-Borat-Puffer nach Ferguson; pH 7,7; 5 Std bei 9 V/cm. [d] nach Atassi. (m) = Mittlerer Wert aus mehreren Trennungsgängen.

Die Tabelle zeigt eine Zusammenstellung der Ergebnisse. Bezogen auf das Rohhormon beträgt die Gesamtausbeute an Protein 12%, an Aktivität 65%.

Die Bestimmung der biologischen Aktivität erfolgte an der Gesamtprostata 21—26 Tage alter und 40—50 g schwerer infantiler, intakter Ratten, wobei das Versuchsmodell des „parallel line assay" verwandt wurde mit dem Rohhormon als Bezugssubstanz.

Der Versuchsplanung und statistischen Auswertung lag zumeist ein 3 : 3-Punktversuch nach den von Borth und Mitarb. [2] angegebenen Empfehlungen zugrunde.

Das so gereinigte HCG enthält 9,4% N-Acetylneuraminsäure, die für die biologische Wirksamkeit des Hormons notwendig ist [3]. Es erwies sich als einheitlich in der Ultrazentrifuge ($S_{20}$=3.3; Mol. Gew. nach Atassi 40.000) und bei den üblichen elektrophoretischen Prüfungen. Bei Benutzung diskontinuierlicher Borat-Tris-Citratpuffer (pH 7,7) spaltet das Hormon dagegen in 5 Banden auf, von denen 1 schwach ist. Immunologisch zeigt sich *1* Hauptprotein. Alle Befunde deuten auf einen Komplex chemisch sehr nahe verwandter Hormone hin.

Das Reinigungsverfahren ist einfach und liefert gut reproduzierbare Ergebnisse.

Die Untersuchungen wurden mit Unterstützung der Deutschen Forschungsgemeinschaft durchgeführt.


### Literatur

1. van Hell, H., R. Matthijsen u. J. D. H. Homan: Acta Endocr. (Kbh.) **59**, 89 (1968).
2. Borth, R., E. Diczfalusy u. H. D. Heinrichs: Arch. Gynäk. **188**, 497 (1957).
3. Brossmer, R., u. K. Walter: Klin. Wschr. **36**, 925 (1958). K. Walter u. R. Brossmer, 8. Symp. Dtsch. Ges. Endokrinol. S. 281. Berlin-Göttingen-Heidelberg: Springer 1962.

# Chemische Modifizierung des menschlichen Choriongonadotropins und ihr Einfluß auf die biologische Wirksamkeit

## Chemical Modification of Human Chorionic Gonadotropin and its Influence on the Biological Activity


R. Brossmer, E. Trude und F. Leidenberger

Max-Planck-Institut für medizinische Forschung, Allgemeine Abteilung, Heidelberg
und Frauenklinik der Universität Heidelberg


Mit 2 Abbildungen


### Summary

In order to find out more about the relationship between structure and activity the purified hormone was acetylated, succinylated, nitrated (tetranitromethane) and polymerized (Woodward-Reagens K) under mild conditions. Only succinylation and polymerization reduced the hormone activity, dependent on the degree of the chemical modification.


Wir beschäftigen uns seit längerer Zeit mit der Frage nach dem Zusammenhang zwischen chemischer Konstitution und biologischer Aktivität bei den gonadotropen Hormonen. Gereinigtes HCG (siehe voranstehendes Referat) läßt sich sich unter milden Bedingungen und bei physiologischem pH gezielt in verschiedener Hinsicht chemisch modifizieren. Die so veränderten Hormonpräparate wurden jeweils biologisch geprüft (Methodik siehe voranstehendes Referat) sowie durch Elektrophorese und Ultrazentrifuge (UZ) charakterisiert.

Wir haben HCG acetyliert und succinyliert. Obwohl in beiden Fällen die gleichen funktionellen Gruppen (im wesentlichen Aminogruppen der Lysinreste) des Proteins verändert werden, fällt die Aktivität nur nach Succinylierung stark ab (auf ca. 10%), und zwar proportional zum Ausmaß der Behandlung (Abb. 1). Hierbei werden nicht nur – wie bei der Acetylierung – positiv geladene Zentren des Hormons aufgehoben, sondern noch zusätzlich negative Ladungen kovalent verankert. Als Folge dürfte eine tiefgreifende Änderung der Tertiärstruktur eingetreten sein. Succinyliertes HCG ist in der UZ homogen und besitzt eine kleinere Sed. konst. ($S_{20}$ 2.6) als vor der Modifizierung. Es wandert im Gegensatz zum Ausgangspräparat (siehe voranstehendes Referat) in der Elektrophorese als einheitliche Bande und bedeutend schneller als vorher. Die Kinetik der enzymatischen Abspaltung von Neuraminsäure ist unverändert.

Behandlung mit Tetranitromethan führt zu einem gelb gefärbten Hormon, dessen Tyrosinreste teilweise nitriert sind. Die biologische Aktivität ist nicht signifikant vermindert.

Es gelingt, HCG mit Woodward-Reagenz K unter Bedingungen zu polymerisieren (Wasser; pH 7,5; 5° C), die eine Denaturierung ausschließen (Abb. 2). Entgegen den Erwartungen verhält sich die biologische Aktivität umgekehrt zum Molekulargewicht.

Solche Untersuchungen erlauben, die Bedeutung einzelner Bezirke des Proteins für seine biologische Wirksamkeit abzuschätzen.

Die Untersuchungen wurden mit Unterstützung der Deutschen Forschungsgemeinschaft durchgeführt.

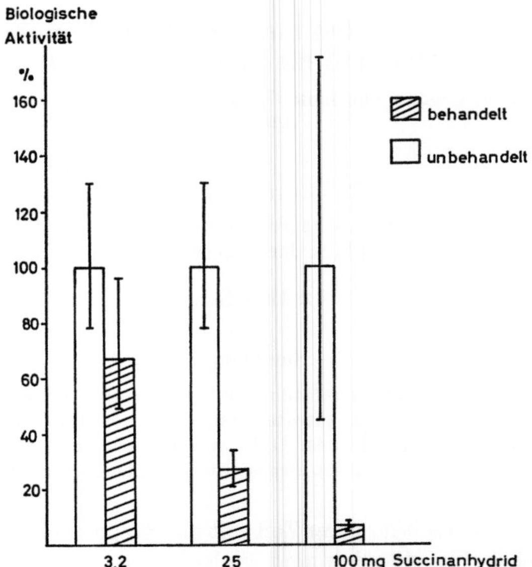


Abb. 1. Verhalten der biologischen Aktivität von HCG nach Einwirkung von Succinanhydrid. Die senkrechten Balken innerhalb der Säulen zeigen die Vertrauensgrenzen der jeweiligen biologischen Bestimmung an

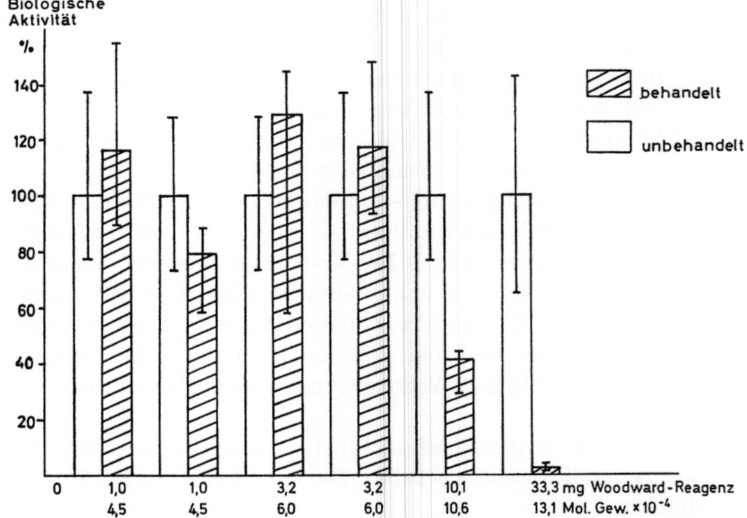


Abb. 2. Verhalten der biologischen Aktivität von HCG nach Einwirkung von Woodward-Reagenz K. Die senkrechten Balken innerhalb der Säulen zeigen die Vertrauensgrenzen der jeweiligen biologischen Bestimmung an. Die Mol.-Gew. sind aus den Sedimentationskonstanten nach ATASSI berechnet

# Ein Beitrag zum hypophysär-ovariellen Regulationsmechanismus
## On the Mechanism of Pituitary-Ovarian Regulation


H. Schmidt-Elmendorff, E. Kaiser und W. Gerteis

Frauenklinik der Universität Düsseldorf


Mit 2 Abbildungen


**Summary**

Investigations on the FSH excretion during HMG treatment have shown a preovulatory peak of FSH in patients with positive reaction, while this increase in FSH secretion was missing in women with unsatisfactory ovarian response.

Repeated series of HMG injections in an hypophysectomised woman demonstrated similar results.

It is concluded, that this preovulatory increase in FSH excretion during late follicular maturation seems to indicate a decreased ovarian utilisation of FSH around ovulation.


In früheren Untersuchungen (Schmidt-Elmendorff, 1968) konnte gezeigt werden, daß sekundär amenorrhoische Frauen unter ovulationsauslösender Behandlung mit menschlichem Menopausengonadotropin (HMG) je nach Art der ovariellen Reaktion eine unterschiedliche FSH-Ausscheidung im Harn aufweisen. Patientinnen, die auf eine HMG-Therapie mit einer Ovulation reagierten, zeigten präovulatorisch einen deutlichen Anstieg der FSH-Sekretion, während Frauen mit ungenügendem Ansprechen der Ovarien eine solche Vermehrung der FSH-Ausscheidung vermissen ließen.

Als Ursache für die Unterschiede in der FSH-Ausscheidung dieser beiden Patientengruppen kommen in Frage: 1. Unterschiedliche Utilisation des injizierten Gonadotropins oder 2. Anregung der endogenen FSH-Sekretion bei Patientinnen mit positiver ovarieller Reaktionen.

Da oral wirksame Oestrogen-Gestagen-Kombinationen die hypophysäre Gonatropinausscheidung bei spontan ovulierenden Frauen zu hemmen vermögen, wurde bei drei sekundär amenorrhoischen Patientinnen der Einfluß eines Ovulationshemmers (Lyndiol 2.5) auf die ovulationsauslösende Behandlung mit HMG-Präparaten geprüft (Abb. 1). Abb. 1 zeigt, daß Lyndiol 2.5 unter HMG-Behandlung mit 150 i.E. FSH/Tag keinen hemmenden Einfluß auf die FSH- oder die Oestriolausscheidung ausübt. Es fand sich im Gegenteil gegen Ende des Lyndiol-Cyclus mit der Bildung einer Ovarialcyste ein Anstieg der FSH- und der Oestriolausscheidung.

Da eine Beteiligung der endogenen FSH-Sekretion bei amenorrhoischen Patientinnen mit noch vorhandener Hypophyse nicht sicher auszuschließen war, wurde in einer weiteren Serie von Experimenten eine hypophysektomierte Patientin wiederholt einer ovulationsauslösenden Gonadotropin-Behandlung zugeführt (Abb. 2).

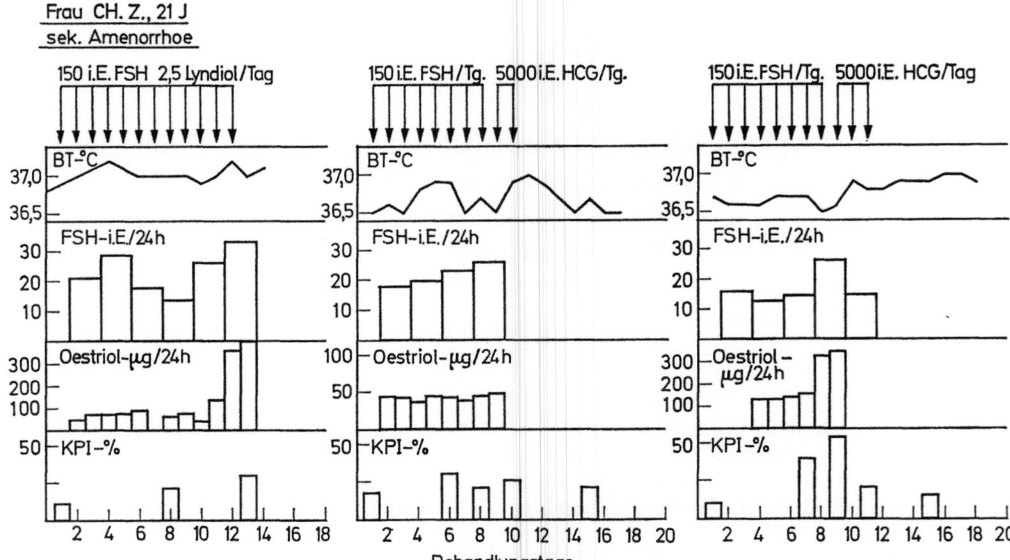



Abb. 1. Hormonausscheidung unter HMG-Behandlung bei 21 jähriger sekundär amenorrhoischer Patientin

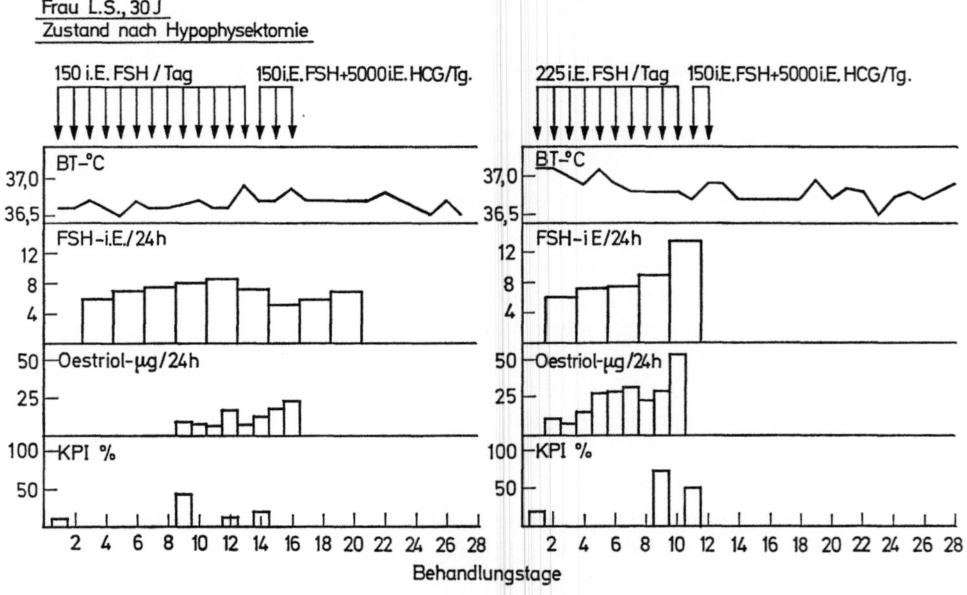



Abb. 2. Hormonausscheidung unter HMG-Behandlung bei 30 jähriger hypophysektomierter Patientin

Abb. 2. zeigt, daß unter einer HMG-Behandlung mit 150 i.E. FSH/Tag weder
die FSH- noch die Oestriolausscheidung deutlich anstieg. Nach Erhöhung der FSH-
Dosis auf 225 i.E. FSH/Tag stieg sowohl die Oestriol- wie die FSH-Ausscheidung
präovulatorisch signifikant an.

Somit darf angenommen werden, daß die Ursache für die vermehrte FSH-Ausscheidung unter HMG-Therapie bei ovulatorischen Patientinnen eher in einer ab-
nehmenden Utilisation des injizierten Gonadotropins in Ovarien mit heranreifenden
Follikeln zu sehen ist. Die Untersuchungen von Lloyd u. Mitarb. (1968) sprechen
ebenfalls für diesen Mechanismus. Die Autoren fanden, daß der herangreifende
Follikel zunehmend weniger FSH „verbraucht".

Diese Beobachtungen lassen die unterschiedlichen Ergebnisse der zyklischen
FSH-Ausscheidung im Harn bei normal menstruierenden Frauen in einem neuen
Licht erscheinen.

# Vergleich zwischen Kolpocytologie und Oestrogenausscheidung bei Behandlung mit Gonadotropinen zur Ovulationsauslösung

## Colpocytology Compared to Estrogen Excretion in Treatment with Gonadotropins for Induction of Ovulation


E. BOQUOI und J. HAMMERSTEIN

Universitätsfrauenklinik der Freien Universität Berlin,
Abt. für Gyn. Endokrinologie


Mit 1 Abbildung


### Summary

Vaginal smears and urinary estrogens, pregnanediol, 17-ketosteroids and 17-hydroxy-steroids were continuously checked over periods of 3 to 5 weeks in anovulatory women under ovulation inducing treatment. A good correlation between the hormonal and cytologic parameters existed only in 2 out of 8 treatment courses. The possible reasons for the marked differences in the other cases are briefly discussed.


Kolpocytologisches Bild und Oestrogenausscheidung haben während des ovulatorischen Cyclus einen charakteristischen Verlauf. Auf Grund experimenteller und statistischer Erfahrungen stehen beide Kriterien in enger Beziehung zueinander: Der Zunahme der Oestrogenausscheidung im Harn entspricht eine Proliferation des Vaginalepithels mit einer Zunahme der pyknotischen und eosinophilen Superfizialzellen in der 1. Cyclushälfte.

Vergleichende Untersuchungen über einen längeren Zeitraum sind jedoch bisher nur ausnahmsweise mitgeteilt worden und haben dann, wie Puttarajurs und Taylor zeigen konnten, im Einzelfall nicht immer die erwartete Kongruenz ergeben.

Wir haben bei 7 Frauen vor und während der Behandlungscyclen kontinuierlich die Hormonausscheidung im Harn sowie die Cervixfaktoren kontrolliert und mit dem Zellbild der gleichzeitig angefertigten Vaginalabstriche verglichen. Bei den Patientinnen lag eine Anovulation vor, die mit Gonadotropinen behandelt wurde.

Die Auswertung der Vaginalabstriche, die nach Papanicolaou gefärbt wurden, erfolgte durch Bestimmung des Reifungsindex nach Frost sowie des Eosinophilen-Index. Die Sicherung der pyknotischen Superficialzellen geschah mit Hilfe des Phasenkontrastmikroskopes.

Die Oestrogene wurden im Harn fraktioniert nach Brown bestimmt und an Hand zugesetzter radioaktiver Oestrogene auf 100% Wiederfindung umgerechnet. Zusätzlich wurden Pregnandiol, 17-Ketosteroide und 17-Hydroxysteroide im Harn quantitativ ermittelt.

Nur 2 Untersuchungsserien zeigten die erwartete Kongruenz zwischen den Kriterien. In 4 Fällen wurde durch die Gonadotropinbehandlung eine pathologisch erhöhte Oestrogenausscheidung ohne entsprechendes kolpocytologisches

Korrelat ausgelöst. In einem Fall fand sich trotz ausgeprägter Proliferation des Vaginalepithels eine extrem niedrige, nicht stimulierbare Oestrogenausscheidung.

Die folgende graphische Darstellung gibt den Behandlungsverlauf bei einer 25-jährigen Patientin mit primärer Amenorrhoe wieder. Hier kam es durch die Gonadotropinapplikation zu einer Überstimulierung der Ovarien mit einem abnormen Anstieg der Oestrogenausscheidung bereits mehrere Tage vor der Ovulation, die zur Konzeption führte. Kolpocytologisch war dagegen zu dieser Zeit keine deutliche Reaktion des Vaginalepithels zu beobachten. Bei minimaler Proliferation änderte sich der Pyknose-Index von 2 auf nur 10%.

Hinsichtlich der Diskrepanz zwischen Hormonausscheidung und kolpocytologischem Bild können derzeitig nur Vermutungen angestellt werden. Zu diskutieren

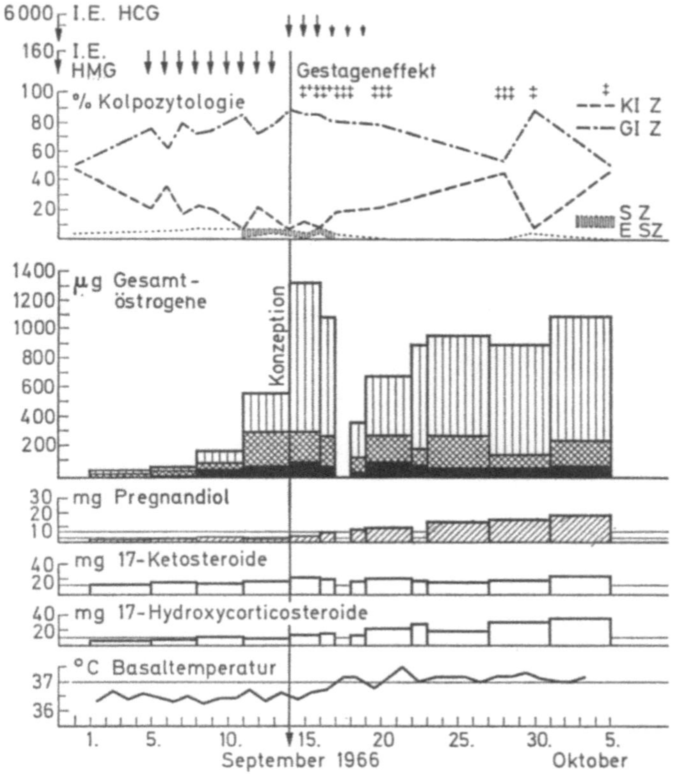


Abb. Überstimulierung der Ovarien + Gravidität nach HMG-HCG-Behandlung

Abkürzungen: HCG = menschliches Choriongonadotropin  
HMG = menschliches Postmenopausen-Gonadotropin  
KIZ = kleine Intermediärzellen  
GIZ = große Intermediärzellen  
SZ = Superficialzellen  
ESZ = eosinophile Superficialzellen  

Oestrogene: schwarz = Oestradiol  
gekreuzt = Oestron  
schraffiert = Oestriol  

ist, ob die Behandlung mit ovulationsauslösenden Substanzen direkt oder über Metaboliten der Ovarien, insbesondere bei Überstimulierung, zu einer Hemmung in der Peripherie, d. h. an den Receptoren des Vaginalepithels führt. Ein solcher Mechanismus ist bekannt für die Oestrogen-Androgen-Wirkung. Bei einigen Fällen, die hier nicht dargestellt wurden, war in der Tat eine über die Norm erhöhte 17-Ketosteroidausscheidung vorhanden.

Ungeklärt ist weiterhin, welche Rolle die Ovarialinsuffizienz selbst hinsichtlich synergistischer oder antagonistischer Wirkungen am Vaginalepithel spielt und schließlich, ob Stoffwechsel und Ausscheidung der Hormone bei anovulatorischen Frauen unter ovulationsauslösender Behandlung grundsätzlich anders ablaufen als normalerweise.

Unsere Untersuchungen zeigen, daß die Sekretion von Hormonen und ihr Nachweis im Harn nicht notwendigerweise auch eine Reaktion des Organismus an seinen Zielorganen zur Folge haben muß. Dies sollte beim Einsatz beider Methoden in der Diagnostik und Therapie von endokrinen Funktionsstörungen berücksichtigt werden.

**Literatur**

Boquoi, E., and J. Hammerstein: Discrepancies between colpocytology and urinary steroid hormone excretion in women treated with clomiphene citrate or gonadotropins for anovulatory sterility. Acta Cytol. (im Druck).

Frost, J. K.: Gynecologic and obstetric exfoliative cytopathology. In: Gynecologic and Obstetric Pathology. (E. Novak and J. D. Woodruff, eds.). Philadelphia, W. B. Saunders, 1962.

Puttarajurs, B. V., and W. Taylor: The relationship between urinary excretion of ovarian hormone metabolites and cornification of the vaginal epithelium during the menstrual cycle. J. Endocr. 18, 67 (1959).

# Untersuchungen über die Wirkung von ovulationsinduzierenden Substanzen auf Plasma-FSH und den FSH-RF-Gehalt des Hypothalamus weiblicher Ratten

## Effect of Ovulation-Inducing Substances on Plasma FSH and on FSH-RF Content in the Hypothalamus of Female Rats


H.-D. Taubert und H. Baier

Abteilung für gynäkologische Endokrinologie der Universitäts-Frauenklinik Frankfurt am Main


Mit 3 Abbildungen

### Summary


Experiments were performed to determine the effect of i. v. administered Clomiphene, Cyclofenyl, 3-Methoxy-epi-Estriol, and Stilbestrol on hypothalmic FSH-RF, plasma-FSH, and pituitary FSH respectively. There was a highly significant decrease of FSH-RF and a corresponding increase of plasma-FSH after injection of Clomiphene and Cyclofenyl. Similar results were obtained with Stilbestrol, but there was no apparent effect of 3-Methoxy-epi-Estriol on the hypothalamic-pituitary axis.


Obwohl über die Wirkungsweise von Ovulationsauslösern beim Menschen und bei der Ratte zahlreiche Einzelbeobachtungen vorliegen, konnte bisher nicht eindeutig geklärt werden, an welcher Stelle des von Hypothalamus, Hypophyse und Ovar gebildeten Regelkreises diese Substanzen primär angreifen. Nach Untersuchungen von Holtkamp u. Mitarb. [1] und Davidson u. Mitarb. [2] hemmt Clomiphen bei der Ratte die Ovulation, die Gonadotropinfreisetzung und die Fertilität. Demgegenüber konnten Igarashi u. Mitarb. [3] durch s. c. Injektion und stereotaktische Implantation von Clomiphen in die Eminentia mediana der Ratte eine Erhöhung von Plasma-FSH und -LH und Abnahme des Gonadotropingehaltes der Hypophyse bewirken. Auf Grund dieser widersprechenden Befunde untersuchten wir ob Clomiphen, Cyclofenyl, 3-Methoxy-epi-Oestriol und Stilboestrol bei i. v. Verabreichung den FSH-RF Gehalt des Hypothalamus und Plasma-FSH beeinflussen würden. Plasma-FSH wurde durch die Methode von Igarashi u. Mc Cann [4] und FSH-RF-Aktivität durch das Verfahren von Ramirez u. Mc Cann [5] nachgewiesen. Bei Verabreichung von Stilboestrol wurde die Bestimmung von FSH in Hypophyse und Plasma mit dem Nachweis von Steelman u. Pohley [6] durchgeführt. Nach Injektion von 100—300 µg Clomiphen/Ratte kam es zu einem linearen Abfall des FSH-RF im Hypothalamus, während Plasma-FSH spiegelbildlich anstieg. Wenn die Dosierung auf 600 bzw. 900 µg/Tier erhöht wurde, fielen die Werte für Plasma-FSH wieder ab, während der FSH-RF Gehalt im Hypothalamus zunahm. Hierbei kam nur den letzteren Werten statistische Signifikanz zu (p $<$ 0.05) (Abb. 1). Durch Verabreichung von Cyclofenyl und Stilboestrol wurden Dosis-Wirkungskurven erzielt, die denen des Clomiphen weitgehend entsprachen (Abb. 1

und 2). Es bestand auch hier ein reziprokes Verhalten zwischen FSH-RF im Hypothalamus und FSH im Plasma (Cyclofenyl) bzw. zwischen FSH in der Hypophyse und im Plasma (Stilboestrol). Im Gegensatz hierzu ließ sich bei Ratten, die mit 10 bis 50 µg 3-Methoxy-epi-Oestriol/Tier behandelt worden waren, keine Freisetzung von FSH-RF nachweisen (Abb. 3). Da diese Verbindung jedoch bereits in einer Dosis von 10 µg/Maus eine uterotrope Wirkung aufwies, mußte angenommen werden, daß der beobachtete Anstieg des Uterusgewichts im Igarashi-McCann-Nachweis nicht durch FSH, sondern durch im Plasma befindliche Testsubstanz verursacht wurde. Eine ähnliche Verschleierung des FSH-Nachweises durch im Plasma befindliches Clomiphen und Cyclofenyl konnte in Vorversuchen ausgeschlossen werden. Eine Beeinflussung der FSH-Freisetzung durch in den Hypothalamusextrakten befindliches Vasopressin (8—18 mE/Hypothalamus) konnte ausgeschlossen werden, da auch die Injektion von 100 und 200 mE Vasopressin/Ratte zu keinem Anstieg von Plasma-FSH führte. Die Ergebnisse dieser Versuche deuten an, daß Clomiphen und Cyclofenyl die Adenohypophyse via hypothalamischer Rezeptoren beeinflussen. Hierdurch kommt es zur Freisetzung von FSH aus der Hypophyse und zur

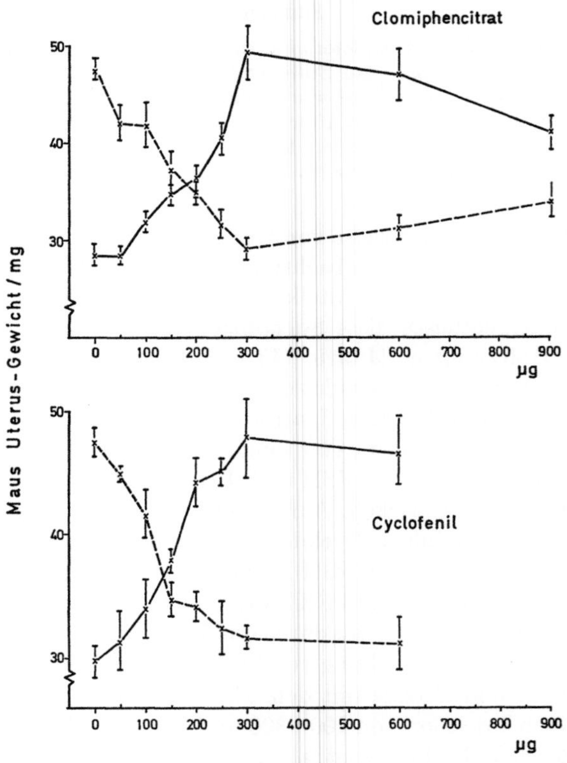



Abb. 1. Plasma-FSH (durchzogene Linie) und FSH-RF Gehalt des Hypothalamus (gestrichelte Linie) in ovariectomierten Ratten, die mit Oestradiol und Progesteron blockiert worden waren, nach i. v. Injektion von Clomiphen und Cyclofenyl. FSH-Nachweis nach Igarashi-McCann unter Verwendung von 6—8 NMRI Mäusen per Dosis. Dargestellt sind Mittelwert ± Standardabweichung

338

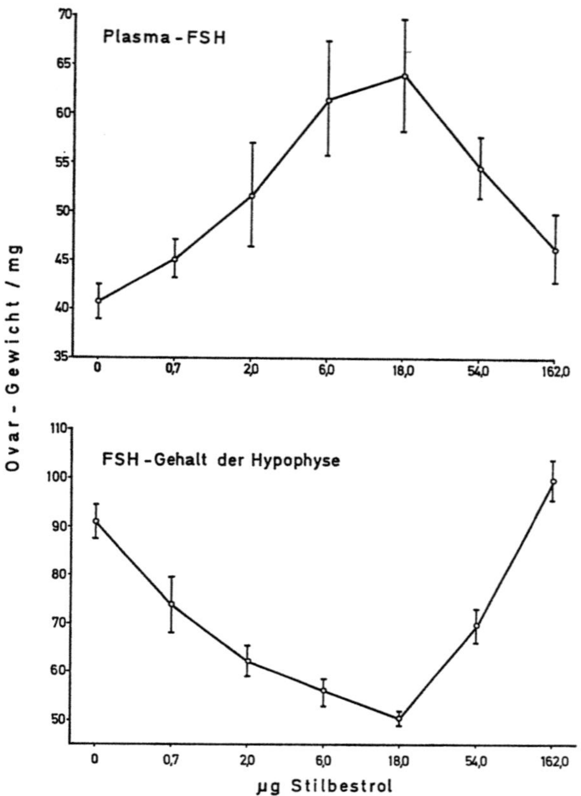


Abb. 2. Plasma-FSH (oben) und FSH-Gehalt der Hypophyse (unten) 30 min nach Injektion von Stilböstrol, FSH-Nachweis nach Steelman u. Pohley. Ovariectomierte Ratten wurden nach Blockierung mit Oestradiol und Progesteron mit Stilboestrol injiziert

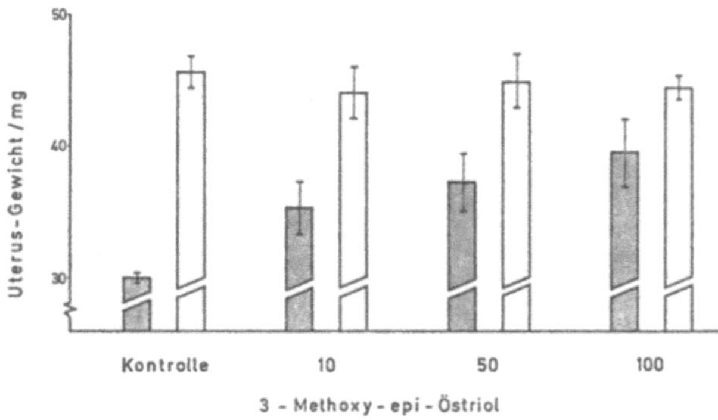


Abb. 3. Plasma-FSH (schraffierte Säulen) und FSH-RF (offene Säulen) im Hypothalamus oophorektomierter, Oestradiol-Progesteron-blockierter Ratten nach Behandlung mit 10, 50 und 100 µg 3-Methoxy-epi-Oestrol

Erhöhung von Plasma-FSH. Niedrige Dosen wirken stimulierend, höhere hemmend. Es liegen hier anscheinend ähnliche Beziehungen vor, wie sie von Hohlweg [7] für Oestrogene beschrieben wurden. Die Wahrscheinlichkeit dieser Annahme wird durch die mit Stilboestrol erzielten Ergebnisse unterstützt. Ein entsprechender zentraler Angriffspunkt ließ sich auf Grund der bisherigen Ergebnisse für 3-Methoxy-epi-Oestriol nicht nachweisen.

Literatur


1. Holtkamp, D. E., J. G. Greslin, C. A. Root, and L. G. Lerner: Gonadotropin inhibiting and anti-fecundity effects of cloramiphene. Proc. Soc. expt. Biol. (N. Y.) **105**, 197 (1960).
2. Davidson, O. W., E. B. Schuchner, and K. Wada: Effect of clomid on rat zygotes. Fertil. and Steril. **16**, 495 (1965).
3. Igarashi, M., Y. Ikubi, H. Kubo, J. Kamioka, N. Yokota, Y. Ebara, and S. Matsumoto: Mode and site of action of clomiphene. Amer. J. Obstet. Gynec. **97**, 120 (1967).
4. —, and S. M. McCann: A new sensitive bio-assay for follicle-stimulating hormone (FSH). Endocrinology **74**, 440 (1964).
5. Ramirez, V. D., and S. M. McCann: A highly sensitive test for LH-releasing activity: the ovarieectomized, estrogen-progesterone-blocked rat. Endocrinology **73**, 193 (1963).
6. Steelman, S. L., and F. M. Pohley: Assay of follicle-stimulating hormone based on the augmentation with human chorionic gonadotropin. Endocrinology **53**, 604 (1953).
7. Hohlweg, W.: Veränderungen des Hypophysenvorderlappens und des Ovariums nach Behandlung mit großen Dosen Follikelhormon. Klin. Wschr. **13**, 92 (1934).

# Die angeborenen Nebennierenhypoplasien
## Congenital Adrenal Hypoplasia


H. Seeliger und E. Mäusle

Pathologisches Institut der Universität des Saarlandes, Homburg/Saar



**Summary**

Primary adrenal hypoplasia is found in connection with intact hypothalamic-pituitary-system. Six own cases are showing two types of primary adrenal hypoplasia:
1. A type with large cells and absence of the cortex permanens.
2. A type with small cells and alterated cortex permanens and cortex fetalis.


Die geläufige angeborene Nebennierenhypoplasie findet sich bei Anencephalie und anderen schweren Hirnmißbildungen, sie ist klinisch bedeutungslos. Nebennierenhypoplasien als isolierte Organerkrankung sind sehr selten: Wir überblicken mit 6 eigenen Fällen zur Zeit 37 Fälle in der Weltliteratur, wobei vermehrt Geschwistererkrankungen und eine Bevorzugung des männlichen Geschlechtes auftreten. Klinisch zeigen sich die Symptome einer schweren Nebenniereninsuffizienz, und der Tod tritt innerhalb des ersten Lebensjahres ein, ohne daß im allgemeinen die klinische Diagnose gestellt wird.

Tabelle 1. *Angeborene primäre Nebennierenhypoplasien (eigene Beobachtungen)*

| Nr. | I | II | III | IV | V | VI |
|---|---|---|---|---|---|---|
| Geschlecht | ♂ | ♂ <br> Geschwister | ♂ | ♂ | ♂ | ♂ |
| Beginn der Symptome | Geburt | Geburt | Geburt | Geburt | Geburt | 14 Tage |
| Klinische Diagnose | unklar | Verd. NN-Hypoplasie | Frühgeburt | Pneumonie | Dystrophie Toxoplasmose | AGS Enteritis |
| Therapie | symptomatisch | vorüberghd. Decortin | Inkubator | — | symptomatisch | DOCA, Dexamethason Kochsalz |
| Todeseintritt | 13. Tag | 28. Tag | 8. Tag | 17. Tag | 28 Mon. | 4 Mon. |
| NN-Befund | NN-Hypoplasie | NN-Hypoplasie | NN-Hypoplasie | NN-Hypoplasie | NN-Hypoplasie | NN-Hypoplasie |
| NN-Gewicht | winzige versprengte Reste | re.: 0,102g <br> li.: 0,135g | re.: reiskorngroß li.: versprengte Reste | zus.: 0,37 g | winzige versprengte Reste | re.: 0,1 g li.: versprengter Rest |
| Histologischer Befund | großzelliger Typ | großzelliger Typ | kleinzelliger Typ | großzelliger Typ | großzelliger Typ | kleinzelliger Typ |

Bei den eigenen Beobachtungen von Nebennierenhypoplasien als isolierte Organerkrankung lassen sich lichtmikroskopisch zwei Typen abgrenzen:

1. Ein großzelliger Typ mit völligem Fehlen der Cortex permanens (4 Fälle);
Die Rinde baut sich nur aus Zellen auf, die der fetalen Innenzone entsprechen.
Regressive Zellveränderungen kommen regelmäßig vor.

2. Ein kleinzelliger Typ mit spärlich entwickelten Außenzonenelementen. Reste
der involvierenden Innenzone können nachweisbar sein.

Die quantitative Analyse des Zellbildes des Hypophysenvorderlappens in 3
Fällen ergab, daß die ermittelten Werte sowohl des groß- wie des kleinzelligen Typs
innerhalb der Streubreite normaler Hypophysen liegen, wobei sich die chromophoben Zellen an der oberen Grenze und die mucoiden Zellen an der unteren Grenze
der Norm bewegen. Wir sind deshalb der Ansicht, daß es sich in unseren Fällen um
eine primäre Nebennierenhypoplasie handelt, die sich unabhängig von der Hypophyse entwickelt. Die Ursache dieser Hypoplasie ist unbekannt. Wegen der gehäuften Geschwistererkrankungen ist eine genetische Störung in Betracht zu ziehen. Die
zur Nebennierenhypoplasie führenden Störungen lassen sich demnach in folgender
Tabelle zusammenfassen:

Tabelle 2. *Angeborene Nebennierenhypoplasien*

1. Primäre Nebennierenhypoplasien (mit intakter Hirnanlage und Hypophyse):
   a) großzelliger Typ:
      nur Elemente der Innenzone nachweisbar
   b) kleinzelliger Typ:
      Elemente der Außen- und Innenzone nachweisbar
2. Sekundäre Nebennierenhypoplasien
   a) bei Anencephalus und anderen schweren Hirnmißbildungen
   b) bei isolierter Störung der Hypophysenentwicklung
   c) bei Störungen der corticotropen Funktion

### Literatur


Seeliger, H.: Nebenniereninsuffizienz bei angeborener Nebennierenhypoplasie. Dtsch. med.
Wschr. 94, 169—176 (1969).

# Untersuchungen der Nebennierenrinden-Funktion
## bei Patienten nach kompletter Nephrektomie
### Adrenocortical Function in Completely Nephrectomized Patients


D. Gütgemann

Institut für Klinische Biochemie der Universität Bonn



### Summary

The concentration of cortisol was studied in plasma of normal subjects and of totally nephrectomized patients. The results indicate that a normal circadian rhythm was maintained in nephrectomized patients as well as in healthy subjects. The concentration of cortisol is markedly affected during the initial stages and after the termination of hemodialysis. These variations are most probably due to stress and changes in the volume of circulating blood.


Die Funktion der Nieren bei der Ausscheidung der Nebennierenrinden-Hormone ist bekannt. Angaben über die Konzentration von Corticosteroiden im Plasma bei Patienten nach beidseitiger totaler Nephrektomie liegen bisher nicht vor. In dieser Untersuchung wurden folgende Fragen geprüft: 1. Zeigen Menschen ohne Nieren den gleichen oder einen ähnlichen Tagesrhythmus der Konzentration von Cortisol im Plasma wie Gesunde? 2. Wie wird bei total nephrektomierten Patienten die Konzentration von freiem Cortisol durch die Hämodialyse verändert? Das arterielle Blut der Patienten wurde in heparinisierte Spritzen aufgezogen. Die Porter-Silber-Chromogene im Plasma wurden nach der Vorschrift von Peterson u. Mitarb. [1] bestimmt.

Unsere Voruntersuchungen bestätigen bei 4 Normalpersonen das in der Literatur beschriebene Tagesprofil: Während der Tagesstunden sinkt die Konzentration von Cortisol unter gelegentlichen Schwankungen langsam auf ein Minimum von unter 5 µg/100 ml Plasma gegen 22—24 Uhr ab. Ab 2—4 Uhr steigt sie an und erreicht gegen 6—8 Uhr einen Gipfel von 15—25 µg/100 ml Plasma. Mit einem steilen Abfall der Konzentration von Cortisol beginnt der neue Tagesrhythmus.

Bei unseren Nierenpatienten sahen wir sowohl vor als auch nach der bilateralen Nephrektomie während der dialysefreien Tage normale Tagesprofile. Dies bedeutet bei der Annahme einer normalen Cortisol-Produktion, daß Cortisol entweder bis zur nächsten Dialyse in erhöhtem Maße gespeichert oder verstärkt metabolisiert wird. In der Tat fanden Kasanen u. Mitarb. [2] bei niereninsuffizienten Patienten eine Erhöhung der Corticosteroid-Glucuronide im Plasma auf das 5fache.

In weiteren Versuchen konnte ein starker Einfluß der Hämodialyse auf das Gleichgewicht im Cortisol-Regulationskreis festgestellt werden. Nach dem Anschluß der Patienten an die Travenol-Spulenniere sinkt die Konzentration von Cortisol in 1 oder 2 Stufen signifikant ab, um anschließend auf teilweise sehr hohe Werte — bis zu 70 µg/100 ml Plasma — anzusteigen. Während der übrigen Dialyse entspricht die Cortisol-Konzentration dem üblichen Tagesprofil. Entsprechend den Untersuchungen von Mack u. Egdahl [3] ist beim Anschluß der Patienten an die

Dialysierspule ein Absinken der Cortisol-Produktion aufgrund des hämorrhagischen Schocks wahrscheinlicher als der einfache Effekt einer Blutverdünnung. Aufgrund des unzureichenden Kreislaufvolumens dürfte in der Hypophyse vermehrt ACTH freigesetzt werden; als Folge der gesteigerten Nebennierenrinden-Aktivität käme es dann zu einem vergrößerten Kreislaufvolumen. Dies wäre jedoch nur bei einer besseren Durchblutung der Nebennieren möglich, die allerdings erst durch das Nachströmen extravasaler Flüssigkeit in den Kreislauf zustande kommt.

Das Verhalten der Konzentration von Cortisol nach Dialysenende hängt von der Tageszeit ab. Bei Dialysenende am Abend nimmt sie signifikant ab, um etwa 30—60 Minuten später wieder anzusteigen. Bei Dialysenende am Morgen interferiert der postdialytische Gipfel mit dem normalen Morgengipfel unter gelegentlicher Ausbildung eines Doppelgipfels. Da nach Dialysenende das gesamte Kreislaufvolumen um etwa 12—15 % abnimmt, ist in Umkehrung des oben beschriebenen Mechanismus nach Dialysenende tatsächlich ein Absinken der Konzentration von Cortisol zu erwarten. — Es ist unklar, ob der postdialytische Gipfel eine Folge des nun wieder kurz geschlossenen Shunts mit seiner zugehörigen Kreislaufbelastung ist oder eine Folge der Blutkonzentrierung, die man nach Entleerung der Dialysierspule in den Körperkreislauf des Patienten beobachtet.

## Literatur


1. Peterson, R. E., A. Karrer, and S. L. Guerra: Anal. Chem. **29**, 144 (1957).
2. Kasanen, A., A. Pekkarinen, and B. Thomsson: Acta endocr. (Kbh.) **30**, 353 (1959).
3. Mack, E., and R. H. Egdahl: Surg. Forum **18**, 48 (1967).

# Über den Einfluß zusätzlicher Ascorbinsäurezufuhr auf die Nebennierenrinde im Stress
## Influence of Additional ascorbic Acid on the Adrenal Cortex in Stress


M. Piroth

Pathologisches Institut der Universität des Saarlandes, Homburg/Saar



**Summary**

In a trial lasting 14 days male guinea pigs was kept at a temperature of $+ 4° C$ and ascorbic acid deficient diet. The highly significant adrenal weight increase could not be prevented by ascorbic acid administration. The body weight curve of the ascorbic acid treated animals in the cool room was increased clearly opposite the nontreated guinea pigs. The histological appereance of the adrenal cortex showed with exception of a broadening of the zona fasciculata no difference compared with control animals. It is concluded that the positive effect of ascorbic acid in infects or intoxications is caused by interference to metabolic processes indepedent to the adrenal cortical function.


Bei früheren Versuchen konnte gezeigt werden, daß die im Schrifttum mehrfach beschriebene Verhinderung der Nebennierengewichtszunahme im Stress durch Ascorbinsäure (As) für die Ratte nicht zutrifft. (Piroth, 1968). Da die Ratte in einem hohen Maße zur Eigensynthese von As befähigt ist, wurden in einem weiteren Versuch, der mit Unterstützung der Hoffmann-La Roche AG durchgeführt wurde, Meerschweinchen als Versuchstiere benutzt, die nicht in der Lage sind As zu produzieren. 96 reife Meerschweinchen wurden in 4 Versuchsgruppen eingeteilt, die bei ascorbinsäurefreier Diät nach folgendem Schema behandelt wurden:

| t | As-Dosis | Kurzbezeichnung |
|---|---|---|
| $+ 22° C$ | 5 mg/kg/tgl. | R |
| $+ 22° C$ | 35 mg/kg/tgl. | RAsc |
| $+ 4° C$ | 5 mg/kg/tgl. | K |
| $+ 4° C$ | 35 mg/kg/tgl. | KAsc |

Während des Versuches gingen 5 Tiere der Kühlraumgruppen an Pneumonien verloren. Diese geringe Zahl läßt keine Schlüsse über eine Beeinflussung der Überlebenszeit der Versuchstiere durch die As-Zufuhr während des Kältestresses zu. Als weiterer Parameter für die Beurteilung des Zustandes der Tiere wurde das Körpergewicht herangezogen. Die Tiere der R- und RAsc-Gruppe nahmen durchschnittlich 42 g, bzw. 56 g zu. Das Gewicht der K-Gruppe blieb konstant, während die KAsc-Gruppe eine durchschnittliche Gewichtszunahme von 25 g erreicht. Der arithmetische Mittelwert sowie der Medianwert des Nebennierengewichtes ergaben 2 deutlich voneinander abgesetzte Gruppen, da die Tiere der Kühlraumgruppe eine erhebliche Gewichtszunahme der Nebennieren (NN) gegenüber den Stalltieren aufwiesen. Die ermittelten Werte wurden einer Varianzanalyse unterzogen, die zu folgenden Aussagen führte:

1. Die Wirkung der Temperatur auf das NN-Gewicht ist signifikant.

2. Ein Einfluß der As-Applikation zwischen den Temperaturgruppen ist nicht gegeben.

Im histologischen Bild war die Zonierung der NNR bei allen Versuchsgruppen deutlich erkennbar. Bei der K- und KAsc-Gruppe war die Z. fasciculata verbreitert, die Spongiocyten erschienen groß und prall aufgespeichert, weiterhin lagen hier mehrfach Mitosen vor. Die sudanophilen Lipoide und die anisotropen Substanzen waren in gleicher Weise bei allen Versuchstieren anzutreffen, wobei die zusätzliche Zufuhr von As zu keinen Unterschieden geführt hatte.

Entgegen den erwähnten Angaben im Schrifttum war es somit nicht möglich, durch As die Zunahme des NN-Gewichtes des Meerschweinchens im Kältestress zu unterbinden. Es kommt auch unter As-Einfluß zu einer numerischen Hyperplasie der Rinde mit Hypertrophie der Epithelien. Ebensowenig wirkt sich die As-Zufuhr auf die Intensität und Lokalisierung der lipoidigen Speichersubstanzen aus. Als günstigen Effekt der As-Zufuhr wird man die Zunahme des Körpergewichtes der KAsc-Gruppe werten müssen. Auswirkungen auf die Überlebenszeit waren dagegen nicht faßbar.

Es wird geschlossen, daß die der As vielfach zugeschriebene günstige Auswirkung bei Infektionen, Intoxikationen usw. durch Eingriffe in Stoffwechselreaktionen bedingt ist, die nicht nebennierenrindenspezifisch sind.

**Literatur**


Piroth, M.: Experimenteller Stress und Ascorbinsäurezufuhr. Verh. dtsch. Ges. Path. **52**, 478 (1968).

# Über die Wirkung des operativen Eingriffes
## auf die Desoxycorticosteron-Sekretionsrate
### Effect of Surgical Intervention on Desoxycorticosterone Secretion Rate


P. Vecsei, G. Hofmeier und W. Nolten

I. Med. Universitäts-Klinik, Mainz und Chirurg. Universitäts-Klinik Homburg/Saar


Mit 1 Abbildung

## Summary


DOC-SR were estimated in a group of patients immediately after operations of different kinds. To control the degree of the mobilisation of the endogenous ACTH hydrocortisone-SR estimations were simultaneously performed. The hydrocortisone-SR were in 12 of 20 patients higher than the upper border value of the normal persons, the DOC-SR in 6 of 19 patients. The elevation of DOC-SR reached in no case the order of magnitude which could be responsible — at least alone — for a postoperative sodium and water retention.


Zahlreiche Angaben in der Literatur deuten darauf hin [1], daß durch die Stimulierung der ACTH-Abgabe des Hypophysenvorderlappens eine erhöhte Sekretion von Hydrocortison, Corticosteron und Aldosteron bewirkt wird und daß die Hypersekretion dieser Hormone für die postoperativen Verschiebungen im Elektrolyt- und Wasserhaushalt zumindest teilweise verantwortlich ist. Trotz der zahlreichen Veröffentlichungen auf diesem Gebiet sind die Sekretionsveränderungen anderer NNR-Hormone als Hydrocortison, Corticosteron und Aldosteron nicht untersucht. Unser Interesse richtete sich auf die möglichen Sekretionsveränderungen des DOC und zwar deswegen, weil einerseits das DOC einen beträchtlichen mineralocorticoiden Effekt besitzt, andererseits Befunde unserer Gruppe [2] und auch von anderen für eine ACTH-Regulation der DOC-Sekretion sprechen [3].

Tabelle. *Isolierung des THDOC*

A. Freisetzung des THDOC aus Glucuronid-Bindung
B. Extraktion mit Chloroform
C. Chromatographische Isolierung
    1. Benzol:Heptan/Methanol:Wasser (4:6/7:3)
       Acetylierung
    2. Mesitylen/Methanol:Wasser (45/35:15) (Reserve-Phase System)
    3. Isooktan
    4. Isooktan:Aethylacetat (7:3)[a]
    5. Benzol:Aethylacetat (8:2)[a]

[a] Dünnschichtchromatographisches System

Wir berichten über postoperative Bestimmungen der Desixycorticosteron-Sekretionsnote (DOCSe). Um das Ausmaß der Stimulierung des Hyphophysen-Nebennierensystems zu kontrollieren, wurde gleichzeitig die Hydrocortison-SR mitbestimmt. Bei 4 Patienten wurde 2 Tage vor dem Operationseingriff zusätzlich eine Kontrolluntersuchung vorgenommen.

Für die Durchführung der Hydrocortison-SR-Bestimmung haben wir die Tetrahydrohydrocortison- und Tetrahydrocortison-Fraktion eines „aliquot" Teiles des nach der Verabreichung von 4-$C^{14}$-Hydrocortison und 1-2-$H^3$-DOC gesammelten Urins nach der Vorschrift von Biglieri isoliert. Die Tab. 1 zeigt die chromatographische Sequenz, wodurch die TetrahydroDOC-Fraktion des Urins isoliert wurde. Die Menge der isolierten Steroide wurde mit einer Mikrotetrazoliumblau-Reaktion, die Radioaktivität in Packard Tri-Carb Liquid-Scintillationsspektrometern bestimmt. Die Abb. 1 zeigt die SR-Werte. Bei der DOC-SR haben wir auch die nach Cope [4] korrigierten Werte aufgeführt um die durch den Operationseingriff bestimmte Einschränkung der Nierenfunktion berücksichtigen zu können.

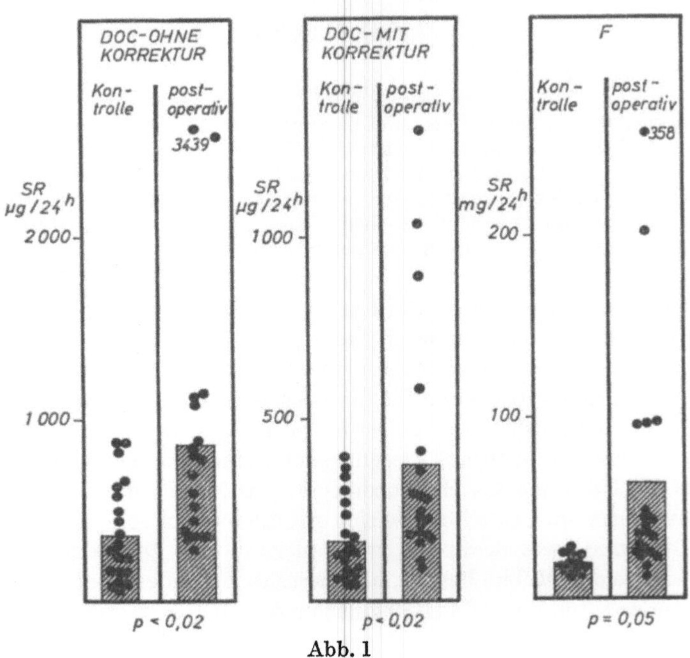


Abb. 1

12 von 20 Patienten zeigten eine Erhöhung der Hydrocortison-SR (Erhöhung = höher als der obere Kontrollrandwert). Bei 6 von 19 Fällen war die DOC-SR vermehrt, die übrigen DOC-SR-Werte liegen im oberen Normalbereich. Der Mittelwert der postoperativen Gruppe unterscheidet sich signifikant ($p < 0{,}02$) von dem der Kontrollpersonen. Bei allen 4 Patienten, bei welchen sowohl präoperativ als auch postoperativ DOC-SR-Untersuchung durchgeführt worden ist, war eine Erhöhung der DOC-Sekretion zu sehen.

Unser Untersuchungsmaterial gestattet uns keine endgültige Analyse über die Zusammenhänge zwischen der Art des Operationseingriffes und zwischen den gefundenen Veränderungen. Zwei Zusammenhänge lassen sich deuten:

a) Die stark erhöhten Hydrocortison-SR-Werte über 50 mg/24 Std wurden jeweils nach schwereren und länger dauernden Eingriffen gefunden.

b) Eine erhöhte DOC-SR geht stets mit stark erhöhter Hydrocortison-SR einher.

Die bisherigen Ergebnisse vermitteln keine Auskunft darüber, warum nicht in allen Fällen mit Hydrocortison-SR-Erhöhung auch eine DOC-SR-Erhöhung zustande kommt.

Angesichts der bekannten mineralocorticoiden Effekte des DOC (Wirkung auf die Na-Ausscheidung ca. 1/20 der von Aldosteron) halten wir es für unwahrscheinlich, daß die nachgewiesenen DOC-SR-Erhöhungen eine entscheidende Rolle beim Zustandekommen der postoperativen Na- und Flüssigkeitsrentention spielen können. Diese können allenfalls eine der zahlreichen Teilfaktoren sein.


### Literatur

1. Hume, D. M., C. C. Bell, and F. Bartter: Surgery **52**, 174 (1952) (s. hier auch die Zusammenfassung der früheren Literatur).
2. Vecsei, P., W. Nolten, I. Purjesz, and H. P. Wolff: Vortrag an dem VI. Acta-Endocrinologica-Kongreß. Helsinki 1967.
3. Biglieri, E. G., P. E. Slaton, M. Schambelin, and S. J. Kronfield: Amer. J. Med. **45**, 170 (1968).
4. Cope, C. L., and E. Black: Brit. med. J. **1958 I**, 1020.

# Über das Verhalten des Glykogens in der Nebennierenrinde der Ratte nach Gabe von Dexamethason
## Eine morphologisch-biochemische Untersuchung
### Morphological and Biochemical Investigation on Rat Adrenocortical Glycogen after Application of Dexamethasone


H. Ueberberg, M. Bauer und H. Blum

Laboratorium für exp. Pathologie, Firma Dr. K. Thomae GmbH., Biberach/Riss


Mit 2 Abbildungen


## Summary

Histochemical, electron microscopic and quantitative investigations demonstrated that dexamethasone increases the glycogen content of the adrenal cortex. The activity of two key enzymes of carbohydrate metabolism — glucose-6-phosphate dehydrogenase and pyruvate kinase — showed their reduction following dexamethasone treatment. This causes an increased glucose level and therefore one assumes that the increased glucose is stored as glycogen.


Graumann (1964) hat darauf hingewiesen, daß über den Glykogenstoffwechsel in der Nebenniere wenig bekannt ist. Im Rahmen von Untersuchungen an der Ratte fiel auf, daß der Gehalt an Glykogen in der NNR nach Gabe von Dexamethason Veränderungen unterliegt (Ueberberg, 1968). Hieraus wurde der Schluß gezogen, daß der Glykogenstoffwechsel und die Funktion des Organs in irgendeiner Beziehung zueinander stehen. Wir versuchten, Einblick in dieses Geschehen zu gewinnen und berichten über erste Ergebnisse.

Wir behandelten männliche Ratten des Stammes FW 49/Biberach SPF mit unterschiedlichen Dosen Dexamethason (0,2 mg/kg und 2,0 mg/kg) im Vergleich zu Kontrolltieren über einen Zeitraum von 5 Tagen. Daran schloß sich eine Nachbeobachtungsphase von gleichfalls 5 Tagen an. 24 Std nach der ersten Applikation und dann jeweils in 24 stündigem Abstand wurden aus jeder Gruppe Tiere abgetötet, die Nebennieren entnommen und folgende Untersuchungen durchgeführt:

a) histochemisch: Glykogen (Methode: Schmidt-Matthiesen, 1964); Glucose-6-Phosphat-Dehydrogenase (Methode: Rudolf und Klein, 1964); b) Elektronenmikroskopisch: Glykogen mit dem Elektronenmikroskop EM 9a der Firma Zeiss, Oberkochen; c) quantitativ: Glykogen: (Methode Trichloressigsäureextrakt des Homogenats, Fällung des Glykogens mit Äthanol, Anthron-Reagens); Glucose-6-Phosphat-Dehydrogenase (gestestet durch direkte spektrophotometrische Bestimmung des gebildeten 6-Phosphogluconats); Pyruvat-Kinase (getestet durch direkte spektrophotometrische Bestimmung des gebildeten Pyruvats).

Histochemisch und elektronenmikroskopisch konnten wir beobachten, daß unter der Behandlung mit Dexamenthason ein Anstieg im Glykogengehalt der Zonea fasciculata und reticularis der NNR zu verzeichnen ist. Bei beiden Untersuchungsverfahren lag der Höhepunkt übereinstimmend am 3. Versuchstag. An dieser Stelle sei vermerkt, daß wir in der Zona glomerulosa der NNR der Ratte nie Glykogen nachweisen konnten.

Eine Bestätigung fanden diese Befunde durch die quantitative Bestimmung des Glykogens in der NNR (Abb. 1). Auch hier liegt der größte Anstieg des Glykogengehaltes beim 3. Versuchstag, und zwar bei beiden Dosisgruppen. Darüber hinaus wird hier die Dosisabhängigkeit deutlich.

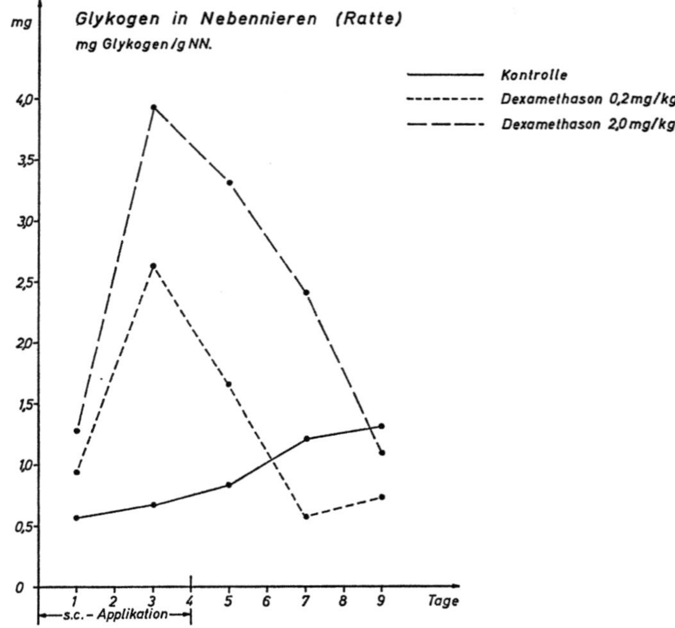


Abb. 1. Quantitative Glykogenbestimmung in NN nach Gabe von Dexamethason

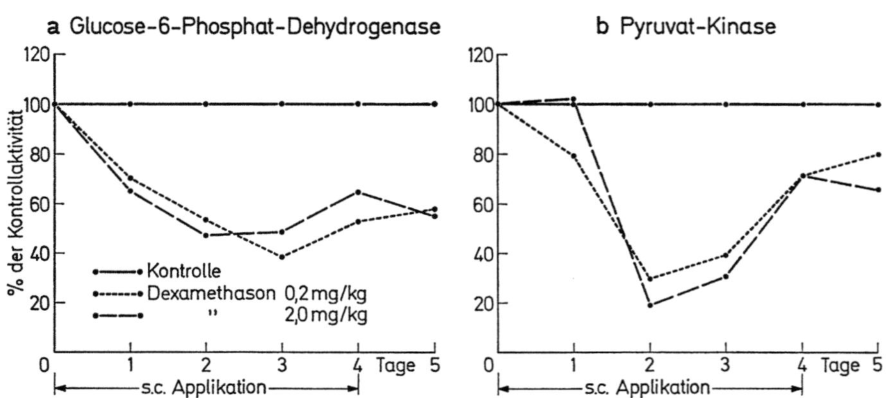


Abb. 2 a u. b. a) Aktivität der Glucose-6-Phosphat-Dehydrogenase; b) Aktivität der Pyruvat-Kinase in NN nach Gabe von Dexamethason

Der histochemisch nachgewiesene Abfall der Reaktion der Glucose-6-Phosphat-Dehydrogenase unter der Dexamethason-Behandlung wurde durch die quantitative Bestimmung dieses Enzyms (Abb. 2a) ebenfalls bestätigt. Die Pyruvat-Kinase (Abb. 2 b) zeigt unter Dexamethason-Behandlung einen deutlichen Abfall ihrer Aktivität, der zwischen dem 2. und 3. Versuchstag seinen Tiefpunkt hat.

Für den erhöhten Glykogengehalt in der NNR nach Gabe von Dexamethason bietet sich auf Grund unserer Untersuchungen folgende Erklärung an: Die Glucose-Abbauwege (Pentosephosphat-Cyclus und Glykolyse) sind, wie das Verhalten ihrer Schlüsselenzyme — Glucose-6-Phosphat-Dehydrogenase und Pyruvat-Kinase — zeigt, gedrosselt. Dies ist uns Hinweis darauf, daß die energieliefernden Prozesse, ausgehend von Glucose, durch die Dexamethason-Behandlung in der NNR reduziert sind. Man kann so daran denken, daß die vermehrte Glucose in Form von Glykogen gespeichert wird. Das würde bedeuten, daß Dexamethason auch bei der Regulation des Glykogenstoffwechsels in der NNR eine Rolle spielt. Gegenwärtig laufende Untersuchungen sollen dazu dienen, zur Abklärung dieser Fragen beizutragen.

### Literatur


Graumann, W.: Polysaccharide. In: Handbuch der Histochemie. Hrsg.: W. Graumann und K. Neumann, Bd. II, 2. Teil. Stuttgart: Gustav Fischer 1964.

Rudolph, G., u. H. J. Klein: Histochemische Darstellung und Verteilung der Glukose-6-Phosphat-Dehydrogenase in normalen Rattenorganen. Histochemie 4, 238—251 (1964).

Schmidt-Matthiesen, H.: Eine Modifikation der PAS-Reaktion mit bevorzugter Darstellung des Glykogens in Gewebeschnitten. Acta histochem. (Jena) Suppl. IV, 215—216 (1964).

Ueberberg, H.: Experimentelle Untersuchungen über das Verhalten der Zelle der Nebennierenrinde der Ratte bei der Inaktivitätsatrophie. Habilitationsschrift, Medizin. Fakultät, Homburg/Saar, 1968.

# Histometrische Untersuchungen an Nebennierenrinde, Schilddrüse und Leber des Meerschweinchens bei langfristiger Metopironzufuhr

## Histometrical Investigations on the Adrenal Cortex, Thyroid and Liver of Guinea Pigs after Long Term Metopiron Application


M. HERRMANN und J. LAUTENSCHLÄGER

Abteilung für Klinische Morphologie der Universität Ulm


### Summary


The effects of long-term administration of Methyrapone on the nuclear volumes of the cells of adrenals, thyroid gland and liver and the histochemical findings on encyme activity in the adrenals were proved in guinea pigs. The corresponding changes in these organs were discussed in consideration with the literatur.


Frühere Untersuchungen über die Auswirkungen einer langfristigen Metopiron-behandlung (10 mg/kg/die) auf das Enzymmuster der Nebennierenrinde (Lautenschläger, 1966) ergaben nach zwei- bis dreimonatiger Behandlung im Tierexperiment einen abrupten Verlust der Fermentaktivität im Rindenparenchym. Da Metopiron auch für die unter Umständen langfristige Behandlung von Ascites (Shaldon u. McLaren, 1960) und therapierefraktären Ödemen (Veyrat u. Mitarb., 1960; Schröder, 1962; Franken u. Mitarb., 1962) verwendet wird, ist eine Klärung der Ursachen dieses Verhaltens von Interesse.

Wie in vorangehenden Untersuchungen (Herrmann u. Lautenschläger, 1968) gezeigt wurde, ist in der Zona glomerulosa und Zona fasciculata innerhalb der ersten 24 Std ein Anstieg des Kernvolumens, in der Zona reticularis ein Abfall zu beobachten. Die folgenden Kontrollen lassen einen Anstieg der Kernvolumina aller Rindenzonen über die Norm hinaus erkennen, der bis zum 28. Tag besteht. Danach erfolgt ein Abfall, in der Zona glomerulosa bis in den Bereich der Norm, in der Zona fasciculata weit darunter. Nur in der Zona reticularis bleiben die Werte über der Norm.

Das Kernvolumen in der Zona fasciculata und die Fermentaktivität zeigen einen parallelen Verlauf. Die Zunahme des Kernvolumens ist als Zeichen einer vermehrten ACTH-Stimulierung der Nebennierenrinde zu betrachten. Die erhöhte Aktivität der alkalischen Phosphatase kann nach Gemzell u. Mitarb. (1950) und Arvy (1963) als empfindlicher Indicator für eine verstärkte Sekretionsleistung bzw. Biosynthese der Corticosteroide in den Fasciculatazellen angesehen werden. Entsprechend ist eine Abnahme zu bewerten. Die Verlaufskurven der Kernvolumina der Schilddrüsenepithelzellen und der Fasciculatazellen verhalten sich spiegelbildlich zueinander. Dieses Verhalten entspricht der Theorie der Sekretionsumschaltung (Tonutti, 1944, 1945). Nach einem fast normalen Anstieg bis zum 56. Tag zeigt das Körpergewicht einen plötzlichen Abfall, der für die Einzeltiere 20-30 g täglich beträgt. Der Zeitpunkt des Abfalles stimmt mit der Verminderung von Kernvolumen und Fermentaktivitäten in der Zona fasciculata auffallend überein.

Ergänzt werden diese Befunde durch die Meßwerte der Leberzellkernvolumina. Innerhalb der ersten 28 Tage treten nur uncharakteristische Schwankungen im Bereich der Norm auf. Nachdem die ACTH-Stimulierung geringer und die TSH-Stimulierung größer geworden ist, ist auch eine Zunahme des Kernvolumens in den Leberparenchymzellen gegenüber der Norm zu finden. Dies stimmt mit früheren Befunden (Herrmann, 1965; Fachet u. Mitarb., 1967) überein, wonach Cortisonzufuhr eine Abnahme und Thyroxinzufuhr eine Zunahme des Leberzellkernvolumens bewirkt. Daß die Leber für den Steroidstoffwechsel und -abbau eine wesentliche Rolle spielt ist bekannt, es wurde ihr sogar eine wesentliche Rolle im Regulationssystem Hypothalamus-Hypophysenvorderlappen-Nebennierenrinde zugeschrieben (Schriefers, 1967). Untersuchungen der Mikrosomenfraktion von Leberzellen ergaben, daß Metopiron verschiedene Enzyme des oxydativen Abbaus (Netter u. Mitarb., 1967, Dean u. Whitehouse 1967), speziell der Hydroxylierung von Steroiden (Kahnt u. Neher, 1962, Griffiths, 1963, Giles u. Griffiths, 1964) in ihrer Wirkung behindert und die Halbwertszeit des Cortisols im Blut verlängert (Sceberényi u. Garattini, persönl. Mitteilung). Metopiron selbst wird in der Leber abgebaut (Conney, 1967), wobei Hydrocortison und verschiedene Arzneimittel eine Verkürzung seiner Halbwertszeit bewirken (Sceberényi u. Mitarb., 1969). Es muß jedoch dahingestellt bleiben, inwieweit diese Stoffwechselvorgänge das Kernvolumen der Leber beeinflussen. Die Befunde machen erneut deutlich, daß vor einer langfristigen Behandlung mit Adrenostatika die evtl. Folgen für den Stoffwechsel genau untersucht werden müssen.

Untersuchungen am supraoptico-hypophysären System ergaben keine Veränderungen im Verhalten des Neurosekrets (unveröffentlichte Befunde zusammen mit H. Bock). Die von Aus der Mühlen u. Ockenfels (1968) mitgeteilten Befunde über das Verhalten verschiedener Kerngebiete des Diencephalon und Telencephalon nach Metopironbehandlung ließen nur in Pyramidenzellen des Hypocampus und im Bereich des Nucleus paraventricularis thalami eine Kernvolumenzunahme gegenüber normal, sowie keine Kernpyknosen im Nucleus habenularis medialis und damit eine abweichende Reaktion von der ACTH-Behandlung erkennen.

## Literatur


Arvy, L.: Histo-enzymologie des glandes endocrines. Paris: Gauthier-Villars 1963.

Aus der Mühlen, K., u. H. Ockenfels: Morphologische Veränderungen im Diencephalon und Telencephalon nach Störungen des Regelkreises Adenohypophyse-Nebennierenrinde. II. Ergebnisse beim Meerschweinchen nach Verabreichung von Metopiron (SU 4885). Z. Zellforsch. 87, 463—477 (1968).

Conney, A. H.: Pharmacological implications of microsomal enzyme induction. Pharmacol. Rev. 19, 317—366 (1967).

Dean, P. D. G., and M. W. Whitehouse: The effects of Metyrapone (SU 4885) and some hypercholesterolaemic drugs on hepatic sterol and fatty acid oxidation. Biochem. Pharmacol. 16, 441—446 (1967).

Fachet, J., M. Palkovits u. K. Vallent: Über die Rolle des Thymus bei den durch Nebennierenrindenhormon-, Thyroxin- und Heparin-Behandlung hervorgerufenen Volumenveränderungen der Leberzellkerne. Acta morph. Acad. Sci. hung. 15, 15—21 (1967).

Franken, F. H., K. Irmscher u. H. A. von Schweinitz: Studien mit SU 4885 (Metopiron) bei Patienten mit therapiefraktärem Ascites und Ödemen. Klin. Wschr. 40, 137—143 (1962).

Gemzell, C., and L. Samuels: The effect of hypophysectomy, adrenalectomy and of ACTH-administration on the phosphorus metabolism of the rat. Endocrinology 47, 48—59 (1950).

Giles, C., and K. Griffiths: Inhibition of the aromatizing activity of human placenta by SU 4885. J. Endocr. **28**, 343—344 (1964).

Griffiths, K.: Inhibition of „19-Hydroxylase" activity in the golden hamster adrenal by SU 4885. J. Endocr. **26**, 445—446 (1963).

Herrmann, M.: Experimentelle Untersuchungen zur Auswirkung einer einmaligen ACTH-Gabe. Ein Beitrag zur Kenntnis der homöostatischen Regulation. Habilitationsschrift, Bonn, 1965. Ergebnisse Anat. Entwickl.-Gesch. **39**, Heft 5 (1967).

—, u. J. Lautenschläger: Auswirkung langfristiger Metopiron-Zufuhr auf das Zellkernvolumen von Nebennierenrinde, Schilddrüse und Leber des Meerschweinchens. Arzneimittel-Forsch. **18**, 1463—1465 (1968).

Kahnt, F. W., and R. Neher: On the specific inhibition of adrenal steroid biosynthesis. Experientia (Basel) **18**, 499—501 (1962).

Lautenschläger, J.: Fermenttopochemische Untersuchungen an der Nebennierenrinde des Meerschweinchens nach Metopironzufuhr. Histochemie **7**, 64—79 (1966).

Netter, K. J., S. Jenner u. K. Kajuschke: Über die Wirkung von Metopiron auf den mikrosomalen Arzneimittelabbau. Naunyn-Schmiedebergs Arch. Pharmak. exp. Path. **259**, 1—16 (1967).

Szeberényi, S., and S. Garattini: Effect of Metopirone on the rate of cortisol disappearance from plasma. Pers. Mitteilung.

— K. S. Szalay, and S. Garattini: Removal of plasma metyrapone in rats submitted to previous pharmacological treatment. J. Pharm. Pharmacol. (1969) (im Druck).

Schriefers, H.: Factors regulating the metabolism of steroids. Vitam. and Horm. **25**, 271—314 (1967).

Schröder, R.: Ein neues Adrenostaticum. Dtsch. med. Wschr. **87**, 237—245 (1962).

Shaldon, S., and J. R. McLaren: An 11$\beta$-hydroxylase inhibitor in the treatment of resistant ascites. Lancet **1960 II**, 1330—1332.

Tonutti, E.: Über die Sekretionsbiologie des Hypophysenvorderlappens, betrachtet an den Wechselbeziehungen von Schilddrüse und Nebennierenrinde. Vitam. u. Horm. **5**, 108—123 (1944).

— Über die wechselseitige Beeinflussung der thyreotropen und corticotropen Leistung der Hypophyse. Z. exp. Med. **114**, 336—355 (1945).

Veyrat, R., E. Engel, P. Ducommun et A. F. Muller: Utilité de l'association des salurétiques et desinhibiteurs de l'aldostérone (SC 9420 et SU 4885) dans le traitment des oedèmes réfractaires. Helv. med. Acta **27**, 683—689 (1960).

# Der Einfluß der Metopirondosis auf die Corticosteroidausscheidung in Abhängigkeit vom Körpergewicht

## Dosis Effect of Metopiron on Corticosteroid Excretion Depending on Body Weight


L. Herberg, C. Frohn, H. G. Solbach und H. Zimmermann

Diabetes-Forschungsinstitut an der Universität und II. Medizinischen Klinik der Universität Düsseldorf, Abteilung für Endokrinologie


Mit 3 Abbildungen


### Summary

In persons without endocrine, hepatic or renal disease a study of urinary steroid excretion was carried out under various doses of metyrapone. After 250 mg every 2 hours for 12 doses as well as after 70 mg kg body weight/24 h for 12 equal doses there was a significant correlation between the urinary 17-OHCS and the total body weight. When related to underweight, normalweight, and overweight this correlation was present only when 70 mg/kg body weight had been administered.


Die Abhängigkeit der Nebennierenrindenfunktion vom Körpergewicht veranlaßte uns, zu prüfen, ob mit einer individuellen Metopirondosierung eine zuverlässigere Bewertung der Hypophysenfunktionsreserve möglich ist, als mit der allgemein üblichen konstanten Dosis. Wir untersuchten vergleichend 2 Kollektive unter- norm und übergewichtiger Probanden ohne eine Gravidität oder endokrine, renale und Lebererkrankungen. Während der Testperiode wurden keine Medikamente eingenommen.

Das eine Kollektiv erhielt die konstante Metopiron-Dosis von 3000 mg/Tag in Einzeldosen von 250 mg nach Buus u. Mitarb. [1]. Das andere Kollektiv bekam ebenfalls peroral und in zweistündlichen Abständen eine Dosis von 70 mg/kg Körpergewicht/Tag in entsprechenden Einzeldosen. Die Corticosteroidausscheidung wurde im 24 Std-Urin gemessen. 4 Tage vor der Metopiron-Belastung wurde der ACTH-Test durchgeführt. Die Corticosteroide wurden als Tetrazoliumblau reduzierende Substanzen nach Staib u. Mitarb. [2] bestimmt. Geschlechts- oder altersbedingte Unterschiede bestanden nicht.

Abb. 1. Unter Basalbedingungen und unter ACTH sind die Harncorticoide eng mit dem Körpergewicht korreliert. Auch im Metopiron-Test ist diese Abhängigkeit bei beiden Kollektiven vorhanden. Jedoch sprechen die höheren Werte unter und nach der individuellen Dosierung für eine stärkere Hemmung der 11-$\beta$-Hydroxylase. Die Notwendigkeit einer individuellen, auf das Körpergewicht bezogenen Metopiron-Dosierung wird offenbar, wenn man die Beziehung der Corticoidausscheidung zum Unter-, Norm- und Übergewicht prüft. Abb. 2. Unter Basalbedingungen und unter ACTH läßt sich die Abhängigkeit der Harncorticoide vom Unter-, Norm- und Übergewicht nachweisen. Bei einer konstanten Metopiron-Dosis ist dagegen keine Korrelation vorhanden.

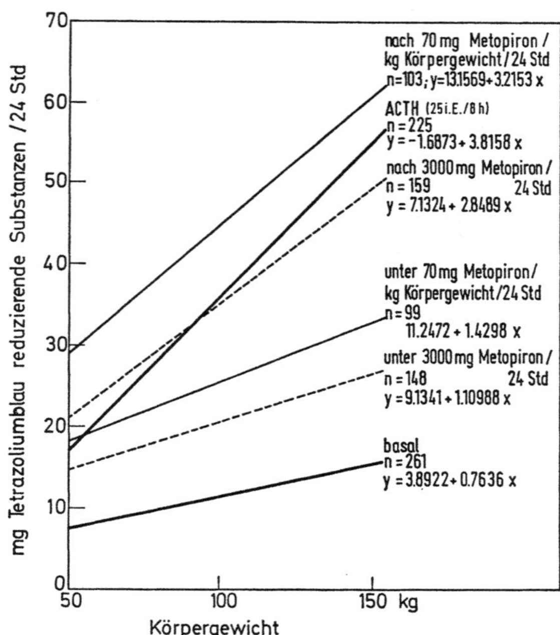


Abb. 1. Ausscheidung der Tetrazoliumblau reduzierenden Substanzen im 24 Std-Urin in Abhängigkeit vom Körpergewicht

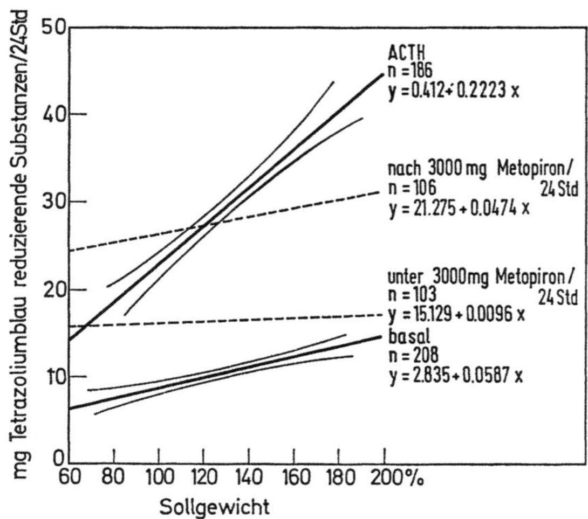


Abb. 2. Ausscheidung der Tetrazoliumblau reduzierenden Substanzen im 24 Std-Urin unter Basalbedingungen, unter ACTH (25 i. E./8 h i. v.), unter u. nach 3000 mg Metopiron/24 Std in Abhängigkeit von der prozentualen Abweichung des Sollgewichts

Abb. 3. Demgegenüber besteht unter und nach der individuellen Dosierung eine statistisch hochsignifikante Beziehung zum Unter-, Norm- und Übergewicht.

Diese Gegenüberstellung zeigt, daß eine konstante Metopiron-Dosis von 3000 mg/Tag keine ausreichende Enzymblockade, zumindest bei stark übergewichtigen

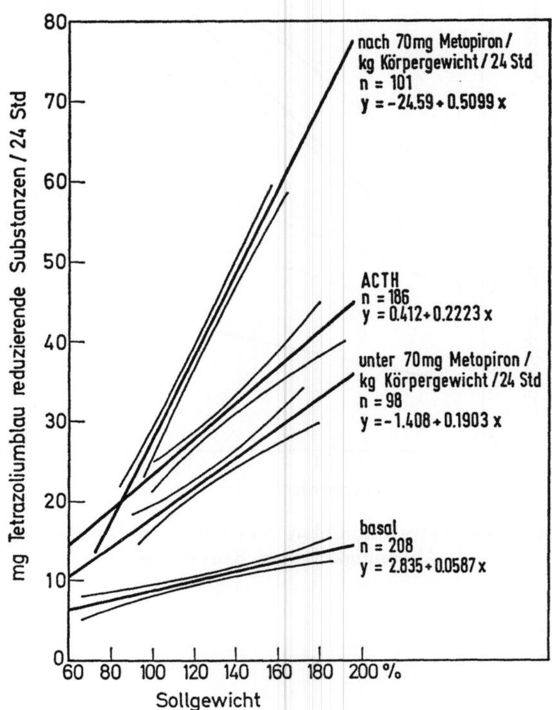


Abb. 3. Ausscheidung der Tetrazoliumblau reduzierenden Substanzen im 24 Std-Urin unter Basalbedingungen, unter ACTH (25 i. E./8 h i. v.), unter u. nach 70 mg Metopiron/kg Körpergewicht/24 Std in Abhängigkeit von der prozentualen Abweichung des Sollgewichts

Personen bewirkt und eine zuverlässige Bewertung der hypophysären Funktionsreserve im Metopiron-Test nur möglich ist, wenn die Metopiron-Dosis nach dem individuellen Körpergewicht berechnet wird.

## Literatur


1. Buus, O., C. Binder, and F. Peterson: Lancet 19, 1040 (1962).
2. Staib, W., u. W. Teller: Röntgen- u. Lab.-Prax. 13 L 151 (1960).

# Cushing Syndrom
## bei extrahypophysärer neoplastischer Corticotropinbildung[1]
### Cushing's Syndrome by Extrapituitarian Neoplastic Corticotropin Production


W. Evertz und E. F. Pfeiffer

Abteilung für Endokrinologie u. Stoffwechsel des Zentrums für Innere Medizin der Universität
Ulm


Mit 2 Abbildungen


### Summary

Two cases of carcinoma in connection with hypercorticism of various intensity are reported, which have been investigated biochemically before and after death. In 2 cases ACTH-activity has been shown by means of radioimmunoassay as well as a biological way in hypophysectomized rats. On account of differing results of the biological and immunological ACTH-assay, of an excessive stimulation of corticosterone in man and a pathological content of MSH, an atypical ACTH-molecule must be discussed.


Während der letzten 40 Jahre sind eine Reihe von Fällen beschrieben worden, in denen ein Cushing Syndrom in Kombination mit paraendokrinen Carcinomen auftrat. Ein ursächlicher Zusammenhang ist bewiesen, seit Holub und Katz (1961) erstmals ACTH in Tumoren fanden. Ich möchte heute 2 klinisch, autoptisch und biochemisch untersuchte Fälle vorstellen, die neben einem Malignom sehr unterschiedliche Ausprägung eines Hypercorticismus zeigten.

Eine 54jährige Frau mit einem metastasierenden Bronchialcarcinom entwickelte im Laufe eines halben Jahres zunehmend typische Cushing-Zeichen, dazu charakteristische Symptome eines ektopischen ACTH-Syndroms: Hyperpigmentierung, extreme aldactonresistente Hypokaliämie bei auf das Zehnfache gesteigerten Corticosteronwerten im Serum. Cortisol im Serum 5- bis 6fach gesteigert. Anhand des Corticosteronanstiegs im NN-Venenblut hypophysektomierter Ratten biologisch meßbares ACTH im Plasma 3- bis 4fach erhöht, radioimmunologisch gefundene Werte jedoch normal bis leicht erniedrigt. Verlust der physiologischen Tagesrhythmik (Abb. 1). Bei der Obduktion sah man ein metastasierendes Bronchialcarcinom vom Haferzelltyp und eine NN-Hyperplasie beiderseits. Im histologischen Bild der Hypophyse fanden sich Crooke-Zellen. Hypophyse, Primärtumor, Metastasen und Harn der Patienten wurden radioimmunologisch bzw. biologisch an der hypophysektomierten Ratte auf ihren ACTH-Gehalt geprüft. Für das Hypophysengewebe ergab sich eine stark verringerte ACTH-Aktivität. Das Bronchialcarcinom war hormonell stumm, während die Metastasen biologisch gemessen eine Corticotropinmenge von 1,04 mE/g Gewebe enthielten, hemmbar mit

---

[1] Die erste Patientin überwies uns Herr Prof. Dr. E. Koch, Chefarzt des Markus-Hospitals Frankfurt/Main. Tumormaterial des zweiten Patienten überließ uns Herr Dr. Schwartz, Medicinsk Afdeling F., Kobenhavns Amts Sygehus.

ACTH-Antiserum, immunologisch nur 0,11 mE/g. Da die meisten Metastasen aus der Leber stammten, testeten wir indifferentes Lebergewebe in gleicher Weise auf unspezifische corticotrope Aktivität. Es fand sich kein verwertbarer Anstieg. In Harnextrakten war eine geringe ACTH-Menge von 0,07 mE pro Tagesmenge zu messen, Normalharn dagegen war hormonell inaktiv (Abb. 2).

Die Diagnose eines ektopischen ACTH-Syndroms intra vitam ist nicht immer leicht, da oft die äußeren Cushing-Zeichen vollkommen fehlen oder nur ganz diskret ausgebildet sind, wie ich anhand des folgenden Falles zeigen möchte: Es handelte

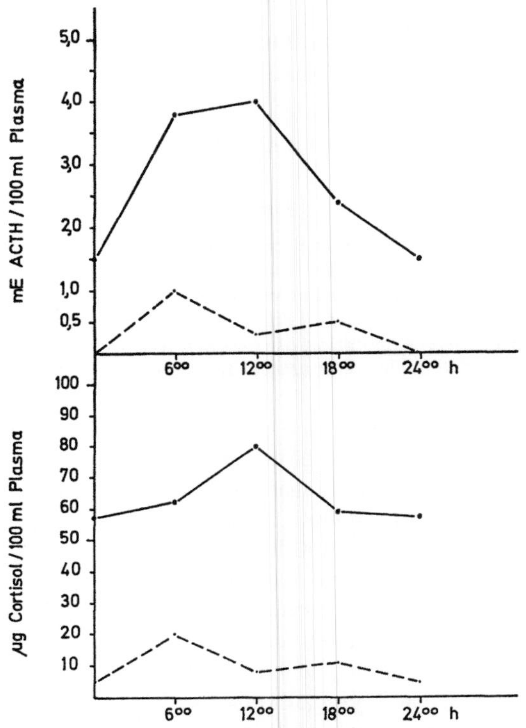


Abb. 1. ACTH- und Cortisol-Blutspiegel bei einem Fall von ACTH produzierendem metastasierendem Bronchialcarcinom. (Zum Vergleich die Blutspiegel bei Normalpersonen, ———)

sich um einen 53jährigen Mann mit einem metastasierenden Bronchialcarcinom, der anamnestisch lediglich Ödeme und Verwirrtheitszustände bot. Ein ACTH produzierender Tumor war aufgrund einer extremen Hypokaliämie, einer Hodenatrophie und der pathologischen Funktionsteste der NNR vermutet worden. Nach einem Krankheitsverlauf von nur 5 Wochen ergab die Autopsie eine unauffällige Hypophyse bei beidseitiger NN-Hyperplasie. Der biologische ACTH-Test des Primärtumors ergab im Mittel eine Aktivität von 0,88 mE/g, die ebenfalls mit ACTH-Antiserum zu hemmen war.

Die von uns untersuchten Fälle, (im ganzen 5), und die Literatur lassen uns eine Corticotropinproduktion durch ein Malignom als bewiesen ansehen. Die Frage ist, ob dieses Tumor-ACTH mit dem hypophysären identisch ist. Wir neigen zu der Ansicht, daß die anaplastische Tumorzelle neben einem möglicherweise vollständigen ACTH ein ganzes Spektrum niedermolekularer, nur biologisch wirksamer Polypeptidketten bildet. Wir stützen unsere Annahme auf folgende Gesichtspunkte: 1. sind für eine biologische corticotrope Wirkung nur die ersten 13—19 Aminosäuren des physiologischen ACTH von Bedeutung, 2. wurden wiederholt unterschiedliche biologische und immunologische ACTH-Aktivitäten in Tumoren und Serum gemessen, ein Zeichen dafür, daß diesem Corticotropin die Aminosäuren fehlen, die

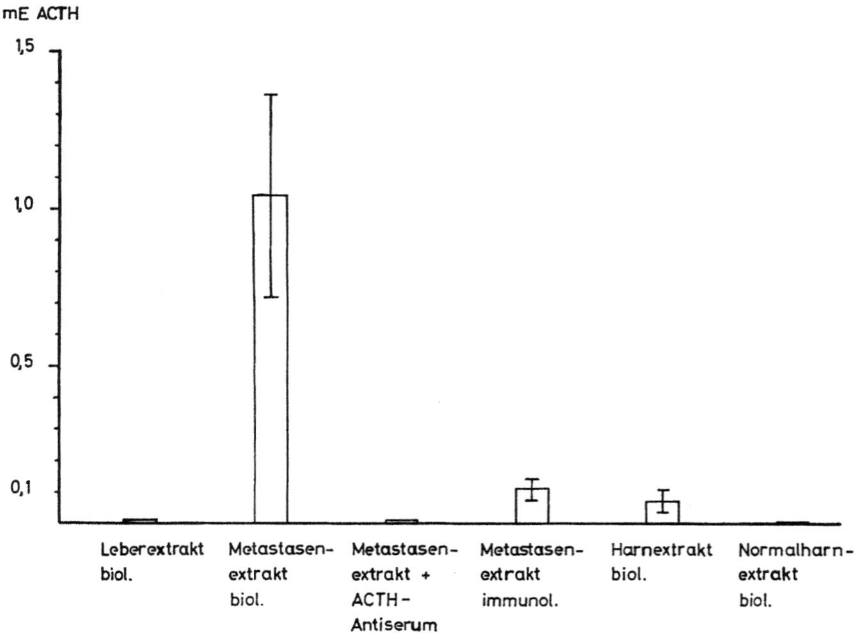


Abb. 2. ACTH-Aktivitäten in Extrakten aus normalem Lebergewebe und Metastasen (mE/g Frischgewebe), sowie aus Harnextrakten (mE, 24 Std-Harn) bei einem Fall von ACTH produzierendem metastasierendem Bronchialcarcinom

in eine immunologische Reaktion eingehen (nach Imura u. Mitarb., 1965, der C-terminale Anteil), 3. wird besonders das Corticosteron abnorm intensiv durch das Tumor-ACTH stimuliert, das für die extreme Hypokaliämie verantwortlich ist, 4. muß das Tumor-ACTH einen pathologisch erhöhten Gehalt an MSH besitzen, da Pigmentierungen beim ektopischen ACTH-Syndrom ungleich viel häufiger sind als beim üblichen Cushing. Der sichere Beweis eines atypischen ACTH-Moleküls könnte aber nur durch chemische Strukturanalyse geführt werden.

### Literatur


Holub, D. A., and F. H. Katz: A possible etiologic link between Cushing's syndrome and visceral malignancy. Clin. Res. 9, 164 (1961).
Imura, H., L. L. Sparks, G. M. Grodsky, and P. H. Forsham: Immunologic studies of adrenocorticotropic hormone (ACTH): Dissociation of biologic and immunologic activities. J. clin. Endocr. 25, 1361 (1965).

# Zeitlicher Ablauf der ACTH-induzierten Stimulierung der Corticosteroidbiosynthese[1]

## Time Course of Stimulation of Corticosteroid Biosynthesis by ACTH


D. Lommer

I. Medizinische Klinik und Poliklinik der Johannes Gutenberg-Universität Mainz


Mit 2 Abbildungen


### Summary

The time course of ACTH action was studied during incubation of quartered rat adrenals by estimation of corticosterone production and secretion rates. The results suggest a two step action of ACTH during the acute stimulation of corticosteroid biosynthesis: A modest initial stimulation was observed within the first 30 min of exposure to ACTH which was overlapped by a marked secondary stimulation between 30 and 60 min.


Bei der Diskussion der ACTH-Wirkung auf die Nebennierenrinde ist grundsätzlich zu unterscheiden zwischen der akuten Stimulierung der Corticosteroidbildung, die bereits Minuten nach Gabe des tropen Hormones zu beobachten ist [1, 2, 3] und bei der es zunächst offenbar nicht zu Veränderungen im Aktivitätsmuster der steroidbildenden Enzymsysteme kommt [4], und zwischen der Langzeitwirkung des Hormones, bei der die vermehrte Steroidbildung mit einer Hyperplasie des adrenalen Rindengewebes einhergeht und bei der auch die quantitativen Relationen zwischen den gebildeten Corticosteroiden eine Verschiebung erfahren [5,6,7,8].

Der vorliegende Bericht befaßt sich mit dem zeitlichen Ablauf der akuten Synthesestimulierung durch ACTH in vitro. Als experimentelles Modell diente die Inkubation geviertelter Rattennebennieren bei 37° C und pH 7,4 in Krebs-Ringer-Bircarbonat-Puffer mit einem Zusatz von 200 mg-% Glucose. Gewebeportionen von 300—500 mg wurden in 10 ml Medium zunächst 60 min vorinkubiert. Nach Austausch des Mediums folgte die Hauptinkubation von maximal 120 min Dauer mit oder ohne Zusatz von ACTH in der als optimal ermittelten Konzentration von 1 I. E./ml Medium. Als Kriterium der ACTH-Wirkung diente die Bildung des Corticosterons, welches chromatographisch isoliert und mittels Fluorometrie in Schwefelsäure-Äthanol quantitativ bestimmt wurde.

Zunächst wurden separate Proben der gleichen Gewebepräparation 10, 30, 60 und 120 min inkubiert, und Corticosteron wurde nach der Inkubation getrennt aus den Inkubationsmedien und aus den Gewebeproben bestimmt. In Abbildung 1 sind die Ergebnisse als Corticosteron-Sekretionsraten (die in jedem Inkubationsabschnitt pro Zeiteinheit an das Medium abgegebene Corticosteronmenge) bzw. -Produktionsraten (die in jedem Inkubationsabschnitt pro Zeiteinheit insgesamt

---


[1] Die Untersuchungen wurden im Rahmen einer postdoctoral fellowship am Syntex Research Institute of Hormone Biology (Direktor: Prof. Dr. R. I. Dorfman) in Palo Alto, Calif., USA, durchgeführt.

gebildete Corticosteronmenge) dargestellt. Unter Kontrollbedingungen ohne ACTH
waren Sekretionsraten und Produktionsraten identisch und über die gesamte Versuchsdauer konstant. Unter der Einwirkung des ACTH war die Produktionsrate
bereits während der ersten 10 min um das Vierfache erhöht und blieb auf diesem
Niveau unverändert bis 30 min. Zwischen 30 und 60 min Inkubation wurde ein
steiler Anstieg der Produktionsrate beobachtet, und anschließend fiel die Produktion zwischen 60 und 120 min wieder ab.

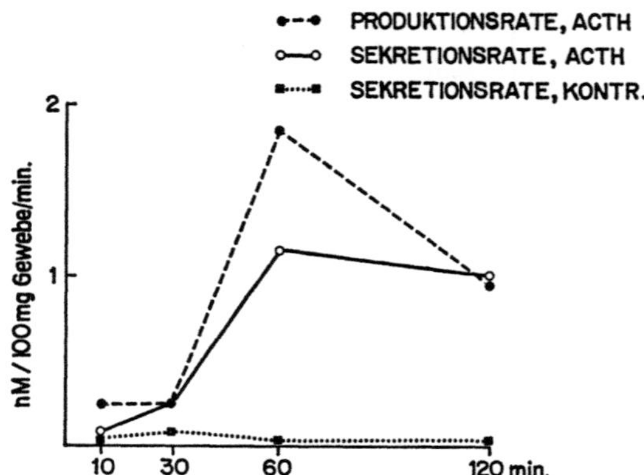


Abb. 1. Zeitlicher Verlauf der Corticosteron-Produktions- und -Sekretionsraten, separate
Inkubationsproben für die verschiedenen Zeitabschnitte

Nach diesem Befund hat es den Anschein, als ob es sich auch bei der akuten
Stimulierung der Corticosteronsynthese durch ACTH nicht um einen einheitlichen
Vorgang handelt. ACTH wirkt offenbar zunächst im Sinne einer leichten, initialen
Stimulierung zwischen 0 und 30 min, welche dann zwischen 30 und 60 min von einer
stärkeren, sekundären Stimulierung überlagert wird. Die Sekretion zeigte nach
den bei 10 und 60 min festgestellten Produktionsschüben eine gewisse Verzögerung
gegenüber der Produktion. Während der heftigen Stimulierungsphasen kommt es
also zunächst zu einem Anstau des Corsticosteron im Gewebe. Bleibt die Produktion
konstant, wie zwischen 10 und 30 min, oder sinkt ab, wie zwischen 60 und 120 min,
so kommt es zu einem Ausgleich durch die Sekretion.

Der Befund einer quasi pulsierenden Kinetik der ACTH-Wirkung, der mit Hilfe
separater Inkubationsproben für die einzelnen Zeitabschnitte gewonnen wurde,
wurde durch Verlaufskontrolle der Corticosteron-Sekretionsrate in Einzelproben
überprüft. In Abbildung 2 sind typische Verlaufskurven aus Einzelproben dargestellt. Die obere Kurve wurde gewonnen, indem diskontinuierlich in 10 bzw. 20 min
Intervallen aliquote Mediumanteile aus der Probe entnommen und durch frisches
Medium ersetzt wurden. Aus der Corticosteronkonzentration in den entnommenen
Mediumanteilen wurde die Sekretionsrate für die einzelnen Inkubationsabschnitte
berechnet. Die untere Kurve stammt aus der Inkubation einer Gewebeprobe in
einer Superfusionsapparatur. Der Probe wurde kontinuierlich und gleichmäßig
frisches Medium zugeführt, und das überfließende Medium wurde in 5 bzw. 10 min
Portionen gesammelt und auf Corticosteron analysiert. Das ursprüngliche Ergebnis konnte in beiden Versuchsanordnungen bestätigt werden. Unter der Einwirkung

des ACTH war wieder der initiale Anstieg der Sekretionsraten zu beobachten, danach die sekundäre, stärkere Stimulierung und schließlich der Abfall gegen das Ende der Inkubation. In den jeweiligen Kontrollproben ohne ACTH blieb die Corticosteronsekretion wieder über die gesamte Versuchsdauer konstant.

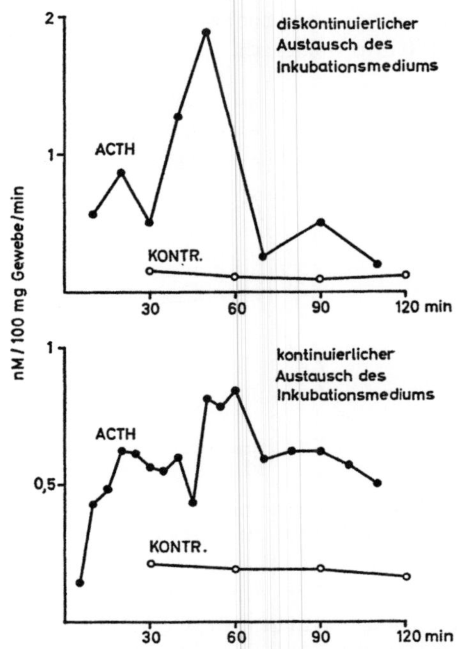


Abb. 2. Zeitlicher Verlauf der Corticosteron-Sekretionsraten in jeweils einer Inkubationsprobe

### Literatur


1. Hechter, O., A. Zaffaroni, R. P. Jacobsen, H. Levy, R. W. Jeanloz, V. Schenker, and G. Pincus: Recent Progr. Hormone Res. **6**, 215 (1951).
2. Garren, L. D., R. L. Ney, and W. W. Davis: Proc. nat. Acad. Sci. (Wash.) **53**, 1443 (1965).
3. Lipscomb, H. S., and D. H. Nelson: Endocrinology **66**, 144 (1960).
4. Bush, I. E.: Ciba Found. Coll. Endocr. **7**, 210 (1953).
5. Kass, E., O. Hechter, I. A. Macchi, and T. W. Mou: Proc. Soc. expt. Biol. (N. Y.) **85**, 583 (1954).
6. Raith, L., I. Macias, and H. J. Karl: Excerpta med. (Amst.) **157**, 139 (1968).
7. Vescei, P., D. Lommer, H. G. Steinacker, A. Vecsei-Görgenyi u. H. P. Wolff: Acta endocr. (Kbh.) **53**, 24 (1966).
8. Steinacker, H. G., P. Vecsei u. D. Lommer: 13. Symp. Ges. Endocr. 1967, S. 279.

# Wirkungsdauer und Dosis-Wirkungs-Relation
# von ACTH beim Menschen
## Duration and Dose-Response Relation of ACTH Activity in Man


R. FEISTKORN und H. BETHGE

II. Med. Klinik der Universität Düsseldorf, Endokrinologische Abteilung


Mit 1 Abbildung


## Summary

In healthy students time curves of plasma-11-OHCS concentrations were determined fluorometrically after single i. v. injections of 0,01; 0,03; 0,05; 0,10 and 0,25 U/kg b. w. of a highly purified porcine corticotropin (Isactid, Ferring). There was a linear log-dose response relationship in the range of 0,03 to 0,25 U/kg regarding the dose and the time of maximum plasma-11-OHCS levels. These findings are believed to be useful in pharmacological evaluating and comparing the activity of different ACTH-peptides in man.


Zur Untersuchung eines hochgereinigten porcinen 1-39-Corticotropins (Isactid, Ferring) wurden bei 10 gesunden Studenten die Konzentrationsänderungen der Corticosteroide im Plasma (11-OHCS, fluorometrisch [1] bestimmt) nach intravenöser ACTH-Injektion verfolgt. Jede Versuchsperson erhielt im Abstand von mindestens einer Woche folgende ACTH-Dosen in 30 sec injiziert: 0,01; 0,03; 0,05; 0,10 und 0,25 E/kg Körpergewicht.

Die Konzentrationsänderungen der 11-OHCS ergaben für jeden Probanden eine Kurvenschar. Die Scheitelpunkte der Kurven (Maxima) waren in Abhängigkeit von der applizierten Dosis einer bestimmten Zeit zugeordnet (Tab. 1). Für die Mittelwertsdifferenzen dieser Zeiten war $p < 0,001$. Es bestand eine lineare Beziehung zwischen dem Logarithmus der ACTH-Dosis und ihrer Wirkungsdauer — also der Zeit, während der die 11-OHCS-Konzentrationen im Plasma zunahmen (Abb. 1). Dagegen ließ sich zwischen ACTH-Dosis und maximalem Anstieg bzw. maximal erreichter Konzentration der 11-OHCS keine sichere Beziehung nachweisen.

Tabelle. *Zeit (min) bis zum Maximum der 11-OHCS-Konzentrationen im Plasma nach intravenöser Injektion verschiedener ACTH-Dosen*

| ACTH-Dosis (E/KG) | Zeit bis zum Maximum (min) | | | N |
|---|---|---|---|---|
| | Mittel | $\pm S_D$ | Schwankungsbreite | |
| 0,01 | 35,4 | 6,3 | 20 — 45 | 12 |
| 0,03 | 46,8 | 4,1 | 40 — 50 | 20 |
| 0,05 | 65,5 | 2,8 | 60 — 70 | 10 |
| 0,10 | 89,6 | 6,4 | 82,5—100 | 11 |
| 0,25 | 121,5 | 12,6 | 100 —130 | 10 |

Die geschilderten Ergebnisse könnten sich als ein Modell anbieten, um neben den üblichen in vitro- und in vivo-Verfahren am Versuchstier die adrenocorticotrope Aktivität pharmakologischer Dosen von ACTH-Präparaten am Menschen zu bestimmen und möglicherweise auf molarer Basis miteinander zu vergleichen.

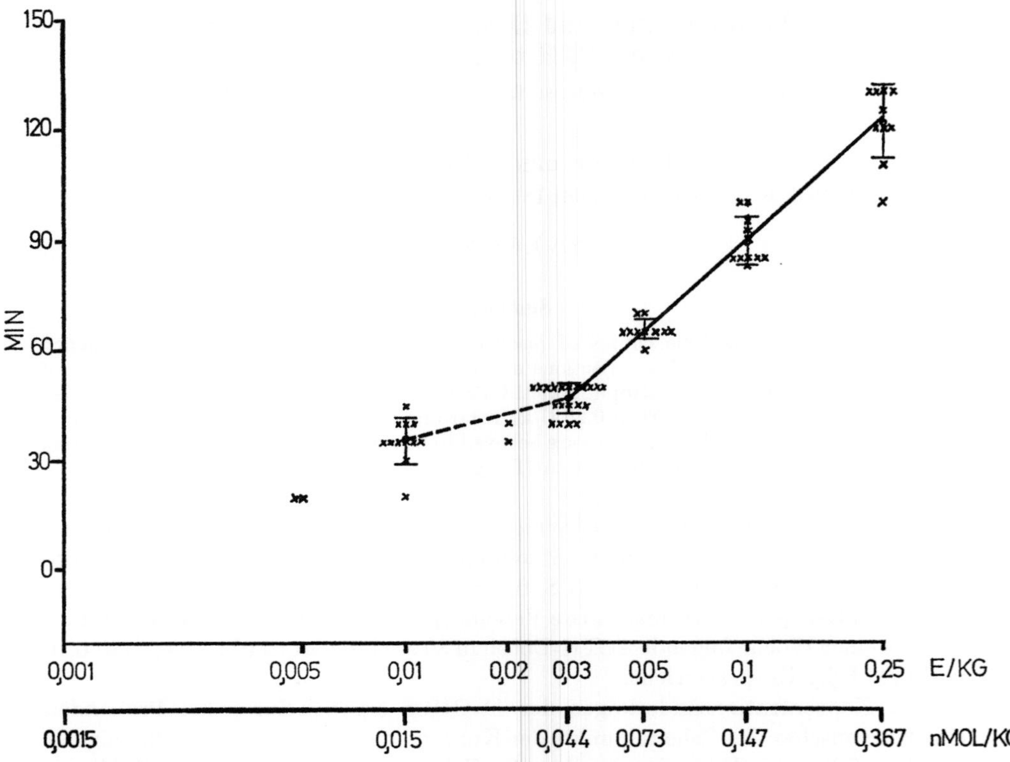


Abb. 1. Beziehung zwischen dem Logarithmus der ACTH-Dosis (E/kg bzw. nMol/kg) und der Zeit p. i., zu der sie die jeweils höchsten 11-OHCS-Konzentrationen im Plasma (Maxima) herbeiführt

**Literatur**

1. De Moor, P., O. Stenoo, M. Raskin og A. Hendrikx: Acta endocr. (Kbh.) **33**, 297 (1960).

# Der Einfluß von ACTH auf den Kollagenumsatz
## Effect of ACTH on Collagen Turnover


H. Burkhardt, G. Winkler und K. Rommel

Sektion für Klinische Laboratoriumsdiagnostik der Abteilung Endokrinologie
und Stoffwechsel des Zentrums für Innere Medizin der Universität Ulm


Mit 3 Abbildungen


## Summary

Hydroxyproline excretion was significantly increased under infusion of ACTH and significantly diminished 7 and 8 days after ACTH. Because of the similar behaviour of 17-Ketosteroids and Hydroxyproline we suppose a close connection between 17 Ketosteroids and metabolism of collagen.


Die Erfassung des Kollagen-Umsatzes (Kol. U.) ist mit der Bestimmung von Hydroxyprolin (HP) im 24 Std-Urin möglich. Diese Aminosäure wird im Organismus fast nur im Kollagen gebildet und macht 14% des Gesamt-Kollagens aus. ACTH verursacht eine Freisetzung der Nebennierenrindenhormone. Eine verminderte Kollagensynthese als Cortisoneffekt kann als gesichert angesehen werden [1]. Die anabolen Hormone steigern die Kollagensynthese und können einen Cortisoneffekt aufheben [2].

Bei Kindern sinkt unter Cortison die HP-Ausscheidung ab, beim Erwachsenen bleibt sie unverändert [3].

Mit anabolen Substanzen konnte bei Ratten eine erhöhte HP-Ausscheidung hervorgerufen werden [4].

Wir untersuchten bei 14 stoffwechselgesunden Versuchspersonen im Alter von 23 bis 45 Jahren den Kol. U. nach der HP-Ausscheidung im Urin, die Ausscheidung von 17-Ketosteroiden und 11-OCS vor, unter und bis 9 Tage nach 50 IE ACTH i. v. über 8 Std. Aus technischen Gründen konnten wir nicht an allen Tagen der Untersuchungsperiode bei den Versuchspersonen den 24 Std-Urin auf HP sammeln lassen. Außerdem bestimmten wir zum Vergleich den Kol. U. bei 11 Versuchspersonen mit normalem, erhöhten oder erniedrigtem Kollagenumsatz an 2 verschiedenen Tagen, um die normale Schwankung des Kol. U. von Tag zu Tag zu ermitteln.

HP bestimmten wir nach der von Kivirrikko u. Mitarb. modifizierten Methode von Prockop und Udenfriend und berechneten durch Multiplikation mit 7,14 den Kol. U., den wir auf 1 m² Körperoberfläche bezogen. Die 17-Ketosteroide untersuchten wir nach Zimmermann in der Modifikation von Drecker und die 11-OCS nach Stahl. 12 Std vor und während der Sammelperiode erhielten die Versuchspersonen eine HP-freie Diät. Ihre Beachtung kontrollierten wir mit der Bestimmung der Ausscheidung des freien HP.

Die Vollständigkeit der Ausscheidung prüften wir durch Bestimmung der Kreatinin-Ausscheidung.

Unter ACTH stiegen der Kol. U. auf 119%, die Ausscheidung der 17-Ketosteroide auf 132% und die der 11-OCS auf 565% des Wertes vor Belastung an; alle Veränderungen waren statistisch signifikant (Abb. 1).

Der Anstieg des Kol. U. lag damit deutlich außerhalb der normalen durchschnittlichen Schwankung von Tag zu Tag von ca. 3 % (Abb. 2).

Nach der Belastung fiel der Kol. U. am 6. bis 8. Tag bis auf ca. 70% des Wertes vor Belastung ab und zwar statistisch signifikant. Am 9. Tag Anstieg auf 110% des Wertes vor Belastung (Abb. 3).

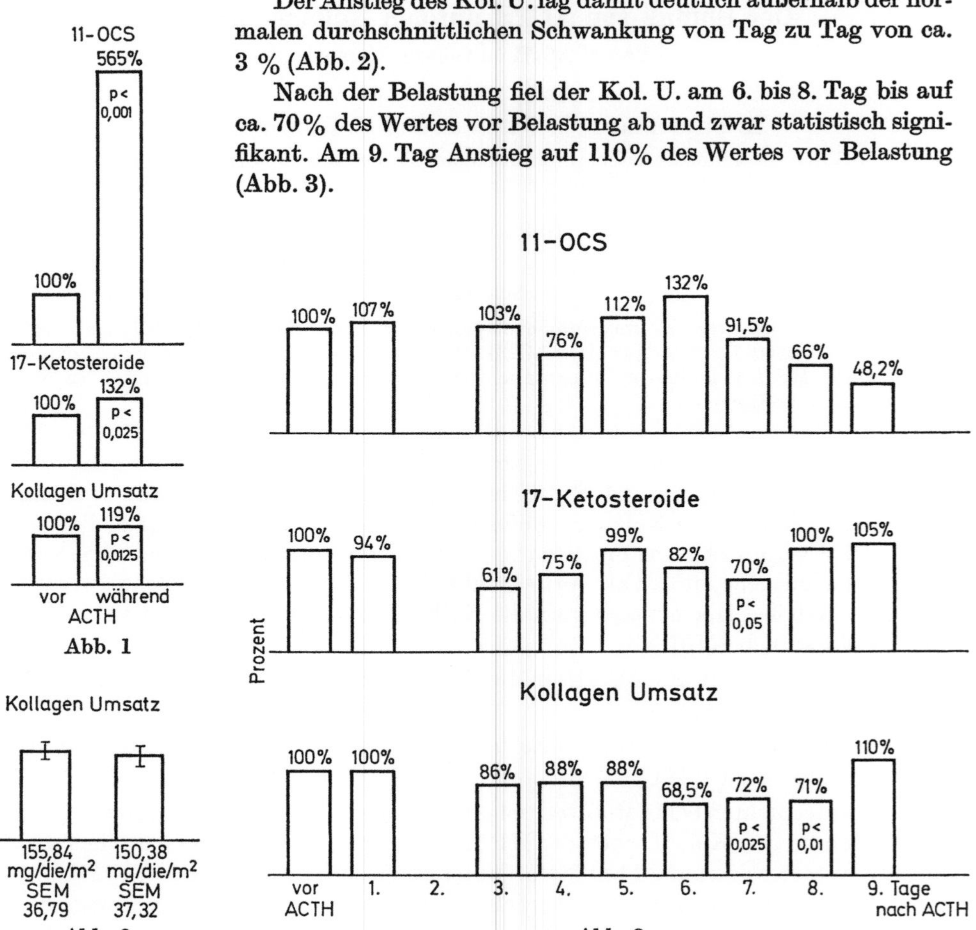


Abb. 1. Erläuterung s. Text

Abb. 2. Mittelwerte des Kollagenumsatzes bei 11 Versuchspersonen an zwei verschiedenen Tagen

Abb. 3. Erläuterung s. Text

Die 17-Ketosteroide hatten ihren tiefsten Wert am 3. Tag nach Belastung mit 61% und einen weiteren Tiefpunkt zwischen 70 bis 80% am 6. und 7. Tag.

Die 11-OCS zeigten ebenfalls 2 Tiefpunkte am 4. sowie am 8. und 9. Tag (Abb. 3).

Bei der ACTH-Wirkung auf den Kollagen-Stoffwechsel scheint eine Wirkung der anabolen Nebennierenrindenhormone zu dominieren. Der Anstieg und der Tiefpunkt nach der Belastung haben große Ähnlichkeit mit dem Verhalten der 17-Keto-steroide. Dem entsprechen auch tierexperimentelle Untersuchungen, bei denen unter der Wirkung von anabolen Substanzen ein erhöhter Kollagenumsatz mit einer erhöhten HP-Ausscheidung im Urin gefunden wurde. Demgegenüber erscheint ein direkter ACTH-Effekt unwahrscheinlich. Bei einer Cortisonwirkung allein würden wir höchstens eine verminderte HP-Ausscheidung erwarten.

### Literatur

1. Laitinen, O.: Acta medica scand. **179**, 275 (1966).
2. Kowalewski, K.: Acta endocr. (Kbh.) **53**, 73 (1966).
3. Kibbick: J. clin. Endocr. **281**, 113 (1968).
4. Kowalewski, K.: Acta endocr. (Kbh.) **50**, 321 (1965).

# Kopplung von Glucosephosphorylierung und Cortisonhydrierung in Rattenleberpräparationen

## Coupling of Glucose Phosphorylation and Cortison Hydrogenation in Preparations of Rat Liver

H. SCHRIEFERS, E. WASSMUTH und K. LAUFFS

Abteilung für experimentelle Endokrinologie,
Physiologisch-Chemisches Institut der Universität Bonn, Nußallee 11

### Summary

The retarded hydrogenation of cortisone found on fasting and in diabetes, despite a normal $\Delta^4$-$5\alpha$-hydrogenase activity, is due to the insufficient glucose-6-phosphate production.

Unter den Bedingungen der Nahrungsrestriktion [1] und im Alloxandiabetes [2] ist in der Leber bei unveränderter $\Delta^4$-$5\alpha$-Hydrogenase-Aktivität die Hydrierung von Steroidhormonen des Typs $\Delta^4$-3-Keto immer dann eingeschränkt, wenn der Gehalt der Leberzelle an Glucose-6-phosphat, dem wichtigsten Wasserstofflieferanten, auf 10-20% des Normalwertes abgesunken ist.

Da Glucose-6-phosphat das Produkt der Glucokinase-katalysierten Phosphorylierung von Glucose ist, müßte sich an einer zellfreien Leberpräparation zweierlei demonstrieren lassen:

1. Zur Erzielung einer optimalen Steroidhydrierung bedarf das Inkubationsmedium des Zusatzes an ATP und Glucose in den für eine optimale Glucosephosphorylierung notwendigen Mengen.

2. Die Geschwindigkeit der Steroidhydrierung ist unter bestimmten Umständen von der Glucose phosphorylierenden Aktivität der Leberpräparation abhängig.

Die unter diesen Aspekten durchgeführten Untersuchungen haben zu folgenden Ergebnissen geführt:

Im 10 000 x g-Überstand von Rattenleberhomogenaten verläuft die Hydrierung des Modellsubstrates Cortison nur dann mit Maximalgeschwindigkeit, wenn durch Zusatz von Glucose und ATP eine Glucosephosphorylierung optimalen Ausmaßes garantiert ist.

Der zeitliche Verlauf der Bildung von 4,5-Dihydrocortison zeigt eine Induktionsperiode. Auf Grund der vergleichsweise niedrigen $\Delta^4$-$5\alpha$-Hydrogenase-Aktivität verläuft nämlich die Steroidhydrierung mit wesentlich kleinerer Geschwindigkeit als die vorgeschalteten Schritte Glucosephosphorylierung und Glucose-6-phosphat-Dehydrogenierung. Damit ist gleichzeitig festgestellt, daß im Regelfalle die Steroidhydrierung der limitierende Schritt für die Geschwindigkeit des Wasserstofftransportes durch die Reaktionskette ist.

Regelfall aber heißt, daß die $\Delta^4$-$5\alpha$-Hydrogenase mit Coenzym gesättigt ist. Unseren Untersuchungen zufolge beträgt der Sättigungswert 9 µMol NADPH je Einheit Enzym. Wird dieser Sättigungswert unterschritten, weil die Glucosephosphorylierung derart stark abgesunken ist, daß das aus der Glucose-6-phosphat-

Dehydrogenierung resultierende Angebot an reduziertem NADP nicht mehr ausreicht, eine optimale Steroidhydrierung zu gewährleisten, so bestimmt nunmehr die Glucose-6-phosphat-Produktion die Geschwindigkeit der Cortisonhydrierung.

Stellt man die Cortisonhydrierungsrate als Funktion der Glucose phosphorylierenden Aktivität dar, so erhält man eine Kurve, aus der ersichtlich ist, daß eine Steuerung der Steroidhydrierung über den Prozeß einer von der Glucose-6-phosphat-Produktion abhängigen NADPH-Generierung immer dort zur Wirkung kommt, wo bei unveränderter $\Delta^4$-5$\alpha$-Hydrogenase-Aktivität die Leber ihre Glucose-6-phosphat-Produktion auf Werte kleiner als 1,8 $\mu$Mol/min x g Leber einstellen muß, und genau dies ist der Fall bei Nahrungsentzug[3] und im Diabetes[4]. Einer Produktionsrate von 1,8 $\mu$Mol Glucose-6-phosphat/min x g Leber entspricht auf Grund unserer Untersuchungen eine NADPH-Bildung von etwa 1,5 $\mu$Mol/min x g Leber. Auf die Einheit Hydrogenase-Enzym entfallen hier nur noch 5 $\mu$Mol reduziertes NADP; das Enzym ist also nicht mehr mit dem Coenzym gesättigt und kann deshalb seine volle Aktivität nicht mehr entfalten.

An Hand dieser Kurve läßt sich für die Stoffwechselsituationen, bei denen wie nach Nahrungsentzug oder im Alloxandiabetes die Steroidhydrierung trotz unveränderter $\Delta^4$-5$\alpha$-Hydrogenase-Aktivität verlangsamt ist, aus der Messung der Glucose-6-phosphat-Produktion eine Prognose auf das Ausmaß der Steroidhydrierung stellen und damit auch beweisen, daß unter den oben genannten Bedingungen einzig und allein die unzureichende Bereitstellung an Glucose-6-phosphat Ursache der eingeschränkten Steroidhydrierungskapazität der Leber ist. Nahrungsrestriktion und Diabetes schaffen somit eine Stoffwechselsituation, in der bei unveränderter $\Delta^4$-5$\alpha$-Hydrogenase-Aktivität die Steroidhydrierung von der Glucosephosphorylierung her gesteuert wird.

### Literatur


1. Schriefers, H., M. Pittel u. F. Pohl: Acta endocr. (Kbh.) **40**, 410 (1962).
2. —, U. Herborn u. F. Pohl: Acta endocr. (Kbh.) **46**, 89 (1964).
3. Sols, A., M. Salas, and E. Viñuela: Advanc. Enzyme Regulat. **2**, 177 (1964).
4. Steiner, D. F.: Vitam. and Horm. **24**, 1 (1966).

# Zusätzlicher $C_{11}$-Hydroxylasemangel beim adrenalen Hirsutismus der Frau (3β-Hydroxy-Steroiddehydrogenasemangel)

## Additional Lack of $C_{11}$-Hydroxylase in Adrenal Hirsutism of Women (3β-Hydroxy-Steroiddehydrogenase Deficiency)


P. Göbel und J. Cyran

Medizinische Universitäts-Poliklinik Tübingen


Mit 2 Abbildungen


### Summary

In 4 of 7 cases of adrenal hirsutism (3β-hydroxy-steroiddehydrogenase deficiency) an additional manifest or occult deficiency of the 11β-hydroxylating enzyme was found for the first time. An additional primary defect in biosynthesis or an inhibitory effect of ,,adrenal androgens'' on 11β-hydroxylation (2) have been discussed as possible explanations.


Für die Differentialdiagnose des adrenalen Hirsutismus ist u. a. eine Untersuchung des Harnpregnandiols und -triols erforderlich. Hierzu wird routinemäßig ein gaschromatographisches Verfahren nach Glucuronidasehydrolyse, Ätherextraktion, Girard-Trennung, Extraktreinigung an der Kieselgelsäule und Acetylierung

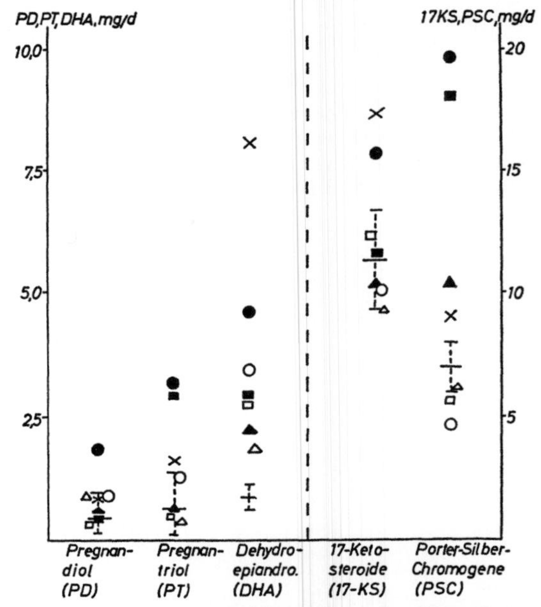



Abb. 1. Harnsteroide beim adrenalen Hirsutismus

× = J. L., Nr. 1    • = S. E., Nr. 2    ○ = T. H., Nr. 3

■ = F. M., Nr. 4    □ = R. C., Nr. 5    ▲ = K. R., Nr. 6

△ = B. E., Nr. 7    = Mittelwert, Schwankungsbereich bei innersekretorisch Gesunden

verwandt. Bei 7 Pat. mit adrenalem Hirsutismus und Periodenstörung, bei denen ein Stein-Leventhal-Syndrom durch gynäkologische Untersuchung ausgeschlossen wurde, ist in 3 Fällen (1, 2, 4) die Pregnantriolausscheidung erhöht (bei 2 auch die Pregnandiolausscheidung), zugleich die Porter-Silber-Chromogenausscheidung. Letztere ist ebenfalls bei Fall Nr. 6 erhöht (Abb. 1). Die Dehydroepiandrosteronausscheidung ist bei allen Patienten deutlich, bei Fall Nr. 1 exzessiv vermehrt. Die 17-Ketosteroidausscheidung ist bei Fall Nr. 1 und 2 erhöht.

Unter ACTH (Abb. 2) ergibt sich bei Fall Nr. 6 ein übernormal großer Anstieg der Pregnantriol- und Pregnandiolausscheidung sowie der Dehydroepiandrosteronausscheidung. Bei Fall Nr. 1 findet sich ebenfalls ein deutlicher Anstieg von Pregnantriol.

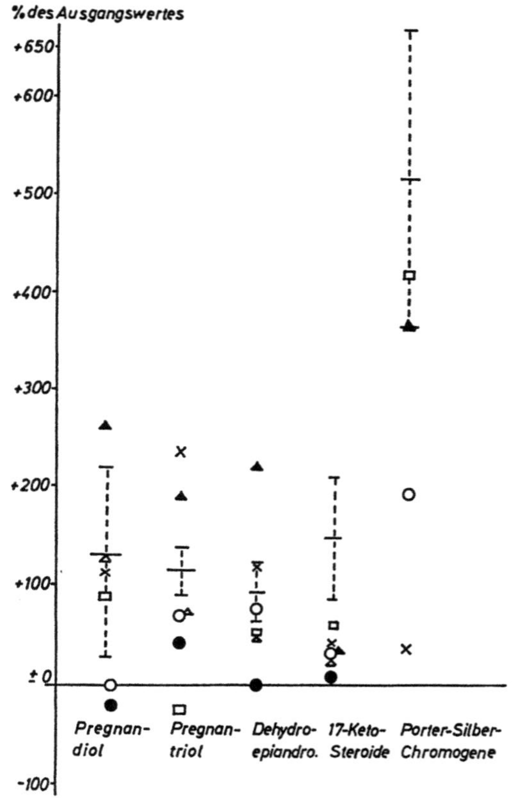


Abb. 2. Harnsteroide beim adrenalen Hirsutismus nach ACTH
× = J. L., Nr. 1    • = S. E., Nr. 2    o = T. H., Nr. 3
□ = R. C., Nr. 5    ▲ = K. R., Nr. 6    △ = B. E., Nr. 7
= Mittelwert, Schwankungsbereich bei innersekretorisch Gesunden

Die Befunde sind mit einem alleinigen 3$\beta$-Hydroxy-Steroiddehydrogenasemangel nicht zu erklären, desgleichen nicht die bei Fall Nr. 2 und 4 bestehende Blutdruckerhöhung und erhebliche Adipositas sowie eine prädiabetische Stoffwechsellage (Fall Nr. 6), ebenfalls nicht die starke Ausprägung des Hirsutismus, wenn man von der Dehydroepiandrosteron-bildenden Hyperplasie (Fall Nr. 1) absieht. Sie werden durch einen zusätzlich zum $3\beta$-Hydroxy-Steroiddehydrogenasemangel bestehenden manifesten bzw. latenten $C_{11}$-Hydroxylasemangel erklärt. Bei diesem ist unter verstärkter ACTH-Einwirkung die 11-Desoxycortisolsekretion gesteigert mit charakteristisch erhöhten Porter-Silber-Chromogenen, außerdem die 17-Hydroxyprogesteronbildung und damit die Ausscheidung seines Abbauproduktes Pregnantriol. Die Glucocortinwirkung des 11-Desoxycortisols führt zur Adipositas mit prädiabetischer Stoffwechsellage, die Hypertonie ist Folge einer gesteigerten Cortexonbildung. Die Ausprägung des Hirsutismus entspricht der gesteigerten Testosteronbildung aus Vorstufen bei einem doppelten Fermentdefekt, wie er bisher nur von Jayle für den $C_{21}$-Hydroxylasemangel (kombiniert mit $C_{11}$-Hydroxylasemangel) beschrieben wurde [1]. Für den zusätzlichen $C_{11}$-Hydroxylasemangel gibt es zwei Erklärungsmöglichkeiten: 1. Ein angeborener Fermentmangel der Nebenniere. 2. Ein erworbener Fermentmangel im Sinne einer intraadrenalen $C_{11}$-Hydroxylasehemmung durch Dehydroepiandrosteron, Dehydroepiandrosteronsulfat und Testosteron [2].

### Literatur


1. Jayle, F., S. H. Weinmann, E. E. Baulieu u. Y. Vallin: Acta endocr. (Kbh.) **29**, 513 (1958).
2. Sharma, D. C., E. Forchielli, and R. I. Dorfman: J. biol. Chem. **238**, 572 (1963).

# Katecholaminsynthese in verschiedenen Organen bei Ratten mit DOCA-Hypertonie
## Synthesis of Catecholamines in Different Organs of Rats with DOCA-Hypertension


H. Liebau und A. Distler

I. Medizinische Klinik und Poliklinik der Universität Mainz



### Summary

In the hearts and spleens of DOCA- hypertensive rats the content and the rate of synthesis of noradrenaline from $^{14}$C-tyrosine was unchanged as compared to normal controls. In the adrenal medulla the content as well as the rate of synthesis of catecholamines was increased.


Während die Erfolge der Behandlung fast aller Hypertonieformen mit Pharmaka, die das sympathico-adrenale System beeinflussen, unbestritten sind, liegen über tatsächliche Funktionsänderungen des sympathischen Nervensystems bei der Hypertonie bisher nur wenige und z. T. einander widersprechende Mitteilungen vor. Ein wesentlicher Grund hierfür mag darin liegen, daß direkte Messungen der Symthicusaktivität weder beim Menschen noch beim Tier unter Normalbedingungen möglich sind. Andererseits ist es wegen der komplizierten und verschiedenartigen Inaktivierungsmechanismen für Adrenalin und Noradrenalin nicht ohne weiteres zulässig, von Plasmakonzentrationen oder von der Urinausscheidung von Katecholaminen oder deren Metaboliten auf die Sympathicus- oder Nebennierenmarksaktivität Rückschlüsse zu ziehen. Nach Untersuchungen von Udenfriend u. Mitarb. [1] besteht dagegen offenbar eine gute Korrelation zwischen der Aktivität des sympathico-adrenalen Systems und der Katecholaminsyntheserate.

Zur Messung der Katecholaminsyntheserate bei der Mineralocorticoidhypertonie wurde bei männlichen Sprague-Dawley-Ratten eine DOCA-Hypertonie erzeugt. Die Tiere erhielten nach linksseitiger Nephrektomie 2 x wöchentlich s. c. Injektionen von je 5 mg Desoxycorticosterontrimethylacetat (Perkorten M) pro 100 g Körpergewicht und 1%ige Kochsalzlösung als Trinkflüssigkeit. Die Experimente wurden 7—12 Wochen nach der ersten DOCA-Injektion durchgeführt. Die Blutdruckwerte der Versuchstiere lagen zum jeweiligen Versuchszeitpunkt zwischen 135 und 215 mmHg, die der Kontrolltiere zwischen 90—105 mmHg. Bei je einem Versuchs- und einem Kontrolltier wurden zur gleichen Zeit 45 µc uniformmarkiertes $^{14}$C-Tyrosin in 0,4 ml physiologischer Kochsalzlösung ohne Narkose in die Schwanzvene injiziert. 60 min später wurden die Tiere decapitiert, Blut für die Bestimmung der Plasmatyrosinkonzentration und der Plasmaradioaktivität aufgefangen und Herzen, Milzen und Nebennieren zur Bestimmung der Katecholamine entnommen. Die Katecholamine wurden von ihren Vorstufen aus einem Perchlorsäureextrakt durch Säulenchromatographie an Dowex 50 WX8, mesh 200—400, im wesentlichen nach der Methode von Häggendal [2] getrennt. Adrenalin und Noradrenalin wurden fluorimetrisch nach der Trihydroxyindolmethode [3],

Tyrosin ebenfalls fluorimetrisch nach der Methode von Waalkes und Udenfriend [4] gemessen, und die Radioaktivität in einem Packard-Flüssigkeitsscintillationszähler gezählt. Die Ergebnisse sind in Tab. 1 zusammengestellt.

Tabelle. *Katecholamingehalt und Katecholaminradioaktivität in den Nebennieren, Herzen und Milzen der Versuchstiere. NA = Noradrenalin, A = Adrenalin, KR = Katecholaminradioaktivität, * = statistisch nicht signifikant*

|  |  | Hypertonietiere (n = 8) | Kontrolltiere (n = 7) | p |
|---|---|---|---|---|
| Nebennieren (Paar) | A (µg) | 35,21 ± 2,66 | 19,34 ± 1,25 | < 0,001 |
|  | NA (µg) | 9,39 ± 1,95 | 7,13 ± 2,73 | * |
|  | KR (IpM) | 1341 ± 204 | 635 ± 103 | < 0,02 |
| Herzen | NA (µg) | 0,518 ± 0,039 | 0,528 ± 0,120 | * |
|  | KR (IpM) | 274 ± 44 | 309 ± 132 | * |
| Milzen | NA (µg) | 0,600 ± 0,062 | 0,501 ± 0,041 | * |
|  | KR (IpM) | 232 ± 45 | 153 ± 28 | * |

In den Herzen und Milzen wurde nur Noradrenalin gemessen, da in diesen Organen bei der Ratte praktisch kein Adrenalin vorkommt.

Da die spezifische Plasmatyrosinradioaktivität mit Mittel 5200 IpM/µg/im bzw. 5220 IpM/µg/ in beiden Gruppen gleich war, ist die Annahme berechtigt, daß jeweils die organspezifische Syntheserate gemessen wurde.

Die Ergebnisse zeigen, daß in Herzen und Milzen bei der DOCA-Hypertonie die Noradrenalinsyntheserate nicht verändert ist, während nach Untersuchungen von Krakoff u. Mitarb. [5] die Noradrenalinspeicherfähigkeit gestört ist. Inwiefern die gesteigerte Katecholaminsyntheserate in den Nebennieren zur Induktion oder Aufrechterhaltung der Hypertonie beiträgt, kann nicht entschieden werden, da über die Katecholaminsekretionsrate keine Ergebnisse vorliegen.

### Literatur


1. Gordon, R., S. Spector, A. Sjoerdsma, and S. Udenfriend: J. Pharmacol. exp. Ther. **153**, 440 (1966).
2. Häggendal, J.: Acta physiol. scand. **59**, 242 (1963).
3. Euler, U. S. v., and F. Lishajko: Acta physiol. scand. **51**, 348 (1961).
4. Waalkes, T. P., and S. Udenfriend: J. Lab. clin. Med. **50**, 733 (1957).
5. Krakoff, L. R., J. de Champlain, and J. Axelrod: Circulat. Res. **21**, 583 (1967).

# Untersuchungen zum Stoffwechsel des Katecholaminmetaboliten Protocatechusäure in der Rattenleber
## On the Metabolism of the Catecholamine Metabolite Protocatechuic Acid in Rat Liver


H. Thomas, M. Kaiser und M. Buschhausen

Physiologisch-Chemisches Institut der Universität Bonn


Mit 1 Abbildung


## Summary

Protocatechuic acid, a metabolite of adrenaline and noradrenaline, can be conjugated with glycine in the rat liver. The resulting protocatechuylglycine is to some extent methylated to vanilloylglycine. These results were obtained after perfusion of isolated rat livers with protocatechuic acid and protocatechuylglycine respectively.


Die 3,4-Dihydroxy-mandelsäure, ein Metabolit von Adrenalin und Noradrenalin [1], wird in der Leber der Ratte und des Menschen teilweise zur Protocatechusäure abgebaut [2]. Der größere Teil geht durch Methylierung in die 3-Methoxy-4-hydroxy-mandelsäure über [1, 3], aus der über die Zwischenstufen 3-Methoxy-4-hydroxy-phenylglyoxylsäure [4] und Vanillin [5] Vanillinsäure entstehen kann [6] (s. *Formelschema*). Die Vanillinsäure wird zum Teil mit Glykokoll „gepaart" und als Vanilloylglycin ausgeschieden [7].

Perfusionsversuche an isolierten Lebern weiblicher und männlicher Ratten führten nunmehr zu dem Ergebnis, daß auch die Protocatechusäure intermediär in das entsprechende Glykollconjugat, nämlich Protocatechuylglycin umgewandelt werden kann.

Vier isolierte Lebern von 10 Wochen alten weiblichen Sprague-Dawley-Ratten wurden mit jeweils 500 ml Perfusionsmedium [8], dem 50 mg Protocatechusäure als Substrat zugesetzt waren, in 10 Durchgängen retrograd von der Lebervene her durchströmt. Die Perfusate wurden mit 5 ml konz. HCl versetzt und 8mal mit 500 ml Äther extrahiert. Die Extrakttrockenrückstände von je 2 Perfusaten wurden säulenchromatographisch an Amberlite CG-50 II mit dem Lösungsmittelgemisch Methyläthylketon/Aceton/0,2N HCl 2 : 1 : 9 aufgetrennt (Säulenchromatogramm I und II), nachdem gezeigt worden war, daß sich je 2 μMol Protocatechusäure und Protocatechuylglycin unter gleichen Bedingungen gut trennen ließen. Die Fraktionen 62 bis 72 von Säulenchromatogramm I und 63 bis 70 von Säulenchromatogramm II wurden vereint, eingedampft und erneut der Säulenchromatographie unterworfen. Nach Eindampfen der Fraktionen 63 bis 65 erhielten wir nunmehr eine Substanz, die sich als Protocatechuylglycin identifizieren ließ. Das IR-Spektrum der biogenen Substanz stimmt mit dem von Protocatechuylglycin überein, das UV-Spektrum zeigt wie das der authentischen Substanz ein Hauptmaximum bei 257 mμ und ein Nebenmaximum bei 292 mμ. Der Mikroschmelzpunkt der isolierten Substanz lag bei 216—220° C, der des synthetisierten Protocatechuylglycins bei 216° C.

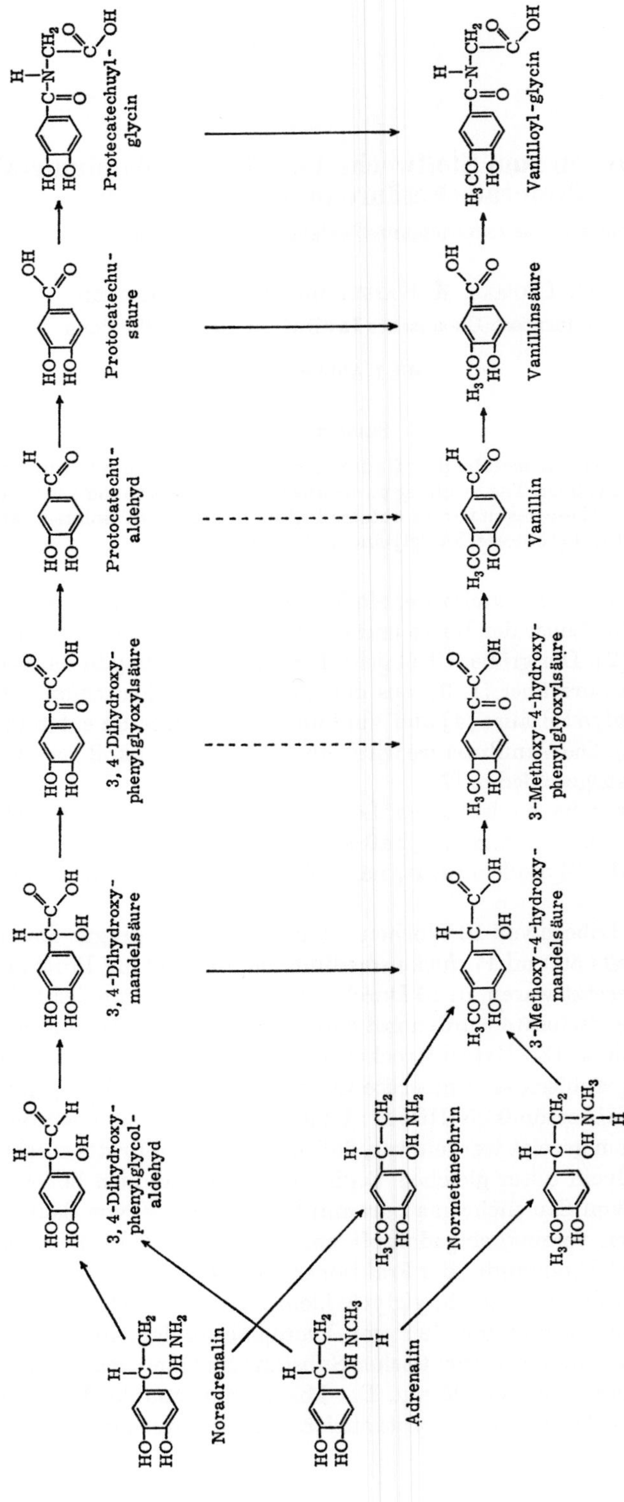


Abb. 1. Teilschema des Stoffwechsels von Adrenalin und Noradrenalin

Perfusionsversuche mit Protocatechuylglycin als Substrat dienten nunmehr der Klärung der Frage, ob dieses Conjugat eine weitere Metabolisierung erfährt. Eine isolierte Rattenleber wurde mit 500 ml Perfusionsmedium und 50 mg Protocatechuylglycin in 2 Durchgängen durchströmt. Das Säulenchromatogramm des Perfusatextraktes wies neben dem Substrat eine weitere Substanz auf. Die säulenchromatographische Isolierung dieses Metaboliten erfolgte im Anschluß an die Perfusion von 4 isolierten Lebern männlicher Ratten. Aus den Perfusatextrakten ließ sich die Substanz durch 2malige Chromatographie an Amberlite CG-50 II in der beschriebenen Weise isolieren. Sie erwies sich als Vanilloylglycin. Ihr UV-Spektrum zeigt wie das von authentischem Vanilloylglycin ein Hauptmaximum bei 260 m$\mu$ und ein Nebenmaximum bei 290 m$\mu$. Die IR-Spektren der isolierten und authentischen Substanz stimmen in ihrem Kurvenverlauf überein.

Die Protocatechusäure, ein Metabolit von Adrenalin und Noradrenalin, kann also in der Rattenleber mit Glykokoll konjugiert werden. Das so entstandene Protocatechuylglycin wird teilweise durch eine Methylierung der Hydroxylgruppe in Stellung 3 in Vanilloylglycin umgewandelt.


### Literatur

1. Leeper, L. C., H. Weissbach, and S. Udenfriend: Arch. Biochem. **77**, 417 (1958).
2. Thomas, H.: Hoppe-Seylers Z. physiol. Chem. **348**, 963 (1967).
3. Axelrod, J.: Science **126**, 400 (1957).
4. Thomas, H., u. W. Dirscherl: Hoppe-Seylers Z. physiol. Chem. **339**, 115 (1964).
5. —— Acta endocr. (Kbh.) **47**, 69 (1964).
6. Dirscherl, W., H. Thomas u. H. Schriefers: Gewebs- und Neurohormone, 8. Symp. dtsch. Ges. Endokrinol., München, 1.—3. 3. 1961, S. 18. Berlin-Göttingen-Heidelberg: Springer 1962.
7. —— Acta endocr. (Kbh.) **44**, 101 (1963).
8. Rosenfeld, G.: Endocrinology **56**, 649 (1955).

# Der Einfluß von Temperaturerhöhung und forcierter Diurese und Natriurese auf die Glucose-6-Phosphatdehydrogenaseaktivität der Macula densa und Plasmarenin-Aktivität bei Ratten

## Effects of Elevated Temperatures and Arteficially Increased Diuresis and Sodiuresis on the Activity of Glucose-6-Phosphate Dehydrogenase of the Macula densa and Plasma Renin Activity in Rats


J. ROSENTHAL, J. M. ROJO-ORTEGA, R. BOUCHER und J. GENEST

I. Med. Univ.-Klinik, Mainz und Clin. Research Inst., Montréal


Mit 2 Abbildungen


### Summary

Experiments performed in rats exposed to heat and to acute diuresis have revealed: a) a positive influence of the temperature on renin release; b) a dissociation between plasma renin activity and the glucose-6-phosphate dehydrogenase activity of the macula densa following furosemide administration, and c) the absence of any significant changes in juxtaglomerular cell granularity despite a very significant increase in plasma renin activity.


Das Wesen der Stimuli, die auf den juxtaglomerulären Komplex zur Freisetzung von Renin wirken, ist immer noch nicht klar erhellt worden. Dieses Thema ist von verschiedenen Autoren ausführlich behandelt worden [1−5]. Die mögliche Rolle der Natriumkonzentration oder der „Tonizität" der tubulären Flüssigkeit auf der Höhe der Macula densa (Md) zur Freisetzung von Renin durch die juxtaglomerulären Zellen ist kürzlich betont worden. Indessen erscheint diese Ansicht noch nicht frei von Kontroversen zu sein [1−7]. — Wir haben den Versuch unternommen, den morphodynamischen Aspekt des juxtaglomerulären Komplexes bei Ratten nach der Verabfolgung von Furosemid zu untersuchen, da dieser Komplex durch das Diureticum am ehesten eine Veränderung der Natriumkonzentration an der Md erfahren dürfte. Die Plasmarenin-Aktivität (PRA), die Glucose-6-phosphatdehydrogenase-Aktivität (G6PD) der Md und der juxtaglomeruläre Granulationsindex (JGI) wurden unter den Bedingungen von kontrollierter Umgebungstemperatur bei 23° C und nach Hitzeeinwirkung bei 35° C untersucht.

## Material und Methoden

23 männliche Sprague-Dawley-Ratten im Gewicht zwischen 195-220 g wurden nach der folgenden Art in zwei experimentelle Gruppen unterteilt:

Im 1. Experiment wurden 15 Tiere unter den Bedingungen einer kontrollierten Umgebungstemperatur von 23° C gehalten; 5 Ratten dienten als Kontrollen für morphologische Studien, bei den anderen 10 wurden Blutproben zur Messung der PRA vor (Kontrollwerte) und 50 Min. nach einer einzigen i. v. Injektion von Furosemid (20 mg/kg) entnommen, da in einer vorhergehenden Arbeit aus unserem

Laboratorium gezeigt werden konnte, daß die PRA 50 min nach der i. v. Injektion von Furosemid (F) ein Maximum aufwies [8].

Im 2. Experiment wurden 8 Tiere, die für den Zeitraum von einer Woche einer Umgebungstemperatur von 35° C ausgesetzt worden waren, untersucht. Die Hälfte diente als Kontrollen zu morphologischen Studien, bei der anderen Hälfte wurden Blutproben zur Messung von PRA vor (Kontrollwerte) und 50 min nach der Injektion von F. (20 mg/kg) entnommen. — Sämtliche Tiere erhielten standardisiertes Rattenfutter und Wasser ad libidum. — Für die Bestimmung der PRA fand die Mikromethode von Boucher u. Mitarb. [9] Anwendung.

Am Ende des Versuches wurden die Nieren entfernt und sagittal durch den Hilus aufgeschnitten. Die eine Hälfte wurde in Hellys modifizierter Flüssigkeit fixiert (2/3 Zenker ohne Acetessigsäure und 1/3 10 % Formol zugesetzt unmittelbar vor Gebrauch) über einen Zeitraum von 16—18 Std und diente zur Färbung der juxtaglomerulären Granula, die nach einer modifizierten Bowie-Technik erfolgte. Die andere Hälfte wurde für histochemische Untersuchungen der G6PD vermittels der Nitro-BT-Co-Ba Methode benutzt. Die juxtaglomeruläre Granularität wurde semiquantitativ analysiert, indem der JGI nach den Angaben von Hartroft und Hartroft [10] bestimmt wurde. Ein ähnlicher Index wurde für die G6PD der Md bestimmt. Für jeden Index und pro Niere wurden über 500 Glomeruli ausgezählt.

### Ergebnisse

Tiere, die bei 23° C (1. Exp.) gehalten wurden, zeigten 50 min nach F. eine signifikante Zunahme der PRA. Auf der anderen Seite war die G6PD in der Md signifikant vermindert (Abb. 1). Bei den meisten Tieren, die mit F. behandelt wurden, konnte eine mäßige Abnahme der G6PD im geraden Teil des proximalen Tubulus sowie auch im dicken Teil der Henleschen Schleife zusätzlich beobachtet werden. Signifikante Veränderungen des JGI waren nicht auszumachen. — Tiere, die bei

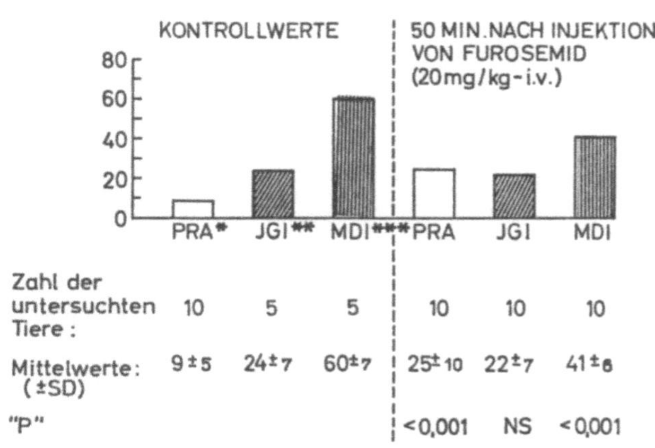


Abb. 1. Wirkung von Furosemid an Ratten bei 23 °C Umgebungstemperatur auf PRA*, JGI** und MDI***

*PRA:   Plasmareinaktivität ausgedrückt durch die Menge von freigesetztem Angiotensin II, 0,1 ml Plasma, 12 Std Inkubation
**JGI:   Juxtaglomerularer Index
***MDI:   Glucose-6-phosphat-dehydrogenase-Aktivität der Macula densa

35° C (2. Exp.) gehalten wurden, wiesen bei einem Vergleich der Kontrollwerte dieses Experimentes mit den Kontrollwerten des 1. Experimentes signifikant (p<0,001) höhere PRA auf. Signifikante Veränderungen des JGI oder des MDI waren nicht vorhanden. Nach der Injektion von F. stellten sich ähnliche Variationen der PRA, des JGI und des MDI wie im 1. Experiment ein (Abb. 2).

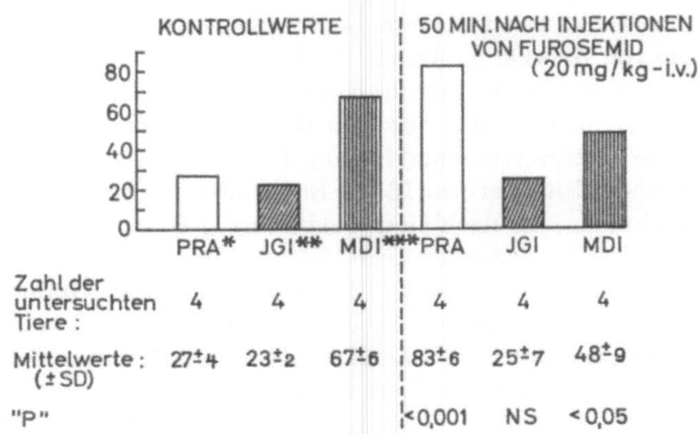


Abb. 2. Wirkung von Furosemid an Ratten bei 35 °C Umgebungstemperatur auf PRA*, JGI** und und MDI***
  *PRA:   Plasmareinaktivität ausgedrückt durch die Menge von freigesetztem Angiotensin II,0,1 ml Plasma,12 Std Inkubation
  **JGI:   Juxtaglomerularer Index
***MDI:   Glucose-6-phosphat-dehydrogenase-Aktivität der Macula densa

## Diskussion

Himmelhoch u. Mitarb. [11] haben durch die Verwendung von histochemischen Methoden eine Verminderung der G6PD im proximalen Teil des Tubulus bei Nekturus durch die Zugabe von Ouabain zum Inkubationsmedium nachgewiesen. Dieses Ergebnis läßt daran denken, daß der Hexose-monophosphat-Shunt eine Rolle bei dem cellulären Transport von Natrium spielt. Es ist möglich, daß die von uns gemachten Beobachtungen einer Abnahme der G6PD in der Md, in den aufsteigenden Henleschen Schleifen und proximalen Tubuli bei Ratten nach der Verabfolgung von F. bedingt sein könnte durch eine verminderte oder aufgehobene Natriumreabsorption in diesem Nephronabschnitt. Daher unterstützen die in diesen akuten Versuchen gefundenen Ergebnisse einer Dissoziation zwischen PRA und G6PD in der Md nicht das Konzept, wonach die Md als ein Receptor für Signale aus der tubulären Flüssigkeit zur Freisetzung von Renin anzusehen ist. Wie auch in anderen akuten Versuchen vermittels peritonealer Dialyse und Hämorrhagie unterstützen die hier vorgetragenen Ergebnisse in einem weiteren Beispiel die deutliche (dreifache) Zunahme von PRA ohne Veränderung des JGI.

Die Beobachtung einer Zunahme von PRA nach einer Woche Hitzeeinwirkung bei 35° C ist von Interesse und bedarf weiterer Untersuchungen, da sie möglicherweise ein Hinweis für die verwirrenden Ergebnisse von häufig gefundenen höheren Normalwerten für PRA während der Sommermonate darstellen könnte.

## Literatur

1. Tobian, L.: Circulation **25**, 189 (1962).
2. Genest, J.: Proc. Council High Blood Pressure; Hypertension XIII, 97 (1965).
3. Vander, A. J.: Physiol. Rev. **47**, 359 (1967).
4. Thurau, K.: Ann. Rev. Physiol. **30**, 441 (1968).
5. Capelli, J. P.: Lab. Invest. **16**, 925 (1967).
6. Vander, A. J., and J. R. Luciano: Circulat. Res. **21**, Suppl. 2, 69 (1967).
7. Thurau, K.: Circulat. Res. **46**, Suppl. 2, 79 (1967).
8. Rosenthal, J.: Canad. J. Physiol. Pharm. **46**, 85 (1968).
9. Boucher, R.: Canad. J. Physiol. Pharm. **45**, 881 (1967).
10. Hartroft, P. M., u. W. S. Hartroft: J. exp. Med. **97**, 415 (1953).
11. Himmelhoch, S. R.: Biophys. Biochem. Cytol. **9**, 893, (1961).

# Zur physiologischen Bedeutung des Aldosteronstoffwechsels in der Niere[1]

## Physiological Importance of Aldosterone Metabolism in the Kidney


K. A. DECK

Medizinische Universitätsklinik Köln


Mit 1 Abbildung


### Summary

The time course of urinary excretion of labelled 18-aldosterone-glucuronide formed in the kidney and secreted immediately into the tubule was followed after single i. v. injection of labelled aldosterone in man. Results suggest, that fast conjugation of aldosterone in tubular cells might partially inhibit its binding to receptor sites.


Da in der Krötenblase bis zur Sättigung der wirkungsvermittelnden zellkernständigen Receptoren mit chemisch unverändertem Aldosteron 30—45 min vergehen (cf [9]), erscheint es denkbar, daß die in der Niere verschiedener Species nachgewiesene Conjugation des Aldosterons zu 18-Aldosteronglucuronid (=18-Ald) [1, 2, 3, 8] der Bindung an den Zellkern zuvorkommen kann. Um das Zeitintervall vom Eintritt eines Aldosteronmoleküls in die Tubuluszelle bis zum Austritt des daraus gebildeten Moleküls 18-Ald in den Tubulusurin abschätzen zu können, erhielten 4 mäßig hydrierte Versuchspersonen eine i. v. Einzeldosis von $1,2\text{-}^3\text{H-d-}$ Aldosteron. Katheterurin und Blutproben wurden in kurzen Zeitabständen danach entnommen, und die Konzentrationen markierten Aldosterons und 18-Alds bestimmt [3]. Es zeigte sich, daß 50% des insgesamt ausgeschiedenen markierten 18-Ald bereits $35,0 + 2,0$ min p. i. im Urin erschienen waren. Das renal gebildete und unmittelbar in den Tubulusurin sezernierte 18-Ald (18-Ald. u. s.) wurde berechnet durch Subtraktion des renal extrahierten vom insgesamt ausgeschiedenen 18-Ald. Das renal extrahierte 18-Ald wurde für die einzelnen Urinsammelperioden ermittelt durch Multiplikation der für die entsprechenden Zeitabschnitte bestimmten Flächenintegrale der Plasmakonzentrationszeitkurve des markierten 18-Ald mit einem angenommenen renalen Plasmafluß von 600 ml/min und dem von Cheville u. Mitarb. [2] gefundenen renalen Plasmaextraktionskoeffizienten für 18-Ald von 0,25. Bereits $15,1 + 2,2$ min p. i. waren 50% des 18-Ald. u. s. mit dem Urin ausgeschieden. Die summierte Exkretion des 18-Ald. u. s. bei einer Versuchsperson zeigt die Abbildung (Kreise.) Mit Punkten ist dargestellt die zu 1 komplementierte Kurve der Plasmakonzentration markierten Aldosterons, wobei gleich 1 gesetzt wurde die Differenz der für den Zeitpunkt 0 = Zeitpunkt unmittelbar nach Injektion und für den Zeitpunkt $t_{100}$ ermittelten Plasmakonzentrationen; $t_{100}$ ist der Zeitpunkt, zu dem annähernd 100% des 18-Ald. u. s. im Urin erschienen sind. Die beiden in absoluten Werten unterteilten Ordinaten der Abb. 1 sind also so normiert, daß 100% des

---


[1] Mit Unterstützung der Deutschen Forschungsgemeinschaft.

18-Ald. u. s. der erwähnten Differenz der Plasmakonzentrationen markierten Aldosterons entsprechen. Die zeitliche Differenz der beiden Kurven ist charakteristisch für das Zeitintervall vom Eintritt eines Aldosteronmoleküls in die Tubuluszelle bis zum Austritt des daraus gebildeten Moleküls 18-Ald in den Tubulusurin. Da die Kurven nahezu aufeinander fallen, kann geschätzt werden, daß dieses Zeitintervall nicht länger als höchstens 1–2 min ist. Es ist demnach zu vermuten, daß eine metabolische Inaktivierung des Aldosterons in den Tubuluszellen die Aldosteronwirkung reduzieren kann. Da bei Hund und Affen eine überwiegende

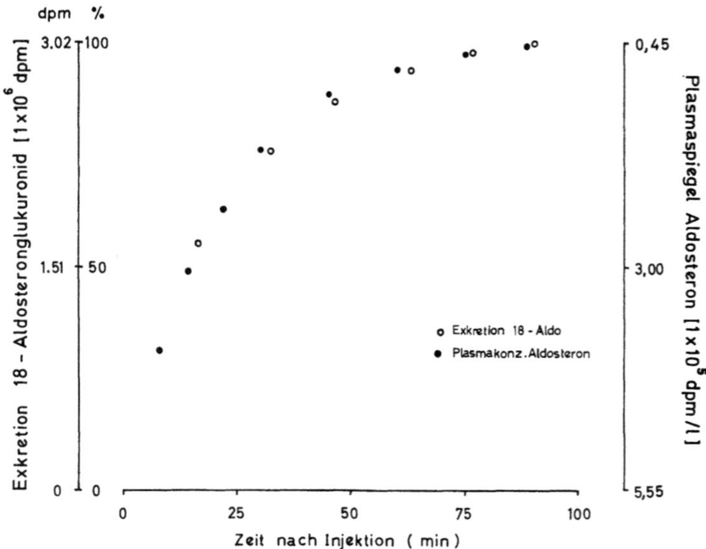


Abb. Zeitlicher Verlauf der Exkretion tubulär gebildeten, markierten 18-Aldosteronglucuronids

Sekretion des 18-Ald im proximalen Tubulus nachgewiesen wurde [4, 8], darf weiterhin vermutet werden, daß die Inaktivierung des Aldosterons vorwiegend dort erfolgt. Dies könnte die Befunde mehrerer Autoren erklären, welche eine Aldosteronwirkung nur im distalen Tubulus nachweisen konnten (cf. [5]). Der Nachweis einer Aldosteronwirkung im proximalen Tubulus der Ratte [5] ist mit dieser Annahme vereinbar, da die Ratte offensichtlich kein 18-Ald bilden kann [6, 7].

### Literatur


1. Bledsoe u. Mitarb.: J. clin. Invest. **45**, 264 (1966).
2. Cheville u. Mitarb.: J. clin. Invest. **45**, 1302 (1966).
3. Deck u. Mitarb.: Acta endocr. (Kbh.) **55**, 637 (1967).
4. — Acta endocr. (Kbh.) **55**, 648 (1967).
5. Hierholzer u. Mitarb.: Pflügers Arch. ges. Physiol. **291**, 43 (1966).
6. McCaa u. Mitarb.: Endocrinology **79**, 815 (1966).
7. Panagiotis u. Mitarb.: Nature (Lond.) **206**, 1262 (1965).
8. Scurry u. Mitarb.: J. clin. Invest. **47**, 242 (1968).
9. Sharp u. Mitarb.: Physiol. Rev. **46**, 593 (1966).

# Typische cytologische Befunde bei Hyperthyreosen
## Typical Results of Cytology in Hyperthyroidism


G. Schwarz und D. Walther

I. Med. Abteilung des Allgem. Krankenhauses St. Georg, Hamburg


Mit 2 Abbildungen


### Summary

1. Cytology is an additional diagnostic methode in acute hyperthyroidism, valuable in cases of doubt. It allows direct conclusions on the functional state of the thyroid gland.

2. Cases of treated hyperthyroidism present typical cytologic pictures which could be compared to cases of encyme deficiency in iodine metabolism. Result of cytology, diffuse toxic goiter with bruit, lack of $T_3$-suppression may demonstrate the necessity of further treatment.

3. The cytologic result showing normal thyroid cells at the end of the treatment ist a signe of cure or spontaneous remission respectively.


Die Aspirationspunktion stellt in der Diagnostik der Hyperthyreosen eine zusätzliche Untersuchungsmethode dar, über deren Aussagewert wir nach Untersuchung von 68 Punktaten berichten, die von 42 floriden Hyperthyreosen, 3 toxischen Adenomen, 15 thyreostatisch behandelten Hyperthyreosen und 8 geheilten Hyperthyreosepatienten stammen.

Betrachtet man die Stellung der Cytologie der Hyperthyreose innerhalb der übrigen Untersuchungsmethoden, so gehört sie zu denen, die direkte Schlüsse auf die Aktivität der Schilddrüse zulassen. Im Gegensatz dazu sind andere „unspezifisch" in dem Sinne als sie nur die Folgen der Wirkung des im Überschuß gebildeten Schilddrüsenhormons in der Stoffwechselperipherie anzeigen, wie etwa der Grundumsatz, die Cholesterinkonzentration, der zeitliche Ablauf des Achillessehnenreflexes und letztlich auch proteingebundenes, butanolextrahierbares Jod und die $T_3$-Bindungskapazität. Zu den diagnostischen Untersuchungsmethoden, die die Aktivität der Schilddrüse selbst bestimmen, gehören:

1. die Auskultation der Drüse mit der man die starke Vascularisation der Drüse feststellen kann,

2. der Radiojodtest,

3. die Cytologie.

Von besonderen Untersuchungsreihen her kennt man zwar das histologische und elektronenoptische Bild der Hyperthyreose, ebenso wie das der normalen Schilddrüse [1].

Beim diffusen toxischen Kropf sind die Follikel kleiner, die Follikelzellen höher, ihre apikale Oberfläche unregelmäßiger, die Zahl der Mikrovilli größer und man findet gelegentlich Zellen, die den Lymphocyten bzw. den Plasmazellen ähnlich sehen. Eine Routinemethode — wie sie die Aspirationspunkten darstellt — wird die histologische Untersuchung der Schilddrüse schon wegen des großen Aufwandes zur Gewinnung von Material nicht werden.

Was leistet die Aspirationspunktion in der Diagnose der floriden Hyperthyreose ?

Setzen wir den Aussagewert des Radiojodtests gleich 100 %, so beträgt der Aussagewert des PBJ$^{127}$ 88 %, davon waren 11 % kontaminiert, ein Teil der übrigen Fälle wahrscheinlich $T_3$-Hyperthyreosen; die Cholesterinkonzentration ($< 180$ mg-%) 76 %; der Grundumsatz ($>40$ %) 78 %; die Cytologie 98 %. Einschränkend muß man allerdings zur Cytologie sagen, daß wir bei 16 % unserer euthyreoten Strumafälle Befunde feststellten, die denen einer Hyperthyreose ähnlich sahen. Die Cytologie bestätigt also die Hyperthyreose mit großer Sicherheit, sie bringt aber eine relativ große Zahl falsch positiver Resultate. Es gibt hier allerdings eindeutig positive Ergebnisse und zweifelhafte Ergebnisse und die Erfahrung des Untersuchers spielt in der Beurteilung der Cytologie eine große Rolle. Nun einige typische Bilder von floriden Hyperthyreosen (Abb. 1).

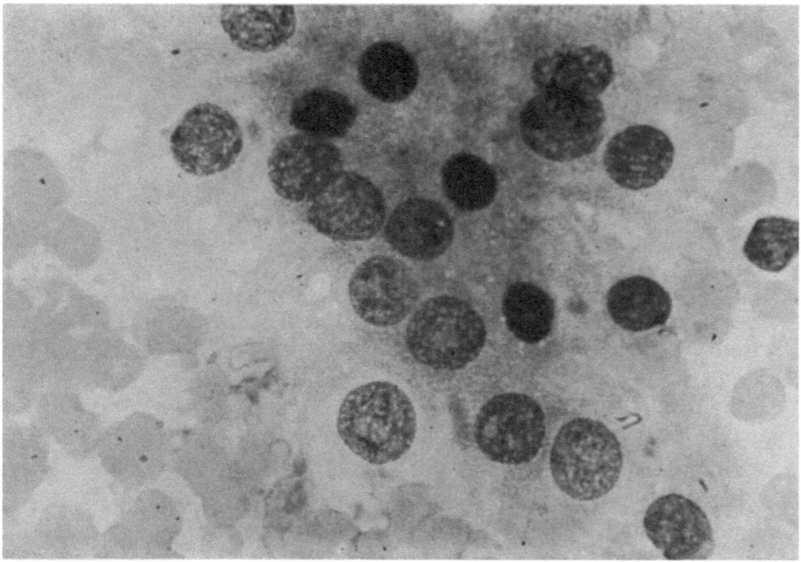

Abb. 1. Das Bild zeigt im Gegensatz zu den vorhergezeigten mit „ruhenden" Thyreocyten 1. eine Anisokaryose, d. h. die Kerngröße variiert bei der Hyperthyreose stärker als bei normaler Schilddrüsenfunktion. 2. die Struktur der Kerne erscheint aufgelockert. Diese Befunde Anisokaryose und aufgelockerte Kernstruktur sehen wir häufiger als paravacuoläre Granulationen im Plasma und ein vacuolisiertes Cytoplasma

Wenn die Cytologie für die Diagnose der floriden Hyperthyreose auch nur einen begrenzten Aussagewert besitzt, so liegt ihr besonderer Wert in der Verlaufskontrolle der thyreostatisch behandelten Hyperthyreose. Es stehen uns nicht viele Untersuchungsmethoden zur Verfügung, die es erlauben, zu bestimmen, ob eine Hyperthyreose anbehandelt oder noch behandlungsbedürftig ist:

1. die Struma vasculosa, d. h. das Fortbestehen der vergrößerten und schwirrenden Struma,

2. die fehlende Supprimierbarkeit der Radiojodaufnahme unter $T_3$-Gabe (Alexander-Test),

3. das typische cytologische Bild der thyreostatisch behandelten Hyperthyreose, wie es die Abb. 2 zeigt.

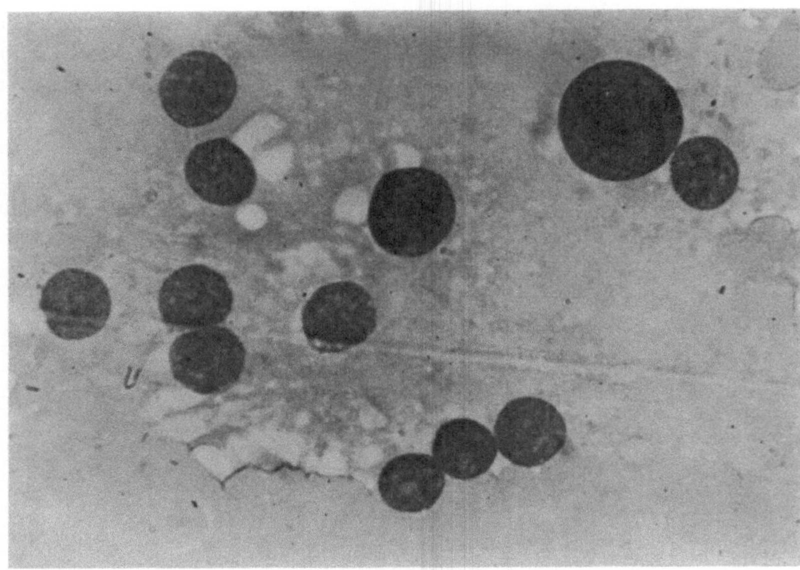

Abb. 2. Die Kerngrößen variieren stärker als bei floriden Hyperthyreosen. Man findet sehr große Kerne, die gleichmäßig rund sind und die sonst zum Bild der Jodverfehlung gehören. Die Kernstruktur ist nicht ganz so aufgelockert wie bei der floriden Hyperthyreose

Die demonstrierten Bilder entsprechen den von Jodfehlverwertungen her bekannten. Das ist leicht verständlich, denn mit der thyreostatischen Therapie blockieren wir ja bestimmte Enzyme der Schilddrüsenhormonsynthese, so daß der Effekt völlig dem einer Jodfehlverwertung entsprechen muß.

Zuletzt werden einige cytologische Bilder demonstriert, die von Patientinnen stammen, die solange thyreostatisch behandelt wurden, bis die Hyperthyreose ausheilte bzw. bis eine Spontanremission der Hyperthyreose erfolgte. Diese Befunde enstprechen denen einer normal funktionierenden Schilddrüse, d. h. man findet hier „ruhende Thyreocyten".

## Literatur


Heilmann, P.: Ultrastructure of human thyroid. Acta endocr. (Kbh.) Suppl. 110 (1966).
Smejkal, V., u. H. Drögemöller: Technik und Ergebnisse der Aspirationspunktion der Schilddrüse. Verh. dtsch. Ges. inn. Med. **74**, 1209 (1968).
Söderström, H.: Fine-Needle aspiration biopsy. Stockholm-Göteborg-Uppsala: Almqvist & Wiksell 1966.

# Stoffwechsel von Schilddrüsenhormonen unter der appetit- und gewichtstimulierenden Wirkung von Cyproheptadin beim Menschen

## Thyroid Hormone Metabolism under the Influence of the Appetite and Weight Stimulating Cyroheptadin in Man


D. P. Mertz und M. Stelzer

Medizinische Poliklinik der Universität Freiburg i. Brsg.



## Summary

The mechanism of action of the appetite stimulating and weight gain effect of cyproheptadine (= 1-methyl-4-(-dibenzo-[a, e]-cycloheptatrienylidine)-piperidine-hydrochloride) is independent of changes of the thyroid function. Even after several months of medication, no hypothyroid symptoms occured. At repeated determinations, the concentrations of PBI$^{127}$ and BEI$^{127}$ in the serum as well as the serum activity of exophthalmos-producing factor (EPF) did not show significant changes. 14 days after initiation of therapy, at the earliest, $T_3$-test values decreased slightly bur significantly.


Bei langfristiger klinischer Anwendung von Cyproheptadin = 1-Methyl-4-(5-dibenzo-[a, e] cycloheptatrienylidin)-piperidinhydrochlorid, einem wirksamen Antagonisten gegenüber Histamin und Serotonin (De Leon u. Mitarb., 1960; Stone u. Mitarb., 1961), wird eine appetit- und gewichtssteigernde Wirkung in direkter Abhängigkeit von der Einnahme der Substanz beobachtet. Normalerweise beträgt die Dosierung 4 × 4 mg täglich per os. Diese spezielle Wirkung ist bei Mensch (Lavenstein u. Mitarb., 1962; Bergen, 1964; Francini u. Mitarb., 1967; Valiente u. Mitarb., 1967) und Katze (Chakrabarty u. Mitarb., 1967), aber nicht bei Hund und Ratte (Lavenstein u. Mitarb., 1962) nachweisbar. Sie tritt beim Menschen unabhängig von Lebensalter, Allgemeinzustand und Genese einer möglicherweise vorhandenen Inappetenz (somatisch oder psychisch) ein und ist wesentlich stärker ausgeprägt als bei anderen Antihistaminica (Lavenstein u. Mitarb., 1962; Naranjo, 1962) oder verschiedenen Corticoiden (Van Metre, 1962). Trotz zahlreicher Bemühungen ist es bisher nicht gelungen, den Wirkungsmechanismus der Appetitsteigerung näher aufzuklären. Als ersten Bericht über eine Serie eigener Untersuchungen zur Frage nach der Wirkung von Cyproheptadin auf Fett- und Kohlenhydratstoffwechsel sowie Schilddrüsenfunktion (Mertz u. Stelzer, 1969 a, b; Mertz u. Klöpfer, 1969) werden hier Befunde über den Hormonjodstoffwechsel vorgelegt.

Die Untersuchungen fanden an 16 Frauen und 2 Männern im Alter zwischen 19 und 65 Jahren statt. 8 dieser Probanden waren untergewichtig, der Rest normalgewichtig. Bei 15 der insgesamt untersuchten 18 Personen fand sich kein organpathologischer Befund. Eine Patientin hatte einen Infekt mit Enteritis, eine andere eine Rechtsinsuffizienz mit Stauungsgastritis und eine dritte primär chronische Polyarthritis. Vor sowie 3 und 14-21 Tage nach Beginn der Medikation wurden im Nüchternserum wiederholt die Konzentrationen von PBI$^{127}$ und BEI$^{127}$ (mikrochemisch nach Klein, 1952), ferner die Bindungskapazität der Serumproteine für

Thyroxin mit Hilfe des $T_3$-Testes (nach Horster u. Klein, 1964 a) unter Verwendung von Kunstharz überprüft. Als Parameter für hypophysäre Faktoren wurden Bestimmungen der Serumaktivität an Exophthalmus-produzierendem Faktor (EPF) nach der von Dobyns und Wilson (1954) entwickelten und von Horster und Klein (1964 b) modifizierten Methode an vorgetesteten Goldfischen (Carassius auratus) mitgeführt.

Nach Behandlung mit Cyproheptadin boten die Probanden das Bild einer durch vermehrte Nahrungsaufnahme bedingten Übergewichtigkeit. Bei keiner unserer Versuchspersonen entwickelten sich hypothyreote oder cushingoide Züge. Ferner fehlten Hinweise auf Wassereinlagerungen. Die von uns erhobenen laboratoriumsmäßigen Befunde bekräftigen den klinisch gewonnenen Eindruck. Sowohl 3 als auch 14—21 Tage nach Beginn einer Behandlung mit Cyproheptadin stellten wir nur insignifikante Veränderungen der mikrochemisch bestimmten Serumkonzentrationen von PBI und BEI fest. Außerdem ergab sich kein Anhalt für eine Änderung hypophysärer Faktoren, wenn man die biologisch bestimmte Serumaktivität von EPF bedingt als einen Gradmesser ansieht. Es erhöhte sich lediglich die freie Bindungskapazität von Serumeiweißkörpern für Schilddrüsenhormone in geringem Umfange, frühestens 14 Tage nach Beginn der Medikation. Für diesen Zeitpunkt verminderte sich die im $T_3$-Test bestimmte Menge an zugesetztem radioaktiven Trijodthyronin, die nicht von Serumeiweißkörpern fixiert und an Kunstharz adsorbiert wurde, signifikant durchschnittlich von 24,30 % auf 22,45 %. Theoretisch besteht die Möglichkeit, daß die indirekt im $T_3$-Test festgestellte vermehrte Bindungskapazität der Serumeiweißkörper für Schilddrüsenhormone ohne gleichzeitige Veränderung der Serumkonzentration von Hormonjod im engeren Sinne Ausdruck einer verminderten Serumkonzentration an „freien" Schilddrüsenhormonen und somit einer herabgesetzten Umsatzrate von Hormonjod in peripheren Geweben ist. Dieser Einwand müßte experimentell weiter abgeklärt werden. Dabei bleibt zu prüfen, inwieweit die verzögert einsetzende Wirkung von Cyproheptadin auf die Bindungsfähigkeit der Plasmaeiweißkörper für Schilddrüsenhormone nur ein in vitro, aber nicht ein in vivo vorhandenes Phänomen ist. Gegen die Annahme, daß Cyproheptadin auf dem Wege einer Unterfunktion der Schilddrüse gewichtsteigernd wirkt, spricht auch die von verschiedenen Pädiatern (Lavenstein u. Mitarb., 1962; Naranjo, 1962; Bergen, 1964) unter der Wirkung von Cyproheptadin wiederholt beobachtete Zunahme des Längenwachstums bei Entwicklungsrückstand. Eine so günstige Nebenwirkung fehlt bei Gewichtszunahme durch Hypothyreose (Talbot u. Sobel, 1947).

**Literatur**

Bergen, S. S.: Amer. J. Dis. Child. **108**, 270 (1964).

Chakrabarty, A. S., R. V. Pillay, B. K. Anand, and B. Singh: Brain Res. **6**, 561 (1967).

De Leon, G. V., H. R. Estrada, P. T. Lim, and Q. L. Kintanar: Acta med. philipp. **26**, 237 (1960).

Dobyns, B. M., and L. A. Wilson: J. clin. Endocr. **14**, 1393 (1954).

Francini, F., J. G. Santan y J. Kitrosen: Pren. med. argent. **54**, 826 (1967).

Horster, F. A., u. E. Klein: Dtsch. med. Wschr. **89**, 983 (1964a).

— — Acta endocr. (Kbh.) **46**, 95 (1964b).

Klein, E.: Biochem. Z. **322**, 388 (1952).

Lavenstein, A. P., E. P. Decaney, L. C. Lasagna, and T. E. van Motre: J. Amer. med. Ass. **180**, 912 (1962).

Mertz, D. P., u. M. Klöpfer: In Vorbereitung (1969).
—, u. M. Stelzer: In Vorbereitung (1969a).
— — In Vorbereitung (1969b).
Naranjo, P.: Allergy and Asthma 8, 248 (1962).
Stone, C. A., H. C. Wenger, C. T. Ludden, J. M. Stavorski, and Ch. A. Ross: J. Pharmacol.
    exp. Ther. 131, 73 (1961).
Talbot, N. B., and E. H. Sobel: Advanc. Pediat. 2, 238 (1947).
Valiente, S., G. Behamondes y A. Toro: Hosp. S. Juan 14, 342 (1967).
Van Metre, T. E., jr.: Sth. med. J. (Bogham, Ala.) 55, 1305 (1962).

# Neue Befunde über das Antigen zum Long Acting Thyroid Stimulator (LATS)

New Results on the Antigen for the Long Acting Thyroid Stimulator (LATS)

H. Schleusener[1], P. V. N. Murthy und J. M. McKenzie

McGill University, Royal Victoria Hospital, Montreal

Mit 2 Abbildungen

## Summary

1. LATS was inactivated by thyroid 100000 g sediment and 100000 g supernatant solution and saline extract of minced thyroid tissue. Repeated washing could partly remove the LATS inhibiting factor from the so called microsomal pellet either by removing a soluble contaminant from the pellet or by solubilizing the active component from certain organelles. It is impossible to pinpoint the site of the antigen by ultracentrifugation.

2. In the column chromatography of the saline extract on Sepharose 4 B the active component migrated with thyroglobulin. This indicates that the antigen has either a high molecular weight or is attached to a large molecule.

3. By means of polyacrylamideelektrophoresis no contaminat protein as thyroglobulin was detectable in the washed microsomal pellet, no band typical for intact thyroglobulin was visible in the trypsine-digest of saline extract. Both the washed pellet and the trypsine-digest inactivated LATS. Therefore the antigen is most likely not identical with thyroglobulin.

4. The column chromatography of the digested saline extract on Sephadex G 100 indicates that the inactivating capacity for LATS was not changed by marked size reduction of the active component.

In neuerer Zeit wird die Rolle des Long Acting Thyroid Stimulator (LATS) bei der Pathogenese des Morbus Basedow diskutiert [7, 10, 14, 18]. LATS ist mit großer Wahrscheinlichkeit ein Autoantikörper [3, 5, 8, 12, 13, 15, 17, 19, 24), dessen korrespondierendes Antigen in der Schilddrüse lokalisiert ist [4, 6, 9] und der in vivo und in vitro die Schilddrüse von Säugetieren stimuliert [1, 11, 20, 22, 23].

Die subcelluläre Lokalisation des Antigens ist unbekannt: Alle Fraktionen von Schilddrüsenhomogenaten und gereinigtes Thyreoglobulin inaktivieren LATS [4, 6, 9]. — Enzymversuche weisen darauf hin [21], daß die Fraktionen auch von Schilddrüsen homogenaten Mischungen verschiedener Strukturen sind und daß bei der Homogenisierung von Schilddrüsengewebe ein großer Teil der Organellen in so kleine Bruchstücke zerschlagen wird, daß sie nach 2 stündigem Zentrifugieren mit 100000 g nicht sedimentieren.

## Methode

Die Anwesenheit des Antigens in den Fraktionen wurde durch die Inaktivierung von LATS im McKenzie-Versuch [16] festgestellt. Die Kontrollgruppen erhielten Leberextrakte.

---

[1] Ständige Adresse: Med. Klinik der Freien Universität Berlin — Klinikum Steglitz.

## Ergebnisse

LATS wurde vom 100 000 g Sediment und 100 000 g Überstand sowie von Kochsalzextrakten von Schilddrüsengewebe inaktiviert (Tab. 1 u. 3). Waschen des 100000 g Sedimentes („Mikrosomen") führte zu einer partiellen Entfernung des Antigens und seiner Wiederentdeckung im Waschüberstand (Tab. 1 u. 2). Die gewaschene mikrosomale Fraktion von Schweineschilddrüsen ergab keine signifikante Senkung der LATS-Aktivität mehr (Tab. 1), während das entsprechende Material von Menschenschilddrüsen LATS weiter inaktivierte (Tab. 2). Die Polyacrylamid-Elektrophorese zeigte in beiden gewaschenen Sedimenten keine verunreinigenden Proteine wie z.B.Thyreoglobulin (Abb. 2A).Das durch Chromatographie von Kochsalzextrakt von Schilddrüsengewebe auf Sepharose 4 B erhaltene Material wurde in 2 Fraktionen unterteilt (Abb. 1). Beide Fraktionen zeigten in der Elektrophorese Thyreoglobulin als einzige gemeinsame Komponente (Abb. 2 B). Beide Fraktionen inaktivierten LATS (Tab. 3). Nach Inkubation des Kochsalzextraktes mit Trypsin und anschließender Gelfiltration durch Sephadex G 100 wurden 4 Fraktionen gewonnen (Abb. 1). die in der Elektrophorese kein für das intakte 19-S-Thyreoglobulin typisches Band mehr zeigten (Abb. 2 C). Die beiden ersten Fraktionen inaktivierten jedoch noch signifikant LATS (Tab. 4).

| Tabelle | Testmaterial | mg Eiweiß,Tier | LATS-Aktivität | p |
|---|---|---|---|---|
| 1 | 1% Serumalbumin | | 1247 | |
| | LATS + Leber 10⁴ g Überstand | 23,0 | 6803 | |
| | LATS + SD 10⁵ g Sediment (ungewaschen) | 9,0 | 3342 | $<,01$ |
| | LATS + SD 10⁵ g Sediment (2 × gewaschen) | 7,5 | 4742 | n. s. |
| | LATS + Überstand nach Waschprozeß | 2,6 | 2979 | $<,01$ |
| | LATS + SD 10⁵ g Überstand | 36,0 | 3855 | $<,05$ |
| 2 | 5% Serumalbumin | | 1592 | |
| | LATS + Leber 10⁴ g Überstand | 30 | 7980 | — |
| | LATS + SD 10⁵ g Sediment (2 × gewaschen) | 2,3 | 3733 | $<,01$ |
| | LATS + Waschüberstand | 2,8 | 4819 | $<,05$ |
| 3 | 1% Serumalbumin | | 3234 | |
| | LATS + Leber 10⁴ g Überstand | 25,0 | 8360 | — |
| | LATS + Fraktion 1 | 6,5 | 5585 | $<,05$ |
| | 5% Serumalbumin | | 2099 | |
| | LATS + Leber 10⁴ g Überstand | 30,0 | 8770 | — |
| | LATS + Fraktion 2 | 3,0 | 4634 | $<,05$ |
| 4 | 1% Serumalbumin | | 3234 | |
| | LATS + Leber 10⁴ g Überstand | 25,0 | 8360 | — |
| | LATS + Fraktion 1 | 0,7 | 2891 | $<,01$ |
| | LATS + Fraktion 2 | 0,7 | 5224 | $<,05$ |
| | LATS + Fraktion 3 | 0,9 | 6295 | n. s. |
| | LATS + Fraktion 4 | 0,2 | 7379 | n. s. |

LATS-inaktivierende Eigenschaften verschiedener Schilddrüsenfraktionen. LATS-Aktivitäten sind als "adjusted cpm" [16] ausgedrückt. Eiweißbestimmung nach Lowry u. Mitarb.: J. Biol. Chem. **193**, 265 (1951). p ist jeweils gegen LATS + Leber = Kontrollgruppe berechnet. Tabelle 1 = Fraktionen von Schweineschilddrüsen, Tabelle 2 = Fraktionen von menschlichen Schilddrüsen, Tabelle 3 = Fraktionen von NaCl-Extrakt nach Gelfiltration auf Sepharose 4 B, Tabelle 4 = Fraktionen des mit Trypsin vorbehandelten NaCl-Extrakts nach Chromatographie mit Sephadex G 100.

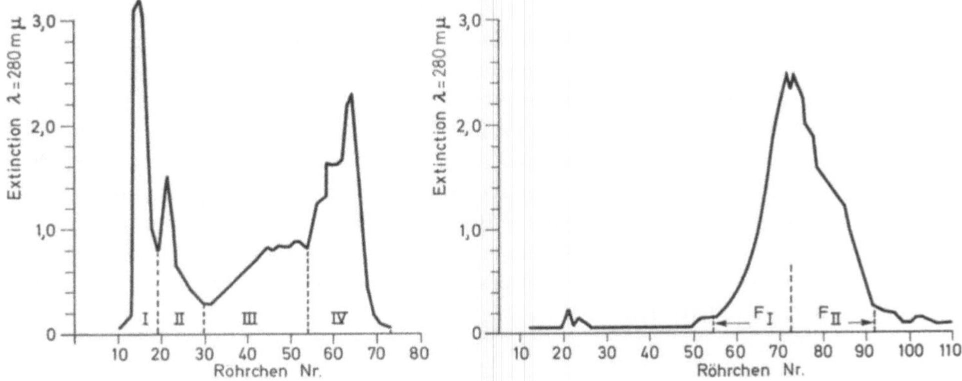

Abb. 1 links: Elutionsdiagramm des mit 20 mg Trypsin/g Protein 24 Std bei 37° C in Phosphatpuffer (pH 8,0) inkubierten NaCl-Extrakts nach Gelfiltration durch Sephadex G 100. Gelbett: 90 × 2,5 cm. Elutionsmittel war 0,9% NaCl, Durchflußgeschwindigkeit 10 ml/h, Volumen der Einzelportion 10 ml, Probenmenge 5 ml
rechts: Chromatographie des NaCl-Extraktes auf Sepharose 4 B. Gelbett 90 × 2,5 cm, Elutionsmittel NaCl-Phosphatpuffer (0,1 M NaCl 0,05 M Phosphat) i pH 7,4 Durchflußgeschwindigkeit 10 ml/h, Einzelportion 6,5 ml, Probenmenge 10 ml

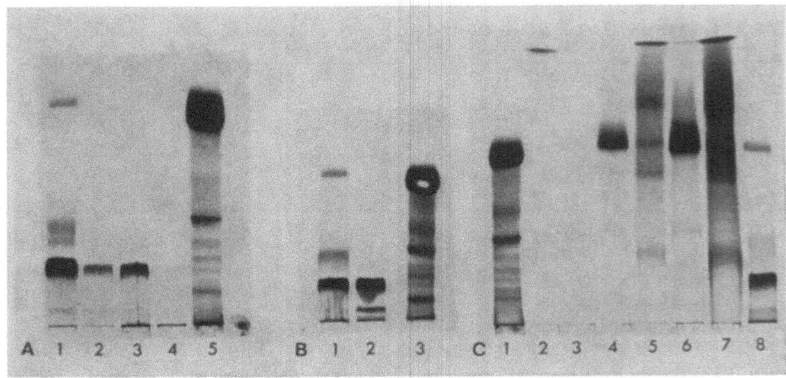

Abb. 2. Elektrophorese auf 5% Acrylamidgel. Puffer: 0,1 M Tris-EDTA-Boratlsg. (pH 9,2). Laufzeit 2 h bei 300 V,150 m A. Färbung mit Amidoschwarz. $A_1 = 10^5$-g Überstand mit breitem Thyreoglobulinband, $A_2$ = Waschüberstand, $A_3$ = ungewaschene, $A_4$ = gewaschene Microsomen, $A_5$ = Normalserum. $B_1$ = Fraktion 2 von NaCl-Extrakt nach Sepharose 4 B-Gelfiltration, $B_2$ = Fraktion 1 desselben Materials, $B_3$ = Normalserum. $C_8$ = NaCl-Extrakt, $C_{7+5}$ = Fraktion 1 des NaCl-Extrakts nach Inkubation mit Trypsin und Sephadex G 100-Filtration mit Auftragung in verschiedenen Konz. $C_{6+4}$ = Fraktion 2 desselben Materials, $C_3$ = Fraktion 3, $C_2$ = Fraktion 4, Fraktion 3 + 4 = kaum noch Anfärbung, $C_1$ = Normalserum

**Literatur**

1. Arnaud, C. D., H. A. Kneubuhler, V. L. Seiling, B. K. Wightman, and N. H. Engbring: J. clin. Invest. **44**, 1287 (1965).
2. Bastomsky, C. H., and J. M. McKenzie: Endocrinology **83**, 309 (1968).
3. Beall, G. N., and D. H. Solomon: J. clin. Endocr. **26**, 1382 (1966).
4. — — J. clin. Invest. **45**, 552 (1966).
5. — — Biochim. biophys. Acta (Amst.) **148**, 495 (1967).
6. Berumen, F. O., J. L. Lobsenz, and R. D. Utiger: J. Lab. clin. Med. **70**, 640 (1967).
7. Carneiro, L., K. J. Dorrington, and D. S. Munro: Lancet **1966** II, 878.
8. Dorrington, K., L. Carneiro, and D. S. Munro: In: Cassano and Andreoli: Current topics in thyroid research. S. 455. New York: Academic Press 1965.
9. — — — J. Endocr. **34**, 133 (1966).
10. Elsas, L. J., R. Whittemore, and G. N. Burrow: J. Amer. med. Ass. **200**, 250 (1967).
11. Field, J. B., A. Remer, G. Bloom, and J. P. Kriss: J. clin. Invest. **47**, 1553 (1968).
12. Kriss, J. P., V. Plehaskow, and J. R. Chien: J. clin. Endocr. **24**, 1005 (1964).
13. — — A. Rosenblum, and J. R. Chien: In: Cassano and Andreoli: Current topics in thyroid research. S. 435. New York: Academic Press 1965.
14. McKenzie, J. M.: J. clin. Endocr. **24**, 660 (1964).
15. —, and J. Gordon: In: Cassano and Andreoli: Current topics in thyroid research. S. 445. New York: Academic Press 1965.
16. —, and A. Williamson: J. clin. Endocr. **26**, 518 (1966).
17. — J. clin. Endocr. **28**, 596 (1968).
18. — Physiol. Rev. **48**, 252 (1968).
19. Miyai, K., M. Fukuchi, Y. Kumahara, and H. Abe: J. clin. Endocr. **27**, 855 (1967).
20. Noguchi, A., S. Sato, H. Kurihara, and Y. Ozeki: Folia endocr. jap. **38**, 954 (1962).
21. Schleusener, H., P. V. N. Murthy u. J. M. McKenzie: in Vorbereitung.
22. Scott, T. W., B. F. Good, and K. A. Ferguson: Endocrinology **79**, 949 (1966).
23. Shishiba, Y., D. H. Solomon, and G. N. Beall: Endocrinology **80**, 957 (1967).
24. Snyder, N. S., D. E. Green, and D. H. Solomon: J. clin. Endocr. **24**, 1129 (1964).

Wir danken Miss A. M. Williamson für die Durchführung der Statistischen Arbeiten und Mrs. G. Kounoupi und Mr. D. Miles für die Hilfe bei den Tierversuchen.

Die Durchführung der Experimente wurde unterstützt vom Medical Research Council of Canada (MRC 298-99), durch den U. S. P. H. S. (AM-04121) und dem Foundations' Fund for Research in Psychiatry (65—318).

# Eine einfache Methode zur quantitativen Bestimmung von Trijodthyronin und Thyroxin im Serum

## A Simple Method for Quantitative Measurement of Triiodothyronine and Thyroxin in Serum


J. AMMON

Klinik für Strahlentherapie und Nuklearmedizin
der Johann-Wolfgang-Goethe-Universität Frankfurt am Main


Mit 1 Abbildung


### Summary

After partial digestion by papain serum-thyroxine is adsorbed on Sephadex-G-25. For elution we have used normal serum from hypothyroid subjects. This method allowes the quantitative removal of thyroxine and triiodothyronine from other iodine compounds.


Die Sephadex-Gel-Filtration wurde bereits von Lissitzky und Bismuth (1963) zur Isolierung von $^{131}$J-Trijodthyronin und -Thyroxin aus Seren von Probanden verwendet, welche Radiojod erhalten hatten. Auch Liewendahl und Lamberg (1965) konnten freies $^{131}$J-Thyroxin im Serum nach Dextran-Gel-Filtration nachweisen. Entsprechende Arbeiten basieren auf der Eigenschaft des Dextran-Gels, jodierte Thyronine quantitativ zu fixieren. Wir haben diese Möglichkeit verwendet, um die wirksamen Schilddrüsenhormone von jodierten Begleitsubstanzen zu trennen.

Zur Durchführung erfolgte zunächst eine Freisetzung des an Serumproteine gebundenen Trijodthyronins und Thyroxins durch Inkubation mit Papain. Die

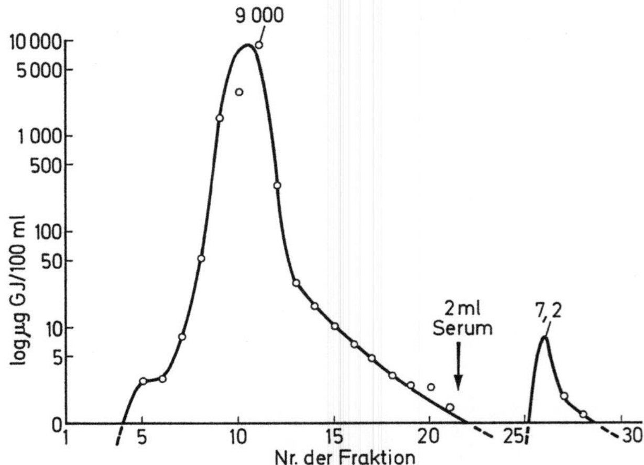


Abb. Abtrennung eines jodhaltigen Röntgenkontrastmittels aus 2 ml mit Papain behandeltem Serum. Von dem Jodgehalt der Thyroxin-Fraktion muß derjenige des zugesetzten hypothyreoten Serums — 1,8 µ/100 ml — abgezogen werden

Hydrolyse war nach 48 h bei 37° C in Gegenwart von Cystein und EDTA praktisch quantitativ. Das Hydrolysat wurde auf eine G-25-Säule (Durchmesser: 1 cm, Länge: 12 cm) aufgetragen. In jeder Fraktion wurden 20 Tropfen gesammelt. Die Elution der fixierten Thyronine erfolgte mit einem normalen, hypothyreoten Serum. Der gesamte Jodgehalt jeder Fraktion konnte mit einem von J. Benotti und N. Benotti (1963) angegeben, automatischen Analysenverfahren ermittelt werden. Die Ausbeute wurde durch Zugabe von $^{124}$J-Thyroxin zum Serum vor der Hydrolyse kontrolliert.

Die Versuche zeigten, daß jodierte Röntgenkontrastmittel von den Schilddrüsenhormonen vollständig abgetrennt werden konnten (Abb. 1). Auch jodierte Tyrosine wurden vom Dextran-Gel nicht fixiert. Die Isolierung von Vioform gelang dagegen nicht (Tabelle).

Tabelle. *Vergleichende Bestimmungen des proteingebundenen Jodes (PBJ), des butanolextrahierbaren Jodes (BEJ) und des an Dextran-Gel fixierbaren Jodes (G-25)*

|                    | PBJ  | BEJ  | G-25 |
|--------------------|------|------|------|
| Normalserum        | 5,6  | 4,8  | 5,4  |
| Thyreoiditis       | 16,2 | 15,0 | 4,5  |
|                    | 14,8 | 12,6 | 7,6  |
| Lymphographie      | 1500 | 390  | 3,4  |
|                    | 550  | 90   | 14,0 |
| Cholecystographie  | 15,8 | 12,0 | 8,2  |
|                    | 600  | 550  | 3,8  |
| Vioform            | 380  | 4,0  | 360  |
|                    | 90   | 1,2  | 70   |

Diese einfache Methode ermöglicht also eine quantitative Bestimmung von Thyroxin und Trijodthyronin bei Jodfehlverwertungen, bei einer Thyreoiditis oder nach Gabe jodhaltiger Röntgenkontrastmittel. Sie ermöglicht auch in solchen Fällen vergleichende Thyroxinbestimmungen zusammen mit der Proteinbindungs-Methode von Murphy und Pattee (1964). Bisherige Versuche zeigten, daß auch dieses Verfahren durch jodierte Begleitsubstanzen im Serum nicht gestört wird.

### Literatur


Benotti, J., and N. Benotti: Clin. Chem. 9, 408 (1963).
Liewendahl, K., and B. A. Lamberg: J. clin. Endocr. 25, 991 (1965).
Lissitzky, S., and J. Bismuth: Clin. chim. Acta 8, 269 (1963).
Murphy, B. E. P., and C. J. Pattee: J. clin. Endocr. 24, 187 (1964).

# Tyrosinbetimmung im Serum als Wirkungskriterium thyreostatischer Therapie
## Tyrosine Assay in Serum as Parameter for Effectiveness of thyrostatic Therapy


K. H. GILLICH, H. L. KRÜSKEMPER, K. D. MORGNER und W. RUGE

Abt. Klin. Endokrinologie, Dept. Innere Medizin; Medizinische Hochschule Hannover


Mit 1 Abbildung

## Summary


In hyperthyroidism serum tyrosine concentration is increased. Under treatment with antithyroid drugs elevated tyrosine levels show normalization correlated to changes of $PB^{127}I$ and BMR.


Der Tyrosinspiegel im Blut weist Beziehungen zur Schilddrüsenfunktion auf und ist bei Hypothyreosen erniedrigt und bei Hyperthyreosen erhöht. Da sonst nur noch bei schwereren Hepatopathien, bei der seltenen Tyrosinose und gelegentlich bei Niereninsuffizienz ein erhöhter und bei Eiweißmangelzuständen ein erniedrigter Tyrosinspiegel beobachtet wurde, gewinnt die Tyrosinbestimmung bei Thyreopathien Bedeutung.

Bei der Hypo-, Hyper- und Euthyreose sind die Mittelwerte der Tyrosinspiegel im Serum hochsignifikant different, die $S_x$-Bereiche überschneiden sich nur wenig. Bei korrelationsstatistischer Analyse des Verhältnisses vom Tyrosinspiegel zu Parametern der Schilddrüsenfunktion und des peripheren Stoffwechsels ergibt sich nach Vergleich der Korrelationskoeffizienten als Maß der stochastischen Abhängigkeit die stärkste Korrelation zur Grundumsatzhöhe.

Da bisher nicht geprüft wurde, ob die Tyrosinbestimmung auch eine Verlaufsbeobachtung bei Schilddrüsenfunktionsstörungen unter Therapie gestattet, haben wir bei 33 Hyperthyreose-Patienten unter medikamentös-thyreostatischer Therapie gleichzeitig mit Messungen des $PB^{127}I$ und des Grundumsatzes Bestimmungen des Tyrosinspiegels durchgeführt.

Von diesen 33 Patienten wiesen 8, also etwa 25 %, auch nach Konsolidierung der Schilddrüsenfunktion und Normalisierung des peripheren Stoffwechsels weiterhin unverändert erhöhte Tyrosinspiegel auf, wofür sich keine Erklärung fand, zumal eine Hepatopathie oder eine Niereninsuffizienz nach klinischem Befund und Laborwerten bei diesen Patienten ausschieden. Diese Patienten sind bei den folgenden Ergebnissen nicht berücksichtigt.

Unter thyreostatischer Therapie kommt es gleichzeitig mit einem Abfall des $PB^{127}I$ und einem Rückgang der Grundumsatzsteigerung zu einer Abnahme des Tyrosinspiegels. Die Regressionsgleichung der Änderung des Tyrosinspiegels und des $PB^{127}I$ bzw. Grundumsatzes sind denen bei einem Kollektiv von Hypo-, Hyper- und Euthyreosen gewonnenen ähnlich (s. Tabelle).

Tabelle. *Regressionsgleichungen der Änderung von Tyrosinspiegel und $PB^{127}I$ bzw. Grundumsatz*

|  | Tyrosin = f (PB$^{127}$I) | Tyrosin = f (G. U.) |
| --- | --- | --- |
| Hypo-, Hyper- und Euthyreosen vor Therapie | y = 10,8 + 0,43 × | y = 1,69 + 0,09 × |
| Hyperthyreosen vor und unter Therapie | y = 10,0 + 0,47 × | y = − 4,75 + 0,13 × |

Für die Verlaufsbeurteilung scheint nicht so sehr die absolute Höhe des Tyrosinspiegels als der prozentuale Abfall bedeutsam. Bei nicht sehr differenten individuellen Gradienten entspricht ein Abfall des Tyrosins um im Mittel 6 % des Ausgangswertes einem Rückgang des Grundumsatzes von 10 % des Ausgangswertes.

Die Bestimmung des Tyrosinspiegels als sekundärer Indikator der peripheren Stoffwechselsituation wird zwar die PB$^{127}$I-Bestimmung und die Messung des Grundumsatzes in der Verlaufskontrolle von Schilddrüsenerkrankungen nicht ersetzen können, bewährt sich jedoch möglicherweise in solchen Fällen, wo wegen einer exogenen Jodkontamination der PB$^{127}$I-Wert nicht verwertbar ist und wo bei ambulanten Kontrollen eine Grundumsatzbestimmung auf Schwierigkeiten stößt. Als Beispiel hierfür ist in der Abbildung der Verlauf der Tyrosinwerte, des Grundumsatzes

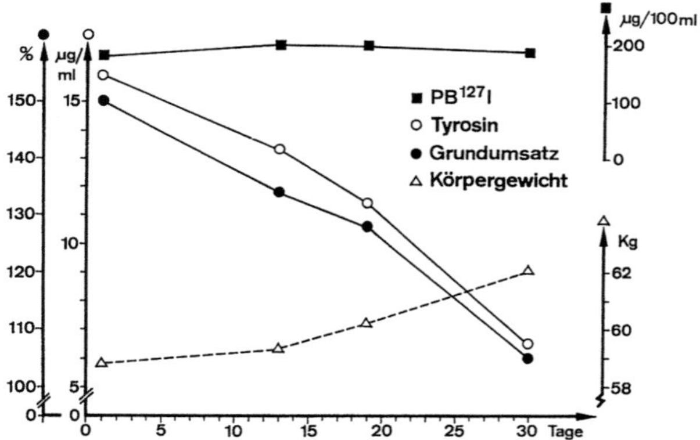


Abb. Verlauf der Tyrosinwerte ( ○ ), des Grundumsatzes ( ● ) und des Körpergewichts ( △ ) bei einer Hyperthyreose-Patientin mit einem konstanten PB$^{127}$I ( ■ ) um 200 µg/100 ml unter thyreostatischer Therapie. Abzisse: Therapiedauer in Tagen

und des Körpergewichts bei einer Hyperthyreose-Patientin dargestellt, bei der wegen einer Jahre zurückliegenden Verabfolgung von Teridax der PB$^{127}$I-Spiegel konstant um 200 µg/100 ml lag.

Bei unter thyreostatischer Therapie ansteigendem Körpergewicht gehen Grundumsatzsteigerung und Tyrosinspiegel fast parallel zurück. Nach diesen Erfahrungen kann also die Tyrosinbestimmung als zusätzlicher Parameter in die Diagnostik und Verlaufsbeobachtung von Hyperthyreosen mit einbezogen werden.

# Vergleich der zur Darstellung von C-Zellen geeigneten Färbemethoden
## Comparison of Staining Methods for C-Cells


U. HACHMEISTER

Pathologisches Institut der Justus Liebig-Universität Gießen, Lehrstuhl I



### Summary

C-cells have been stained by immunohistological localization of thyrocalcitonin, detection of amine precursor uptake and decarboxylation (APUD), argyrophilia, and toluidine blue metachromasia after acid hydrolysis. Comparable results have been obtained in most of the investigated species. For staining of C-cells in human postmortem specimens the metachromatic reaction with toluidine blue only seems to be valid.


Durch den Nachweis der Biosynthese von Thyreocalcitonin in thyreoidalen C-Zellen [2,5] konnte die Existenz eines sich von den Follikelepithelien unterscheidenden zweiten epithelialen Zelltyps der Schilddrüse endgültig bewiesen werden.

Die Existenz dieses Zelltyps war seit der Erstbeschreibung durch Baber 1876 [1] häufig bezweifelt worden. Die bis in die jüngste Zeit aufgetauchten Zweifel lassen sich auf die Schwierigkeiten einer elektiven morphologischen Darstellung dieses Zelltyps zurückführen, welche sich bei Routinefärbungen dem Nachweis entziehen. Besonders problematisch war die Anfärbung von C-Zellen beim Menschen, da die z. B. beim Hund und beim Meerschweinchen gut anwendbare Versilberung sich als unzuverlässig erweist. In eigenen Untersuchungen hatte sich die Darstellung der Aufnahme und Decarboxylierung von Vorstufen biogener Amine an Biopsien aus menschlichen Schilddrüsen bewährt [6]. Für weitere Untersuchungen war jedoch die Prüfung von Verfahren erforderlich, welche auch an autoptisch gewonnenem Material C-Zellen selektiv darstellen. Zu diesem Zweck wurden folgende Verfahren auf die Vergleichbarkeit der Ergebnisse an verschiedenen Tierspecies und an menschlichen Schilddrüsen geprüft:

1. Immunhistologische Reaktion mit markierten Antikörpern gegen Thyreocalcitonin vom Schwein [5].

2. In vivo- und in vitro-Aufnahme und Decarboxylierung von 1-5-Hydroxytryptophan oder 1-Dihydroxyphenylalanin [6].

3. Versilberung [4].

4. Toluidinblaumetachromasie nach Säurehydrolyse [7].

Die Reaktionen wurden jeweils vor oder nach Paraffineinbettung durchgeführt, Reaktionen 2 und 4 auch vor bzw. nach Einbettung in Epon 812.

Die Ergebnisse lassen sich wie folgt zusammenfassen:

1. Der immunhistologische Thyreocalcitoninnachweis gelingt beim Schwein und Schaf. Eine positive Reaktion in der Schilddrüse des Menschen ist nicht festzustellen.

2. C-Zellen aller untersuchten Species einschließlich der ultimobranchialen C-Zellen von Vögeln (Haushuhn [3], Hausgans und Sperling) stellten sich nach Ver-

abreichung der Vorstufen biogener Amine oder nach Inkubation lebendfrischen Gewebes in vitro dar. Schilddrüsenbiopsien von Patienten mit Hyperparathyreoidismus zeichnen sich durch eine Hyperplasie der C-Zellen aus. Die Reaktion erfolgt nur an lebendem oder überlebendem Material. Sektionsmaterial ist unbrauchbar. Die Ergebnisse stimmen bei den vergleichbaren Species mit der Immunhistologie überein.

3. Eine selektive Argyrophilie läßt sich beim Hund, Meerschweinchen und bei der Ratte zeigen. Die Befunde stimmen mit denen der Aminaufnahme nach Umfärbung überein. Die Befunde nach Versilberung menschlicher Schilddrüsen sind nur in wenigen Einzelfällen eindeutig. Häufiger sind die Ergebnisse unzureichend.

4. Die metachromatische Reaktion mit Toluidinblau nach Hydrolyse weisen die C-Zellen aller untersuchten Species auf. Die Selektivität stimmt, soweit dieses bei verschiedenen Species untersucht werden konnte, mit der immunhistologischen Thyreocalcitoninlokalisation und der Darstellung von Aminen in C-Zellen überein. C-Cellen in der Schilddrüse des Menschen lassen sich mit dieser Methode sowohl an bioptisch als auch an autoptisch gewonnenem Material nachweisen.

Die Eponeinbettung erweist sich für die Darstellung der Aufnahme von Aminvorstufen und für die metachromatische Reaktion mit Toluidinblau als geeignet, wenn auf eine Osmiumfixierung verzichtet wird.


### Literatur

1. Baber, E. C.: Phil. Trans. B **166**, 557 (1876).
2. Bussolati, G., and A. G. E. Pearse: J. Endocr. **37**, 205 (1967).
3. Hachmeister, U., J. Kracht, H. Kruse u. M. Lenke: Naturwissenschaften **54**, 619 (1967).
4. Hellerström, C., and B. Hellman: Acta endocr. (Kbh.) **35**, 518 (1960).
5. Kracht, J., U. Hachmeister, H.-J. Breustedt, J. Bönicke, and M. Lenke: Proc. Symp. on Thyrocalcitonin and the C cells. London: Heinemann Med. Books Ltd. 1968.
6. — — H. Kruse u. P. Matthaes: Verh. dtsch. Ges. Path. **52**, 485 (1968).
7. Solcia, E., and R. Sampietro: Proc. Symp. on Thyrocalcitonin and the C cells. London: Heinemann Med. Books Ltd. 1968.

# Beitrag zum sog. medullären Schilddrüsencarcinom
## Investigation on the Medullary Thyroid Carcinoma

H.-D. ZIMMERMANN und J. KRACHT

Pathologisches Institut der Justus Liebig-Universität Gießen, Lehrstuhl I

**Summary**

Two peculiar cases of medullary thyroid carcinoma (C-cell-carcinoma) are reported. In the first case attention is called to chronic diarrhoea as frequent extrathyroidal manifestation of the tumor. In the same patient a carcinoid tumor of the appendix was found. In the second case amyloid vascular deposits were demonstrated in the thyroid, heart, lungs, liver and spleen but no amyloid in the kidneys.

Von den parafollikulären C-Zellen der menschlichen Schilddrüse, den Bildungsstätten von Thyreocalcitonin (TCT), wird histogenetisch das sog. medulläre Schilddrüsencarcinom abgeleitet. Es wurde erst 1959 als besonderer Typ der Schilddrüsencarcinome abgegrenzt und besteht histologisch aus soliden Formationen heller polyedrischer, teils auch spindeliger dunklerer Zellen. Zwischen die Tumorzellverbände und in das Stroma ist Amyloid eingelagert, das u. a. mit Kongorot nach Puchtler u. Mitarb. (1962) oder mit Siriusfarbstoffen nach Sweat und Puchtler (1965) und nachfolgender Untersuchung im polarisierten Licht nachgewiesen werden kann. Die C-Zellen-Genese wurde durch den Nachweis großer TCT-Mengen im Tumor, in Metastasen und im Blut von Tumorpatienten bestätigt. Aus diesem Grund haben wir die Bezeichnung C-Zellencarcinom vorgeschlagen.

Zwei eigene Beobachtungen sind von Interesse:

1. Bei einer 47jährigen Frau konnten mehr als 5 Jahre bestehende Durchfälle nicht abgeklärt werden. Erst retrospektiv ergab sich, daß die Durchfälle in zeitlichem Zusammenhang mit dem Recidiv eines operierten C-Zellencarcinoms aufgetreten waren. Da Diarrhoen beim C-Zellencarcinom häufig sind (fast 25% der Fälle), sollte es in der Differentialdiagnose berücksichtigt werden. Pathogenetisch liegt der Diarrhoe keine Überproduktion der klassischen Schilddrüsenhormone zugrunde, erörtert wird besonders die Produktion von 5-OH-Tryptamin und vor allem von Prostaglandinen durch den Tumor (Sandler u. Mitarb. 1968; Williams 1968). Bei derselben Patientin lag ein Appendixcarcinoid vor. Dies ist bemerkenswert, weil aufgrund der gehäuften Kombination von C-Zellencarcinomen mit Phäochromocytomen sowie mit Neuromen oder Neurofibromen die Verbindung mit anderen Tumoren des chromaffinen Systems im weitesten Sinne für denkbar gehalten, bisher aber nicht beschrieben wurde (Schimke u. Mitarb., 1968).

2. Zufallsbefund bei der Sektion einer 86jährigen Frau, die nach einer Frakturnagelung verstorben war. Amyloid wurde hier außer in einem kirschgroßen, nicht metastasierten, überwiegend spindelzelligen C-Zellencarcinom und wenigen tumornahen Gefäßen der Schilddrüse auch in vielen Gefäßen des Herzens, der Lunge

und der Leber, bevorzugt in Adventitia und Media der Arterien, nachgewiesen, ganz
vereinzelt und in geringer Menge in größeren Milzgefäßen, nicht dagegen in den
Nieren, wo Williams u. Mitarb. Amyloid in Glomerula gesehen haben wollen. Über
Amyloid außerhalb von Tumoren und Metastasen wurde sonst nicht berichtet. Ähnlich wird lokales Tumoramyloid in Insulin-bildenden Inselzelltumoren, in bestimmten calcifizierenden odontogenen Tumoren (Vickers u. Mitarb., 1965) und häufig
im Epithelioma calcificans (Malherbe) der Haut gefunden. Besteht im vorliegenden
Fall eine Beziehung zwischen Tumoramyloid und extratumoralem Amyloid — eine
auch hinsichtlich der Pathogenese der Diarrhoen beim C-Zellencarcinom wichtige
Frage. Vergleichsweise zeigen Nierencarcinome mit Amyloid innerhalb und
außerhalb des Tumors fast nur perireticulär abgelagertes Amyloid (Azzopardi u.
Lehner, 1966). Für Plasmocytom, Lymphogranulomatose oder Lymphosarkom mit
perikollagenem Amyloid ergab die Sektion keinen Anhalt. Die Anamnese war leer
hinsichtlich familiärer Amyloidose oder chronischer Leiden, die eine (sekundäre)
Amyloidose hätten begünstigen können.

Auf das Vorkommen von extratumoralem Amyloid beim C-Zellencarcinom
wird künftig vermehrt zu achten sein. Erst an einem großen Kollektiv von C-
Zellencarcinomen wird darüber entschieden werden können, ob das Zusammen-
treffen mit extratumoralem Amyloid (Typ der primären Amyloidose) zufällig ist
(z. B. senile Amyloidose) oder ob Kausalzusammenhänge bestehen.

## Literatur


Azzopardi, J. G., and T. Lehner: J. clin. Path. 19, 539 (1966).
Sandler, M., S. M. M. Karim, and E. D. Williams: Lancet 1968, 1053.
Schminke, R. N., W. H. Hartmann, T. E. Prout, and D. L. Rimoin: New Engl. J. Med. 279,
    1 (1968).
Vickers, R. A., D. C. Dahlin, and R. J. Orlin: O. S., O. M. & O. P. 20, 476 (1965).
Williams, E. D.: In: Thyroid neoplasm, S. 103. Ed. by S. Young and D. R. Inman. London-
    New York: Acad. Press 1968.
Zimmermann, H.-D., u. G. Beneke: Med. Welt (Berl.) 20, 545 (1969).

# Die Wirkung von Calcitonin
## auf die experimentelle lokalisierte Knochenatrophie[1]
### Effect of Calcitonin on the Experimental Localized Bone Atrophy


G. Delling, A. Schäfer, H. J. Schleicher und R. Ziegler

Abteilung für Endokrinologie und Stoffwechsel
des Zentrums für Innere Medizin der Universität Ulm


Mit 1 Abbildung


## Summary

In rats a disuse atrophy of bone was produced by immobilization of one hind leg by means of plaster splints. The diminution of the spongeous bone could not be prevented by calcitonin administration. On the other hand, the immobilized bones showed signs of periosteal apposition induced by the pressure of the plaster. This apposition was markedly increased by calcitonin.


Die hypocalciämische Wirkung des Calcitonins (CT) beruht auf einer Hemmung der Osteolyse (Friedman u. Raisz, 1965). Die generalisierte Osteoporose der Ratte durch Calciummangel und Prednisolon ließ sich durch CT verhindern (Fujita, Orimo, Ohata u. Yoshikawa, 1968); eine lokalisierte Knochenatrophie nach Durchtrennung des N. ischiaticus wurde dagegen durch das Hormon nicht beeinflußt (Clark, Pennock, Kalu, Bordier, Doyle u. Foster, 1968). In eigenen Untersuchungen sollte der Einfluß des CT auf die Inaktivitätsatrophie des Knochens durch Immobilisation bei erhaltener Nerven- und Gefäßversorgung untersucht werden.

## Material und Methodik

160 g schwere Sprague-Dawley Ratten erhielten zur Ruhigstellung des linken Hinterbeines einen Gipsverband. 10 Tiere blieben unbehandelt, 10 erhielten je 50 MRC mE CT/die (Gelfiltrat von Schweineschilddrüsenultrazentrifugat) in 5%iger Gelatinelösung als Depotpräparation s. c. injiziert. 10 Kontrolltiere blieben ohne Gipsverband sowie ohne CT-Behandlung. Die Versuchsdauer betrug 6 Wochen. Am 1. und 40. Versuchstag wurden 10mg Tetracyclin/Tier i. p. injiziert. Nach Tötung wurden Femur und Tibia gewogen und histologisch aufgearbeitet (unentkalkte Dünnschliffe, Schnitte nach Entkalkung).

## Ergebnisse

Das Femurgewicht war in der Kontrollserie rechts und links gleich. In der unbehandelten Gruppe war der ruhiggestellte Femur durchschnittlich 30 mg (6—7%)

---


[1] Durchgeführt mit Unterstützung der Deutschen Forschungsgemeinschaft, Bad Godesberg.

leichter als der der Gegenseite. Unter CT-Behandlung betrug die Differenz nur noch 10mg (2%). Histologisch bestand im Vergleich zu den Kontrollen sowohl in der unbehandelten als auch in der CT-behandelten Gruppe auf der gipsgeschienten Seite eine deutliche Rarefizierung der Spongiosa der Femur- und Tibiametaphyse. An der Corticalis (besonders der Tibia) zeigte die unbehandelte Gruppe eine geringe periostale Apposition durch den äußeren mechanischen Reiz des Gipses. Unter CT-Behandlung war diese Neubildung deutlich verstärkt. Gleichzeitig war die endostale Resorption stärker ausgeprägt als in der unbehandelten Gruppe (Abb.).

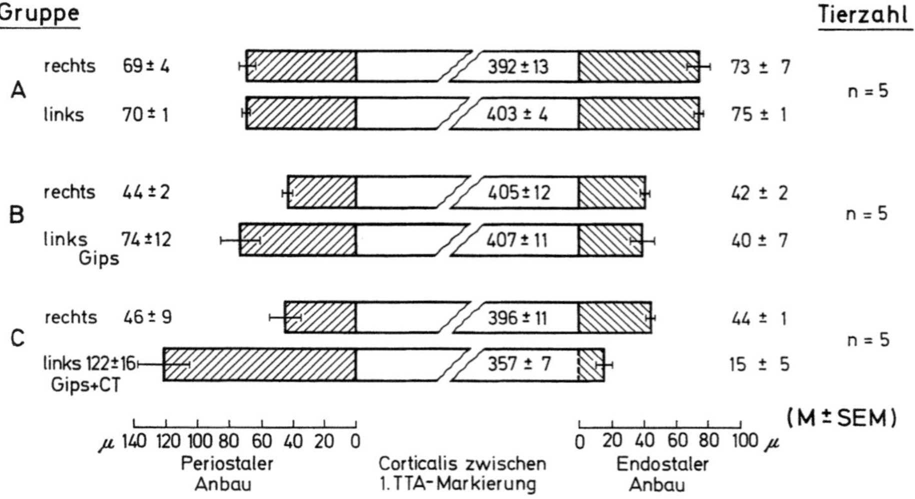


Abb. Peri- und endostaler Anbau sowie Corticalisbreite bei Versuchsbeginn (Rattentibia). A: Unbehandelte Kontrollen. B: Gipsschiene am linken Bein. C: Gipsschiene am linken Bein und Calcitoninbehandlung

## Diskussion

Der Gipsverband bewirkte in der unbehandelten Gruppe eine Inaktivitätsatrophie von Femur und Tibia mit Gewichtsabnahme und Rarefizierung der Spongiosa. Durch den äußeren mechanischen Reiz kam es stellenweise zu einer geringen periostalen Apposition, deren Ausmaß unter CT-Behandlung markant verstärkt wurde. Dagegen ließ sich die Rarefizierung der Spongiosa durch die CT-Gabe nicht verhindern. Inwieweit hier Parathormon gegenregulatorisch eingreift, bedarf der Klärung. Möglicherweise ergibt sich aus den Befunden eine therapeutische Nutzanwendung des CT zur Förderung der Frakturheilung.

### Literatur


Clark, M. B., J. Pennock, D. N. Kalu, Ph. Bordier, F. H. Doyle, and G. V. Foster: Calc. Tiss. Res. 2, Suppl. 18 (1968).
Friedman, J., and L. G. Raisz: Science 150, 1467 (1965).
Fujita, T., H. Orimo, M. Ohata, and M. Yoshikawa: Endocr. jap. 15, 8 (1968).

# Untersuchungen über die phosphaturische Wirkung von Calcitonin und Parathormon beim Menschen

## Investigations on the Phosphaturic Action of Calcitonin and Parathyroid Hormone in Man

M. A. Dambacher und H. G. Haas[1]

Stoffwechselabteilung der Medizinischen Universitätsklinik Basel

Mit 1 Abbildung

### Summary

1. In four patients with untreated hypoparathyroidism calcitonin produced a significant phosphaturia without changes of serum calcium. This effect was uniform for either extracted or synthetic porcine CT and for synthetic human CT.

2. Phosphaturia of PTE exceeded that of CT, but when both hormones were administered simultaneously, the increase of phosphate excretion was of the same order of magnitude. In no case, CT diminished the phosphaturic effect of parathyroid hormone.

Es ist immer noch umstritten, ob Calcitonin (CT) an sich phosphaturisch wirkt: zum einen divergieren die tierexperimentellen Befunde sehr stark [1, 2], zum andern ist in den bisher publizierten Untersuchungen an Menschen mit einer Interferenz des endogenen Parathormons, das eine starke Phosphaturie verursacht, zu rechnen. Um diese Frage zu klären, haben wir euthyreoten Patienten mit schwerem, unbehandeltem Hypoparathyreoidismus Calcitonin und Parathyreoidea-Extrakt (PTE) verabreicht. Folgende drei Fragen sollten beantwortet werden:

1. wirkt CT auch dann phosphaturisch, wenn kein Parathormon vorhanden ist?

2. fördert PTE die Phosphatausscheidung mehr als CT?

3. ist CT, wie Ziegler u. Mitarb. vermuteten [3], auch am Nierentubulus ein Antagonist des Parathormons, d. h. hemmt CT die phosphaturische Wirkung von PTE?

### Krankengut und Methodik

Es wurden vier Patientinnen im Alter von 40, 64, 73 und 78 Jahren untersucht; alle zeigten eine ausgeprägte Hypocalcämie (Calciumwerte 6,5; 7,2; 5,4 und 5,8 mg, 100 ml), eine Hyperphosphatämie (Phosphat 7,0; 5,5; 6,5 und 5,0 mg/100 ml) und klinisch eine manifeste Tetanie. In allen Fällen war eine subtotale Strumektomie vorangegangen. Mit einer Infusionspumpe wurden während 7 Std stündlich 250 ml 5% Lävulose infundiert und der Urin mittels Katheter in Stundenportionen gesammelt. Blutentnahmen erfolgten jeweils zwischen zwei Clearance-Perioden. Der Clearancewert der ersten beiden Stunden diente als Leerwert, in den nachfolgenden 3 Std fügten wir der Infusion entweder Calcitonin oder Parathormon oder beide Hormone bei. Die letzten beiden Stunden dienten dann wiederum als Kontrolle. In einem Vorversuch erhielten alle Patienten das Lösungsmittel allein. Hierbei zeigte die Phosphatausscheidung keine signifikanten Schwankungen. Wir beziehen deshalb im folgenden die Veränderungen der Phosphatclearance (Cp/100 ml GFR) unter den Hormonen auf die beiden Vorstunden.

[1] Mit Unterstützung des Schweizerischen Nationalfonds zur Förderung der wissenschaftlichen Forschung, Kredit Nr. 4121.

406

Untersuchungsprotokoll:

1. Tag    150 MRC E extrahiertes Schweine-Calcitonin[2]
2. Tag    500 USP E Parat-Hormon Lilly, immer die gleiche Charge
7. Tag    beide Hormone in oben genannter Dosierung zusammen

Einer Patientin verabreichten wir außerdem noch 1,5 mg synthetisches Schweine-CT (entsprechend ungefähr 150 MRC E), einer zweiten Patientin 1,5 mg synthetisches menschliches CT.

## Resultate

In der Abb. sind die Veränderungen unter CT gegenüber den Kontrollperioden eingetragen, jeweils Mittelwert und Standardfehler. In allen Fällen vermehrte CT die Phosphatausscheidung deutlich, doch nicht so stark wie das Parathormon. Die Kombination beider Hormone führte zu keiner wesentlichen Steigerung der Effekte.

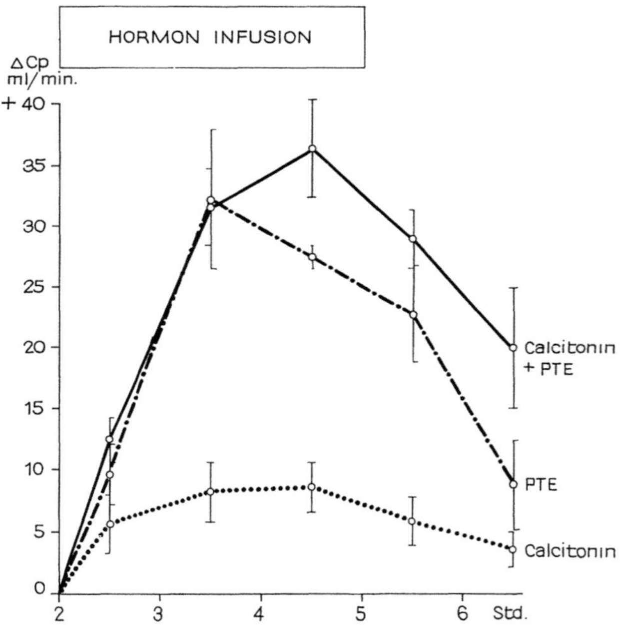


Abb. Δ Phosphatclearance unter Calcitonin, Parathyreoidea Extract und der Kombination beider Hormone bei Hypoparathyreoidismus (Mittelwerte von 4 Patienten ± SEM)

Statistisch signifikant ist nur der Unterschied in der 3. Stunde. Sowohl synthetisches Schweine-wie synthetisches menschliches CT bewirkte einen Anstieg der Phosphatausscheidung in der gleichen Größenordnung wie extrahiertes Schweine-CT. In keinem Fall kam es unter CT zu einem Abfall des Serumcalciums.

### Literatur


1. Clark, J. D., M. L. Zatzman, and A. D. Kenny: Renal effects of thyreocalcitonin in the dog. Biochem. J. **108**, 25 (1968).
2. Robinson, C. J., T. J. Martin, and I. MacIntyre- Phosphaturic effect of thyrocalcitonin. Lancet **1966 II**, 83—84.
3. Ziegler, R., B. Lemmer u. E. F. Pfeiffer: Über die Einwirkung von Thyreocalcitonin auf die Phosphaturie. Klin. Wschr.**45**, 34—38 (1967).


[2] Wir danken der Ciba AG Basel für die Überlassung des Calcitonins.

# Zur Endokrinologie der Pylorusschleimhaut
# I. Experimentelle Beeinflussung der Gastrin-Zelle
## On the Endocrinology of the Pyloric Mucosa
## I. Experimental Modification of the Gastrin Cell


W. G. Forssmann und L. Orci

Institut d'Histologie et d'Embryologie; Ecole de Médecine


Mit 2 Abbildungen


## Summary

The so-called gastrin-producing cells in pyloric epithelium of rats have been studied under various experimental conditions. It was shown that the electron density of the secretory granules varies with respect to starvation and food administration. It was also shown that emiocytosis may not be involved in the secretory process.


Nach einer neueren elektronenoptischen Untersuchungen kommen im Magendarmtrakt mehrere endokrine Zelltypen vor [3, 9]. Die vorwiegende Zellart ist die sog. Enteroserotoninzelle [3], die in der gesamten Schleimhaut des Magendarmtraktes zu finden ist. Über eine, der A-Zelle des Pankreas entsprechenden Zelle [9], die intestinale A-Zelle, haben wir u. a. beim vorigen Symposium dieser Gesellschaft berichtet [5]. Unsere weiteren Untersuchungen an den endokrinen Zellen des Magendarmtraktes haben gezeigt, daß im Pylorus eine spezifische Zellart lokalisiert ist; diese fällt durch ihre Form und ihre Sekretgranula auf [3]. Dieser spezifische Zelltyp scheint mit den aus der Lichtmikroskopie bekannten argentaffinen und argyrophilen Zellen nicht identisch zu sein: in den Pylorusdrüsen findet man nämlich in fast jedem Drüsenschlauch eine oder mehrere solcher Zellen, während die Zahl der mit Silberimprägnation darstellbaren Zellen viel geringer ist. Die Vermutung liegt nahe, daß diese Zeilen dem Bildungsort von Gastrin entsprechen [2, 4]; nach den lichtoptischen Arbeiten von McGuigan (1968) [8] mit fluoresceinmarkierten Antikörpern befindet sich Gastrin in bestimmten Zellen der Pylorusschleimhaut. Die von diesem Autor beschriebene Zelle entspricht aller Wahrscheinlichkeit nach der von uns gleichzeitig elektronenoptisch identifizierten Zelle.

Die Gastrin-Zellen sind auf zahlreiche Einflüsse sehr sensibel. Bei der Ratte z. B. weist selbst nach gelungener Fixation ein Teil der Zellen entleerte Sekretgranula auf, oder zumindest ein Teil der Sekretgranula ist auch bei Kontrolltieren im Nüchternzustand entleert. Bei Katzen erhält man nach mehrstündigem Fasten Gastrin-Zellen, deren Sekretgranula mit elektronendichtem Material angefüllt sind (Abb. 1a). Die Sekretgranula haben etwa die gleiche Größe wie die der endokrinen Zellen des Pankreas, jedoch ist meist ein unscharfer, heller Hof zwischen Membran und Sekretsubstanz zu sehen.

Bei der Ratte versuchten wir die Sekretion durch Gaben von Atropin-Procain-Lösung mittels einer Magensonde bei nüchternen Tieren zu beeinflussen. Diese

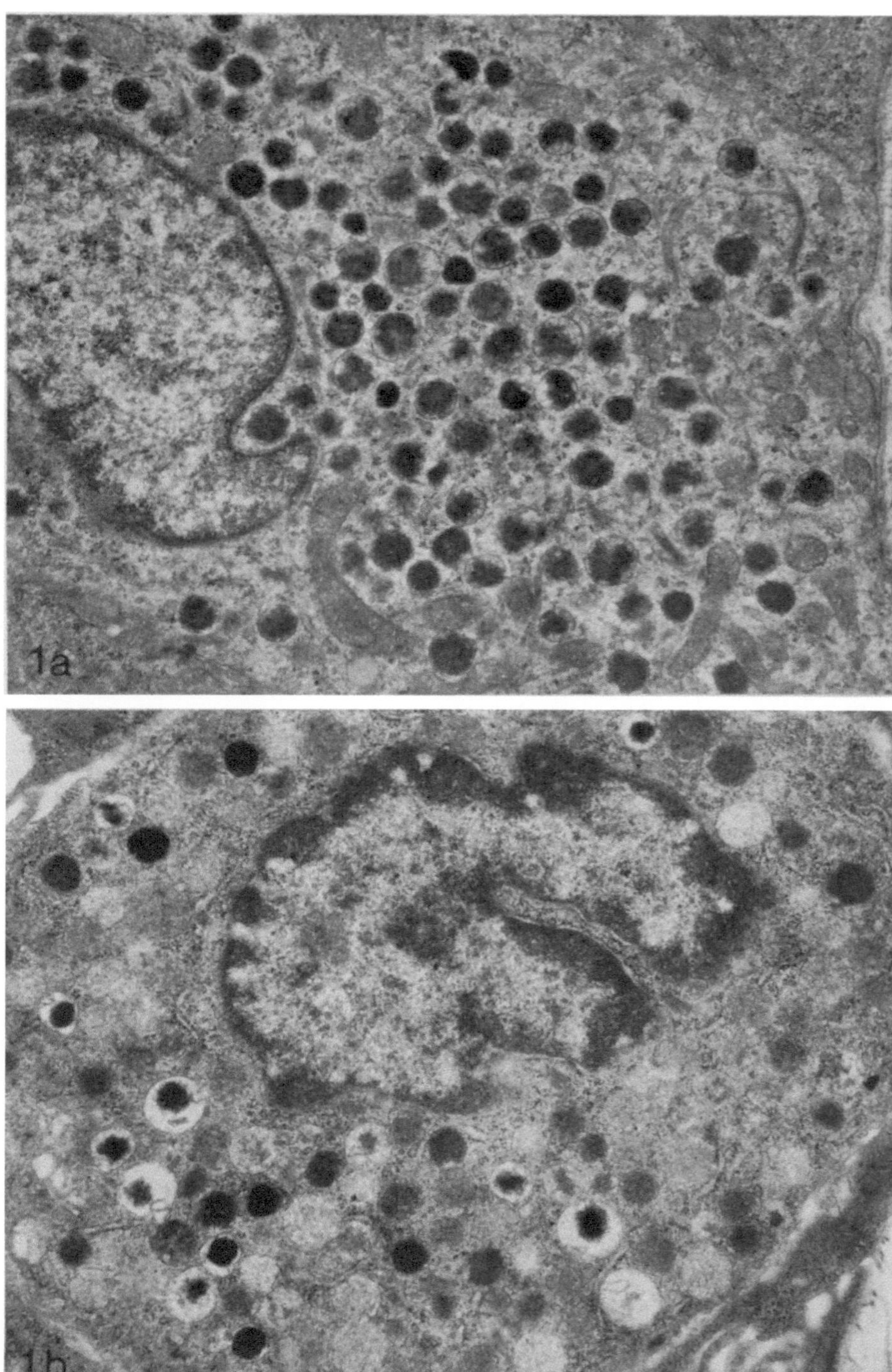

Abb. 2. Ausschnitte aus: a) Gastrin-Zelle in der Pylorusschleimhaut der Ratte nach Alkohol-Gabe mittels einer Magensonde. Sämtliche Sekretgranula sind entleert. b) Enteroserotonin-Zelle der gleichen Ratte. Keine Beeinflussung der Struktur dieser endokrinen Zellart ist zu erkennen

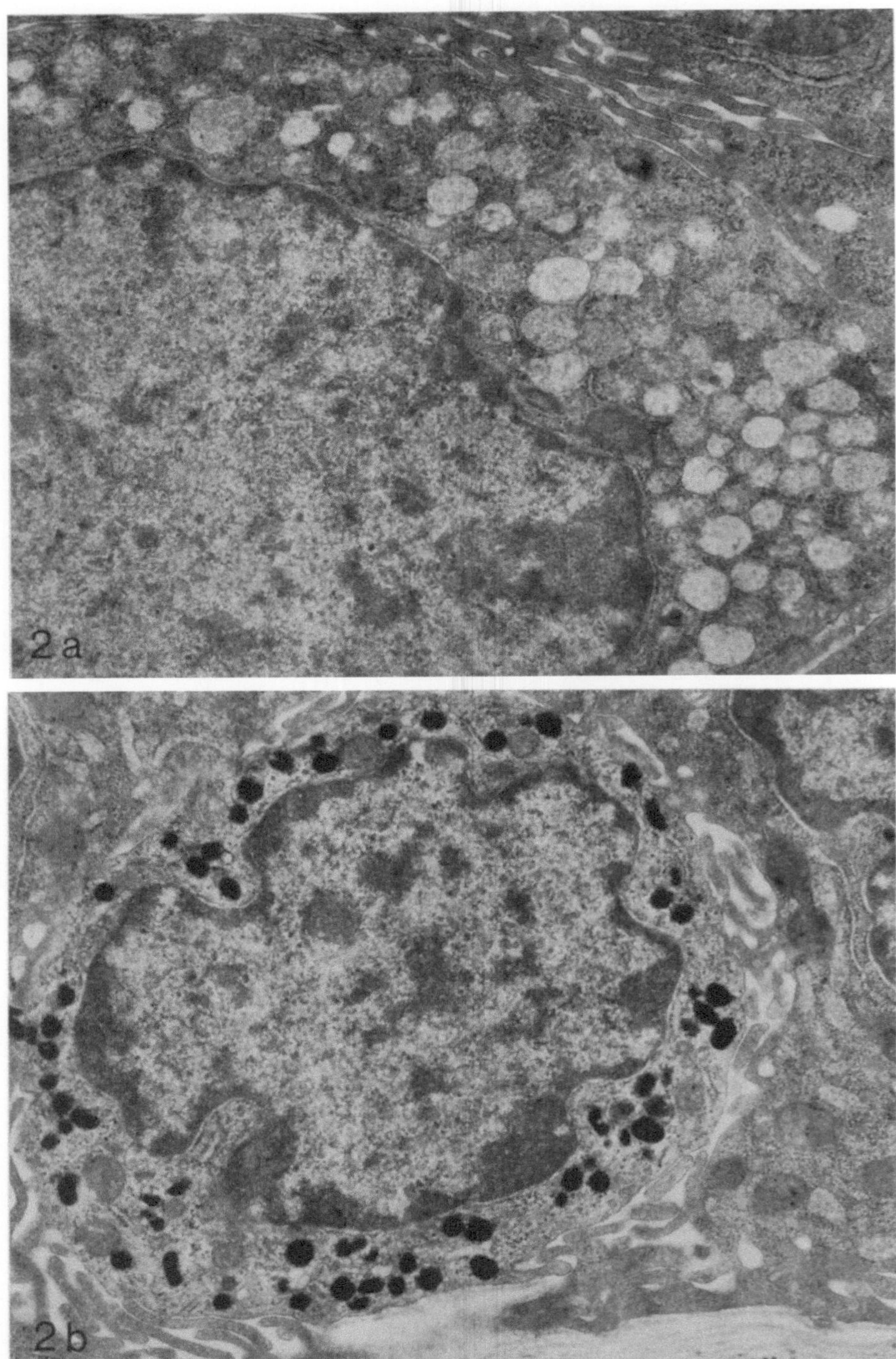

Abb. 1. Ausschnitte aus: a) Gastrin-Zelle in der Pylorusschleimhaut der Katze mit gefüllten Sekretgranula bei geringer Vergrößerung. b) Gastrin-Zelle in der Pylorusschleimhaut einer Ratte nach Atropin-Procain-Gabe mittels einer Magensonde. Zahlreiche elektronendichte Sekretgranula sind zu sehen

Stoffe hemmen die Gastrinsekretion durch vagalen sowie lokalen Reiz [1]. Die Tiere erhielten durch eine Magensonde 1 ml 0,9% Natriumchlorid mit 1,0% Procain und 0,25 mg Atropin. Anschließend erfolgte eine Perfusionsfixation des gesamten Tieres (siehe bei Forssmann u. Mitarb., 1967 [6]). Bei den Tieren konnte eine Stunde nach Magensondierung deutlich eine Wirkung dieser Substanzen erkannt werden. Die Gastrin-Zellen der derart behandelten Ratten zeigen deutlich eine Vielzahl der Sekretgranula mit stark elektronendichtem Inhalt (Fig. 1b). Einige der Sekretgranula sind völlig mit opaker Substanz angefüllt, andere zeigen einen mehr oder weniger breiten hellen Hof, manche sind gleichmäßig mit feingranulärer Substanz gefüllt, die ebenfalls in der Tönung variieren. Völlig leere Granula und völlig entleerte Zellen beobachtet man selten.

Bei anderen Tieren sieht man nach Anwendung einer Magensonde mit 30% Äthanol eine große Zahl von Gastrin-Zellen, deren Cytoplasma ausschließlich leere Sekretgranula enthält (Abb. 2a). Die fast weißen Sekretgranula besitzen eine deutlich erhaltene Membran und wenig feingranuläres filamentöses Material.

Im Gegensatz zu den Gastrin-Zellen sind die Enteroserotoninzellen durch die Applikation von Äthanol über die Magensonde nicht beeinflußt (Abb. 2b). Sie enthalten die typischen, polymorphen und elektronendichten Sekretgranula.

Unsere morphologischen Untersuchungen an der spezifischen endokrinen Zelle der Pylorusschleimhaut zeigen damit Parallelen zu dem aus physiologischen Versuchen bekannten Verhalten der Gastrinsekretion. Weiterhin ist auf einen Sekretionsmodus mit intracytoplasmatischer Freisetzung des Hormons zu schließen: so spielt die für die endokrine Pankreaszellen angenommene Emiocytose [7] in diesen Zellen im Sekretionsvorgang keine Rolle.

Mit Unterstützung durch den Schweizerischen Nationalfonds für die wissenschaftliche Forschung.

## Literatur

1. Elwin, C.-E., and B. Uvnäs: In: Gastrin. M. J. Grossmann, ed. pp. 69—82. London: Butterworths 1966.
2. Forssmann, W. G., L. Orci, W. Forssmann, and Ch. Rouiller: In: Non-insulin-producing tumors of the pancreas. L. Demling and R. Ottenjann, eds., p. 82—85. Stuttgart: Thieme 1969.
3. — — R. Pictet, A. E. Renold, and Ch. Rouiller: J. Cell Biol. **40**, 692—715 (1969).
4. — — and Ch. Rouiller: J. Cell Biol. **39**, 167a (1968).
5. — — — 14. Symposium Deutsch. Ges. Endokrinologie. J. Kracht, ed. pp. 251—256. Berlin-Heidelberg-New York: Springer 1968.
6. — G. Siegrist, L. Orci, L. Girardier, R. Pictet et Ch. Rouiller (ass. techn. M. Baumann et A. Moritz): J. Microscopie **6**, 279—304 (1967).
7. Lacy, P. E.: New Engl. J. Med. **276**, 187—194 (1967).
8. McGuigan, J.: Gastroenterology **55**, 315—327 (1968).
9. Orci, L., R. Pictet, W. G. Forssmann, A. E. Renold, and Ch. Rouiller: Diabetologia **4**, 56—67 (1968).

# Zur Endokrinologie der Pylorusschleimhaut
# II. Einbau von 5-Hydroxytryptophan-H³ in die Enteroserotoninzellen

## On the Endocrinology of the Pyloric Mucosa
## II. Incorporation of 5-Hydroxytryptophan-H³ into the Enterosteronin Cell


A. PERRELET, L. ORCI und W. G. FORSSMANN

Institut d'Histologie et d'Embryologie; Ecole de Médecine


Mit 1 Abbildung


## Summary

Administration of tritium-labelled 5-hydroxytryptophan to rats leads to heavy labelling in high resolution autoradiography of the so-called enteroserotonin cells in the pyloric epithelium. This finding favours the hypothesis that these cells are involved in serotonin metabolism.


Im Pylorusschleimhautepithel kommen mehrere endokrine Zelltypen vor [2, 4]. Ein Typ, die sog. Enteroserotoninzelle, entspricht der von Lichtoptikern als argentaffine oder enterochromaffine bezeichneten Zelle. Ihre Funktion ist nach den Untersuchungen von Erspamer [1] die Serotoninbildung. Von einigen Autoren wird diese Ansicht nicht geteilt, da nicht genügend Ergebnisse vorliegen, die für eine solche Funktion beweiskräftig sind. Aufgrund der Lokalisation und Verteilung dieser Zelle im Magendarmtrakt kann der Elektronenoptiker nur unsicher ableiten, welche diese spezifische Zelle ist [3]. Wir haben daher versucht, mit Hilfe der elektronenmikroskopischen Autoradiographie nachzuweisen, in welche Zellen Vorstufen des Serotonins eingebaut werden.

In der Abb. 1a sieht man eine normale Enteroserotonin-Zelle: diese kommt meistens in den basalen Teilen der Drüsenschläuche des gesamten Magendarmtraktes vor, besonders aber im Duodenum und Pylorus. Als wesentliches Merkmal dieser Zelle fallen die stark polymorphen und elektronendichten Sekretgranula auf.

In Abb. 1b finden wir wieder eine solche Zelle, aber von einem Versuch mit Autoradiographie. Die injizierte Substanz, das Tritium-markierte 5-Hydroxytryptophan, ist hier durch die zahlreichen Silberkörner lokalisiert. Somit ist der radioaktive Vorläufer des Serotonins oder einer seiner Metabolite in die Enteroserotoninzelle eingebaut. Das Bild stammt von einem Versuchsstadium eine Stunde nach der Injektion. Die Silberkörner sind praktisch nur auf die Cytoplasmaflächen oder Enteroserotoninzellen zu finden, die die polymorphen, elektronendichten Sekretgranula enthalten (Abb. b).

Die elektronenmikroskopischen Aufnahmen einer größeren Versuchsserie wurden statistisch ausgewertet. Die Radioaktivität ist in allen Stadien vor 9 Std signifikant höher auf den Cytoplasmaflächen nachzuweisen, dort wo sich die polymorphen Sekretkörner finden.

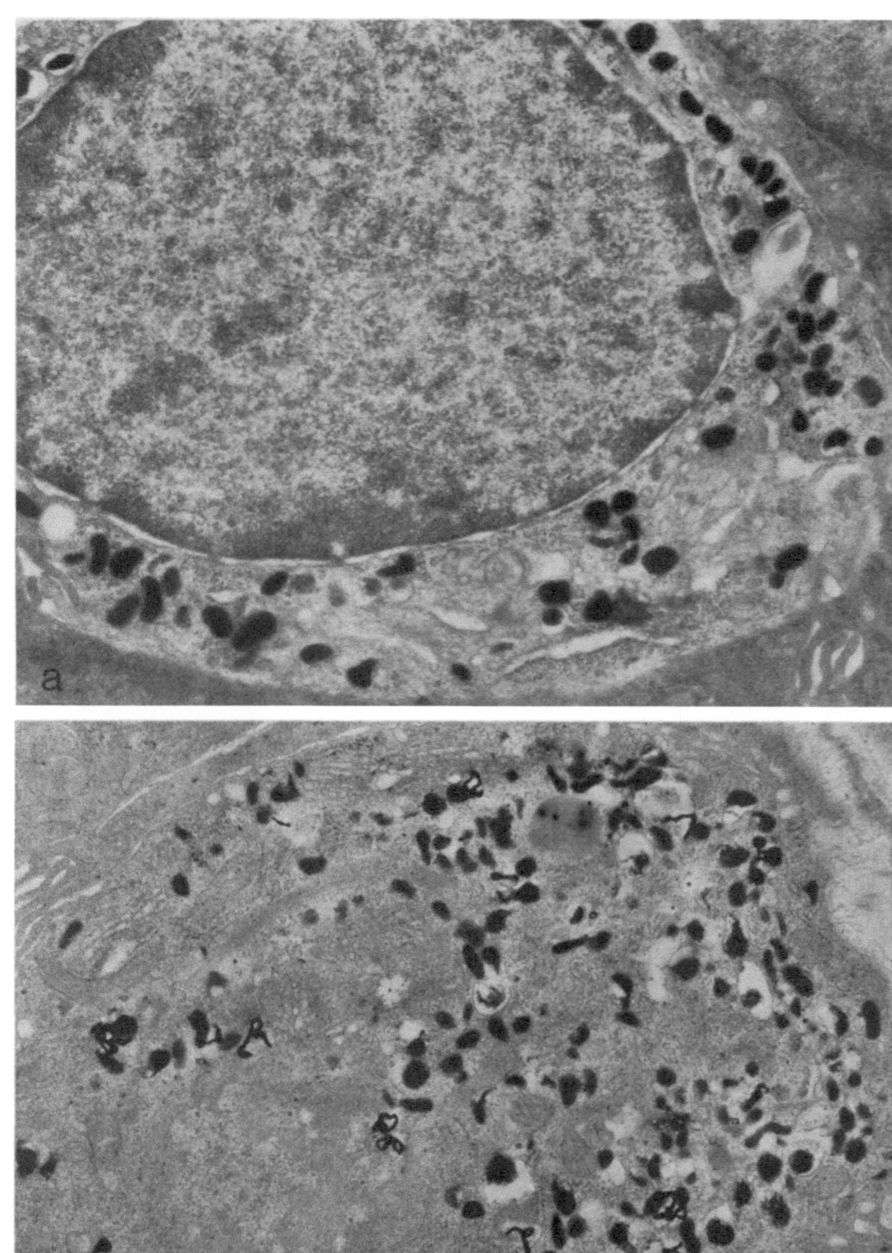

Abb. Enteroserotoninzellen im Epithel der Pylorusdrüsen (Ratte):
a) Normale Präparation. Man erkennt die polymorphen Sekretkörner
b) Autoradiographie 15 min nach [³H] -5Hydroxytryptophaninjektion. Man erkennt über
dem Cytoplasma 12 entwickelte Silberkörner; die Kerngegend und die übrigen Zellen zeigen
keine Aktivität
Vergrößerung: a) 13,200 Mal — b) 12,000 Mal

Der Serotoninvorläufer 5-Hydroxytryptophan wird nach unseren Beobachtungen also in die Enteroserotoninzellen eingebaut. Wahrscheinlich ist dieser Stoff dabei zu Serotonin decarboxyliert. Aus den Versuchen geht auch ein zeitabhängiger Sekretionscyclus hervor. Wir können daher schließen, daß die endokrine Zelle mit den polymorphen Sekretgranula im Epithel des Magendarmtraktes tatsächlich die sogenannte Enteroserotoninzelle ist.

Mit Unterstützung durch den Schweizerischen Nationalfonds für die wissenschaftliche Forschung und die I. O. S. Foundation.

### Literatur

1. Erspamer, V., and B. Asero: Nature (Lond.) **189**, 800 (1959).
2. Forssmann, W. G., u. L. Orci: Symp. Dtsch. Ges. Endokr. **15**, 408—411 (1969).
3. — — R. Pictet, A. E. Renold, and Ch. Rouiller: J. Cell Biol. **40**, 692—715 (1969).
4. Orci, L., R. Pictet, W. G. Forssmann, A. E. Renold, and Ch. Rouiller: Diabetologia **4**, 56 (1968).

# Immunhistologische Untersuchungen und der Nachweis von Serum- und Tumorinsulin beim Insulinom
## Immunhistological Investigations and Serum and Tumor Insulin Detection in Insulinoma


K. Federlin, S. Raptis, J. Beyer und E. F. Pfeiffer

Abteilung für Endokrinologie und Stoffwechsel des Zentrums für Innere Medizin
der Universität Ulm und Abteilung für Endokrinologie
des Zentrums der Inneren Medizin der Universität Frankfurt am Main


Mit 1 Abbildung

## Summary


6 cases of insulinoma were examined with morphological methods (histology, immuno-histology, electron-microscopy), in 3 cases also studies of serum- and tumorinsulin could be done. With the exception of one case the tumor cells reacted negatively using the immuno-fluorescent antibody technique for detecting insulin. The results indicating an immunologically abnormal tumorinsulin are discussed briefly.


Es ist bekannt, daß die zur Darstellung der B-Zellen Langerhansscher Inseln benutzten Färbemethoden bei Gewebe von Inselzelltumoren nur mit geringem Erfolg anzuwenden sind (Porter and Frantz, 1956 Warren, LeCompte and Legg, 1966), während sich die Inseln im umgebenden Pankreas mit der gleichen Technik gut darstellen lassen. Auffalend war ferner die Beobachtung von Lacy und Williamson (1960), daß bei 2 Fällen von Inselzelladenom auch mit der für Insulin so spezifischen Methode der Immunhistologie im Tumor keine Zellen angefärbt werden, konnten im Gegensatz zu den B-Zellen im umgebenden Pankreas. Pfeiffer hat 1966 eine gleichsinnige Beobachtung von uns mitgeteilt. Diese Befunde sprachen für ein immunologisch differentes Verhalten des Tumorinsulins. — Demgegenüber berichteten Breustedt und Kracht (1968) über 3 Fälle von Inselzelladenomen, bei denen sich die Tumorzellen teilweise fluorescenzoptisch darstellen ließen. Die Autoren vertraten die Ansicht, negative Reaktionen der Tumorzellen bei gleichzeitig positivem Befund an den B-Zellen der Inseln können für eine nicht immunologische Reaktion sprechen.

Inzwischen übersehen wir insgesamt 6 Fälle mit insulinproduzierenden Tumoren (4 Inselzelladenome, 2-carcinome), bei denen histologische, immunhistologische und z. T. auch elektronenmikroskopische Untersuchungen[1] sowie Insulinbestimmungen im Blut und an Tumorextrakten vorgenommen werden konnten.

Zur Färbung der B-Zellen wurde nach Fixierung in Susa-Gemisch und Einbettung in Polyaethylenglykol 1500 eine modifizierte Aldehydfuchsinfärbung (die wir Herrn Dr. Baender von den Farbwerken Hoechst verdanken) durchgeführt. Zur immunhistologischen Darstellung des Insulins wurde die direkte Immunfluorescenz angewandt und dazu die Gammaglobulin-

---

[1] Herrn Prof. Kief (Abt. Pathologie der Farbwerke Hoechst) sei herzlich für die Überlassung der elektronenmikroskopischen Befunde gedankt.

fraktion eines Meerschweinchen-anti-Rinderinsulin-Serums benutzt, das mit Fluorescein-isothiocyanat markiert und über Sephadex-DEAE-Sephadex (nach Bruchhausen u. v. Mayersbach, 1967) gereinigt worden war. Die molare F:P-ratio betrug 0,5—0,8.

## Ergebnisse

In allen 6 Fällen konnten die B-Zellen der normalen Langerhansschen Inseln aus der Umgebung des Tumors mit der Aldehydfuchsinfärbung und mit der Immunfluorescenz dargestellt werden (Tab. u. Abb.); erstere gelang dagegen bei den Tumoren nur zweimal angedeutet und letztere nur in einem einzigen Fall an

Tabelle. *Letzte Spalte: ( + ÷ ) = vorwiegend unreife Granula; + + = häufig reife Granula*

| Name | Alter | max. IMI (µE/ml) | Inselzelltumor | Insulingehalt (E/g Trockengewicht) | Immunhistol. Insulinnachweis Tumor | Insel | Histolog. Färbung (Aldehydfuchsin) Tumor | Insel | Elektronenopt. Granula Tumor |
|---|---|---|---|---|---|---|---|---|---|
| M. S. | ♀ 65 J. | — | Carcinom | — | ∅ | + + | (+) | + + | — |
| E. P. | ♀ 10 J. | 136 (nücht.) | Adenom | — | ∅ | + + | ∅ | + + | — |
| F. R. | 0 61 J. | 820 (Tolb.) | Adenom | 62,5 | + | + + | (+) | + + | (+ +) |
| M. L. | ♀ 59 J. | 220 (Tolb.) | Carcinom | 9,35 | ∅ | + + | ∅ | + + | (+ +) |
| A. B. | ♀ 38 J. | 395 (Tolb.) | Adenom | 11,4 | ∅ | + + | ∅ | + + | + + |
| E. U. | ♀ 62 J. | 500 (or. Gluk.) | Adenom | — | ∅ | + + | ∅ | + + | — |

wenigen Zellgruppen (Fall 3 mit den höchsten Insulinwerten im Serum und im Tumorextrakt). Bei den übrigen Tumoren war der immunhistologische Befund negativ, obgleich bei zwei auch elektronenoptisch untersuchten Gewebsproben Granula (teils unreif, teils ausgereifter) gefunden wurden.

## Diskussion

Für den negativen immunhistologischen Befund bei der Mehrzahl der Tumoren können verschiedene Faktoren diskutiert werden. 1, Methodische Fehler: sie sind wegen einwandfreier Spezifitätskontrollen und des regelmäßig positiven Nachweises von Insulin in den Inseln des gleichen Pankreas auszuschließen. 2. Quantitative Faktoren: ein zu geringer Gehalt der Tumorzellen an Insulin ist unwahrscheinlich, da die Mehrzahl der Autoren, die elektr. mikr. Untersuchungen vornahmen, von einem nahezu gleichgroßen Gehalt an Granula wie in den B-Zellen sprechen. Im übrigen haben Bestimmungen von Lacy(1967) und von Gepts(1968) erkennen lassen, daß die Tumorzellen nahezu gleichviel Insulin enthalten wie normale B-Zellen und wenn weniger, dann allenfalls im Verhältnis 1 : 2. Hinzu kommt, daß bei unserem 6. Fall eine bis zur Operation anhaltende Behandlung mit Diazoxide vorgenommen

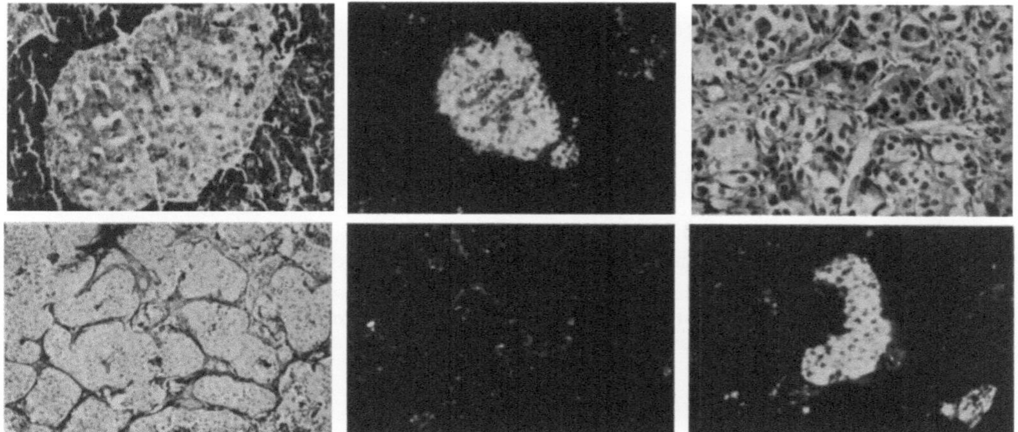

Abb. 1. obere Reihe: links: Langerhanssche Insel aus der Tumorumgebung, pos. Aldehydfuchsinfärbung
Mitte: positiver immunhistol. Insulinnachweis in einer Insel aus der
Tumorumgebung
rechts: unterschiedliches Färbeverhalten von Zellgruppen in einem
Inselzelladenom (HE-Färbung)
untere Reihe: links: Inselzeladenom, keine Anfärbung mit Aldehydfuchsin
Mitte: Inselzelladenom, keine immunhistol. Insulindarstellung
rechts: Inselzelladenom, positive immunhistol. Insulindarstellung
einer einzelnen Zellgruppe

wurde, sodaß bei diesem Tumor eher eine Anreicherung an Insulin bestanden haben
muß, wie es von Frerichs, Creutzfeldt u. Creutzfeldt (1968) beobachtet wurde.
3) Qualitative Faktoren: sie sind u. E. ausschlaggebend. Das vielgestaltige histologische Bild (auch innerhalb der gleichen Geschwulst) mit verschiedenen Reifegrad
der Zellen macht es verständlich, daß u. U. Formationen gefunden werden, in denen
Insulin fluorezenzoptisch nachzuweisen ist. Die Beobachtungen von negativem oder
positivem immunhistologischen Insulinnachweis sind daher nicht widersprüchlich.
Jedoch spricht die Tatsache, daß die Mehrzahl der Tumoren (und innerhalb des
Tumors mit positivem fluoreszenzopt. Nachweis auch die Mehrzahl der Tumorzellen) am Gewebsschnitt nicht mit dem Insulinantikörper reagiert, für die Existenz
von Tumorinsulin, das biologisch aktiv ist, dessen antigene Determinationten aber
verändert sind.

### Literatur


Breustedt, H. J., u. J. Kracht: 14. Symp. dtsch. Ges. Endocr. S. 174. Berlin-Heidelberg-
New York: Springer 1968.
Bruchhausen, D., u. H. V. Mayersbach: Acta histochem. (Jena) Suppl. VII, 265 (1967).
Frerichs, H., C. Creutzfeldt u. W. Creutzfeldt: 14. Symp. dtsch. Ges. Endokr. S. 146. Berlin-
Heidelberg-New York: Springer 1968.
Gepts, W.: 14. Symp. dtsch. Ges. Endokr. S. 101. Berlin-Heidelberg-New York: Springer 1968.
Lacy, P. E.: New Engl. J. Med. 276, 187 (1967).
—, and J. R. Williamson: Anat. Rec. 136, 227 (1960).
Porter, M. R., and V. K. Frantz: Amer. J. Med. 21, 944 (1956).
Pfeiffer, E. F.: Verh. dtsch. Ges. inn. Med. 72, 811 (1967).
Warren, S., P. LeCompte, and M. E. Legg: The pathology of diabetes mellitus, p. 380.
Philadelphia: Lea & Febiger 1966.

# Insulin und Galaktose
## Insulin and Galactose


K. Grimmel, K. Rommel, F. Melani und R. Böhmer

Sektion für Klinische Laboratoriumsdiagnostik
und Abteilung für Endokrinologie und Stoffwechsel
des Zentrums für Innere Medizin der Universität Ulm



**Summary**

Galactose, given either orally or intraveneously, causes an insulin secretion in man. This insulin secretion is an effect of the glucose, which is formed through the galactose catabolism.

The analogue computer analysis of galactose blood levels in man after oral galactose administration shows a decreased resorption of galactose in the small intestine and a faster decrease in galactose blood levels, if insulin i. v. is given simultaneously.


Nach Untersuchungen am isolierten Rattenpankreas (Grodsky u. Mitarb. 1963; Telip, 1957) führt Galaktose zu keiner Insulinausschüttung. Hug u. Schubert (1957) bewiesen die Gültigkeit dieses tierexperimentellen Ergebnisses auch für den Menschen durch Untersuchungen an 2 Patienten mit Glucose-6-Phosphatasemangel.

Da wir jedoch im Rahmen anderer Untersuchungen bei oralen Galaktosebelastungen stoffwechselgesunder Probanden einen ähnlichen Abfall der freien Fettsäuren im Serum gefunden hatten wie nach Glucosegabe und da weiterhin bekannt ist, daß der Abfall der freien Fettsäuren nach Glucosegabe Folge der antilipolytischen und lipogenetischen Wirkung des durch Glucose vermehrt freigesetzten Insulins ist, haben wir den Einfluß der Galaktose auf die Insulinsekretion unter physiologischen Bedingungen am Menschen näher untersucht.

Dazu wurden stoffwechselgesunde Probanden oral und intravenös mit Galaktose belastet und neben den freien Fettsäuren auch das immunologisch meßbare Insulin im Serum bestimmt. Sowohl nach oraler als auch intravenöser Galaktosegabe kam es zu einem signifikanten Anstieg des Seruminsulins mit dazugehörigem signifikantem Abfall der freien Fettsäuren im Serum.

Galaktose führt also unter physiologischen Bedingungen zu einer Insulinfreisetzung. Nach den genannten Untersuchungen von Grodsky u. Mitarb. und Hug und Schubert kann diese Insulinfreisetzung jedoch kein direkter Galaktoseeffekt sein. Da Galaktose auf dem Leloir-Weg in Glucose umgewandelt wird, lag es deshalb nahe, das Verhalten des Blutglucosespiegels nach Galaktosegabe zu untersuchen. Wir fanden nach oraler Galaktosebelastung stoffwechselgesunder Probanden einen signifikanten Anstieg des Blutglucosespiegels. Zusammenfassend interpretieren wir deshalb die Insulinsekretion nach Galaktosebelastung als Glucoseeffekt. Der Anstieg der Blutglucose nach Galaktosegabe ist eine Folge des Galaktosekatabolismus, wobei über Glucose-6-Phosphat schließlich freie Glucose entsteht. Da die Insulinaktivität im Serum nach oraler Galaktosegabe stärker ansteigt als nach intravenöser Galaktoseapplikation — analog zu entsprechenden Glucosebelastungen — liegt die Vermutung nahe, daß auch im Falle der Galaktose intestinale Faktoren (etwa freigesetztes Pankreocymin und Sekretion) die Insulinausschüttung mit stimulieren.

Umgekehrt ist über den Einfluß von Insulin auf den Galaktosestoffwechsel nach tierexperimentellen Untersuchungen bekannt, daß Insulin die Galaktoseresorption im Darm hemmt (Beyreiss u. Mitarb., 1964) und zu einem rascheren Galaktoseaustritt aus dem Blut und zu einem größeren Verteilungsvolumen führt (Goldstein u. Mitarb., 1950). Zur Prüfung der Gültigkeit dieser tierexperimentellen Ergebnisse am Menschen haben wir gesunde Probanden mit Galaktose per os, sowie mit Galaktose per os und Insulin intravenös belastet und den Blutgalaktosespiegel bestimmt. Dabei fanden sich unter Insulin signifikant niedrigere Blutgalaktosewerte als bei Galaktosegabe allein. Eine Analogrechneranalyse (Rommel u. Grimmel, 1969) dieser Blutgalaktosekurven zeigte, daß Insulin auch beim Menschen die Galaktoseresorption im Darm hemmt und zu einer beschleunigten Galaktoseelimination aus der Blutbahn führt.

### Literatur


Beyreiss, K., F. Müller u. E. Strack: Über die Resorption von Monosacchariden. Z. ges. exp. Med. **138**, 277—288 (1964).

Goldstein, M. S., B. Mendel, and R. Levine: Further observations on action of insulin on transfer of hexoses across cell membranes. Amer. J. Physiol. **163**, 714 (1950).

Grodsky, A. A., M. Gerold, L. L. Batts, C. Bennet, N. B. Vcella, McWilliams, and D. F. Smith: Effects of carbohydrates on secretion of insulin from isolated rat pancreas. Amer. J. Physiol. **205**, 638—644 (1963).

Hug, G., and W. K. Schubert: Serum insulin in type I of glycogenosis. Effect of galactose or fructose administration. J. Amer. Diab. Ass. **16**, 791—795 (1967).

Rommel, K., u. K. Grimmel: Klin. Wschr. (im Druck).

Telib, M.: Vergleichende Untersuchungen über den Einfluß von Monosacchariden und Hormonen auf die Insulinsekretion des isolierten Pankreasgewebes einiger Säugetiere und des Frosches. Z. ges. exp. Med. **147**, 316—332 (1968).

# Primäre Conjugate von Testosteron und Metaboliten in der Leber unreifer Ratten

### Primary Conjugates of Testosterone and Its Metabolites in the Liver of Immature Rats


K.-O. Mosebach, R. Lippoldt und R. Schneider

Physikalisch-Chemische Abteilung des Physiologisch-chemischen Instituts der Universität Bonn


Mit 1 Abbildung


## Summary

We studied the initially conjugated metabolites of testosterone in the liver of 30 days old male rats. $^2/_3$ of all metabolites are conjugates. We mainly found sulphates, only 10% glucuronides. Double labeling (testosterone-$^3$H, sulphate-$^{35}$S) revealed combined activities in the sulphate fraction and in the "lipophile conjugate fraction". Solvolysis of sulphates showed androsterone, unchanged testosterone, 5$\beta$-androstane-3$\alpha$-ol-17-one and 5$\alpha$-androstane-17$\beta$-ol-3-one.


Es interessiert die Frage, welche Metabolite einer applizierten Portion Testosteron in den einzelnen Organen kaum unter Testosteron-Einfluß stehender männlicher Ratten vorliegen, wenn eben diese Testosteronportion zu wirken beginnt. Es ist wahrscheinlich, daß in unreifen Tieren Wirkungen bereits 10—30 min nach Injektion einsetzen. Wir konzentrieren uns daher auf die Verhältnisse 15 min nach Applikation von radioaktiv markiertem Testosteron in 30 Tage alte Wistar-Ratten unter möglichst physiologischen Bedingungen (in vivo statt in vitro; physiologische Mengen, maximal 50 µg; unreife statt kastrierte Tiere) [1].

Hier sei ausschließlich auf die Conjugate der Leber eingegangen, mit denen wir uns erstmalig näher beschäftigt haben. Unter den angegebenen Bedingungen liegen etwa 2/3 aller Metabolite in conjugierter Form vor. Die Trennung der Conjugate erfolgte mit Hilfe von LH-Sephadex-Säulen. Bemerkenswert ist, daß die Glucuronide eine wesentliche geringere Rolle als die Sulfate spielen. Nur etwa 12% der Conjugate sind Glucuronide. Doppelmarkierungsversuche, bei denen $^1/_2$ Std vor Applikation von 100 µCi Testosteron-1, 2-$^3$H 2 mCi $^{35}$S-Sulfat injiziert worden waren (Abb. 1), ließen die erwartete Doppelmarkierung in der Sulfatfraktion und eine kleine, aber signifikante in der als „lipophile Conjugate" bezeichneten Fraktion erkennen. Der $^{35}$S-Peak am Ende der Säule gehört zu anderen organischen Sulfaten.

Solvolyse der Sulfatfraktion zeigte nach Chromatographie im niederpolaren Bereich Testosteron, Androsteron und 5$\beta$-Androstan-3$\alpha$-ol-17-on bzw. 5$\alpha$-Androstan-17$\beta$-ol-3-on. Letztere beiden Metabolite spielen gegenüber Androsteron eine untergeordnete Rolle (Identifizierung durch Isotopenverdünnungstechnik). Die entsprechenden Spektren der freien Metabilote sind ähnlich. Der Anteil der hochpolaren Metabolite ist hier noch größer. Charakteristisch ist der wesentlich kleinere Anteil von Testosteron als bei den aus Sulfat freigesetzten Metaboliten. Die hoch-

polaren Metabolite wurden in dreistufigem Lauf mit Cyclohexan/Toluol/Methanol/
Wasser rechromatographiert. Fast alle durch in vitro-Versuche bekannten Standards [2] wurden eingesetzt, zum Teil selbst synthetisiert. Der Hauptmetabolit
deckt sich mit keinem dieser Metabolite. Durch mikrochemische Reaktionen konnten wir sichern, daß er mindestens 2 Hydroxygruppen und 1 Oxogruppe enthält. Die
Verbindung ist wahrscheinlich kein Hydroxy-Testosteron; Hydrierung verringert
ihre Polarität nicht (keine Doppelbindung). Es handelt sich eher um ein Hydroxyandrosteron bzw. Hydroxydihydrotestosteron.

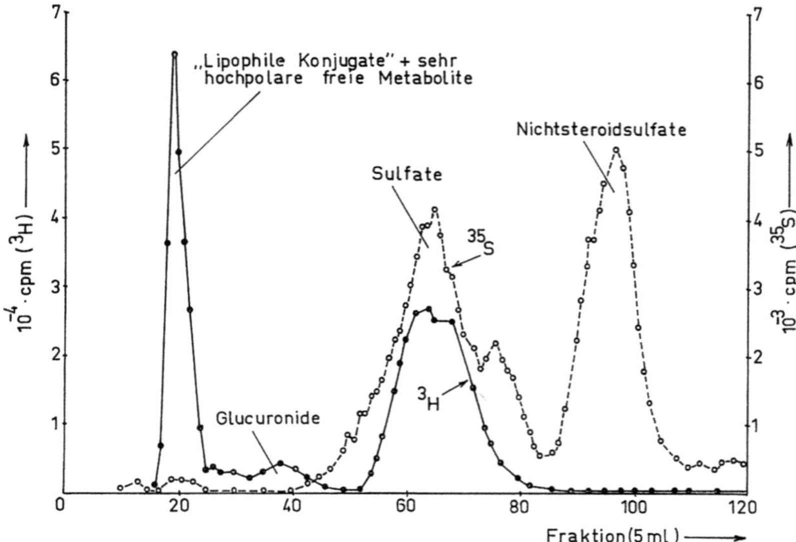


Abb. 1. ³H- und ³⁵S-haltige Conjugate in der Leber einer 30 Tage alten männlichen
Wistarratte

Subcutane Injektionen von 2 mCi (0,91 mg) $Na_2SO_4$-³⁵S 45 min und 100 µCi (0,7 µg) Testosteron-1,2-³H 15 min vor Organentnahme; Trennung der Conjugate mit Hilfe einer
LH-Sephadex-Säule (2 cm × 60 cm, Laufmittel $CHCl_3$/$CH_3OH$ 1:1 gesättigt mit NaCl)

Die Glucuronidfraktion wurde mit Perchlorsäure in Äthylacetat solvolysiert.
Es zeigten sich praktisch nur hochpolare Metabolite. Die sogenannte „lipophile
Conjugatfraktion" enthält mit Sicherheit einen erheblichen Anteil sehr hochpolarer freier Metabolite, die sich auch nach mehrfacher Extraktion mit Methylenchlorid nicht vollständig von den Conjugaten abtrennen lassen. Solvolyse dieser
Conjugatfraktion zeigte auch hier nur wenig niederpolare Aktivität. Die kleinen
Mengen Sulfat, die in dieser Fraktion auftreten, sind eine Stütze für die Befunde
von Oertel u. Mitarb. (Sulfatide).

### Literatur


1. Mosebach, K.-O.: 13. Symposium der Deutschen Gesellschaft für Endokrinologie, Würzburg 1967. S. 17. Berlin-Heidelberg-New York: Springer 1968.
2. Dorfman, R. J., and F. Ungar: Metabolism of steroid hormones. New York-London:
   Academic Press 1965.

# Einfluß von Albumin und Substratmenge
## auf den Testosteronstoffwechsel
## in der isoliert perfundierten Meerschweinchenleber

### Influence of Substrate Ratio and Albumin on Testosterone Metabolism in Isolated Perfusion of Guinea Pig Liver


W. STAIB, K. DEMISCH, P. BIRKELBACH und U. AMMEDICK

Physiologisch-Chemisches Institut der Universität Düsseldorf



### Summary

Isolated guinea-pig-livers were perfused in single passage with large doses of 4-$^{14}$C-Testosterone (7,2 mg; spez. act. 1,1 µc/mg) in Krebs-Ringer-Bicarbonate solution. The following metabolites were isolated from the perfusion medium: 6$\beta$-Hydroxytestosterone, 6$\beta$-Hydroxyandrostenedione, 7$\alpha$-Hydroxytestosterone, 7$\alpha$-Hydroxyandrostenedione, Androst-4-ene-3,17-dione, 5$\beta$-Androstane-3$\alpha$,17$\beta$-diol and 5$\beta$-Androstane-3$\alpha$-ol-17-one. These compounds have been characterized by their behaviour on a SE-30 and XE-60 column, as free steroids, steroid-acetates and steroid-trimethylsilylethers.

In other experiments the administration of 2,6 g of albumin to 100 ml perfusion medium produces a 20% rise in the amount of free metabolites of testosterone which could be extracted from the perfusing fluid. There is also a significant increase in production of Androstenedione. Other proteins like Haemacel or $\gamma$-Globulin don't cause any significant change in the metabolism of large doses of testosterone. No 17-Hydroxysteroid-dehydrogenase-activity has been observed in the used albumin.

Liver perfusion studies, using small amounts of testosterone (30 µg) have shown a markedly increase of the production of steroidconjugates. In this fraction Hydroxymetabolites of testosterone and 5$\beta$-Androstane-3$\alpha$,17$\beta$-diol could be found.


Nach Perfusion (n=8) der isolierten Meerschweinchenleber mit 8 µC $^{14}$C-Testosteron (spez. Aktivität 1,1 µC/mg) in Krebs-Ringer-Bicarbonatlösung wurde folgende Verteilung der Aktivität nach einmaliger Leberpassage gefunden: 58% im Perfusat, davon 7% in conjugierter Form, 26% in der Leber und Galle. Aus dem Perfusionsmedium konnten dabei an freien Metaboliten identifiziert werden: 6-$\beta$-Hydroxytestosteron, 6$\beta$-Hydroxyandrostendion, 7$\alpha$-Hydroxytestosteron und 7$\alpha$-Hydroxyandrostendion, sowie die 5$\beta$-reduzierten Metabolite Äthiocholanolon und Äthiocholandiol (5$\alpha$-Androstan-3a, 17$\beta$-diol). Das Meerschweinchen zeigte unter unseren Bedingungen, im Gegensatz zur Ratte, keinen Geschlechtsunterschied im Testosteronstoffwechsel.

Wurde dem Perfusionsmedium 2,6% Rinderalbumin zugesetzt, so zeigten sich charakteristische Veränderungen im Testosteronstoffwechsel (n=6). Die freien Metabolite im Perfusat nahmen um 20% zu, während die in der Leber retinierte Aktivität entsprechend abnahm. Der Anteil der Conjugate im Perfusat blieb jedoch gleich. Die absolute Zunahme der freien Metabolite betraf einmal nicht umgesetztes Testosteron (+ 10%), hauptsächlich jedoch Androstendion (+ 20%). Der Anteil der hydroxylierten Testosteronmetabolite nahm um 10% ab. Die Analyse der in der Leber retinierten Aktivität ergab, daß die starke Zunahme von

Androstendion im Perfusat auf einer Neubildung und nicht auf einer Ausschwemmung bereits vorhandenen Androstendions in der Leber beruht. Durch Inkubationsversuche konnten wir ausschließen, daß die Albumincharge mit $17\beta$-Hydroxysteroiddehydrogenase verunreinigt war. Perfusionsversuche mit $1\%$ $\gamma$-Globulin ($n = 3$) und $3,8\%$ Hämaccel ($n = 2$) zeigten andererseits, daß dieser Effekt „albuminspezifisch" ist und nicht durch andere Proteine erhalten werden kann. Offenbar sind die Austauschvorgänge für Metabolite an der Zellmembran bei Anwesenheit von Albumin erhöht.

Perfundierten wir mit geringen Testosteronmengen (spezifische Aktivität 202 $\mu$C/mg) von 30 $\mu$g ($n = 4$), so stieg der prozentuale Anteil der Steroidconjugate im Perfusat um das fünffache an. Von den freien Metaboliten waren nur 2,78 reduzierte Steroide, in der Conjugatfraktion jedoch 31%. Hauptreduktionsprodukt in der Conjugatfraktion war Ätiocholandiol.

Diese Versuche zeigten, daß durch eine höhere Conjugationsrate die Bildung von reduzierten Steroiden absolut und prozentual vermehrt ist, da die Steroidconjugate teilweise einen anderen Stoffwechsel haben, als die nicht conjugierten Steroide.

Beim Meerschweinchen ist in der Nebenniere eine weit größere Reduktaseaktivität als in der Leber gefunden worden [1]. Es ist daraufhin angenommen worden, daß die zahlreichen $5\beta$-Metabolite im Meerschweinchenharn auf die lösliche $5\beta$-Reduktase der Nebennierenrinde zurückzuführen sind. Auf Grund unserer Befunde ist jedoch anzunehmen, daß die $5\beta$-Reduktion des Testosterons nach Conjugierung durchaus in der Meerschweinchenleber stattfinden kann.

**Literatur**

1. Brown-Grant, K., E. Forchielli, and R. I. Dorfman: J. biol. Chem. **235**, 1317 (1960).

# Kombinierte elektronenmikroskopische und biochemische Untersuchungen über den Einfluß von Testosteron auf das Vesiculardrüsenepithel junger Ratten

Combined Electronmicroscopical and Biochemical Investigations on the Effect of Testosterone on the Vesicular Gland Epithelium of Young Rats


H.-G. Dahnke und K.-O. Mosebach

Physikalisch-Chemische Abteilung des Physiologisch-Chemischen Instituts und Institut für Cytologie und Mikromorphologie der Universität Bonn


Mit 1 Abbildung


## Summary

We investigated the influence of testosterone on the morphology of the secretory cells of seminal vesicles and the influence on the uptake of 14C-thymidine into seminal vesicles of 13 and 30 days old rats. Testosterone caused characteristic morphological changes in the epithelium of 13 days old rats. The uptake of thymidin was enhanced, about 30%. We could not discover any influence of testosterone on the morphology in 30 days old animals. The elevation of the uptake of thymidine was about 300% however.


Wir haben den Einfluß von Testosteron auf die Morphologie des Vesiculardrüsenepithels von jungen Sprague-Dawley Ratten elektronenmikroskopisch untersucht.

Für unsere Versuche verwendeten wir 13 Tage alte Tiere, weil zu diesem Zeitpunkt die Zellen einerseits noch nicht ganz ausdifferenziert sind, andererseits aber kurz vor der Sekretsynthese stehen, die ungefähr am 16. Lebenstag beginnt. Vollständig ausdifferenziert sind die Epithelzellen jedoch erst am 30. Lebenstag.

Den Versuchstieren wurden vom 8.–12. Lebenstag täglich 100 µg Testosteron in Sesamöl injiziert. Die Kontrollen bekamen reines Sesamöl. Die Vesiculardrüsen wurden unter Äthernarkose entnommen, in Osmium fixiert und in Epon eingebettet.

Nach fünfmaliger Testosterongabe zeigte sich ein deutlicher Einfluß auf die Morphologie des Epithels. Auffällig ist jedoch, daß durch die Hormonbehandlung die natürliche Reifung nicht beschleunigt wird, sondern morphologische Differenzierungen auftreten, die in der normalen Entwicklung nicht zu finden sind.

Die Abbildung zeigt eine schematische Darstellung der Befunde. *A:* Epithel ohne Hormonbehandlung. *B:* Epithel nach fünftägiger Testosteronbehandlung. Man erkennt bei den behandelten Tieren stark erweiterte Intercellularräume (IR). Außerdem zeigt der Golgiapparat eine völlig andere morphologische Struktur. Bei den Kontrolltieren besteht er aus einzelnen Vacuolen (GV), bei den Versuchstieren dagegen aus Stapeln abgeflachter Säckchen – sog. Diktyosomen (D). Die Diktyosomen befinden sich häufig in der Nähe der Intercellularerweiterungen. Dies legt die Vermutung nahe, daß der Inhalt der erweiterten Intercellularräume aus den Golgiapparaten stammt. Weiterhin fällt auf, daß sich die Zahl der freien Ribosomen (R)

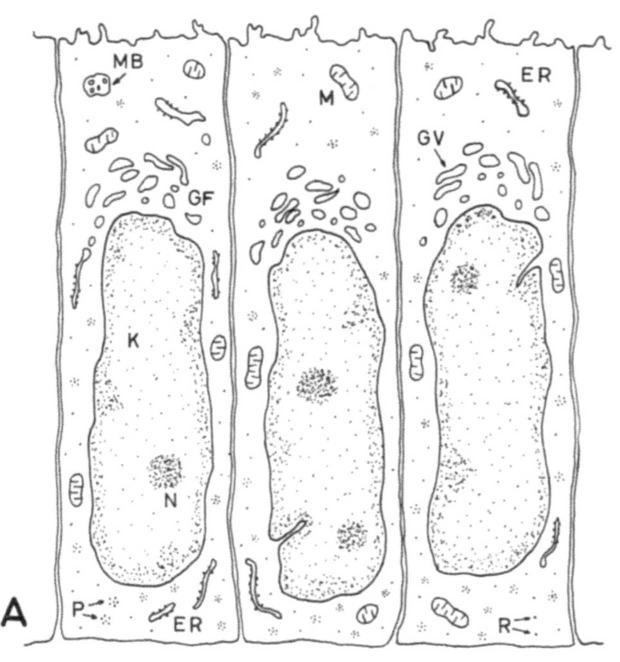
MB
ER
M
GV
GF
K
N
P
ER
R
A

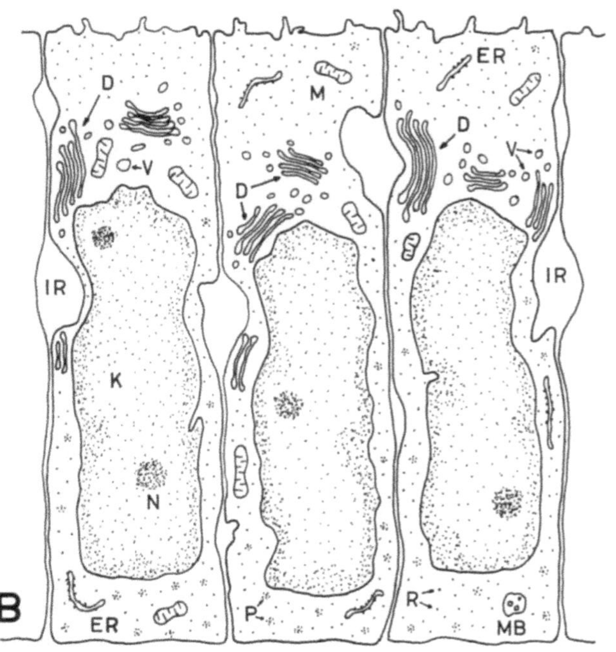
D
ER
M
D
V
D
V
ER
IR
IR
K
N
ER
P
R
MB
B

im Grundplasma vermehrt hat. Eine Veränderung der Mitochondrien (M), des granulären endoplasmatischen Reticulums (ER) und des Zellkerns (K) ist nicht zu erkennen.

Die auftretende Strukturveränderung des Golgiapparates nach Testosteronbehandlung deutet auf eine Änderung seiner Funktion hin. Es ist möglich, daß nach der Hormoneinwirkung im Golgiapparat andere Stoffwechselprozesse ablaufen als in der normalen Zelle.

In den ausdifferenzierten Epithelzellen von 30 Tage alten Ratten sind die beschriebenen morphologischen Veränderungen nicht festzustellen. Nach fünftägiger Testosteronbehandlung war elektronenmikroskopisch kein Unterschied zwischen Kontroll- und Versuchstier zu sehen.

Da aus den morphologischen Untersuchungen, wie erwähnt, keine Veränderungen des Zellkerns ersichtlich waren, haben wir die Aufnahme von radioaktivem Thymidin in die Vesiculardrüsen 13 Tage alter Ratten näher untersucht. Die Tiere wurden genau wie bei den morphologischen Untersuchungen vom 8.–12. Lebenstag mit 100 µg Testosteron behandelt. 3 Stunden vor dem Töten bekamen alle Tiere 2,5 µC $^{14}$C-Thymidin. Die Vesiculardrüsen wurden entnommen, getrocknet und in Bombenröhrchen zu $CO_2$ verbrannt. Die Aktivität des $CO_2$ wurde nach der Methode von Simon [1] bestimmt.

Es ergab sich, daß nach fünfmaliger Testosterongabe die Aufnahme von radioaktivem Thymidin in die Vesiculardrüsen 13 Tage alter Ratten nicht wesentlich gesteigert wird. Die Erhöhung beträgt etwa 30%. Es fiel jedoch auf, daß die Streuung der Meßwerte bei den behandelten Tieren etwa 10 mal kleiner ist als bei den Kontrollen. Alle behandelten Tiere zeigen die gleiche Thymidinaufnahme. Bei den 30 Tage alten Ratten war dagegen nach Hormonbehandlung eine deutliche Erhöhung der Thymidinaufnahme zu beobachten, sie beträgt ca. 300% (Mosebach u. Engels [2]).

Da bei den 13 Tage alten Tieren auch ohne Testosteronbehandlung die Zellvermehrung relativ hoch ist, muß man vermuten, daß bei ihnen eine maximale Zellteilungsrate vorliegt, die auch durch Testosteron nicht mehr wesentlich gesteigert werden kann. Es werden lediglich die individuellen Schwankungen im Wachstum ausgeglichen. Alle Tiere besitzen nach der Hormonbehandlung die gleiche maximale Wachstumsgeschwindigkeit.

### Literatur


1. Simon, H., H. Daniel u. J. F. Klebe: Die Messung von $^{14}$C und $^3$H in der Gasphase. Angew. Chem. **71**, 303—308 (1959).
2. Mosebach, K.-O., u. T. Engels: Einfluß von Testosteron auf den DNA-Stoffwechsel in Vesiculardrüsen unreifer Ratten. Hoppe-Seylers Z. physiol. Chem. **345**, 111—121 (1966).

# Sexualunterschiede an geschlechtsunspezifischen Organen von Nagern und ihre hormonelle Beeinflussung
## Sexual Differences in Non Sexual Organs of Rodents and Their Modification by Hormones


J. D. Hahn und F. Neumann

Hauptlaboratorium der Schering AG, Berlin-West


Mit 1 Abbildung


## Summary

The authors give a brief summary of sexual differences in organs not involved in reproduction. The influence of androgens, oestrogens and the antiandrogen cyproterone acetate on these organs is described.


In den letzten Jahrzehnten wurde öfter über Geschlechtsunterschiede an Organen berichtet, die auf den ersten Blick als „neutral" und an Fortpflanzungsvorgängen unbeteiligt gelten können. Es sind dies Niere, Leber, Gefäße, Plasma, Speicheldrüsen und die extraorbitale Tränendrüse. Angesichts der großen Zahl von Befunden können hier nur wenige gestreift werden.

Die Glucuronid-Synthese, die Ascorbinsäure-Synthese und z. B. die Evipan-Oxydierung der Rattenleber sind androgenabhängig. Die Demethylierung von Pyramidon wird durch Oestrogene beeinflußt. Aorta-Homogenate weiblicher Ratten zeigen eine höhere Aktivität von Laktat- und Malat-Dehydrogenase als die männlicher Tiere. An der Submaxillaris-Drüse der Maus bestehen androgenabhängige Geschlechtsunterschiede hinsichtlich der Histomorphologie des Drüsenepithels und der Aktivität mehrerer Enzyme. Die alkalische Phosphatase-Aktivität in den Fibroblasten des subcutanen Mäuse-Bindegewebes wird durch Oestrogene beeinflußt.

Wir selbst untersuchten die hormonelle Steuerung von Geschlechtsunterschieden an der Niere der Maus und an der extraorbitalen Tränendrüse der Ratte mit Hilfe von Cyproteronacetat.

Intakte sowie orchidektomierte und mit 0,1 mg Testosteronpropionat substituierte Mäusemännchen wurden 3 Wochen lang subcutan mit täglichen 3 mg des Antiandrogens behandelt. Normale und kastrierte männliche sowie intakte weibliche Tiere dienten als Kontrollen. Folgende 6 Nierenenzyme wurden histochemisch dargestellt: die $\beta$-Hydroxy-Buttersäure-Dehydrogenase, die Succino-Dehydrogenase, die alkalische und saure Phosphatase, eine unspezifische Esterase sowie die $\beta$-Glucuronidase.

Für alle 6 Fermente wurden Geschlechtsunterschiede hinsichtlich Enzymaktivität und -verteilung festgestellt. Bei 5 dieser Fermente war dies bekannt, für die $\beta$-Hydroxy-Buttersäure-Dehydrogenase wurde ein Sexual-Dimorphismus an der Maus unseres Wissens bisher nicht beschrieben. Dabei scheint, wie die Befunde nach Orchidektomie und Androgenbehandlung zeigten, das Enzymverteilungsmuster

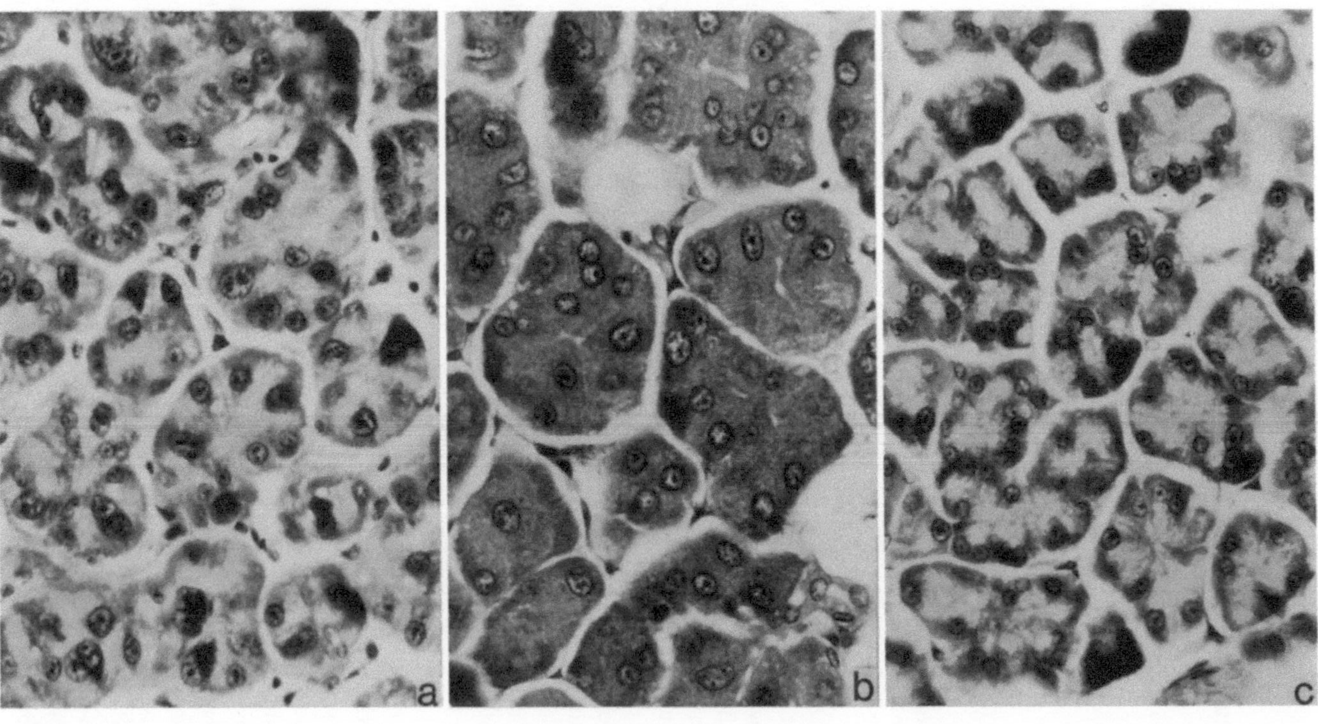

Abb. 1. Die extraorbitale Tränendrüse männlicher Ratten (Färbung: Hämatoxilin-Eosin, Vergrößerung 480 ×): a) 4 Wochen nach Orchidektomie b) nach Orchidektomie und 3wöchiger Behandlung mit Testosteronpropinat c) nach Orchidektomie und 3wöchiger Behandlung mit Testosteronpropinat + Cyproteronacetat

aller 6 Fermente zumindestens partiell androgenabhängig zu sein. In der Versuchsanordnung mit Cyproteronacetat konnte allerdings nur für 4 Fermente eine sichere Hemmung der Androgeneffekte nachgewiesen werden. Die Enzymverteilung der Succino-Dehydrogenase wurde durch Cyproteronacetat nicht beeinflußt, die Ergebnisse hinsichtlich der sauren Phosphatase erschienen angedeutet positiv, aber nicht ausreichend signifikant. Insgesamt sind für etwa ein Dutzend Enzyme der Nagerniere Geschlechtsunterschiede beschrieben. Diese werden — soweit untersucht — teilweise auch von Oestrogenen und Oestrogenen wie Androgenen reguliert.

Die extraorbitale Tränendrüse oder Löwenthalsche Drüse, die wahrscheinlich nur bei Nagern vorkommt, zeigt bei der Ratte Geschlechtsunterschiede in ihrer Histomorphologie; diese betreffen Form und Größe der Drüsen-Acini, die Lokalisation der Zellkerne und die Struktur des Cytoplasmas. Die Androgenabhängigkeit dieses Geschlechtsdimorphismus konnten wir ebenfalls mit Hilfe von Cyproteronacetat nachweisen: Dazu benutzten wir die gleiche Versuchsanordnung wie oben für die Maus beschrieben. Die Antiandrogen-Dosierung dagegen betrug 10 mg/Tier/Tag, Testosteronpropionat 0,2 mg/Tier/Tag.

Abbildung 1a zeigt die Löwenthalsche Drüse eines orchidektomierten Männchens. Das Bild ähnelt dem einer intakten weiblichen Ratte: Die Acini sind relativ klein, gleichmäßiger geformt und etwas lobuliert. Das Cytoplasma ist um den Kern herum stark basophil gefärbt und hellt sich in apikaler Richtung auf. Die Zellgrenzen sind deutlich, die Kerne zeigen eine Tendenz zur Randständigkeit.

Die Androgensubstitution einer orchidektomierten Ratte dagegen führt zu folgendem Drüsenbild: Die Acini sind größer und ungleichmäßiger. Die Kerne liegen mehr in der Mitte der Zelle. Das Cytoplasma ist gleichmäßig stark basophil, die Zellgrenzen erscheinen verschwommen.

Diese Androgeneffekte lassen sich durch eine gleichzeitige Cyproteronacetat-Behandlung weitgehend aufheben.

Die Aufgabe der extraorbitalen Tränendrüse ist unklar. Möglicherweise fungiert sie als „Duftdrüse". Damit könnte ihrer endokrinen Beeinflußbarkeit eine funktionelle Bedeutung für die Sexualorientierung unter den Artgenossen zukommen.

Die relativ große Zahl von hormonell gesteuerten, besonders enzymatischen Geschlechtsunterschieden, wie sie an unseren gängigsten Laboratoriumstieren — Ratte und Maus — gefunden wurden, ist auch für den Menschen nicht auszuschließen. Die mannigfaltigen Geschlechtsdispositionen von Erkrankung haben hier möglicherweise ihre Grundlage.

### Literatur


1. Desclin, J.: Action sur les glandes sous-maxillaires de la souris femelle d'une substance progestative de synthèse, le SH 714. C. R. Acad. Sci. (Paris) **264**, 129—130 (1967).
2. Hahn, J. D.: Effect of cyproterone acetate on sexual dimorphism of the exorbital lacrimal gland in rats. J. Endocr. (in press).
3. —, u. F. Neumann: Untersuchungen zum Geschlechtsdimorphismus von sechs Enzymen der Mäuseniere mit Hilfe von Cyproteronacetat. Histochemie **17**, 39—48 (1969).
4. Langecker, H.: Geschlechtsdifferenzen bei pharmakologischen Reaktionen und ihre Beziehungen zu Abbauvorgängen. Berl. Med. **16**, 258—267 (1965).
5. — Sex differences in enzyme activities at different organs. (in press).

# Beeinflussung der Skeletreifung männlicher Ratten durch Testosteronpropionat und das Antiandrogen Cyproteronacetat

## Effect of Testosterone Propionate and the Antiandrogen Cyproterone Acetate on Skeletal Maturation of Male Rats


P. Hertel und F. Neumann

Hauptlaboratorium der Schering AG, Berlin


Mit 1 Abbildung


### Summary

Under the influence of testosterone propionate skeletal maturation is accelerated, this androgen-effect is more or less abolished by concomitant application of the antiandrogen cyproterone acetate. Under the influence of cyproterone acetate during the growth period the proliferation of the epiphyseal cartilage is diminished, wereas during the ossification period regressive changes are retarded, finally causing delayed epiphysial closure.


Sexualhormone (Androgene und Oestrogene) beschleunigen die Skeletreifung. Demzufolge durfte unter dem Einfluß des in vielen Versuchen wirksamen (Neumann u. Mitarb., 1968) Antiandrogens Cyproteronacetat (CA) eine Hemmung der Skeletreifung für möglich gehalten werden.

Nach einer von Joss u. Mitarb. (1963) angegebenen Methode wurde für jedes Tier ein Skeletreifungsindex ermittelt. Das Ergebnis dieser Untersuchung ist in dem Diagramm dargestellt.

Bei den 80 Tage alten kastrierten Tieren ist der Skeletreifungsindex bei den Kontrollen und den mit CA behandelten Tieren ähnlich niedrig. Bei den 80 Tage alten intakten und bei den kastrierten und intakten 110 Tage alten Tieren wird durch Behandlung mit CA der Wert gegenüber den Kontrollen deutlich gesenkt.

Am weitesten fortgeschritten ist bei kastrierten und intakten, 80 und 110 Tage alten Tieren die Skeletreifung unter dem Einfluß von Testeronpropionat (TP). Durch zusätzliche Gabe von CA wird der Effekt von TP vermindert oder aufgehoben. Kastrierte Kontrollen haben einen geringeren Skeletreifungsindex als intakte Kontrollen. Bei den 80 Tage alten Tieren entspricht die Behandlung intakter Tiere mit CA der Wirkung einer Kastration, bei den 110 Tage alten Tieren wird mit CA der Kastrationseffekt noch übertroffen. Bei den 110 Tage alten kastrierten Tieren wird der Skeletreifungsindex durch CA-Behandlung noch herabgesetzt. Daraus wird ersichtlich, daß CA auch den skeletreifungsfördernden Einfluß der NNR-Androgene hemmt.

Alle auf diese Weise beurteilten Epiphysenfugen wurden auch histologisch untersucht, insbesondere wurde die Epiphysenfugenbreite gemessen. Unter dem Einfluß von TP waren die Epiphysenfugen gegenüber den jeweiligen Kontrollen schmaler. Bei Gabe von CA waren die Epiphysenfugen jedoch nicht in allen Fällen breiter. Befanden sich nämlich die Epiphysenfugen der Kontrollen dem histologischen Bild nach noch im Wachstum (besonders bei den 80 Tage alten kastrierten

Tieren), so waren unter dem Einfluß von CA die Epiphysenfugen schmaler. Waren
dagegen die Epiphysenfugen der Kontrollen schon stark regressiv verändert oder
bereits verknöchert (besonders bei den 110 Tage alten Tieren), so waren nach Behandlung mit CA die Epiphysenfugen breiter oder noch offen.

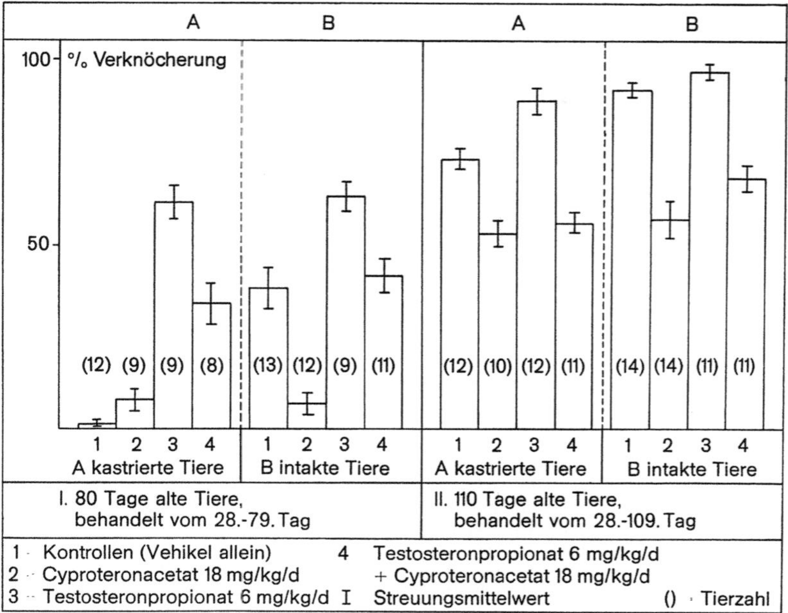



Dieser scheinbar widersprüchliche Befund wird verständlich, wenn man berücksichtigt, daß auch Androgene die Epiphysenfugen gegensätzlich beeinflussen. In
niedrigen Dosierungen stimulieren sie die Zellproliferation (Lichtwitz u. Mitarb.,
1953; Rubinstein u. Solomon, 1940). In hohen Dosierungen fördern sie die regressiven Veränderungen der Epiphysenfugenknorpel (Silberberg u. Silberberg, 1941;
Joss u. Mitarb. 1963). Das physiologische Beispiel hierzu ist die Pubertät, wo
zunächst bei niedrigem und ansteigendem Androgenspiegel ein Wachstumsspurt
erfolgt, danach aber bei hohem Androgenspiegel der Epiphysenfugenschluß mit
Wachstumsstillstand eintritt. Antiandrogene, die wie in diesem Versuch schon seit
vorpubertärer Zeit gegeben wurden, hemmen nun zunächst in der Wachstumsphase
die Zellproliferation. Die Epiphysenfugen sind schmaler. Gelangen die Epiphysenfugen dann in die Verknöcherungsphase, werden durch CA die regressiven Veränderungen gekemmt, die Epiphysenfugen bleiben breiter offen.

### Literatur


Joss, E. E., K. A. Zuppinger, and E. H. Sobel: Endocrinology **72**, 123 (1963).
Lichtwitz, K., G. Thiery, R. Parlier et M. Delaville: Sem. Hôp. (Paris) **27**, 247 (1951).
Neumann, F., W. Elger, H. Steinbeck u. R. von Berswordt-Wallrabe: 13. Symp. dtsch. Ges.
    f. Endokrinologie, Würzburg (1967). Klein, E. (ed.): Das Testosteron — Die Struma.
    S. 78—101. Berlin-Heidelberg-New York: Springer-Verlag, Berlin (1968).
Rubinstein, H., S. and M. L. Solomon: Endocrinology **28**, 229 (1941).
Silberberg, M., and R. Silberberg: Amer. J. Path. **15**, 55 (1939).

# Der Einfluß von Cyproteron auf die Funktion der Hypophyse und die männlichen Keimdrüsen bei Gesunden

## Influence of Cyproterone on Pituitary Function and Male Gonads in Normal Patients

R. Petry, J.-G. Rausch-Stroomann, J. Mauss und Th. Senge

Endokrinologische Abteilung der Medizinischen Klinik,
Dermatologische Klinik, und Urologische Klinik, Klinikum Essen der Ruhruniversität

Mit 1 Abbildung

**Summary**

1. No increase of total gonadotropins could be found under treatment with Cyproterone in normal men. 2. Plasmatestosterone showed a significant increase in all cases, which could be explained by a protective effect of Cyproterone against testosterone on the hypothalamic level. 3. There was no influence of Cyproterone on spermatogenesis in normal persons or in men with oligospermia. The number of the Leydig-cells seemed not to be influenced. 4. Simultaneous administration of testosterone and Cyproterone induces oligospermia or aspermia. Cyproterone could not prevent the damage of testicular function, usually occurring after the administration of testosterone alone.

Cyproteron, 1,2$\alpha$-methylen-6-chloro-pregna-4,6-dien-17$\alpha$-ol-3,20-dion, vermag im Tierversuch die Gonadotropinproduktion zu erhöhen [4]. Uns interessierte, ob gleichartige Effekte auch beim gesunden Menschen zu beobachten sind und wie man sich den Wirkungsmechanismus erklären kann. Bei 5 männlichen und 1 weiblichen V. P. wurde die Gesamtgonadotropinausscheidung nach Albert u. Mitarb. [1] mit dem biologischen Test nach Loraine u. Brown [3] 2 bis 17 Tage nach Gabe von 200 mg Cyproteron täglich untersucht. In 4 Fällen zeigten die Werte eine abfallende, in 2 Fällen eine steigende Tendenz. Bei 7 männlichen Personen wurde Plasmatestosteron nach Horton [2] vor und unter Cyproteron (täglich 200 mg über 21 Tage) bestimmt. In allen Fällen war ein signifikanter Anstieg zu verzeichnen, in 6 Fällen bereits am 4. Tag. Bei 3 Fällen war nach 3 Monaten wieder der Ausgangswert erreicht. Cyproteron soll auf Grund eines Rückkoppelungsmechanismus den hypothalamischen Fühler für Testosteron blokkieren. Neumann u. Mitarb. [5] fanden im Tierversuch und beim Menschen einen Anstieg des LH im Blut und im Urin unter Cyproteron. Der Anstieg des Plasmasteron könnte also auf Grund einer Verschiebung des FSH-LH-Quotienten erklärt werden. — Bei 6 Männern ohne Gonadenstörung fanden wir ferner unter Cyproteron (100-200 mg tgl., Gesamtdosis 4,2 – 44,4 g, Behandlungsdauer bis 9 Monate) keine Beeinflussung der Zahl und Qualität der Spermien. Bei 7 Patienten mit Oligospermie fand sich ebenfalls unter Cyproteron (100 – 200 mg täglich, Gesamtdosis 3,5 bis 35,4 g, Behandlungszeit bis 8 Monate) keine Beeinflussung der Spermiogenese. Vor und unter der Behandlung mit Cyproteron (200 mg täglich, über einen Zeitraum von 4 Monaten) wurde bei einer 35jährigen V. P. eine beidseitige Hodenbiopsie durchgeführt. Die histologische Untersuchung zeigte einen normalen

Aufbau des Keimepithels, die Zahl der Leydig-Zellen erschien vor und unter Behandlung normal.

Wir behandelten zwei V. P. mit normaler Spermiogenese während der ersten 25 Tage mit täglich 200 mg Cyproteron. Am 1., 10. und 20. Tag wurden zusätzlich 250 mg Testosteronönanthat (250 mg i. m.) verabreicht (Abb. 1.) Unter dieser Behandlung war es im ersten Fall (K. G.) und im zweiten Fall (K., J.) am 25. Tag zu einer Oligospermie gekommen. Die Ejakulatmenge, die Zahl der physiologischen Formen, die Beweglichkeit der Spermien sowie die Fructose im Spermaplasma wurden unter der Kombinationsbehandlung nur unwesentlich beeinflußt.

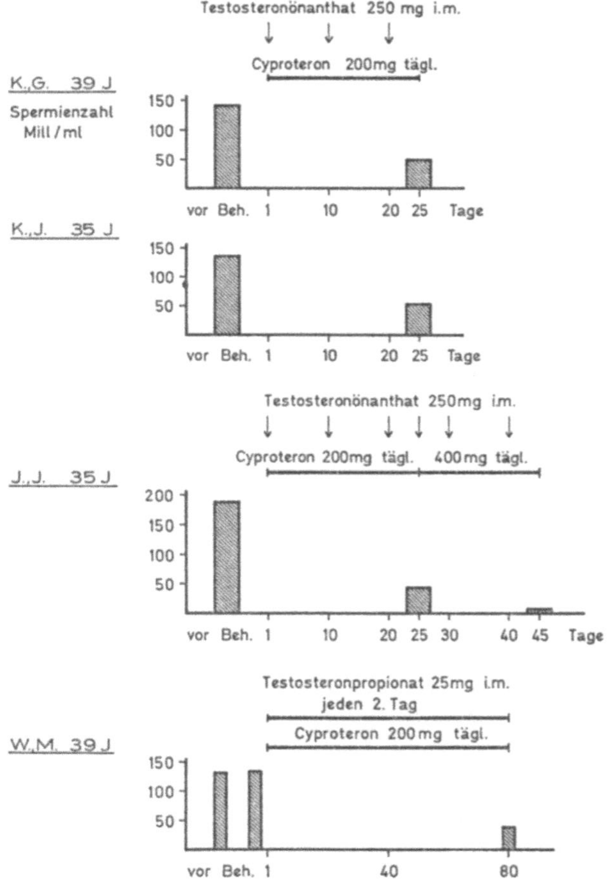


Abb. 1. Spermienzahl vor und unter kombinierter Behandlung mit Testosteronönanthat bzw. -propionat und Cyproteron bei 4 V. P. mit normaler Spermiogenese

Eine dritte V. P. (J., J.) wurde mit insgesamt 6 Injektionen von Testosteronönanthat (à 250 mg i. m.) über 45 Tage behandelt. Zusätzlich wurde Cyproteron gegeben (200 mg tägl. während der ersten 25 Tage und vom 25.—45. Tag 400 mg tägl.). Nach 25 Tagen wurde eine Oligospermie, nach 45 Tagen eine

Aspermie festgestellt. Eine vierte V. P. (W., M.) erhielt Testosteronpropinat
(25 mg i. m. jeden 2. Tag über einen Zeitraum von 80 Tagen, Gesamtdosis 1000 mg).
Zusätzlich wurden täglich 200 mg Cyproteron gegeben. Nach 80 Tagen wurde
ebenfalls eine Oligospermie festgestellt. Die histologische Untersuchung einer
zu diesem Zeitpunkt durchgeführten beidseitigen Hodenbiopsie zeigte eine ausgeprägte Hypoplasie des Keimepithels mit Abnahme der Tubulusgröße. Leydig-
Zellen waren nicht mehr nachweisbar.


### Literatur

1. Albert, A., S. Kelly, L. Silver u. S. Kobi: J. clin. Endocr. 18, 600 (1958).
2. Horton, R,. T. Kato, and R. Sherins: Steroids 10, 245 (1967).
3. Loraine, J. A., and J. B. Brown: J. clin. Endocr. 16, 1180 (1956).
4. Neumann, F.: 12. Symp. Dtsch. Ges. Endokr. S. 308. Berlin-Heidelberg-New York:
   Springer 1966.
5. — Diskussionsbeitrag, Workshop Conference on Steroid Metabolism. In vitro versus
   in vivo. Berlin 1968.

# Behandlung des Hirsutismus mit Cyproteronacetat
## Treatment of Hirsutism with Cyproterone Acetate


J. Hammerstein und B. Cupceancu [1]

Abteilung für Gynäkologische Endokrinologie
Universitäts-Frauenklinik Charlottenburg der Freien Universität Berlin



### Summary

Cyproterone acetate and ethinyl estradiol were administered intermenstrually in the mode of a "reverse sequential therapy" to 51 women with marked hirsutism and related symptoms. The majority of these patients responded well to this antiandrogen therapy and showed more or less pronounced improvement of their signs of virilism after three months of treatment. Except for the rare occurence of fatigability and decrease of vitality, no severe side effects were observed. This treatment of hirsutism appears superior to other hormonal measures as f. i. long-term administration of corticosteroids or ovulation inhibitors.


Während die hormonale Behandlung des Hirsutismus mit Corticoiden, Ovulationshemmern und freiem Cyproteron nur selten befriedigt, schneidet Cyproteronacetat dank seiner ausgeprägten antiandrogenen Eigenschaft nach unseren bisherigen Erfahrungen an 51 Patientinnen in dieser Hinsicht deutlich besser ab. Bei der klinischen Anwendung sind allerdings seine ausgeprägte gestagene Partialwirkung und lange Verweildauer im Organismus besonders zu berücksichtigen. Zur Aufrechterhaltung cyclischer Uterusblutungen muß die Medikation infolgedessen gemeinsam mit Oestrogenen intermittierend jeweils nur im Intermenstruum erfolgen. Als Standardmedikation hat sich die tägliche Verabfolgung von 100 mg Cyproteronacetat vom 5.–14. Cyclustag zusammen mit 50 µg Äthinyloestradiol vom 5.–24. Cyclustag bewährt.

Bei dieser „umgekehrten Zweiphasentherapie" tritt die Entzugsblutung im Falle normalgewichtiger Patientinnen durchschnittlich 5 Tage nach der letzten Oestrogeneinnahme, bei Adipösen dagegen erst nach 9 Tagen auf. Dieser Unterschied erweist sich bei der statistischen Prüfung mittels Varianzanalyse als hochsignifikant. Es hat danach den Anschein, als ob Cyproteronacetat vorwiegend im Fettgewebe gespeichert wird.

Unter den gewählten Therapiebedingungen dürften Ovulationen ebenso sicher unterdrückt werden wie bei der konventionellen hormonalen Kontrazeption mit Ovulationshemmern. Dementsprechend haben prämenstruelle Pregnandiol-Bestimmungen bei 7 Patientinnen während dieser Behandlung ausnahmslos Werte unter 1,0 mg/24 h ergeben. Dieser Aspekt ist insofern von Bedeutung, als die Verabfolgung von Antiandrogenen während einer Gravidität wegen der damit verbundenen Gefahr der intra-uterinen Feminisierung männlicher Feten unter allen Umständen vermieden werden muß. Im übrigen besitzt man in der nach jeder Standardmedikation abzuwartenden Uterusblutung ein zuverlässiges Kriterium zur

---

[1] Stipendiat der Alexander von Humboldt-Stiftung

Entdeckung unerkannt gebliebener Schwangerschaften. Es versteht sich in diesem Zusammenhang von selbst, daß die Behandlung mit Cyproteronacetat erst nach sorgfältiger gynäkologischer Untersuchung eingeleitet werden darf.

Nach unseren in der Tabelle zusammengestellten Therapieergebnissen sprechen Akne und Seborrhoe am schnellsten auf die Behandlung an; beim Hirsutismus kann nur ausnahmsweise vor Ablauf von 3 Monaten mit einer Besserung gerechnet werden. Am spätesten pflegt die androgenbedingte Alopecie auf die Antiandrogenmedikation zu reagieren.

Tabelle. *Klinische Ergebnisse der Behandlung von Hirsutismus und anderen Zeichen der Virilisierung mit Cyproteronacetat bei 51 Patientinnen*

| Symptom | Behandlungsergebnisse | | |
|---|---|---|---|
| | unverändert | gebessert | behoben |
| **A) Nach 1—3 monatiger Medikation** | | | |
| Hirsutismus | 5 | 2 | 1 |
| Akne | 1 | 5 | 1 |
| Seborrhoe | — | 3 | — |
| Alopecie | — | — | — |
| **B) Nach mehr als 3 monatiger Medikation** | | | |
| Hirsutismus | 5 | 16 | 8 |
| Akne | 1 | 4 | 10 |
| Seborrhoe | 2 | 4 | 5 |
| Alopecie | 1 | 8 | — |

Bei 17 Fällen wurde die Behandlung bereits abgeschlossen, davon 11mal, weil der gewünschte Erfolg teilweise oder vollständig eingetreten war. Dem stehen nur zwei Fälle gegenüber, wo von einer Fortsetzung der Therapie wegen offensichtlicher Unwirksamkeit abgesehen wurde. Die restlichen vier Patientinnen haben die Behandlung von sich aus abgebrochen, und zwar zweimal wegen Nebenwirkungen.

Im übrigen war die Verträglichkeit, abgesehen von gelegentlichen Klagen über Müdigkeit, nachlassende Leistungsfähigkeit und Abnahme der Libido, zufriedenstellend. Nur vereinzelt traten Schmier- bzw. Durchblutungen auf; sie zwangen in keinem Fall zum Absetzen der Medikation.

Die sich beim Vergleich mit den anderen hormonalen Therapieverfahren abzeichnende Überlegenheit der Cyproteronacetat-Medikation legt den Schluß nahe, daß die Verdrängung der Androgene von ihrem Wirkungsort durch Antiandrogeen ein wirksameres Behandlungsprinzip des Hirsutismus und anderer Formen der Virilisierung darstellt als die Unterdrückung der Hormonproduktion in den NNR bzw. Ovarien durch Corticoide oder Ovulationshemmer.

**Literatur**

Hammerstein, J., u. B. Cupceancu: Dtsch. med. Wschr. **94**, 829 (1969).

# Zur „Antifertility"-Wirkung von Chlormadinon-acetat bei Ratten

## Antifertility Effect of Chlormadinone-acetate in Rats


J. Harting und H. G. Kraft

Endokrinologische Abteilung der E. Merck AG., Darmstadt



**Summary**

Short term s. c. or oral administration of chlormadinone-acetate to PMS-stimulated immature rats before ovulation disturbed the progesterone-oestrone sequence essential for implantation in such a manner that a nidation of the fertilised ovum was prevented. No delayed nidation effect took place.


Durch zahlreiche Untersuchungen (Lit. siehe Rothchild, 1965; Psychoyos, 1967) ist bekannt, daß das Endometrium der Ratte seine höchste Empfindlichkeit für den den Implantationsvorgang auslösenden Oestrogen-Reiz erst nach einer zumindest über 48 Std andauernden Progesteron-Stimulation erreicht, und daß nach Beendigung dieser Progesteron-Oestron-Sequenz keine Implantation des Eies mehr möglich ist.

Es wurde daher versucht festzustellen, ob die Verabreichung von niedrigen Dosen von Chlormadinon-acetat vor der Ovulation diese sensitive Phase des Endometriums so beeinflußt, daß eine Implantation nicht mehr stattfinden kann.

Um eine Hemmung der Ovulation durch das Gestagen zu vermeiden, erhielten juvenile Sprague Dawley-Ratten (Charles River, France) am 30. Lebenstag um 8.00 Uhr eine einmalige s. c. Injektion von 8 I. U. PMS (Predalon-S). Um 10.00 Uhr des gleichen Tages wurden die zu prüfenden Substanzen s. c. oder mit der Schlundsonde verabreicht. Diese Verabreichung wurde an den 3 folgenden Tagen wiederholt. Am 32. Lebenstag wurden gegen 10.30 Uhr zu diesen Tieren geschlechtsreife männliche Tiere gesetzt und um 14.00 Uhr die erfolgte Vaginal-Öffnung kontrolliert. Am nächsten Tag wurde im Vaginal-Abstrich das Vorhandensein von Spermien kontrolliert und der Tag des Spermiennachweises als 1. Schwangerschafts-Tag angenommen. Am 2. Schwangerschafts-Tag wurde bei den Tieren das linke Ovar und die Tube entfernt, um das Ovar-Gewicht, die Zahl der Corpora lutea und die Zahl der Eier im Tuben-Quetschpräparat zu bestimmen. Am 9. Schwangerschafts-Tag wurde durch ventromediale Laparotomie das Vorhandensein von Implantationen im rechten Uterus-Horn kontrolliert. Wurden Implantationen beobachtet, so wurden diese Tiere erst am 21. Schwangerschafts-Tag getötet, um Feten-Größe und -Gewicht, sowie das Ovar-Gewicht und die Zahl der Corpora lutea festzustellen. Tiere ohne sichtbare Implantationen wurden getötet, um nach Durchspülung des Uterus-Horns den Nachweis von Blastocysten zu ermöglichen.

Die nach diesem Verfahren durchgeführten Versuche (Tabelle) zeigten, daß Chlormadinon-acetat in Tages-Dosen von 0.3 mg/Tier s. c. bzw. 0.1 mg/Tier per os bei 60% der Tiere, trotz Nachweis von Deckakt und Ovulation, die Nidation von Eiern verhindert hatte. Erhielten die Tiere 1,0 mg Chlormadinon-acetat/Tag s. c., so war die Implantation in 100% der Fälle verhindert worden. Weiterhin konnte festgestellt werden, daß im Gegensatz zu den Kontrollen und zu mit Progesteron behandelten Tieren, nicht bei allen Tieren der Chlormadinon-acetat-Gruppen, die am 9. Schwangerschafts-Tag Implantate aufwiesen, diese Schwangerschaft ausgetragen wurde.

Tabelle. *Beeinflussung der Implantation durch Gestagene bei PMS-stimulierten Ratten (Verabreichung der Test-Substanzen vom 1.—4. Versuchstag)*

| Substanz | Dosis/Tag (mg/Tier) | Appl. | Tier-zahl | 4.—5. Versuchstag Tiere mit Spermien und Corpora lutea | 12. Versuchstag Tiere ohne Implantation (%) | mit (%) | 24. Versuchstag Tiere mit normaler Schwangerschaft |
|---|---|---|---|---|---|---|---|
| Kontrolle | — | — | 5 | 5 | 1 (20) | 4 (80) | 4 |
| Progesteron | 1,0 | s. c. | 5 | 4 | 3 (75) | 1 (25) | 1 |
| Chlor- | 0,1 | s. c. | 5 | 4 | 1 (25) | 3 (75) | 3 |
| madinon- | 0,3 | s. c. | 5 | 5 | 3 (60) | 2 (40) | 1 |
| acetat | 1,0 | s. c. | 10 | 8 | 8 (100) | 0 | — |
| | 0,1 | p. o. | 10 | 8 | 5 (62) | 3 (38) | 2 |
| | 0,3 | p. o. | 5 | 5 | 4 (80) | 1 (20) | 1 |
| | 1,0 | p. o. | 10 | 7 | 5 (71) | 2 (29) | 1 |

Da aus diesen Versuchen nicht einwandfrei entnommen werden konnte, ob die beobachtete Wirkung des Chlormadinon-acetats nicht durch einen delayed nidation-Effekt verursacht worden war, wurde, analog zu dem Verfahren von Nutting und Sollman (1967) eine nachfolgende Versuchsanordnung dermaßen geändert, daß die Uterus-Durchspülung am 9. Schwangerschafts-Tag an diesem und am 15. Schwangerschafts-Tag durch eine Probe-Laparotomie ersetzt wurde. Mit diesem Verfahren konnte festgestellt werden, daß sowohl nach s. c. als auch nach oraler Verabreichung von Chlormadinon-acetat keine nachträglichen Implantationen, die am 15. Schwangerschafts-Tag zu beobachten gewesen wären, stattgefunden hatten.

Auf Grund der Versuchs-Ergebnisse muß man daher annehmen, daß durch die Verabreichung von Chlormadinon-acetat die normale Progesteron-Oestrogen-Sequenz dermaßen gestört worden ist, daß sich zum Zeitpunkt des Auftretens des befruchteten Eies im Uterus das Endometrium bereits wieder im Stadium der "non-receptivity" befunden hat.

### Literatur

Nutting, E. F., and P. B. Sollman: Acta endocr. (Kbh.) **54**, 8 (1967).
Psychoyos, A.: In A. McLaren (ed.): Advances in reproductive physiology, Vol. II, p. 257. London (1967).
Rothchild, I.: Vitam. and Horm. **23**, 210 (1965).

# Systematische Untersuchungen über den Einfluß eines Kontrazeptivums auf biochemische Parameter des Fett- und Kohlenhydratstoffwechsels

Systematic Investigations on the Effect of a Contraceptive Drug on Biochemical Parameters of the Lipid and Carbohydrate Metabolism

P. Seng und K. D. Voigt

Klinisch-chemische Abteilung
der II. Medizinischen Universitätsklinik, Hamburg-Eppendorf

## Summary

Plasma lipid fractions and blood levels of carbohydrate and fat metabolites were investigated in 12 normal menstruating women before and during a 4 cycles contraceptive treatment with Lyndiol 2,5. Slight but significant increases were found in the levels of triglyceride, glyceride-glycerol, $\beta$-hydroxybutyrate, acetoacetate, and pyruvate. All values, however, were contained within normal range limits.

Die millionenfache Anwendung der Kontrazeptiva und die damit verbundene Frage nach Nebenwirkungen im Sinne einer Hypertriglyceridämie und / oder einer Störung des KH-Stoffwechsels lassen entsprechende Untersuchungen als notwendig erscheinen, zumal bisher durchgeführte Untersuchungen keine eindeutigen Ergebnisse hatten.

Wir untersuchten bei 12 normalen geschlechtsreifen Frauen Plasmalipide und Metabolite des Fett- und KH-Stoffwechsels im Blut vor und während einer kontrazeptiven Behandlung über 4 Cyclen mit täglich 2,5 mg Lynestrenol und 0,075 mg Mestranol (Lyndiol 2,5). Die Parameter wurden bei allen Versuchspersonen jeweils vor der Behandlung (I), nach 3 Wochen reduzierter Nahrungsaufnahme (II), nach 3 Cyclen unter Kontrazeptivum bei freier Nahrungsaufnahme (III) und nach einem 4. Cyclus kontrazeptiver Behandlung unter reduzierter Nahrungszufuhr (IV) bestimmt. Der Untersuchungsplan erlaubte eine Differenzierung zwischen der Wirkung der Nahrungseinflüsse und der des Kontrazeptivums auf die gemessenen Parameter, was in bisher veröffentlichten Studien nicht berücksichtigt wurde. Als Effekt des Kontrazeptivums fanden sich geringgradige, jedoch signifikante Anstiege des Triglycerids, Glyceridglycerins, $\beta$-Hydroxybutyrats, Acetoacetats und Pyruvats im Plasma bzw. Blut. Weitere Lipide und die Glucose zeigten keine signifikanten Änderungen. Das von uns verwendete Kontrazeptivum führt also zu einer geringgradigen jedoch eindeutigen Beeinflussung des Fett- und KH-Stoffwechsels. Alle beobachteten Veränderungen blieben innerhalb der normalen Grenzen. Aus unseren Daten und denen der Literatur zeichnet sich eine einheitliche Tendenz der Stoffwechselveränderungen unter Kontrazeptiva ab. Einerseits scheint die

Fettsäureoxydation gesteigert, andererseits die Einschleusung von KH-Metaboliten in den Tricarbonsäurecyclus etwas behindert zu sein. Der Anstieg der Triglyceride resultiert möglicherweise durch eine verstärkte Fettsynthese aus ange-
stauten KH-Metaboliten.

**Literatur**

Seng, P., H. H. Hasche, W. Rebensburg, and K. D. Voigt: Acta endocr. (Kbh.) **62**, 181
  (1969).

# Langzeittherapie mit Steroiden:
## Untersuchungen über die Diffusion von Steroiden durch Polysiloxan-Kapseln
### Long-term Therapy with Steroids: Investigations on the Diffusion of Steroids through Polysiloxane Capsules


H.-D. Taubert und R. Schuhmann

Abteilung für gynäkologische Endokrinologie
der Universitäts-Frauenklinik Frankfurt am Main



### Summary

In vivo and in vitro experiments on the diffusion of steroids through Silastic Medical Grade Tubing were performed. The diffusion rates were 8—10 times higher when human plasma was used instead of normal saline. Mixing steroids with kaolin or separating two layers of tubing by a layer of kaolin was found to decrease diffusion and to increase the life span of such capsules.


Es wurden in vitro und in vivo Versuche über die Möglichkeit von Langzeittherapie mit in Dimethyl-Polysiloxan-Kapseln (DPS) eingeschlossenen Steroiden unternommen. Seit Versuchen von Folkman ist bekannt, daß sich DPS-Kapseln auf Grund der bei ihnen vorliegenden gleichbleibenden Diffusionsverhältnissen hervorragend als Depot-Kammern für verschiedenartige Medikamente, und unter ihnen auch für Steroide, eignen. Auf Grund dieser Tatsache wurden verschiedene Oestrogene und Progestine in Silastic-Kapseln (Silastic-Medical Grade Tubing, Wanddicke 1,3 mm) eingebracht und mit Silastic-Medical Adhesive verschlossen. Die in vitro Inkubation in 0.9 % iger NaCl-Lösung bei 37° C ergab Diffusionswerte, die für Hydroxyprogesteronecapronat, Äthinylnortesteron und Chlormadinonacetat in einer Größenordnung von 15—20 µg/100 mm²/24 Std, für Oestradiol, Hydroxyprogesteron, Norgestrel und Cyproteronacetat von 20—60 µg/100 mm²/24 Std und für Progesteron, Medroxyprogesteron und Äthinylnortestosteronacetat von 130—200 µg/100 mm²/24 Std lagen. Bei Verwendung von menschlichem Plasma als Inkubationsmittel waren die Diffusionswerte um das zwei- bis zehnfache höher als die in 0,9 %iger NaCl-Lösung. Bei in vivo Versuchen wurden Kapseln bekannter Oberfläche und Steroidmenge weiblichen Ratten mit konstantem Cyclus an der lateralen Bauchseite subcutan implantiert; für Versuche mit Oestradiol-Kapseln wurden beidseitig ovariectomierte Ratten verwandt. Als Gradmesser für die Aktivität der eingeschlossenen Steroide wurden an den Versuchstieren täglich Vaginalabstriche vorgenommen. Werden, um sich eine Vorstellung von der Lebensdauer der Kapsel zu verschaffen, die Wirkungstage verschiedener Steroide einer Menge von 10 mg und einer Kapseloberfläche von 100 mm² berechnet so ergeben sich für Progesteron, Medroxyprogesteron, Chlormadinonacetat und Äthinylnortestosteron eine Aktivitätsdauer von 15—20 Tagen, für Norgestrel von 400 Tagen und für Oestradiol und Cyproteronacetat von 830—1250 Tagen. Obgleich die

Kapseln für weitere fünf Monate nach dem Wiederauftreten des Oestrus, d. h. nach Erschöpfung des Steroid-Depots, in den Ratten verblieben, zeigte sich bei keiner Ratte an der Implantationstelle eine Tumorformation, ebensowenig konnte eine entzündliche Fremdkörperreaktion festgestellt werden. Die Kapseln waren lediglich in eine dünne Bindegewebsschicht eingehüllt und von Körperflüssigkeiten nicht beeinflußt.

Da die Diffusionsrate von Progesteron und Chlormadionacetat, besonders in vivo, noch relativ hoch lagen, wurde Kaolin mit beiden Steroiden als anorganisches Quellungsmittel im Verhältnis 1 : 1 gemischt. Zur Identifizierung der diffundierten Steroide wurde Aliquote dünnschichtchromatographisch ausgewertet. Hierbei zeigte sich, daß die Steroide aus dem Gemisch an die Außenwand der Kapsel gelangen konnten. Außerdem wurden Kapseln hergestellt, bei denen die Steroide in einen dünneren Silikonschlauch eingeschlossen und durch eine Kaolinschicht von 0,9 mm von dem äußeren Schlauch getrennt waren. Es zeigte sich, daß auch hier die Steroide aus dem inneren Schlauch durch die Kaolinschicht in die Außenwand diffundieren konnten. In vivo-Versuche mit Progesteron bzw. Chlormadionacetat plus Kaolin in loser Mischung ergaben, daß sich hierdurch eine wesentliche Verlängerung der Wirkungsdauer der Kapsel erzielen läßt. Diese Verminderung der Diffusion ist einerseits durch die räumliche Verdrängung der Steroide von der DPS-Wand, andererseits durch die starke Polarität des Kaolinits zu erklären.

Es konnte ferner gezeigt werden, daß tritiiertes Wasser durch die Polysiloxanwand in einem Prozentsatz von 5%/100 mm² bei einer Aktivität von 2,7 x 10 cpm/ 50 ml hindurch geht. In vitro konnte bei einem stündlichen Wechsel des Inkubationsmittels eine Quellung der Membran und dadurch anfänglich eine Herabsetzung der Diffusion auf annähernd Null gezeigt werden.

Zusammenfassend läßt sich sagen:

1. Die Diffusion von Steroiden durch DPS-Kapseln ist von der Kapseloberfläche sowie Wanddicke, nicht aber von der eingeschlossenen Menge abhängig. Sie ist der Oberfläche direkt, der Wanddicke indirekt proportional.

2. Die Diffusion ist umso größer, je besser die Löslichkeit der Steroide in dem betreffenden Inkubationsmittel ist.

3. Die Diffusionsgeschwindigkeit ist von dem Konzentrationsgefälle und damit bei in vivo Versuche von der Schnelligkeit des weiteren Metabolismus der Steroide abhängig.

4. Eine sehr wesentliche Rolle spielen wahrscheinlich die polaren Seitenketten der Steroide: je mehr frei OH- oder auch Oxo-Gruppen vorhanden sind, umso geringer ist die Diffusion.

5. Es konnte gezeigt werden, daß sich DPS-Kapseln zur Langzeittherapie mit Steroiden eignen. Die Wirkungsdauer derartiger Kapseln läßt sich durch Verwendung von Kaolin wesentlich verlängern.

### Literatur

Folkman, J., and M. D. Long: The use of silicone rubber as a carrier for prolonged drug therapy. J. surg. Res. 4, 139 (1964).

# Vergleich hormoneller und kardiotokographischer Befunde bei der Beurteilung der pathologischen Placentafunktion

## Comparison of Hormonal and Cardiotocographic Results in Placental Dysfunction


H. van der Crabben, K. Hammacher, Ch. Werner, H. Schmidt-Elmendorf und E. Kaiser

Endokrinologische Abteilung
und Geburtshilfliche Abteilung der Universitäts-Frauenklinik Düsseldorf


Mit 2 Abbildungen


## Summary

In this study we compared the DHEA-S load test, proposed by Lauritzen 1967, with the cardiotocography and the placental histology. Some significant cases are described and discussed. This DHEA-S load test seems to indicate placental insufficiency already at a very early stage, when oestriol excretion is already within the normal stage.


Lauritzen stellte fest, daß die schwangere Frau 10%—55% des DHEA — S zu Oestriol metabolisiert, wozu eine nichtschwangere nicht in der Lage ist. Deshalb nahm er an, daß die Placenta für diese Umwandlung des DHEA — S verantwortlich ist. Durch DHEA — S Gabe bei schwangeren Frauen erreichte er eine zusätzliche Oestriolausscheidung bei ungestörter Schwangerschaft von 10% — 35%.

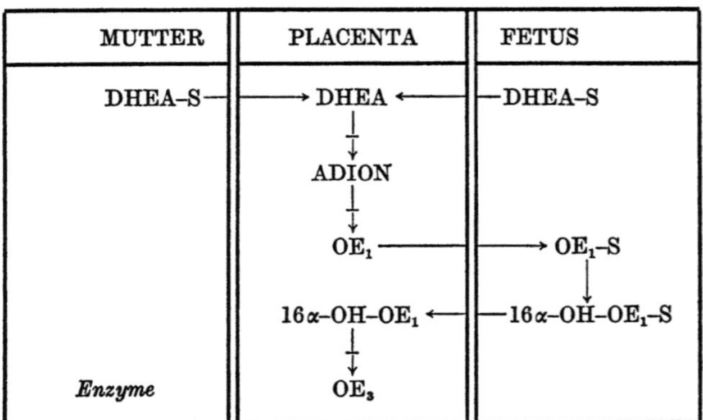



Abb. 1. Der Metabolismus in der Placenta modifiziert nach Zander

Wir führten diesen Test bei mehreren Patientinnen durch und möchten einige signifikante Fälle darstellen, verglichen mit den Befunden der Kardiotokographie und der Placentahistologie. Der Metabolierungsmechanismus des DHEA — S wird in der ersten Abbildung grob schematisch dargestellt.

Die zweite Abbildung zeigt die Oestriolausscheidung vor und nach DHEA — S Gabe an 8 verschiedenen Patientinnen, von denen 7 eine Präeklampsie schweren Grades hatten und im 3. Fall ein gut eingestellter Diabetes der Gruppe D vorlag. Wir sehen, daß in allen Fällen der Oestriolausgangswert im Bereich der Norm lag und daß nach Gabe von DHEA — S in 6 Fällen trotz des erhöhten Oestriolprecursorangebotes ein mehr oder weniger großer Abfall in der Oestriolausscheidung stattfand. Im Fall Nr. 3 führten wir diesen Test bei einem intrauterinen Fruchttod in der

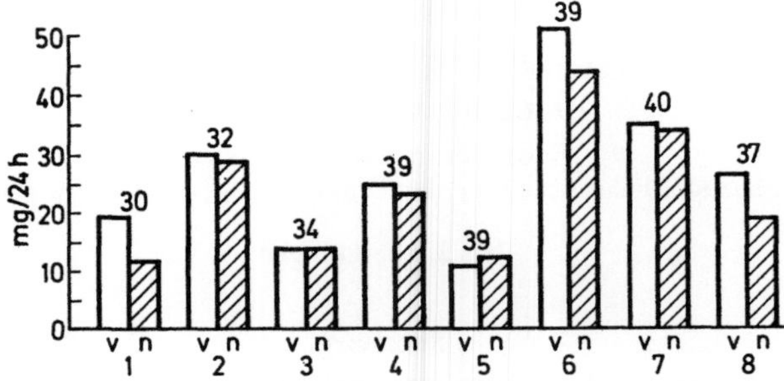



Abb. 2. Darstellung der Oestriolausscheidung vor und nach DHEA-S Belastung (v = vor, n = nach). Die über den Säulen stehenden Zahlen bezeichnen die Schwangerschaftswoche zum Zeitpunkt des Tests

34. Schwangerschaftswoche durch. Es zeigte sich, daß bei nicht arbeitender Placenta durch DHEA — S Belastung keine Änderung in der Ausscheidungsrate stattfand. Im 5. Fall sehen wir einen leichten Anstieg nach DHEA — S Belastung, der aber ungenügend sein dürfte. In allen Fällen — bis auf Fall 3 — konnten wir mit der Kardiotokographie deutliche Zeichen einer Placentainsuffizienz erkennen. Weiterhin wurde die Placentainsuffizienz histologisch nachgewiesen.

Es scheint mit diesem Test möglich zu sein, bei normalen Oestriolausgangswerten schon frühzeitig eine Placentainsuffizienz erkennen zu können, wohingegen man früher erst dann mit Sicherheit eine Placentainsuffizienz diagnostizieren konnte, wenn sich die Oestriolausscheidungswerte der kritischen unteren Grenze näherten. Mit diesem Test wäre es nach Klärung der Frage, inwieweit die Oestrioltagesschwankungen die erhaltenen Werte beeinflußt, möglich, mit einem einzigen Wert eine Aussage über den Funktionsgrad der Placenta zu erhalten. Es ist zu prüfen, ob diese Schwankungsbreite bei der getrennten Untersuchung der Tages — und Nachturine oder bei der Bestimmung des Plasmaoestriols in diesem Maße auftritt. Die Zustandsdiagnostik der Kinder post partum ergab bei fast allen einen guten Apgar-Score. Das bedeutet, daß der fetale Organismus eine große Kompensionsfähigkeit besitzt, und man daher auf Grund der Oestriolausscheidung und des DHEA — S Belastungstests keine gültige Aussage über den Zustand des Fetus machen kann, sondern daß man diese Methode nur in Verbindung mit dem CTG verwenden kann.

### Literatur


Cobo, E.: Amer. J. Obstet. Gynec. 90, 505 (1964).
Ittrich, G.: Acta Endocr. (Kbh.) 35, 34—48 (1960).
Lauritzen, C.: 13. Symposion dtsch. Ges. Endokr. 1967, 313—316.
Zander, J.: Gynäk. u. Geburtsh. Bd. II, 33—48 (1967).
Literatur über CTG auf Anforderung.

MIX
Papier aus verantwortungsvollen Quellen
Paper from responsible sources
FSC® C105338

If you have any concerns about our products,
you can contact us on
**ProductSafety@springernature.com**

In case Publisher is established outside the EU,
the EU authorized representative is:
**Springer Nature Customer Service Center GmbH**
**Europaplatz 3, 69115 Heidelberg, Germany**

Printed by Libri Plureos GmbH
in Hamburg, Germany